大学物理
学习与解题指导

主 编 金 君 胡建昌 黄 亮

武汉理工大学出版社
·武汉·

图书在版编目(CIP)数据

大学物理学习与解题指导 / 金君，胡建昌，黄亮主编. -- 武汉 ：武汉理工大学出版社，2025. 1. -- ISBN 978-7-5629-7352-2

Ⅰ. O4

中国国家版本馆 CIP 数据核字第 202514U5E5 号

项目负责人:陈军东　陈　硕　彭佳佳　黄　鑫　　**责任编辑**:黄　鑫

责 任 校 对:彭佳佳　　**排　　版**:芳华时代

出 版 发 行:武汉理工大学出版社

社　　址:武汉市洪山区珞狮路 122 号

邮　　编:430070

网　　址:http://www.wutp.com.cn

经　　销:各地新华书店

印　　刷:武汉市洪林印务有限公司

开　　本:710×1000　1/16

印　　张:25.25

字　　数:510 千字

版　　次:2025 年 1 月第 1 版

印　　次:2025 年 1 月第 1 次印刷

定　　价:52.00 元

前　　言

本书涵盖了《大学物理》上、下册的全部相关内容，编排顺序也和教材一样。每章都有四部分内容：本章内容剖析，本章重点、难点，本章解题指导和本章典型例题。每章都将相应的基本概念、基本定律、基本定理及主要公式加以剖析，并在此基础上指出内容的重点和难点。解题指导则引导学生如何解题，该用何种方法解题，这一部分与典型例题紧密结合。典型例题尽可能涵盖相应章节的物理内容和习题的类型。

书末的附录给出了两套《大学物理课外练习习题集》，以方便教师布置课外作业和帮助学生全面复习当天老师课堂讲授的内容。“习题集”基本上是每次课一次练习。每次练习含选择题4道，填空题3道，计算题2道。选择题和填空题主要是复习物理概念，也作一些简单计算。“习题集”分甲、乙两套，为的是使使用该习题集的连续两届学生课外练习不相同。

本书的表达形式本着“淡化理论、注重应用”的宗旨，着重阐述基本物理知识和基本物理概念，以方便学生自学。

本书由金君、胡建昌、黄亮担任主编，各章节的内容均由《大学物理》上、下册中各对应的编者完成。武汉华夏理工学院的领导对此套教材提供了极大的支持，部分老师提出了不少可贵的意见和建议，使本教材相关部分的科学严谨性与可读性得以进一步提高。借此机会，编者谨致谢忱。

编　者

2024.12

常用物理常数表

引力常量	$G=6.67\times10^{-11}\,N^2\cdot m^2\cdot kg^{-2}$
阿伏伽德罗常量	$N_A=6.02\times10^{23}\,mol^{-1}$
摩尔气体常量	$R=8.31\ J\cdot mol^{-1}\cdot K^{-1}$
玻耳兹曼常量	$k=1.38\times10^{-23}\,J\cdot K^{-1}$
真空中光速	$c=3.00\times10^{8}\,m\cdot s^{-1}$
电子质量	$m_e=9.11\times10^{-31}\,kg$
中子质量	$m_n=1.67\times10^{-27}\,kg$
质子质量	$m_p=1.67\times10^{-27}\,kg$
元电荷	$e=1.60\times10^{-19}\,C$
真空中电容率	$\varepsilon_0=8.85\times10^{-12}\,C^2\cdot N^{-1}\cdot m^{-2}$
真空中磁导率	$\mu_0=4\pi\times10^{-7}\,H\cdot m^{-1}=1.26\times10^{-6}\,H\cdot m^{-1}$
普朗克常量	$h=6.63\times10^{-34}\,J\cdot s$
维恩常量	$b=2.897\times10^{-3}\,m\cdot K$
斯特藩-玻尔兹曼常量	$\sigma=5.67\times10^{-8}\,W\cdot m^{-2}\cdot K^{-4}$

重力加速度	$g=9.8\ m\cdot s^{-2}$
标准大气压	$1\ atm=1.013\times10^{5}\,Pa$
太阳质量	$1.99\times10^{30}\,kg$
太阳平均半径	$6.96\times10^{8}\,m$
地球质量	$5.98\times10^{24}\,kg$
地球平均半径	$6.47\times10^{6}\,m$
地球轨道平均半径	$1.49\times10^{11}\,m$
月亮质量	$7.35\times10^{22}\,kg$
月亮平均半径	$2.74\times10^{6}\,m$
月亮轨道平均半径	$3.84\times10^{8}\,m$

目　　录

第 1 章　质点运动学

§1.1　本章内容剖析

一、物理模型、质点、参照系、坐标系

1. 物理模型

在科学研究中，为了研究的方便，根据研究问题的特征，强调其主要方面，忽略其次要方面；强调其共性，忽略其个性，使问题简化而便于研究。这种抽象出来的模型就称物理模型。

2. 质点

忽略物体形状大小，近似把物体看作只有质量的几何点。

3. 参照系

被选作参考的物体称为参照系。

4. 坐标系

为了定量描述物体的运动，就必须在参照系上选取坐标系，用得最多的是平面直角坐标系。

二、基本物理量

1. 位置矢量 $\boldsymbol{r}$

(1) 定义　从坐标原点向物体所在位置引的一条有方向的线段。

(2) 表达式　$\boldsymbol{r} = x\boldsymbol{i} + y\boldsymbol{j} + z\boldsymbol{k}$，$r = \sqrt{x^2 + y^2 + z^2}$ 是 $\boldsymbol{r}$ 的大小。

(3) 运动方程　质点的位置矢量和坐标随时间变化的函数关系。

$$\boldsymbol{r} = \boldsymbol{r}(t) = x(t)\boldsymbol{i} + y(t)\boldsymbol{j} + z(t)\boldsymbol{k};\quad x = x(t), y = y(t), z = z(t)$$

(4) 轨迹方程　将运动方程中的 t 消去后得到的质点空间位置坐标之间的函数关系。

2. 位移矢量 $\Delta\boldsymbol{r}$

(1) 定义　从物体的起始位置向终止位置引的一条有向线段。

(2) 表达式　$\Delta\boldsymbol{r} = \boldsymbol{r}_2 - \boldsymbol{r}_1 = \Delta x\boldsymbol{i} + \Delta y\boldsymbol{j} + \Delta z\boldsymbol{k}$。

$\Delta r = r_2 - r_1 = |\boldsymbol{r}_2| - |\boldsymbol{r}_1|$，$|\Delta\boldsymbol{r}| = \sqrt{(\Delta x)^2 + (\Delta y)^2 + (\Delta z)^2}$，$\Delta r$ 不是 $\Delta\boldsymbol{r}$ 的大小。

(3) 路程 Δl　物体运动轨迹的弧长。

(4) 说明　位移与路程的大小一般不等：位移的大小是线段长度，路程是曲线长度，有$\Delta l \geqslant |\Delta \boldsymbol{r}|$，但有 $\mathrm{d}l = |\mathrm{d}\boldsymbol{r}|$。

3. 速度 $\boldsymbol{v}$

(1) 定义　描述物体运动快慢的物理量，是位移对时间的变化率，是位置矢量对时间的一阶导数，方向沿运动轨迹切向。

(2) 表达式　$\boldsymbol{v} = \dfrac{\mathrm{d}\boldsymbol{r}}{\mathrm{d}t} = \left(\dfrac{\mathrm{d}x}{\mathrm{d}t}\right)\boldsymbol{i} + \left(\dfrac{\mathrm{d}y}{\mathrm{d}t}\right)\boldsymbol{j} + \left(\dfrac{\mathrm{d}z}{\mathrm{d}t}\right)\boldsymbol{k}$。

(3) 速率 v　是路程对时间的变化率，是路程对时间的一阶导数，其表达式为 $v = \mathrm{d}l/\mathrm{d}t$，是速度 $\boldsymbol{v}$ 的大小。

(4) 平均速度$\overline{\boldsymbol{v}}$ 与平均速率$\overline{v}$　平均速度$\overline{\boldsymbol{v}} = \Delta \boldsymbol{r}/\Delta t$，是位移对时间的比值，平均速率$\overline{v} = \Delta l/\Delta t$，是路程对时间的比值。平均速率不是平均速度的大小，一般有$\overline{v} \geqslant |\overline{\boldsymbol{v}}|$。

4. 加速度

(1) 定义　描述物体速度变化快慢的物理量，是速度对时间的变化率，是速度对时间的一阶导数，是位置矢量对时间的二阶导数。

(2) 表达式

$$\boldsymbol{a} = \frac{\mathrm{d}\boldsymbol{v}}{\mathrm{d}t} = \left(\frac{\mathrm{d}v_x}{\mathrm{d}t}\right)\boldsymbol{i} + \left(\frac{\mathrm{d}v_y}{\mathrm{d}t}\right)\boldsymbol{j} + \left(\frac{\mathrm{d}v_z}{\mathrm{d}t}\right)\boldsymbol{k}$$

$$\boldsymbol{a} = \frac{\mathrm{d}^2\boldsymbol{r}}{\mathrm{d}t^2} = \left(\frac{\mathrm{d}^2 x}{\mathrm{d}t^2}\right)\boldsymbol{i} + \left(\frac{\mathrm{d}^2 y}{\mathrm{d}t^2}\right)\boldsymbol{j} + \left(\frac{\mathrm{d}^2 z}{\mathrm{d}t^2}\right)\boldsymbol{k}$$

(3) 方向偏向凹侧。

5. 切向加速度 a_{t} 与法向加速度 a_{n}

(1) 切向加速度 $a_{\mathrm{t}} = \mathrm{d}v/\mathrm{d}t = \mathrm{d}^2 l/\mathrm{d}t^2$ 是速率 v 对时间的一阶导数，是路程对时间的二阶导数。它体现了速度大小变化的快慢。方向沿切向，有正负。

(2) 法向加速度 $a_{\mathrm{n}} = v^2/\rho$ 是速率的平方除以曲率半径。它体现了速度方向变化的快慢。方向沿法向，其值大于零。

(3) 加速度沿自然坐标系的分解

$\boldsymbol{a} = a_{\mathrm{n}}\boldsymbol{i} + a_{\mathrm{t}}\boldsymbol{j}$，　$a = \sqrt{a_{\mathrm{n}}^2 + a_{\mathrm{t}}^2}$，　$\boldsymbol{a}$ 与切向的夹角为 $\alpha = \arctan\left(\dfrac{a_{\mathrm{n}}}{a_{\mathrm{t}}}\right)$。

三、圆周运动

1. 圆周运动的角量描述

(1) 角位置、角坐标及运动方程　$\theta = \theta(t)$。

(2) 角位移　$\Delta\theta = \theta_2 - \theta_1$。

(3) 角速度　$\omega = \mathrm{d}\theta/\mathrm{d}t$，是描述物体转动快慢的物理量，是角坐标对时间的变化率。

（4）角加速度　$\beta = \mathrm{d}\omega/\mathrm{d}t = \mathrm{d}^2\theta/\mathrm{d}t^2$，是描述物体转动角速度变化快慢的物理量，是角速度对时间的变化率，是角速度对时间的一阶导数，是角坐标对时间的二阶导数。

2. 圆周运动中角量与线量的关系

（1）转过的弧长与角位移的关系　$\Delta l = R\Delta\theta$。

（2）线速度与角速度的关系　$v = R\omega$　（$\boldsymbol{v} = \boldsymbol{\omega} \times \boldsymbol{R}$）

（3）切向加速度与角加速度的关系　$a_t = R\beta$。

（4）法向加速度与角速度的关系　$a_n = R\omega^2$。

四、相对运动

$\boldsymbol{v}_{PS} = \boldsymbol{v}_{PS'} + \boldsymbol{v}_{S'S}$，"前对前，后对后，中对中"。

§1.2　本章重点、难点

一、本章重点

位置矢量 $\boldsymbol{r}$，速度 $\boldsymbol{v}$，加速度 $\boldsymbol{a}$，切向加速度 a_t 与法向加速度 a_n，圆周运动的角量描述，圆周运动中角量与线量的关系。

二、本章难点

速度 $\boldsymbol{v}$，加速度 $\boldsymbol{a}$，切向加速度 a_t 与法向加速度 a_n。

§1.3　本章解题指导

本章的习题有以下几个方面的内容，其一是基本概念的训练；其二是已知运动方程，通过对时间的微分求速度和加速度的所谓第一类问题；其三是已知加速度，通过积分求速度和运动方程的所谓第二类问题；其四是第一类问题与第二类类问题的混合问题；其五是巧妙运用高等数学知识的问题。

一、基本概念的训练

（1）容易把所有的加速运动都看成匀加速运动，匀加速运动只是加速运动的特例。加速运动是否是匀加速运动，要通过计算得出（如例题 1-1）。

（2）容易混淆的概念

① $\Delta\boldsymbol{r}$、Δl 和 Δr　位移 $\Delta\boldsymbol{r}$ 的大小是轨迹上两点间的线段长度，Δl 是轨迹两点间的曲线长度（如例题 1-5），Δr 是两点位置矢量长度之差。

② $\overline{\boldsymbol{v}}$ 和 $\overline{v}$　平均速度是位移除以时间，平均速率是路程除以时间（如例题 1-2、

例题 1-9)。

③$\boldsymbol{a}$ 与 a_t 加速度是速度对时间的一阶导数,切向加速度是速率对时间的一阶导数(如例题 1-6)。

④$\mathrm{d}v/\mathrm{d}t$ 与 $|\mathrm{d}\boldsymbol{v}/\mathrm{d}t|$ $\mathrm{d}v/\mathrm{d}t$ 是速率对时间的变化率,是切向加速度;$|\mathrm{d}\boldsymbol{v}/\mathrm{d}t|$ 是速度对时间变化率的绝对值,是总加速度的大小。两者不是一回事(如例题 1-6)。

⑤$\mathrm{d}l/\mathrm{d}t$ 与 $\mathrm{d}r/\mathrm{d}t$ $\mathrm{d}l/\mathrm{d}t$ 是路程对时间的变化率,是速率,也是速度的大小;$\mathrm{d}r/\mathrm{d}t$ 没有物理意义,如果真要有个说法,就是质点位置矢量长度对时间的变化率,两者不是一回事(如例题 1-6)。

(3) 切向加速度 a_t、法向加速度 a_n 以及加速度沿自然坐标系的分解。这类习题按定义求不会有多大的问题(如例题 1-3、例题 1-7)。总加速度不论在直角坐标中还是在自然坐标中,其大小和方向都是一样的。

二、第一类问题

已知运动方程,通过微分求速度和加速度。求解此类习题关键是确定运动方程,运动方程可以是题目给出的(如例题 1-4、例题 1-11),也可以是寻找得出的;可以是时间的显函数,也可以是时间的隐函数。有了运动方程,通过微分一步一步便可求出速度和加速度(如例题 1-10)。

三、第二类问题

已知加速度和初始条件,通过积分求速度和运动方程。求解此类习题关键是不要已知了加速度,就认为是匀加速运动,就用匀加速运动的公式计算。另外积分的上下限一定要一一对应(如例题 1-12)。

四、第一类与第二类的混合问题

这类问题一般是已知速度和初始条件,通过微分求加速度,通过积分求运动方程(如例题 1-8)。把前面的第一类问题与第二类问题搞清楚后,这类问题就不难解决。

五、巧妙运用高等数学知识

大学物理与中学物理的一个很大的区别是大学物理与高等数学紧密结合。不仅仅用高等数学解物理习题,还要符合高等数学的规范。比方大学物理中选取的直角坐标系的三个坐标轴 Ox、Oy、Oz 的排列必须满足右手螺旋法则,所谓两矢量的夹角必须是两矢量正方向的夹角,矢量的书写必须用粗体(用手写必须在字母的上边加箭号)等。在具体解题时,要巧妙地运用高等数学知识。比方例题 1-10 和与之配套教材中的例题 1-3，通过运动方程求速度、加速度，运动方程可以是显函数，也可以是隐函数，从解题来看似乎用隐函数的运动方程求速度、加速度更方便。又如与之配套教材中的例题 1-5，已知电艇关闭发动机后的加速度为 $\mathrm{d}v/\mathrm{d}t=-kv^3$ 和关机时的速度 v_0，求电艇速度 v 与行驶距离 x 之间的关系，就要用到一个变换

$$a=\frac{\mathrm{d}v}{\mathrm{d}t}=\left(\frac{\mathrm{d}v}{\mathrm{d}x}\right)\left(\frac{\mathrm{d}x}{\mathrm{d}t}\right)=v\left(\frac{\mathrm{d}v}{\mathrm{d}x}\right)$$

从而使问题迎刃而解。之所以能进行这样的变换，从物理技巧讲是分子分母同乘以 $\mathrm{d}x$，然后巧妙地搭配；从高等数学讲，速度随空间 x 变，空间 x 又随时间 t 变，换句话说速度是空间 x 的函数，空间 x 又是时间的函数，即 $v=v(t)=v[x(t)]$，就要用到复合函数的微分法。至于求解运动学中的第一类问题与第二类问题乃至第一类与第二类的混合问题等，更像是在做高等数学习题。所以巧妙地运用高等数学知识，是学好大学物理的关键。

§1.4　本章典型例题

例题 1-1　一质点作直线运动，某时刻的瞬时速度为 $v=3.0\ \mathrm{m/s}$，瞬时加速度为 $a=-3.0\ \mathrm{m/s^2}$，有人算出 1 s 后质点的速度为零。你认为对吗？为什么？

分析　此类题最容易出现的错误是把所有的加速运动都看成匀加速运动。题目没有告诉我们是匀加速运动，所以不能用匀加速运动得出结果。

解　不对！因为是用匀加速运动得出结果。题目并没有告诉是匀加速运动，所以不能用匀加速运动得出结果。因为题目没有告诉具体是什么运动，所以就得不出结果。

例题 1-2　一质点沿半径为 R 的圆周运动一周半用了时间 $3T/2$。问它运动的位移和路程的大小各是多少？这段时间内它的平均速度和平均速率各是多少？

分析　这是个训练位移和路程、平均速度和平均速率概念的题。

解　依定义，它运动位移的大小为

$$|\Delta\boldsymbol{r}|=2R$$

路程的大小为

$$\Delta l=3\pi R$$

平均速度的大小为

$$|\,\overline{\boldsymbol{v}}\,|=\frac{|\,\Delta\boldsymbol{r}\,|}{\Delta t}=\frac{2R}{3T/2}=\frac{4R}{3T}$$

平均速率的大小为

$$\overline{v}=\frac{\Delta l}{\Delta t}=\frac{3\pi R}{3T/2}=\frac{2\pi R}{T}$$

例题 1-3　质点作半径为 R 的变速圆周运动时，某时刻的角速度为 ω，角加速

度为 β。求质点的切向加速度、法向加速度、总加速度的大小。

分析　这是个求质点的切向加速度、法向加速度、总加速度大小的例题。

解　依定义，切向加速度与法向加速度分别是

$$a_t = R\beta, \qquad a_n = R\omega^2$$

所以加速度的大小为

$$a = \sqrt{a_t^2 + a_n^2} = \sqrt{(R\beta)^2 + (R\omega^2)^2} = R\sqrt{\beta^2 + \omega^4}$$

例题 1-4　一悬挂在弹簧上的物体在竖直方向上振动，振动方程为 $y = A\sin(\omega t)$，其中 A、ω 均为常量，求物体速度与时间的函数关系，物体加速度与坐标的函数关系。

分析　这是个已知运动方程，通过微分求速度和加速度的例题。运动方程是题目给出的，只需一步一步求解便是。

解　依定义，通过运动方程对时间的一次微分得速度

$$v = \frac{dy}{dt} = \omega A\cos(\omega t)$$

通过运动方程对时间的二次微分得加速度

$$a = \frac{dv}{dt} = -\omega^2 A\sin(\omega t)$$

将 $y = A\sin(\omega t)$ 带入得物体加速度与坐标的函数关系为

$$a = -\omega^2 y$$

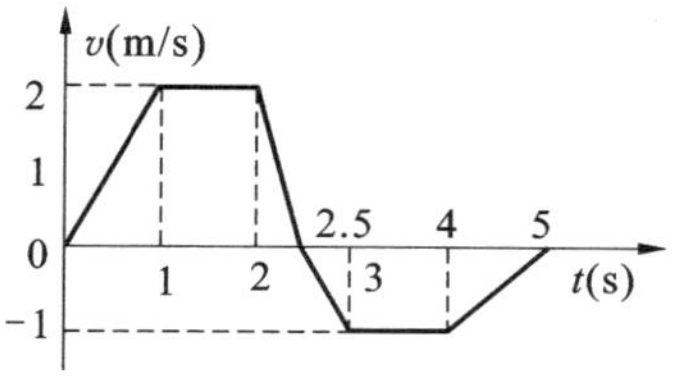

图 1-1　例题 1-5 用图

例题 1-5　一质点沿 x 轴作直线运动，其 v-t 曲线如图 1-1 所示，$t=0$ 时，质点位于坐标原点。求：(1) $t = 5.0$ s 时，质点在 x 轴上的位置；(2) 在这 5.0 s 内，质点走的路程。

分析　此例题有两个目的，其一是复习中学物理所学用 v-t 曲线如何表示直线运动速度随时间的变化，其二是 v-t 曲线与 t 轴所夹面积的物理意义。曲线与 t 轴所夹面积有正（t 轴上面的面积）有负（t 轴下面的面积）。面积的代数和表示位移，面积绝对值之和表示路程。

解　因 $t=0$ 时，质点位于坐标原点，则 $t = 5.0$ s 时质点的位置实质是质点的位移。0 ～ 2.5 s 的面积 S_1 为正，2.5 s ～ 5.0 s 的面积 S_2 为负。有

$$S_1 = 2\times 1 \div 2 + 2\times 1 + 2\times 0.5 \div 2(\text{m}) = 3.5\ \text{m}$$

$$S_2 = (-1)\times 0.5 \div 2 + (-1)\times 1 + (-1)\times 1 \div 2(\text{m}) = -1.75\ \text{m}$$

(1) $t = 5.0$ s 时，质点在 x 轴上的位置为

$$x = \Delta x = S_1 + S_2 = 3.5 - 1.75\ (\text{m}) = 1.75\ \text{m}$$

(2)5.0 s 内,质点走的路程为

$$\Delta l = |S_1| + |S_2| = 3.5 + 1.75(\mathrm{m}) = 5.25\ \mathrm{m}$$

例题 1-6　质点作曲线运动,$\boldsymbol{r}$ 表示位置矢量,l 表示路程,a_t 表示切向加速度,请指明下列表达式的正确与错误,并说明为什么。(1)$\mathrm{d}v/\mathrm{d}t = a$;(2)$|\mathrm{d}\boldsymbol{v}/\mathrm{d}t| = a_t$;(3)$\mathrm{d}l/\mathrm{d}t = v$;(4)$\mathrm{d}r/\mathrm{d}t = v$。

分析　这个例题的目的是帮助学生搞清楚几个概念。

解　(1)$\mathrm{d}v/\mathrm{d}t = a$ 错误,$\mathrm{d}v/\mathrm{d}t$ 是速率对时间的变化率,是切向加速度;

(2)$|\mathrm{d}\boldsymbol{v}/\mathrm{d}t| = a_t$ 错误,$|\mathrm{d}\boldsymbol{v}/\mathrm{d}t|$ 是速度对时间变化率的绝对值,是总加速度的大小;

(3)$\mathrm{d}l/\mathrm{d}t = v$ 正确,$\mathrm{d}l/\mathrm{d}t$ 是路程对时间的变化率,是速率,也是速度的大小;

(4)$\mathrm{d}r/\mathrm{d}t = v$ 错误,$\mathrm{d}r/\mathrm{d}t$ 没有物理意义,如果真要有个说法,就是质点位置矢量长度对时间的变化率。

例题 1-7　指明下列表述的正确与错误,并说明为什么。

(1) 轨道最弯处法向加速度最大;

(2) 质点作圆周运动,加速度一定与速度垂直;

(3) 某时刻的速率为零,切向加速度必为零;

(4) 物体作直线运动,法向加速度必为零。

分析　这个例题的目的是帮助学生搞清楚法向加速度、切向加速度、总加速度以及曲率半径等概念。

解　(1) 轨道最弯处法向加速度最大。错误!因 $a_n = v^2/R$,还应考虑速率 v。

(2) 质点作圆周运动,加速度一定与速度垂直。错误!只有法向加速度与速度垂直。

(3) 某时刻的速率为零,切向加速度必为零。错误!$v = 0$,不一定 $\mathrm{d}v/\mathrm{d}t = 0$。

(4) 物体作直线运动,法向加速度必为零。正确!因 $a_n = v^2/R, R \to \infty$,必有 $a_n = 0$。

例题 1-8　在 x 轴上作变加速直线运动的质点,已知初始位置为 x_0,任意时刻的速度为$v = v_0 + bt + ct^2$(其中 b、c 为常量),求加速度与时间的函数关系以及运动方程。

分析　这是个第一类与第二类混合问题的例题,题目告诉速度和初始条件,通过微分求加速度,通过积分求运动方程。

解　求加速度。因 $v = v_0 + bt + ct^2$,依加速度的定义 $a = \mathrm{d}v/\mathrm{d}t$,得质点加速度为

$$a = \mathrm{d}v/\mathrm{d}t = b + 2ct$$

依速度的定义 $v = \mathrm{d}x/\mathrm{d}t$,有 $\mathrm{d}x = v\mathrm{d}t$。对其两边积分,并代入初始条件,$t = 0$ 时,$x = x_0$,得

$$\int_{x_0}^{x} \mathrm{d}x = \int_0^t v\mathrm{d}t = \int_0^t (v_0 + bt + ct^2)\mathrm{d}t$$

$$x - x_0 = v_0 t + \frac{1}{2}bt^2 + \frac{1}{3}ct^3$$

故质点的运动方程为

$$x = x_0 + v_0 t + \frac{1}{2}bt^2 + \frac{1}{3}ct^3$$

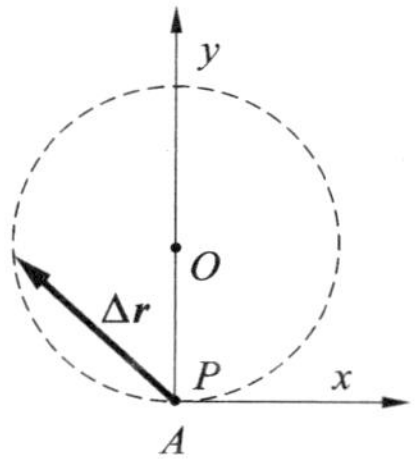

图 1-2　例题 1-9 用图

例题 1-9　如图 1-2 所示，一质点 P 从 A 点出发以匀速率 0.20 m/s 作顺时针转向的圆周运动，圆的半径为 0.50 m，求它走过 5/4 圆周这段时间内的平均速度。

分析　这是个求平均速度的例题，同时也是个求矢量大小和方向的例题。按图 1-2 所给坐标，先写出位移矢量 $\Delta\boldsymbol{r}$，求出产生这段位移所用的时间；再依平均速度的定义写出平均速度的矢量式；再按矢量大小、方向的求法求出平均速度的大小和方向。

解　质点 P 走过 5/4 圆周后的位移 $\Delta\boldsymbol{r}$ 如图 1-2 所示，$\Delta\boldsymbol{r}$ 为

$$\Delta\boldsymbol{r} = -R\boldsymbol{i} + R\boldsymbol{j}$$

所花的时间 Δt 为

$$\Delta t = \frac{2\pi R(5/4)}{v} = \frac{5\pi R}{2v}$$

于是平均速度 $\overline{\boldsymbol{v}}$ 的矢量式为

$$\overline{\boldsymbol{v}} = \frac{\Delta\boldsymbol{r}}{\Delta t} = \frac{-R\boldsymbol{i} + R\boldsymbol{j}}{5\pi R/(2v)} = \frac{2v(-\boldsymbol{i} + \boldsymbol{j})}{5\pi}$$

$\overline{\boldsymbol{v}}$ 的大小为

$$|\overline{\boldsymbol{v}}| = \frac{2v\sqrt{(-1)^2 + 1^2}}{5\pi} = \frac{2 \times 0.20 \times \sqrt{2}}{5\pi}\ \mathrm{m/s} = 3.6 \times 10^{-2}\ \mathrm{m/s},$$

设 $\overline{\boldsymbol{v}}$ 与 x 轴的夹角为 α，因 $\tan\alpha = \overline{v}_y / \overline{v}_x = 1/(-1) = -1$，有

$$\alpha = \pi - \arctan|-1| = 135^\circ$$

例题 1-10　如图 1-3 所示，A、B 两物体由一长为 l 的刚性杆相连，A、B 两物体可在相互垂直的光滑轨道上滑行。如物体 A 以恒定速率 v_0 向左滑行，求物体 B 的速度和加速度。

分析　这是个第一类问题的例题。求解物体的速度和加速度，必须知道物体的运动方程，而题目没有告诉运动方程，就得寻找运动方程。物体 B 的运动是由物体 A 的运动通过刚性连杆 l 带动的，刚性连杆 l 的长度是不变的，由此得物体 B 的

运动方程。取向右为 x 轴正向，向上为 y 轴正向，于是物体 A 沿 x 轴运动，物体 B 沿 y 轴运动，如图 1-3 所示。运动方程有两种形式，其一是隐函数，为

$$x_A^2 + y_B^2 = x_A^2(t) + y_B^2(t) = l^2$$

其二是显函数，为

$$y_B = \sqrt{l^2 - x_A^2} = \sqrt{l^2 - x_A^2(t)}$$

通过这两种形式的运动方程求速度和加速度。

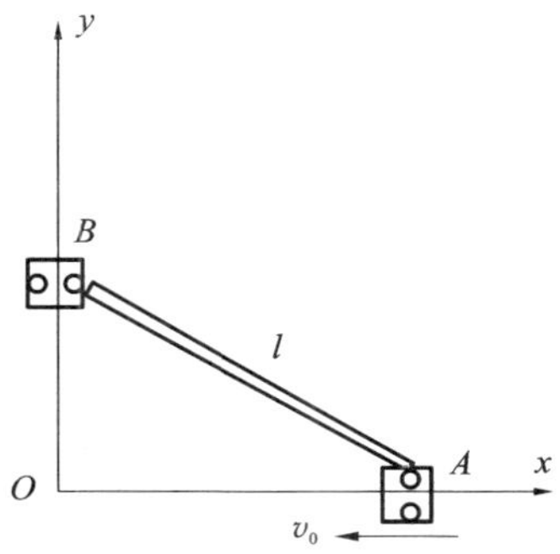

图 1-3　例题 1-10 用图

解　取向右为 x 轴正向，向上为 y 轴正向，如图 1-3 所示。物体 A 的速度为 $v_A = dx_A/dt = -v_0$。由图中的几何关系，可知物体 B 的运动方程(显函数) 为

$$y_B = \sqrt{l^2 - x_A^2} = \sqrt{l^2 - x_A^2(t)}$$

物体 B 的运动方程也可以写为(隐函数)

$$x_A^2 + y_B^2 = x_A^2(t) + y_B^2(t) = l^2$$

先用显函数的运动方程求解。根据速度的定义，有

$$v_B = \frac{dy_B}{dt} = \frac{d\sqrt{l^2 - x_A^2}}{dt} = \frac{1}{2}(l^2 - x_A^2)^{-1/2}\left(-2x_A\frac{dx_A}{dt}\right) = \frac{-x_A(dx_A/dt)}{\sqrt{l^2 - x_A^2}}$$

因 $v_A = dx_A/dt = -v_0$，将其带入上式，得物体 B 的速度为

$$v_B = \frac{x_A v_0}{\sqrt{l^2 - x_A^2}} = \frac{x_A v_0}{y_B}$$

符号为正表示物体 B 向上运动。根据加速度的定义，有

$$a_B = \frac{dv_B}{dt} = \frac{d(x_A v_0/y_B)}{dt} = \frac{v_0}{y_B}\cdot\frac{dx_A}{dt} - x_A v_0\cdot\frac{dy_B/dt}{y_B^2}$$

而$\dfrac{dx_A}{dt} = v_A = -v_0$，$\dfrac{dy_B}{dt} = v_B = \dfrac{x_A v_0}{y_B}$，将其带入上式，得物体 B 的加速度为

$$a_B = \frac{v_0}{y_B}\cdot(-v_0) - x_A v_0\cdot\left(\frac{x_A v_0}{y_B^3}\right) = -\frac{v_0^2}{y_B} - \frac{x_A^2 v_0^2}{y_B^3} = -\frac{v_0^2}{y_B^3}(y_B^2 + x_A^2) = -\frac{v_0^2 l^2}{y_B^3}$$

再用隐函数的运动方程求解。隐函数的运动方程为

$$x_A^2 + y_B^2 = l^2$$

两边分别对 t 微分，因 l 为常量，必有 $dl/dt = 0$，于是

$$2x_A\frac{dx_A}{dt} + 2y_B\frac{dy_B}{dt} = 0$$

因 $dx_A/dt = v_A = -v_0$，$dy_B/dt = v_B$，上式变为

$$x_A(-v_0) + y_B v_B = 0$$

得物体 B 的速度为

$$v_B = \frac{x_A v_0}{y_B}$$

这与前面用显函数的运动方程得出的速度结果完全相同，似乎计算还简单些。至于后面计算加速度的过程与前面的一样，这里不再赘述。

例题 1-11 悬挂在弹簧上的物体在竖直方向上振动，振动方程为 $y = A\sin(\omega t + \varphi)$，其中 A、ω、φ 均为常量。求物体速度、加速度随时间变化的函数关系。

分析 这是个第一类问题的例题。知道运动方程，利用定义式通过微分求速度、加速度。只要细心，一步一步仔细运算，一般没有问题。

解 因物体运动方程为 $y = A\sin(\omega t + \varphi)$，按定义，通过对时间的一次微分，得物体振动速度为

$$v = \frac{dy}{dt} = \omega A\cos(\omega t + \varphi)$$

再对时间一次微分，得物体振动的加速度为

$$a = \frac{dv}{dt} = -\omega^2 A\sin(\omega t + \varphi)$$

例题 1-12 在 x 轴上作变加速直线运动的质点，已知其初速度为 v_0，初始位置为 x_0，加速度为 $a = bt + ct^2$（其中 b、c 为常量），求质点速度随时间变化的函数关系以及运动方程。

分析 这是个第二类问题的例题。已知加速度和初始条件，通过积分求速度和运动方程。求解此类习题关键是不要已知加速度，就认为是匀加速运动，就用匀加速运动的公式计算。另外积分的上下限一定要一一对应。

解 因质点的加速度为 $a = bt + ct^2$，又根据加速度的定义 $a = dv/dt$，有

$$a = \frac{dv}{dt} = bt + ct^2$$

$$dv = (bt + ct^2)dt$$

两边积分，并代入初始条件：$t = 0$ 时，$v = v_0$，有

$$\int_{v_0}^{v} dv = \int_0^t (bt + ct^2)dt$$

$$v - v_0 = \frac{bt^2}{2} + \frac{ct^3}{3}$$

得质点的速度为

$$v = v_0 + \frac{bt^2}{2} + \frac{ct^3}{3}$$

又根据速度的定义 $v = dx/dt$，有

$$v = \frac{\mathrm{d}x}{\mathrm{d}t} = v_0 + \frac{bt^2}{2} + \frac{ct^3}{3}$$

$$\mathrm{d}x = \left(v_0 + \frac{bt^2}{2} + \frac{ct^3}{3}\right)\mathrm{d}t$$

两边积分，并代入初始条件：$t = 0$ 时，$x = x_0$，有

$$\int_{x_0}^{x} \mathrm{d}x = \int_0^t \left(v_0 + \frac{bt^2}{2} + \frac{ct^3}{3}\right)\mathrm{d}t$$

$$x - x_0 = v_0 t + \frac{bt^3}{6} + \frac{ct^4}{12}$$

得质点的运动方程为

$$x = x_0 + v_0 t + \frac{bt^3}{6} + \frac{ct^4}{12}$$

第2章　质点动力学

§2.1　本章内容剖析

一、牛顿定律

1. 牛顿定律的表述

第一定律　任何物体都有保持静止或匀速直线运动状态的性质，除非有外力迫使它改变这种状态为止，即

$$\text{如果} \sum \boldsymbol{F} = 0, \quad \text{有} \ \boldsymbol{v} = \text{恒量}$$

第二定律　运动状态的变化与所加的外力成正比，并且发生在外力所沿的直线方向上，即

$$\boldsymbol{F} = m\boldsymbol{a} \qquad \text{或} \qquad \boldsymbol{F} = \frac{\mathrm{d}\boldsymbol{p}}{\mathrm{d}t}$$

第三定律　两物体间的作用力和反作用力在同一直线上，大小相等、方向相反，分别作用在两个物体上，即

$$\boldsymbol{F}_{12} = -\boldsymbol{F}_{21}$$

2. 牛顿定律的内涵

(1) 给出了力的定义　力是物体运动状态变化的原因。

(2) 给出了惯性的定义　物体具有保持原先静止或匀速运动状态的本领。

(3) 给出了质量的定义　质量是惯性的量度。

(4) 牛顿公式的三性

① 矢量性　力与加速度有大小，有方向；加速度的方向就是力的方向。

直角坐标系中

$$\boldsymbol{F} = F_x\boldsymbol{i} + F_y\boldsymbol{j} + F_z\boldsymbol{k} \qquad \boldsymbol{a} = a_x\boldsymbol{i} + a_y\boldsymbol{j} + a_z\boldsymbol{k}$$

$$F_x = ma_x \qquad F_y = ma_y \qquad F_z = ma_z$$

自然坐标系中

$$\boldsymbol{F} = F_\mathrm{n}\boldsymbol{n} + F_\mathrm{t}\boldsymbol{\tau} \qquad \boldsymbol{a} = a_\mathrm{n}\boldsymbol{n} + a_\mathrm{t}\boldsymbol{\tau}$$

$$F_\mathrm{n} = ma_\mathrm{n} \qquad F_\mathrm{t} = ma_\mathrm{t}$$

② 瞬时性　物体受到力的作用，立即产生加速度，不需要积累时间。

③ 叠加性　物体的加速度是合外力产生的，是各分力产生的加速度的矢量和。

$$\boldsymbol{F}_i = m\boldsymbol{a}_i, \qquad \boldsymbol{F} = \sum \boldsymbol{F}_i, \qquad \boldsymbol{a} = \sum \boldsymbol{a}_i$$

3. 惯性系

(1) 惯性系　牛顿定律成立的参照系为惯性参照系。

惯性参照系之间的相对运动为匀速直线运动。宇宙空间没有绝对的惯性参照系，只有近似程度高低的惯性参照系。地球是一个近似程度较好的惯性参照系。太阳是一个近似程度更好的惯性参照系。

(2) 非惯性系　牛顿定律不成立的参照系为非惯性参照系。

非惯性参照系相对惯性参照系的运动为变速运动。

(3) 惯性力　为使在非惯性参照系中使用牛顿运动定律所引进的假想力。对于相对惯性系作平动加速的参照系，惯性力为 $\boldsymbol{F}_i=-m\boldsymbol{a}_0$。

惯性力的大小与在非惯性系中运动的物体质量成正比，方向与非惯性系相对惯性系的加速度 $\boldsymbol{a}_0$ 的方向相反。

惯性离心力　为使在相对惯性系作匀速转动的非惯性参照系中使用牛顿运动定律所引进的假想力，$\boldsymbol{F}_i=m\omega^2\boldsymbol{r}$。

(4) 在非惯性系中运用牛顿定律 $\boldsymbol{F}+\boldsymbol{F}_i=\boldsymbol{F}-m\boldsymbol{a}_0=m\boldsymbol{a}$

(5) 力学相对性原理　一切力学规律在惯性系中等价。

力学相对性原理被爱因斯坦推广为相对性原理，即一切物理规律在惯性系中等价。

4. 几种常见的力

(1) 万有引力　$\boldsymbol{F}=-G\dfrac{m_1m_2}{r^3}\boldsymbol{r}$

重力　$\boldsymbol{P}=m\boldsymbol{g}, g=G\dfrac{M_E}{R^2}$

(2) 弹性力

① 弹簧弹性力 $F_k=-kx$

② 张力(拉力)

③ 正压力(支撑力)

(3) 摩擦力

① 静摩擦力 f_s 与最大静摩擦力 f_{sm}　静摩擦力是变化的，最大静摩擦力 $f_{sm}=\mu_s N$。静摩擦力 f_s 小于最大静摩擦力 f_{sm}。

② 滑动摩擦力　$f_\mu=\mu N$

③ 内摩擦力(粘滞力 f_d)　流体各流层之间，流体与固体之间的摩擦力。

相对运动速度较小时　$f_d=kv$

相对运动速度较大时　$f_d=k'v^2$

二、动量与冲量

1. 动量

物体机械运动的运动量 $\boldsymbol{p}=m\boldsymbol{v}$

动量是矢量 $\boldsymbol{p}=p_x\boldsymbol{i}+p_y\boldsymbol{j}+p_z\boldsymbol{k}=mv_x\boldsymbol{i}+mv_y\boldsymbol{j}+mv_z\boldsymbol{k}$

$$p_x=mv_x,p_y=mv_y,p_z=mv_z$$

2. 冲量

冲量是力对时间的积累 $\boldsymbol{I}=\int_{t_1}^{t_2}\boldsymbol{F}\mathrm{d}t$

冲量是矢量 $\boldsymbol{I}=\int_{t_1}^{t_2}\boldsymbol{F}\mathrm{d}t,I_x=\int_{t_1}^{t_2}F_x\mathrm{d}t,I_y=\int_{t_1}^{t_2}F_y\mathrm{d}t,I_z=\int_{t_1}^{t_2}F_z\mathrm{d}t$

3. 质点及质点系的动量定理 $\boldsymbol{I}=\int_{t_1}^{t_2}\boldsymbol{F}\mathrm{d}t=\boldsymbol{p}_2-\boldsymbol{p}_1$

物体所受合外力对时间的积累，即合外力的冲量，等于物体动量的增加。质点的动量定理和质点系的动量定理具有完全相同的表达式。

$\boldsymbol{F}$ 为合外力，如果是单个质点的动量定理，则 $\boldsymbol{p}$ 为单个质点的动量；如果是质点系的动量定理，则 $\boldsymbol{p}$ 为质点系内各质点动量的矢量和。

4. 动量守恒定律

物体所受合外力为零时，物体和物体系的动量守恒。系统动量守恒，但内部物体动量可以转移，冲量是物体动量转移的量度。

动量守恒是对全过程而言，不仅仅是过程前后动量相等。

动量守恒定律的三种情况

(1) 当 $\boldsymbol{F}_{外}=0$，有 $\boldsymbol{p}=$ 恒量。动量严格守恒。

(2) 当 $F_{某方向}=0$，有 $p_{某方向}=$ 恒量。某方向动量严格守恒。

(3) $F_{外}\ll f_{内}$，$\boldsymbol{p}\approx$ 恒量。$F_{外某方向}\ll f_{内某方向}$，$p_{某方向}\approx$ 恒量。动量近似守恒。

三、功和能

1. 功　功是力对空间的积累 $A=\int_A^B F\cdot\mathrm{d}l=\int_A^B F\mathrm{d}l\cos\alpha=\int_A^B(F_x\mathrm{d}x+F_y\mathrm{d}y+F_z\mathrm{d}z)$

功是标量，无投影之说。

合力的功等于分力功的代数和 $A=\int_A^B\sum\boldsymbol{F}_i\cdot\mathrm{d}\boldsymbol{l}=\sum A_i=\sum\int_A^B\boldsymbol{F}_i\cdot\mathrm{d}\boldsymbol{l}$

功率 $P=\boldsymbol{F}\cdot\boldsymbol{v}$

2. 质点的动能定理

$$A=\int_A^B\boldsymbol{F}\cdot\mathrm{d}\boldsymbol{l}=E_{k2}-E_{k1}=\frac{1}{2}mv_2^2-\frac{1}{2}mv_1^2$$

物体所受合外力对空间的积累,即合外力的功,等于物体动能的增加。

3. 保守力　做功与路径无关的力是保守力。

保守力的性质　$A = \oint \boldsymbol{F}_{保} \cdot \mathrm{d}\boldsymbol{l} = 0$

保守力沿闭合路径做功为零。

4. 势能

(1) 定义　保守力场中某点的势能等于保守力从该点到零势能点所做的功。

$$E_{\mathrm{p}} = \int_{P}^{(0)} \boldsymbol{F}_{保} \cdot \mathrm{d}\boldsymbol{l}$$

(2) 说明　① 势能是属于物体系的。平常说某物的势能只是一种简化。② 势能是物体相对位置 r(状态参量)的函数,是状态量。③ 势能是相对的。求势能必须选取势能零点。零点不同,势能 E_{p} 的表达式不同。势能零点的选取以方便为准。

(3) 几种保守力的相关势能

重力势能(以坐标原点为势能零点)　$E_{\mathrm{p}} = mgy$

引力势能(以无限远处为势能零点)　$E_{\mathrm{p}} = -GMm/r$

弹性势能(以无伸长的弹簧端点为势能零点)　$E_{\mathrm{p}} = kx^2/2$

(4) 势能公式　保守力的功等于相关势能的减少。即　$A_{保守力} = \int_{A}^{B} \boldsymbol{F}_{保} \cdot \mathrm{d}\boldsymbol{l} = E_{\mathrm{p1}} - E_{\mathrm{p2}}$

5. 功能原理　合外力的功与非保守内力的功之和等于物体系机械能的增加。

$$A_{合外力} + A_{非保内} = (E_{\mathrm{k}2} + E_{\mathrm{p}2}) - (E_{\mathrm{k}1} + E_{\mathrm{p}1}) = E_2 - E_1$$

6. 机械能守恒定律

(1) 条件　如果任意微小过程合外力的功与非保守内力的功之和为零,即 $\mathrm{d}A_{合外力} + \mathrm{d}A_{非保内} = 0$

(2) 结论　系统全过程机械能守恒,即　$E = E_{\mathrm{k}} + E_{\mathrm{p}} =$ 恒量

而不仅仅是过程的始末的机械能相等。

§2.2　本章重点、难点

一、本章重点

(1) 牛顿三条运动定律。

(2) 牛顿运动定律的运用。

(3) 质点和质点系的动量定理。

(4) 动量守恒定律。

(5) 力的功。

(6) 动能定理。

(7) 保守力。

(8) 势能。

(9) 功能原理。

(10) 机械能守恒定律。

二、本章难点

(1) 牛顿运动定律的运用。

(2) 动量定理。

(3) 力的功。

(4) 势能。

(5) 功能原理。

§2.3 本章解题指导

本章的习题几乎都与质点运动学相联系，所以要结合上一章的解题指导。本章的习题有以下几个方面的内容，第一是牛顿运动定律及其应用；第二是动量与冲量；第三是功和能。

一、牛顿运动定律及其应用

在牛顿运动定律及其应用中也有两类问题，其一是已知运动方程，通过对时间的微分求速度和加速度，最后求力的所谓第一类问题；其二是已知力得到加速度，通过积分求速度和运动方程的所谓第二类问题；当然第一类问题与第二类问题经常互相参合。

应用牛顿运动定律解题最好按步骤来，这样解题就思路清晰，显得有条理，且很少犯错，见例题 2-1、例题 2-2、例题 2-3、例题 2-4、例题 2-5。用牛顿运动定律解题步骤如下：

(1) 选取隔离体进行受力分析。受力分析一定要找到施力者。这点至关重要，因为后面的解题是以此为基础的。例题 2-1、例题 2-2、例题 2-3、例题 2-4、例题 2-5 都有受力分析。

(2) 根据可能的运动方向选取合适的坐标系。一般选取可能的运动方向为坐标正向。坐标选取可以是整个系统一个坐标系，也可以是一个物体一个坐标系。应用牛顿运动定律所解题目中，经常遇到圆周运动，这时就选自然坐标。如例题 2-4、例题 2-5。

(3) 然后用牛顿运动定律列方程。为了使方程的物理意义清楚，方程一定要是定律给出的原始形式。例如牛顿第二定律的原始形式是 $\boldsymbol{F} = m\boldsymbol{a}$。等号左边是方程的原因，等号右边是方程的效果。$\boldsymbol{a}=\boldsymbol{F}/m$ 不是牛顿第二定律的原始形式，而是推导式，如例题 2-1、例题 2-2、例题 2-3、例题 2-4。另外，列方程要投影在坐标上，物理量顺坐标者为正，逆坐标者为负。解出的物理量如为正，则物理量方向顺坐标；如为负，则物理量方向逆坐标。

(4) 解方程。解方程的数学运算要尽量使用高等数学语言。例如矢量夹角应是矢量正方向的夹角，与坐标轴的夹角应是逆时针者为正，顺时针者为负。且描述矢量的方向一般以与 x 轴的夹角为准。

另外在解方程的过程中，最好用字母列方程，用字母进行运算，用字母运算出最后结果后再代入数值。这样做的好处是：① 因物理量都用字母表示，所以用字母进行运算，使得物理概念清楚，条理分明。② 便于检查运算过程是否正确。如果过早代入数据，会使物理概念淹没在数字之中，使方程完全失去物理意义。③ 累计误差小。物理量的计算，小数居多，代入数据就得近似，多次近似肯定比一次近似误差大。

(5) 确定物理量的方向，有时还要根据习题的要求进行讨论。

二、动量与冲量

在解动量与冲量的习题时，其步骤与应用牛顿运动定律解题的步骤差不多。具体是：① 对隔离体进行受力分析；② 选取合适的坐标系；③ 用动量定理或动量守恒定律列方程；④ 解方程；⑤ 确定物理量的方向并讨论。

在进行受力分析时，一定要将力分析全，哪怕这个力最后被忽略，也要分析进去，要养成习惯。特别是微小质量的重力，如例题 2-6、例题 2-8、例题 2-9。

用动量定理或动量守恒定律列方程时也一定要是原理式，且速度是相对同一参照系，如例题 2-10。如用动量定理列方程，等号左边是原因，即是冲量；等号右边是效果，即是动量的增量，如例题 2-6、例题 2-7、例题 2-8、例题 2-9。如用动量守恒定律列方程，等号左边是系统内各物体初始动量之和，等号右边是系统内各物体末了动量之和，如例题 2-10。

三、功和能

功和能的习题有三类，其一是求力的功，其二是势能，其三是功能原理(或动能定理、或机械能守恒定律)。

求力的功有两种情况，一种是用力做功的定义式求解(如例题 2-11、2-14)，另一种是利用动能定理或功能原理求解(如例题 2-14)。用力做功的定义式求解又有两种情况：一是已知力的表达式求力做功(如例题 2-11)，二是不知力的表达式求力做功(如例题 2-14)。前一种用功的定义仔细求解一般问题不大；后一种虽用功的定义求解，但要通过牛顿第二定律求出力的表达式来。

关于势能的习题，要注意两点：势能是相对的（如例题 2-12），势能差是绝对的（如例题 2-12）。求势能一定要选取势能零点，势能零点的选取除题目有要求外，一般以势能表达式最简单为准（如例题 2-12）。在已知的三种保守力的相关势能中，除了重力势能的势能零点可以任意选取外，弹性势能零点与万有引力势能零点，都只能选取特定的点，即弹性势能零点选弹簧无伸长的端点，万有引力势能零点选无穷远处，势能表达式才有最简单的表达式。求势能差有两种方法：其一是先求势能后再求势能差；其二是用势能公式求势能差（如例题 2-12）。不论是求势能，还是求势能差，都要涉及积分运算。这里千万要注意的是："弹性势能"积分$\int -kx\,\mathrm{d}x$中的 x 不是坐标，而是弹簧的伸长量（如例题 2-12）；"万有引力势能"积分$\int -G\frac{m_1m_2}{r^2}\mathrm{d}r$中的 r 不是对坐标原点的矢径，而是对激发引力场物体的矢径。

至于功能原理（或动能定理、或机械能守恒定律）方面的习题，只要把握原理适用的条件，解决起来都不困难（如例题 2-13）。

§2.4 本章典型例题

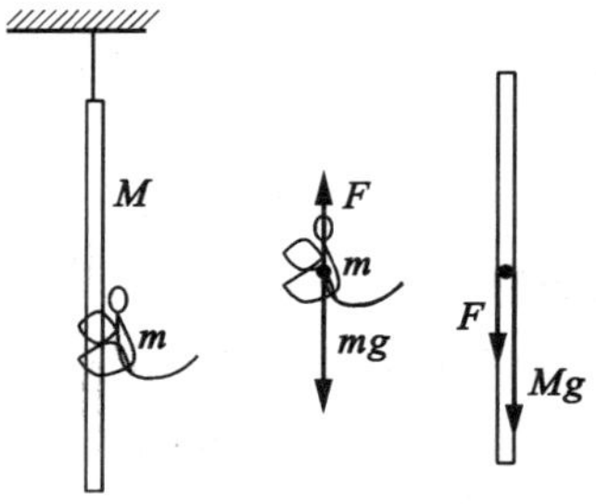

图 2-1　例题 2-1 用图

例题 2-1　如图 2-1 所示，设想一只质量为 m 的小猴，原来抓住一根用绳吊在天花板上的质量为 M 的直杆，悬线突然断开，小猴则沿杆子竖直向上爬想保持它离地面的高度不变，不过它还是以相对于大地 $g/2$ 的加速度下落，此时直杆下落的加速度为多少？

分析　此题是通过力求加速度的例题，只要把受力分析搞清楚，应用牛顿定律求解不会有问题。

解　设小猴上爬作用于直杆向下的力为 F，则直杆作用于小猴向上的力也为 F。对小猴与直杆进行受力分析（如图 2-1 中的右图所示）。取向下为坐标正向，对小猴与直杆用牛顿定律列方程为

$$\begin{cases} mg - F = ma_{\mathrm{m}} = \dfrac{mg}{2} \\ Mg + F = Ma_{\mathrm{M}} \end{cases}$$

两式相加，得$(M+m)g = Ma_{\mathrm{M}} + \dfrac{mg}{2}$

由此解出直杆下落的加速度为 $a_{\mathrm{M}} = g + \dfrac{m}{2M}g$

例题 2-2　如图 2-2 所示，用力 F 推水平地面上的木箱（质量 m），设力与水平方向夹角为 θ，木箱与地面间滑动摩擦因数为 μ_k，静摩擦因数为 μ_s。(1) 要推动木箱，F 至少应多大？此后维持木箱匀速前进，F 应需多大？(2) 证明当 θ 角大于某值时，无论 F 多大，也不能推动木箱，并求出此角。

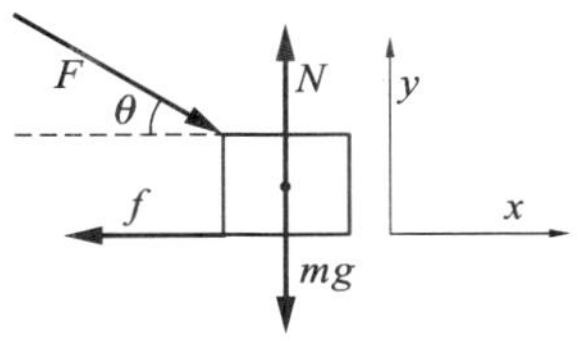

图 2-2　例题 2-2 用图

分析　这是一道关于摩擦力的例题，可以使我们对静摩擦力与滑动摩擦力有更深入的了解，当然该题也是应用牛顿定律解题的例题。只要按牛顿定律解题的步骤，问题容易解决。

解　对木箱进行受力分析，选取的坐标系如图 2-2 所示。应用牛顿定律列方程，得 x 方向和 y 方向的方程分别为

$$F\cos\theta - f = ma$$

$$N - F\sin\theta - mg = 0$$

(1) 当木箱刚好被推动时有

$$f_{\max} = \mu_s N = \mu_s(F\sin\theta + mg)$$

$$F\cos\theta \geqslant f_{\max} = \mu_s(F\sin\theta + mg)$$

$$F(\cos\theta - \mu_s\sin\theta) \geqslant \mu_s mg$$

由此解得，要推动木箱，F 应满足

$$F \geqslant \frac{\mu_s mg}{\cos\theta - \mu_s\sin\theta}$$

即要推动木箱，F 至少应为$\dfrac{\mu_s mg}{\cos\theta - \mu_s\sin\theta}$。

此后维持木箱继续匀速运动时 F 至少应为 $\mu_k mg/(\cos\theta - \mu_k\sin\theta)$。

(2) 当 $\cos\theta - \mu_s\sin\theta = 0$ 时，$F \to \infty$。所以当 $\cos\theta - \mu_s\sin\theta \leqslant 0$，即 $\tan\theta \geqslant 1/\mu_s$ 或 $\theta \geqslant \arctan(1/\mu_s)$ 时，不论 F 多大都不能推动木箱。

例题 2-3　质量为 m 的子弹以速度 v_0 水平射入沙土中，设子弹所受阻力与速度的平方成正比，比例系数为 k，忽略子弹的重力。求：子弹射入沙土后，速度随时间变化的函数关系式。

分析　此题是通过力求加速度进而求速度的所谓第一类问题，只不过力与速度有关。通过对力与速度平方成正比的有关问题的求解，可以举一反三地对力与速度其他次方成正比的相应问题进行求解。

解　由于忽略子弹的重力，依题目所给条件，子弹受力为 $F = -kv^2$。所以有

$$f_\mu = -kv^2 = ma = m\frac{\mathrm{d}v}{\mathrm{d}t}$$

分离变量并积分，得

$$-\int_0^t \frac{k}{m}\mathrm{d}t = \int_{v_0}^{v} \frac{\mathrm{d}v}{v^2}$$

$$-\frac{k}{m}t = \frac{1}{v_0} - \frac{1}{v}$$

得速度随时间变化的函数关系式为

$$v = \frac{v_0}{1 + kv_0 t/m}$$

例题 2-4　如图 2-3 所示，一内表面光滑、半径为 15 cm 的半球形碗，以匀角速度 ω 绕其对称轴旋转，已知放在碗内表面上的一个小球 P 相对碗静止，其位置高于碗底 7 cm，则由此可推知碗旋转的角速度为多少？

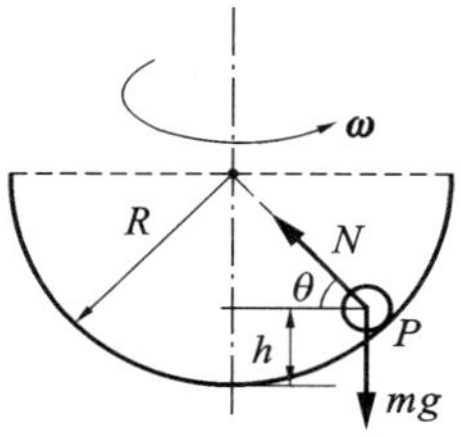

图 2-3　例题 2-4 用图

分析　这是个动平衡问题，只要搞清楚小球 P 在哪个方向运动，在哪个方向静止，问题就好办了。运动的加速度是什么力提供，静止是什么力平衡。

解　对小球进行受力分析，如图 2-3 所示。将力投影到竖直方向和水平方向。竖直方向小球没有运动，故合力为零。水平方向小球作匀速圆周运动，合外力为小球作匀速圆周运动的向心力。于是有

水平方向

$$N\cos\theta = ma_{\mathrm{n}} = mr\omega^2 = m(R\cos\theta)\omega^2$$

竖直方向

$$N\sin\theta - mg = 0$$

由水平方向方程，有

$$N = mR\omega^2$$

将其带入竖直方向方程，得

$$mR\omega^2 \sin\theta = mg$$

有

$$R\omega^2 \sin\theta = g$$

$$\omega = \sqrt{\frac{g}{R\sin\theta}}$$

由题目所给条件，及图中的几何关系，知

$$\sin\theta = \frac{R-h}{R}$$

故碗旋转的角速度为

$$\omega = \sqrt{\frac{g}{R-h}} = \sqrt{\frac{9.8}{15\times10^{-2} - 7\times10^{-2}}}\ \mathrm{rad/s} = 11.1\ \mathrm{rad/s}$$

例题 2-5　某种直升飞机每片旋翼长 $l = 6.28$ m，若按宽度一定，厚度均匀的薄片计算，求旋翼以 $\omega = 410$ r/min 的转速旋转时，其根部所受拉力为重力的几倍。

分析　这是个求圆周运动向心力的例题。旋翼根部受的拉力就是提供旋翼做圆周运动的向心力。由于旋翼各处到旋翼根部，即到转轴的距离不同，则旋翼各处的向心加速度不同，所以计算旋翼根部受力不能用一个加速度值计算。应采用对旋翼无限分割取微元的方法，先求出旋翼微元受的向心力，然后积分求和便得出旋翼根部受的力。

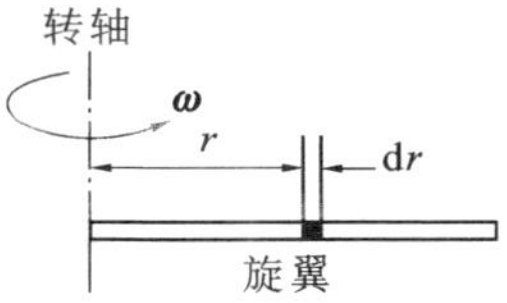

图 2-4　例题 2-5 用图

解　旋翼根部所受的拉力就是提供旋翼做圆周运动的向心力。设旋翼横截面面积为 S，旋翼质量密度为 ρ。则旋翼的质量为 $m = \rho V = \rho S l$，它受的重力为 $\boldsymbol{P} = mg = \rho S l g$。在旋翼上距根部 r 处取微元长度 $\mathrm{d}r$，如图 2-4 所示，使它做作圆周运动应提供的向心力

$$\mathrm{d}F = \mathrm{d}m a_{\mathrm{n}} = \mathrm{d}m r\omega^2 = \omega^2 \rho S r \,\mathrm{d}r$$

对所有微元应提供的向心力求和，就是旋翼根部所受的拉力

$$F = \int_0^l \rho S \omega^2 r \mathrm{d}r = \frac{\rho S \omega^2 l^2}{2} = \frac{m\omega^2 l}{2}$$

旋翼根部所受的拉力 F 对旋翼所受重力的比值为

$$\frac{F}{P} = \frac{m\omega^2 l}{2}\bigg/(mg) = \frac{\omega^2 l}{2g} = \frac{(410 \times 2\pi \div 60)^2 \times 6.28}{2 \times 9.80} = 591$$

所以旋翼根部所受的拉力是旋翼所受重力的 591 倍。

例题 2-6　水流流过一个固定的涡轮叶片，如图 2-5 所示，水流流过叶片前后的速率都等于 v，流进涡轮叶片和流出涡轮叶片的水柱横截面面积为 S。如忽略重力，求水作用于涡轮叶片力的大小和方向。

分析　这是个训练同学掌握动量定理的例题。物体是连续体 —— 流体。对于流体，取研究对象时应包括与涡轮叶片接触的全部水流，不能是一小段水流。因为如果是一小段水流，它与涡轮叶片接触的时间太长，不是微小时间段，计算起来就不方便。

解　取向右为 x 轴正向。取一段水流 AA'，Δt 时间后流到 BB'，如图 2-5 所示。其动量增量为

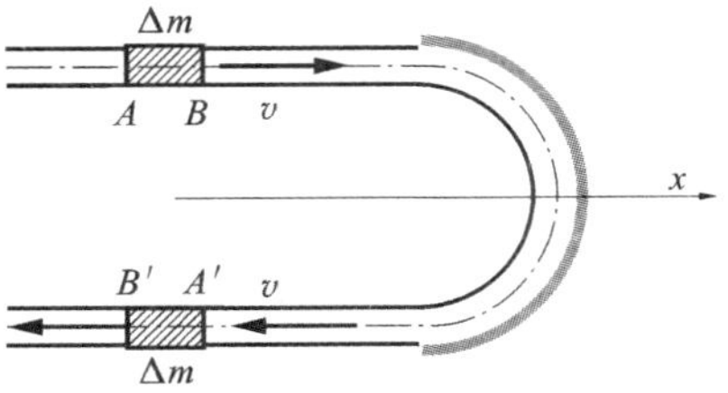

图 2-5　例题 2-6 用图

$$\begin{aligned}
\Delta \boldsymbol{p} &= \boldsymbol{p}_{\mathrm{BB'}} - \boldsymbol{p}_{\mathrm{AA'}} \\
&= (\boldsymbol{p}_{\mathrm{BA'}} + \boldsymbol{p}_{\mathrm{A'B'}}) - (\boldsymbol{p}_{\mathrm{AB}} + \boldsymbol{p}_{\mathrm{BA'}}) \\
&= \boldsymbol{p}_{\mathrm{A'B'}} - \boldsymbol{p}_{\mathrm{AB}} \\
&= -\Delta m v \boldsymbol{i} - \Delta m v \boldsymbol{i} = -2\Delta m v \boldsymbol{i}
\end{aligned}$$

式中，Δm 为 Δt 时间内流过 A 处截面或 A' 处截面水流的质量，它应为 $\Delta m = \rho S v \Delta t$，$\Delta m$ 也是 AB 段或 $A'B'$ 段的水流质量。于是得水流 AA' 的动量增量为

$$\Delta \boldsymbol{p} = -2\Delta m v \boldsymbol{i} = -2\rho S v \Delta t v \boldsymbol{i} = -2\rho S v^2 \Delta t \boldsymbol{i}$$

设涡轮叶片给水的作用力为 $\boldsymbol{F}'$，由动量定理得

$$\boldsymbol{F}'\Delta t = \Delta \boldsymbol{p} = -2\rho S v^2 \Delta t \boldsymbol{i}$$

$$\boldsymbol{F}' = -2\rho S v^2 \boldsymbol{i}$$

得涡轮叶片给水的作用力 $\boldsymbol{F}'$ 的大小为 $F' = 2\rho S v^2$，方向沿 x 轴负向。由作用力与反作用力的关系得，水作用于涡轮叶片力 $\boldsymbol{F}$ 的大小为

$$F = 2\rho S v^2$$

方向沿 x 轴正向，即水流入的方向。

例题 2-7 如图 2-6(a) 所示，两块并排的木块 A 和 B，质量分别为 m_1 和 m_2，静止地放在光滑的水平面上，一子弹水平地穿过两木块，设子弹穿过两木块所用的时间分别为 $\Delta t_1 = \tau$ 和 $\Delta t_2 = 2\tau$，木块对子弹的阻力分别为恒力 $\boldsymbol{F}_1$ 和 $\boldsymbol{F}_2$。求子弹穿出两木块后，两木块 A 和 B 速度。

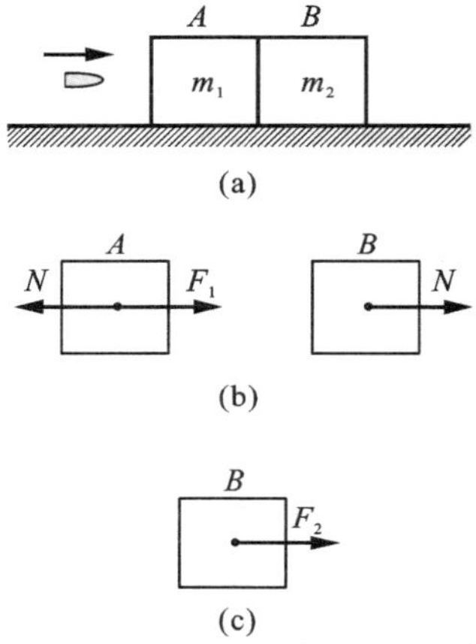

图 2-6 例题 2-7 用图

分析 这也是个训练同学们掌握动量定理的例题。研究对象是单个的物体。在受力分析的基础上，应用动量定理，问题不难解决。

解 在子弹打击两木块的过程中，子弹与两木块均在水平面运动，竖直方向的力相互抵消，故只关心水平方向受力。木块对子弹的阻力与子弹对木块的推力是一对作用力与反作用力。故子弹对木块的推力也分别为恒力 $\boldsymbol{F}_1$ 和 $\boldsymbol{F}_2$。取子弹与两木块的运动方向，即向右为坐标正向。

在子弹打击第一块木块的过程中，木块 A 受力是子弹向右的推力 $\boldsymbol{F}_1$ 和木块 B 对其向左的压力 $\mathbf{N}$；木块 B 受木块 A 向右的压力 $\mathbf{N}$，如图 2-6(b) 所示。依动量定理，有

$$\begin{cases} \displaystyle\int_0^{\Delta t_1} F_{\text{合外力}1} \mathrm{d}t = F_1\tau - N\tau = m_1 v_1 - 0 = m_1 v_1 \\ \displaystyle\int_0^{\Delta t_1} F_{\text{合外力}2} \mathrm{d}t = N\tau = m_2 v_1 - 0 = m_2 v_1 \end{cases}$$

两式相加得

$$F_1\tau = (m_1 + m_2) v_1$$

故子弹穿出木块 A 后，也即穿出两木块后，木块 A 的速度为

$$v_1 = \frac{F_1\tau}{m_1 + m_2}$$

在子弹打击第二块木块的过程中，木块 A 水平方向不再受力，以 v_1 做匀速直线运动。木块 B 受子弹向右的推力 $\boldsymbol{F}_2$，如图 2-6(c) 所示。依动量定理，有

$$\int_0^{\Delta t_2} F_{合外力2}\,\mathrm{d}t = F_2\Delta t_2 = 2F_2\tau = m_2v_2 - m_2v_1$$

于是得子弹穿出木块 B 后，也即穿出两木块后，木块 B 的速度为

$$v_2 = \frac{2F_2\tau}{m_2} + v_1 = \frac{2F_2\tau}{m_2} + \frac{F_1\tau}{m_1+m_2}$$

例题 2-8　如图 2-7 所示，用传送带 A 输送煤粉，料斗口在 A 上方高 $h = 0.80$ m 处，煤粉自料斗口自由下落在 A 上，设料斗口连续卸煤的流量为 $q_m = 50$ kg/s，A 以 $v = 3.0$ m/s 的水平速度向右移动，求装煤的过程中，煤粉对传送带 A 作用力的大小和方向（不计相对传送带静止的煤粉质量）。

分析　这是个用动量定理解连续体 —— 煤粉与传送带相互作用力的例题。对这种题研究对象的选取不是单个物体，而是微小时间 $\mathrm{d}t$ 运送的煤粉 $\mathrm{d}m$。进行受力分析时应指出有重力，但因 $\mathrm{d}t$ 小，煤粉 $\mathrm{d}m$ 小，使得重力可以忽略。

解　煤粉接触传送带时速度为 $v_0 = \sqrt{2gh}$，方向向下。取时间微元 $\mathrm{d}t$，落入传送带上的煤粉质量 $\mathrm{d}m = q_m\mathrm{d}t$。$\mathrm{d}m$ 受力有重力 $\mathrm{d}mg$ 和设传送带对煤粉的平均作用力为 $\boldsymbol{f}$，选取坐标系如图 2-7(b) 所示。由动量定理列方程，得 x、y 方向的分量式为

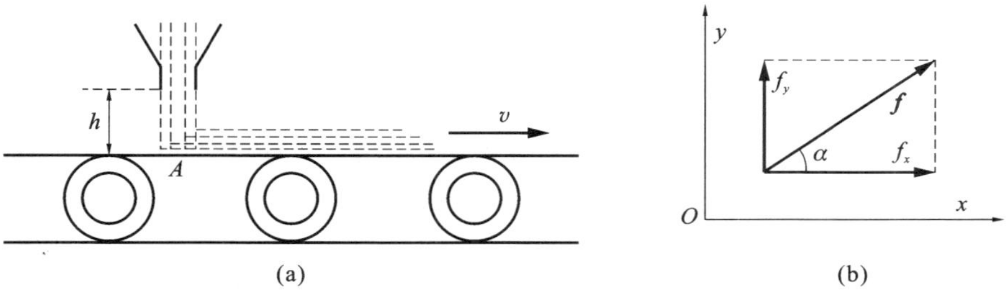

图 2-7　例题 2-8 用图

$$f_x\mathrm{d}t = \mathrm{d}m(v_{2x} - v_{1x}) = \mathrm{d}m(v - 0) = \mathrm{d}mv$$

$$(f_y - \mathrm{d}mg)\mathrm{d}t \approx f_y\mathrm{d}t = \mathrm{d}m(v_{2y} - v_{1y}) = \mathrm{d}m[0 - (-v_0)] = \mathrm{d}mv_0$$

得

$$f_x = \frac{\mathrm{d}mv}{\mathrm{d}t} = \frac{\mathrm{d}m}{\mathrm{d}t}v = q_mv \qquad f_y = \frac{\mathrm{d}mv_0}{\mathrm{d}t} = \frac{\mathrm{d}m}{\mathrm{d}t}v_0 = q_mv_0$$

故传送带给煤粉力的大小为

$$f = \sqrt{f_x^2 + f_y^2} = q_m\sqrt{v^2 + v_0^2} = q_m\sqrt{v^2 + 2gh}$$
$$= 50 \times \sqrt{(3.0)^2 + 2\times 9.8\times 0.80}\ \mathrm{N} = 248\ \mathrm{N}$$

设 $\boldsymbol{f}$ 与 x 轴夹角为 α，如图 2-7(b) 所示，则有

$$\alpha = \arctan\frac{f_y}{f_x} = \arctan\frac{v_0}{v} = \arctan\frac{\sqrt{2gh}}{v} = \arctan\frac{\sqrt{2\times 9.8\times 0.80}}{3.0} = 52.9^\circ$$

所以煤粉对传送带的作用力 $\boldsymbol{f}'$ 的大小为

$$f' = 248\ \mathrm{N}$$

其方向与 x 轴夹角为

$$\alpha' = 180^\circ + 52.9^\circ = 232.9^\circ$$

例题 2-9　自动步枪连发时每分钟射出 120 发子弹，每发子弹的质量为 12.0 g，出枪口的速率为 800 m/s。求射击时枪托对肩部的平均压力。

分析　这表面上是个用动量定理解单个物体受力的问题，实际上作为连续体受力的问题会更好些。

解　设自动步枪单位时间内连续发射的子弹数为 $n = 2\ \mathrm{s}^{-1}$。取微小时间 $\mathrm{d}t$，$\mathrm{d}t$ 时间发射子弹数为 $\mathrm{d}N = n\mathrm{d}t$，其质量为 $\mathrm{d}M = m\mathrm{d}N = mn\mathrm{d}t$。对 $\mathrm{d}M$ 进行受力分析是：$\mathrm{d}M$ 受的重力和枪托对子弹的平均冲击力 F。根据动量定理，有

$$(F + \mathrm{d}Mg)\mathrm{d}t = \mathrm{d}Mv - 0 = \mathrm{d}Mv = mn\mathrm{d}tv$$

近似有

$$F\mathrm{d}t = mn\mathrm{d}tv$$

由此解得枪托对子弹的平均冲击力为

$$F = mnv$$

其大小为

$$F = mnv = 0.0120\times 2\times 800\ \mathrm{N} = 19.2\ \mathrm{N}$$

方向沿子弹射出的方向。根据作用力与反作用力的关系知枪托对肩部的平均压力大小为 19.2 N，方向与子弹射击的方向相反。

例题 2-10　一质量为 $m = 70$ kg 的男子在一静止于湖面的小船上(其质量为 $M = 250$ kg，长度 $l = 8$ m)行走。当他从船头走到船尾时，求船移动的方向和距离。

分析　此题表面很简单，但实际上是一个物理概念很强的例题，也是一个实际应用很多的题。如宇航员在飞船上出舱行走、人从车上跳下等就与此题类似。此题的解题结果可能正确，但解题的过程却可能完全错误。

因人在船上走，设他相对船的速度为 u。人行走，船肯定也走，设其相对地面的速度为 v。因人与船组成系统的动量守恒，故不同的学生可能列出不同的动量守恒方程：

$$mu + Mv = 0 \quad ①$$

$$mu = Mv \quad ②$$

$$(m + M)v + mu = 0 \quad ③$$

$$(m + M)v = Mu \quad ④$$

可是以上式子没有一个正确。动量守恒方程中的速度应是相对同一参照系，等号两边的动量应分别是两个时刻系统内质点的动量和。所以：

式 ① 之所以错，在于速度不是相对于同一参照系。

式 ② 之所以错，除了速度不是相对于同一参照系之外，式子表示的是两物的动量相等，不是动量守恒。

式 ③ 之所以错，也是除了速度不是相对于同一参照系之外，似乎 m 的动量考虑了两次。尽管此式是原始动量守恒方程的推导式，但动量守恒方程必须是原理式。

式 ④ 之所以错，也是除了速度不是相对于同一参照系之外，似乎是两个物体的动量与其中一个物体的动量相等。这显然是不对的。

另外，不少人用平均速度解题，这似乎对学过高等数学的大学生来说，有点过时。

下面就是正确的规范的解法。

解　因男子在静止湖面的小船上行走，水的阻力可以忽略，垂直水面的重力和水的浮力相互抵消，故人与船组成的系统动量守恒。设人相对船的速度为 u，船相对地面的速度为 v。因人在船上行走之前，人与船都静止，故人与船组成系统的动量和为零。

由相对运动原理，得人相对大地的速度为

$$v_0 = v_{人地} = v_{人船} + v_{船地} = u + v$$

所以得动量守恒方程为

$$0 = mv_0 + Mv = m(u + v) + Mv = (m + M)v + mu$$

得船相对于湖面的速度为

$$v = \frac{-mu}{m + M}$$

负号表示船速度的方向与人行走的方向相反。由此得出

$$l_{船} = \int_0^t v\mathrm{d}t = \int_0^t -\frac{mu}{m + M}\mathrm{d}t = -\frac{m}{m + M}\int_0^t u\mathrm{d}t$$

而 $\int_0^t u\mathrm{d}t$ 正好是人在船上走的路程 L，所以船在湖面上走的路程为

$$l_{船} = -\frac{mL}{m + M} = -\frac{70 \times 8.0}{70 + 250}\ \mathrm{m} = -1.75\ \mathrm{m}$$

负号表示船走的路程与人走的路程方向相反。即船向船头移动 1.75 m。

例题 2-11　力 $\boldsymbol{F} = x^3\boldsymbol{i} + 3y^2\boldsymbol{j}$(SI) 作用于其运动方程为 $y = 3t$(SI) 的作直线运动的物体上，求 0 ～ 1 s 内力 $\boldsymbol{F}$ 做的功。

分析　此题用功的定义解。

解 因运动方程为 $y=3t$，即隐含 $x=0,z=0$，有

$$\mathrm{d}\boldsymbol{l}=0\boldsymbol{i}+\mathrm{d}y\boldsymbol{j}+0\boldsymbol{k}$$

根据功的定义，得力 $\boldsymbol{F}$ 做的功为

$$A=\int_a^b \boldsymbol{F}\cdot\mathrm{d}l=\int_a^b(F_x\mathrm{d}x+F_y\mathrm{d}y+F_z\mathrm{d}z)=\int_a^b(x^3\cdot 0+3y^2\mathrm{d}y+0\cdot 0)$$

$$=\int_{y_1}^{y_2}3y^2\mathrm{d}y=y_2^3-y_1^3$$

根据题目所给条件 $y=3t$，有：当 $t_1=0$ 时，得 $y_1=0$；当 $t_2=1$ 时，得 $y_2=3$。代入上式，得力 $\boldsymbol{F}$ 做的功为

$$A=y_2^3-y_1^3=3^3-0(\mathrm{J})=27\ \mathrm{J}$$

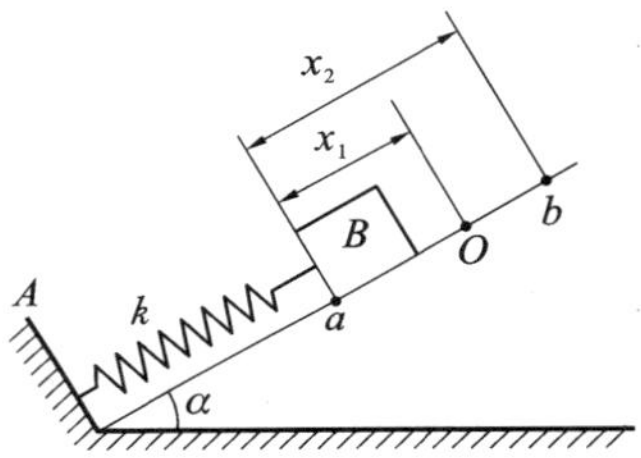

图 2-8 例题 2-12 用图

例题 2-12 劲度系数为 k 的轻弹簧，一端与在倾角为 α 的斜面上的固定挡板 A 相接，另一端与质量为 m 的物体 B 相连，点 O 为弹簧在没有连物体时，长度为原长时端点的位置，点 a 为物体 B 的平衡位置。现在将物体 B 由点 a 沿斜面向上移动到点 b。设点 a 与点 O、点 a 与点 b 之间距离分别为 x_1 和 x_2，如图 2-8 所示。求在此过程中，由弹簧、物体 B 和地球组成系统弹性势能的增量、重力势能的增量和总势能的增量。

分析 这是个加深对势能理解的题。势能是相对的，势能差是绝对的。此题可以用势能公式求解，也可以用求势能差值求解。用势能公式求解时，要注意保守力做功等于相关势能的减少，不是增加。在求弹性力做功时，积分 $\int_a^b -kx\,\mathrm{d}x$ 中的 x 是弹簧的伸长量，不是对所取参考点的位移。用求势能差值求解时，要选取势能零点。选取势能零点时最好选使势能表达式最简单的点为势能零点。一般来讲，对已学过的几种保守力的相关势能，能使势能表达式最简单的势能零点的选取是这样的：弹性势能零点选弹簧无伸长的端点，万有引力势能零点选无穷远处，而重力势能零点选取可以任意。

解 (1) 先用势能公式求解

根据势能公式，物体 B 由点 a 移动到点 b，保守力做的功 A 等于相关势能的减少，即

$$A_{\text{保守力}}=\int_a^b \boldsymbol{F}_{\text{保}}\cdot\mathrm{d}\boldsymbol{l}=E_{\mathrm{pa}}-E_{\mathrm{pb}}=-(E_{\mathrm{pb}}-E_{\mathrm{pa}})=-\Delta E_{\mathrm{p}}$$

于是有

$$\Delta E_{\mathrm{p}}=-\int_a^b \boldsymbol{F}_{\text{保}}\cdot\mathrm{d}\boldsymbol{l}=\int_b^a \boldsymbol{F}_{\text{保}}\cdot\mathrm{d}\boldsymbol{l}$$

设物体 B 由点 a 移动到点 b，弹性势能的增量为 $(\Delta E_p)_k$，重力势能的增量为 $(\Delta E_p)_g$，总势能的增量为 ΔE_p。则弹性势能增量、重力势能增量、总势能增量分别为

$$(\Delta E_p)_k = \int_{x_2-x_1}^{x_1} -kx \cdot dx = \frac{1}{2}k\,(x_2-x_1)^2 - \frac{1}{2}kx_1^2$$

$$(\Delta E_p)_g = \int_{x_2\sin\alpha}^{0} -mg\,dh = -mg\,(0-x_2\sin\alpha) = mgx_2\sin\alpha$$

$$\Delta E_p = (\Delta E_p)_k + (\Delta E_p)_g = \frac{1}{2}k(x_2-x_1)^2 - \frac{1}{2}kx_1^2 + mgx_2\sin\alpha$$

(2) 再用求势能差值求解

选取点 O 为势能零点。则点 b 的弹性势能、重力势能分别为

$$(E_{pb})_k = \frac{1}{2}k(x_2-x_1)^2$$

$$(E_{pb})_g = mg(x_2-x_1)\sin\alpha$$

点 a 的弹性势能、重力势能分别为

$$(E_{pa})_k = \frac{1}{2}kx_1{}^2$$

$$(E_{pa})_g = -mgx_1\sin\alpha$$

由此得从点 a 到点 b 弹性势能的增量、重力势能的增量和总势能的增量分别为

$$(\Delta E_p)_k = (E_{pb})_k - (E_{pa})_k = \frac{1}{2}k(x_2-x_1)^2 - \frac{1}{2}kx_1^2$$

$$(\Delta E_p)_g = (E_{pb})_g - (E_{pa})_g = mg(x_2-x_1)\sin\alpha - (-mgx_1\sin\alpha) = mgx_2\sin\alpha$$

$$\Delta E_p = (\Delta E_p)_k + (\Delta E_p)_g = \frac{1}{2}k(x_2-x_1)^2 - \frac{1}{2}kx_1^2 + mgx_2\sin\alpha$$

与用势能公式求解的结果完全相同。

例题 2-13　速度为 v 的子弹，打穿一块木板后速度为零，设木板对子弹的阻力是恒定的。那么，当子弹射入木板的深度等于其厚度的三分之二时，子弹的速度是多少？

分析　这是道训练动能定理的题目。

解　设木板的厚度为 h，子弹的质量为 m，木板对子弹的阻力为 $\boldsymbol{F}$，子弹射入木板深度为其厚度的三分之二时，子弹的速度为 v'。因木板对子弹的阻力恒定，所以阻力做功是恒力做功。当子弹射穿木板时，依动能定理有

$$A = \int_a^b \boldsymbol{F} \cdot d\boldsymbol{l} = -Fh = E_{k2} - E_{k1} = -\frac{1}{2}mv^2$$

当子弹射入木板三分之二厚度时，有

$$A' = \int_a^{b'} \boldsymbol{F} \cdot d\boldsymbol{l} = -F\left(\frac{2}{3}h\right) = E_{k2'} - E_{k1} = \frac{1}{2}mv'^2 - \frac{1}{2}mv^2$$

将两式化简

$$Fh = \frac{1}{2}mv^2$$

$$Fh = \frac{3}{4}(mv^2 - mv'^2)$$

得

$$\frac{1}{2}mv^2 = \frac{3}{4}(mv^2 - mv'^2)$$

$$\frac{3}{4}mv'^2 = \frac{1}{4}mv^2$$

$$mv'^2 = \frac{1}{3}mv^2$$

所以，子弹射入木板深度为厚度的三分之二时，子弹的速度为

$$v' = \frac{v}{\sqrt{3}}$$

例题 2-14 一长为 l，质量为 m 的匀质链条，放在光滑桌面上，若其长度的 1/4 悬挂于桌边下，将其慢慢拉回桌面，外力需做多少功？

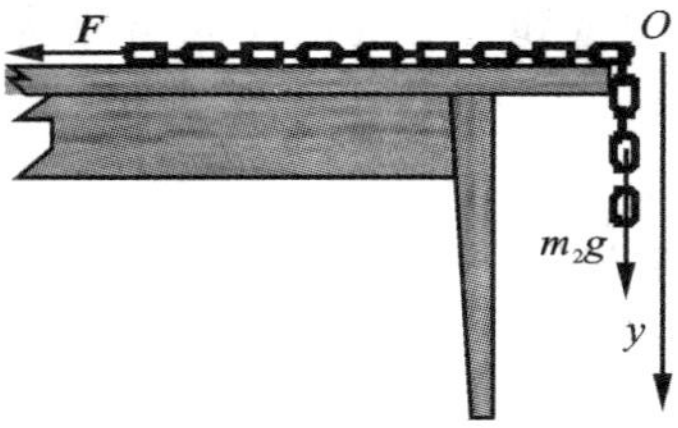

图 2-9 例题 2-14 用图

分析 这道例题可以用两种方法求解，其一是用功的定义求解，因力的表达式不知道，可以从链条受力与链条运动的情况把力的表达式求出来。其二是用功能原理求解。下面就用这两种方法求解。

解 (1) 用功的定义求解

先求力的表达式。取桌面为坐标原点，向下为 y 轴正向。设在光滑桌面的边沿处链条与桌面边沿接触是光滑圆弧接触，力以切向力的方式传递。设在外力慢慢拉链条的过程中的任意时刻，下悬链条的长度为 y，桌面上链条的长度为 $l-y$。设链条的质量线密度为 λ，则桌面上链条的质量为 $m_1=\lambda(l-y)$，下悬链条的质量为 $m_2=\lambda y$。设桌面上的链条与下悬链条间相互作用力为 F'，则桌面上链条切线方向受力向左为 F，向右为 F'，下悬链条切线方向受力向上为 F'，向下为 $m_2 g=\lambda yg$。由于外力慢慢拉链条，则链条的加速度为零。所以根据牛顿定律，桌上链条与下悬链条的动力学方程分别为

$$\begin{cases} F - F' = m_1 a = 0 \\ F' - m_2 g = m_2 a = 0 \end{cases}$$

于是有

$$F = m_2 g = \lambda yg$$

根据力做功的定义，外力做功为

$$A=\int_a^b \boldsymbol{F}\cdot \mathrm{d}\boldsymbol{l}=\int_{l/4}^0 \lambda yg\mathrm{d}y\cos\pi=\left[-\frac{1}{2}\lambda gy^2\right]_{l/4}^0=\frac{\lambda gl^2}{32}=\frac{1}{32}mgl$$

(2) 用功能原理求解

取链条与地球为一个系统，桌面为重力势能零点。在外力慢慢拉链条的开始，系统的重力势能，即机械能为

$$E_1=-m_2g\,\frac{y}{2}=-\lambda yg\,\frac{y}{2}=-\frac{\lambda gl^2}{32}=-\frac{mgl}{32}$$

链条全部拉回桌面，系统的重力势能，即机械能为

$$E_2=0$$

根据功能原理，外力的功加非保守内力的功等于系统机械能的增加。因无非保守内力，故外力做的功为

$$A=E_2-E_1=0-\left(\frac{-mgl}{32}\right)=\frac{mgl}{32}$$

其结果与用功的定义求解的结果完全相同。

例题 2-15　质量为 m 的汽车，沿 x 轴正方向运动，初始位置 $x_0=0$，从静止开始加速。在其发动机的功率 P 维持不变，且不计阻力的条件下，求

(1) 汽车的位移与时间的关系；

(2) 汽车的位移与速度的关系。

分析　这是道有关功率的例题，同时也是训练学生运用高等数学技能的题。

解　(1) 求汽车位移与时间的关系

由功率的定义和牛顿定律知

$$P=\boldsymbol{F}\cdot\boldsymbol{v}=Fv=mav=mv\,\frac{\mathrm{d}v}{\mathrm{d}t}$$

有

$$P\mathrm{d}t=mv\mathrm{d}v$$

$$\int_0^t P\mathrm{d}t=\int_0^v mv\mathrm{d}v$$

$$Pt=\frac{1}{2}mv^2$$

有

$$v=\sqrt{\frac{2Pt}{m}}$$

因 $v=\mathrm{d}x/\mathrm{d}t$，得

$$v=\sqrt{\frac{2Pt}{m}}=\frac{\mathrm{d}x}{\mathrm{d}t}$$

$$\mathrm{d}x = \sqrt{\frac{2Pt}{m}}\mathrm{d}t$$

$$x = \int_0^x \mathrm{d}x = \int_0^t \sqrt{\frac{2Pt}{m}}\mathrm{d}t = \frac{2}{3}\ \sqrt{2Pt^3/m}$$

即汽车位移与时间的关系为

$$x = \sqrt{\frac{8P}{9m}}\ t^{\frac{3}{2}}$$

(2) 求汽车位移与速度的关系

由功率的定义和牛顿定律知

$$P = \boldsymbol{F} \cdot \boldsymbol{v} = Fv = mav = m\frac{\mathrm{d}v}{\mathrm{d}t}v$$

有

$$P = mv\ \frac{\mathrm{d}v}{\mathrm{d}t} = mv\ \frac{\mathrm{d}v}{\mathrm{d}x}\ \frac{\mathrm{d}x}{\mathrm{d}t} = mv^2\ \frac{\mathrm{d}v}{\mathrm{d}x}$$

$$P\mathrm{d}x = mv^2\mathrm{d}v$$

$$\int_0^x P\mathrm{d}x = \int_0^v mv^2\mathrm{d}v$$

得汽车位移与速度的关系为

$$x = \frac{1}{3P}mv^3$$

第 3 章　刚体定轴转动

§3.1　本章内容剖析

一、刚体定轴转动的运动学规律

1. 刚体的物理模型　刚体即物体内任意两点间的距离始终保持不变的物体。

2. 刚体的基本运动

(1) 平动

① 定义　刚体任意两点间的连线始终保持平行的运动。

② 特点　刚体的各质点的运动学规律(位移、速度、加速度)完全相同。

③ 平动刚体可简化成质点。

(2) 转动　刚体中所有质点都绕同一直线作圆周运动的运动。

(3) 刚体的一般运动　平动加转动。

3. 刚体的定轴转动

(1) 定义　转轴对参照系固定的转动。

(2) 特点　刚体上所有质点绕转轴作圆周运动的角量(角位移、角速度、角加速度)完全相同。

(3) 可用一代表点的角量来描述刚体的定轴转动。

(4) 代表点

① 转动平面　在刚体上作的垂直于转轴的平面。

② 代表点　在转动平面上取的代表刚体转动的一点。

③ 代表点的角量　代表点对转轴的矢径与 x 轴正方向(参考方向)的夹角。

(5) 刚体定轴转动的角量描述　与圆周运动中角量描述相同。

二、刚体定轴转动的转动定律

1. 力矩 $\boldsymbol{M}$

(1) 定义式　$\boldsymbol{M}=\boldsymbol{r}\times\boldsymbol{F}$。$\boldsymbol{r}$ 为力 $\boldsymbol{F}$ 的作用点对转轴通过的点 O 引的矢径。

(2) 大小　$M=rF\sin\varphi$ 。

(3) 方向　沿 $\boldsymbol{r}\times\boldsymbol{F}$ 的方向,不是 $\boldsymbol{F}\times\boldsymbol{r}$ 的方向。

(4) 合力矩　$\boldsymbol{M}_{合}=\boldsymbol{M}_1+\boldsymbol{M}_2+\cdots+\boldsymbol{M}_n=\boldsymbol{r}_1\times\boldsymbol{F}_1+\boldsymbol{r}_2\times\boldsymbol{F}_2+\cdots+\boldsymbol{r}_n\times\boldsymbol{F}_n$。

① 合力矩等于分力矩之和,不是合力之矩。

② 合力矩和分力矩都是对同一参考点而言。

2. 转动惯量 J

(1) 定义式　质点系，$J=\sum\Delta m_i r_i^2$；连续体，$J=\int_m r^2\mathrm{d}m$。

(2) 物理意义　物体转动惯性大小的量度。

(3) 决定因素　质量、转轴、质量分布。即取决于质量对转轴的分布。

(4) 平行轴定理　$J=J_C+md^2$

3. 转动定律

(1) 定律的表述　刚体受外力矩作用时就会获得角加速度，外力矩等于刚体转动惯量与刚体角加速度的乘积。

(2) 定律的表达式　$M=J\beta=J\mathrm{d}\omega/\mathrm{d}t$。

(3) 说明：

① 表达式中的力矩 M、转动惯量 J 和角加速度 $\beta=\mathrm{d}\omega/\mathrm{d}t$ 是对同一转轴。

② 定轴转动的力矩都是将力投影到转动平面后再依力矩的定义求出的，所以可以将定轴转动中的力矩视为标量。

③ 力矩是使刚体转动状态发生改变的原因，力矩与角加速度具有瞬时性和矢量性。

④ 转动定律在刚体定轴转动中的地位与牛顿第二定律在质点力学中的地位相当。

三、刚体定轴转动的动能定理

1. 力矩的功

(1) 定义式　$A=\int_{\theta_1}^{\theta_2}M\mathrm{d}\theta$，是力矩对空间的积累。

(2) 力矩的功实质是力的功，所以力矩的功和力的功的单位相同。

2. 刚体的转动动能

(1) 定义式　$E_k=J\omega^2/2$。

(2) 刚体的转动动能实质上是质元动能的总和，所以刚体的转动动能和质点动能的单位相同。

3. 刚体绕定轴转动的动能定理　合外力矩对空间的积累与刚体转动动能增量的关系。

(1) 表述　合外力矩的功等于刚体转动动能的增加。

(2) 表达式　$A=\int_{\theta_1}^{\theta_2}M\mathrm{d}\theta=\frac{1}{2}J\omega_2^2-\frac{1}{2}J\omega_1^2$

(3) 推广　合外力矩之功与内力矩之功等于物体转动动能的增加。$A_{外}+A_{内}$

$= \frac{1}{2}J_2\omega_2^2 - \frac{1}{2}J_1\omega_1^2$

因内力矩做功，物体质量分布变化，转动惯量要发生改变。

注意：刚体的重力势能取决于刚体重心距势能零点的高度。

4. 刚体定轴转动中的机械能守恒

(1) 含有刚体定轴转动的动能定理　合外力的功与内力的功等于物体系动能的增加。

$$A_{外} + A_{内} = E_{k2} - E_{k1}$$

$$E_k = \sum_i \left(\frac{1}{2}m_i v_i^2\right) + \sum_j \left(\frac{1}{2}J_j\omega_j^2\right)$$

(2) 含有刚体定轴转动的功能原理　合外力的功与非保守内力的功等于物体系机械能的增加。

$$A_{外} + A_{非保内} = E_2 - E_1$$

$$E = \sum_i \left(\frac{1}{2}m_i v_i^2\right) + \sum_j \left(\frac{1}{2}J_j\omega_j^2\right) + E_p$$

(3) 刚体定轴转动中的机械能守恒

① 条件　$dA_{外} = 0, dA_{非保内} = 0$。

② 结论　$E =$ 恒量。

③ 守恒是全过程任意时刻机械能等于恒量，而不是过程前后机械能相等。

四、刚体定轴转动的角动量定理和角动量守恒定律

1. 质点的角动量和角动量定理

(1) 质点的角动量

① 定义式　$\boldsymbol{L} = \boldsymbol{r} \times \boldsymbol{p}$。

② 大小　$L = rmv\sin\theta$。

③ 方向　是 $\boldsymbol{r} \times \boldsymbol{p}$ 的方向。不是 $\boldsymbol{p} \times \boldsymbol{r}$ 的方向，更不是 $\boldsymbol{p}$(即 $\boldsymbol{v}$) 的方向。

④ 这里的 $\boldsymbol{r}$ 依需要而定，同一个动量值对于不同的参考点，角动量不同。

(2) 质点的角动量定理

① 微分形式　$\boldsymbol{M} = d\boldsymbol{L}/dt, \boldsymbol{M}dt = d\boldsymbol{L}$。

② 积分形式　$\int_{t_1}^{t_2} \boldsymbol{M}dt = \int_{L_1}^{L_2} d\boldsymbol{L} = \boldsymbol{L}_2 - \boldsymbol{L}_1$。

③ 物理意义　作用于质点的冲量矩等于质点角动量的增量。

(3) 质点的角动量守恒定律

① 条件　$\boldsymbol{M} = 0$。

② 结论　$\boldsymbol{L} =$ 恒量。

③ 守恒是全过程任意时刻角动量等于恒量，而不是过程前后角动量相等。

2. 刚体的角动量和角动量定理

(1) 刚体的角动量　$L = J\omega$。

(2) 刚体的角动量定理

① 微分形式　$M = \mathrm{d}L/\mathrm{d}t, M\mathrm{d}t = \mathrm{d}L$。

② 积分形式　$\int_{t_1}^{t_2} M\mathrm{d}t = L_2 - L_1 = J\omega_2 - J\omega_1$。

③ 物理意义　作用于刚体的冲量矩等于刚体角动量的增量。

(3) 刚体的角动量守恒定律

① 条件　$\boldsymbol{M} = 0$。

② 结论　$\boldsymbol{L} =$ 恒量。

③ 守恒是全过程任意时刻角动量等于恒量，而不是过程前后角动量相等。

§3.2　本章重点、难点

一、本章重点

(1) 刚体定轴转动运动学规律；

(2) 刚体定轴转动定律；

(3) 刚体定轴转动的动能定理；

(4) 刚体定轴转动的角动量定理及角动量守恒定律。

二、本章难点

(1) 刚体定轴转动定律的应用；

(2) 刚体角动量和质点的角动量的内在联系；

(3) 刚体与质点构成的系统的机械能守恒的条件；

(4) 角动量守恒定律的应用。

§3.3　本章解题指导

本章问题主要分为四类：刚体运动学，转动惯量的计算，转动定律的应用，刚体定轴转动动能定理、角动量定理和守恒定律的应用。

一、刚体运动学

例如例题 3-1、例题 3-2、例题 3-3。

二、转动惯量的计算

例如例题 3-4。

三、转动定律的应用

例如例题 3-3、例题 3-5、例题 3-6、例题 3-7、例题 3-8、例题 3-9。

解这类问题最好按步骤解，其步骤为

① 选取隔离体进行受力分析。

② 根据可能的运动方向选取合适的坐标系。

③ 对平动物体用牛顿运动定律列方程，对转动物体用转动定律列方程，然后用圆周运动的角量与线量的关系将两类方程联系起来。

④ 解方程。

⑤ 确定物理量的方向，有时还要根据习题的要求进行讨论。

四、刚体定轴转动动能定理、角动量定理和守恒定律的应用

例如例题 3-10、例题 3-11、例题 3-12、例题 3-13、例题 3-14、例题 3-15。

在解决以上问题中，要特别注意以下几点：

① 在涉及滑轮的力学问题中，如果题中交代了滑轮质量不计，则是质点力学问题；如果题中给出了滑轮的质量及半径，并说明绳与滑轮间无相对滑动，则属于刚体动力学问题，此时，滑轮两边绳中的张力是不相等的。

② 明确 M、L 和 J 是相对什么转轴而言的，在同一式中转轴应相同。

③ 对于定轴转动问题以及 ω 的转向问题，要注意在同一系统中各转动体的角速度 ω 都应该相对于同一惯性参照系。

④ 在用刚体定轴转动的转动定律和牛顿运动定律求解“刚体 - 质点”组问题过程中，要合理选择研究对象，列出相对应的方程，并求解方程。

⑤ 解题前要分析有哪些过程(或阶段)，在每一过程中首先要选取系统，看是否有守恒条件，若满足守恒条件，就可写出守恒定律的表达式；否则，只能写出刚体的动能定理、功能原理或者角动量定理等式。

§ 3.4　本章典型例题

例 3-1　某定轴转动刚体的运动方程为 $\theta = 3t - t^2$(SI)，求：

(1) 角速度方程；

(2) 角加速度方程。

分析　刚体定轴转动的运动学规律与圆周运动中角量描述相同。对于已知运

动学方程，要求角速度方程及角加速度方程，只需对运动学方程求导即可。

解 (1) $$\omega = \frac{d\theta}{dt} = \frac{d}{dt}(3t - t^2) = (3 - 2t)\ \mathrm{rad \cdot s^{-1}}$$

(2) $$\beta = \frac{d\omega}{dt} = \frac{d}{dt}(3 - 2t) = -2\ \mathrm{rad \cdot s^{-2}}$$

例 3-2 设地球绕太阳作圆周运动，求地球自转和公转的角速度为多少？

分析 地球的自转可看成刚体的定轴运动，公转可看成质点的圆周运动。

解 $$\omega_{自} = \frac{d\theta}{dt} = \frac{2\pi}{T} = \frac{2\pi}{24 \times 3600}\ \mathrm{rad \cdot s^{-1}} = 7.27 \times 10^{-5}\ \mathrm{rad \cdot s^{-1}}$$

$$\omega_{公} = \frac{d\theta}{dt} = \frac{2\pi}{T} = \frac{2\pi}{365 \times 24 \times 3600}\ \mathrm{rad \cdot s^{-1}} = 1.99 \times 10^{-7}\ \mathrm{rad \cdot s^{-1}}$$

例 3-3 一飞轮质量为 10.0 kg，半径为 0.50 m，此飞轮可视为圆盘。现对飞轮施加一外力使其由静止开始均匀地加速转动，经过 5 s 后转速为 1000 r/min，求：

(1) 飞轮的角加速度和 5 s 内的转数；

(2) 作用的外力；

(3) 经 $t = 50$ s 时，飞轮边缘上某一点的速率、切向加速度及法向加速度。

分析 飞轮的转动为匀变速圆周运动。故本题可用描述匀变速圆周运动学规律的三大公式求解。求解关键是$\Delta\theta$、t、ω_0、ω、β。五个量任意知道三个量便可求出另外两个量。

解 (1) $t = 5$ s 时的角速度

$$\omega = 2\pi n = 2\pi \cdot \frac{1000}{60}\ \mathrm{rad \cdot s^{-1}} = 1.05 \times 10^2\ \mathrm{rad \cdot s^{-1}}$$

又已知 $\omega_0 = 0$，根据 $\omega = \omega_0 + \beta t$，得

$$\beta = \frac{\omega - \omega_0}{t} = \frac{1.05 \times 10^2}{5}\ \mathrm{rad \cdot s^{-2}} = 20.9\ \mathrm{rad \cdot s^{-2}}$$

飞轮转过的角度

$$\Delta\theta = \omega_0 t + \frac{1}{2}\beta t^2 = \frac{1}{2} \times 21.0 \times 5^2\ \mathrm{rad} = 262\ \mathrm{rad}$$

飞轮的转数

$$N = \frac{\Delta\theta}{2\pi} = \frac{263.0}{2\pi}\ \mathrm{r} = 41.7\ \mathrm{r}$$

(2) 设施加的外力为 F，根据转动定律 $M = J\beta$，得

$$M = FR = \frac{1}{2}mR^2\beta$$

即

$$F = \frac{1}{2}mR\beta = \frac{1}{2} \times 10.0 \times 0.25 \times 20.9\ \mathrm{N} = 26.1\ \mathrm{N}$$

(3) 当 $t=50$ s 时，飞轮的角速度

$$\omega=\omega_0+\beta t=\beta t=21.0\times 50\ \text{rad}\cdot\text{s}^{-1}=1.05\times 10^3\ \text{rad}\cdot\text{s}^{-1}$$

飞轮边缘上某一点的速率为

$$v=R\omega'=0.25\times 1.05\times 10^3\ \text{m}\cdot\text{s}^{-1}=2.62\times 10^2\ \text{m}\cdot\text{s}^{-1}$$

切向加速度

$$a_t=R\beta=0.25\times 20.9\ \text{m}\cdot\text{s}^{-2}=5.23\ \text{m}\cdot\text{s}^{-2}$$

法向加速度

$$a_n=v^2/R=2.75\times 10^5\ \text{m}\cdot\text{s}^{-2}$$

例 3-4　如图 3-1 所示，在质量为 M、半径为 R 的均质圆盘上挖出半径为 r 的两个圆孔，圆孔中心 O 在半径 R 的中点，求剩余部分对过大圆盘中心且与盘面垂直的轴线的转动惯量。

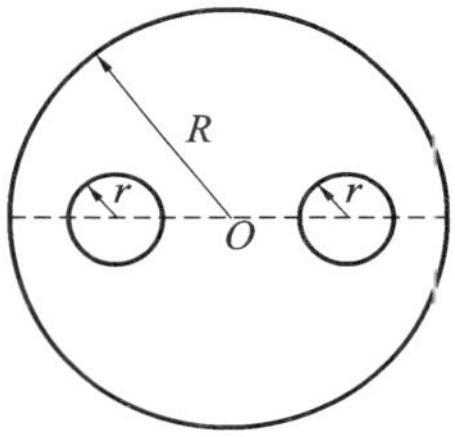

图 3-1　例题 3-4 用图

分析　本题可以应用补偿法来求解。将此物体看作一完整的圆盘和负质量的两个小圆盘组成的系统。总的转动惯量为三者的之和。小圆盘绕大圆盘中心轴的转动惯量可应用平行轴定理求解。

解　设未挖两个圆孔之前大圆盘转动惯量为 J_0，如图 3-1 所示，半径为 r 的小圆盘转动惯量为 J_1 和 J_2($J_1=J_2$)。则有剩余部分的转动惯量为

$$J=J_0-J_1-J_2=J_0-2J_1$$

所以

$$\begin{aligned}J&=\frac{1}{2}MR^2-2\left(\frac{1}{2}mr^2+md^2\right)\\&=\frac{1}{2}MR^2-2\left[\frac{1}{2}\cdot\frac{M}{\pi R^2}\cdot\pi r^2r^2+\frac{M}{\pi R^2}\cdot\pi r^2\left(\frac{R}{2}\right)^2\right]\\&=\frac{1}{2}M\left(R^2-r^2-\frac{2r^4}{R^2}\right)\end{aligned}$$

例 3-5　如图 3-2 所示，一长为 l 的均匀直棒可绕过其一端且与棒垂直的水平光滑固定轴转动，开始时细棒静止于水平位置，然后无初转速地将棒释放。已知棒对轴的转动惯量为 $ml^2/3$，其中 m 和 l 分别为棒的质量和长度。求当它与竖直方向成 30° 角时的角速度和角加速度。

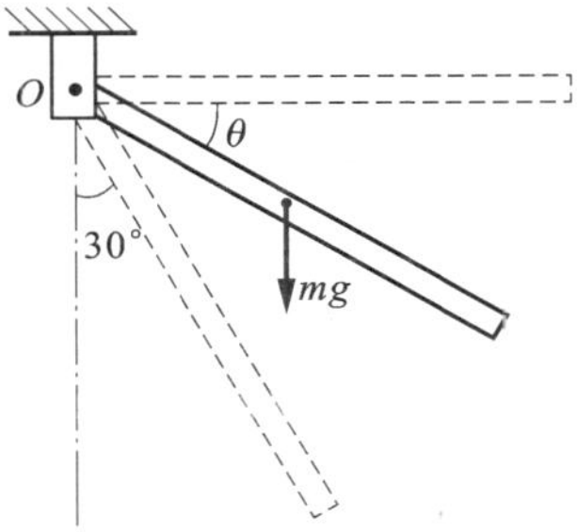

图 3-2　例题 3-5 用图

分析　细棒绕 O 转动可应用转动定律求解角加速度，并可利用角速度和角加速度之间的关系得到角速

度和角位置的关系式，对其积分即可求得角速度。

解　细棒受重力矩，设任意时刻细棒与水平位置的夹角为 θ。由转动定律得

$$M=\frac{1}{2}mgl\cos\theta=J\beta=\frac{1}{3}ml^2\frac{\mathrm{d}\omega}{\mathrm{d}t}=\frac{1}{3}ml^2\frac{\mathrm{d}\omega}{\mathrm{d}\theta}\frac{\mathrm{d}\theta}{\mathrm{d}t}=\frac{1}{3}ml^2\omega\frac{\mathrm{d}\omega}{\mathrm{d}\theta}$$

$$3g\cos\theta\mathrm{d}\theta=2l\omega\mathrm{d}\omega$$

积分，有

$$\int_0^{\pi/3}3g\cos\theta\mathrm{d}\theta=\int_0^{\omega}2l\omega\mathrm{d}\omega$$

$$3\sqrt{3}g=2l\omega^2$$

得棒与竖直方向成 30° 角时的角速度和角加速度分别为

$$\omega=\sqrt{\frac{3\sqrt{3}g}{2l}}$$

$$\beta=\frac{M}{J}=\frac{mgl\cos(\pi/3)/2}{ml^2/3}=\frac{3g}{4l}$$

例 3-6　如图 3-3(a) 所示，两物体 m_1、m_2 之间连有一根不可伸长的轻绳，且轻绳绕过一定滑轮（可视为匀质圆盘），滑轮的质量为 m_3，半径为 R。物体 m_2 与桌面间的滑动摩擦因数为 μ，假设物体能运动，求：

（1）m_1 下滑的加速度；

（2）绳子的张力。

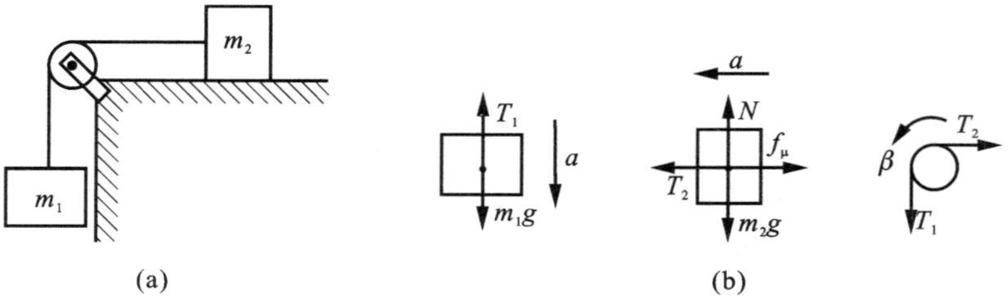

图 3-3　例题 3-6 用图

分析　在分析物体和滑轮受力的基础上，分别用牛顿第二定律和转动定律列方程进行求解。

解　对两物体 m_1、m_2 和滑轮 m_3 运动的切向，分别进行受力分析；加速度、角加速度正方向的选取如图 3-3(b) 所示。对两物体 m_1、m_2 用牛顿第二定律列方程，对滑轮 m_3 用转动定律列方程，再用角量与线量的关系将两类方程联系起来。它们分别为

$$m_1g-T_1=m_1a \quad ①$$

$$T_2-f_\mu=T_2-\mu m_2g=m_2a \quad ②$$

$$T_1R-T_2R=J\beta \quad ③$$

$$a = R\beta \quad ④$$

将式 ① 和 ② 都乘以 R，再加上式 ③，得

$$(m_1 g - \mu m_2 g)R = (m_1 + m_2)Ra + J\beta = (m_1 + m_2)Ra + \left(\frac{m_3 R^2}{2}\right)\beta$$

$$= \left(m_1 + m_2 + \frac{m_3}{2}\right)Ra$$

于是得 m_1 下落的加速度 a 为

$$a = \frac{m_1 g - \mu m_2 g}{m_1 + m_2 + m_3/2}$$

绳子的张力 T_1、T_2 分别为

$$T_1 = m_1 g - m_1 a = \frac{m_1 g(m_2 + \mu m_2 + m_3/2)}{m_1 + m_2 + m_3/2}$$

$$T_2 = m_2 a + \mu m_2 g = \frac{m_2 g(m_1 + \mu m_2 + \mu m_3/2)}{m_1 + m_2 + m_3/2}$$

例 3-7　质量为 m 的物体悬于绳下，绳绕在滑轮上，如图 3-4(a) 所示，滑轮质量也为 m，半径为 R。当物体从静止释放后，在 t 时间内下降了 h 高度。求滑轮的转动惯量。

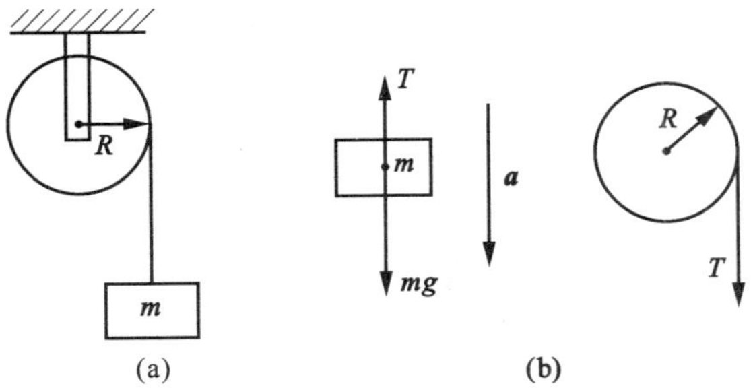

图 3-4　例题 3-7 用图

分析　本题是利用转动定律求解转动惯量的例题，在分析物体和滑轮受力情况的基础上，分别用牛顿第二定律和转动定律列方程，再通过线量和角量的关系列方程求解。

解　对物体和滑轮切向分别进行受力分析，如图 3-4(b) 所示；加速度正方向的选取如图 3-4(b) 所示。对物体用牛顿定律列方程，对滑轮用转动定律列方程，再用角量与线量的关系将两类方程联系起来。这些方程分别为

$$mg - T = ma \quad ①$$

$$TR = J\beta \quad ②$$

$$a = R\beta \quad ③$$

因物体在 t 时间内下降了 h 的高度，于是可得物体加速度为，$a=\dfrac{2h}{t^2}$。将式 ① 乘以 R，再加上式 ②，然后将式 ③ 和 $a=\dfrac{2h}{t^2}$ 代入，得

$$mgR=maR+J\beta=maR+J\frac{a}{R}=\left(mR+\frac{J}{R}\right)\frac{2h}{t^2}$$

于是得滑轮的转动惯量为

$$J=\frac{mR^2(gt^2-2h)}{2h}$$

例题 3-8 一质量为 m，长为 l 的均质细杆可在水平桌面上绕杆的一端转动，杆与桌面间的摩擦因数为 μ，求摩擦力矩 M_μ。

分析 细杆各质元受的摩擦力对轴的力臂各不相同，故需取微元 $\mathrm{d}m$，先计算其微元的摩擦力矩 $\mathrm{d}M_\mu$，然后对其积分。积分关键是先要统一积分变量再积分。

解 取微元细杆 $\mathrm{d}r$，其质量 $\mathrm{d}m=\lambda\mathrm{d}r=(m/l)\mathrm{d}r$，它受的摩擦力是

$$\mathrm{d}f_\mu=\mu(\mathrm{d}m)g=\frac{\mu mg}{l}\mathrm{d}r$$

它受的摩擦力矩为

$$\mathrm{d}M_\mu=r\mathrm{d}f_\mu=\frac{\mu mg}{l}r\mathrm{d}r$$

细杆受的摩擦力矩为

$$M_\mu=\int\mathrm{d}M_\mu=\int_0^l\frac{\mu mg}{l}r\mathrm{d}r=\mu mgl/2$$

例题 3-9 一飞轮的转动惯量为 J，在 $t=0$ 时的角速度为 ω_0，此后飞轮经过制动过程转速会慢慢减小。已知角速度的平方与阻力矩的大小成正比，比例系数大于零。当 $\omega=\dfrac{\omega_0}{2}$ 时，求：

(1) 飞轮的角加速度；

(2) 飞轮转过的角度和所经历的时间。

分析 本题训练学生利用转动定律解题，同时也训练学生的数学技巧。

解 (1) 依题意有

$$M=-k\omega^2=J\beta \tag{①}$$

$$\beta=-\frac{k\omega^2}{J}$$

当 $\omega=\omega_0/2$ 时，飞轮的角加速度为

$$\beta=-\frac{k\omega_0{}^2}{4J}$$

（2）由前面式①，有

$$-k\omega^2 = J\beta = J\frac{\mathrm{d}\omega}{\mathrm{d}t} = J\frac{\mathrm{d}\omega}{\mathrm{d}\theta}\frac{\mathrm{d}\theta}{\mathrm{d}t} = J\omega\frac{\mathrm{d}\omega}{\mathrm{d}\theta}$$

$$-\frac{k\mathrm{d}\theta}{J} = \frac{\mathrm{d}\omega}{\omega}$$

两边积分，得

$$\int_0^{\Delta\theta} -\frac{k\mathrm{d}\theta}{J} = \int_{\omega_0}^{\omega_0/2}\frac{\mathrm{d}\omega}{\omega}$$

解得

$$\Delta\theta = \frac{J\ln 2}{k}$$

再由前面式①，有

$$-k\omega^2 = J\beta = J\frac{\mathrm{d}\omega}{\mathrm{d}t}$$

变形并积分，得

$$\int_0^{\Delta t}\mathrm{d}t = \int_{\omega_0}^{\omega_0/2} -\frac{J\mathrm{d}\omega}{k\omega^2}$$

得飞轮所经历的时间为

$$\Delta t = \left[\frac{J}{k\omega}\right]_{\omega_0}^{\omega_0/2} = \frac{2J}{k\omega_0} - \frac{J}{k\omega_0} = \frac{J}{k\omega_0}$$

例 3-10　某一冲床利用飞轮的转动动能通过曲柄连杆机构的传动，带动冲头在铁板上冲孔，已知飞轮的半径为 $r = 0.4$ m，质量为 $m = 600$ kg，飞轮可以看成匀匀圆盘。飞轮的正常转速是 $n = 240\ \mathrm{r \cdot min^{-1}}$，冲一次孔转速降低 20%，求冲一次孔，冲头做了多少功？

分析　本题可通过已知条件计算出飞轮始末状态的角速度，然后根据刚体定轴转动的动能定理计算出阻力对冲头的功，即可求出冲头的功。

解　以 ω_1 和 ω_2 分别表示冲孔前后飞轮的角速度，即

$$\omega_1 = 2\pi n/\Delta t = 2\pi \cdot 240/60(\mathrm{rad \cdot s^{-1}}) = 8\pi\ \mathrm{rad \cdot s^{-1}}$$

$$\omega_2 = (1-0.2)\omega_1 = 6.4\pi\ \mathrm{rad \cdot s^{-1}}$$

由刚体转动的动能定理，可以求出冲一次孔铁板阻力对冲头，即对飞轮所做的功为

$$W = E_{k2} - E_{k1} = \frac{J\omega_2^2}{2} - \frac{J\omega_1^2}{2} = \frac{J(\omega_2^2 - \omega_1^2)}{2}$$

因飞轮可以看成均匀圆盘，所以由 $J = mr^2/2$，得

$$W = \frac{1}{2}J(\omega_2^2 - \omega_1^2) = \frac{1}{4}mr^2(\omega_2^2 - \omega_1^2)$$

代入数据得阻力做功为

$$W = \frac{1}{4}mr^2(\omega_2^2 - \omega_1^2) = \frac{1}{4} \times 600 \times 0.4^2 \times [(6.4\pi)^2 - (8\pi)^2]\ \text{J} = -5457\ \text{J}$$

即冲头做功为

$$W = 5457\ \text{J}$$

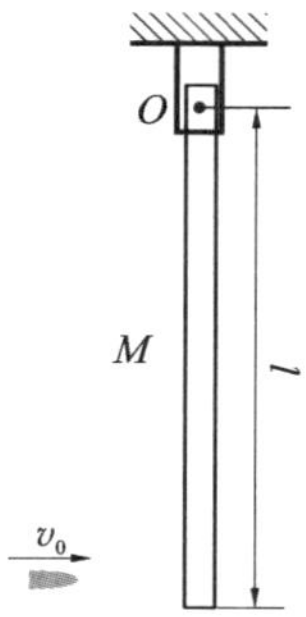

图 3-5　例题 3-11 用图

例 3-11　如图 3-5 所示，一根长为 l，质量为 M 的均匀直棒，其一端挂在一个水平光滑轴上且初始静止在竖直位置，今有一子弹，质量为 m，以水平速度 v_0 射入棒的下端并与棒一起运动，求棒和子弹开始一起运动时的角速度。

分析　在子弹射入棒的过程中，所经历时间极短，可认为该过程棒的位置始终位于竖直位置。重力与轴作用于棒的力因过转轴使其力矩为零。因此，选棒和子弹为一系统，碰撞的瞬间系统对轴 O 的角动量守恒。

解　选子弹和直棒为一系统，在子弹射入过程中，系统所受的外力(重力和轴的支持力)因过转轴使其力矩为零。故整个系统对轴 O 的角动量守恒。故

$$L_0 = mlv_0 = L = mlv + J\omega = mlv + \frac{Ml^2\omega}{3}$$

又因为 $v = l\omega$，有

$$mlv_0 = ml(l\omega) + \frac{Ml^2\omega}{3} = \left(m + \frac{M}{3}\right)l^2\omega$$

可解得棒和子弹开始一起运动时的角速度为

$$\omega = \frac{mv_0}{(m + M/3)l} = \frac{3m}{3m + M}\frac{v_0}{l}$$

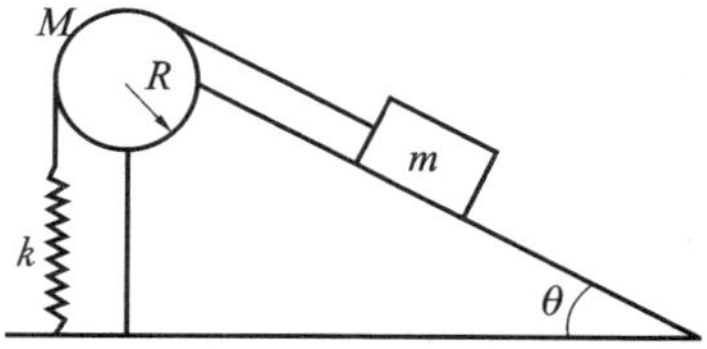

图 3-6　例题 3-12 用图

例 3-12　如图 3-6 所示，滑轮质量为 M，半径为 R，物体质量为 m，弹簧劲度系数为 k，斜面倾角 θ 已知，忽略空气阻力和一切摩擦。开始时使系统保持静止，弹簧无伸缩，然后放开。若斜面光滑，求：

(1) 物体下滑距离为 l 时的速度为多少？

(2) 下滑距离 l 为多大时，物体的速度最大，最大速度为多少？

(3) 物体下滑的最大距离为多大？(设绳子与滑轮间无相对滑动)

分析　这是道机械能守恒的例题。解这道题时，从力做功的角度得出它满足机械能守恒的条件。再用机械能守恒列方程求出物体的速度。进而求速度的极值和物体下滑的最大距离。

解　整个过程弹簧的伸长及物体的下滑，滑轮与物体受斜面与轴的支持力不做功，弹性力与重力是保守力，故滑轮、物体与大地组成系统的机械能守恒。选弹簧无伸长点为弹性势能零点，物体最开始的位置为重力势能零点。

(1) 根据机械能守恒定律，有

$$0=\frac{mv^2}{2}+\frac{J\omega^2}{2}+\frac{kl^2}{2}-mgl\sin\theta$$

又因 $v=R\omega$，$J=\dfrac{MR^2}{2}$，有

$$\begin{aligned}0&=\frac{mv^2}{2}+\left(\frac{MR^2}{2}\right)\frac{\omega^2}{2}+\frac{kl^2}{2}-mgl\sin\theta\\&=\frac{mv^2}{2}+\frac{Mv^2}{4}+\frac{kl^2}{2}-mgl\sin\theta=(2m+M)\frac{v^2}{4}+\frac{kl^2}{2}-mgl\sin\theta\end{aligned}$$

解得物体下滑距离 l 时的速度为

$$v=\sqrt{\frac{2mgl\sin\theta-kl^2}{m+M/2}}$$

(2) 求最大速度，即求速度 v 的极值。令 $\dfrac{\mathrm{d}v}{\mathrm{d}l}=0$，有

$$0=\frac{\mathrm{d}v}{\mathrm{d}l}=\frac{\mathrm{d}}{\mathrm{d}l}\left(\sqrt{\frac{2mgl\sin\theta-kl^2}{m+M/2}}\right)=\frac{1}{2}\left(\frac{2mgl\sin\theta-kl^2}{m+M/2}\right)^{-1/2}\cdot\frac{2mg\sin\theta-2kl}{m+M/2}$$

当 $l=\dfrac{mg\sin\theta}{k}$ 时，速度 v 具有极大值。其速度极大值为

$$\begin{aligned}v_{\max}&=\sqrt{\frac{2mgl\sin\theta-kl^2}{m+M/2}}=\sqrt{\frac{2(mg\sin\theta)^2/k-(mg\sin\theta)^2/k}{m+M/2}}\\&=\frac{mg\sin\theta}{\sqrt{k(m+M/2)}}\end{aligned}$$

(3) 物体下滑的距离最大时物体的速度为零，即

$$v=\sqrt{\frac{2mgl_{\max}\sin\theta-kl_{\max}^2}{m+M/2}}=0$$

得物体下滑的最大距离为

$$l_{\max}=\frac{2mg\sin\theta}{k}$$

例 3-13　电风扇在开启电源后，经过 t_1 时间到达了额定转速，此时相应的角速度为 ω_0，当关闭电源后，经过时间 t_2 风扇停转。已知风扇转子的转动惯量为 J，假定摩擦阻力矩和电机的电磁力矩均为常量，求电机的电磁力矩。

分析　电源开启及关闭的过程中，风扇转子所受合力矩均恒定不变，故可用角动量定理求解。

解　设电机电磁力矩为 M，阻力矩为 M_f。根据刚体的角动量定理，开启 t_1 时间后

$$(M - M_f)t_1 = J\omega_0 - 0$$

关闭时

$$-M_f t_2 = 0 - J\omega_0$$

上式除以 t_1，减去下式除以 t_2，得电机的电磁力矩为

$$M = J\omega_0(1/t_1 + 1/t_2)$$

例 3-14　如图 3-7 所示，一质量为 M，长为 l 的均匀细棒，以 O 点为轴心，从静止在与竖直方向成 θ 角处自由下摆，到竖直位置时，与光滑桌面上一质量为 m 的静止物体发生弹性碰撞，求碰撞后 M 的角速度和物体 m 的速度。

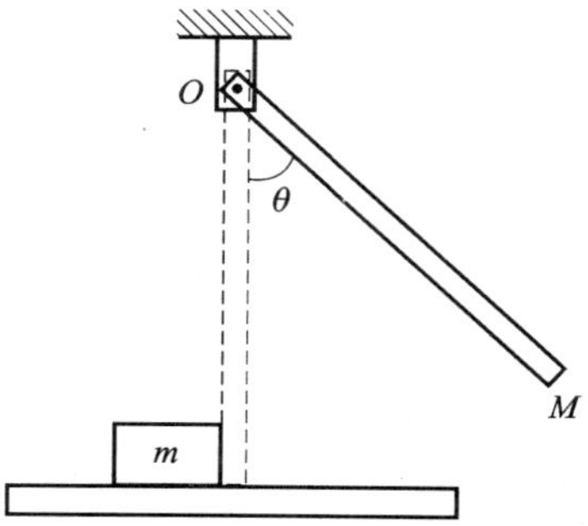

图 3-7　例题 3-14 用图

分析　细棒绕 O 点从初始位置转到竖直位置，这个过程机械能守恒；细棒与物体发生碰撞，动量不守恒但是角动量守恒，由于是弹性碰撞，这个过程中没有能量损失。

解　细棒自由下摆，机械能守恒(设杆摆到竖直位置时角速度为 ω_0)，即

$$\frac{Mgl(1-\cos\theta)}{2} = \frac{J\omega_0^2}{2} = \frac{Ml^2\omega_0^2}{6}$$

解得

$$\omega_0 = \sqrt{\frac{3g(1-\cos\theta)}{l}}$$

杆与物体发生弹性碰撞过程中，系统对轴的角动量守恒，机械能守恒，即

$$J\omega_0 = J\omega_M + mlv_m$$

$$\frac{J\omega_0^2}{2} = \frac{J\omega_M^2}{2} + \frac{mv_m^2}{2}$$

变形得

$$J(\omega_0 - \omega_M) = mlv_m$$

$$J(\omega_0 - \omega_M)(\omega_0 + \omega_M) = mv_m^2$$

两式相除得

$$\omega_0 + \omega_M = v_m/l$$

将式 $J(\omega_0 - \omega_M) = mlv_m$ 变形，并将 $J = Ml^2/3$ 代入得

$$\omega_0 - \omega_M = \frac{mlv_m}{J} = \frac{mlv_m}{Ml^2/3} = \frac{3mv_m}{Ml}$$

以上两式相加，得

$$2\omega_0 = \frac{v_m}{l}\left(1 + \frac{3m}{M}\right)$$

将上式变形并代入 $\omega_0 = \sqrt{\dfrac{3g(1-\cos\theta)}{l}}$，得物体 m 的速度为

$$v_m = 2\omega_0 l \frac{M}{3m+M} = \frac{2M}{3m+M}\sqrt{3gl(1-\cos\theta)}$$

将式 $\omega_0 + \omega_M = v_m/l$ 变形，并将上式代入，得 M 的角速度为

$$\omega_M = \frac{v_m}{l} - \omega_0 = \frac{2M}{(M+3m)l}\sqrt{3gl(1-\cos\theta)} - \sqrt{\frac{3g(1-\cos\theta)}{l}}$$

$$= \left(\frac{M-3m}{3m+M}\right)\sqrt{\frac{3g(1-\cos\theta)}{l}}$$

例 3-15　如飞轮 A 以角速度 ω_0 绕轴旋转，它对轴的转动惯量为 J_0，另一静止飞轮 B 突然被同轴地啮合到转动的飞轮 A 上，该飞轮对轴的转动惯量也为 J_0，啮合后两个飞轮一起旋转的角速度为多少？

分析　本题考查对系统角动量守恒定律的应用。

解　将 A 和 B 看成一系统，该系统所受合外力矩为零，故系统角动量守恒。设啮合后两个飞轮一起旋转的角速度为 ω，即

$$J_0\omega_0 + 0 = 2J_0\omega$$

故两个飞轮一起旋转的角速度为

$$\omega = \frac{\omega_0}{2}$$

第4章　机 械 振 动

§4.1　本章内容剖析

一、弹簧振子的物理模型

(1)(受力方面)　忽略一切摩擦,物体只受弹性力;
(2)(运动方面)　物体视为平动刚体,看作质点;
(3)(质量方面)　弹簧质量忽略,质量集中在物体上;
(4)(弹性方面)　物体无形变,弹性在弹簧上。

二、简谐振动定义

1. 动力学方程及其解(以弹簧振子为例)

(1) 回复力

① 定义　大小与位移成正比,方向与位移相反的力。

② 表达式　$F=-kx$。

③ 说明　这里 x 可以是线位移、角位移或者其他物理量;F 可以是力、力矩或者其他物理量;k 一定是大于 0 的常量;式中负号"—"不是强加的,是自然形成的。

(2) 动力学方程　$\mathrm{d}^2x/\mathrm{d}t^2+(k/m)x=0$。

(3) 运动学方程(实质是动力学方程的解)　$x=A\cos(\omega t+\varphi_0)$,其中 $\omega^2=k/m$,A、φ_0 为待定常数。

2. 简谐振动的定义

(1) 动力学定义　凡在回复力作用下的运动为简谐振动。

(2) 运动学定义　物体位移随时间变化的函数关系为正弦(或余弦)函数的运动为简谐振动。简谐振动一般用余弦函数表示。

(3) 广义的简谐振动

一物理量对时间的二次微分与该物理量成正比,其比例系数为负常数,则该物理量随时间的变化就是简谐振动;或者一个物理量随时间的变化关系为正弦(或余弦)函数,则该物理量随时间的变化就是简谐振动。

三、简谐振动速度和加速度

(1) 速度　$v=\dfrac{\mathrm{d}x}{\mathrm{d}t}=-A\omega\sin(\omega t+\varphi_0)=A\omega\cos(\omega t+\varphi_0+\dfrac{\pi}{2})$

(2) 加速度　$a=\frac{d^2x}{dt^2}=-A\omega^2\cos(\omega t+\varphi_0)=A\omega^2\cos\left(\omega t+\varphi_0+\frac{\pi}{2}+\frac{\pi}{2}\right)$

(3) 说明　简谐振动速度、加速度也是简谐振动。位相上加速度比速度超前$\frac{\pi}{2}$,速度比位移超前$\frac{\pi}{2}$。

四、描述简谐振动的物理量

1. 固有量(与振动系统固有性质有关的物理量)

(1) 圆频率(角频率)ω　2π时间内振动的次数,$\omega=2\pi/T=2\pi\nu$。对于弹簧振子,$\omega=\sqrt{k/m}$;对于单摆,$\omega=\sqrt{g/l}$;对于复摆,$\omega=\sqrt{mgh/J}$。

(2) 周期T　作一次全振动的时间,$T=2\pi/\omega=1/\nu$。振动经一周期状态复原。

(3) 频率ν　单位时间内振动的次数,$\nu=1/T=\omega/(2\pi)$

2. 非固有量(由初始条件决定)

(1) 振幅A　离开平衡点最大位移的绝对值,$A>0$。

(2) 位相(相位,周相)φ　振动方程$x=A\cos(\omega t+\varphi_0)$中的$(\omega t+\varphi_0)$,$\varphi=\omega t+\varphi_0$。它决定振动系统的运动状态,$\varphi=\omega t+\varphi_0$定了,$x$、$v$(状态)就定了。

(3) 初位相　$t=0$时的位相$\varphi=(\omega t+\varphi_0)|_{t=0}=\varphi_0$。

(4) 位相差　$\Delta\varphi$。

① 同频率的两振动$x_1=A_1\cos(\omega t+\varphi_{10})$、$x_2=A_2\cos(\omega t+\varphi_{20})$(同一时刻)的位相差　$\Delta\varphi=\varphi_2-\varphi_1=(\omega t+\varphi_{20})-(\omega t+\varphi_{10})=\varphi_{20}-\varphi_{10}$。

位相的超前与落后:$\Delta\varphi>0$,x_2比x_1超前;$\Delta\varphi=2k\pi$,两振动同相;$\Delta\varphi=2k\pi+\pi$,两振动反相。

② 同一振动两时刻$x_1=A\cos(\omega t_1+\varphi_0)$、$x_2=A\cos(\omega t_2+\varphi_0)$的位相差

$$\Delta\varphi=\varphi_2-\varphi_1=(\omega t_2+\varphi_0)-(\omega t_1+\varphi_0)=\omega(t_2-t_1)=\frac{2\pi}{T}\Delta t$$

(5) A与φ_0的确定

当$t=0$时,$x_0=A\cos\varphi_0$,$v_0=-A\omega\sin\varphi_0$。

$$A=\left(x_0^2+\frac{v_0^2}{\omega^2}\right)^{1/2},\quad \tan\varphi_0=\frac{-v_0}{\omega x_0}$$

再结合另一三角函数定出φ_0。

3. 振动方程的标准形式

$$x=A\cos(\omega t+\varphi_0);\quad x=A\cos\left(\frac{2\pi t}{T}+\varphi_0\right);\quad x=A\cos(2\pi\nu t+\varphi_0)$$

五、旋转矢量法

1. 用旋转矢量表示简谐振动　一质点M以角速度ω逆时针作半径为A的圆

周运动，它在直径上的投影 $x = A\cos(\omega t + \varphi_0)$ 与一简谐振动对应。因此可用矢量 A 绕起点 O 以角速度 ω 旋转，端点在 x 轴（O 为坐标原点）的投影代表简谐振动，如表 4-1 所列。

表 4-1　用旋转矢量表示简谐振动

简谐振动	旋转矢量 **A** 的圆运动
振幅 A	矢量 **A** 的模 A
角频率 ω	角速度 ω
位相 $\varphi = \omega t + \varphi_0$	角坐标 $\varphi = \omega t + \varphi_0$
初位相 φ_0	初始角坐标 φ_0

2. 应用

(1) 求初位相；(2) 求两状态的时间间隔；(3) 比较 ω 相同的两振动的超前与落后。

六、简谐振动的能量

(1) 动能、势能的相互转化（以弹簧振子振动为例，$\omega^2 = k/m$）

$$E_k = \frac{mv^2}{2} = \frac{kA^2\sin^2(\omega t + \varphi_0)}{2} = \frac{kA^2}{4}[1 - \cos2(\omega t + \varphi_0)]$$

$$E_p = \frac{kx^2}{2} = \frac{kA^2\cos^2(\omega t + \varphi_0)}{2} = \frac{kA^2}{4}[1 + \cos2(\omega t + \varphi_0)]$$

$$E = E_k + E_p = \frac{kA^2}{2}$$

① 系统机械能不变，为恒量；

② 振动中动、势能相互转化；

③ 动、势能随时间的变化是简谐振动，频率翻倍，周期减半。

(2) 能量公式的普遍性：不论弹簧如何放置，也不论物体振动是平动还是转动，其能量转化的规律相同，即

$$E_k = E\sin^2(\omega t + \varphi_0) = \frac{E}{2}[1 - \cos2(\omega t + \varphi_0)]$$

$$E_p = E\cos^2(\omega t + \varphi_0) = \frac{E}{2}[1 + \cos2(\omega t + \varphi_0)]$$

七、简谐振动的合成

1. 同方向、同频率简谐振动的合成

$$x_1 = A_1\cos(\omega t + \varphi_{10}),\quad x_2 = A_2\cos(\omega t + \varphi_{20})$$

(1) 解析法

$$x = x_1 + x_2 = A\cos(\omega t + \varphi_0)$$

其振幅 A 与初位相 φ_1 满足

$$A = [A_1{}^2 + A_2{}^2 + 2A_1A_2\cos(\varphi_{20} - \varphi_{10})]^{1/2}$$

$$\tan\varphi_0 = \frac{A_1\sin\varphi_{10} + A_2\sin\varphi_{20}}{A_1\cos\varphi_{10} + A_2\cos\varphi_{20}}$$

但求 φ_0 需再借助另一三角函数。

合振动仍为简谐振动,其频率与分振动相同,振幅与位相和分振动的振幅与位相有关。

(2) 旋转矢量法　用矢量加法的平行四边形(或三角形)法则得出的结果与解析法完全相同,而且十分直观。

(3) 说明

当 $\varphi_{20} - \varphi_{10} = 2k\pi$ 时,$A = A_1 + A_2$,$\varphi_0 = \varphi_{10}$(或 $\varphi_0 = \varphi_{20}$);

当 $\varphi_{20} - \varphi_{10} = (2k+1)\pi$ 时,$A = |A_2 - A_1|$,φ_0 为振幅较大振动的初相。

2. 同方向、不同频率简谐振动的合成

$$x_1 = A_1\cos(\omega_1 t + \varphi_{10}),x_2 = A_2\cos(\omega_2 t + \varphi_{20})$$

(1) 一般情况　可以把第二个振动看成是与第一个振动频率相同但位相变化的简谐振动,即

$$A_2\cos[\omega_1 t + (\omega_2 - \omega_1)t + \varphi_{20}]$$

则合成振动为

$$x = x_1 + x_2 = A\cos(\omega t + \varphi_0)$$

$$A = \{A_1{}^2 + A_2{}^2 + 2A_1A_2\cos[(\omega_2 - \omega_1)t + \varphi_{20} - \varphi_{10}]\}^{1/2}$$

$$\tan\varphi_0 = \frac{A_1\sin\varphi_{10} + A_2\sin[(\omega_2 - \omega_1)t + \varphi_{20}]}{A_1\cos\varphi_{10} + A_2\cos[(\omega_2 - \omega_1)t + \varphi_{20}]}$$

① 振幅、初相都变,非简谐振动。

② $\Delta\omega = \omega_2 - \omega_1 \approx \omega_1$ 时,A 变化周期与“振动”周期接近,A 变化极快,无稳定的振幅。

③ $\Delta\omega \ll \omega_1$ 时,A 变化极慢,可观测到振动时强时弱的现象。

(2) 拍　两个频率较大且频率相差极小的同方向简谐振动的合成,使得合振动周期性加强与减弱的现象称为拍。

① 条件　$\omega_1 \approx \omega_2$,$\Delta\omega \ll \omega_1$。

② 方程　令 $A_1 = A_2$,取时刻为 $t = 0$,使 $\varphi_{20} = \varphi_{10} = 0$,则合振动方程为

$$x = A\cos\omega_1 t + A\cos\omega_2 t = 2A\cos\frac{(\omega_2 - \omega_1)t}{2}\cos\frac{(\omega_2 + \omega_1)t}{2}$$

③ 拍频 $\Delta\nu$　振幅 $|2A\cos[(\omega_2-\omega_1)t/2]|$ 变化的频率。

$$\Delta\nu=\frac{1}{T'}=\frac{|\omega_2-\omega_1|}{2\pi}=|\nu_2-\nu_1|$$

④ 旋转矢量法　设 $\omega_2>\omega_1$，表示 A_2 旋转快。当 A_2 与 A_1 重合时(同相)，加强；当 A_2 与 A_1 反相时，减弱。

3. 两个垂直振动的合成

$$x=A_1\cos(\omega_1 t+\varphi_{10}),y=A_2\cos(\omega_2 t+\varphi_{20})$$

(1) 同频率两个垂直振动的合成 $\omega_1=\omega_2=\omega$。

① 轨迹方程　$\dfrac{x^2}{A_1^2}+\dfrac{y^2}{A_2^2}-\dfrac{2xy}{A_1A_2}\cos(\varphi_{20}-\varphi_{10})=\sin^2(\varphi_{20}-\varphi_{10})$，为椭圆方程。

② 当 $\varphi_{20}=\varphi_{10}$，轨迹方程变为 $y=\dfrac{A_2}{A_1}x$，为一、三象限的直线方程。

③ 当 $\varphi_{20}-\varphi_{10}=\pi$，轨迹方程变为 $y=-\dfrac{A_2}{A_1}x$，为二、四象限的直线方程。

④ 当 $\varphi_{20}-\varphi_{10}=\dfrac{\pi}{2}$ 或 $\varphi_{20}-\varphi_{10}=\dfrac{3\pi}{2}$ 时，轨迹方程$\dfrac{x^2}{A_1^2}-\dfrac{y^2}{A_2^2}=1$，为正椭圆。

⑤ 其他情况为斜椭圆。用旋转矢量法描点可得运动轨迹。

(2) 频率成简单整数比时振子的运动轨迹为一闭合曲线，此曲线称李萨茹图形。用李萨茹图形求频率

$$\frac{\nu_x}{\nu_y}=\frac{x\text{ 方向达到最大的次数}}{y\text{ 方向达到最大的次数}}=\frac{\text{竖直方向的切点数}}{\text{水平方向的切点数}}$$

八、阻尼振动、受迫振动、共振

1. 阻尼振动

(1) 阻尼种类　摩擦阻尼，辐射阻尼。

(2) 欠阻尼　不是简谐振动。可认为是振幅减小，频率小于固有频率的振动。

(3) 临界阻尼　振子不振动，以最快速度回到平衡点。

(3) 过阻尼　振子不振动，缓慢回到平衡点。

2. 受迫振动

(1) 驱动力　$F=F_0\cos\omega t$。

(2) 稳定后振子的振动　振子以策动力频率振动，振幅、位相与策动力频率、振幅、阻尼的大小、振子的固有频率有关，位相比策动力的位相落后。

3. 共振　策动力频率变，受迫振动振幅变，当频率变化使得受迫振动振幅达到最大时称为共振。此时策动力频率为共振频率。共振频率接近振子的固有频率。

当阻力很小时振子的振幅会变得极大。

§4.2 本章重点、难点

一、本章重点

(1) 简谐振动的运动方程,旋转矢量法。

(2) 简谐振动的能量,同方向、同频率简谐振动合成。

(3) 同方向、不同频率简谐振动的合成,拍。

二、本章难点

(1) 简谐振动的动力学方程。

(2) 简谐振动运动学方程中的初位相。

(2) 垂直方向简谐振动合成。

§4.3 本章解题指导

根据所讲述的内容,本章有以下几个方面的习题:其一是证明物体作简谐振动;其二是写出振动方程;其三是求简谐振动的有关物理量;其四是求简谐振动的能量。

一、证明物体作简谐振动

根据简谐振动的定义证明物体(刚体、质点模型)作简谐振动,主要是利用广义简谐振动的定义。应特别引起注意的是"回复力"$F=-kx$ 中的负号"−"不是强加的,是自然形成的。如例题 4-1、例题 4-2、例题 4-5、例题 4-9。

二、写出振动方程

关于振动方程,在本教材要求的范围内,有两个方面的内容:

(1) 求一个振动的振动方程。写出振动方程,一般采用"标准形式法"。即写成 $x=A\cos(\omega t+\varphi_0)$ 形式。然后根据题意,从题目给出的条件中,无论是文字描述,还是图形描述,去寻找简谐振动的三个特征量,即振幅 A、角频率 ω、初位相 φ_0,将它们代入标准方程中,问题即可求解。这里应特别引起注意的是求初位相 φ_0:求出 $\tan\varphi_0$ 等于某值(比方 $\tan\varphi_0=c$)后,φ_0 不一定为 $\varphi_0=\arctan c$,必须要借助另一个三角函数得出,或者用旋转矢量法得出。如例题 4-2、例题 4-3、例题 4-7。

(2) 两个振动合成的振动方程。一般用旋转矢量法,根据两分振动的方程采取先易后难的方法分别求振幅、角频率、初位相(如例题 4-4)。

三、求简谐振动的有关物理量

关于简谐振动的有关物理量，即振幅、角频率、初位相、速度、加速度等，一般是在先得到标准简谐振动方程的基础上进行的，或者直接套用有关公式计算。解这方面的习题一般问题不大，如例题 4-2、例题 4-5、例题 4-6、例题 4-8。

四、求简谐振动的能量

简谐振动的能量，根据简谐振动能量 $E = kA^2/2$ 的表达式，分别求出振幅、弹性系数代入公式即可。其动能、势能也是根据其定义式求取，如例题 4-10、例题 4-11。

§4.4 本章典型例题

例题 4-1 质量为 $m = 1.0$ kg，转动惯量为 $J = 5.0 \times 10^{-3}$ kg·m^2 的刚体作简谐振动时角位移随时间的关系为 $\theta = 0.05\cos(20t + \pi/2)$，式中各量均为 SI 制。求：(1) 刚体质心到转轴的距离 d；(2) 复摆作简谐振动的周期 T；(3) 复摆摆动的角速度 Ω。

分析 这是个复摆问题的题。(1) 求质心到转轴的距离 d。从题目所给振动方程得出 ω 的值，再利用复摆的知识 $\omega = \sqrt{mgh/J}$ 可求出 d；(2) 周期 T 只需要将题目给出的表达式与标准简谐振动表达式比较就可直接写出，或者用公式 $T = 2\pi/\omega$ 得出；(3) 根据角位移与时间的微分关系可得到角速度 Ω。

解 (1) 由题目所给条件知 $\omega = 20$ rad·s^{-1}。由复摆的知识 $\omega = \sqrt{mgh/J}$，有

$$d = \frac{\omega^2 J}{mg} = \frac{20^2 \times 5.0 \times 10^{-3}}{1.0 \times 9.8}\ \text{m} = 0.204\ \text{m}$$

(2) 其周期为

$$T = \frac{2\pi}{\omega} = 0.314\ \text{s}$$

(3) 角速度为

$$\Omega = \frac{\mathrm{d}\theta}{\mathrm{d}t} = -\omega A\sin(\omega t + \varphi)$$

$$= -1.0\sin\left(20t + \frac{\pi}{2}\right) \quad \text{(SI)}$$

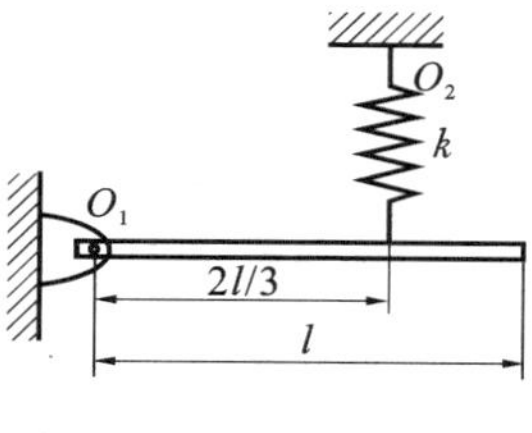

图 4-1 例题 4-2 用图

例题 4-2 质量为 m，长为 l 的均匀细棒可绕过一端的固定轴 O_1 自由转动，在细棒的 $2l/3$ 处有一劲度系数为 k 的轻弹簧与其连接。弹簧的上端固定于 O_2 点，如图 4-1 所示。开始时棒刚好在水平位置而静止。现将棒

沿顺时针方向绕 O_1 轴转过一小角度 θ_0，然后放手。

(1) 证明杆作简谐振动；

(2) 求出其周期；

(3) 以向下转动为旋转正向，水平位置为角坐标原点，转过角 θ_0 为初始时刻，写出振动表达式。

分析　这是个复摆问题的题。根据刚体的定轴转动定律 $M=J\beta$ 列出方程，化简处理即可证明复摆为简谐振动。关键是要正确写出方程左边合力矩的表示式，有重力矩与弹簧的弹力矩。周期在广义简谐振动方程的基础上可直接写出。振动表达式首先要根据初始条件得到振幅及初位相，然后代入振动的标准表达式。

解　(1) 平衡时，重力矩与弹力矩等值反向，设此时弹簧伸长为 Δx_0。因题目所设细棒向下旋转为角坐标正向，有

$$\frac{mgl}{2}-k\,\Delta x_0\left(\frac{2l}{3}\right)=0$$

设某时刻杆转过角度为 θ，因角度小，弹簧再伸长近似为 $\theta(2l/3)$。杆受弹力矩为

$$M_k=-F_k\left(\frac{2l}{3}\right)=-k\left[\Delta x_0+\theta\left(\frac{2l}{3}\right)\right]\cdot\left(\frac{2l}{3}\right)$$

合力矩为

$$M_G+M_k=\frac{mgl}{2}-k\left[\Delta x_0+\theta\left(\frac{2}{3}\right)\right]\cdot\left(\frac{2l}{3}\right)=-k\theta\left(\frac{2l}{3}\right)^2$$

依转动定律，有

$$-k\theta\left(\frac{2l}{3}\right)^2=J\beta=\left(\frac{ml^2}{3}\right)\frac{\mathrm{d}^2\theta}{\mathrm{d}t^2}$$

$$\frac{\mathrm{d}^2\theta}{\mathrm{d}t^2}+\frac{4k}{3m}\theta=0$$

即杆作简谐振动。

(2) 由上面微分方程得杆的振动圆频率和周期分别为

$$\omega=\sqrt{\frac{4k}{3m}},\qquad T=\frac{2\pi}{\omega}=\frac{2\pi}{\sqrt{4k/(3m)}}=\pi\sqrt{\frac{3m}{k}}$$

(3) $t=0$ 时，$\theta=\theta_0$，$\Omega_0=[\mathrm{d}\theta/\mathrm{d}t]_{t=0}=0$，得振幅 $\theta_A=\theta_0$，初位相 $\varphi_0=0$，故杆的振动表达式为

$$\theta=\theta_0\cos\left(\sqrt{\frac{4k}{3m}}\,t\right)$$

例题 4-3　在一轻弹簧下端悬挂 $m_0=100$ g 的砝码时，弹簧伸长 8 cm，现在这根弹簧下端悬挂 $m=250$ g 的物体，构成弹簧振子。将物体从平衡位置向下拉动

3 cm,并给以向上的28 cm/s 的初速度(这时 $t=0$),选 x 轴向下,求振动方程的数值式。

分析 这是个求振动方程的题。首先写出振动方程的标准表达式,然后从问题给定的条件中寻找三个特征量。振幅、角速度、初位相都是未知的,需要求出。关键是确定初位相。初位相是由初始条件确定的,即初始位置和初始速度(或初始时刻的运动方向)。而具体确定初位相有两种方法,即所谓的"解析法"和"旋转矢量法"。所谓"解析法",是应用对应公式并结合初始时刻的运动方向,确定初位相;所谓"旋转矢量法",是根据振子在 x 轴上初始时刻的位置和运动方向,来画出其对应的旋转矢量,而旋转矢量与 x 轴的正向夹角,即为初位相。

解 物体受向下的重力和向上的弹性力。先求劲度系数,因弹簧下悬 $m_0=100$ g 砝码时,弹簧伸长 $\Delta l=8$ cm,故劲度系数为

$$k=\frac{m_0 g}{\Delta l}$$

振子振动的圆频率为

$$\omega=\sqrt{\frac{k}{m}}=\sqrt{\frac{m_0 g}{m\Delta l}}=\sqrt{\frac{100\times10^{-3}\times9.8}{250\times10^{-3}\times8\times10^{-2}}}\ \text{rad}\cdot\text{s}^{-1}=7\ \text{rad}\cdot\text{s}^{-1}$$

振子的振动振幅为

$$A=\sqrt{x_0^2+\frac{v_0^2}{\omega^2}}=\sqrt{(3.0\times10^{-2})^2+\left(\frac{-28\times10^{-2}}{7.0}\right)^2}\ \text{m}=5\times10^{-2}\ \text{m}$$

用"解析法"确定初位相

$$\tan\varphi_0=-\frac{v_0}{\omega x_0}=-\frac{-28.00\times10^{-2}}{7.0\times3.00\times10^{-2}}=\frac{4}{3}$$

得 $\varphi_0=53.1^\circ$ 或 $\varphi_0=233.1^\circ$,又因 $x_0=A\cos\varphi_0=0.03\ \text{m}>0$,故

$$\varphi_0=53.1^\circ$$

所以振子的振动方程为

$$x=5\times10^{-2}\cos(7t+53.1^\circ)\quad(\text{SI})$$

例题 4-4 一质点同时参与两个同方向的简谐振动,其振动方程分别为

$$x_1=4\times10^{-2}\cos(4t-55^\circ)\quad(\text{SI})$$

$$x_2=3\times10^{-2}\cos(4t+50^\circ)\quad(\text{SI})$$

画出两振动的旋转矢量图,并求合成振动的振动方程。

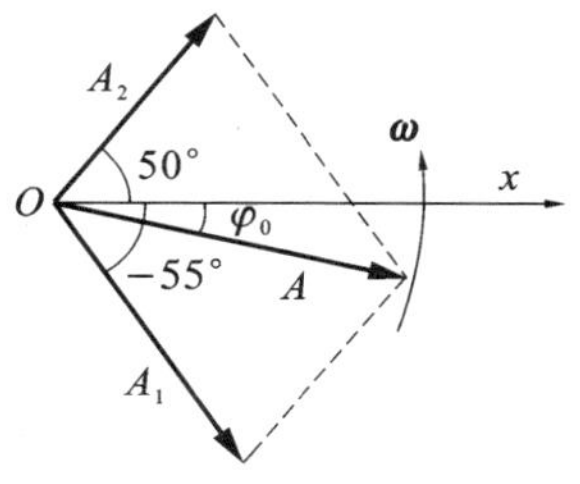

图 4-2 例题 4-4 用图

分析 这是个求合成振动方程的题。根据旋转矢量与简谐振动各物理量之间的一一对应关系,可以用

旋转矢量图示法方便地求出合成振动的各物理量，比解析法方便直观，尤其是在确定初位相时。

解　旋转矢量图如图 4-2 所示。

因 $A_1 = 4\times10^{-2}$ m，$A_2 = 3\times10^{-2}$ m，$\varphi_{10} = -55°$，$\varphi_{20} = 50°$，有合振动的振幅为

$$A = [A_1^2 + A_2^2 + 2A_1A_2\cos(\varphi_{20} - \varphi_{10})]^{1/2}$$
$$= \{(4\times10^{-2})^2 + (3\times10^{-2})^2 + 2\times(4\times10^{-2})\times(3\times10^{-2})\cos[55° - (-50°)]\}^{1/2}$$
$$= 4.33\times10^{-2}\ \text{m}$$

合振动的初位相满足

$$\tan\varphi_0 = \frac{A_1\sin\varphi_{10} + A_2\sin\varphi_{20}}{A_1\cos\varphi_{10} + A_2\cos\varphi_{20}} = \frac{4\times10^{-2}\sin(-55°) + 3\times10^{-2}\sin50°}{4\times10^{-2}\cos(-55°) + 3\times10^{-2}\cos50°} = -0.2317$$

$$\varphi_0 = -13.0° \text{ 和 } \varphi_0 = 167°$$

可求得

由旋转矢量图中矢量加法可知 φ_0 在第四象限，故合振动的初位相为

$$\varphi_0 = -13.0°$$

所以合振动方程为

$$x = 4.33\times10^{-2}\cos(4t - 13.0°)\quad \text{(SI)}$$

例题 4-5　一质量为 m、长为 l 的均匀细杆，上端挂在无摩擦的水平轴上，杆的 $l/3$ 处与一横连在墙上的弹簧相连，如图 4-3 所示，弹簧的劲度系数为 k。当杆竖直静止时弹簧处于水平原长状态。求杆作微小振动的周期（杆绕过一端点且垂直杆的轴的转动惯量为 $ml^2/3$）。

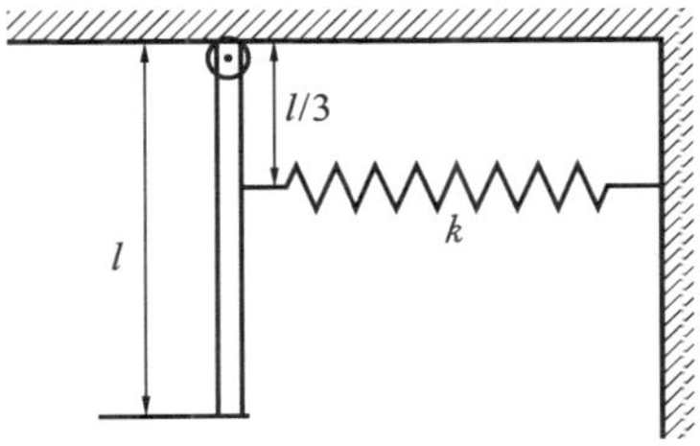

图 4-3　例题 4-5 用图

分析　这是个复摆问题的题。根据刚体的定轴转动定律 $M = J\beta$ 列出方程，化简处理即可证明复摆为简谐振动，关键是要正确写出方程左边合力矩的表示式，有重力矩与弹簧的弹力矩，周期在广义简谐振动方程的基础上可直接写出。

解　设杆向右摆动为角坐标 θ 正向。摆动过程中杆受重力矩 M_G 和弹性力矩 M_k。当杆向右摆动 θ 角时，弹簧的压缩量为 $\frac{l}{3}\sin\theta$。重力矩和弹性力矩均与 θ 相反，有

$$M_G + M_k = -\frac{1}{2}mgl\sin\theta - \left(k\frac{l}{3}\sin\theta\right)\frac{l}{3}\cos\theta = \frac{J\mathrm{d}^2\theta}{\mathrm{d}t^2}$$

$$-9mgl\sin\theta - 2kl^2\sin\theta\cos\theta = \frac{18J\mathrm{d}^2\theta}{\mathrm{d}t^2}$$

当作微小振动时，$\sin\theta \approx \theta$，$\cos\theta \approx 1$，且 $J = \frac{ml^2}{3}$，有

$$-(9mg + 2kl)\theta = \frac{6ml\,\mathrm{d}^2\theta}{\mathrm{d}t^2}$$

$$\frac{\mathrm{d}^2\theta}{\mathrm{d}t^2} + \frac{(9mg + 2kl)\theta}{6ml} = 0$$

由此得出杆小角度的摆动为简谐振动，其周期为

$$T = \frac{2\pi}{\sqrt{(9mg + 2kl)/(6ml)}} = 2\pi\left(\frac{6ml}{9mg + 2kl}\right)^{1/2}$$

例题 4-6　摆球质量为 $m = 0.2$ kg 的单摆作简谐振动时角位移随时间的关系为 $\theta = 0.4\cos(3t + 0.5)$，式中各量均为 SI 制。求：

(1) 单摆作简谐振动的角频率 ω；

(2) 单摆的摆长；

(3) 单摆摆动的角速度 Ω。

分析　这是个求振动各物理量的例题。把标准振动表达式与已知简谐振动方程比较即可得角频率 ω。根据单摆摆长与角频率的关系，可以得到摆长。角速度 Ω 通过角位移的时间微分关系即可得到。

解　(1) 因单摆简谐振动方程为 $\theta = 0.4\cos(3t + 0.5)$，得单摆的角频率

$$\omega = 3\ \mathrm{rad \cdot s^{-1}}$$

(2) 而单摆的角频率又满足

$$\omega = \left(\frac{g}{l}\right)^{1/2}$$

得单摆摆长为

$$l = \frac{g}{\omega^2} = \frac{9.8}{3^2}\ \mathrm{m} = 1.09\ \mathrm{m}$$

(3) 单摆摆动的角速度 Ω 为

$$\Omega = \frac{\mathrm{d}\theta}{\mathrm{d}t} = -\theta_A\omega\sin(\omega t + \varphi)$$

$$= -1.2\sin(3t + 0.5)\ \mathrm{rad/s}$$

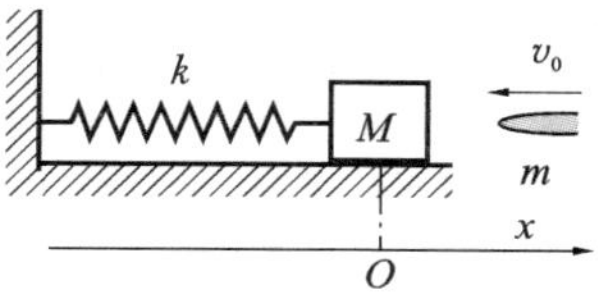

图 4-4　例题 4-7 用图

例题 4-7　由质量为 $M = 0.495$ kg 的木块和劲度系数为 $k = 200$ N/m 的轻质弹簧组成一在光滑水平台上运动的谐振子，如图 4-4 所示，开始时木块静止在 O 点，一质量为 $m = 0.005$ kg 的子弹以速率 $v_0 = 600$ m/s 沿水平方向射入木块并嵌在其中，然后木块（内有子弹）作简谐振动，若以子弹射入木块并嵌在木块中时

开始计时，试写出系统的振动方程。

分析　这是个求振动方程的题。写出振动方程的标准表达式，需要求出振幅、角频率、初位相。首先可以得到弹簧振子的角频率，子弹射入木块满足动量守恒，据此可求出初速度。根据初始条件可分别求出初位相及振幅。

解　因子弹射入木块并嵌在其中后，和木块一起作简谐振动，其角频率为

$$\omega = \left(\frac{k}{M+m}\right)^{1/2} = \left(\frac{200}{0.495+0.005}\right)^{1/2}\ \mathrm{s^{-1}} = 20\ \mathrm{s^{-1}}$$

子弹射入木块时动量守恒，有

$$-mv_0 = (M+m)v$$

$$v = \frac{-mv_0}{M+m} = \frac{-0.005\times 600}{0.495+0.005}\ \mathrm{m/s} = -6\ \mathrm{m/s}$$

即
$$\left[\frac{\mathrm{d}x}{\mathrm{d}t}\right]_{t=0} = -A\omega\sin\varphi_0 = -6\ \mathrm{m/s}$$

知
$$\sin\varphi_0 > 0$$

得 φ_0 在第一、二象限。因 $t=0$ 时，$x_0 = A\cos\varphi_0 = 0$，得振动初位相为

$$\varphi_0 = \frac{\pi}{2}$$

所以振动振幅为

$$A = \left[x_0^2 + \left(\frac{v}{\omega}\right)^2\right]^{1/2} = \left|\frac{v}{\omega}\right| = \left|\frac{-6}{20}\right|\ \mathrm{m} = 0.30\ \mathrm{m}$$

故系统的振动方程为

$$x = 0.30\cos\left(20t+\frac{\pi}{2}\right)\quad(\mathrm{SI})$$

例题 4-8　一劲度系数为 k 的轻弹簧截成两等份，然后将它们并联在一起，下面挂一质量为 m 的物体，如图 4-5 所示，求振动系统的频率。

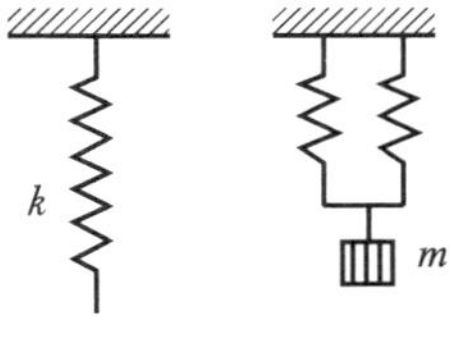

图 4-5　例题 4-8 用图

分析　这是个求简谐振动物理量的题。关键是要得到并联弹簧的劲度系数。首先运用串、并联弹簧的受力关系找出两弹簧与合成弹簧的弹性系数的关系，得到分段弹簧的劲度系数，再得到并联弹簧的劲度系数，最后根据谐振子的角频率的定义式可得到振动系统的频率。

解　(1) 求串、并联弹簧的弹性系数。设两弹簧的弹性系数分别为 k_1、k_2。

串联：两弹簧与合成弹簧受力相同，两弹簧伸长之和等于合成弹簧伸长。于是有

$$F = F_1 = F_2$$

$$F = kx = F_1 = k_1x_1 = F_2 = k_2x_2$$

$$x = x_1 + x_2$$

$$x = \frac{F}{k} = x_1 + x_2 = \frac{F_1}{k_1} + \frac{F_2}{k_2} = F\left(\frac{1}{k_1} + \frac{1}{k_2}\right)$$

得串联弹簧的劲度系数与分弹簧劲度系数的关系为

$$\frac{1}{k} = \frac{1}{k_1} + \frac{1}{k_2}$$

并联:两弹簧与合成弹簧伸长相同,两弹簧受力之和等于合成弹簧受力。于是有

$$x = x_1 = x_2$$

$$F = F_1 + F_2$$

$$F = kx = F_1 + F_2 = k_1x_1 + k_2x_2 = (k_1 + k_2)x$$

得并联弹簧的劲度系数与分弹簧劲度系数的关系为

$$k = k_1 + k_2$$

(2) 求折断弹簧的弹性系数。折断弹簧与原弹簧的关系是串联关系。对于对折,有

$$\frac{1}{k} = \frac{1}{k'} + \frac{1}{k'} = \frac{2}{k'}$$

得

$$k' = 2k$$

(3) 求该振动系统的频率。并联对折弹簧的弹性系数

$$k'' = 2k' = 4k$$

故振动系统的圆频率和频率分别为

$$\omega = \sqrt{\frac{k''}{m}} = \sqrt{4k/m}$$

$$\nu = \frac{\omega}{2\pi} = \frac{\sqrt{k/m}}{\pi}$$

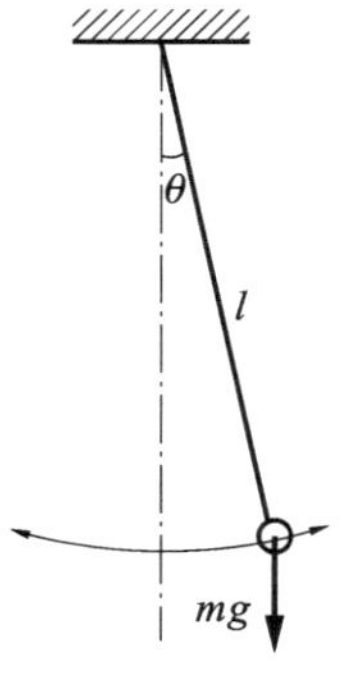

图 4-6　例题 4-9 用图

例题 4-9　如图 4-6 所示,单摆摆球质量 m,摆长 l,作角振幅为 θ_A 的简谐振动,振动方程 $\theta = \theta_A\cos(\omega t + \varphi_0)$。如取最低点为势能零点,求任意时刻单摆的动能、重力势能和总机械能。

分析　这是个求简谐振动能量的题。将相关物理量代入动能、势能公式即可。振动方程对时间取微分,可得到速度。求势能时,有一个 θ 较小时的近似关系式要注意。

解　因单摆的振动方程为 $\theta = \theta_A\cos(\omega t + \varphi_0)$,其中 $\omega = \sqrt{g/l}$。由此可得单摆振动的角速度为

$$\Omega = \mathrm{d}\theta/\mathrm{d}t = -\theta_A\omega\sin(\omega t + \varphi_0)$$

于是有

$$E_k = \frac{mv^2}{2} = \frac{m(l\mathrm{d}\theta/\mathrm{d}t)^2}{2} = \frac{ml^2[-\theta_A\omega\sin(\omega t + \varphi_0)]^2}{2}$$

将 $\omega = \sqrt{g/l}$ 带入上式,得单摆振动的动能为

$$E_k = \frac{ml^2[-\theta_A\omega\sin(\omega t + \varphi_0)]^2}{2} = \frac{mgl\theta_A{}^2\sin^2(\omega t + \varphi_0)}{2}$$

由图 4-6 可以看出,单摆振动的势能为

$$E_p = mgl(1 - \cos\theta) = mgl2\sin^2(\theta/2)$$

因单摆摆动的角度 θ 极小,近似有

$$\sin(\theta/2) \approx \theta/2$$

所以单摆的势能为

$$E_p = mgl2\sin^2\left(\frac{\theta}{2}\right) \approx mgl2\left(\frac{\theta}{2}\right)^2 = \frac{mgl\theta^2}{2} = \frac{mgl\theta_A{}^2\cos^2(\omega t + \varphi_0)}{2}$$

单摆的总机械能为

$$E = E_k + E_p = mgl\theta_A^2/2$$

例题 4-10　一作简谐振动的振动系统,其质量为 0.4 kg,频率为 2 Hz,振幅为 0.5 cm,求振动能量。

分析　这是个求简谐振动能量的例题。根据简谐振动能量 $E = \frac{kA^2}{2}$ 的表达式,结合题目所给的已知条件,只需求出劲度系数 k 即可。

解　因振动系统的圆频率满足

$$\omega = \sqrt{k/m} = 2\pi\nu$$

得振动系统的劲度系数为

$$k = 4\pi^2\nu^2 m$$

于是振动系统的振动能量为

$$E = \frac{kA^2}{2} = \frac{4\pi^2\nu^2 m A^2}{2} = 2\pi^2\nu^2 m A^2 = 7.9 \times 10^{-4}\ \mathrm{J}$$

第5章　机　械　波

§5.1　本章内容剖析

一、机械波产生的条件

1.机械波的产生与传播　质点间的作用力使扰动传播，在波传播方向上，下游质点作受迫振动，上游质点作阻尼振动。

2.机械波产生的条件

(1) 振源(波源)；

(2) 介质。

3.波动与振动的区别与联系

(1) 区别　波动是波形的传播，质量不迁移；振动是质点或质元在平衡位置附近的往复运动，质量随着运动。

(2) 联系　波动是振动的传播，没有振动就没有波动。

二、几个名词

1.横波

(1) 定义　波传播方向和质点振动方向相互垂直的波。

(2) 特点　有波峰、波谷。

(3) 产生的原因　由介质切变形变产生，只在固体中传播。

2.纵波

(1) 定义　波传播方向和质点振动方向相互平行的波。

(2) 特点　有密部、疏部。

(3) 产生的原因　由介质压缩扩张形变产生的，在固、液、气中都能传播。

3.波线(波射线)　沿波传播方向画出的一条有方向的假想射线。

4.波面(同相面)、波阵面(波前)　振动位相(状态)相同的点组成的面叫做波面。波传播方向上最前面的波面叫作波阵面。波线垂直于波面。

5.平面波、球面波、柱面波

(1) 定义　平面波，波面为平面；球面波，波面为球面；柱面波，波面为圆柱面。

(2) 联系　平面波是球面波、柱面波传播到无限远的极限情形。

三、平面简谐波波动方程

1. 波速（相速）u

（1）定义　振动状态（位相）传播的速度。

（2）介质中的波速

① 固体中的波速　纵波，$u=\sqrt{E/\rho}$；横波，$u=\sqrt{G/\rho}$。

② 流体中的波速（只有纵波）　$u=\sqrt{B/\rho}$，理想气体，$u=\sqrt{\gamma RT/M_{\mathrm{mol}}}$。

③ 张紧绳中的波速（横波）　$u=\sqrt{F/\mu}$。

2. 行波方程

（1）表达式

① 正向波　$y=A\cos[\omega(t-x/u)+\varphi_0]$。

② 逆向波　$y=A\cos[\omega(t+x/u)+\varphi_0]$。

③ 说明：这两个方程没有规定波源在何处，可以认为：正向波表示波从$-\infty$远处传来沿x正方向传播开去；逆向波表示波从$+\infty$远处传来沿x负方向传播开云。φ_0为坐标原点处的振动初位相。

（2）波动方程的物理意义（以正向波为例）

① x一定，波动方程写成$y=A\cos[\omega t+(-\omega x/u+\varphi_0)]$，表示$x$处质点的振动方程，振动初位相为$-\omega x/u+\varphi_0$。

② t一定，波动方程写成$y=A\cos[\omega x/u+(-\omega t-\varphi_0)]$，表示$t$时刻$x$轴上各质点的振动位移，即表示$t$时刻的波形曲线。

③ t、x都在变化，设点x_1在时刻t_1的振动状态与点x_2在时刻t_2的振动状态相同，应有$\omega(t_1-x_1/u)+\varphi_0=\omega(t_2-x_2/u)+\varphi_0$，即$x_2-x_1=u(t_2-t_1)$，说明振动状态（位相）的传播。质点$x_1$在$t_1$时刻的振动状态要经过$t_2-t_1$的时间才能够传播到点$x_2$。

（3）求波动方程

① 已知波传播过程中某点x_0的振动方程$y_{x_0}=A\cos(\omega t+\varphi_0)$，求波动方程：

正向波　$y=A\cos\left[\omega\left(t-\dfrac{x-x_0}{u}\right)+\varphi_0\right]$

负向波　$y=A\cos\left[\omega\left(t+\dfrac{x-x_0}{u}\right)+\varphi_0\right]$

② 已知波源x_0的振动方程$y_{x_0}=A\cos(\omega t+\varphi_0)$，得波动方程为

$$y=A\cos\left[\omega(t-\frac{|x-x_0|}{u})+\varphi_0\right]$$

当$x>x_0$，为正向波　$y=A\cos\left[\omega\left(t-\dfrac{x}{u}\right)+\left(\dfrac{\omega x_0}{u}+\varphi_0\right)\right]$。

当 $x < x_0$，为负向波 $y = A\cos\left[\omega\left(t + \frac{x}{u}\right) - \left(\frac{\omega x_0}{u} - \varphi_0\right)\right]$。

(4) 波动方程与振动方程的区别　振动方程只有一个变量 t，它描述的是质点或质元对平衡位置位移随时间的变化规律；波动方程有两个变量 x 和 t，它描述的是 x 处质元对平衡位置位移随时间的变化，或 t 时刻的波形。波动方程是由振动方程推导而来的。

四、描述波的物理量

1. 周期 T　单个质点作一次完全振动所花时间，或波向前传播一个波长所花时间。

$$T = 2\pi/\omega, \quad T = \lambda/u$$

2. 频率 ν　单个质点单位时间内振动次数，或单位时间内波向前传播波长数。

$$\nu = 1/T, \quad \nu = u/\lambda$$

3. 波长(空间周期)λ　同一波线上位相差为 2π 相邻两点的距离(一完整波形长度)。或在一周期内波向前传播的距离。

$$2\pi = \omega\lambda/u, \quad \lambda = uT$$

4. 位相及位相差　$\varphi = \omega(t - x/u) + \varphi_0$ 表示 x 点 t 时刻振动位相。

x_1 点与 x_2 点 t 时刻振动位相差为

$$\Delta\varphi = \varphi(x_2) - \varphi(x_1) = \omega(x_1 - x_2)/u = (2\pi/\lambda)(x_1 - x_2)$$

当 $x_2 > x_1$，有 $\Delta\varphi < 0$，表示 x_2 比 x_1 落后；当 $x_2 < x_1$，有 $\Delta\varphi < 0$，表示 x_2 比 x_1 超前。

5. 波程与波程差

(1) 波程　波沿波线传播的路程 x。

(2) 波程差　两波程之差 $\delta = x_2 - x_1$。对同一波而言表示波向前传播到达两点的波程之差；对两波而言表示两波传到同一点的波程之差。

6. 位相差与波程差的关系

对同一波而言 $\Delta\varphi = \varphi(x_2) - \varphi(x_1) = \omega(x_1 - x_2)/u = -2\pi\delta/\lambda$

对两波而言 $\Delta\varphi = \varphi(r_2) - \varphi(r_1) = -\frac{\omega(r_2 - r_1)}{u} + \varphi_{20} - \varphi_{10} = \varphi_{20} - \varphi_{10} - \frac{2\pi\delta}{\lambda}$

7. 标准波动方程　$y = A\cos\left[\omega\left(t - \frac{x}{u}\right) + \varphi_0\right]$，$y = A\cos\left[2\pi\left(\frac{t}{T} - \frac{x}{\lambda}\right) + \varphi_0\right]$

$$y = A\cos\left[2\pi\left(\nu t - \frac{x}{\lambda}\right) + \varphi_0\right]$$

五、波动微分方程

1. 表达式 $\dfrac{\partial^2 y}{\partial x^2}=\left(\dfrac{1}{u}\right)^2\dfrac{\partial^2 y}{\partial t^2}$

2. 物理意义 一个物理量对空间的二次微分与该物理量对时间的二次微分成正比，其比例系数为正常数，则该物理量必以波的形式向前传播。比例系数决定了波速。

六、波传播过程中介质元Δm的能量

1. 表达式

(1) 质元Δm的动能 $\Delta W_k=\dfrac{\Delta m v^2}{2}=\dfrac{1}{2}\rho\Delta V\omega^2A^2\sin^2\left[\omega\left(t-\dfrac{x}{u}\right)+\varphi_0\right]$

(2) 质元Δm的势能 $\Delta W_p=\dfrac{k(\text{伸长量})^2}{2}=\dfrac{1}{2}\rho\Delta V\omega^2A^2\sin^2\left[\omega\left(t-\dfrac{x}{u}\right)+\varphi_0\right]$

(3) 质元Δm的机械能 $\Delta W=\Delta W_k+\Delta W_p=\rho\,\Delta V\omega^2A^2\sin^2\left[\omega\left(t-\dfrac{x}{u}\right)+\varphi_0\right]$

2. 波质元能量的特点

(1) 波质元的动能、势能同步地作周期变化；

(2) 波质元的动能、势能任何时刻相等；

(3) 总机械能与动能、势能同步，也作周期变化，不是定值。

3. 与弹簧振子比较

(1) 总能

振子总能保持定值，动、势能相互转化；波质元总能作周期变化，动、势能相等。

(2) 势能不同的原因

振子势能取决于弹簧伸长，伸长就是位移，位移最大时势能最大。

波质元势能取决于质元Δx的伸长Δy，Δy不是位移，是形变。最大位移处形变最小，势能最小。

4. 波是能量传递的一种形式 因波传播使质元能量周期变化，质元从上游接受能量时能量增，如它向下游传递能量时能量减。以此将能量传播出去。

七、能量密度与波的强度

1. 能量密度

(1) 定义 介质单位体积中储存的能量。

(2) 表达式 $w=\Delta W/\Delta V=\rho\,\omega^2A^2\sin^2[\omega(t-x/u)+\varphi_0]$

(3) 平均能量密度(一周期内能量密度的平均值)

$$\overline{w} = \frac{1}{T}\int_0^T w\mathrm{d}t = \rho\omega^2\frac{A^2}{2} = 2\pi^2\rho A^2\nu^2$$

2. 波的强度(能流密度)

(1) 能流 P

① 定义　单位时间内通过介质中某一面积的能量。

② 表达式　$P = \frac{\mathrm{d}W}{\mathrm{d}t} = \frac{wSu\,\mathrm{d}t}{\mathrm{d}t} = wuS = uS\rho A^2\omega^2\sin^2\left[\omega\left(t - \frac{x}{u}\right)\right]$

③ 平均能流$\overline{P}$　单位时间通过截面 S 的能量,$\overline{P} = \frac{1}{2}uS\rho A^2\omega^2$。

(2) 波的强度(能流密度)I

① 定义　波的强度(能流密度)的大小为单位时间通过单位截面的能量。

② 表达式　$I = \frac{\overline{P}}{S} = \overline{w}u = \frac{\rho A^2\omega^2 u}{2}$;$I = wu = \frac{\rho\omega^2 A^2 u}{2}$

八、惠更斯原理

1. 子波源　媒质中任何一点,在波到达后都可看作新的子波源,它发出球面波。

2. 波阵面与子波的关系　子波波阵面的包迹是新的波阵面。

3. 说明　惠更斯原理可解释波的反射、折射和波的衍射,但不能解释波为什么只向前传播和衍射条纹。

九、波的叠加原理(只讨论波强度不大的情况)

1. 独立性　各波引起的振动不因其他波的存在而受到影响。

2. 叠加性　波相遇时质点的振动是各波引起振动的矢量和。

3. 波的分解　复杂波是若干特定简谐波的叠加。

十、波的干涉(干涉是波叠加的特殊情形)

1. 干涉现象的定义　指几列波在空间相遇,叠加使某些点振动加强,某些点振动减弱的稳定分布。

2. 相干条件

(1) 振动方向相同;

(2) 频率相同;

(3) 位相差恒定。

3. 振幅分布　$A = (A_1{}^2 + A_2{}^2 + 2A_1A_2\cos\Delta\varphi)^{1/2}$,其中 $\Delta\varphi = (2\pi/\lambda)(r_2 - r_1) + \varphi_{10} - \varphi_{20}$

当 $\Delta\varphi = 2k\pi$ 时，$A = A_1 + A_2$；

当 $\Delta\varphi = (2k+1)\pi$ 时，$A = |A_1 - A_2|$；

当 $\Delta\varphi$ 为其他值时，$A_1 + A_2 > A > |A_1 - A_2|$，振幅分布取决于两波的初位相差 $\varphi_{10} - \varphi_{20}$ 及两波的波程差 $r_2 - r_1$。

4. 产生相干波的方法：

① 分波阵面法；

② 分振幅法。

十一、驻波（特殊的干涉现象）

1. 形成的条件　振幅相同传播方向相对的两列相干波。

2. 驻波方程

设两相干波为 $y_1 = A_0\cos[2\pi(\nu t - x/\lambda)]$；$y_2 = A_0\cos[2\pi(\nu t + x/\lambda)]$，则驻波方程为 $y = y_1 + y_2 = 2A_0\cos(2\pi x/\lambda)\cos(2\pi\nu t) = 2A_0\cos kx\cos\omega t$。

3. 结论

(1) 各点作频率为 ν 的简谐振动；

(2) 振幅 $A = 2A_0\cos(2\pi x/\lambda)$ 随坐标而变：

① 波腹　振幅最大，$A = 2A_0$；波腹坐标，$x = \pm k\dfrac{\lambda}{2} = \pm 2k\dfrac{\lambda}{4}$　$(k = 0,1,2,\cdots)$

② 波节　振幅为零，$A = 0$；波节坐标 $x = \pm\left(k + \dfrac{1}{2}\right)\dfrac{\lambda}{2} = \pm\dfrac{(2k+1)\lambda}{4}$　$(k = 0,1,2,\cdots)$

③ 相邻波腹（或波节）的间距　$\Delta x = \lambda/2$。波腹（或波节）间距为行波半个波长。

(3) 振动位相分布

① 相邻两波节间各点振动同步调，位相差为 0。

② 同一波节的两侧各点振动反步调，位相差为 π。

4. 半波损失

(1) 半波损失产生的条件　波从波疏媒质向波密媒质传播，在反射波中产生半波损失。任何情况下折射波都没有半波损失。

(2) 半波损失的实质是位相突变 π。

(3) 波阻 ρu　ρu 大为波密媒质，ρu 小为波疏媒质。

5. 弦上驻波

(1) 产生的过程　波在张紧的弦上来回多次反射而成。

(2) 弦上驻波形成的条件　弦长应是半波长的整数倍。

(3) 弦上形成驻波的固有频率　$\nu_n = \frac{n\sqrt{F/\mu}}{2l}$。基频：$n=1$，$\nu_1 = \frac{\sqrt{F/\mu}}{2l}$；谐频 $n>1$，$\nu_n = \frac{n\sqrt{F/\mu}}{2l} = n\nu_1$。通过调整弦的张力 F，弦的粗细 μ 和弦的长度 l，改变基频和谐频，使其产生动听的音乐。音调由基频组成；音色由谐频与强度组成。

十二、多普勒效应

1. 定义　波源与观察者相对媒质运动时，观察者接收到的频率发生变化的现象称为多普勒效应。

2. 频率改变公式　设波源和观察者在两者连线上运动，波源速度为 u_S，观察者速度为 u_R。相互朝对方运动时速度为正。波源频率为 ν_S，观察者接收频率为 ν_R。

(1) 波源不动观察者运动　相当于波速变：$\nu_R = \nu_S\left(1+\frac{u_R}{u}\right)$

(2) 波源动观察者不动　等效于波长变：$\nu_R = \frac{\nu_S u}{u-u_S}$

(3) 波源与观察者都动　相当于波速与波长都变：$\nu_R = \frac{\nu_R(u+u_R)}{u-u_S}$

§5.2　本章重点、难点

一、本章重点

(1) 平面简谐波的波动方程。
(2) 波的能量。
(3) 波的干涉。
(4) 驻波。

二、本章难点

(1) 平面简谐波的波动方程。
(2) 波的能量。
(3) 驻波。
(4) 多普勒效应。

§5.3　本章解题指导

根据所讲述的内容，本章有以下几个方面的习题：其一是求波动方程；其二是求某点的振动方程；其三是求波动的相关物理量；其四是求驻波方程、波腹或波节的坐标；其五是求波的能量密度等问题。

一、求波动方程

关于波动方程（或波函数）的求解，一般有两种方法，即“标准形式法”和“位相关系法”。所谓“标准形式法”，即在求解波动方程（或波函数）时，首先写出波动方程（或波函数）的标准形式，然后根据题意，从问题给出的条件中去寻找波动的有关特征量，将它们代入标准方程中，问题即可求解。所谓“位相关系法”，是首先根据问题给定的条件，写出某点的振动方程，然后由已知的振动位相，根据位相关系（$\Delta\varphi = -2\pi\,\Delta x/\lambda$），确定出任意点 x 处的振动位相，以及任意点 x 处的振动方程，亦即波动方程（或波函数），如例题 5-1、例题 5-2、例题 5-3、例题 5-4。

二、求某点的振动方程

根据波动方程，代入某点的空间坐标，即可得到该点的振动方程（如例题 5-3、例题 5-4、例题 5-6、例题 5-11）。

三、求波动的相关物理量

通过把波动方程写成标准表达式，可以直接写出波动的相关物理量即波长、波速、周期等（如例题 5-3）。

四、求驻波方程、波腹或波节的坐标

对振幅相同传播方向相对的两列相干波运用波的叠加原理，即可求出驻波方程。由驻波方程可得到波腹或波节的坐标（如例题 5-7、例题 5-8、例题 5-9、例题 5-10、例题 5-12）。

五、求波的能量密度等问题

在理解公式的基础上，直接套用公式，即可求得平均能流、平均能流密度、平均能量密度（如例题 5-5）。

§5.4　本章典型例题

例题 5-1　一简谐横波以 0.8 m/s 速度在长弦线上沿 x 正向传播。在 $x = 0.1$ m 处弦线质点位移随时间变化关系为 $y = 0.05\sin(1.0 - 4.0t)$ (SI)，试写出波函数。

分析　这是个求波动方程的例题。根据波动是位相传播的实质，确定波传播方向上任意点的位相比已知点的位相落后值 $\omega(x - x_0)/u$，通过已知点的振动方

程，就可写出波动方程。

解 $x=0.1$ m 处标准的振动方程为

$$y_0=0.05\sin(1.0-4.0t)=0.05\cos\left[\frac{\pi}{2}-(1.0-4.0t)\right]$$
$$=0.05\cos(4.0t+0.571) \quad \text{(SI)}$$

波传播方向上的任意点的位相比已知点的位相落后值

$$\frac{\omega(x-x_0)}{u}=\frac{4.0(x-0.1)}{0.8}$$

得波动方程为

$$y=0.05\cos\left[4.0\left(t-\frac{x-0.1}{0.8}\right)+0.57\right]$$
$$=0.05\cos(4.0t-5x+1.07) \quad \text{(SI)}$$

例题 5-2 一平面简谐波在介质中以速度 $c=40$ m/s 自左向右传播，已知在传播路径上某点 A 的振动方程为 $y=0.50\cos\left(8\pi t-\frac{\pi}{2}\right)$ (SI)，另一点 D 在 A 右方 12 米处。

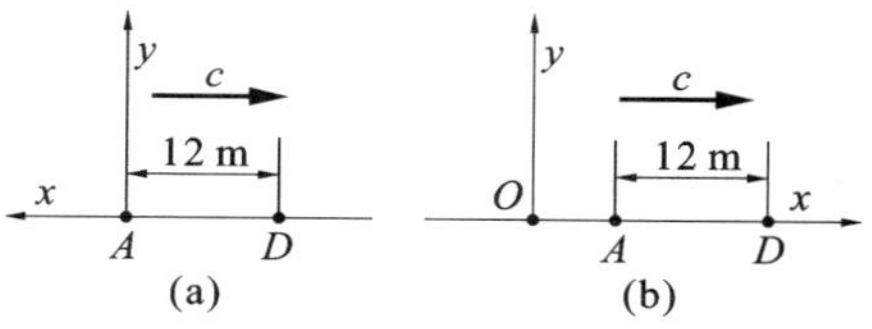

图 5-1 例题 5-2 用图

(1) 若取 x 轴方向向左为正方向，并以 A 为坐标原点，如图 5-1(a) 所示，试写出波动方程，并求出 D 点的振动方程；

(2) 若取 x 轴方向向右为正方向，以 A 点左方5.0 m 处的 O 点为 x 轴原点，如图 5-1(b) 所示，重新写出波动方程及D点的振动方程。

分析 这是个求波动方程和振动方程的例题。确定波传播方向上任意点的位相比已知点的位相落后或者超前的值 $\omega(x-x_0)/u$，通过已知点的振动方程，就可写出波动方程。求某点的振动方程，只需将这点的坐标代入波动方程即可。

解 (1) 若取 x 轴方向向左为正方向，A 为坐标原点。因波传播方向与 x 轴的方向相反，波传播方向上任意点 x 的位相比已知点 $A(x_0=0)$ 的位相超前

$$\frac{\omega(x-x_0)}{u}=\frac{8\pi(x-0)}{40}=\frac{\pi x}{5}$$

故波动方程为

$$y=0.50\cos\left(8\pi t+\frac{\pi x}{5}-\frac{\pi}{2}\right) \quad \text{(SI)}$$

则点 $D(x=-12\text{ m})$ 的振动方程为

$$y_D=0.50\cos\left[8\pi t+\frac{\pi(-12)}{5}-\frac{\pi}{2}\right]=0.50\cos\left(8\pi t-\frac{29\pi}{10}\right)$$

$$= 0.50\cos\left(8\pi t - \frac{9\pi}{10}\right) \quad (\text{SI})$$

(2) 若取 x 轴方向向右为正方向，A 点左方 5 m 处的 O 点为 x 轴原点，有 A 点坐标为$x_0 = 5.0$ m。波传播方向上任意点 x 的位相比已知点的位相落后

$$\frac{\omega(x - x_0)}{u} = \frac{8\pi(x - 5.0)}{40} = \frac{\pi x}{5} - \pi$$

故波动方程为

$$y = 0.50\cos\left[8\pi t - \left(\frac{\pi x}{5} - \pi\right) - \frac{\pi}{2}\right] = 0.50\cos\left(8\pi t - \frac{\pi x}{5} + \frac{\pi}{2}\right) \quad (\text{SI})$$

则点 $D(x = 17\ \text{m})$ 的振动方程为

$$y_D = 0.50\cos\left(8\pi t - \frac{17\pi}{5} + \frac{\pi}{2}\right) = 0.50\cos\left(8\pi t - \frac{9\pi}{10}\right) \quad (\text{SI})$$

例题 5-3　一简谐振动，周期为 4.0 s，振幅为 8.0×10^{-2} m，开始计时($t = 0$)时，质点恰好处在负二分之一最大位移处，且朝平衡位置运动。

(1) 求该质点的振动方程。

(2) 此振动以速度 $u = 2.0$ m/s 沿 x 轴正方向传播，取该质点为坐标原点，求形成的一维简谐波的波动方程。

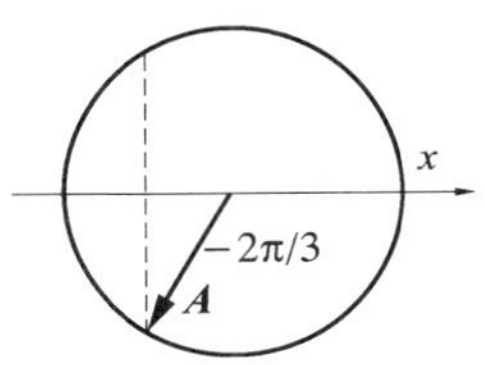

图 5-2　例题 5-3 用图

(3) 该波的波长。

分析　这是个混合问题的例题。先用旋转矢量法求出“某质点”振动的初位相，进而求出这个“某质点”的振动方程。然后确定波传播方向上任意点的位相比这个“某质点”的位相落后的值 $\omega(x - x_0)/u$，从而求出波动方程。最后根据波动方程求出波长。

解　(1) 因 $t = 0$ 时刻，质点恰好处在负二分之一最大位移处，且朝平衡位置运动，由图 5-2 的旋转矢量可知，该质点的振动初位相为$\varphi_0 = -2\pi/3$。所以质点的振动方程为

$$y_O = A\cos(\omega t + \varphi_0) = 8.0 \times 10^{-2}\cos\left(\frac{2\pi t}{4} - \frac{2\pi}{3}\right)$$

$$= 8.0 \times 10^{-2}\cos\left(\frac{\pi t}{2} - \frac{2\pi}{3}\right) \quad (\text{SI})$$

(2) 因取该质点为坐标原点，故波传播方向上任意点的位相比坐标原点的位相落后

$$\frac{\omega(x - x_0)}{u} = \frac{\pi}{2}\,\frac{x - 0}{2.0} = \frac{\pi x}{4}$$

故波动方程为

$$y = 8.0\times10^{-2}\cos\left(\frac{\pi t}{2}-\frac{\pi x}{4}-\frac{2\pi}{3}\right)=8.0\times10^{-2}\cos\left[2\pi\left(\frac{t}{4}-\frac{x}{8}\right)-\frac{2\pi}{3}\right]\quad\text{(SI)}$$

(3) 由波动方程得该波的波长为

$$\lambda = 8.0\ \text{m}$$

例题 5-4 图 5-3(a) 所示为一平面简谐波在 $t=0$ 时刻的波形图，该波的波速 $u=200\ \text{m/s}$。(1) 写出该波的波动方程；(2) 试画出 P 处质点的振动曲线。

分析 这是个求波动方程和振动方程的例题。先根据波形图求出原点的振动方程，再确定波传播方向上任意点的位相比原点位相落后的值 $\omega(x-x_0)/u$，从而求出波动方程。最后只需将 P 处的坐标代入波动方程即可求 P 处的振动方程。

解 (1) 由图 5-3(a) 可看出 $A=0.1\ \text{m}$，$\lambda=200\ \text{m}$，有 $T=\lambda/u=1\ \text{s}$。$t=0$ 时，$y_0=0$。由图 5-3(b) 的旋矢图，得 $\varphi_0=\pi/2$。于是原点 O 处质点的振动方程为

$$y_0 = 0.1\cos\left(\frac{2\pi t}{1}+\frac{\pi}{2}\right)=0.1\cos\left(2\pi t+\frac{\pi}{2}\right)\quad\text{(SI)}$$

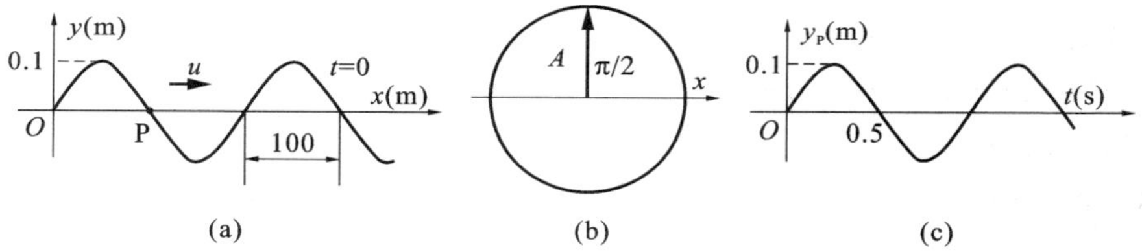

图 5-3 例题 5-4 用图

波传播方向上任意点的位相比原点位相落后

$$\frac{\omega(x-x_0)}{u}=\frac{2\pi(x-0)}{200}=0.01\pi x$$

得波动方程为

$$y = 0.1\cos(2\pi t-0.01\pi x+\pi/2)\quad\text{(SI)}$$

(2) 点 P 坐标为 100 m，将其代入波动方程，得点 P 处质点的振动方程为

$$\begin{aligned}y &= 0.1\cos(2\pi t-0.01\pi\cdot100+\pi/2)\\ &=0.1\cos(2\pi t-\pi/2)=0.1\sin(2\pi t)\quad\text{(SI)}\end{aligned}$$

其振动曲线如图 5-3(c) 所示。

例题 5-5 一平面简谐波，频率 600 Hz，波速 400 ms^{-1}，在截面积为 $4.00\times10^{-4}\ \text{m}^2$ 的管内空气中传播，若在 10 s 内通过截面的能量为 4.0×10^{-4} J，求

(1) 通过截面的平均能流；

(2) 波的平均能流密度；

(3) 波的平均能量密度。

分析 这是个求波的平均能流、平均能流密度、平均能量密度的例题。在理解

概念的基础上直接套用公式即可。

解　(1) 通过截面的平均能流为

$$\overline{P}=\frac{\mathrm{d}W}{\mathrm{d}t}=\frac{W}{t}=4.0\times10^{-5}\ \mathrm{J/s}$$

(2) 波的平均能流密度为

$$I=\frac{\overline{P}}{S}=0.10\ \mathrm{J/(s\cdot m^2)}$$

(3) 波的平均能量密度为

$$\overline{w}=\frac{I}{u}=2.5\times10^{-4}\ \mathrm{J/m^3}$$

例题 5-6　如图 5-4 所示，两列相干波在 P 点相遇，一列波在 B 点引起的振动是

$$y_{10}=1.5\times10^{-2}\cos4\pi t\quad(\mathrm{SI})$$

另一列波在 C 点引起的振动是

$$y_{20}=1.5\times10^{-2}\cos(4\pi t-\pi/2)\quad(\mathrm{SI})$$

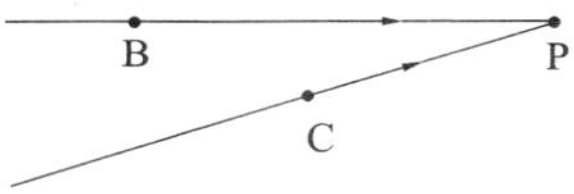

图 5-4　例题 5-6 用图

$BP=0.90\ \mathrm{m}$，$CP=0.50\ \mathrm{m}$，两波的传播速度 $u=2.0\ \mathrm{m/s}$，不考虑传播中振幅的减小，求 P 点合振动的振动方程。

分析　这是道求波的干涉合振动的题。根据在波的传播方向上位相延迟 $\omega(x-x_0)/u$，首先求出两列相干波在 P 点分别引起的振动，然后利用第 4 章学习过的两振动的合成知识即可求出 P 点的合振动的振动方程。

解　两列相干波在 P 点引起的振动分别是

$$y_1=1.5\times10^{-2}\cos\left[4\pi\left(t-\frac{l_1}{u}\right)\right]=1.5\times10^{-2}\cos\left(4\pi t-4\pi\cdot\frac{0.9}{2}\right)$$

$$=1.5\times10^{-2}\cos(4\pi t-1.8\pi)=1.5\times10^{-2}\cos\left(4\pi t+\frac{\pi}{5}\right)$$

$$y_2=1.5\times10^{-2}\cos\left[4\pi\left(t-\frac{l_2}{u}\right)-\frac{\pi}{2}\right]=1.5\times10^{-2}\cos\left[4\pi t-4\pi\cdot\frac{0.5}{2}-\frac{\pi}{2}\right]$$

$$=1.5\times10^{-2}\cos\left(4\pi t-\frac{2\pi+\pi}{2}\right)=1.5\times10^{-2}\cos\left(4\pi t+\frac{\pi}{2}\right)$$

两振动的位相差为

$$\Delta\varphi=\frac{\pi}{2}-\frac{\pi}{5}=\frac{3\pi}{10}$$

合振幅为

$$A=(A_1{}^2+A_2{}^2+2A_1A_2\cos\Delta\varphi)^{1/2}=2.67\times10^{-2}\ \mathrm{m}$$

初位相 φ_0 满足

$$\tan\varphi_0 = \frac{A_1\sin\varphi_{10} + A_2\sin\varphi_{20}}{A_1\cos\varphi_{10} + A_2\cos\varphi_{20}} = \frac{\sin(\pi/5) + \sin(\pi/2)}{\cos(\pi/5) + \cos(\pi/2)} = 1.963$$

得 $\varphi_0 = 63^\circ$ 或 $\varphi_{02} = 243^\circ$，而

$$y_0 = A\cos\varphi_0 = y_{10} + y_{20} = A_1\cos(\pi/5) + A_2\cos(\pi/2) = 1.21\times10^{-2}\ \text{m} > 0$$

所以有

$$\varphi_0 = 63^\circ$$

故合振动方程为

$$y = y_1 + y_2 = 2.67\times10^{-2}\cos(4\pi t + 63^\circ) \quad \text{(SI)}$$

例题 5-7 沿相反方向传播的两列相干波，其波动方程分别为

$$y_1 = A\cos 2\pi(\nu t - x/\lambda), \quad y_2 = A\cos[2\pi(\nu t + x/\lambda) + \pi/2]$$

两波叠加后形成驻波，求波腹的坐标。

分析 这是个驻波问题的题。根据波的叠加原理写出驻波方程。在驻波方程中令空间因子的绝对值最大，即可得到波腹的坐标。

解 两波叠加形成的驻波方程为

$$y = y_1 + y_2 = A\cos 2\pi\left(\nu t - \frac{x}{\lambda}\right) + A\cos\left[2\pi\left(\nu t + \frac{x}{\lambda}\right) + \frac{\pi}{2}\right]$$

$$= 2A\cos\left(\frac{2\pi x}{\lambda} + \frac{\pi}{4}\right)\cos\left(2\pi\nu t + \frac{\pi}{4}\right)$$

波腹处有

$$\left|\cos\left(\frac{2\pi x}{\lambda} + \frac{\pi}{4}\right)\right| = 1 \qquad \frac{2\pi x}{\lambda} + \frac{\pi}{4} = k\pi$$

故波腹的坐标为

$$x = (k - 1/4)(\lambda/2) \qquad (k = 0, \pm1, \pm2, \pm3, \cdots)$$

例题 5-8 设平面简谐波沿 x 轴传播，在 $x = 0$ 处发生反射，反射波的表达式为 $y_2 = A\cos[2\pi(\nu t - x/\lambda)]$。已知反射点为固定端，求由入射波和反射波形成的驻波波节的位置坐标。

分析 这是道有关驻波问题的例题。因反射波波动方程已知，所以首先要写出入射波方程。然后根据波的叠加原理写出驻波方程。在驻波方程中令空间因子为0，即可得到波节的坐标。

解 因反射波波动方程为

$$y_2 = A\cos[2\pi(\nu t - x/\lambda)]$$

且反射点为一固定端，有入射波方程为

$$y_1 = A\cos[2\pi(\nu t + x/\lambda) + \pi]$$

入射波、反射波叠加成的驻波方程为

$$y = y_1 + y_2 = A\cos[2\pi(\nu t + x/\lambda) + \pi] + A\cos[2\pi(\nu t - x/\lambda)]$$

$$= 2A\cos\left(\frac{2\pi x}{\lambda} + \frac{\pi}{2}\right)\cos\left(2\pi\nu t + \frac{\pi}{2}\right)$$

波节处有

$$\cos(2\pi x/\lambda + \pi/2) = 0 \qquad \frac{2\pi x}{\lambda} + \frac{\pi}{2} = k\pi + \frac{\pi}{2}$$

故波节的坐标为

$$x = k\lambda/2$$

因在 $x = 0$ 处发生反射，有 $x > 0$，故式中 $k = 0,1,2,3,\cdots$

例题 5-9　一列横波在绳索上传播，其表达式为

$$y_1 = 0.04\cos\left[2\pi\left(\frac{t}{0.01} - \frac{x}{0.2}\right)\right] \quad \text{(SI)}$$

现有另一列横波(振幅也是 0.04 m) 与上述已知横波在绳索上形成驻波。

(1) 设这一横波在 $x = 0$ 处与已知横波反相，写出该波的方程；

(2) 写出绳索上的驻波方程，求出各波腹的位置坐标表达式，并写出离原点最近的两个波腹的坐标值。

分析　这也是道有关驻波问题的例题。根据题目所给条件，可写出另一横波的波动方程，然后根据波的叠加原理写出驻波方程。在驻波方程中令空间因子的绝对值最大，即可得到波腹的坐标，据此可写出离原点最近的两个波腹的坐标值。

解　(1) 因另一列横波与该横波在 $x = 0$ 处反相，故另一列横波的波方程为

$$y_2 = 0.04\cos\left[2\pi\left(\frac{t}{0.01} + \frac{x}{0.2}\right) + \pi\right] \quad \text{(SI)}$$

(2) 绳索上的驻波方程为

$$y = y_1 + y_2 = 0.04\cos\left[2\pi\left(\frac{t}{0.01} - \frac{x}{0.2}\right)\right] + 0.04\cos\left[2\pi\left(\frac{t}{0.01} + \frac{x}{0.2}\right) + \pi\right]$$

$$= 0.08\cos\left(10\pi x + \frac{\pi}{2}\right)\cos\left(200\pi t + \frac{\pi}{2}\right)$$

波腹坐标 x 满足

$$10\pi x + \frac{\pi}{2} = k\pi$$

即

$$x = \frac{k - 0.5}{10} \qquad (k = 0, \pm 1, \pm 2, \cdots)$$

离原点最近的两个波腹点的坐标为 -0.05 m，0.15 m。

例题 5-10　在实验室中做驻波实验时，使一根长 2 m 张紧的弦线的一端沿垂直长度方向以 50 Hz 的频率作简谐振动，弦线的质量为 2×10^{-3} kg，如果在这根弦线上产生有四个波腹很强的驻波，必须对这根弦线施加多大的张力？

分析　这是道弦驻波的例题。通过弦线上的波腹数可以求出波长，然后根据弦上横波波速表达式可求出弦线的受力。

解　设绳张力为 F，线密度为 μ，则弦上横波波速为

$$u=\sqrt{\frac{F}{\mu}}=\sqrt{\frac{F}{m/l}}=\sqrt{\frac{Fl}{m}}=\lambda\nu \qquad F=\lambda^2\nu^2\frac{m}{l}$$

因弦线上产生有四个波腹很强的驻波，所以

$$l=4\cdot\lambda/2=2\lambda$$

得横波波长为

$$\lambda=l/2$$

由此得出弦线张力为

$$F=\lambda^2\nu^2\frac{m}{l}=l\nu^2\frac{m}{4}=\frac{2\times 50^2\times 2\times 10^{-3}}{4}\ \mathrm{N}=2.5\ \mathrm{N}$$

例题 5-11　如图 5-5(a) 所示，三个同频率、振动方向相同（垂直纸面）的简谐波，在传播过程中在 O 点相遇，若三个简谐波各自单独在 S_1、S_2 和 S_3 的振动方程分别为

$$y_1=A\cos(\omega t+\pi/4)$$
$$y_2=A\cos(\omega t-\pi/4)$$
$$y_3=2A\cos(\omega t-\pi/2)$$

且 $S_2O=8\lambda$，$S_1O=S_3O=10\lambda$（λ 为波长），求 O 点的合成振动方程（设传播过程中各波振幅不变）。

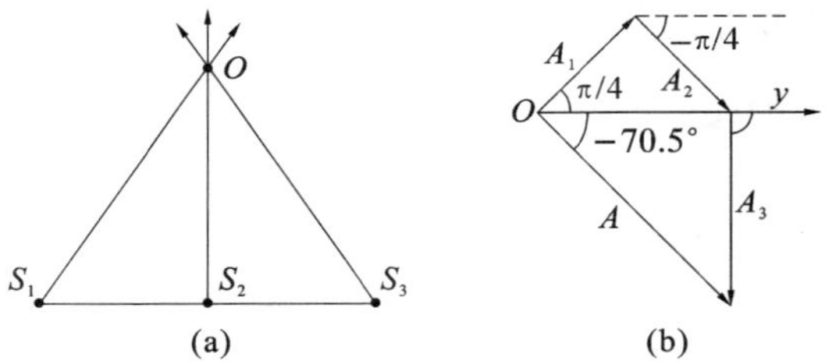

图 5-5　例题 5-11 用图

分析　这是道求合振动的例题。根据波在下游点的振动比上游点的振动位相延迟 $\omega(r-r_0)/u$，写出各波在相遇点 O 的振动方程。然后利用第 4 章学习过的旋转矢量加法的多边形法则，即可求出点 O 的合振动的振动方程。

解　各波在相遇点 O 的振动方程分别为

$$y_1=A\cos\left[\omega\left(t-\frac{l_1}{u}\right)+\frac{\pi}{4}\right]=A\cos\left[2\pi\left(\frac{t}{T}-\frac{l_1}{\lambda}\right)+\frac{\pi}{4}\right]$$

$$= A\cos\left[2\pi\left(\frac{t}{T}-\frac{10\lambda}{\lambda}\right)+\frac{\pi}{4}\right)=A\cos\left(\omega t+\frac{\pi}{4}\right)$$

$$y_2 = A\cos\left[\omega\left(t-\frac{l_2}{u}\right)-\frac{\pi}{4}\right]=A\cos\left[2\pi\left(\frac{t}{T}-\frac{l_2}{\lambda}\right)-\frac{\pi}{4}\right]$$

$$= A\cos\left[2\pi\left(\frac{t}{T}-\frac{8\lambda}{\lambda}\right)-\frac{\pi}{4}\right]=A\cos\left(\omega t-\frac{\pi}{4}\right)$$

$$y_3 = A\cos\left[\omega\left(t-\frac{l_3}{u}\right)-\frac{\pi}{2}\right]=A\cos\left[2\pi\left(\frac{t}{T}-\frac{l_3}{\lambda}\right)-\frac{\pi}{2}\right]$$

$$= A\cos\left[2\pi\left(\frac{t}{T}-\frac{10\lambda}{\lambda}\right)-\frac{\pi}{2}\right)=A\cos\left(\omega t-\frac{\pi}{2}\right)$$

利用旋转矢量图矢量加法多边形法则，如图 5-5(a) 所示，则可知合振动振幅为

$$A_{合} = \sqrt{A^2+A^2+(2A)^2}=\sqrt{6}A$$

初位相为

$$\varphi_0 = -\arctan\frac{2A}{\sqrt{2}A}=-54.7^\circ$$

故合振动方程为

$$y = \sqrt{6}A\cos(\omega t-54.7^\circ)$$

例题 5-12　设入射波的方程式为 $y_1 = A\cos\left[2\pi\left(\frac{t}{T}-\frac{x}{\lambda}\right)\right]$。在 $x=0$ 处发生反射，反射点为一固定端，设反射时无能量损失，求：(1) 反射波的方程式；(2) 合成的驻波方程式；(3) 波腹和波节的位置。

分析　这是道关于驻波的例题。根据入射波波动方程，可写出反射点的振动方程，据此即可写出反射波方程，然后根据波的叠加原理写出驻波方程。在驻波方程中令空间因子的绝对值最大和 0，即可得到波腹和波节的坐标。

解　(1) 入射波在 $x=0$ 处引起的振动为

$$y_{10} = A\cos\left[2\pi\left(\frac{t}{T}-\frac{0}{\lambda}\right)\right]=\frac{A\cos 2\pi t}{T}$$

因反射端为固定端，所以反射波波源的振动方程为

$$y_{20} = A\cos\left(\frac{2\pi t}{T}-\pi\right)$$

反射波方程为

$$y_2 = A\cos\left[2\pi\left(\frac{t}{T}+\frac{x}{\lambda}\right)-\pi\right]$$

(2) 合成的驻波方程式

$$y = y_1+y_2 = A\cos\left[2\pi\left(\frac{t}{T}-\frac{x}{\lambda}\right)\right]+A\cos\left[2\pi\left(\frac{t}{T}+\frac{x}{\lambda}\right)-\pi\right]$$

$$= 2A\cos\left(\frac{2\pi x}{\lambda} - \frac{\pi}{2}\right)\cos\left(\frac{2\pi t}{T} - \frac{\pi}{2}\right)$$

(3) 波腹和波节的位置

对于波腹,有$\frac{2\pi x}{\lambda} - \frac{\pi}{2} = -n\pi$。故波腹位置为

$$x = -\frac{(n + 1/2)\lambda}{2} \quad (n = 0,1,2,3,\cdots)$$

对于波节,有$\frac{2\pi x}{\lambda} - \frac{\pi}{2} = -n\pi - \frac{\pi}{2}$。故波节位置为

$$x = -\frac{n\lambda}{2} \quad (n = 1,2,3,\cdots)$$

第6章　光的干涉

§6.1　本章内容剖析

一、相干条件

能产生干涉的光波必须同时满足：波长相同、振动方向相同、位相差恒定。

波长相同就是频率相同，实质是从频率相同引申过来的，因为光学中一般不用频率，而用波长表示光的振动。

波长相同是真空中波长相同，不是介质中波长相同。

二、光程

1. 光程　$L = nl$　光程不是几何路程，是光在介质中的几何路程和介质折射率的乘积。其物理意义是将光在介质中的几何路程换算成光在真空中的几何路程，以便统一用光在真空中的波长计算。

2. 光程差　$\delta = n_2 l_2 - n_1 l_1$　光程差一般用于两相干光的干涉。这里，除了由几何路程引起的光程差外，还应考虑光反射时可能产生的半波损失。

3. 半波损失　当光从光疏媒质向光密媒质入射，在反射光中产生半波损失。

关于半波损失，应注意三点。其一，反射光与折射光哪一束光产生半波损失；其二，什么情况下反射光产生半波损失；其三，半波损失实质是什么。即：

(1) 只有反射光中才产生半波损失；折射光在什么情况下都不产生半波损失。

(2) 只有当光从光疏媒质向光密媒质入射时反射光才产生半波损失。光从光密媒质向光疏媒质入射，在反射光中不产生半波损失。

(3) 半波损失的实质是位相突变 π。

前两者为准确计算半波损失提供了理论依据，第三者帮助我们正确理解半波损失的物理实质。

4. 理想透镜不产生附加光程差　光学问题会涉及透镜，这里要指出的是，理想透镜不产生附加光程差。

三、明纹、暗纹的条件

(1) 明纹条件　$\delta = \pm 2k(\lambda/2)$　$(k = 0, 1, 2, \cdots)$。

(2) 暗纹条件 $\delta = \pm(2k-1)(\lambda/2)$ $(k=1,2,3,\cdots)$。

(3) 说明

① 暗纹条件一般不用 $\delta = \pm(2k+1)\lambda/2$ $(k=0,1,2,\cdots)$。因为 $k=0$,一般相对光程差为零,或者对应于厚度为零而言。零级明纹两边是一级暗纹。

② 对于分波阵面法干涉,光程差有正负,所以明暗纹条件中有"±";对于薄膜干涉,因薄膜厚度只能为正,光程差只有正值,所以明暗纹条件中就不应有"±"。

四、分波阵面法

以杨氏双缝干涉为代表。双缝距离 d,缝屏距 D。

(1) 光程差 $\delta = \dfrac{nxd}{D}$;

(2) 明纹坐标 $x = \pm\dfrac{2k(D/d)\lambda}{2n}$;

(3) 暗纹坐标 $x = \pm\dfrac{(2k+1)(D/d)\lambda}{2n}$;

(4) 条纹宽度 $\Delta x = \left(\dfrac{D}{d}\right)\left(\dfrac{\lambda}{n}\right)$。

(5) 说明

① 杨氏双缝干涉是典型的分波阵面法干涉。其他的分波阵面法干涉,如菲涅耳双面镜干涉、菲涅耳双棱镜干涉和劳埃镜(单面镜)干涉都可以化为杨氏双缝干涉。只要求出两光源的距离 d、两光源所在平面到屏的距离 D,就可以用双缝干涉的公式求两光线的光程差 δ、干涉条纹的坐标 x 和条纹宽度 Δx。

② 对于劳埃镜干涉,要注意到有一束光是从平面镜上反射的,它产生了半波损失。对于菲涅耳双面镜干涉,因两束光都从平面镜上反射,都产生了半波损失,故在光程差中抵消。

五、分振幅法

1. 薄膜干涉(以 $n_1 < n_2, n_2 > n_3$ 为例)

(1) 光程差

反射光 $\delta_{反} = 2n_2 e\cos r + \lambda/2 = 2e\sqrt{n_2^2 - n_1^2\sin^2 i} + \lambda/2$;

透射光 $\delta_{透} = 2n_2 e\cos r = 2e\sqrt{{n_2}^2 - {n_3}^2\sin^2 r'}$。

(2) 等厚干涉(光垂直入射,观察反射光)

相邻条纹处(或一个完整条纹所对应的)薄膜厚度差 $\Delta e = \lambda/(2n)$;

劈尖干涉的条纹宽度 $\Delta l = \dfrac{\lambda}{2n\theta}$;

牛顿环的半径：

明纹　$r=\sqrt{\left(k+\dfrac{1}{2}\right)\dfrac{R\lambda}{n}}$　$(k=1,2,3,\cdots)$

暗纹　$r=\sqrt{\dfrac{kR\lambda}{n}}$　$(k=0,1,2,3,\cdots)$

(3) 等倾干涉(略)。

2. 迈克耳逊干涉仪　M_1 与 M_2' 平行时为等倾条纹，此时如动镜移动 $\lambda/2$，则中心长出或陷入一条纹；M_1 与 M_2' 不严格平行为等厚条纹，此时动镜移动 $\lambda/2$，则条纹平行移动一条纹。

3. 说明　薄膜干涉是典型的分振幅法干涉。关于薄膜干涉要注意以下几个问题：

(1) 在薄膜干涉的实际应用中，基本上都是让光垂直照射薄膜进而观察干涉现象的。所以，讨论薄膜干涉时，主要针对光垂直入射。在 $n_1<n_2$、$n_2>n_3$ 的情况下，薄膜上反射光中两光的光程差 δ 和透射光中两光的光程差 δ' 分别为

$$\delta=2n_2e+\frac{\lambda}{2},\ \delta'=2n_2e$$

(2) 当入射介质、薄膜和折射介质折射率的关系不同时，薄膜反射光中两光的光程差 δ 和透射光中两光的光程差 δ' 的表达式不同。这主要是由薄膜两表面反射光中是否产生半波损失造成的。

当 $n_1>n_2$、$n_2<n_3$ 或 $n_1<n_2$、$n_2>n_3$ 时，反射光中两光的光程差 δ 和透射光中两光的光程差 δ' 分别为

$$\delta=2n_2e+\lambda/2,\ \delta'=2n_2e$$

当 $n_1>n_2>n_3$ 或 $n_1<n_2<n_3$ 时，反射光中两光的光程差 δ 和透射光中两光的光程差 δ' 分别为

$$\delta=2n_2e,\ \delta'=2n_2e+\lambda/2$$

(3) 反射光光程差和透射光光程差的区别在于公式中的 $\lambda/2$ 项。两式中合起来只有一个且必须有一个 $\lambda/2$ 项：如果反射光光程差公式中有 $\lambda/2$ 项，则透射光光程差公式中就没有 $\lambda/2$ 项。

§6.2　本章重点、难点

一、本章重点

(1) 光程和光程差。

(2) 相干加强和相干减弱时位相差与光程差应满足的条件。

(3) 半波损失。

(4) 杨氏双缝干涉。

(5) 薄膜干涉。

(6) 劈尖干涉。

(7) 牛顿环。

二、本章难点

(1) 杨氏双缝干涉中用透明薄膜盖住一条缝后干涉条纹的变化。

(2) 薄膜干涉中透射光与反射光光程差的计算。

(3) 劈尖干涉中干涉条纹数与光程差满足条件的公式中 k 值的区别。

§6.3 本章解题指导

本章问题主要分为三类：

一、杨氏双缝干涉

此类问题有两种。其一是常规的利用公式求光的波长、条纹坐标、条纹宽度、双缝间距和缝屏距离等(如例题 6-1)；其二是用透明薄膜盖住缝后引起的条纹变化(如例题 6-2)。对于前者没有必要多说。对于后者，其关键是搞清楚用薄膜盖住缝后引起光程的变化。提请注意的是，在加上光经薄膜产生光程的同时一定要减去光原先经过薄膜所占空间时产生的光程。

二、薄膜干涉

薄膜干涉中普遍要注意的是，干涉条纹公式中的 k 值应与薄膜厚度 e 为正值对应。此类问题有三种。其一是表面平行的薄膜所涉及的问题，如求薄膜所呈的颜色(如例题 6-3)、求薄膜的厚度(如例题 6-3、例题 6-5)等；其二是劈尖干涉所涉及的问题，如用劈尖干涉的原理测微小角度(如例题 6-4)、测微小长度(如例题 6-6)、测介质的折射率(如例题 6-4)和判断工件表面的不平度(如例题 6-9)等；其三是牛顿环所涉及的问题，如求牛顿环的条纹半径(如例题 6-7)和用牛顿环干涉原理测透镜的曲率半径(如例题 6-8)。对于第一种和第三种问题没有要特别注意的地方。对于第二种问题，要注意两点：① 条纹数与条纹级次 k 不一定相同，最好通过画图以确定 k 的取值(如例题 6-6)；② 同一级条纹对应的薄膜厚度相同(如例题 6-9)。

三、迈克尔逊干涉仪

此类问题套公式即可。

§6.4　本章典型例题

例题6-1　以某单色光垂直照射到相距0.20 mm的双缝上，双缝平面到屏幕的距离为1.00 m。(1) 从同侧的第一级明纹到第四级明纹的距离为7.50 mm，求单色光的波长。(2) 若入射光的波长为600 nm，求条纹的宽度。

分析　这是一道套公式的题。

解　(1) 依据双缝干涉明纹的条件

$$x_k = \pm k\left(\frac{D}{d}\right)\lambda \quad (k = 0,1,2,\cdots)$$

有

$$\Delta x_{1\sim4} = x_4 - x_1 = 4\left(\frac{D}{d}\right)\lambda - 1\left(\frac{D}{d}\right)\lambda = 3\left(\frac{D}{d}\right)\lambda$$

得光的波长为

$$\lambda = \frac{d\,\Delta x_{1\sim4}}{3D} = \frac{0.2\times10^{-3}\times7.5\times10^{-3}}{3\times1.00}\ \text{m} = 5.00\times10^{-7}\ \text{m} = 500\ \text{nm}$$

(2) 当$\lambda = 600$ nm时，条纹的宽度为

$$\Delta x = \frac{D}{d}\lambda = \frac{1.00}{0.2\times10^{-3}}\times600\times10^{-9}\ \text{m} = 3.00\times10^{-3}\ \text{m} = 3.00\ \text{mm}$$

例题6-2　在杨氏双缝干涉实验中，两缝的间距$d = 0.10$ mm，双缝与屏的距离$D = 1.00$ m。用$\lambda = 500$ nm的单色光照射双缝。(1) 今用一透明薄膜片盖住双缝中的上缝，如图6-1所示，该薄膜的折射率为$n = 1.30$，厚度$e = 5.00\ \mu$m。求零级明纹中心的坐标，该坐标是不放透明薄膜片时的第几级明纹。(2) 现在再用一相同厚度的云母片盖住双缝中的下缝。此时测得零级明纹与原零级明纹以两缝不盖薄片时的零级明纹对称，求该云母片的折射率。

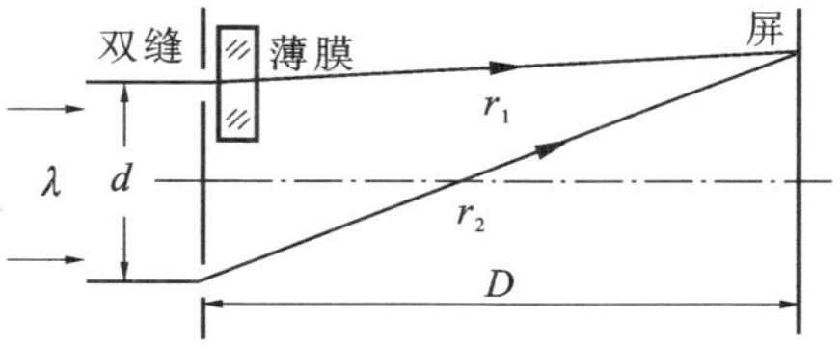

图6-1　云母片盖住一条缝的双缝实验

分析　杨氏双缝干涉中经常出现的一类问题是在光路中放入透明介质膜，求放入透明介质膜后，干涉条纹的移动。常见的错误是，相当一部分同学认为，当放入介质膜后，光程发生了改变，其改变量是在原光程上再加上ne(e为介质的厚度，n为介质的折射率)。事实上，当放入介质膜后，光在介质中是多走了光程ne，但同时在空气中少走了光程e，即应减去在空气中少走的光程e。所以，当光路中放入透明介质膜后光程的增加为$\Delta L = ne - e = (n-1)e$。

解　(1) 薄膜只盖一条缝时零级明纹中心的坐标x满足

$$\delta = L_2 - L_1 = r_2 - [(r_1 - e) + ne] = r_2 - r_1 - (n-1)e$$

$$= \frac{d}{D}x - (n-1)e = 0$$

$$x = (n-1)e\frac{D}{d} = (1.30-1)\times 5.00\times 10^{-6}\times \frac{1}{0.10\times 10^{-3}}\ \text{m}$$

$$= 1.50\times 10^{-2}\ \text{m} = 15.0\ \text{mm}$$

条纹宽度

$$\Delta x = \frac{D}{d}\lambda$$

原条纹的级次

$$k = \frac{x}{\Delta x} = \left[(n-1)e\frac{D}{d}\right]\bigg/\left(\frac{D}{d}\lambda\right) = \frac{(n-1)e}{\lambda} = \frac{(1.30-1)\times 5.00\times 10^{-6}}{500\times 10^{-9}} = 3$$

即薄膜只盖一条缝时零级明纹中心坐标 x_0 是不放透明薄膜片时的第 3 级明纹。

(2) 设云母片的折射率为 n'。薄膜盖两缝时零级明纹中心的坐标 x' 满足

$$\delta = L_2 - L_1 = [(r_2 - e) + n'e] - [(r_1 - e) + ne]$$

$$= r_2 - r_1 + (n' - n)e = \frac{d}{D}x' + (n'-n)e = 0$$

$$x' = -(n'-n)e\frac{D}{d} = -x = -(n-1)e\frac{D}{d}$$

$$n' - n = n - 1$$

$$n' = 2n - 1 = 2\times 1.30 - 1.00 = 1.60$$

即该云母片的折射率为 1.60。

例题 6-3 如图 6-2 所示，折射率为 1.50 的玻璃上有一层厚为 300 nm 的油膜，油膜的折射率为 1.35。白光(波长范围为400 ～ 760 nm) 垂直照射到油膜上。求：(1) 从反射光中观察，油膜呈什么颜色？(2) 从透射光中观察，油膜呈什么颜色？(3) 今欲使此油膜成为增透膜，使从空气中入射的波长为 550 nm 的光透射加强，求油膜厚度满足的条件及此增透膜的最小厚度。

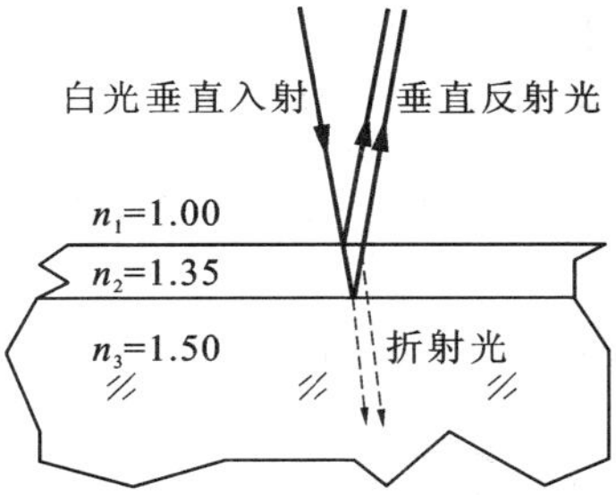

图 6-2　白光垂直入射时反射光与折射光光路示意图

分析　本题最容易出现的错误是，不清楚什么情况下反射光光程差与透射光光程差公式中有"半波损失"项。有同学可能不假思索地把折射率满足 $n_1 < n_2$、$n_2 > n_3$(如空气中肥皂膜) 的条件和折射率满足 $n_1 > n_2$、$n_2 < n_3$(如两玻璃夹的空气膜) 的条件的反射光光程差与透射光光程差公式

$$\delta_{反} = 2n_2 e + \lambda/2,\quad \delta_{透} = 2n_2 e$$

应用到本题中。对于本题，因 $n_1 < n_2 < n_3$，反射光光程差与透射光光程差公式为

$$\delta_{反} = 2n_2 e, \quad \delta_{透} = 2n_2 e + \lambda/2$$

解　由于 $n_1 < n_2 < n_3$，反射光与透射光光程差公式为

$$\delta_{反} = 2n_2 e, \quad \delta_{透} = 2n_2 e + \lambda/2$$

(1) 从反射方向观察油膜所呈颜色，即该颜色的光反射相干加强，有

$$\delta = 2n_2 e = k\lambda$$

所以

$$\lambda = 2n_2 e/k \quad (k = 1,2,3,\cdots)$$

当 $k = 1$ 时 $\lambda_1 = 2n_2 e = 2 \times 1.35 \times 300 \times 10^{-9}\ \text{m} = 810.0\ \text{nm}$　(红外光)

当 $k = 2$ 时　$\lambda_2 = 2n_2 e/2 = 405.0\ \text{nm}$　(紫光)

当 $k = 3$ 时　$\lambda_3 = 2n_2 e/3 = 270.0\ \text{nm}$　(紫外光)

在白光范围内，反射光中只有 $\lambda_2 = 405\ \text{nm}$(紫光) 相干加强。所以从反射光中观察油膜，油膜所呈颜色为紫色，该颜色光的波长为 405 nm。

(2) 透射方向观察油膜所呈颜色，即该颜色的光透射相干加强，有

$$\delta_{透} = 2n_2 e + \lambda/2 = k\lambda$$

或者该颜色的光反射相干减弱，有

$$\delta_{反} = 2n_2 e = (k - 1/2)\lambda$$

所以

$$\lambda = 4n_2 e/(2k-1) \quad (k = 1,2,3,\cdots)$$

当 $k = 1$ 时　$\lambda_1 = 4n_2 e = 4 \times 1.35 \times 300 \times 10^{-9}\ \text{m} = 1620\ \text{nm}$　(红外光)

当 $k = 2$ 时　$\lambda_2 = 4n_2 e/3 = 540\ \text{nm}$　(绿光)

当 $k = 3$ 时　$\lambda_3 = 4n_2 e/5 = 324\ \text{nm}$　(紫外光)

在白光范围内，透射光中只有 $\lambda_2 = 540\ \text{nm}$(绿光) 相干加强。所以从透射光中观察油膜，油膜所呈颜色为绿色，该颜色光的波长为 540 nm。

(3) 要对 550 nm 的光增透，有

$$\delta_{透} = 2n_2 e + \lambda/2 = k\lambda$$

则膜厚 e 应满足

$$e = \frac{(2k-1)\lambda}{4n_2} = \frac{(2k-1) \times 550 \times 10^{-9}}{4 \times 1.35}\ \text{m}$$

$$= 102 \times (2k-1) \times 10^{-9}\ \text{m} = 102 \times (2k-1)\ \text{nm} \quad (k = 1,2,3,\cdots)$$

最小厚度 $e_{\min} = 102\ \text{nm}$。

例题 6-4　如图 6-3 所示，折射率为 1.60 的两块标准平面玻璃板之间形成一个劈尖(劈尖角 θ 很小)。用波长 $\lambda = 600\ \text{nm}$ 的单色光垂直入射，产生等厚干涉条纹，条纹宽度为2.00 mm，求劈尖角 θ。假如在劈尖内充满某种液体时，相邻明纹间

的距离比劈尖内是空气时的明纹间的距离缩小$\Delta l=0.50$ mm，求液体的折射率。

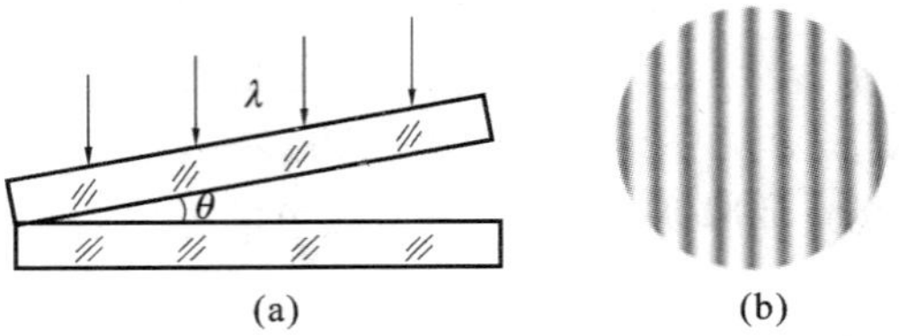

图 6-3　劈尖干涉装置及干涉条纹示意图

分析　劈尖干涉是等厚干涉。用劈尖等厚干涉的原理可以测微小长度、微小角度、光波波长和折射率。这里就要涉及条纹宽度Δl、相邻条纹对应薄膜厚度差为Δe，与角度、光波波长和折射率的关系。

这里要说明的是，不少教材将相邻条纹间距的公式写成

$$\Delta l=\frac{\Delta e}{\sin\theta}=\frac{\lambda}{2n_2\sin\theta}$$

这是完全没有必要的。既然相邻条纹间距的公式能写成上式，为什么就不能写成

$$\Delta l=\frac{\Delta e}{\tan\theta}=\frac{\lambda}{2n_2\tan\theta}$$

相邻条纹间距的公式写成以上两式都是可以的。事实上劈尖角一般是分和秒的数量级，完全可以认为

$$\theta\approx\sin\theta\approx\tan\theta$$

所以将相邻条纹间距的公式写成

$$\Delta l=\frac{\Delta e}{\theta}=\frac{\lambda}{2n_2\theta}$$

显得更好。

解　相邻条纹对应薄膜厚度差为

$$\Delta e=\frac{\lambda}{2n_2}$$

相邻明纹间距为

$$\Delta l=\frac{\Delta e}{\theta}=\frac{\lambda}{2n_2\theta}$$

得劈尖角θ为

$$\theta=\frac{\lambda}{2n_2\,\Delta l}=\frac{600\times10^{-9}}{2\times1.00\times2.00\times10^{-3}}\text{ rad}=1.5\times10^{-4}\text{ rad}$$

折射率变化时，相邻明纹间距的变化为

$$\Delta(\Delta l)=|\Delta l'-\Delta l|=\frac{\lambda}{2n_2\theta}-\frac{\lambda}{2n'_2\theta}=\frac{\lambda}{2\theta}\left(\frac{1}{n_2}-\frac{1}{n'_2}\right)$$

故

$$n_2' = \frac{1}{1-\Delta(\Delta l)2\theta/\lambda}$$

$$= \frac{1}{1-0.50\times10^{-3}\times2\times1.50\times10^{-4}/(600\times10^{-9})} = \frac{4}{3} = 1.333$$

例题 6-5　在折射率 $n=1.50$ 的玻璃上，镀上 $n'=1.35$ 的透明介质薄膜，入射光垂直于介质膜表面照射，观察反射光的干涉，发现对 $\lambda_1=600$ nm 的光干涉相消，对 $\lambda_2=700$ nm 的光波干涉相长，且在 600～700 nm 之间没有别的波长的光波最大限度相消干涉或相长干涉的情况，求所镀介质膜的厚度。

分析　正确解答此题的关键在于：

(1) 正确得出薄膜干涉反射光光程差的公式。因 $n_1<n_2<n_3$，反射光光程差公式为

$$\delta_{反} = 2n_2e$$

(2) 正确理解“在 600～700 nm 之间没有别的波长的光波最大限度相消干涉或相长干涉的情况”。因薄膜对 $\lambda_1=600$ nm 的光反射干涉相消，应满足

$$\delta_{反} = 2n_2e = (k_1+1/2)\lambda_1$$

因薄膜对 $\lambda_2=700$ nm 的光反射干涉相长，应满足

$$\delta_{反} = 2n_2e = k_2\lambda_2$$

k_1 与 k_2 的大小关系就从“在 600～700 nm 之间没有别的波长的光波最大限度相消干涉或相长干涉的情况”中得出。因 $2n_2e$ 是恒量，$\lambda_2>\lambda_1$，必有 $k_2<k_1+\frac{1}{2}$。因 k_2 是整数，所以 $k_2\leqslant k_1$。如果 $k_2=k_1-1$，必在 $k_1-\frac{1}{2}$ 处有一波长 $\lambda_3(\lambda_2>\lambda_3>\lambda_1)$ 的光反射干涉相消。这与题目给的条件相矛盾，故只能是 $k_2=k_1$。

解　因 $n_1<n_2<n_3$，所以反射光光程差为

$$\delta_{反} = 2n_2e$$

因 λ_1 相消干涉，有　$\delta_{反} = 2n_2e = (k_1+1/2)\lambda_1$

因 λ_2 相长干涉，有　$\delta_{反} = 2n_2e = k_2\lambda_2$

因 $\lambda_2>\lambda_1$，且中间无其他光波相消干涉与相长干涉，有 $k_1=k_2=k$，故

$$(k+1/2)\lambda_1 = k\lambda_2,\ k(\lambda_2-\lambda_1) = \lambda_1/2$$

得

$$k = \frac{\lambda_1}{2(\lambda_2-\lambda_1)} = \frac{600\times10^{-9}}{2\times(700\times10^{-9}-600\times10^{-9})} = 3$$

所以，所镀介质膜的厚度为

$$e = \frac{k_2\lambda_2}{2n_2} = \frac{k\lambda_2}{2n_2}$$

$$= \frac{3 \times 700 \times 10^{-9}}{2 \times 1.35}\ \text{m} = 7.78 \times 10^{-7}\ \text{m} = 7.78 \times 10^{-4}\ \text{mm}$$

例题 6-6　利用劈尖干涉测量玻璃上所镀透明介质薄膜厚度的方法是这样的：将已镀介质薄膜的玻璃用研磨机磨成有一很小倾角的斜面，用单色光垂直照射斜面，斜面上的反射光形成等厚干涉条纹，用显微镜测量斜面上的干涉条纹数，就可以算出薄膜的厚度，如图 6-4 所示。已知入射光波长 $\lambda = 550$ nm，介质膜的折射率为 $n_2 = 1.75$，衬底玻璃的折射率为 $n_3 = 2.42$。问：(1) 斜面底边 M 处的干涉条纹是明纹还是暗纹？(2) 如果斜面部分共观察到 6 条明纹，且斜面顶端 N 处是暗纹，求介质膜的厚度。

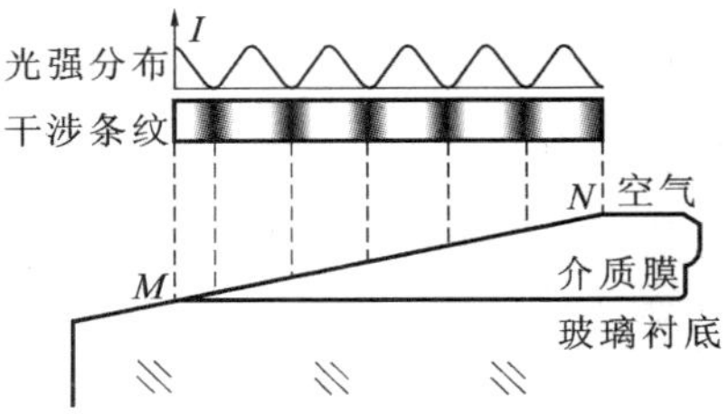

图 6-4　用劈尖干涉测膜厚

分析　本题最容易产生的错误是用斜面上的干涉条纹数乘上介质中的半波长就得出薄膜的厚度。碰到这类问题，要实际动手画一画，劈尖上的干涉条纹到底有几条，才能准确计算。

解　(1) 由于介质薄膜外面是空气，满足 $n_1 < n_2 < n_3$，故垂直入射反射光的光程差为

$$\delta = 2n_2 e$$

劈尖棱边处 $e = 0$，满足明纹条件，故劈尖棱边处应是等厚干涉的零级明纹。

(2) 因劈尖部分共观察到 6 条明纹，且开口端是暗纹，依此画出干涉条纹光强分布的示意图如图 6-4 所示。开口端是暗纹，即满足暗纹条件

$$\delta = 2n_2 e = \frac{(2k+1)\lambda}{2}$$

不难看出，棱边处为明纹，靠近棱边处的第一条暗纹，$k = 0$。所以开口处暗纹的 $k = 5$，故

$$2n_2 e = \frac{(2k+1)\lambda}{2} = \frac{(2 \times 5 + 1)\lambda}{2} = 5.5\lambda$$

$$e = \frac{5.5\lambda}{2n_2} = \frac{5.5 \times 550 \times 10^{-9}}{2 \times 1.75}\ \text{m} = 8.64 \times 10^{-7}\ \text{m} = 864\ \text{nm}$$

例题 6-7　在图 6-5 所示的牛顿环装置中，把玻璃平凸透镜和平面玻璃（设玻璃折射率 $n_1 = 1.50$）之间的空气（$n_2 = 1.00$）改换成水（$n_2' = 1.33$），求第 k 个暗环半径的相对改变量 $|r_k' - r_k|/r_k$。

分析　本题最容易产生的困惑是不知道介质中牛顿环干涉条纹公式与教材中牛顿环干涉条纹公式的关系。教材中牛顿环干涉条纹公式是空气中牛顿环干涉条纹公式，波长是空气中光的波长，近似真空中的波长。推广到介质中，只需将空气中光的波长改成介质中光的波长 $\lambda_n = \lambda/n$ 即可。即牛顿环明条纹半径

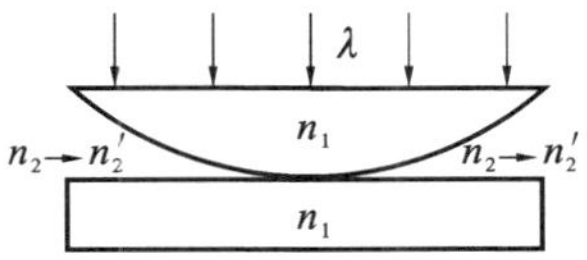

图 6-5　凸透镜与平面镜间介质的改变

$$r = \sqrt{\frac{(2k-1)R(\lambda/n)}{2}} = \sqrt{\frac{(2k-1)R\lambda}{2n}} \quad (k = 1,2,\cdots)$$

牛顿环暗条纹半径

$$r = \sqrt{kR\left(\frac{\lambda}{n}\right)} = \sqrt{\frac{kR\lambda}{n}} \quad (k = 0,1,2,\cdots)$$

解　牛顿环暗环半径

$$r_k = \sqrt{\frac{kR\lambda}{n}} \quad r_k' = \sqrt{\frac{kR\lambda}{n'}}$$

$$\frac{|r_k' - r_k|}{r_k} = \frac{r_k - r_k'}{r_k} = \frac{\sqrt{kR\lambda/n} - \sqrt{kR\lambda/n'}}{\sqrt{kR\lambda/n}}$$

$$= \frac{\sqrt{1/n} - \sqrt{1/n'}}{\sqrt{1/n}}$$

$$= 1 - \sqrt{n/n'} = 1 - \sqrt{\frac{1}{1.33}} = 13.6\%$$

例题 6-8　利用牛顿环的干涉条纹可以测定平凹透镜的凹球面的曲率半径，方法是将已知半径的平凸透镜的凸球面放置在待测的凹球面上，在两球面间形成空气薄层，如图 6-6 所示，用波长为 λ 的平行单色光垂直照射，观察反射光形成的干涉条纹。试证明，若中心 O 点处刚好接触，则第 k 个暗环的半径 r_k 与凹球面半径 R_2、凸面半径 R_1 ($R_1 < R_2$) 及入射光波长 λ 的关系为

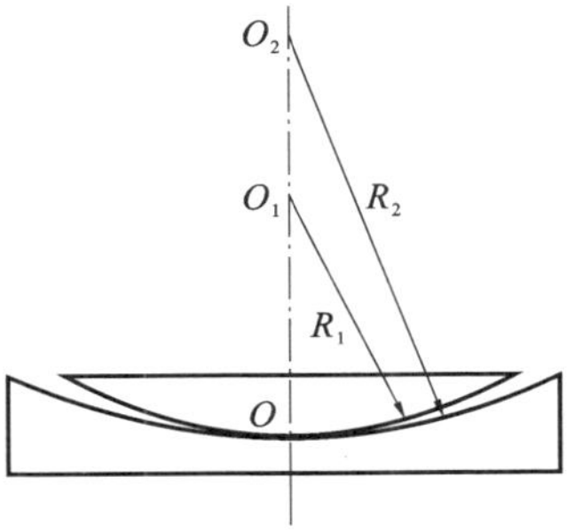

图 6-6　测透镜球面的曲率半径

$$r_k^2 = \frac{k\lambda R_1 R_2}{R_2 - R_1}$$

其中 $k = 0,1,2,3,\cdots$

分析　此题的关键是搞清楚牛顿环暗环半径 r 处空气膜厚度 e 与平凸透镜凸球面曲率半径 R_1 及平凹透镜曲率半径 R_2 的关系。将图 6-6 放大并将相关量标在图

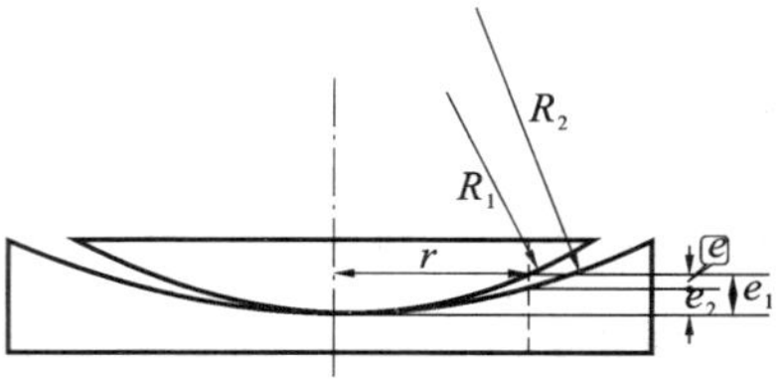

图 6-7　测透镜球面的曲率半径时各量示意图

6-7 中。本题中的 e 是图 6-7 中 e_1 和 e_2 的差值。仿教材应用初等几何中勾股定理，在忽略高次项后可得条纹半径 r 处 e_1、e_2 与 R_1、R_2 的关系分别为 $e_1 = r^2/(2R_1)$、$e_2 = r^2/(2R_2)$，后面的问题就不难了。

证明　反射光牛顿环暗环半径 r_k 处对应空气膜的厚度为

$$e = e_1 - e_2 = \frac{r^2}{2R_1} - \frac{r^2}{2R_2}$$

即 r_k 处上、下表面反射光的光程差为

$$\delta = 2e + \frac{\lambda}{2} = \frac{r^2}{R_1} - \frac{r^2}{R_2} + \frac{\lambda}{2}$$

因光垂直照射，且相干减弱，所以有

$$\delta = \frac{r^2}{R_1} - \frac{r^2}{R_2} + \frac{\lambda}{2} = k\lambda + \frac{\lambda}{2}$$

得

$$\frac{r^2}{R_1} - \frac{r^2}{R_2} = k\lambda$$

故牛顿环的各暗环半径

$$r_k{}^2 = \frac{k\lambda}{1/R_1 - 1/R_2} = \frac{k\lambda R_1 R_2}{R_2 - R_1}\quad（k\text{ 为大于等于零的整数}）$$

例题 6-9　用劈尖干涉法可检测工件表面缺陷，当波长为 λ 的单色平行光垂直入射时，若观察到的干涉条纹如图 6-8 所示，每一条纹弯曲部分的顶点恰好与其左边条纹的直线部分的连线相切。(1) 判断工件表面条纹弯曲处的不平性质，即是凸起，还是凹陷；(2) 如不平部分是凸起，求凸起高度；如不平部分是凹陷，求凹陷的深度。

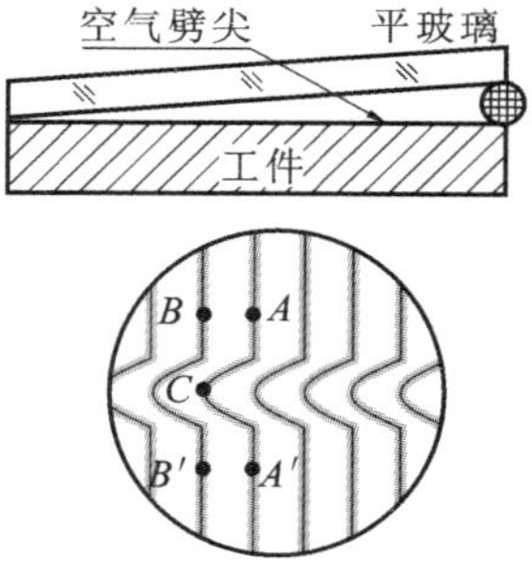

图 6-8　用劈尖干涉检测工件表面缺陷

分析　此题的难点是判断不平处是凹槽，还是凸埂。如果工件表面是平的，干涉条纹应是平行于棱边的等距离直线条纹。由图 6-8 可以看出，干涉条纹的弯曲方向指向棱边处，即指向低级次。因是等厚干涉，同一级干涉条纹处的空气薄膜厚度相同。由于不平处的点 C 在条纹 AA' 上，故点 C 处空气膜的厚度应与 AA' 条纹处空气膜的厚度相同。而点 C 所在位置处于条纹 BB' 上，BB' 条纹处空气膜的厚度应比 AA' 条纹处空气膜的厚度小，也就是说工件表面

是平整时，点 C 处空气膜的厚度应比 AA' 条纹处空气膜的厚度小，而现在点 C 处空气膜的厚度与 AA' 条纹处空气膜的厚度相同，这只有一种解释，工件表面在点 C 处凹下去了，使得它对应的空气膜的厚度增加了。故工件表面条纹弯曲处是一凹陷。

解　(1) 由图 6-8 可知干涉条纹的弯曲方向指向棱边处，即指向低级次。因是等厚干涉，不平处干涉条纹比对应平整处的干涉条纹级次高，不平处空气膜厚度比对应平整处空气膜厚度大，故工件表面条纹弯曲处是一凹陷。

(2) 由图看出，不平处干涉条纹比对应平整处干涉条纹正好高一个级次，所以，工件表面条纹弯曲处凹陷的深度为半个波长。

例题 6-10　用迈克尔逊干涉仪测空气在 1 atm 下的折射率，其实验过程大致如下：在迈克尔逊干涉仪的一光臂中放入盛有空气的容器，如图 6-9 所示，用单色光进行实验，调整迈克尔逊干涉仪，使得屏上出现圆环状的等倾干涉条纹。再用抽气机将空气缓慢抽出，观看屏上条纹的变化（条纹从中心长出或条纹陷入中心），由此测出空气的折射率。已知容器内空的长度为 10 cm，将空气“完全”抽出后屏上条纹的变化为 375 条，入射单色光为 632.8 nm 的氦氖激光。求空气的折射率。

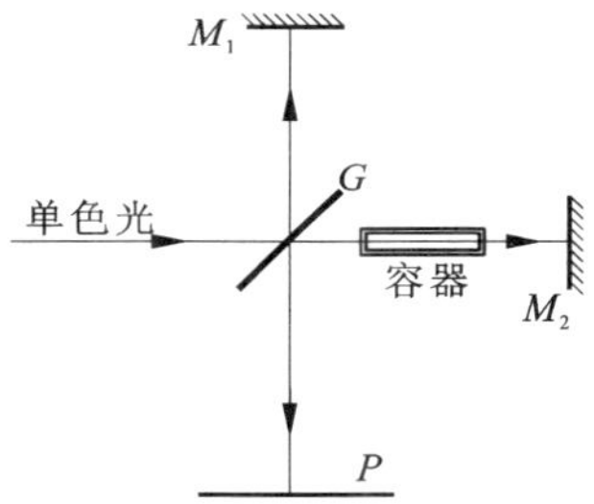

图 6-9　用迈克尔逊干涉仪测气体折射率

分析　在整个实验过程中，只有放容器的光路的光程有变化。这里，容易出现的错误有两个。其一，是把光程的变化写成 $\delta = (n-1)l$；其二，是把光程的变化写成 $\delta = 2nl$。

前者虽注意到了抽气前光在容器中走的光程为 $L_1 = nl$，抽气后光在容器中走的光程为 $L_2 = l$，得光程的改变为 $\delta = |L_2 - L_1| = (n-1)l$，但没有考虑到光来回两次经过容器。

后者虽注意到了抽气前光在容器中走的光程为 $L_1 = nl$，也考虑到光来回两次经过容器，但没有考虑到抽气后光在容器中走的光程为 $L_2 = l$。

所以此题计算光程的改变是既要注意到抽气前光在容器中走的光程为 $L_1 = nl$，抽气后光在容器中走的光程为 $L_2 = l$，也要注意到光来回两次经过容器。由此得出光程的改变为 $\delta = 2|L_2 - L_1| = 2(n-1)l$。

解　在整个实验过程中，只有容器内光路的光程有变化。考虑到光来回两次经过容器，抽气前光在容器中走的光程为 $L_1 = 2nl$，抽气后光在容器中走的光程为 $L_2 = 2l$。于是光程的改变为

$$\delta = |L_2 - L_1| = |2nl - 2l| = 2(n-1)l$$

此光程的变化引起屏上条纹变化 $N = 375$，得

$$2(n-1)l = N\lambda$$

故空气的折射率为

$$n = 1 + \frac{N\lambda}{2l} = 1 + \frac{375 \times 632.8 \times 10^{-9}}{2 \times 0.1} = 1.0005537$$

第7章　光的衍射

§7.1　本章内容剖析

一、光的衍射

光的衍射即是光绕过障碍物到达光按直线传播所不能到达的地方，并且出现明暗相间条纹。

二、惠更斯-菲涅耳原理

1. 子波　同一波面上各点都是新的子波源，子波源发出的波是相干波。

2. 子波干涉　波传播到空间某点时，各子波产生干涉，决定了波在该点引起振动的振幅。

三、圆孔衍射

(1) 圆孔接收光能，然后将光能重新分配。

(2) 衍射图像即中央是亮斑(爱里斑)，周围是明暗相间光强很弱的圆环。爱里斑角半径为

$$\theta = \frac{0.61\lambda}{R} = \frac{1.22\lambda}{D}$$

四、光学仪器的分辨率

(1) 透镜成像等效于圆孔衍射，即点物成盘像。从接收光能来讲，等效于圆孔。实际的透镜等效于两个透镜和一个圆孔。即焦距等于物距的透镜将球面光波变成平面光波，通过孔径等于透镜直径的圆孔，圆孔发生衍射，再被焦距等于像距的透镜将衍射光会聚于屏上。

(2) 两物点的角距离较大时，两物点的盘像隔得较开，没有重叠，分辨得很清楚。当两物点的角距离较小时，两物点的盘像发生重叠，分辨就很困难。

(3) 光学仪器的最小分辨角

瑞利判据：透镜对两物点恰能分辨的极限是一物点衍射中央极大与另一物点衍射第一级极小重合。

光学仪器的最小分辨角 φ_0 与爱里斑角半径 θ 相等 $\varphi_0 = \theta = \frac{0.61\lambda}{R} = \frac{1.22\lambda}{D}$

五、夫琅禾费单缝衍射

1. 半波带　将透过衍射物的波阵面分成若干个条带，每个条带的边缘衍射光线到会聚点的光程差为半个波长。

相邻半波带在屏上的会聚点引起的光振动相互抵消。

2. 中央明纹的中心角坐标、线坐标、角宽度

中央明纹（最明亮）的中心角坐标与线坐标分别为

$$\theta_0 = 0, \qquad x_0 = 0$$

中央明纹的角宽度（中央明纹两侧的第一级暗纹所夹的角度）与线宽度分别为

$$\Delta\theta_0 \approx \frac{2\lambda}{a}, \qquad \Delta x_0 \approx \frac{2f\lambda}{a}$$

3. 其他条纹

（1）明纹角坐标 θ_k、线坐标 x_k 分别满足

$$a\sin\theta_k \approx \pm(2k+1)\frac{\lambda}{2}, \qquad x_k \approx \pm(2k+1)\frac{\lambda}{2a} \quad (k = 1,2,3,\cdots)$$

条纹角宽度（明纹两侧暗纹所夹的角度）和线宽度分别为

$$\Delta\theta_k \approx \frac{\lambda}{a}, \qquad \Delta x_k \approx \frac{f\lambda}{a}$$

它近似为中央明纹的宽度的一半，且远不如中央明纹明亮，随 k 值的增加亮度迅速变小。

（2）暗纹角坐标 θ_k、线坐标 x_k 分别满足

$$a\sin\theta_k = \pm\frac{2k\lambda}{2} = \pm k\lambda, \qquad x_k \approx \pm\frac{kf\lambda}{a} \quad (k = 1,2,3,\cdots)$$

4. 说明

（1）上面单缝衍射线坐标、角宽度、线宽度的公式是在缝宽 a 较大时得出的，因有 λ/a 很小，以至于各条纹对应的衍射角 θ 很小，使得

$$\theta \approx \sin\theta \approx \tan\theta$$

如果缝宽 a 不是较大，此时 λ/a 不是很小，各条纹对应的衍射角 θ 较大，这些公式便不成立。

（2）单缝衍射暗纹角坐标 θ_k 满足 $a\sin\theta_k = \pm k\lambda$，这似乎与干涉中与明纹的条件相同，这是千万要注意的。这儿的“$k\lambda$”对应的是偶数个半波带，干涉中“$k\lambda$”对应的是两光的光程差。

六、光栅衍射

（1）单缝衍射提供光能，多光束干涉将光能从新分配，使得多光束干涉的条纹

受单缝衍射条纹的调制。

(2) 光栅常数　$d=a+b$。光栅常数是周期性分割波阵面的空间周期。

(3) 条纹特点　两主极大之间有 $N-1$ 个极小，有 $N-2$ 个次极大。主极大十分明亮、条纹特别细锐(即条纹宽度极小)。

(4) 光栅方程式(确定主极大的衍射角 θ)

$$(a+b)\sin\theta=\pm k\lambda\quad(k=0,1,2,3,\cdots)$$

(5) 说明

① 由于光栅常数 $d=a+b$ 一般很小，使得衍射角 θ 较大，所以 k 级衍射主极大对应的衍射角与线坐标应分别写成

$$\theta_k=\arcsin(k\lambda/d),\quad x_k=f\tan[\arcsin(k\lambda/d)]\quad(k=1,2,3,\cdots)$$

② 如果光线不是垂直照射光栅，即光线斜入射(设斜入射时光线与光栅平面的法线成 φ 角)。约定入射角 φ、衍射角 θ 在光栅平面法线的上侧，其值为正，反之为负。则光栅方程式变为

$$(a+b)(\sin\theta+\sin\varphi)=\pm k\lambda\quad(k=0,1,2,3,\cdots)$$

(6) 缺级　在满足光栅方程式的某一衍射主极大的方向上，由于单缝衍射在该方向是衍射极小，即单缝衍射在该方向没有提供光能。所以，该方向的衍射主极大的光强也为零，这一级衍射主极大缺失了。此时衍射角 θ 同时满足：

光栅方程式 $(a+b)\sin\theta=\pm k\lambda$；单缝衍射极小 $a\sin\theta=\pm k'\lambda$；

所缺级次为 $k=\dfrac{a+b}{a}k'$　($k>k'$，k、k' 取整数)。

七、X 射线的衍射

(1) X 射线　是波长在 0.01 ~ 10 nm 之间的电磁辐射；

(2) 晶体是三维空间光栅，晶格常数 d 即为光栅常数；

(3) 布喇格公式　X 射线入射到晶体(晶格常数为 d)上，各晶面的反射光进行干涉，能产生强反射的掠射角 θ 满足

$$2d\sin\theta=k\lambda\quad(k=0,1,2,3,\cdots)$$

§7.2　本章重点、难点

一、本章重点

(1) 单缝衍射中的半波带法；

(2) 单缝衍射中的条纹坐标及条纹宽度；

(3) 光栅衍射中确定主极大的光栅方程式；

(4) 光栅衍射中的缺级。

二、本章难点

(1) 单缝衍射中的半波带法。
(2) 光栅衍射中的缺级。
(3) 光谱重叠。
(4) 光线斜入射时单缝衍射与光栅衍射中条纹的变化。

§7.3 本章解题指导

本章解题的困难之处有三点,其一是单缝衍射(如例题 7-1、例题 7-2、例题 7-3),其二是光栅衍射(如例题 7-4、例题 7-5、例题 7-6、例题 7-7、例题 7-8、例题 7-9),其三是光线斜入射(如例题 7-3、例题 7-9)。至于其他的都只是套公式而已(如例题 7-10、例题 7-11)。

一、单缝衍射

单缝衍射条纹的明暗主要取决于透过单缝的光波波阵面所分半波带数目的奇偶性(如例 7-3)。若对某一衍射方向,透过单缝的光波波阵面所分半波带数目是奇数,则该衍射方向的光经透镜会聚在屏上相干的结果为明纹;若对另一衍射方向,透过单缝的光波波阵面所分半波带数目是偶数,则这“另一衍射方向”的光经透镜会聚在屏上相互干涉的结果为暗纹。因此有明纹中心衍射角(中央明纹除外)θ 满足的条件为

$$a\sin\theta_{\mathrm{k}} \approx \pm\frac{(2k+1)\lambda}{2}$$

暗纹中心衍射角 θ 满足的条件为

$$a\sin\theta_{\mathrm{k}} = \pm k\lambda$$

乍一看,这两个公式似乎和相消干涉光程差所满足条件

$$\delta = \pm(2k+1)\frac{\lambda}{2}$$

与相长干涉光程差所满足条件

$$\delta = \pm k\lambda$$

相像,以至于不少学生把单缝衍射明纹中心衍射角 θ 满足的条件错误地认为是

$$a\sin\theta_{\mathrm{k}} = \pm k\lambda \quad (k = 1,2,3,\cdots)$$

把暗纹中心衍射角 θ 满足的条件错误地认为是

$$a\sin\theta_{\mathrm{k}} = \pm(2k+1)\frac{\lambda}{2} \quad (k = 1,2,3,\cdots)$$

这一点，同学们应高度注意。

二、光栅衍射

光栅衍射中，学生难理解的是缺级（如例题7-7）、谱线重叠（如例题7-8、例题7-9）、可能见到的谱线最高级次（如例题7-7、例题7-8、例题7-9）以及单缝衍射中央包络线所包含的条纹数（如例题7-6）。

由于是多缝衍射光的干涉，所以光栅衍射条纹是多光束干涉条纹受单缝衍射条纹的调制，由此产生了缺级现象。缺级现象出现在单缝衍射光强为零的地方。缺级现象产生的条件是光栅常数 $d = a + b$ 与狭缝宽度 a 成简单整数比。

谱线重叠是不同波长不同级次的谱线重叠在一起。即长波长的低级次谱线与短波长的高级次谱线对应于同一衍射角。

可能见到的谱线最高级次，是光栅平面后的 $\pm 90°$ 空间出现光谱线级次 k 的最大值。此时 k 级谱线的衍射角不能大于或等于 $90°$。

光线斜入射的情况是光不沿光栅平面的法线方向入射。此时要注意到，光在到达衍射物时就已经产生了光程差。

§7.4　本章典型例题

例题7-1　用波长 $\lambda = 632.8$ nm的平行光垂直照射单缝，缝宽 $a = 0.150$ mm，缝后用凸透镜把衍射光会聚在焦平面上，测得第二级与第三级暗条纹之间的距离为1.7 mm，求此透镜的焦距。

分析　本题要注意两点：其一，暗纹衍射角满足的公式是

$$a\sin\theta = \pm k\lambda \quad (k = 1,2,3,\cdots)$$

而不是

$$a\sin\theta = \pm (2k-1)\frac{k\lambda}{2} \quad (k = 1,2,3,\cdots)$$

其二，计算出的角度是否很小，是否满足 $\theta = \sin\theta = \tan\theta$。

试看第三级暗纹衍射角的大小

$$\sin\theta_3 = \frac{3\lambda}{a} = \frac{3\times 632.8\times 10^{-9}}{0.15\times 10^{-3}} = 0.0127$$

说明角度很小，满足 $\theta = \sin\theta = \tan\theta$。

解　因本题中单缝衍射暗纹衍射角很小，有

$$\theta = \sin\theta = \tan\theta$$

得线坐标

$$x_k = f\tan\theta_k \approx f\sin\theta_k = \frac{kf\lambda}{a}$$

第二级与第三级暗纹间距

$$\Delta x = x_3 - x_2 = \frac{f\lambda}{a}$$

透镜焦距

$$f = \frac{\Delta x a}{\lambda} = \frac{1.7 \times 10^{-3} \times 0.15 \times 10^{-3}}{632.8 \times 10^{-9}} \text{ m} = 0.403 \text{ m} = 403 \text{ mm}$$

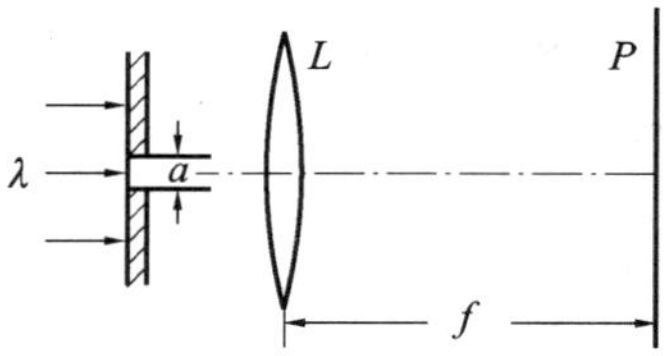

图 7-1 单缝衍射装置

例题 7-2 在图 7-1 所示的夫琅禾费单缝衍射装置中，设入射单色光的波长 $\lambda = 500$ nm，单缝宽度 $a = 0.10$ mm，透镜的焦距 $f = 1.00$ m。求：(1) 中央明纹的宽度；(2) ± 5 级暗纹中心的距离；(3) 今用此单缝衍射装置测另一单色光的波长 λ'，测得 ± 4 级暗纹中心与 $\lambda = 500$ nm 的 ± 5 级暗纹中心的距离相同，求待测光波的波长 λ'。

分析 由第 5 级暗纹中心对应的衍射角

$$\theta_5 = \arcsin \frac{5\lambda}{a} = \arcsin \frac{5 \times 500 \times 10^{-9}}{0.1 \times 10^{-3}}$$
$$= \arcsin 0.025 = 1.433^\circ = 0.025 \text{ rad}$$

知，本题所涉及的衍射角极小。所以，有

$$\theta \approx \sin\theta \approx \tan\theta$$

以下就是套公式解题。

解 因本题中单缝衍射的衍射角很小，有

$$\theta \approx \sin\theta \approx \tan\theta$$

(1) 中央明纹的宽度

$$\Delta x_0 \approx \frac{2f\lambda}{a} = \frac{2 \times 1.00 \times 500 \times 10^{-9}}{0.10 \times 10^{-3}} \text{ m} = 1.00 \times 10^{-2} \text{ m}$$

(2) ± 5 级暗纹中心的距离

$$\Delta x = f\tan\theta_5 - f\tan\theta_{-5} \approx \frac{10f\lambda}{a} = \frac{10 \times 1.00 \times 500 \times 10^{-9}}{0.10 \times 10^{-3}} \text{ m}$$
$$= 5.00 \times 10^{-2} \text{ m}$$

(3) 求待测光波的波长 λ'。因

$$\Delta x' = f\tan\theta'_4 - f\tan\theta'_{-4} \approx \frac{8f\lambda'}{a} = \frac{10f\lambda}{a}$$

所以

$$\lambda' = \frac{5\lambda}{4} = \frac{5 \times 500 \times 10^{-9}}{4} \text{ m} = 6.25 \times 10^{-7} \text{ m} = 6.25 \times 10^2 \text{ nm}$$

例题 7-3 在单缝夫琅禾费衍射实验中，波长为 $\lambda = 632.8$ nm 的单色光以与

单缝平面的法线成20.0°角入射到缝宽为 $a=0.010\ \text{mm}$ 的单缝上，对应于衍射角 ±15.0° 的方向，如图7-2所示。求：(1) 单缝处波阵面可分半波带的数目；(2) 屏上是明条纹，还是暗条纹；(3) 条纹的级次。

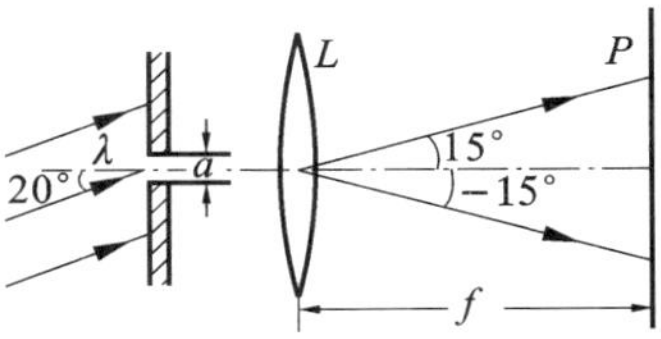

图7-2　斜入射的夫琅禾费单缝衍射实验

分析　由于是斜入射(设入射线与单缝平面法线的夹角为 φ)，单缝边缘对应的光线在到达单缝前就产生了光程差，其值为 $a\sin\varphi$，如图7-3所示。对于某衍射方向(设衍射角为 θ)，则单缝边缘对应光线到屏上会聚点的光程差为 $\delta=a\sin\varphi+a\sin\theta$。当射线(入射线或衍射线)在单缝平面法线的上侧时，其对应角度(φ 或 θ)为正，反之为负。故透过单缝的波阵面所分半波带的数目为

$$N=\frac{|a\sin\varphi+a\sin\theta|}{\lambda/2}$$

再根据半波带数目的奇偶性，就可定出明暗纹来。

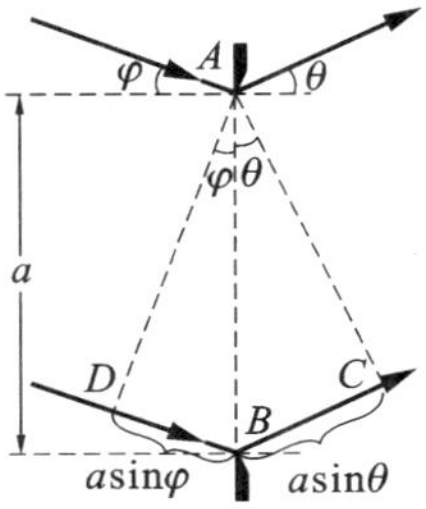

图7-3　斜入射时单缝边缘对应光线的光程差

解　由于是斜入射(这里入射线与单缝平面法线的夹角为 $\varphi=-20°$)，单缝边缘对应光线在到达单缝前就产生了光程差。

(1) 对于衍射角为 θ 的衍射方向，单缝处波阵面可分半波带的数目为

$$N=\frac{|a\sin\varphi+a\sin\theta|}{\lambda/2}$$

当 $\theta=+15°$ 时

$$N_{+15°}=\frac{|a\sin\varphi+a\sin15°|}{\lambda/2}=\frac{|0.010\times[\sin(-20.0°)+\sin15.0°]|}{632.8\times10^{-9}/2}=2.63$$

当 $\theta=-15°$ 时

$$N_{-15°}=\frac{|0.010\times[\sin(-20.0°)+\sin(-15.0°)]|}{632.8\times10^{-9}/2}=19.0$$

即：衍射角 $\theta=+15°$ 时，透过单缝的波阵面可分半波带的数目为2.63，衍射角 $\theta=-15°$ 时，透过单缝的波阵面可分半波带的数目为19.0。

(2) 当 $\theta=+15°$ 时，由于单缝处波阵面可分半波带的数目为2.63，衍射光在屏上会聚抵消了两个半波带的光能，还剩下0.63个半波带的光能。故衍射角 +15° 对应为明暗纹的过渡区。

当 $\theta=-15^\circ$ 时，由于单缝处波阵面可分半波带的数目为 19.0，衍射光在屏上会聚抵消了 18 个半波带的光能，还剩下 1 个半波带的光能。故衍射角 -15° 对应为明条纹。

(3) 当 $\theta=+15^\circ$ 时，由于单缝处波阵面可分半波带的数目为 $N_{+15^\circ}=2.63$，即 $2<N_{+15^\circ}<3$，写成

$$2\times1(\text{暗纹条件})<N_{+15}<2\times1+1(\text{明纹条件})$$

故衍射角 $+15$ 对应为正一级暗纹到正一级明纹的过渡区，为正一级明纹的一部分。

当 $\theta=-15^\circ$ 时，由于单缝处波阵面可分半波带的数目为 $N_{-15^\circ}=19.0$，满足

$$N_{-15^\circ}=2\times9+1(\text{明纹条件})$$

故衍射角 -15° 对应为负 9 级明条纹。不过因 k 值较大，此明纹的光强较弱。

例题 7-4 用波长为 546.1 nm 的平行单色光垂直照射到一透射光栅上，在分光计上测得第一级光谱线的衍射角 $\theta=30.0^\circ$，求该光栅每毫米上的光栅刻痕数。

分析 本题实际上是求光栅常数，光栅常数用光栅方程式直接套公式求得。每毫米上的光栅刻痕数用 1.00 mm 除以光栅常数便可求得。

解 由光栅方程式

$$d\sin\theta=\pm k\lambda \quad (k=0,1,2,3,\cdots)$$

这里 $k=1$，有

$$d=\frac{\lambda}{\sin\theta}$$

每毫米上的光栅刻痕数

$$N=\frac{1\times10^{-3}}{d}=\frac{\sin\theta}{\lambda}\times10^{-3}=\frac{\sin30.0^\circ}{546.1\times10^{-9}}\times10^{-3}=915.58\approx916$$

例题 7-5 一块每毫米 500 条缝的光栅，用钠黄光垂直入射，观察衍射光谱。钠黄光包含两条谱线，其波长分别为 589.6 nm 和 589.0 nm。(1) 求在第二级光谱中这两条谱线互相分离的角度；(2) 如果光栅后透镜的焦距为 40.0 cm，求这两条谱线的线距离。

分析 本题要求的是衍射角。不过要注意的是，这里的衍射角不是很小，$\theta=\sin\theta=\tan\theta$ 不成立，所以用光栅方程式求出 $\sin\theta$ 值后，再用反三角函数求出 θ 值，最后用正切函数求出 $\tan\theta$ 值。

解 光栅常数为

$$d=\frac{1\times10^{-3}}{N}=\frac{1\times10^{-3}}{500}\ \text{m}=2\times10^{-6}\ \text{m}$$

(1) 由光栅方程式

$$d\sin\theta=\pm k\lambda \quad (k=0,1,2,3,\cdots)$$

这里 $k=2$，有衍射角为

$$\theta=\arcsin\frac{2\lambda}{d}$$

$\lambda_1=589.0\ \text{nm}$ 时，

$$\theta_1=\arcsin\frac{2\lambda_1}{d}=\arcsin\frac{2\times589.0\times10^{-9}}{2\times10^{-6}}=\arcsin0.5890=36.086^\circ$$

$\lambda_2=589.6\ \text{nm}$ 时，

$$\theta_2=\arcsin\frac{2\lambda_2}{d}=\arcsin\frac{2\times589.0\times10^{-9}}{2\times10^{-6}}=\arcsin0.5890=36.129^\circ$$

故两谱线分开的角度

$$\Delta\theta=\theta_2-\theta_1=0.043^\circ$$

(2) 谱线的线坐标为 $x=f\tan\theta$，所以

$\lambda_1=589.0\ \text{nm}$ 时，

$$x_1=f\tan\theta_1=(0.400\times\tan36.086^\circ)\ \text{m}=29.154\ \text{cm}$$

$\lambda_2=589.6\ \text{nm}$ 时

$$x_2=f\tan\theta_2=(0.400\times\tan36.129^\circ)\ \text{m}=29.199\ \text{cm}$$

故两谱线的线距离为

$$\Delta x=x_2-x_1=0.045\ \text{cm}=0.45\ \text{mm}$$

例题7-6　一衍射光栅，每厘米有200条透光缝，每条透光缝宽为 $a=2.00\times10^{-3}$ cm，在光栅后放一焦距 $f=1.00$ m的凸透镜，现以 $\lambda=600.0$ nm的平行单色光垂直照射光栅。求：(1) 透光缝 a 的单缝衍射中央明条纹的线宽度为多少？(2) 在该宽度内，有几个光栅衍射主极大？

分析　本题的第一问是求单缝衍射中央明纹的线宽度，要注意的是单缝衍射第一级极小所对应的衍射角 θ_1 是否很小。如 θ_1 的绝对值很小，就有

$$\theta_1=\sin\theta_1=\tan\theta_1$$

如 θ_1 的绝对值不是很小，就没有上面的关系式。

第二问是求光栅衍射的主极大条纹数。这里确定的衍射角范围是 $\theta_{-1}\leqslant\theta\leqslant\theta_1$，不是整个光栅后面的 $\pm90^\circ$ 的空间。也就是所求光谱线最高级次所对应的衍射角 θ_k 应小于 θ_1。

解　(1) 单缝衍射中央明纹半角宽度 θ_1 满足

$$a\sin\theta_1=\lambda$$

得

$$\theta_1=\arcsin\frac{\lambda}{a}=\arcsin\frac{600\times10^{-9}}{2\times10^{-5}}=\arcsin0.0300=1.72^\circ\approx0.0300\ \text{rad}$$

即 θ_1 的绝对值很小，有

$$\theta_1 = \sin\theta_1 = \tan\theta_1$$

故单缝衍射中央明纹宽度为

$$\Delta x = f\tan\theta_1 - f\tan\theta_{-1} \approx \frac{2f\lambda}{a} = \frac{2\times 1.00\times 600\times 10^{-9}}{2.00\times 10^{-5}}\ \text{m} = 6.00\times 10^{-2}\ \text{m}$$

(2) 光栅常数为

$$d = \frac{1.00\times 10^{-2}}{N} = \frac{1.00\times 10^{-2}}{200}\ \text{m} = 5.00\times 10^{-5}\ \text{m}$$

在宽度Δx内的光栅主极大的衍射角θ应满足$\theta_k < \theta_1$，即

$$\sin\theta_k < \sin\theta_1 = \frac{\lambda}{a}$$

由光栅方程式

$$d\sin\theta_k = \pm k\lambda \quad (k = 0,1,2,3,\cdots)$$

得

$$\sin\theta_k = \frac{k\lambda}{d} < \sin\theta_1 = \frac{\lambda}{a}$$

$$k < \frac{d}{a} = \frac{5.00\times 10^{-5}}{2.00\times 10^{-5}} = 2.5$$

取$k = 2$。所以在单缝衍射中央明纹宽度内，有$k = 0, \pm 1, \pm 2$共5条光栅衍射主极大。

例题7-7 波长为$\lambda = 600$ nm的平行单色光垂直照射光栅，观察到第二级、第三级明纹分别出现在$\sin\theta_2 = 0.200$和$\sin\theta_3 = 0.300$的方向上，第四级缺级。求：(1) 该光栅的光栅常数；(2) 光栅上狭缝的最小宽度；(3) 屏幕上出现光谱线的全部级数。

分析 本题测试的知识是光栅方程式、缺级的条件及谱线的最高级次。题目告诉了第二级、第三级明纹出现的方向，即表示第二级、第三级不缺。第一问，把第二级明纹或者第三级明纹的数据带入光栅方程式都可得出光栅常数；第二问，利用缺级条件可以解出光栅上狭缝的宽度，取其中最小值可得光栅上狭缝的最小宽度；第三问，要搞清楚谱线最高级次对应的衍射角应小于90°，即$d\sin\theta_k = k\lambda < d\sin 90° = d$，由此可求出$k$值，再结合缺级，就可得出屏幕上出现光谱线的全部级数。

解 (1) 由光栅方程式

$$d\sin\theta = \pm k\lambda \quad (k = 1,2,3,\cdots)$$

得

$$d = \frac{k\lambda}{\sin\theta_k} = \frac{2\times 600\times 10^{-9}}{0.200}\ \text{m} = 6.00\times 10^{-6}\ \text{m}$$

(2) 由缺级的条件

光栅衍射主极大公式(光栅方程式)

$$d\sin\theta = \pm k\lambda \quad (k = 1,2,3,\cdots)$$

单缝衍射极小的公式

$$a\sin\theta = \pm k'\lambda \quad (k' = 1,2,3,\cdots)$$

得

$$\frac{d}{a} = \frac{k}{k'}$$

因第四级为缺级,故

$$\frac{d}{a} = \frac{k}{k'} = \frac{4}{k'}$$

即

$$a = \frac{k'd}{4}$$

当 $k' = 1$ 时,

$$a_1 = 1 \times \frac{d}{4} = \frac{1 \times 6.00 \times 10^{-6}}{4}\ \text{m} = 1.50 \times 10^{-6}\ \text{m}$$

当 $k' = 2$ 时,

$$a_2 = 2 \times \frac{d}{4} = \frac{2 \times 6.00 \times 10^{-6}}{4}\ \text{m} = 3.00 \times 10^{-6}\ \text{m}$$

而如果 $k' = 2$,$\dfrac{d}{a} = \dfrac{6.00 \times 10^{-6}}{3.00 \times 10^{-6}} = 2$,说明缺偶数级衍射主极大,而题目告诉第二级不缺,故 k' 不能取 2。当 $k' = 3$ 时,

$$a_3 = 3 \times \frac{d}{4} = \frac{3 \times 6.00 \times 10^{-6}}{4}\ \text{m} = 4.50 \times 10^{-6}\ \text{m}$$

k' 的取值不能大于或等于 4,否则狭缝宽度会大于或等于光栅常数,这显然是不可能的。而题目要求求缝宽的最小值,故有

$$a = 1.50 \times 10^{-6}\ \text{m}$$

(3) 由谱线最高级次对应的衍射角应小于 90° 可知

$$d\sin\theta_k = k\lambda < d\sin 90^\circ = d$$

得

$$k < \frac{d}{\lambda} = \frac{6.00 \times 10^{-6}}{600 \times 10^{-9}} = 10$$

取

$$k_{\max} = 9$$

注意到缺级为 $k = \left(\dfrac{d}{a}\right)k' = 4k'$,故缺 ±4,±8 级谱线。所以屏幕上出现光谱线的全部级数为 0,±1,±2,±3,±5,±6,±7,±9 共 15 条谱线。

例题 7-8 含有波长分别为 $\lambda_1 = 440$ nm 和 $\lambda_2 = 660$ nm 两种光的平行光束垂直照射光栅，发现这两种波长的光重叠，测得它们第二次重叠(不考虑零级谱线的重叠)于衍射角为60.0°的方向上。求：(1) 1 cm 内的光栅狭缝数；(2) $\lambda_2 = 660$ nm 的第五级明纹出现的衍射角；(3) 两谱线重叠的级次。

分析 本题的第一问，实际上是求光栅常数，利用光栅方程式即可。

第二问，虽是求衍射角，用光栅方程式就能办到，但计算时会发现得出的 $\sin\theta$ 值大于 1，这是不可能的，说明此级谱线不可能出现。或许不少同学以为自己算错了，以为物理题目的提问一定有计算结果，以至于在那儿反复计算，冥思苦想。殊不知有些物理题目的设计不仅是训练学生的运算能力，也是训练学生的判断能力和自信心，况且“不可能出现”也是一种计算结果。

第三问，求两谱线重叠的级次是重叠谱线的 k 值，这里要注意，两谱线重叠时对应两谱线的衍射角相同，即

$$d\sin\theta = \pm k_1\lambda_1 = \pm k_2\lambda_2$$

得

$$k_1\lambda_1 = k_2\lambda_2$$

得出理论上的重叠级次后，还应考虑光栅衍射的最高级次。因重叠级次不能高于最高级次，由此得出两谱线全部的重叠级次。

解 (1) 两谱线重叠，即两谱线对应的衍射角相同。由光栅方程式，有

$$d\sin\theta = \pm k_1\lambda_1 = \pm k_2\lambda_2 \quad (k_1, k_2 \text{ 为整数})$$

得

$$\frac{k_1}{k_2} = \pm\frac{\lambda_2}{\lambda_1} = \frac{660\times10^{-9}}{440\times10^{-9}} = \frac{3}{2}$$

故两谱线重叠的级次应为：λ_2 的偶数级分别与 λ_1 的 3 的倍数级重叠。第二次重叠对应的谱线级次是 λ_1 的第 6 级与 λ_2 的第 4 级。由光栅方程式，得

$$d = \frac{k_1\lambda_1}{\sin\theta} = \frac{6\times440\times10^{-9}}{\sin60^\circ}\ \text{m} = 3.048\times10^{-6}\ \text{m} = 3048\ \text{nm}$$

1 cm 内的光栅狭缝数为

$$N = \frac{1\times10^{-2}}{d} = \frac{1\times10^{-2}}{3.048\times10^{-6}} = 3280$$

(2) 求 $\lambda_2 = 660$ nm 的第五级明纹出现的衍射角。由光栅方程式，有

$$\sin\theta = \frac{k_2'\lambda_2}{d} = \frac{5\times660\times10^{-9}}{3.048\times10^{-6}} = 1.083 > 1$$

该结果说明 $\lambda_2 = 660$ nm 的第五级明纹不可能出现。

(3) 求两谱线重叠的级次。理论上重叠的级次是 λ_2 的偶数级分别与 λ_1 的 3 的倍数级重叠，但是 λ_2 在屏上出现的最高级次由下面的计算

$$k_{2\max} = \frac{d\sin\theta}{\lambda_2} = \frac{d\sin 90^\circ}{\lambda_2} = \frac{d}{\lambda_2} = \frac{3.048 \times 10^{-6}}{660 \times 10^{-9}} = 4.62$$

得 $k_{2\max} = 4$。故两谱线重叠的全部级次为 $\lambda_2 = 660$ nm 的 2、4 级与 $\lambda_1 = 440$ nm 的 3、6 级(零级除外)。

例题 7-9　用每毫米内有 500 条刻痕的平面透射光栅观察钠光谱($\lambda = 589.3$ nm),设透镜焦距为 $f = 1.00$ m。问:(1) 光线垂直入射时,最多能看到第几级光谱?(2) 光线以入射角 30.0° 入射时,最多能看到第几级光谱?(3) 若用白光(400 ～ 760 nm) 照射光栅,最多能看到几级完整光谱,最多能看到几级不交叠光谱?(4) 若用白光(400 ～ 760 nm) 照射光栅,求第一级光谱的线宽度。

分析　本题第一问是求最多能看到的光谱级次,这就要搞清楚谱线最高级次对应的衍射角应小于 90°。因为光是垂直入射,应满足

$$d\sin\theta_k = k\lambda < d\sin 90^\circ = d$$

由此可求出能看到的光谱最高级次的 k 值。

第二问光是斜入射,设入射角为 φ(取 φ 在法线上方为正,φ 在法线下方为负)。求最多能看到的光谱级次,就要搞清楚两点,其一是光到达光栅时,相邻两缝的衍射光就已经产生了光程差,如图 7-4 所示,它是 $d\sin\varphi$。其二是谱线最高级次对应的衍射角也应小于 90°。故最高级次的衍射角 θ_k 应满足

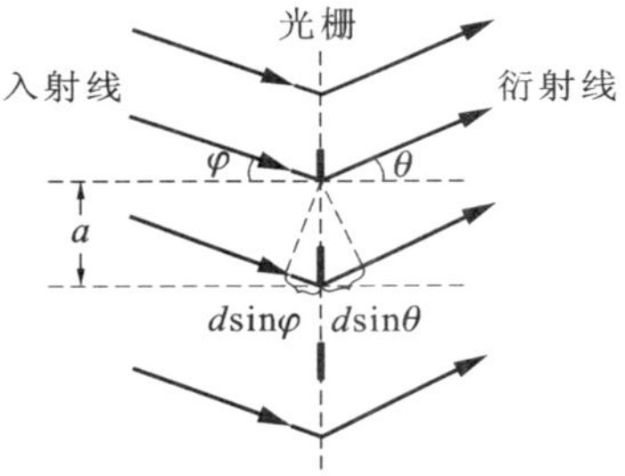

图 7-4　斜入射时,光栅相邻两缝衍射光的光程差

$$d(\sin\theta_k + \sin\varphi) = k\lambda < d(\sin 90^\circ + \sin\varphi) = d(1 + \sin\varphi)$$

由此可求出能看到的光谱最高级次的 k 值。

第三问中求所看到完整光谱的最高级次。从示意图 7-5 可知,在光栅后的±90° 空间内,短波长 λ_1 高级次的谱线能出现,如示意图 7-5 中短波长 λ_1 的第五级;但长波长 λ_2 高级次的谱线有可能不出现,如示意图 7-5 中短波长 λ_1 的第五级就没有出现。所谓完整光谱,就是同一级谱线中所有波长的光都出现,如示意图 7-5 中的 0、1、2、3、4 级光谱是完整光谱,而第五级是不完整光谱。求所看到最高级次的完整光谱时,应以长波长的光出现为准。

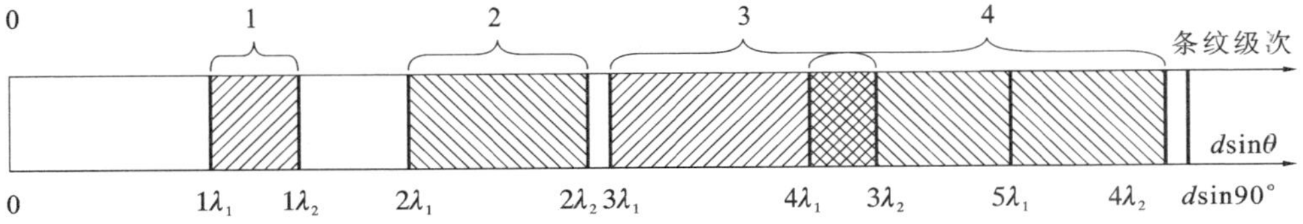

图 7-5　最多能见到的完整光谱与不重叠光谱示意图

第三问中求不交叠光谱的最高级次涉及两部分内容。一是白光光谱的最高级次：在光栅后的±90°空间内，看到长波长光的级次少，看到短波长光的级次多。所以以长波长的光出现为准求出完整光谱的最高级次。二是不交叠光谱：要注意所谓不交叠，即高级次短波的衍射角应大于低一级次长波的衍射角。如示意图 7-5 中短波长 λ_1 的第三级衍射角大于长波长的第二级衍射角。在此示意图中不重叠光谱的最高级次是第二级。求不重叠光谱的级次 k 的求法是

$$d\sin\theta_k = k\lambda_2 \leqslant d\sin\theta_{k+1} = (k+1)\lambda_1$$

第四问是求第一级光谱的线宽度。则分别求出短波长光 λ_1 第一级光谱的线坐标，长波长光 λ_2 第一级光谱的线坐标，求其差值便得出第一级光谱的线宽度。

解 该光栅的光栅常数为

$$d = \frac{1\times10^{-3}}{N} = \frac{1\times10^{-3}}{500}\ \text{m} = 2.00\times10^{-6}\ \text{m}$$

(1) 最高级次对应的衍射角应小于 90°。因为光是垂直入射，应满足

$$d\sin\theta_k = k\lambda < d\sin90^\circ = d$$

所以

$$k_{\max} = \frac{d\sin\theta_{\max}}{\lambda} < \frac{d\sin90^\circ}{\lambda} = \frac{d}{\lambda} = \frac{2.00\times10^{-6}}{589.3\times10^{-9}} = 3.39$$

取 $k_{\max} = 3$，即光线垂直入射时，最多能看到第三级光谱。

(2) 因光是斜入射，光到达光栅时，相邻两缝衍射光产生的光程差为 $d\sin\varphi$。谱线最高级次对应的衍射角也应小于 90°。故最高级次的衍射角 θ_k 应满足

$$d(\sin\theta_k + \sin\varphi) = k\lambda < d(\sin90^\circ + \sin\varphi) = d(1+\sin\varphi)$$

$$k'_{\max} = \frac{d(\sin\theta_{\max} + \sin\varphi)}{\lambda} < \frac{d(\sin90^\circ + \sin30^\circ)}{\lambda} = \frac{2.00\times10^{-6}\times1.5}{589.3\times10^{-9}} = 5.09$$

取 $k = 5$，即光线以入射角 30.0° 入射时，最多能看到第五级光谱。

(3) 白光照射光栅，求所看到最高级次的完整光谱，此时应以长波长的光出现为准。故

$$d\sin\theta_k = k\lambda_2 < d\sin90^\circ = d$$

所以

$$k_{\max} < \frac{d\sin90^\circ}{\lambda} = \frac{d}{\lambda} = \frac{2.00\times10^{-6}}{760\times10^{-9}} = 2.63$$

取 $k = 2$，即白光线垂直入射时，最多能看到第二级完整光谱。

求所看到最高级次的不重叠光谱。所谓不重叠，即高级次短波的衍射角应大于低一级次长波的衍射角。设不重叠光谱的最高级次为 k，有

$$d\sin\theta_k = k\lambda_2 \leqslant d\sin\theta_{k+1} = (k+1)\lambda_1$$

$$k\lambda_2 \leqslant (k+1)\lambda_1$$

所以

$$k\lambda_2 \leqslant \frac{\lambda_1}{\lambda_2-\lambda_1} = \frac{400\times10^{-9}}{760\times10^{-9}-400\times10^{-9}} = 1.11$$

取 $k=1$，不重叠光谱的最高级次为1。

(4) 求第一级光谱的线宽度。对于 $\lambda_1 = 400\ \text{nm}$，有

$$d\sin\theta_1 = \lambda_1$$

$$\sin\theta_1 = \lambda_1/d = 400\times10^{-9}/(2.00\times10^{-6}) = 0.20$$

得

$$\theta_1 = 11.54^\circ$$

$\lambda_1 = 400\ \text{nm}$ 时第一级谱线的线坐标为

$$x_1 = f\tan\theta_1 = 1.00\times\tan11.54^\circ\ \text{m} = 0.204\ \text{m}$$

对于 $\lambda_2 = 760\ \text{nm}$，有

$$d\sin\theta_2 = \lambda_2$$

$$\sin\theta_2 = \frac{\lambda_2}{d} = \frac{760\times10^{-9}}{2.00\times10^{-6}} = 0.38$$

得

$$\theta_2 = 22.33^\circ$$

$\lambda_2 = 760\ \text{nm}$ 时第一级谱线的线坐标为

$$x_2 = f\tan\theta_2 = 1.00\times\tan22.33^\circ\ \text{m} = 0.411\ \text{m}$$

故第一级光谱的线宽度为

$$\Delta x = x_2 - x_1 = (0.411-0.204)\ \text{m} = 0.207\ \text{m}$$

例题 7-10　已知天空中两颗星相对于一望远镜的角距离（即望远镜物镜中心与两颗星分别引直线间的夹角）为 6.71×10^{-7} rad，它们发出的光波波长按550 nm计算，要分辨出这两颗星，望远镜的口径（即直径）至少要多大。

分析　本题要求搞清楚光学仪器的最小分辨角，即瑞利判据的概念：对一个透镜，如果一个物点的衍射图样中央极大（爱里斑的中心）刚好与另一个物点衍射图样的第一级极小（爱里斑的边缘）处相重合，则这两个物点恰好能被光学仪器所分辨。由此得出透镜的最小分辨角为

$$\varphi_0 = \frac{1.22\lambda}{D}$$

解　由透镜最小分辨角的定义

$$\varphi_0 = \frac{1.22\lambda}{D}$$

得望远镜的口径至少为

$$D = \frac{1.22\lambda}{\varphi_0} = \frac{1.22 \times 550 \times 10^{-9}}{6.71 \times 10^{-7}}\ \text{m} = 1.00\ \text{m}$$

例题 7-11 已知某X射线含有在 9.5 ~ 13.0 nm 范围内的各种波长，晶体的晶格常数为 $d = 27.5$ nm。让该X射线入射到晶体上。求在与入射线垂直的方向上看到的X射线的波长。

分析 由于只能在晶面的反射方向上才能看到加强的X射线，题目给出的条件是入射线与反射线垂直，可知掠射角为 45°。再利用布拉格公式，就可求出强反射的波长。

解 因只能在晶面的反射方向上才能看到强反射，题目给出入射线与反射线垂直，所以掠射角为 45°，由布拉格公式

$$2d\sin\theta = k\lambda \quad (k \text{ 为整数})$$

得强反射的波长为

$$\lambda = \frac{2d\sin\theta}{k} = \frac{2 \times 27.5 \times 10^{-9} \times \sin 45^\circ}{k}\ \text{m} = \frac{38.89 \times 10^{-9}}{k}\ \text{m}$$

当 $k = 1$ 时，$\lambda_1 = 38.9$ nm，不在 9.5 ~ 13.0 nm 范围内，舍去；

当 $k = 2$ 时，$\lambda_2 = 39.4$ nm，不在 9.5 ~ 13.0 nm 范围内，舍去；

当 $k = 3$ 时，$\lambda_3 = 13.0$ nm，在 9.5 ~ 13.0 nm 范围内；

当 $k = 4$ 时，$\lambda_4 = 9.7$ nm，在 9.5 ~ 13.0 nm 范围内；

当 $k = 5$ 时，$\lambda_5 = 7.8$ nm，不在 9.5 ~ 13.0 nm 范围内，舍去。

故在与入射线垂直的方向上看到X射线的波长为 13.0 nm 和 9.7 nm。

第8章　光的偏振

§8.1　本章内容剖析

一、定义

(1) 自然光　其电矢量对光的传播方向成轴对称分布的光。

(2) 偏振光　其电矢量的振动只限于某一确定平面的光，也称平面偏振光或线偏振光，简称偏光、面偏光、线偏光。

(3) 部分偏振光　有一个方向的振动占优势的光。

(4) 偏振片　只让某个特定方向振动的光通过的光学元件。

(5) 偏振化方向　偏振片能让特定方向光振动通过的方向，或称透振方向，物理实验中称偏振轴。

(6) 起偏　使自然光变成偏振光的过程叫做起偏。

(7) 起偏器　使自然光变成偏振光的仪器叫做起偏器。

(8) 检偏　检验某束光是否是偏振光的过程叫做检偏。

(9) 检偏器　能检验某束光是否是偏振光的仪器叫做检偏器。

二、马吕斯定律

1. 定律表达式　偏振光通过检偏器时，透射光仍为偏振光，其振动方向与检偏器的偏振化方向相同。如果入射偏振光的振动方向与检偏器的偏振化方向成 α 角时，光强 I 与入射光强 I_0 的关系为

$$I = I_0\cos^2\alpha$$

2. 自然光通过检偏器的情况　自然光通过检偏器时，透射光变为偏振光，其振动方向与检偏器的偏振化方向相同，光强 I 与入射光强 I_0 的关系为

$$I = \frac{I_0}{2}$$

三、反射光与折射光的偏振

(1) 一般情况下反射光为垂直入射面振动占优势的部分偏振光，折射光为平行入射面振动占优势的部分偏振光。

(2) 布儒斯特定律　当入射角 i 使得反射光与折射光相互垂直时，反射光为

垂直入射面振动的完全偏振光,折射光仍为平行入射面振动占优势的部分偏振光。

此时入射角 $i=i_0$ 称起偏角,也称布儒斯特角。它与入射介质的折射率 n_1,折射介质的折射率 n_2 满足

$$\tan i_0 = n_2/n_1$$

四、双折射

寻常光线(o 光)满足普通折射定律,其振动方向为垂直自己主平面的偏振光。

非常光线(e 光)不满足普通的折射定律,其振动方向为平行自己主平面的偏振光。

光线与光轴组成的平面称主平面。不产生双折射的方向称晶体的光轴。

§8.2 本章重点、难点

一、本章重点

(1) 马吕斯定律。

(2) 布儒斯特定律。

二、本章难点

(1) 部分偏振光通过几个偏振片后出射光的光强。

(2) 双折射。

§8.3 本章解题指导

本章的解题主要涉及两个内容,其一是马吕斯定律(例题 8-1、例题 8-2),其二是布儒斯特定律(例题 8-3)。

一、马吕斯定律

马吕斯定律阐述了入射光经偏振片后出射光的性质。

(1) 入射偏振光经过偏振片后的出射光为偏振光,其振动方向为偏振片的偏振化方向,其光强 I 与入射偏振光光强 I_0 间的关系为 $I=I_0\cos^2\alpha$,α 为入射偏振光振动方向与偏振片偏振化方向间的夹角。

(2) 入射自然光经过偏振片后的出射光为偏振光,其振动方向为偏振片的偏振化方向,其光强为入射自然光光强的一半。

二、布儒斯特定律

布儒斯特定律讲述了入射光在某一特定入射角(布儒斯特角或起偏角)的情况下,反射光为完全偏振光的特点。

(1) 自然光在两种介质的界面反射和折射时,一般情况下,反射光和折射光均为部分偏振光。反射光垂直入射面振动的成分多,折射光平行入射面振动的成分多。

(2) 当自然光以入射角等于布儒斯特角入射到两种介质的界面时,反射光为完全偏振光,光振动方向垂直入射面;折射光为平行入射面振动成分多的部分偏振光。

§8.4 本章典型例题

例题 8-1 在两个偏振化方向相互垂直的偏振片 P_1 和 P_3 之间,放入一个以恒定角速度 ω 绕轴旋转的偏振片 P_2。设 $t=0$ 时,偏振片 P_1 和 P_2 间的夹角为0。光强为 I_0 的自然光垂直入射到偏振片 P_1 上,如图8-1所示。求从偏振片 P_3 出射的光强 I。

分析 自然光经偏振片 P_1 后的光为偏振光,振动方向为偏振片 P_1 的偏振化方向,光强为入射光强的一半。偏振光经过偏振片 P_2、P_3 后的出射光为偏振光,其光强用马吕斯定律求得。

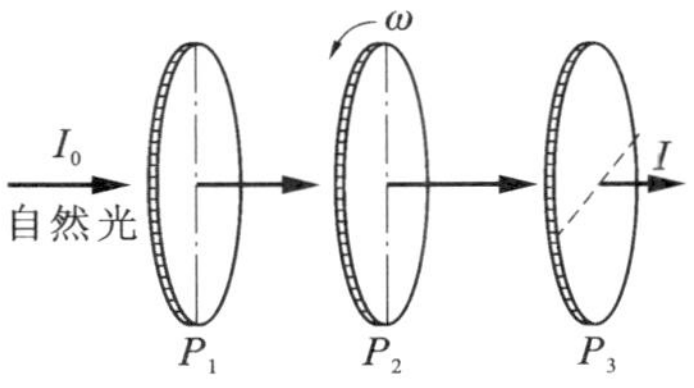

图 8-1 自然光入射到中间偏振片旋转的三偏振片上

解 设自然光经偏振片 P_1、P_2、P_3 后的光强分别为 I_1、I_2、I_3。自然光经偏振片 P_1 后为偏振光,振动方向为偏振片 P_1 的偏振化方向,光强为

$$I_1=\frac{I_0}{2}$$

从偏振片 P_1 出射的偏振光经偏振片 P_2 后仍为偏振光,振动方向为偏振片 P_2 的偏振化方向。由于偏振片 P_2 在绕轴旋转,P_1 和 P_2 间的夹角为 $\alpha=\omega t$,依马吕斯定律,光强为

$$I_2=I_1\cos^2\alpha=\frac{I_0}{2}\cos^2(\omega t)$$

从偏振片 P_2 出射的偏振光经偏振片 P_3 后也为偏振光,振动方向为偏振片 P_3 的偏振化方向。注意到 P_2 和 P_3 间的夹角为 $\frac{\pi}{2}-\alpha$,依马吕斯定律,光强 I_3 为

$$I_3=I_2\cos^2\left(\frac{\pi}{2}-\alpha\right)=I_2\sin^2\alpha=I_1\cos^2\alpha\ \sin^2\alpha=I_1\ \frac{\sin^2(2\alpha)}{4}$$

$$= \frac{I_0}{8}\sin^2(2\alpha) = \frac{I_0}{8}\frac{1-\cos(4\alpha)}{2} = \frac{I_0}{16}[1-\cos(4\omega t)]$$

例题 8-2 用一束强度为 I_0 的部分偏振光垂直照射到偏振片 P 上，已知部分偏振光中自然光的强度是偏振光的强度两倍。求：(1) 以光线为轴，旋转偏振片时，透射光最大光强与最小光强的比值。(2) 当偏振光的振动方向与偏振片的偏振化方向间的夹角为何值时，透射光强为入射光强的一半。

分析 此题也是用马吕斯定律解题，只要按部就班，定能得出正确的结果。

解 由题目给定的条件知，部分偏振光中自然光的强度与偏振光的强度分别为

$$I_1 = \frac{2I_0}{3},\quad I_2 = \frac{I_0}{3}$$

设旋转偏振片时，偏振光的振动方向与偏振片的偏振化方向间的夹角为 α，则通过偏振片后透射光的光强为

$$I = \frac{I_1}{2} + I_2\cos^2\alpha = \frac{I_0}{3} + \frac{I_0}{3}\cos^2\alpha$$

(1) 透射光的最大光强与最小光强分别为

$$I_{\max} = \frac{I_1}{2} + I_2 = \frac{I_0}{3} + \frac{I_0}{3} = \frac{2I_0}{3}$$

$$I_{\min} = \frac{I_1}{2} = \frac{I_0}{3}$$

得透射光最大光强与最小光强的比值为

$$\frac{I_{\max}}{I_{\min}} = \frac{2I_0/3}{I_0/3} = 2$$

(2) 因

$$I = \frac{I_0}{3} + \frac{I_0}{3}\cos^2\alpha = \frac{I_0}{2}$$

$$\frac{I_0}{3}\cos^2\alpha = \frac{I_0}{2} - \frac{I_0}{3} = \frac{I_0}{6}$$

$$\cos^2\alpha = \frac{1}{2}$$

$$\cos\alpha = \frac{\sqrt{2}}{2}$$

得偏振光的振动方向与偏振片偏振化方向间的夹角为

$$\alpha = \frac{\pi}{4}$$

例题 8-3 有三种透明介质相互接触，接触面相互平行，如图 8-2 所示，已知

$n_1=1.00$，$n_2=1.43$，一束自然光以入射角 i 入射，若在两个分界面上的反射光都是线偏振光，求：

(1) 入射角 i 的值；

(2) 第三种介质的折射率 n_3。

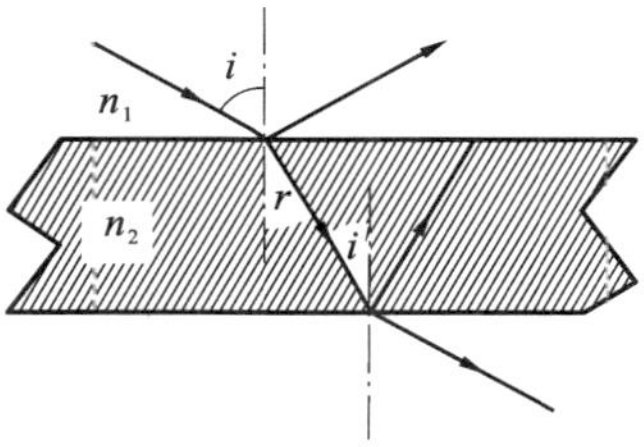

图 8-2　布儒斯特定律的应用

分析　此题测试的是关于反射光和折射光的偏振。只有以起偏角入射，才能使反射光成为完全偏振光。应用布儒斯特定律就可以解答此题。

解　(1) 设入射介质、薄膜和透射介质分别为介质 1、介质 2 和介质 3。依布儒斯特定律，得

$$\tan i=\tan i_0=\frac{n_2}{n_1}=\frac{1.43}{1.00}=1.43$$

入射角 i 为

$$i=\arctan 1.43=55.03°$$

(2) 介质 2 的折射角为

$$r=\frac{\pi}{2}-i$$

由图 8-2 可知，进入介质 n_3 前的入射角为 $i'=r=\frac{\pi}{2}-i$，它也是起偏角。依布儒斯特定律，得

$$\tan i'=\tan i_0'=\frac{n_3}{n_2}$$

所以介质 3 的折射率 n_3 为

$$n_3=n_2\tan i'=n_2\tan\left(\frac{\pi}{2}-i\right)=n_2\cot i=\frac{n_2}{\tan i}=\frac{n_2}{n_2/n_1}=n_1=1.00$$

第 9 章　气体动理论

§9.1　本章内容剖析

一、气体状态参量、平衡态与理想气体状态方程

1. 宏观与微观

(1) 宏观量　从整体上描述系统状态的物理量，可直接测量(如体积 V、压强 p、温度 T、气体总质量 M、摩尔数 ν 等)。

(2) 微观量　描述系统内微观粒子本身特征和运动状态的物理量，一般不能直接测量(如分子质量 m、能量 ε、速度 v、直径 d、动量 p 等)。

(3) 宏观量是微观量的统计平均值。

2. 平衡态、状态参量

(1) 平衡态　在不受外界影响的条件下，热力学系统的宏观性质不随时间改变的状态。系统处于平衡态时，系统内的微观粒子仍在作极其剧烈的热运动。热力学系统的平衡态是热动平衡。

(2) 状态参量　描述热力学系统宏观性质的物理量称为状态参量。

① 压强 p　力学参量，是气体分子撞击器壁的结果。

② 体积 V　几何参量，是气体分子所能到达的空间。

③ 温度 T　冷热参量，表征微观粒子热运动的剧烈程度。

(3) 热力学温标 T 与摄氏温标 t 的关系 $T(\mathrm{K}) = 273.15 + t(^\circ\mathrm{C})$

3. 理想气体的状态方程

(1) 三个实验定律

① 玻意耳定律　一定量的气体，在温度不变时，压强 p 与体积 V 的乘积等于恒量。定律的表达式为：$pV =$ 恒量。

② 盖·吕萨克定律　一定量的气体，在压强不变时，体积 V 随温度 t 的升高而成正比地升高。定律的表达式为：$V = V_0(1 + \alpha t)$，其中 $\alpha = 1/273.16$。

③ 查理定律　一定量的气体，在体积不变时，压强 p 随温度 t 的升高而成正比地变大。定律的表达式为：$p = p_0(1 + \alpha t)$，其中 $\alpha = 1/273.16$。

说明：宏观温度越高、压强越低时，实际气体越遵守上述三个实验定律。

(2) 理想气体的物理模型　严格遵守三个实验定律的气体称为理想气体。

说明：理想气体是真实气体的粗像。宏观温度越高、压强越低时，实际气体越接

近理想气体。

(3) 理想气体的状态方程　$pV = \nu RT = \dfrac{M}{M_{\text{mol}}}RT, p = nkT$

说明：气体的物理模型很多，此状态方程只适用于理想气体。

二、理想气体的压强公式

1. 理想气体微观模型

(1) 分子大小忽略，分子可看作质点；

(2) 除分子碰撞的瞬间外，分子力忽略；

(3) 分子视为弹性小球，所有碰撞为完全弹性碰撞。

2. 理想气体分子运动的统计假设

(1) 前提　分子数极其大量，分子热运动极其剧烈，使得分子碰撞极其频繁，运动情况瞬息万变。

(2) 分子运动遵从统计规律

单个分子的运动是随机的，但在平衡态时，分子运动遵从统计规律。

① 容器内各处分子数密度相同，即 $n = \dfrac{\mathrm{d}N}{\mathrm{d}V} = \dfrac{N}{V}$。

② 分子向各方向运动的机会均等。分子运动在任何一个方向都不占优势。

③ 分子各种速度的平均值为

$$\overline{v_x} = \overline{v_y} = \overline{v_z} = 0, \qquad \overline{\boldsymbol{v}} = 0, \qquad \overline{v_x^2} = \overline{v_y^2} = \overline{v_z^2} = \overline{v^2}/3$$

3. 理想气体的压强公式

(1) 表达式　$p = \dfrac{1}{3}nm\overline{v^2} = \dfrac{1}{3}\rho\overline{v^2} = \dfrac{2}{3}n\bar{\varepsilon}_{\mathrm{k}}$。

(2) 物理意义　理想气体的压强与分子运动速度平方的平均值成正比，或者与分子的平均平动动能成正比；与气体分子数密度成正比，或者与气体的质量密度成正比。

这很好理解：分子速度平方的平均值大，或者分子平均平动动能大，则分子与器壁碰撞时给器壁的冲量大，给器壁的压强就大；气体分子数密度大，或者气体的质量密度大，则撞击器壁的分子多，自然给器壁的压强也大。

(3) 统计意义

① 理想气体的压强是大量气体分子撞击器壁的结果。

② 理想气体的压强公式将理想气体宏观量 p 与分子热运动微观量的统计平均值 $\overline{v^2}$、$\overline{\varepsilon_{\mathrm{k}}}$ 联系起来。

③ 压强是大量分子集体行为的宏观表现，是一个统计结果，单个分子不存在压强的概念。

三、理想气体分子平均平动动能与温度的关系

(1) 理想气体的温度公式表达式 $\bar{\varepsilon}_k = 3kT/2$

(2) 物理意义

① 理想气体分子平均平动动能与温度成正比。分子的平均平动动能大，分子运动就剧烈，气体的温度就越高。

② 理想气体分子平均平动动能与理想气体的种类无关。

(3) 统计意义

① 气体温度是分子无规则热运动的集体表现，具有统计的意义，对于单个分子或少数几个分子，无温度可言。

② 温度是理想气体分子平均平动动能的量度。

③ 关于温度的认识，可以归纳为以下三点：

第一，温度是物体冷热程度的数值表示。

第二，温度是表征大量分子热运动剧烈程度的宏观物理量。

第三，温度是表征气体处于热平衡状态的物理量。

四、理想气体的内能

1. 自由度 i

(1) 定义　描述物体（这里引申到分子）在空间位置所需的最少独立坐标数称为自由度。

(2) 分子的自由度（只考虑常温状态，即振动自由度 $s = 0$）

① 单原子分子　$t = 3,\ r = 0,\ i = t + r = 3 + 0 = 3$。

② 刚性双原子分子　$t = 3, r = 2,\ i = t + r = 3 + 2 = 5$。

③ 多原子刚性分子　$t = 3, r = 3,\ i = t + r = 3 + 3 = 6$。

2. 能量按自由度均分定理

(1) 定理表述　在温度为 T 的平衡态下，理想气体分子每个自由度的平均动能都相等，都等于 $kT/2$。

(2) 理想气体分子的平均动能

① 单原子分子　$\bar{\varepsilon}_t = \dfrac{3kT}{2}, \bar{\varepsilon}_r = 0,\ \bar{\varepsilon} = \bar{\varepsilon}_t = \dfrac{3kT}{2}$。

② 刚性双原子分子　$\bar{\varepsilon}_t = \dfrac{3kT}{2}, \bar{\varepsilon}_r = \dfrac{2kT}{2}, \bar{\varepsilon} = \bar{\varepsilon}_t + \bar{\varepsilon}_r = \dfrac{5kT}{2}$。

③ 多原子刚性分子　$\bar{\varepsilon}_t = \dfrac{3kT}{2}, \bar{\varepsilon}_r = \dfrac{3kT}{2}, \bar{\varepsilon} = \bar{\varepsilon}_t + \bar{\varepsilon}_r = \dfrac{6kT}{2}$。

3. 理想气体的内能

(1) 气体的内能　气体的内能包括三部分：其一，气体内所有分子的动能；其二，气体分子内原子的振动动能和振动势能；其三，分子间的相互作用势能(因分子间的相互作用力而引起)。前两项与气体的温度有关，即是温度的函数；后一项与气体的体积有关，即是体积的函数。所以气体的内能是温度和体积的函数，即$E = E(T,V)$。

(2) 理想气体的内能的数学表达式

① 只考虑常温下的理想气体，即分子为刚性。

② 刚性理想气体分子内无势能。因分子间无相互作用力，故无分子间势能。

③ 理想气体的内能就是所有分子动能的总和，即 $E = N\bar{\varepsilon}$。

④ 理想气体内能的数学表达式　$E = N\bar{\varepsilon} = \dfrac{i\nu RT}{2} = \dfrac{ipV}{2}$。

单原子分子理想气体内能：$E = \dfrac{3}{2}\nu RT$。

双原子分子理想气体内能：$E = \dfrac{5}{2}\nu RT$。

多原子分子理想气体内能：$E = \dfrac{6}{2}\nu RT$。

(3) 理想气体的内能只是温度的单值函数，与温度 T 成正比。

(4) 理想气体的又一定义　其内能只是温度单值函数的气体称为理想气体。

五、麦克斯韦速率分布律

1. 速率分布函数 $f(v)$

(1) 表达式　$f(v) = \dfrac{\mathrm{d}N}{N\mathrm{d}v}$

(2) 文字表述　分子速率在 v 值附近单位速率区间内的分子数占分子总数的百分比，或者分子速率取 v 附近单位速率区间的概率。

(3) 分子速率在 $v_1 \sim v_2$ 速率区间的分子数占总分子数的百分比，或者分子速率取$v \sim v + \Delta v$ 速率区间的概率为$\dfrac{\Delta N}{N} = \int_{v_1}^{v_2} f(v)\mathrm{d}v$

(4) 归一化条件

① 表达式　$\int_0^{\infty} f(v)\mathrm{d}v = 1$

② 统计意义　分子速率取 $0 \sim \infty$ 速率区间的分子数占总分子数百分比为 1，或者分子速率取 $0 \sim \infty$ 速率区间的概率为 1。

2. 麦克斯韦速率分布律

(1) 表达式　$f(v)=4\pi\left(\frac{m}{2\pi kT}\right)^{3/2}e^{\frac{-mv^2}{2kT}}v^2$

(2) 适用对象　只适用平衡态的具有大量分子的理想气体。

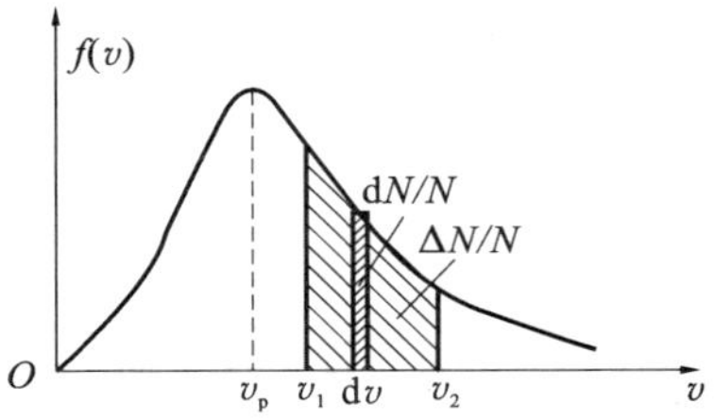

图 9-1　速率分布曲线

3. 麦克斯韦速率分布曲线

(1) 麦克斯韦速率分布曲线图如图 9-1 所示。

(2) 统计意义

① 曲线面积

"窄"条面积 $f(v)\mathrm{d}v$ 表示分子速率在 $v\sim v+\mathrm{d}v$ 速率区间内的分子数占分子总数的百分比。

"宽"条面积$\int_{v_1}^{v_2}f(v)\mathrm{d}v$表示分子速率在$v_1\sim v_2$ 速率区间内的分子数占分子总数的百分比。

② 曲线变化

同一气体不同温度,速率分布曲线随温度的升高右移且变得平坦。

同一温度不同气体,速率分布曲线随分子质量变小右移且变得平坦。

③ 对单个分子某时刻而言,其速率 v 的取值和方向纯属偶然。但对大量分子或者长时间而言,分子速率 v 的分布成为必然。对于理想气体,这种必然就是满足麦克斯韦速率分布率。

④ 说取某确定速率的分子数或者概率是没有意义的,因 $\Delta v=0$,有 $\Delta N=0$。

4. 三种速率

(1) 最概然速率(最可几速率)v_p　$v_p=\sqrt{\frac{2kT}{m}}=\sqrt{\frac{2RT}{M_{mol}}}$

(2) 平均速率$\overline{v}$　$\overline{v}=\sqrt{\frac{8kT}{\pi m}}=\sqrt{\frac{8RT}{\pi M_{mol}}}$

(3) 方均根速率 v_{rms}　$v_{rms}=\sqrt{\overline{v^2}}=\sqrt{\frac{3kT}{m}}=\sqrt{\frac{3RT}{M_{mol}}}$

六、气体分子平均碰撞次数与平均自由程

(1) 平均碰撞次数$\overline{Z}$　$\overline{Z}=\sqrt{2}n\pi d^2\,\overline{v}$

(2) 平均自由程$\overline{\lambda}$　$\overline{\lambda}=\frac{1}{\sqrt{2}n\pi d^2}=\frac{kT}{\sqrt{2}\pi d^2p}$

§9.2　本章重点、难点

一、本章重点

(1) 理想气体的压强公式和温度公式。

(2) 能量均分定理和理想气体内能的计算。

(3) 麦克斯韦速度分布规律和三种速率。

二、本章难点

(1) 理想气体的压强公式。

(2) 麦克斯韦速率分布曲线的统计意义。

§9.3　本章解题指导

本章习题主要可分为四类。第一类，应用理想气体状态方程求解平衡态下相关物理量(如例题 9-1、例题 9-2、例题 9-3、例题 9-6)；第二类，由能量均分定理求解理想气体分子的各种能量和理想气体的内能（如例题 9-4、例题 9-7)；第三类，求解理想气体分子的速率分布的问题，如例题 9-5；第四类，求解气体分子平均碰撞次数与平均自由程的问题。本章习题的求解一般不难，但数字计算比较烦琐，涉及的有关物理量和单位制比较多，要求读者在做习题时注意单位的统一，注意严谨与细致。

一、理想气体状态方程

理想气体的状态方程为　$pV=\nu RT=\dfrac{M}{M_{\mathrm{mol}}}RT$，　$p=nkT$

(1) 理想气体三个状态方程都是等价的，可在不同的场合应用不同的公式；

(2) 理想气体的状态方程所反映的是气体在某个平衡态下，三个状态参量 p、V、T 之间所遵从的关系；

(3) 若气体的质量或气体的种类发生变化，状态方程中相应物质的量也要相应变化；

(4) 所有参量的单位要统一为国际单位制。

二、理想气体的内能

(1) 注意平均平动动能、平均转动动能、平均动能公式各自的物理含义及其区别。

(2) 注意气体的内能与气体分子的平均动能之间的联系和区别。

(3) 求理想气体的内能时,要注意运用状态方程对计算式进行变形。

三、麦克斯韦速率分布律

这方面的习题一般套公式即可,只是注意要用国际单位制。它有以下内容:

(1) 求某速率区间的分子数。

(2) 麦克斯韦速率分布律的统计意义。

(3) 理想气体的三种统计速率。

四、气体分子平均碰撞次数与平均自由程的问题

这方面的习题也一般套公式即可。

§9.4 本章典型例题

例题 9-1 在一个带有活塞的容器中盛有一定量的气体。如果压缩气体并对它加热,使它的温度从 27 ℃ 上升到 177 ℃,体积减小一半,问气体的压强变为原来的几倍?

分析 本题属于用理想气体状态方程求从一个平衡态到另一个平衡态的过程中压力变化问题。首先要弄清楚每个平衡态下对应的状态参量,分别应用理想气体的状态方程,求出各自对应的压强以及两者之比,即问题的解。

解 取对应温度为 27 ℃ 时的平衡态为状态 1,其压强为 p_1、体积为 V_1、温度为 T_1;对应温度为 177 ℃ 时的平衡态为状态 2,其压强为 p_2、体积为 V_2、温度为 T_2。并设容器内气体的摩尔数为 ν,则由题意可知:$T_1 = (27+273)\ \text{K} = 300\ \text{K}$,$T_2 = (177+273)\ \text{K} = 450\ \text{K}$,$V_1 = 2V_2$。将理想气体的状态方程分别应用于状态 1 和状态 2,分别得

$$p_1V_1 = p_1 2V_2 = \nu RT_1$$

$$p_2V_2 = \nu RT_2$$

将两式相比得

$$\frac{p_2V_2}{p_1 2V_2} = \frac{\nu RT_2}{\nu RT_1}$$

所以

$$\frac{p_2}{p_1} = 2\frac{T_2}{T_1} = 2\times\frac{450}{300} = 3$$

即状态 2 的压强为状态 1 的压强的 3 倍。

例题 9-2 一容器内储存有氧气,其压强 $p = 1.01\times10^5\ \text{Pa}$,温度 $t = 27\ ℃$。

试求：

(1) 单位体积内的分子数；

(2) 氧气的密度；

(3) 分子间的平均距离。

分析　(1) 应用理想气体的状态方程 $p = nkT$，即可求得单位体积内的分子数。(2) 氧气的密度是指单位体积内的氧气的质量，它应等于单位体积内的分子数乘以氧气分子的质量。而氧气分子的质量等于氧气的摩尔质量与 1 摩尔的分子数 N_A 之比。(3) 因为 n 个分子占据着 1 m^3 的空间，所以每个分子平均占据 $1/n$ 的立方空间，因此分子间的平均距离为 $\sqrt[3]{1/n}$。

解　(1) 应用理想气体的状态方程 $p = nkT$ 可得

$$n = \frac{p}{kT} = \frac{1.01 \times 10^5}{1.38 \times 10^{-23} \times (27 + 273)}\ \text{m}^{-3} = 2.44 \times 10^{25}\ \text{m}^{-3}$$

(2) 设氧气的密度为 ρ，氧气分子的质量为 m，则

$$\rho = mn = \frac{M_{\text{mol}}}{N_A}\frac{p}{kT} = \frac{pM_{\text{mol}}}{RT} = \frac{1.01 \times 10^5 \times 32 \times 10^{-3}}{8.31 \times 300}\ \text{kg} \cdot \text{m}^{-3}$$

$$= 1.296\ \text{kg} \cdot \text{m}^{-3}$$

(3) 根据分析，分子间的平均距离为

$$d = \sqrt[3]{\frac{1}{n}} = \sqrt[3]{\frac{1}{2.44 \times 10^{25}}}\ \text{m} \approx 3.45 \times 10^{-9}\ \text{m}$$

例题 9-3　容器内某理想气体的温度为 $T = 273$ K，压强 $p = 101.3$ Pa，密度为 $1.25 \times 10^{-3}\ \text{kg} \cdot \text{m}^{-3}$，试求：

(1) 气体的摩尔质量，并判断是何种气体；

(2) 气体分子的平均平动动能和平均转动动能；

(3) 0.3 mol 该气体的内能。

分析　本题属于在给定温度的情况下，求解气体分子平均动能及气体内能的问题。(1) 应用理想气体状态方程可求出摩尔质量，并据此判断是何种气体。(2) 根据已判断出的气体种类，即可知道自由度。用能量均分定理即可求出分子的平均平动动能和平均转动动能。(3) 用理想气体的内能公式可求得 0.3 mol 该气体的内能。

解　(1) 由理想气体状态方程 $pV = \dfrac{M}{M_{\text{mol}}}RT$ 和密度的定义 $\rho = \dfrac{M}{V}$，得

$$M_{\text{mol}} = \frac{MRT}{pV} = \frac{\rho RT}{p} = \frac{1.25 \times 10^{-3} \times 8.31 \times 273}{101.3}\ \text{kg} \cdot \text{mol}^{-1}$$

$$= 28 \times 10^{-3}\ \text{kg} \cdot \text{mol}^{-1}$$

可以判断该气体是 N_2 或 CO。

(2) 根据以上所得结果，可知该气体为双原子分子，它有三个平动自由度，两

个转动自由度。因此，该气体分子的平均平动动能和平均转动动能分别为

$$\bar{\varepsilon}_t = \frac{3}{2}kT = \frac{3}{2} \times 1.38 \times 10^{-23} \times 273\ \mathrm{J} = 5.65 \times 10^{-21}\ \mathrm{J}$$

$$\bar{\varepsilon}_r = \frac{2}{2}kT = 1.38 \times 10^{-23} \times 273\ \mathrm{J} = 3.77 \times 10^{-21}\ \mathrm{J}$$

（3）由理想气体的内能公式可得

$$E = \frac{i}{2}\nu RT = 0.3 \times \frac{5}{2} \times 8.31 \times 273\ \mathrm{J} = 1.70 \times 10^3\ \mathrm{J}$$

例 9-4 质量为 0.1 kg，温度为 27 ℃ 的氮气装在容积为 0.01 $\mathrm{m^3}$ 的容器中，容器以 $v = 100\ \mathrm{m \cdot s^{-1}}$ 的速率作匀速直线运动。若容器突然停下来，假设其定向运动的动能全部转化为分子热运动的动能，则当重新达到平衡态后，氮气的温度和压强各增加多少？

分析 当容器突然停下来，其定向运动的动能全部转化为分子热运动的动能，亦即全部转化为氮气的内能，使得氮气的温度升高，压强也会增大。根据能量守恒定律，可求得氮气内能的增加量。应用理想气体的内能公式，可求得温度的增加量。应用理想气体状态方程即可求得压强的增加量。

解 气体内能增量表达式为

$$\Delta E = \frac{M}{M_{\mathrm{mol}}} \frac{i}{2} R \Delta T$$

容器突然停下来时，氮气的定向运动动能全部转化为氮气的内能，则有

$$\frac{M}{M_{\mathrm{mol}}} \frac{5}{2} R \Delta T = \frac{1}{2} M v^2$$

所以

$$\Delta T = \frac{M_{\mathrm{mol}} v^2}{5R} = \frac{28 \times 10^{-3} \times 100^2}{5 \times 8.31}\ \mathrm{K} = 6.74\ \mathrm{K}$$

由理想气体状态方程可得

$$\Delta p = \frac{M}{M_{\mathrm{mol}}} \frac{R \Delta T}{V} = \frac{0.1 \times 8.31 \times 6.74}{28 \times 10^{-3} \times 0.1}\ \mathrm{Pa} = 2.00 \times 10^3\ \mathrm{Pa}$$

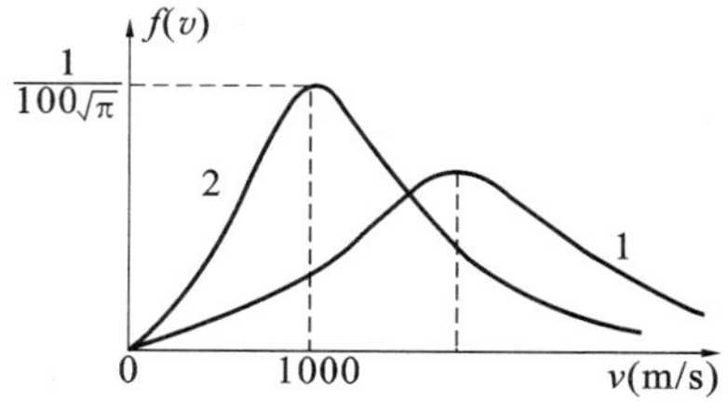

图 9-2 例题 9-5 用图

例 9-5 设氢气和氧气在相同温度下的麦克斯韦速率分布曲线如图 9-2 所示。问：

（1）哪条曲线代表氢气？哪条曲线代表氧气？

（2）氢气分子的最概然速率是多少？

（3）氧气分子的方均根速率是多少？

（4）氧气分子在最概然速率附近单位速率

区间内的分子数占总分子数的比率是多少？

分析　本题属于在给定温度下求速率分布的问题。根据同一温度下，速率分布曲线随分子质量变小右移且变得平坦，即可判断出哪条曲线是氢气，哪条曲线是氧气，直接由图 9-2 可得出氢或氧的最概然速率，进而算出另一种气体的最概然速率。根据方均根速率的表达式可求得氧气分子的方均根速率。而氧分子的最概然速率附近单位速率区间内的分子数占总分子数的比值就是麦克斯韦速率分布函数在最概然速率处的函数值 $f(v_p)$。

解　(1) 根据同一温度下，速率分布曲线随分子质量变小右移且变得平坦，即可判断图中曲线 1 代表氢，曲线 2 代表氧的速率分布曲线。

(2) 由图得，$(v_p)_{O_2} = 1000\ \text{m} \cdot \text{s}^{-1}$，根据

$$\frac{(v_p)_{H_2}}{(v_p)_{O_2}} = \sqrt{\frac{(M_{mol})_{O_2}}{(M_{mol})_{H_2}}} = 4$$

得氢气分子的最概然速率为

$$(v_p)_{H_2} = 4(v_p)_{O_2} = 4 \times 1000\ \text{m} \cdot \text{s}^{-1} = 4000\ \text{m} \cdot \text{s}^{-1}$$

(3) 根据

$$\frac{(\sqrt{\overline{v^2}})_{O_2}}{(v_p)_{O_2}} = \frac{\sqrt{3RT/(M_{mol})_{O_2}}}{\sqrt{2RT/(M_{mol})_{O_2}}} = \sqrt{\frac{3}{2}}$$

得氧气分子的方均根速率为

$$(\sqrt{\overline{v^2}})_{O_2} = \sqrt{\frac{3}{2}}(v_p)_{O_2} = \sqrt{\frac{3}{2}} \times 1000\ \text{m} \cdot \text{s}^{-1} = 1.224 \times 10^3\ \text{m} \cdot \text{s}^{-1}$$

(4) 根据分析，并结合图示可得氧分子在最概然速率附近单位速率区间内的分子数占总分子数的比率为$\dfrac{1}{100\sqrt{\pi}}$。

例 9-6　如图 9-3 所示，两个容器容积相等，分别储存有相同质量的 N_2 和 O_2，它们用光滑细管相连通，管子中置一小滴水银，两边的温度差为 40 K，求当水银滴在正中间不动时，N_2 和 O_2 的温度（N_2 的摩尔质量为 $28 \times 10^{-3}\ \text{kg} \cdot \text{mol}^{-1}$，$O_2$ 的摩尔质量为 $32 \times 10^{-3}\ \text{kg} \cdot \text{mol}^{-1}$）。

图 9-3　例 9-6 用图

分析　本题属于理想气体状态方程应用的例题。题目不难，只要仔细，一般不会有问题。

解　设角标 1、2 分别表示氮气和氧气，依理想气体状态方程 $pV = \dfrac{M}{M_{mol}}RT$，并注意到

$$p_1 = p_2 = p, M_1 = M_2 = M, V_1 = V_2 = V$$

依状态方程，有

$$p=\frac{M}{M_{1\mathrm{mol}}}\frac{RT_1}{V}=\frac{M}{M_{2\mathrm{mol}}}\frac{RT_2}{V}$$

$$\frac{T_1}{M_{1\mathrm{mol}}}=\frac{T_2}{M_{2\mathrm{mol}}}=\frac{T_1+\Delta T}{M_{2\mathrm{mol}}}$$

$$T_1M_{2\mathrm{mol}}=(T_1+\Delta T)M_{1\mathrm{mol}}$$

$$T_1(M_{2\mathrm{mol}}-M_{1\mathrm{mol}})=\Delta TM_{1\mathrm{mol}}$$

得氮气和氧气的温度分别为

$$T_1=\frac{\Delta TM_{1\mathrm{mol}}}{M_{2\mathrm{mol}}-M_{1\mathrm{mol}}}=\frac{40\times 28}{32-28}\ \mathrm{K}=280\ \mathrm{K}$$

$$T_2=T_1+\Delta T=320\ \mathrm{K}$$

例 9-7 一密封房间的体积为 $6.0\times 3.5\times 3.0\ \mathrm{m}^3$，室温为 27 ℃，室内空气分子热运动的平动动能的总和是多少？如果气体的温度升高 1.0 K，而体积不变，则气体的内能变化多少？气体分子的方均根速率增加多少？（已知空气的密度 $\rho=1.29\ \mathrm{kg\cdot m^{-3}}$，平均摩尔质量 $M_{\mathrm{mol}}=29\times 10^{-3}\ \mathrm{kg\cdot mol^{-1}}$，且空气分子可视为刚性双原子分子）

分析 本题是复习理想气体内能的例题。搞清楚气体能量和分子能量的概念后，套公式即可。

解 气体平动动能的总和

$$E_t=\frac{3}{2}\frac{M}{M_{\mathrm{mol}}}RT=\frac{3\rho V}{2M_{\mathrm{mol}}}RT$$

$$=\frac{3\times 1.29\times 6.0\times 3.5\times 3.0}{2\times 29\times 10^{-3}}\times 8.31\times 300\ \mathrm{J}$$

$$=1.05\times 10^7\ \mathrm{J}$$

内能的增量为

$$\Delta E=\frac{i}{2}\frac{M}{M_{\mathrm{mol}}}R\Delta T=\frac{i}{3}\left(\frac{3}{2}\frac{M}{M_{\mathrm{mol}}}RT\right)\frac{\Delta T}{T}=\frac{i}{3}E_t\frac{\Delta T}{T}$$

$$=\frac{5}{3}\times 1.05\times 10^7\times\frac{1}{300}\ \mathrm{J}=5.83\times 10^4\ \mathrm{J}$$

方均根速率 $\sqrt{\overline{v^2}}$ 的增量为

$$\Delta(\sqrt{\overline{v^2}})=\Delta\left(\sqrt{\frac{3RT}{M_{\mathrm{mol}}}}\right)=\frac{\mathrm{d}}{\mathrm{d}T}\left(\sqrt{\frac{3RT}{M_{\mathrm{mol}}}}\right)\Delta T=\left(\sqrt{\frac{3R}{M_{\mathrm{mol}}T}}\right)\frac{\Delta T}{2}$$

$$=\sqrt{\frac{3\times 8.31}{29\times 10^{-3}\times 300}}\times\frac{1}{2}\ \mathrm{m\cdot s^{-1}}=0.846\ \mathrm{m\cdot s^{-1}}$$

第 10 章　热力学基础

§10.1　本章内容剖析

一、准静态过程、内能、功、热

1. 准静态过程

(1) 定义　其每一时刻热力学系统的状态都无限接近于平衡态的状态变化过程。

(2) 准静态过程是物理模型，过程进行得足够缓慢，以至于系统旧的平衡态被破坏所花的时间都比系统恢复新的平衡态所花的时间长得多，即系统旧的平衡态还没有完全被破坏就已经被恢复为新的平衡态。

(3) p-V 图　p-V 图上的一点表示一个平衡态，p-V 图上的一条曲线表示一个准静态过程。

2. 内能 E(参看第 9 章中理想气体的内能)

(1) 气体的内能　包括分子的动能、分子内原子的振动能量和分子间相互作用势能。

(2) 内能是温度和体积的函数　$E=E(T,V)$。

(3) 理想气体的内能　是温度的单值函数，其值为 $E=\dfrac{i\nu RT}{2}=\dfrac{ipV}{2}$。

(4) 内能是状态量　内能之差只与始末状态有关，与中间过程无关。

3. 功 A　只讨论准静态过程的功。

(1) 表达式　$A=\displaystyle\int_{V_1}^{V_2}p\mathrm{d}V$。

(2) p-V 图上的功　过程线与横轴(V 轴)夹的面积。

(3) 功的正负　$A>0$，系统对外做功；$A<0$，外界对系统做功。

(4) 功 A 是过程量　做功与系统经历的过程有关。尽管系统始末状态相同，如果过程不同，系统对外做功不同。

4. 热量 Q

(1) 定义　系统和外界相互间通过分子热运动所传递的能量称为热量。

(2) 热量是过程量　传热与做功同样可以改变系统的状态。虽然系统状态改变相同，但如果过程不同，传热也可能不同。

(3) 热量的正负　$Q>0$,系统从外界吸热;$Q<0$,系统向外界放热。

(4) 热容

① 定义　系统温度升高(或降低)1K 所吸收(或放出)的热量 $C_M=\frac{dQ}{dT}$。

比热容 c　单位质量的热容 $c=\frac{C_M}{M}$。

摩尔热容 C　1 mol 物质的热容 $C=\frac{C_M}{\nu}=\frac{1}{\nu}\frac{dQ}{dT}$。

② 热容是过程量

定容摩尔热容 C_V　等容过程中的摩尔热容,$C_V=\frac{1}{\nu}\left(\frac{dQ}{dT}\right)_V$。

定压摩尔热容 C_p　等压过程中的摩尔热容,$C_p=\frac{1}{\nu}\left(\frac{dQ}{dT}\right)_p$。

③ 理想气体的摩尔热容

理想气体的定容摩尔热容 $C_V=\frac{iR}{2}$。

理想气体的定压摩尔热容 $C_p=R+\frac{iR}{2}=R+C_V$。

迈耶公式　$C_p=R+C_V$,$\gamma=\frac{C_p}{C_V}=\frac{(i+2)}{i}$

二、热力学第一定律

1. 热力学第一定律

(1) 定律表述　系统从外界吸收的热量 Q,一部分用于增加系统内能 ΔE,一部分用于系统对外做功 A。

(2) 定律表达式　全过程:$Q=\Delta E+A$;微过程:$dQ=dE+dA$。

(3) 定律的物理实质　是包含热量在内的能量守恒和转化定律。

(4) 定律的适用范围　热力学第一定律是自然界中一条普遍定律,它适用于任何系统,不仅仅是热力学系统;它适用于任何过程,不仅仅是准静态过程。

(5) 第一类永动机　无需外界提供能量而不断对外做功的永动机。热力学第一定律表明第一类永动机是不可能制成的。

2. 热力学第一定律在等值过程中的应用

(1) 等容过程

① 过程特征　$V=$ 恒量(或 $dV=0$)。

② 过程方程　$p/T=$ 恒量。

③ 过程曲线　如图 10-1 中 ab 线段。

④ 过程结论　$A=0$；$\Delta E=\nu C_V(T_2-T_1)$；$Q=\Delta E+A=\Delta E=\nu C_V(T_2-T_1)$。

(2) 等压过程

① 过程特征　$p=$ 恒量（或 $\mathrm{d}p=0$）。

② 过程方程　$V/T=$ 恒量。

③ 过程曲线　如图 10-1 中 ac 线段。

④ 过程结论

$$A=p(V_2-V_1)=\nu R(T_2-T_1)$$

$$\Delta E=\nu C_V(T_2-T_1)$$

$$Q=\Delta E+A=\nu C_V(T_2-T_1)+\nu R(T_2-T_1)=\nu C_p(T_2-T_1)$$

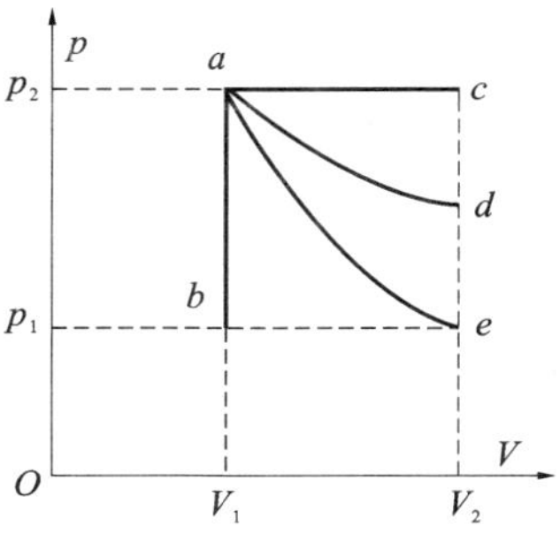

图 10-1　等值过程的过程线

(3) 等温过程

① 过程特征　$T=$ 恒量（或 $\mathrm{d}T=0$）。

② 过程方程　$pV=$ 恒量。

③ 过程曲线　如图 10-1 中 ad 线段。

④ 过程结论　$\Delta E=0$；$Q=A=\nu RT\ln\dfrac{V_2}{V_1}=\nu RT\ln\dfrac{p_1}{p_2}$。

(4) 绝热过程

① 过程特征　$Q=0$（或 $\mathrm{d}Q=0$）。

② 过程方程　$pV^\gamma=$ 恒量，$TV^{\gamma-1}=$ 恒量，$T^\gamma P^{1-\gamma}=$ 恒量。

③ 过程曲线　如图 10-1 中 ae 线段。

④ 过程结论　$Q=0$，$\Delta E=\nu C_V(T_2-T_1)$；$A=-\Delta E=\dfrac{p_1V_1-p_2V_2}{\gamma-1}$。

三、循环过程

1. 循环过程

(1) 定义　热力学系统经历了一系列状态变化过程后，又回到初始状态的过程。

(2) p-V 图　循环过程在 p-V 图上为闭合曲线，如图 10-2 所示。

(3) 特点　系统的内能不变，即 $\Delta E=0$。

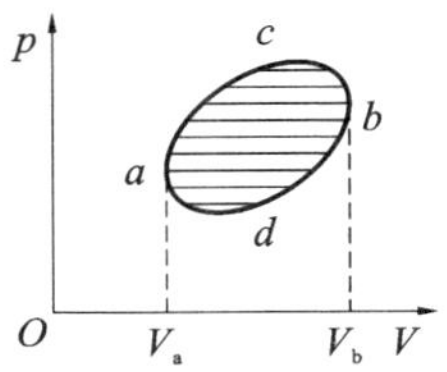

图 10-2　循环过程

2. 正循环（热机循环）

(1) 定义　p-V 图上过程曲线为顺时针的循环。

(2) 系统对外做净功为曲线所围面积。

(3) 循环效率（热机效率）

① 定义　热机在一次循环中工质对外做的净功 A 对它从高温热源吸收热量 Q_1 的比值。

② 表达式

$$\eta=\frac{A}{Q_1}=\frac{Q_1-Q_2}{Q_1}$$

注意：Q_1 一定是纯吸热过程的吸热；Q_2 一定是纯放热过程的放热；Q_1 和 Q_2 一定取绝对值。

3. 逆循环（致冷机循环）

(1) 定义　p-V 图上过程曲线为逆时针的循环。

(2) 外界对系统做净功为曲线所围面积。

(3) 致冷系数

① 定义　致冷机从低温热源提取的热量对输入机械净功 A 的比值。

② 表达式　$w=\dfrac{Q_2}{A}=\dfrac{Q_2}{Q_1-Q_2}$

注意：Q_2 一定是从低温热源提取的热量，Q_1 一定是向高温热源放出的热量；Q_1 和 Q_2 一定取绝对值。

4. 卡诺循环

(1) 定义　由两条等温线和两条绝热线组成的循环。

(2) 卡诺热机的效率 η　$\eta=1-\dfrac{T_2}{T_1}$。

(3) 卡诺致冷机的致冷系数 w　$w=\dfrac{T_2}{T_1-T_2}$。

说明：卡诺热机的效率 η 和卡诺致冷机的致冷系数 w 只与两个热源的温度有关，与中间过程无关。

四、热力学第二定律

1. 自发过程的方向性　一切实际的自发过程都按一定的方向进行，反方向的热力学过程不可能自动地发生，说明满足能量守恒的过程不一定都能自动发生。

2. 可逆过程与不可逆过程

(1) 可逆过程　其逆过程能使一切都复原的过程。

(2) 不可逆过程　其逆过程不能使一切都复原的过程。

(3) 无摩擦耗散的准静态过程是可逆过程。

说明：无摩擦耗散的准静态过程是一种理想过程，实际上是不存在的。这儿把 p-V 图上的准静态过程理解为可逆过程。

(4) 一切实际的自发过程都是不可逆过程。

3. 热力学第二定律

(1) 克劳修斯表述　热量不可能自动地从低温物体向高温物体传递。

(2) 开尔文表述　只从单一热源吸收热量使之全部变为功而不产生其他影响的过程是不存在的。

(3) 第二类永动机　热机效率为 100% 热机。

热力学第二定律说明了第二类永动机是不可能实现的。

说明：热力学第二定律揭示了一切自发过程都具有方向性的自然规律。任何一个自发的不可逆过程都可以作为热力学第二定律的表述。一切自发的不可逆过程都有内在的联系，从一个不可逆过程可以导出另一个不可逆过程。

4. 热力学第二定律的统计意义　孤立系统内所发生的一切自发的实际过程，总是从分子热运动无序性小的状态过渡到分子热运动无序性大的状态。或者说，孤立系统内所发生的一切自发的实际过程，总是从热力学概率小的宏观状态向热力学概率大的宏观状态进行。

§10.2　本章重点、难点

一、本章重点

(1) 热力学第一定律。

(2) 热力学第一定律对几个等值过程的应用。

(3) 循环过程。

(4) 卡诺循环。

二、本章难点

(1) 绝热过程。

(2) 循环过程。

(3) 卡诺循环。

(4) 可逆过程、不可逆过程以及热力学第二定律的理解与辨析。

§10.3　本章解题指导

本章习题的主要内容可分为三个方面：一是热力学第一定律与状态方程的联合应用求解准静态过程中的状态参量；二是计算理想气体在热力学过程中的内能、功和热量；三是计算循环过程中的效率和致冷系数。后面将就此三类问题各举几道典型例题进行讨论。

一、热力学第一定律与状态方程的联合应用

热力学第一定律与状态方程的联合应用必须注意：

(1) 气体是否为理想气体，是单原子还是双原子，气体分子是否为刚性分子(如例题 10-1、例题 10-5)。

(2) 气体系统是否为封闭系统，热力学过程是否为准静态过程。

(3) 准静态过程通常是在 p-V 图中表示，但也要求理解典型的几种准静态过程的 T-V 图或 p-T 图表达形式(如例题 10-2、例题 10-4 等)。

二、计算理想气体等值过程中的内能、功和热量

计算理想气体等值过程中的内能、功和热量要注意：

(1) ΔE 只与系统始末状态的温度有关；而 A 和 Q 是过程量，它们的计算式因过程而异(如例题 10-2、例题 10-3 等)。

(2) 要会根据题意判断系统的变化过程是何种过程，要记牢四种过程的特征、方程及过程曲线和相关计算公式(如例题 10-2、例题 10-4、例题 10-5 等)。

(3) 时刻牢记 ΔE、A 和 Q 的正负号反映的物理意义(如例题 10-6)。

(4) 灵活运用理想气体的摩尔热容公式(如例题 10-6、例题 10-7)。

三、循环过程的热机效率和致冷系数的计算

循环过程的效率和致冷系数的计算要注意：

(1) 循环过程是由多个“分过程”联合构成，过程中需要计算的量值非常多。做这一类题目需要耐心和仔细。

(2) 在计算效率和致冷系数时，往往要计算循环过程中吸热过程的总吸热和放热过程的总放热，这里要注意的是“总吸热”和净吸热的不同(如例题 10-8)。

(3) 比较一般循环和卡诺循环的效率公式，总结卡诺定理关于热机效率的结论(如例题 10-8、例题 10-9)。

§10.4　本章典型例题

例 10-1　设三种理想气体 He、N_2 和 CO_2 的摩尔数皆相同，在相同的初态下进行等容加热过程，设这三种理想气体的物理量分别用 1、2、3 表示。若从外界吸收的热量相同，求温度升高的比值 $\Delta T_1 : \Delta T_2 : \Delta T_3$ 和压强增加的比值 $\Delta p_1 : \Delta p_2 : \Delta p_3$。

分析　题目已经明确 He、N_2 和 CO_2 可视为理想气体。在没有明示的情况一般都认为它们是刚性气体分子，其分子自由度分别为 3，5，6。

解　因三种理想气体的初态相同，故初态的体积、压强和温度分别相同。由于

都是等容过程，故 $A=0$。根据热力学第一定律，$Q=\Delta E$。已知 He、N_2 和 CO_2 三种气体吸热相同，有

$$Q=\Delta E=\nu C_V\Delta T=\nu\frac{i}{2}R\Delta T$$

$$\Delta T=\frac{\Delta E}{\nu iR/2}=\frac{2\Delta E}{\nu iR}$$

由此可知，三种气体的内能改变相同。因自由度不同，故温度改变不同，得温度升高的比值 $\Delta T_1:\Delta T_2:\Delta T_3$ 为

$$\Delta T_1:\Delta T_2:\Delta T_3=\frac{2\Delta E}{\nu i_1R}:\frac{2\Delta E}{\nu i_2R}:\frac{2\Delta E}{\nu i_3R}=\frac{1}{i_1}:\frac{1}{i_2}:\frac{1}{i_3}=\frac{1}{3}:\frac{1}{5}:\frac{1}{6}=10:6:5$$

根据状态方程 $pV=\nu RT$，有

$$\Delta pV=\nu R\Delta T$$

$$\Delta p=\nu\frac{R}{V}\Delta T$$

得压强增加的比值 $\Delta p_1:\Delta p_2:\Delta p_3$ 为

$$\Delta p_1:\Delta p_2:\Delta p_3=\nu\frac{R}{V}\Delta T_1:\nu\frac{R}{V}\Delta T_2:\nu\frac{R}{V}\Delta T_3=\Delta T_1:\Delta T_2:\Delta T_3=10:6:5$$

例 10-2　1 mol 单原子理想气体经历如图 10-3 所示的循环，设状态 a 的体积为 V_0，温度为 T_0。求 ab、bc、ca 各过程中，系统内能增量、对外做的功、从外界吸收的热量以及整个循环过程系统对外做的净功 A。

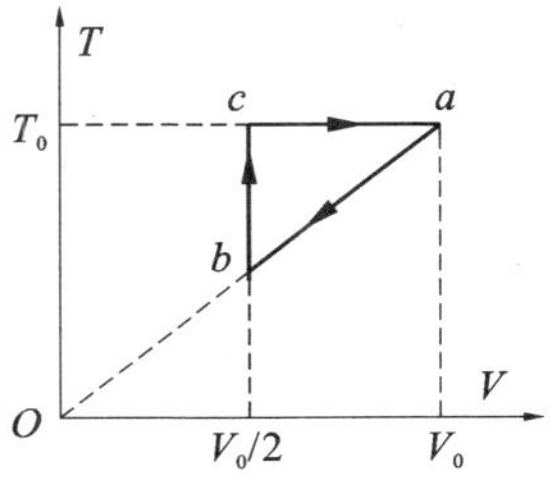

图 10-3　例题 10-2 用图

分析　本题首先要注意该图为 T-V 图。其次要搞清 $a\to b$，$b\to c$ 和 $c\to a$ 分别是什么过程。然后根据内能、做功及传热的定义分别求出相应的物理量来。

解　因过程 ab 的延长线穿过了坐标原点，即 ab 过程中的 T 和 V 成正比。由此可以判断它是等压过程。由状态方程得状态 a 的压强为

$$p_a=\frac{\nu RT_a}{V_a}=\frac{RT_0}{V_0}$$

状态 b 的温度为

$$T_b=\frac{p_bV_b}{\nu R}=\frac{p_0(V_0/2)}{\nu R}=\frac{p_0V_0}{2\nu R}=\frac{T_0}{2}$$

过程 ab 对外做功、内能增量及从外界吸收的热量分别为

$$A_{ab}=p_a(V_b-V_a)=\frac{RT_0}{V_0}\left(\frac{V_0}{2}-V_0\right)=-\frac{RT_0}{2}$$

$$\Delta E_{ab}=\nu\frac{i}{2}R(T_b-T_a)=\frac{3}{2}R\left(\frac{T_0}{2}-T_0\right)=-\frac{3}{4}RT_0$$

$$Q_{ab}=\Delta E_{ab}+A_{ab}=-\frac{3}{4}RT_0-\frac{1}{2}RT_0=-\frac{5}{4}RT_0$$

过程 bc 为等容过程，其对外做功、内能增量及从外界吸收的热量分别为

$$A_{bc}=0$$

$$\Delta E_{bc}=\nu\frac{i}{2}R(T_c-T_b)=\frac{3}{2}R\left(T_0-\frac{T_0}{2}\right)=\frac{3}{4}RT_0$$

$$Q_{bc}=\Delta E_{bc}+A_{bc}=\frac{3}{4}RT_0$$

过程 ca 为等温过程，其内能增量、对外做功及从外界吸收的热量分别为

$$\Delta E_{ca}=0$$

$$A_{ca}=\nu RT_a\ln\frac{V_a}{V_c}=RT_0\ln2$$

$$Q_{ca}=\Delta E_{ca}+A_{ca}=A_{ca}=RT_0\ln2$$

整个循环过程系统对外做的净功 A

$$A=A_{ab}+A_{bc}+A_{ca}=-\frac{1}{2}RT_0+0+RT_0\ln2=RT_0\left(\ln2-\frac{1}{2}\right)=0.193RT_0$$

例 10-3 理想气体温度从 T_1 变到 T_2，对不同的过程(例如等容、等压、绝热)，内能变化是否相同?吸热是否相同?做功是否相同?

解 一定量理想气体的内能是温度的单值函数，当系统温度由 T_1 变到 T_2 时，不论经历什么过程，内能的改变量相同，再由热力学第一定律 $Q=\Delta E+A$，其中 Q 和 A 是过程量，它们的取值与气体状态变化过程密切相关，尽管温度改变相同，但等容、等压、绝热三个过程中的吸热与做功均不同。

例 10-4 1 mol 单原子理想气体，置于汽缸内，汽缸内装着可动活塞。原来的体积为1.0 L，压强是1 atm，今将此气体在等压下加热，直到其体积增大一倍为止；然后再等容下加热，直到其压强加大一倍。最后再经过绝热膨胀，使其温度降至初始温度。

(1) 试在 p-V 图上表述上述过程；

(2) 求系统内能的改变和系统对外做的功。

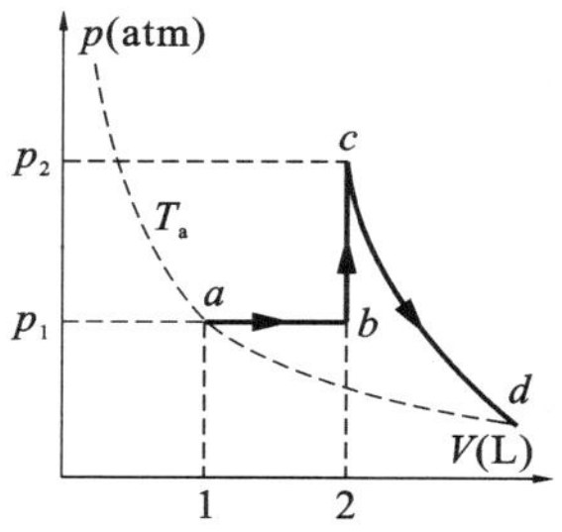

图 10-4 例题 10-4 用图

分析 依据题意，系统整个热力学过程分为等压、等容和绝热三段，将它们依次画到 p-V 图上比较容易。再有题目明确交代过程末时刻与初时刻温度相同，由理想气体内能只与温度有关可知该系统全过程中内能改变量为零。所以本题关键是做功的计算，这里采用了两种方法，大家自己比较一下。

解 (1) 依据题意可作出过程曲线，如图 10-4 所

示。

(2) 由于理想气体内能只是温度的单值函数，又由于全过程的初态和终态的温度相同，因此整个过程的内能改变为零，即：$\Delta E = E_d - E_a = 0$

关于系统做功的计算，可采用两种不同的方法。

方法一　计算每一分过程的功，然后求和，即

$$A = A_{ab} + A_{bc} + A_{ad}$$

$a \to b$ 等压过程

$$A_{ab} = p_a(V_b - V_a) = p_a(2V_a - V_a) = p_aV_a = 1.013 \times 10^5 \times 10^{-3}\ \text{J} = 101.3\ \text{J}$$

$b \to c$ 等容过程

$$A_{bc} = 0$$

$c \to d$ 绝热过程

$$A_{ad} = -\Delta E = -\nu C_V(T_d - T_c) = -\frac{3}{2}R(T_d - T_c) = -\frac{3}{2}R(T_a - T_c)$$

$$= -\frac{3}{2}(p_aV_a - p_cV_c) = -\frac{3}{2}(p_aV_a - 2p_a2V_a) = \frac{9}{2}p_aV_a$$

$$= \frac{9}{2} \times 1.013 \times 10^5 \times 10^{-3}\ \text{J} = 455.9\ \text{J}$$

故系统对外做的功为

$$A = A_{ab} + A_{bc} + A_{ad} = (101.3 + 455.9)\ \text{J} = 557.2\ \text{J}$$

方法二　根据全过程内能变化为零，$\Delta E = 0$，由热力学第一定律，有：$A = Q$。即通过热量的计算得出系统所做的功

$$Q = Q_{ab} + Q_{bc} + Q_{ad}$$

$a \to b$ 等压过程

$$Q_{ab} = \nu C_p(T_b - T_a) = \frac{5}{2}R(T_b - T_a) = \frac{5}{2}(p_bV_b - p_aV_a)$$

$b \to c$ 等容过程

$$Q_{bc} = \nu C_V(T_c - T_b) = \frac{3}{2}R(T_c - T_b) = \frac{3}{2}(p_cV_c - p_bV_b)$$

$c \to d$ 绝热过程

$$Q_{ad} = 0$$

故：

$$Q = Q_{ab} + Q_{bc} + Q_{ad} = \frac{5}{2}(p_bV_b - p_aV_a) + \frac{3}{2}(p_cV_c - p_bV_b)$$

$$= \frac{5}{2}p_a \cdot (2V_a - V_a) + \frac{3}{2}V_a(4p_a - 2p_a)$$

$$= \frac{11}{2} p_a V_a = \frac{11}{2} \times 1.013 \times 10^5 \times 10^{-3} \text{ J} = 557.2 \text{ J}$$

系统对外做的功为

$$A = Q = 557.2 \text{ J}$$

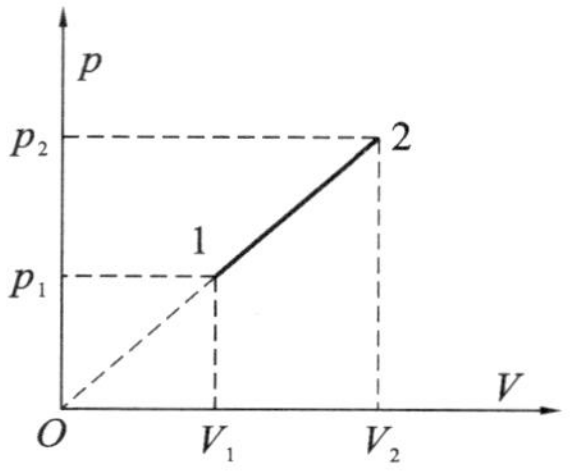

图 10-5　例题 10-5 用图

例 10-5　1 mol 氧气由状态 $1(p_1, V_1)$ 沿图所示直线变到末态 $2(p_2, V_2)$，如图 10-5 所示。试求：

(1) 气体内能的增量；

(2) 气体对外界做的功；

(3) 气体从外界吸收的热量。

分析　本题应该将氧气看成刚性双原子分子理想气体，则$C_V = 5R/2$。再者气体由 1 至 2 的直线过程不是教材中讲到的四种特殊过程，但这一直线过程也是要求掌握的。关键是抓住 p-V 图上过程曲线与 V 轴所围面积等于系统对外做的功。

解　(1) 由理想气体的状态方程 $pV = \nu RT$，得

$$\nu R(T_2 - T_1) = R(T_2 - T_1) = p_2 V_2 - p_1 V_1$$

$$T_2 - T_1 = \frac{p_2 V_2 - p_1 V_1}{R}$$

由理想气体的内能公式，得气体内能的增量为

$$\Delta E = E_2 - E_1 = \nu \frac{i}{2} R(T_2 - T_1) = \frac{5}{2} R \cdot \frac{p_2 V_2 - p_1 V_1}{R} = \frac{5}{2}(p_2 V_2 - p_1 V_1)$$

(2) 由于系统对外界做的功等于过程线下的面积，这里是梯形的面积。故气体经直线过程做的功为

$$A = \int_{V_1}^{V_2} p \mathrm{d}V = \frac{1}{2}(p_2 + p_1)(V_2 - V_1) = \frac{1}{2}(p_2 V_2 - p_2 V_1 + p_1 V_2 - p_1 V_1)$$

由图 10-5 可以看出，三角形 $1OV_1$ 与三角形 $2OV_2$ 相似，有

$$\frac{p_1}{p_2} = \frac{V_1}{V_2}$$

$$p_1 V_2 = p_2 V_1$$

将 $p_1 V_2 = p_2 V_1$ 代入气体做功的表达式中，得气体做功为

$$A = \frac{1}{2}(p_2 V_2 - p_2 V_1 + p_1 V_2 - p_1 V_1) = \frac{1}{2}(p_2 V_2 - p_1 V_1)$$

(3) 气体从外界吸收的热量为

$$Q = \Delta E + A = \frac{5}{2}(p_2 V_2 - p_1 V_1) + \frac{1}{2}(p_2 V_2 - p_1 V_1) = 3(p_2 V_2 - p_1 V_1)$$

例 10-6　烟气流经锅炉的烟道，其温度从 900 ℃ 降低到 200 ℃，然后从烟囱排

出，求每立方米烟气在烟道中放出的热量(此热量被锅炉中的水和水蒸气所吸收)。已知空气的质量密度为 $\rho = 1.29\ \mathrm{kg \cdot m^{-3}}$，摩尔质量 $M_{\mathrm{mol}} = 28.9 \times 10^{-3}\ \mathrm{kg \cdot mol^{-1}}$，空气的定压摩尔热容 $C_{\mathrm{p}} = 7R/2$。

分析　本题是一道实际问题，希望通过本题的计算让同学们了解热力学理论计算的实际应用。本题烟气排放的过程可看成是等压过程。

解　1 $\mathrm{m^3}$ 空气的摩尔数为 $\nu = \rho/M_{\mathrm{mol}}$。由于烟气排放的过程可看成是等压过程，故每立方米烟气在烟道中放出的热量为

$$Q = \nu C_p(T_2 - T_1) = \frac{\rho}{M_{\mathrm{mol}}} \cdot \frac{7R}{2} \cdot (T_2 - T_1)$$

$$= \frac{1.29}{28.9 \times 10^{-3}} \times \frac{7}{2} \times 8.31 \times (200 - 900)\ \mathrm{J \cdot m^{-3}} = -9.09 \times 10^5\ \mathrm{J \cdot m^{-3}}$$

其中，“—”表示烟气放热。

例 10-7　温度为 $T_0 = 273\ \mathrm{K}$ 的 3 mol 理想气体，先经等温膨胀使体积达到原来的 5 倍，然后等容加热，使其末态的压强刚好等于初态压强，整个过程给气体的热量为 $8.0 \times 10^4\ \mathrm{J}$。试画出此过程的 p-V 图，并求这种气体的热容比 $\gamma = C_p/C_V$ 值。

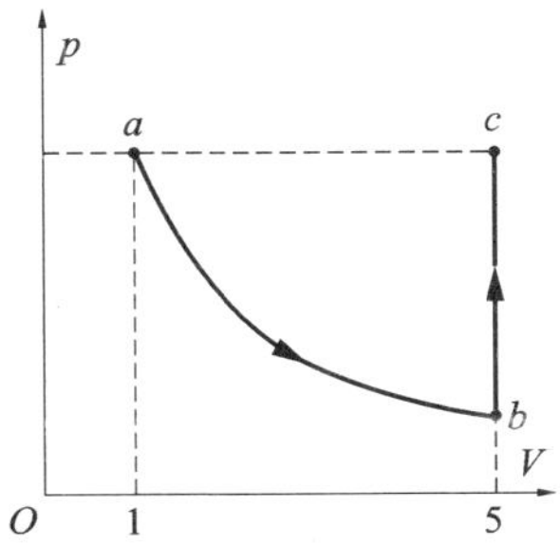

图 10-6　例题 10-7 用图

分析　本题涉及理想气体的等温和等容过程，题目给的只是两过程的总吸热。关键是求定容摩尔热容 C_V。要求 C_V，就得求等容过程的吸热与温升。

解　(1) 依题意画出过程曲线，如图 10-6 所示。

(2) 在 ab 等温过程中，$\Delta E = 0$，吸热为

$$Q_{\mathrm{ab}} = A = \nu RT \ln\frac{V_2}{V_1} = 3RT_0 \ln 5$$

在等压线 ac 中，有 $V_{\mathrm{c}}/T_{\mathrm{c}} = V_{\mathrm{a}}/T_{\mathrm{a}} = 5V_{\mathrm{a}}/T_{\mathrm{c}}$，得 $T_{\mathrm{c}} = 5T_{\mathrm{a}} = 5T_0$。在 bc 等容过程中，因 $A = 0$，故吸收的热量为

$$Q_{\mathrm{bc}} = \Delta E = \nu C_V(T_{\mathrm{c}} - T_{\mathrm{b}}) = 3C_V(5T_0 - T_0) = 12C_V T_0$$

又因 $Q = Q_{\mathrm{bc}} + Q_{\mathrm{ab}}$，得 $Q_{\mathrm{bc}} = Q - Q_{\mathrm{ab}} = Q - 3RT_0\ln 5$。所以定容摩尔热容 C_V 为

$$C_V = \frac{Q_{\mathrm{bc}}}{12T_0} = \frac{Q - 3RT_0\ln 5}{12T_0} = \frac{8.0 \times 10^4 - 3 \times 8.31 \times 273 \times \ln 5}{12 \times 273}\ \mathrm{J \cdot K^{-1} \cdot mol^{-1}}$$

$$= 21.08\ \mathrm{J \cdot K^{-1} \cdot mol^{-1}}$$

则定压摩尔热容 C_p 为

$$C_p = C_V + R = (21.08 + 8.31)\ \mathrm{J \cdot K \cdot mol^{-1}} = 29.39\ \mathrm{J \cdot K \cdot mol^{-1}}$$

故这种气体的热容比为

$$\gamma=\frac{C_p}{C_V}=1.39$$

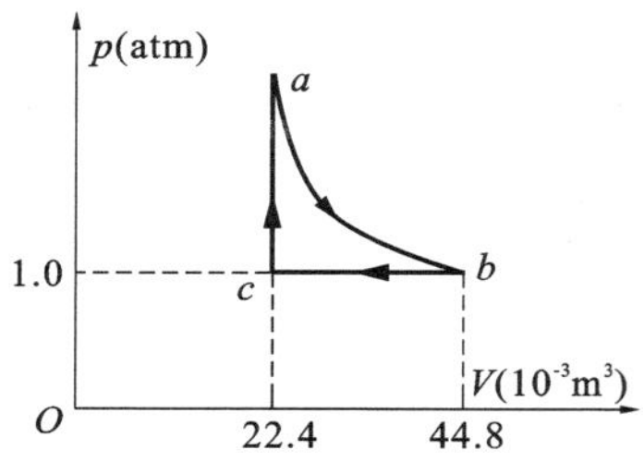

图 10-7 例题 10-8 用图

例 10-8 1 mol 氧气经历如图 10-7 所示的循环过程。其中 ab、bc 和 ca 分别为等温过程、等压过程和等容过程。求：

(1) 该循环的效率；

(2) 若以该循环中的最高温度和最低温度作为卡诺循环的高温热源和低温热源的温度，则该卡诺循环的效率多大？

分析 由等温、等压、等容三个等值过程构成的循环过程是最基本的循环过程。可通过本题再次集中回顾等值过程中 ΔE、A、Q 的计算。

解 (1) 循环过程的总功等于各分过程做功的代数和。三过程系统对外做功及系统对外做总功分别为

$$A_{ab}=\nu RT_a\cdot\ln\frac{V_b}{V_a}=p_bV_b\ln\frac{V_b}{V_a}=44.8\times10^{-3}\times1.013\times10^5\times\ln2\ \text{J}=3146\ \text{J}$$

$$A_{bc}=p_b(V_c-V_b)=p_b(V_c-V_b)=1.013\times10^5\times(-22.4\times10^{-3})\ \text{J}=-2269\ \text{J}$$

$$A_{ca}=0$$

$$A=A_{ab}+A_{bc}+A_{ca}=(3146-2269+0)\ \text{J}=877\ \text{J}$$

再计算吸热过程的吸热。ab 等温膨胀和 ca 等容升温为吸热过程，其吸热及全过程总吸热分别为

$$Q_{ab}=\Delta E+A=A_{ab}=3146\ \text{J}$$

$$Q_{ca}=\Delta E+A=\Delta E_{ca}=\nu C_V(T_a-T_c)=\frac{5}{2}R(T_a-T_c)=\frac{5}{2}(p_aV_a-p_cV_c)$$

$$=\frac{5}{2}(p_bV_b-p_cV_c)=\frac{5}{2}p_b(V_b-V_c)$$

$$=\frac{5}{2}\times1.013\times10^5\times22.4\times10^{-3}\ \text{J}=5673\ \text{J}$$

$$Q=Q_{ab}+Q_{ca}=(3146+5673)\ \text{J}=8819\ \text{J}$$

于是得循环效率为

$$\eta=\frac{A}{Q}=\frac{877}{8819}=9.9\%$$

(2) 由 p-V 图可知，在 $abca$ 循环过程中，等温过程的温度 $T_a(T_b)$ 最高，状态 c 的温度 T_c 最低。将状态方程用于 bc 等压过程，有

$$\frac{V_b}{T_b}=\frac{V_b}{T_a}=\frac{V_c}{T_c}$$

$$T_c = \frac{V_c}{V_b} \cdot T_a = \frac{T_a}{2}$$

则以此循环中的最高温度和最低温度作为卡诺循环的高温热源和低温热源的温度，得该卡诺循环的效率为

$$\eta = 1 - \frac{T_c}{T_a} = 1 - \frac{T_c}{2T_c} = 50\%$$

可见，在同样的高温与低温热源之间，卡诺循环的效率远远高于其他循环的效率。

例 10-9　一卡诺致冷机工作于 300 K 和 330 K 的两热源之间，其致冷系数多大？若是高温热源或低温热源的温度降低 10 K，问哪种情况对系统致冷系数的影响较大？

分析　本题作为致冷循环的典型问题帮助大家巩固致冷系数的定义，熟悉卡诺致冷系数的公式。

解　(1) 由卡诺致冷系数的公式：

$$w = \frac{T_2}{T_1 - T_2} = \frac{300}{330 - 300} = 10$$

(2) 若是高温热源降低 10 K，则 $T'_1 = (330 - 10)\ \text{K} = 320\ \text{K}$

$$w' = \frac{T_2}{T_1' - T_2} = \frac{300}{320 - 300} = 15$$

(3) 若是低温热源降低 10 K，则 $T_2' = (300 - 10)\ \text{K} = 290\ \text{K}$

$$w'' = \frac{T_2'}{T_1 - T_2'} = \frac{290}{330 - 290} = 7.25$$

比较可知，高温热源的温度变化对致冷系数的影响更为明显。

第11章　真空中的静电场

§11.1　本章内容剖析

一、电荷守恒定律

1. 定律表述　不管发生什么过程，孤立系统内电荷的代数和保持不变。

2. 定律的物理内涵

(1) 此定律不仅适用于宏观，也适用于微观；不仅适用于物理变化过程，也适用化学变化过程，还适用于热核反应过程。

(2) 此定律说明，电荷既不能产生，也不能消灭，只能分离和中和，只能从一个物体转移到另一个物体，从物体的一部分转移到另一部分。

(3) 从物质的电结构来讲，物体带电的过程是物体得到或者失去电子的过程，电荷"消失"的过程是正、负电荷中和的过程。

二、库仑定律

1. 定律表述　两个点电荷之间相互作用力的大小与两点电荷电量的乘积成正比，与它们之间距离的平方成反比，其方向沿着两点电荷间的连线，同号电荷相斥，异号电荷相吸。

2. 定律的数学表达式

$$\boldsymbol{F}_{12}=\frac{q_1 q_2}{4\pi\varepsilon_0 r_{12}^2}\cdot\frac{\boldsymbol{r}_{12}}{r_{12}}=-\boldsymbol{F}_{21}$$

3. 定律的物理内涵

(1) 库仑定律是静电学最基本的定律，静电学中所有的定理定律都是以它为基础推导出来的。

(2) 库仑定律只适用于点电荷。

(3) 点电荷是一个物理模型。它是相对于问题所涉及的线度而言的。它不一定是球形带电体，它可以是各种各样的带电体，如球形带电体、直线带电体、圆环带电体等。

(4) 当两个"点电荷"的距离趋于零时，两个"点电荷"之间的力不是趋于无限大，而是"点电荷"的物理模型不能再用。

三、电场强度 $\boldsymbol{E}$

1. 定义式　$\boldsymbol{E}=\boldsymbol{F}/q_0$

2. 文字表述　空间某点的电场强度等于单位正点电荷在该点受的电场力。

3. 物理内涵

(1) 电场强度是从电荷受力的角度来描述静电场固有性质的物理量，是电场所固有的，不以电场中是否放入试验电荷和试验电荷的带电量为转移。不能得出电场强度与电场力 $\boldsymbol{F}$ 成正比，与试探电荷 q_0 的带电量成反比的结论。

(2) 试探电荷的物理模型要求

① 体积足够小，它所在的位置代表一点；

② 电量足够小，不影响产生原电场的电荷分布，从而不影响原电场；

③ 电荷符号为正，可以方便地得出电场强度的方向。

4. 电场叠加原理

(1) 表达式　$\boldsymbol{E}=\sum \boldsymbol{E}_i$

① 点电荷激发电场　$\boldsymbol{E}=\dfrac{q\boldsymbol{r}}{4\pi\varepsilon_0 r^3}$

点电荷激发电场的方向与点电荷所在的位置对场点引的矢径平行，即沿纵向，说明静电场是纵向场；点电荷激发电场是电场叠加原理的基础。

② 点电荷系激发电场　$\boldsymbol{E}=\displaystyle\sum_{i=1}^{n}\frac{q_i\boldsymbol{r}_i}{4\pi\varepsilon_0 r_i^3}$

③ 连续带电体激发电场　$\boldsymbol{E}=\displaystyle\int_q \frac{\boldsymbol{r}\,\mathrm{d}q}{4\pi\varepsilon_0 r^3}$

(2) 说明

① 电场叠加原理是矢量叠加原理。叠加时，要选取坐标，进行投影。

② 电场叠加原理包含两部分内容，其一是独立性；其二是叠加性。独立性是任何一个电荷在空间激发的电场不因其他电荷的存在而受到影响。叠加性是空间某点处的电场是每一个电荷单独激发电场的矢量和。和号与积分号里面的表达式表示独立性，整个表达式表示叠加性。

四、高斯定理

1. 电场线　电场线即其上每点的切线正方向都与该点电场强度方向一致的一条有指向的假想曲线。

(1) 电场线上每点的电场强度一定不为零。

(2) 电场线上的点电荷受力沿切向。

(3) 电场线的性质

① 电场线起于正电荷，终于负电荷，不形成闭合曲线；

② 电场线不中断，也不相交。

2. 电通量

(1) 表达式 $\Phi_e = \int_S \boldsymbol{E} \cdot d\boldsymbol{S}$

(2) 电通量的几何意义是通过曲面电场线的条数。

(3) 电通量是标量，不是矢量，无投影之说。

(4) 计算电通量要对面取法线方向，法线方向的选取：

① 可以是问题的规定；

② 可以是根据需要自己选定；

③ 一般选面法线方向与电场强度的夹角成锐角，这样算出的电通量为正；

④ 规定闭合曲面的法线方向向外。

3. 高斯定理

(1) 定理的表达式 $\oint_S \boldsymbol{E} \cdot d\boldsymbol{S} = \frac{q_{内}}{\varepsilon_0}$

(2) 定理的文字表述　通过闭合曲面(闭合曲面也叫高斯面)的电通量等于闭合曲面内电荷的代数和除以真空中的电容率。

(3) 高斯定理揭示了静电场是有源场的物理实质：

① 如果高斯面内有一个正电荷，则$\oint_S \boldsymbol{E} \cdot d\boldsymbol{S} > 0$，电场线从高斯面内穿出，说明高斯面内有正源；

② 如果高斯面内有一个负电荷，则$\oint_S \boldsymbol{E} \cdot d\boldsymbol{S} < 0$，电场线从外面进入高斯面，说明高斯面内有负源；

③ 如果高斯面内没有电荷，则$\oint_S \boldsymbol{E} \cdot d\boldsymbol{S} = 0$，说明有多少条电场线进入高斯面，就必然有多少条电场线穿出高斯面。说明电场线不中断，是连续的。

(4) 说明　通过高斯面的电通量只与曲面内的电荷有关，但要注意高斯面上的电场强度却是空间所有电荷激发的。

(5) 高斯定理可用来求解某种对称性的电场。其解题步骤是：

① 分析电荷的对称性，从而得出电场的对称性；

② 选取合适的高斯面；

③ 用高斯定理列方程，解方程；

④ 指出电场的方向。

五、环路定理

1. 表达式　$\oint_l \boldsymbol{E} \cdot \mathrm{d}\boldsymbol{l} = 0$

2. 物理内涵

(1) 静电场的环路定理揭示了静电场是保守场的物理实质。

(2) 说明对静电场的曲线积分与路径无关，只与始末位置有关。这样在对静电场进行曲线积分时，可以选择最方便的路径积分。

六、电势

1. 定义式　$U = \int_P^{(0)} \boldsymbol{E} \cdot \mathrm{d}\boldsymbol{l}$

2. 文字表述　电场中某点的电势等于单位正点电荷从场点到电势零点电场力做的功。

3. 物理内涵

(1) 电势是从电场力对移动电荷做功的角度来描述静电场固有性质的物理量，是电场所固有的，不以电场中是否放入试验电荷和试验电荷的带电量为转移。

(2) 电势具有相对的意义，是相对电势零点的。要确定电场中某点的电势，一定要选取电势零点。电势零点的选取以方便、简单、实用为准。

① 原则上，电势零点可以任意选取。

② 有限带电体一般选无限远处为电势零点，因为这种情况使得电势的表达式最为简单。

③ 实际问题中选大地作为电势零点，因为科学研究与生产实际往往把仪器和设备接地。这与选无限远处为电势零点并不矛盾，因为在无限远处“无限远”与大地是连为一体的。

④ 无限带电体激发电场的电势不能选无限远处为电势零点，其原因是“无限带电体”对无限远处来讲不再是“无限带电体”，且计算结果将是发散的。

4. 电势叠加原理

(1) 表达式　$U = \sum U_i$

① 电势叠加原理的基础是点电荷激发电势　$U = \dfrac{q}{4\pi\varepsilon_0 r}$

② 点电荷系激发电势　$U = \sum_{i=1}^{n} \dfrac{q_i}{4\pi\varepsilon_0 r_i}$

③ 连续带电体激发电势　$U = \int_q \dfrac{\mathrm{d}q}{4\pi\varepsilon_0 r}$

(2) 说明　电势叠加原理是标量叠加原理。叠加时，不必进行投影。

5. 电势差

$$\Delta U_{AB} = U_A - U_B = \int_A^B \boldsymbol{E} \cdot d\boldsymbol{l}$$

6. 电势能与电势的关系

$$W = qU$$

7. 电场力做的功与电势差的关系

$$A_{AB} = q\,\Delta U_{AB}$$

8. 等势面　等势面即电势相等的点所组成的面，其性质是：

(1) 点电荷在等势面上移动，电场力不做功。

(2) 电场强度与等势面处处正交。

七、电场强度与电势的关系

(1) 电场线与等势面处处正交；电场线指向电势降落的方向。

(2) 电场强度与电势的积分关系

$$U = \int_P^{(0)} \boldsymbol{E} \cdot d\boldsymbol{l}, \quad \Delta U_{AB} = \int_A^B \boldsymbol{E} \cdot d\boldsymbol{l}$$

(3) 电场强度与电势的微分关系

$$\boldsymbol{E} = -\operatorname{grad}U = \left(\frac{\partial U}{\partial x}\right)\boldsymbol{i} + \left(\frac{\partial U}{\partial y}\right)\boldsymbol{j} + \left(\frac{\partial U}{\partial z}\right)\boldsymbol{k}$$

八、电偶极子

(1) 定义　其距离 l 远小于问题所涉及线度 r 的等量、异号两点电荷系统。

(2) 电矩　$\boldsymbol{P}_e = q\boldsymbol{l}$。

(3) 激发的电场　延长线上：$\boldsymbol{E} = \dfrac{2\boldsymbol{P}_e}{4\pi\varepsilon_0 r^3}$；中垂线上：$\boldsymbol{E} = -\dfrac{\boldsymbol{P}_e}{4\pi\varepsilon_0 r^3}$。

(4) 激发的电势　$U = \dfrac{\boldsymbol{P}_e \cdot \boldsymbol{r}}{4\pi\varepsilon_0 r^3}$。

九、几种特殊带电体激发电场

说明：无限长带电体、无限大带电体、线电荷、面电荷都是物理模型。

无限长带电体是其长度比较问题所涉及的线度大很多的带电体；无限大带电体是其长、宽都比较问题所涉及的线度大很多的带电体；线电荷是其截面尺寸比较问题所涉及的线度小很多的带电体；面电荷是其厚度比较问题所涉及的线度小很多的带电体。

1. 无限长均匀带电直线激发电场的场强

$$\boldsymbol{E}=\frac{\lambda\boldsymbol{r}}{2\pi\varepsilon_0 r^2}$$

2. 均匀带电圆环轴线上的场强与电势

$$E=\frac{Qx}{4\pi\varepsilon_0(x^2+R^2)^{3/2}},U=\frac{Q}{4\pi\varepsilon_0(x^2+R^2)^{1/2}}$$

3. 无限大均匀带电平面激发的场强

其大小为 $E=\frac{\sigma}{2\varepsilon_0}$，方向垂直于平面；$\sigma<0$，指向平面；$\sigma>0$，背离平面。

4. 均匀带电球面激发的场强与电势

(1) 球面内　$\boldsymbol{E}=0;U=\frac{Q}{4\pi\varepsilon_0 R}$；

(2) 球面外　$\boldsymbol{E}=\frac{Q\boldsymbol{r}}{4\pi\varepsilon_0 r^3};U=\frac{Q}{4\pi\varepsilon_0 r}$。

5. 均匀带电球体激发的场强与电势

(1) 球体内　$\boldsymbol{E}=\frac{Q\boldsymbol{r}}{4\pi\varepsilon_0 R^3};U=\frac{Q(3R^2-r)}{8\pi\varepsilon_0 R^3}$；

(2) 球体外　$\boldsymbol{E}=\frac{Q\boldsymbol{r}}{4\pi\varepsilon_0 r^3};U=\frac{Q}{4\pi\varepsilon_0 r}$。

6. 无限长均匀带电圆柱面激发的场强

(1) 柱面内　$\boldsymbol{E}=0$；

(2) 柱面外　$\boldsymbol{E}=\frac{\lambda\boldsymbol{r}}{2\pi\varepsilon_0 r^2}$。

7. 无限长均匀带电圆柱体激发的场强

(1) 柱体内　$\boldsymbol{E}=\frac{\lambda\boldsymbol{r}}{2\pi\varepsilon_0 R^2}$；

(2) 柱体外　$\boldsymbol{E}=\frac{\lambda\boldsymbol{r}}{2\pi\varepsilon_0 r^2}$。

§11.2　本章重点、难点

一、本章重点

(1) 电场强度。

(2) 高斯定理。

(3) 电势。

二、本章难点

(1) 电场强度。

(2) 电势。

(3) 电势梯度。

(4) 电偶极子。

§11.3 本章解题指导

本章的习题有以下几个方面的内容,其一求电场强度;其二求电通量;其三求电势。

一、求电场强度

1. 已知电荷分布求电场强度。这类习题一般用场强叠加原理求解。这要注意几点:

① 场强叠加原理是矢量叠加,故一定要选坐标,作投影。有的是直角坐标,有的是所谓的平行(∥)、垂直(⊥)坐标。

② 用点电荷系激发的电场进行叠加(如例题 11-1、例题 11-2、例题 11-12)。

③ 取微元电荷 $\mathrm{d}q$。微元电荷有以下几种:a. 微元电荷是点电荷(如例题 11-1、例题 11-2);b. 微元电荷是线电荷,比方细圆环微元电荷(如例题 11-4、例题 11-6),无限长细直线微元电荷(如例题 11-8);c. 微元电荷是面电荷,比方薄球壳微元面电荷(如例题 11-5)。

④ 尽量地用已知的结果(如例题 11-5、例题 11-7、例题 11-8)。比方用均匀带电圆环在中心轴上激发的电场,无限长均匀带电直线激发的电场、均匀带电球面激发的电场等。

⑤ 用所谓补偿法巧妙得出结果(如例题 11-7)。

2. 用高斯定理求电场强度(如例题 11-9)。用高斯定理求电场强度只能解某种对称性的电场。用高斯定理求电场强度的步骤一步也不能少。

①"分析电荷的对称性,从而得出电场的对称性"是能否用高斯定理解题的前提;②"选取合适的高斯面"是解题的基础;③"用高斯定理列方程,解方程"是解题必需的过程;④"指出电场的方向"是电场强度矢量的要求。

用高斯定理求电场强度最容易忽略的是第一步,最难的是第二步。选高斯面的目的是将积分式写成代数式。为了达到这一目的,可以这样:① 当 E 大小处处相等时,应使 $\boldsymbol{E}\parallel \mathrm{d}\boldsymbol{S}$,会有$\int_S \boldsymbol{E}\cdot \mathrm{d}\boldsymbol{S}=ES$;② 当 $\boldsymbol{E}$ 大小处处不等时,应使 $\boldsymbol{E}\perp\mathrm{d}\boldsymbol{S}$,会

有$\int_S \boldsymbol{E} \cdot \mathrm{d}\boldsymbol{S} = 0$

3. 对称性与高斯面的对应：① 电荷分布球对称时，取球形高斯面；② 电荷分布柱对称时，取圆柱形高斯面；③ 电荷分布面对称时，取圆柱形高斯面。这里，教材只涉及这三种对称性及其组合。

4. 用电场强度与电势梯度的关系求电场强度不是本教材的要求，要求读者从理论上知道有此关系就行。

5. 求电场力（如例题 11-3）时一定要把自己产生的电场除开（如例题 11-10）。

二、求电通量

1. 求电通量首先要选取面的法线方向。对于题目要求的，只能按要求办；如果题目要求求电通量的大小，即是求电通量的绝对值，就选面法线方向与电场强度的夹角成锐角；对于闭合曲面，只能选取法线方向向外。

2. 习题中要求的电通量一般针对非均匀电场，这就涉及取微元面积。所取的微元面积一定要使微元面积内电场强度的表达式是唯一的。

3. 还要注意电通量是标量，不是矢量，无投影之说。

4. 借用闭合曲面电通量的已知结果，巧妙得出要求的电通量（如例题 11-11、例题11-13）。

三、求电势

1. 用电势叠加原理求电势。要注意几点：

① 选取电势零点。如果是有限带电体，而题目又没有指明，那就是默认取无限远处为电势零点（如例题 11-14）。至于其他的，以题目的要求为准。

② 电势是标量，电势叠加是标量叠加，无投影可说。

③ 取微元电荷 dq。这点可以仿照求电场强度中的取微元电荷 dq 的内容（如例题11-17、例题11-18）。

④ 尽量地用已知的结果。这也可以仿照前面求电场强度中的相关内容。

2. 用定义式求电势（如例题 11-18）。有些带电体，用电势叠加原理求它产生的电势比较困难，可以用电势的定义式求解。用定义式求解时应注意：

① 在对电场从场点到电势零点的积分过程中应选取最简单的路径。因为电势是对电场的线积分，而静电场的线积分与路径无关，当然可以选最简单的路径积分。

② 在积分路径中电场的表达式是否单一，即是否要进行分段积分。

3. 用电场力的功与电势差的关系求电场力的功，用电势能与电势的关系求电势能。这两类问题，一般套公式就可解决。对于求电场力的功，有时题目设计得很复杂，但抓住电场力的功等于移动的电荷电量与电势差的乘积，问题就迎刃而解了（如例题 11-15、例题 11-16）。

§11.4 本章典型例题

例题 11-1 如图 11-1 所示，带电量均为 $+q$ 的两个点电荷，分别位于 x 轴上的 $\frac{+c}{2}$ 和 $\frac{-c}{2}$ 位置上。求：(1) y 轴上各点场强的矢量表达式；(2) y 轴上场强最大值的位置。

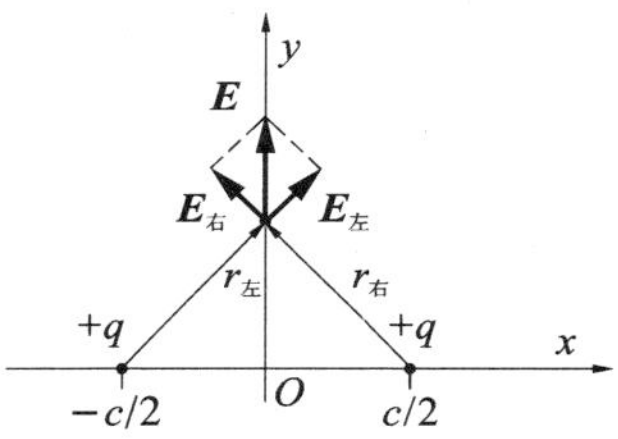

图 11-1 例题 11-1 用图

分析 这是个点电荷系激发电场的例题。用点电荷激发的电场和场强叠加原理解，用场强叠加原理解题时，要取坐标（这里题目已给定了坐标），作投影，然后叠加。这儿直接用矢量式计算。用矢量式计算时，重要的是准确写出矢径 $\boldsymbol{r}$ 的表达式。

解 (1) 求 y 轴上各点电场强度的矢量式。如图 11-1 所示，左右电荷对场点引的矢径为

$$\boldsymbol{r}_{左} = (c/2)\boldsymbol{i} + y\boldsymbol{j};\boldsymbol{r}_{右} = -(c/2)\boldsymbol{i} + y\boldsymbol{j}$$

所以它们激发电场强度为

$$\boldsymbol{E}_{左} = \frac{q[(c/2)\boldsymbol{i} + y\boldsymbol{j}]}{4\pi\varepsilon_0[(c/2)^2 + y^2]^{3/2}}$$

$$\boldsymbol{E}_{右} = \frac{q[-(c/2)\boldsymbol{i} + y\boldsymbol{j}]}{4\pi\varepsilon_0[(c/2)^2 + y^2]^{3/2}}$$

得合场强为

$$\boldsymbol{E} = \boldsymbol{E}_{左} + \boldsymbol{E}_{右} = \frac{q[(c/2)\boldsymbol{i} + y\boldsymbol{j}]}{4\pi\varepsilon_0[(c/2)^2 + y^2]^{3/2}} + \frac{q[-(c/2)\boldsymbol{i} + y\boldsymbol{j}]}{4\pi\varepsilon_0[(c/2)^2 + y^2]^{3/2}}$$

$$= \frac{2qy\boldsymbol{j}}{\pi\varepsilon_0(c^2 + 4y^2)^{3/2}}$$

(2) 依高等数学知识，求 $\frac{\mathrm{d}E}{\mathrm{d}y}$，并令其为零，有

$$0 = \frac{\mathrm{d}E}{\mathrm{d}y} = \frac{\mathrm{d}}{\mathrm{d}y}\left[\frac{2qy}{\pi\varepsilon_0(c^2 + 4y^2)^{3/2}}\right] = \frac{2q}{\pi\varepsilon_0(c^2 + 4y^2)^{5/2}}(c^2 - 8y^2)$$

得 y 轴上场强最大值的位置为

$$y = \pm\frac{c}{2\sqrt{2}}$$

例题 11-2　边长为 a 的正方形的四个顶点上放置如图 11-2 所示的点电荷，求中心 O 处电场强度的大小和方向。

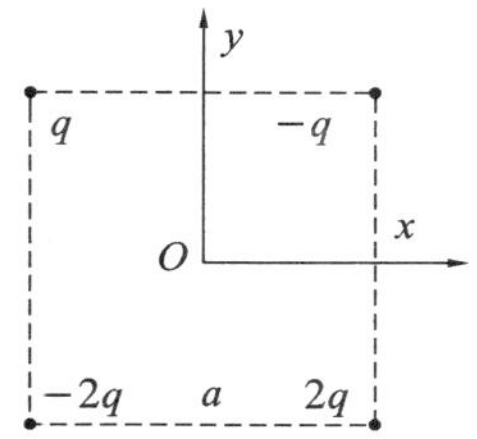

图 11-2　例题 11-2 用图

分析　这也是个点电荷系激发电场的例题。这里题目已给定了坐标，直接用矢量式计算。用矢量式计算时，重要的是准确写出矢径 $\boldsymbol{r}$ 的表达式。另外解题时要仔细，不要怕麻烦。

解　令 q、$-q$、$2q$、$-2q$ 在中心 O 处产生的电场强度分别为 $\boldsymbol{E}_1$、$\boldsymbol{E}_2$、$\boldsymbol{E}_3$、$\boldsymbol{E}_4$

$$\boldsymbol{E}_1=\frac{Q_1\boldsymbol{r}_1}{4\pi\varepsilon_0 {r_1}^3}=\frac{q[(a/2)\boldsymbol{i}-(a/2)\boldsymbol{j}]}{4\pi\varepsilon_0\ (\sqrt{2}a/2)^3}=\frac{\sqrt{2}q(\boldsymbol{i}-\boldsymbol{j})}{4\pi\varepsilon_0 a^2}$$

$$\boldsymbol{E}_2=\frac{Q_2\boldsymbol{r}_2}{4\pi\varepsilon_0 {r_2}^3}=\frac{-q[-(a/2)\boldsymbol{i}-(a/2)\boldsymbol{j}]}{4\pi\varepsilon_0\ (\sqrt{2}a/2)^3}=\frac{\sqrt{2}q(\boldsymbol{i}+\boldsymbol{j})}{4\pi\varepsilon_0 a^2}$$

$$\boldsymbol{E}_3=\frac{Q_3\boldsymbol{r}_3}{4\pi\varepsilon_0 {r_3}^3}=\frac{2q[-(a/2)\boldsymbol{i}+(a/2)\boldsymbol{j}]}{4\pi\varepsilon_0\ (\sqrt{2}a/2)^3}=\frac{2\sqrt{2}q(-\boldsymbol{i}+\boldsymbol{j})}{4\pi\varepsilon_0 a^2}$$

$$\boldsymbol{E}_4=\frac{Q_4\boldsymbol{r}_4}{4\pi\varepsilon_0 {r_4}^3}=\frac{-2q[(a/2)\boldsymbol{i}+(a/2)\boldsymbol{j}]}{4\pi\varepsilon_0\ (\sqrt{2}a/2)^3}=\frac{-2\sqrt{2}q(\boldsymbol{i}+\boldsymbol{j})}{4\pi\varepsilon_0 a^2}$$

$$\begin{aligned}\boldsymbol{E}&=\boldsymbol{E}_1+\boldsymbol{E}_2+\boldsymbol{E}_3+\boldsymbol{E}_4\\&=\frac{\sqrt{2}q(\boldsymbol{i}-\boldsymbol{j})}{4\pi\varepsilon_0 a^2}+\frac{\sqrt{2}q(\boldsymbol{i}+\boldsymbol{j})}{4\pi\varepsilon_0 a^2}+\frac{2\sqrt{2}q(-\boldsymbol{i}+\boldsymbol{j})}{4\pi\varepsilon_0 a^2}+\frac{-2\sqrt{2}q(\boldsymbol{i}+\boldsymbol{j})}{4\pi\varepsilon_0 a^2}\\&=\frac{\sqrt{2}q}{4\pi\varepsilon_0 a^2}[(\boldsymbol{i}-\boldsymbol{j})+(\boldsymbol{i}+\boldsymbol{j})+2(-\boldsymbol{i}+\boldsymbol{j})-2(\boldsymbol{i}+\boldsymbol{j})]=\frac{-\sqrt{2}q\boldsymbol{i}}{2\pi\varepsilon_0 a^2}\end{aligned}$$

得 O 处电场强度的大小为

$$E=\frac{\sqrt{2}q}{2\pi\varepsilon_0 a^2}$$

方向沿 x 轴负向。

例题 11-3　一电偶极子放在场强为 $\boldsymbol{E}$ 的匀强电场中，电矩的方向与电场强度方向成角 θ。已知电偶极子的电矩为 $\boldsymbol{P}_e$，求此电偶极子所受的电场力和电场力矩的大小。

分析　这是个电荷受电场力和电场力矩的题。题目不难，但要用到力学中力矩的知识。

解　求电场力。如图 11-3 所示，因是匀强电场，故电偶极子中正、负电荷受电场力为

$$\boldsymbol{F}_+=q\boldsymbol{E},\qquad \boldsymbol{F}_-=-q\boldsymbol{E}$$

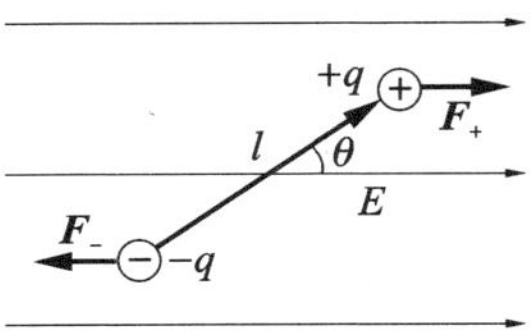

图 11-3 例题 11-3 用图

电偶极子受电场力为

$$\boldsymbol{F}=\boldsymbol{F}_{+}+\boldsymbol{F}_{-}=q\boldsymbol{E}+(-q\boldsymbol{E})=q\boldsymbol{E}-q\boldsymbol{E}=0$$

电偶极子受电场力矩 $\boldsymbol{M}$ 的大小为

$$M=M_{+}+M_{-}=F_{+}\frac{l}{2}\sin\theta+F_{-}\frac{l}{2}\sin(\pi-\theta)$$

$$=qE\frac{l}{2}\sin\theta+qE\frac{l}{2}\sin\theta=Eql\sin\theta=EP_{e}\sin\theta$$

方向是使电偶极子顺时针转动的方向，即垂直图面向里。写成矢量式为

$$\boldsymbol{M}=\boldsymbol{P}_{e}\times\boldsymbol{E}$$

例题 11-4 用绝缘细线弯成的半圆环，半径为 R，其上均匀地带有正点荷，其线电荷密度为 λ_e。试求圆心 O 处的电场强度。

分析 这是个连续带电体激发电场的例题。电场叠加原理是积分式，因此，就要选坐标，取电荷微元，求出微元电荷激发的电场强度，再进行投影，然后求和进行积分。

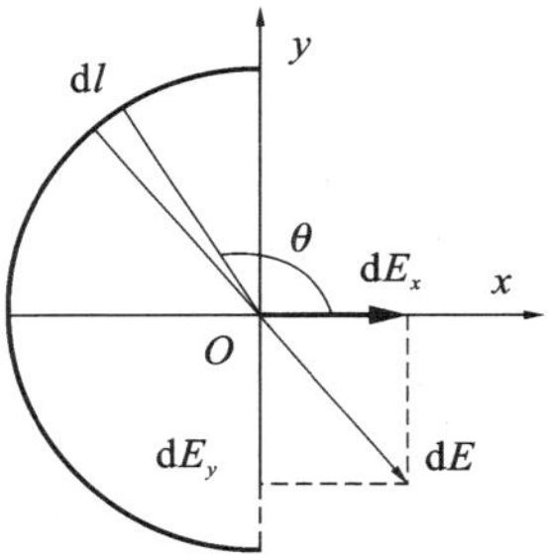

图 11-4 例题 11-4 用图

解 如图 11-4 所示，取圆弧微元 dl，它所带电量为 $dq=\lambda dl=\lambda R\,d\theta$，它激发的电场的大小为

$$dE=\frac{dq}{4\pi\varepsilon_0 r^2}=\frac{\lambda R\,d\theta}{4\pi\varepsilon_0 R^2}=\frac{\lambda d\theta}{4\pi\varepsilon_0 R}$$

$$dE_x=dE\cos(\theta+\pi)=-dE\cos\theta$$

$$dE_y=dE\sin(\theta+\pi)=-dE\sin\theta$$

$$E_x=\int dE_x=\int_{\pi/2}^{3\pi/2}-\frac{\lambda\cos\theta d\theta}{4\pi\varepsilon_0 R}=\frac{\lambda}{2\pi\varepsilon_0 R}$$

$$E_y=\int_{\pi/2}^{3\pi/2}-\frac{\lambda\sin\theta d\theta}{4\pi\varepsilon_0 R}=0$$

故 O 处的电场强度 $\boldsymbol{E}$ 的大小为

$$E=E_x=\frac{\lambda}{2\pi\varepsilon_0 R}$$

方向沿 x 轴正向。

例题 11-5 一半径为 R 的半球面，均匀带有电荷 Q。求球心处的电场强度。

分析 这也是个连续带电体激发电场的例题。不过带电体是球面，不是平面。可以将半球面无限分割成细圆环，就可以用圆环在轴线上激发电场的结果了(见教材例题 11-3)。不过这里的细圆环不是平面圆环，而是球面圆环。圆环的宽度不是 dr，而是 $dl=Rd\theta$，周长虽是 $2\pi r$，但 $r=R\sin\theta$，故周长是 $2\pi R\sin\theta$。因半球面均匀带电 Q，有面电荷密度 $\sigma=Q/2\pi R^2$。因 σ、Q 都是常量，计算过程中可以不将 $\sigma=Q/2\pi R^2$ 带入式中，因为将其带入式中会使计算变得复杂。待得出最后结果后再带入此式就会方便得多。另外还要注意，细圆环所对应的宽度 $\mathrm{d}l$ 只在 1/4 圆周上，而不是半圆。故最后的积分限是从 $\pi/2$ 到 π。

解　如图 11-5 所示，取细圆环微元电荷：细圆环微元的宽度为 $\mathrm{d}l = R\mathrm{d}\theta$，周长为 $2\pi R\sin\theta$。因半球面均匀带电 Q，有面电荷密度 $\sigma = Q/(2\pi R^2)$（暂不带入式中计算）。则细圆环微元带电为

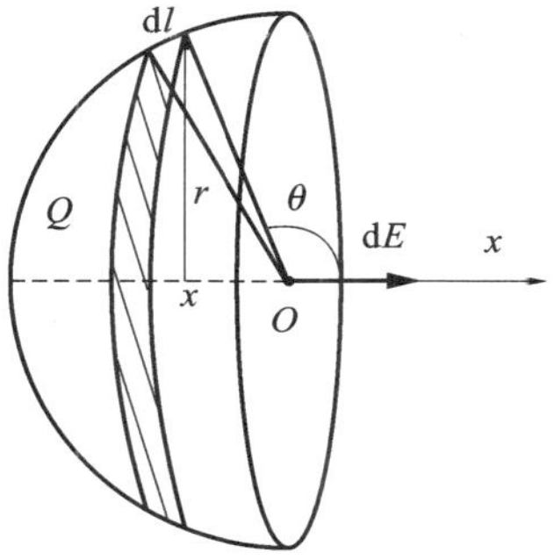

图 11-5　例题 11-5 用图

$$\mathrm{d}q = \sigma \mathrm{d}S = \sigma 2\pi(R\sin\theta)R\mathrm{d}\theta = 2\pi\sigma R^2\sin\theta\mathrm{d}\theta$$

考虑到图中细圆环微元所在处的坐标 x 为负值，而它在球心处激发的电场却顺 x 轴，所以细圆环微元所在球心处激发的电场为

$$\mathrm{d}E = \frac{\mathrm{d}q(-x)}{4\pi\varepsilon_0(r^2+x^2)^{3/2}} = \frac{\mathrm{d}q(-x)}{4\pi\varepsilon_0(r^2+x^2)^{3/2}}$$
$$= -\frac{2\pi\sigma R^2\sin\theta\mathrm{d}\theta(R\cos\theta)}{4\pi\varepsilon_0 R^3} = -\frac{\sigma\sin\theta\cos\theta\mathrm{d}\theta}{2\varepsilon_0}$$

故均匀带电半球面在球心处激发的电场为

$$E = \int_{\pi/2}^{\pi} -\frac{\sigma\sin\theta\cos\theta\mathrm{d}\theta}{2\varepsilon_0} = \frac{\sigma}{4\varepsilon_0} = \frac{Q}{8\pi\varepsilon_0 R^2}$$

方向沿 x 轴正向。

例题 11-6　一带电细线弯成半径为 a 的圆，电荷线密度为 $\lambda = \lambda_0\cos(\varphi/2)$，式中 λ_0 为一常数，φ 为半径 a 与 x 轴所成的夹角，如图 11-6 所示。试求环心 O 处的电场强度。

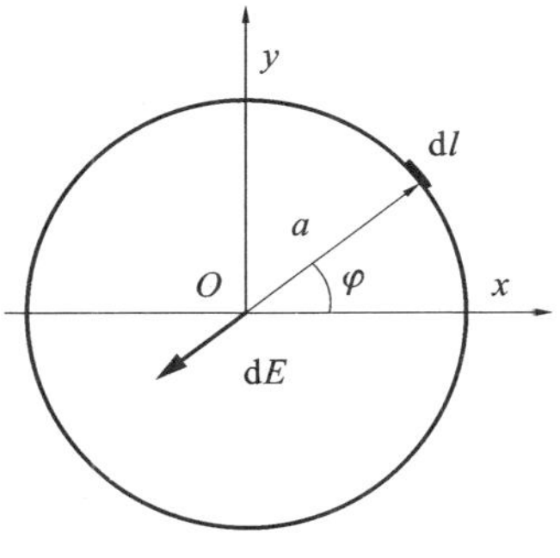

图 11-6　例题 11-6 用图

分析　这也是个连续带电体激发电场的例题。电场叠加原理是积分式，因此，就要选坐标，取电荷微元，求出微元电荷激发的电场强度，再进行投影，然后进行积分求和。

解　取电荷元 $\mathrm{d}l = R\mathrm{d}\varphi$，它所带的电荷为

$$\mathrm{d}q = \lambda\mathrm{d}l = \lambda_0\cos\frac{\varphi}{2}a\mathrm{d}\varphi$$

它在环心 O 处激发的电场强度大小为

$$\mathrm{d}E = \frac{\mathrm{d}q}{4\pi\varepsilon_0 a^2} = \lambda_0\cos\frac{\varphi}{2}\frac{\mathrm{d}\varphi}{4\pi\varepsilon_0 a}$$

在坐标轴上的投影

$$dE_x = dE\cos(\pi+\varphi) = -\lambda_0\cos\varphi\cos\frac{\varphi}{2}\frac{d\varphi}{4\pi\varepsilon_0 a}$$

$$dE_y = dE\sin(\pi+\varphi) = -\lambda_0\sin\varphi\cos\frac{\varphi}{2}\frac{d\varphi}{4\pi\varepsilon_0 a}$$

积分，有

$$E_x = -\int_0^{2\pi}\frac{\lambda_0\cos\varphi\cos(\varphi/2)d\varphi}{4\pi\varepsilon_0 a} = -\int_0^{2\pi}\frac{\lambda_0[1-2\sin^2(\varphi/2)]d\sin(\varphi/2)}{2\pi\varepsilon_0 a}$$

$$= \left.\frac{\lambda_0[\sin(\varphi/2)-(2/3)\sin^2(\varphi/2)]}{2\pi\varepsilon_0 a}\right|_0^{2\pi} = 0$$

$$E_y = -\int_0^{2\pi}\frac{\lambda_0\sin\varphi\cos(\varphi/2)d\varphi}{4\pi\varepsilon_0 a} = -\int_0^{2\pi}\frac{\lambda_0\sin(\varphi/2)\cos^2(\varphi/2)d\varphi}{2\pi\varepsilon_0 a}$$

$$= -\int_0^{2\pi}\frac{\lambda_0\cos^2(\varphi/2)d[\cos(\varphi/2)]}{\pi\varepsilon_0 a} = -\left.\frac{\lambda_0\cos^3(\varphi/2)}{3\pi\varepsilon_0 a}\right|_0^{2\pi} = \frac{2\lambda_0}{3\pi\varepsilon_0 a}$$

故环心 O 处的电场强度为

$$E = E_y = \frac{2\lambda_0}{3\pi\varepsilon_0 a}$$

电场方向沿 y 轴正向。

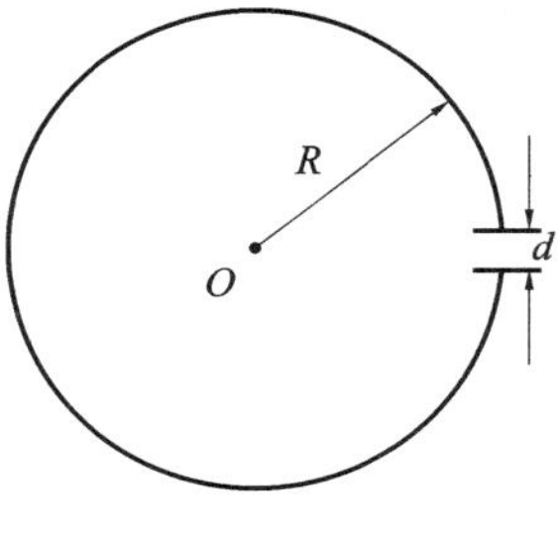

图 11-7 例题 11-7 用图

例题 11-7 一半径为 R 的带有一缺口的细圆环，缺口宽度为 d $(d \ll R)$，环上均匀带正电，总电量为 Q，如图 11-7 所示，求圆心 O 处的电场强度 E 的大小和方向。

分析 这是一个训练学生解题技巧的例题。表面上是线电荷激发的电场，但是如果采取无限分割，分解投影，积分求和的方法就显得十分困难。如果采用补偿法，利用现成的结论，问题就变得十分简单。所谓补偿法，就是将不完整的形状“补进”一块使其成为完整形状从而得出比较容易计算的结果，然后减去补偿进去的一块所得出的结果，再将这两种结果合成。补偿法在物理学中经常用到。由例教材题 11-3 可知，均匀带电圆环在圆心激发的电场为零。如果把圆环缺口看成是与“细圆环”同电荷密度的两个等量异号电荷的组合，那么，与“细圆环”带同号电荷与“细圆环”就组成闭合的均匀带电细圆环，它在圆心激发的电场为零。这样圆心处的电场就只是与“细圆环”反号电荷激发的了。由于缺口宽度 $d \ll R$，这个与“细圆环”带电反号的电荷就可以看成点电荷了，就可以用点电荷激发的电场求解了。

解 把圆环缺口看成是两个等量异号电荷的组合，其电荷线密度与带缺口的细圆环的电荷线密度相同，为

$$\lambda_e = \frac{Q}{2\pi R - d} \approx \frac{Q}{2\pi R}$$

那么，与"细圆环"带同号的电荷与"细圆环"组成闭合均匀带电细圆环，它在圆心激发的电场 $\boldsymbol{E}_1$ 为零，即

$$\boldsymbol{E}_1 = 0$$

与"细圆环"反号的电荷由于缺口宽度 $d \ll R$，可以看成点电荷，其电量为

$$q = -\lambda_e d \approx -\frac{Qd}{2\pi R}$$

设缺口向圆心（即源点向场点）引矢径的单位矢量为 $\boldsymbol{e}_r$，即从缺口指向圆心，则它在圆心 O 激发的电场强度 $\boldsymbol{E}_2$ 为

$$\boldsymbol{E}_2 = \frac{q\boldsymbol{e}_r}{4\pi\varepsilon_0 R^2} \approx -\frac{Qd\boldsymbol{e}_r}{8\pi^2\varepsilon_0 R^3}$$

故此缺口带电细圆环在圆心 O 处的电场强度 $\boldsymbol{E}$ 为

$$\boldsymbol{E} = \boldsymbol{E}_1 + \boldsymbol{E}_2 = 0 - \frac{Qd\boldsymbol{e}_r}{8\pi^2\varepsilon_0 R^3} = -\frac{Qd\boldsymbol{e}_r}{8\pi^2\varepsilon_0 R^3}$$

其大小为

$$E = \frac{Qd\boldsymbol{e}_r}{8\pi^2\varepsilon_0 R^3}$$

其方向与 $\boldsymbol{e}_r$ 的方向相反，即从圆心指向缺口，也就是方向向右。

例题 11-8　一半径为 R 的"无限长"均匀带电半圆柱面，其面电荷密度为 σ_e，如图 11-8(a) 所示。求轴线上任意一点的电场强度。

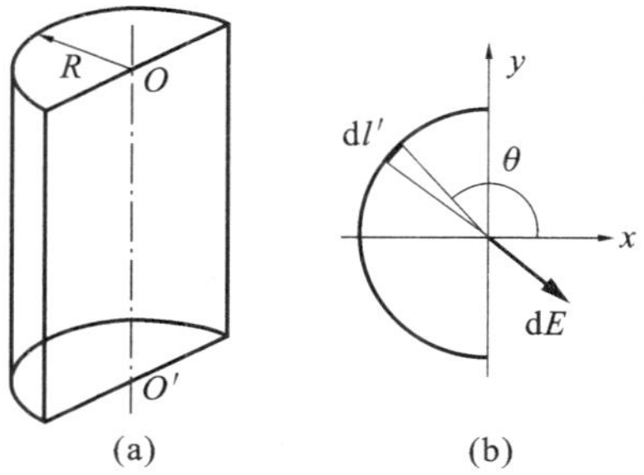

图 11-8　例题 11-8 用图

分析　这是个面电荷激发电场的例题。可以用无限长均匀带电直线激发电场的结果来求解。用无限长均匀带电直线激发电场求解就要涉及求电荷线密度 λ_e。求电荷线密度最好用定义式 $\lambda_e = dq/dl$。如果将"无限长"均匀带电半圆柱面无限分割成宽 $dl' = Rd\theta$ 的"无限长"均匀带电直线，在其上取长为 dl 的微小一段，它带电 $dq = \sigma_e dS = \sigma_e R d\theta dl$，于是得该"无限长"均匀带电直线的电荷线密度 $\lambda_e = dq/dl = \sigma_e R d\theta$。

解　带电体的横截面及坐标选取如图 11-8(b) 所示，取宽 $dl' = Rd\theta$ 的无限长窄条微元，其电荷线密度为

$$\lambda_e = \frac{dq}{dl} = \frac{\sigma_e dS}{dl} = \frac{\sigma_e R d\theta dl}{dl} = \sigma_e R\, d\theta$$

它在轴线上任意一点 P 激发的场强为

$$dE = \frac{\lambda}{2\pi\varepsilon_0 R} = \frac{\sigma_e R d\theta}{2\pi\varepsilon_0 R} = \frac{\sigma_e d\theta}{2\pi\varepsilon_0}$$

方向如图 11-8(b) 所示。d$\boldsymbol{E}$ 在坐标上的投影分别为

$$dE_x = dE\cos(\theta+\pi) = -\frac{\sigma_e\cos\theta d\theta}{2\pi\varepsilon_0}$$

$$dE_y = dE\sin(\theta+\pi) = -\frac{\sigma_e\sin\theta d\theta}{2\pi\varepsilon_0}$$

有

$$E_x = \int dE_x = \int_{\frac{\pi}{2}}^{\frac{3}{2}\pi} -\frac{\sigma_e\cos\theta d\theta}{2\pi\varepsilon_0} = -\frac{\sigma_e\sin\theta}{2\pi\varepsilon_0}\bigg|_{\frac{\pi}{2}}^{\frac{3}{2}\pi} = \frac{\sigma_e}{\pi\varepsilon_0}$$

$$E_y = \int dE_y = \int_{\frac{\pi}{2}}^{\frac{3}{2}\pi} -\frac{\sigma_e\sin\theta d\theta}{2\pi\varepsilon_0} = \frac{\sigma_e\cos\theta}{2\pi\varepsilon_0}\bigg|_{\frac{\pi}{2}}^{\frac{3}{2}\pi} = 0$$

故轴线上任意一点 P 的场强为

$$E = E_x = \frac{\sigma_e}{\pi\varepsilon_0}$$

方向沿 x 正方向。

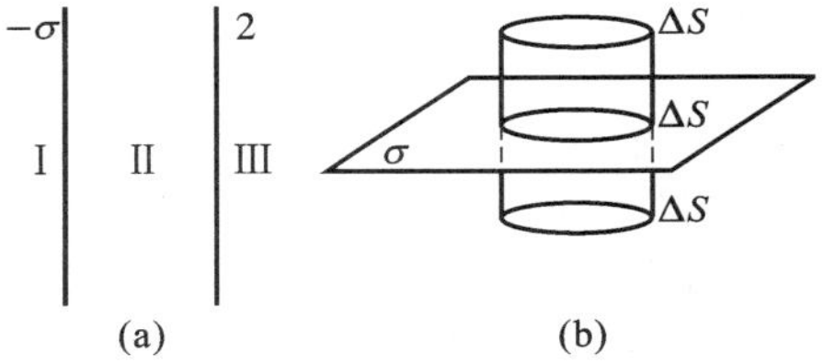

图 11-9　例题 11-9 用图

例题 11-9　如图 11-9(a)，两块“无限大”的带电平行平板，其电荷面密度分别为 $-\sigma$ 及 2σ ($\sigma > 0$)，求图中各区域的电场强度。令 Ⅰ 区、Ⅱ 区、Ⅲ 区的电场强度分别为 $\boldsymbol{E}_1$、$\boldsymbol{E}_2$、$\boldsymbol{E}_3$。

分析　这是个无限大均匀平面电荷激发电场的例题。可以用《大学物理(下册)》教材例题 11-5 的结果求解。但为了使同学们更规范地用高斯定理解题，这儿先用高斯定理求无限大均匀平面电荷激发的电场，然后再求解各区域的电场强度。用高斯定理求电场一定要按步骤解，这样别人可以看得清楚明白，自己以后回过头来看也不至于犯糊涂。

解　(1) 先求解一般情况下无限大均匀带电平面激发的电场。设其电荷面密度为 σ。因电荷面对称，故电场面对称，即电场线垂直于带电平面指向外，且距平面等距离处场强大小相等。故作以带电平面对称的柱形高斯面，底面平行于带电面，侧面平行带电面，如图 11-9(b) 所示。依高斯定理

$$\oint_S \boldsymbol{E}\cdot d\boldsymbol{S} = \frac{q_{内}}{\varepsilon_0}$$

有

$$\int_{上底}\boldsymbol{E}\cdot d\boldsymbol{S} + \int_{下底}\boldsymbol{E}\cdot d\boldsymbol{S} + \int_{侧面}\boldsymbol{E}\cdot d\boldsymbol{S} = \Delta SE + \Delta SE + 0 = 2\,\Delta SE = \frac{\sigma\,\Delta S}{\varepsilon_0}$$

故无限大均匀带电平面激发电场的大小为

$$E=\frac{\sigma}{2\varepsilon_0}$$

方向垂直于带电平面指向外

(2) 再求各区域电场强度，选向右为 x 轴正向。

有 Ⅰ 区

$$\boldsymbol{E}_1=\frac{-\boldsymbol{i}(-\sigma)}{2\varepsilon_0}+\frac{-\boldsymbol{i}(2\sigma)}{2\varepsilon_0}=-\frac{\sigma}{2\varepsilon_0}\boldsymbol{i}$$

即 Ⅰ 区场强大小为$\frac{\sigma}{2\varepsilon_0}$，负号表示方向向左。

Ⅱ 区

$$\boldsymbol{E}_2=\frac{\boldsymbol{i}(-\sigma)}{2\varepsilon_0}+\frac{-\boldsymbol{i}(2\sigma)}{2\varepsilon_0}=-\frac{3\sigma}{2\varepsilon_0}\boldsymbol{i}$$

即 Ⅱ 区场强大小为$\frac{3\sigma}{2\varepsilon_0}$，负号表示方向向左。

Ⅲ 区

$$\boldsymbol{E}_3=\frac{\boldsymbol{i}(-\sigma)}{2\varepsilon_0}+\frac{\boldsymbol{i}(2\sigma)}{2\varepsilon_0}=\frac{\sigma}{2\varepsilon_0}\boldsymbol{i}$$

即 Ⅲ 区场强大小为 $\sigma/(2\varepsilon_0)$，方向向右。

例题 11-10　真空中有 AB 两板，相距为 d，板面积为 $S(S\gg d^2)$，分别均匀带电 $+Q$ 和 $-Q$，忽略边缘效应，求两板间的相互作用力。

分析　这是个求电场力的例题，应该用《大学物理》下册教材中式 11-12 求解。因这儿是"无限大"均匀带电平面激发的电场，故是匀强电场。不过这儿的匀强电场不是两"无限大"带电平面激发的合电场，而应是 A 平面在 B 平面处激发的电场，或者是 B 平面在 A 平面处激发的电场。也就是说求电荷受电场力应把自己产生的电场除开。

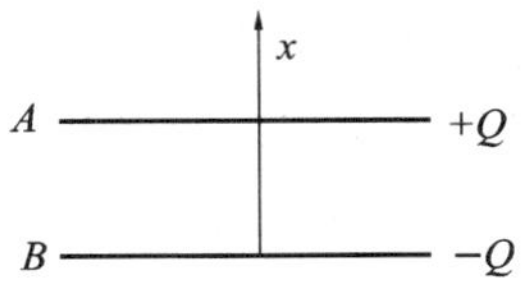

图 11-10　例题 11-10 用图

解　两板间的相互作用力，就是带电板 A 受带电板 B 的电场力，或者带电板 B 受带电板 A 的电场力。以板 A 受板 B 的电场力为例计算，取坐标如图 11-10 所示。因 A、B 两板为均匀带电平面，它们激发的电场为匀强电场，带电板 B 在带电板 A 处激发的电场的大小为

$$E=\frac{\sigma}{2\varepsilon_0}=\frac{Q}{2\varepsilon_0 S}$$

方向指向板 B，即沿 x 轴负向。则板 A 受板 B 的电场力为

$$\boldsymbol{F}=\int_Q \boldsymbol{E}\,\mathrm{d}q=\boldsymbol{E}\int_Q \mathrm{d}q=\boldsymbol{E}Q=\frac{-\boldsymbol{i}\,Q^2}{2\varepsilon_0 S}$$

即两板间的相互作用力的大小为$\dfrac{Q^2}{2\varepsilon_0 S}$，方向为相互吸引的方向。

例题 11-11 如图 11-11(a) 所示，一个带电量为 q 的点电荷位于一边长为 l 的正方形 $abcd$ 的中心线上，q 距正方形中心 $l/2$，求通过该正方形的电场强度通量。

分析 这是个求电通量的习题，但如果用积分式 $\Phi_e = \int_S \boldsymbol{B} \cdot d\boldsymbol{S}$ 就难以进行。因点电荷激发的电场是球对称的，而这里要求的是通过平面的电通量，所以计算十分困难。如果把这个正方形平面看成是正方体的一个面，那么点电荷 q 正好位于正方体的正中心，如图 11-11(b) 所示。用高斯定理可以求出通过正方体六个面（此六个面组成高斯面）的总电通量是 q/ε_0，而通过六个面中的每一个面的电通量都相等，那么通过一个面的电通量就是这个总电通量的六分之一。

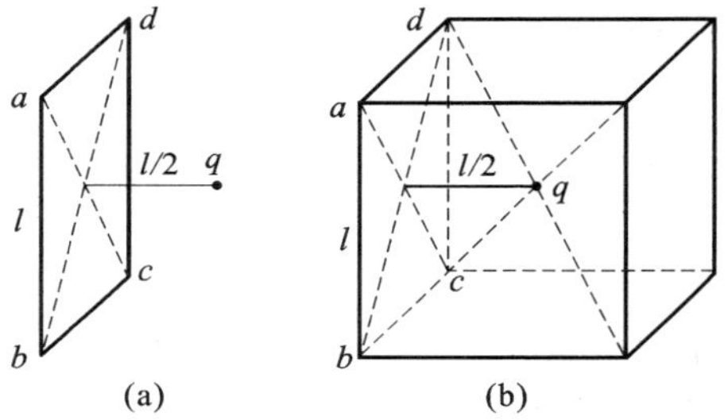

图 11-11 例题 11-11 用图

解 设想正方形 $abcd$ 是正方体的一个面，点电荷 q 正好位于正方体的正中心，如图 11-11(b) 所示。把此正方体的六个面看成组成高斯面的闭合面，则依据高斯定理，可得通过此六个面的总电通量 Φ_e 为

$$\Phi_e = \oint_S E \cdot d\boldsymbol{S} = \frac{q}{\varepsilon_0}$$

因通过六个面中的每一个面的电通量都相等，故通过正方形 $abcd$ 的电场强度通量 Φ_e' 为

$$\Phi_e' = \frac{\Phi_e}{6} = \frac{q}{6\varepsilon_0}$$

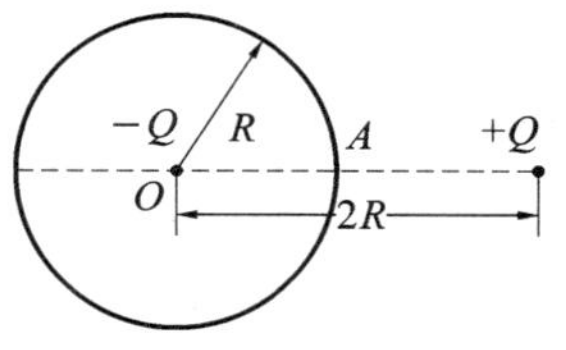

图 11-12 例题 11-12 用图

例题 11-12 如图 11-12 所示，真空中有两个点电荷，带电量分别为 Q 和 $-Q$，相距 $2R$。(1) 若以负电荷所在处点 O 为中心，以 R 为半径作高斯球面 S，求通过该球面的电场强度通量；(2) 若以 $\boldsymbol{e}_r$ 表示高斯面法线方向向外的单位矢量，求高斯面上点 A 的电场强度。

分析 这是个复习通过闭合曲面电通量与什么电荷有关以及高斯面上的电场强度与什么电荷有关的例题。通过闭合曲面电通量只与高斯面内的电荷有关，高斯面上的电场强度是空间所有电荷激发的。

解 (1) 在高斯球面 S 内，只有点电荷 $-Q$。故依高斯定理，得通过该高斯球面的电通量为

$$\Phi_e = \oint_S \boldsymbol{E} \cdot \mathrm{d}\boldsymbol{S} = \frac{q}{\varepsilon_0} = -\frac{Q}{\varepsilon_0}$$

(2) 求点 A 的电场强度

$$\boldsymbol{E} = \frac{q_1 \boldsymbol{r}_1}{4\pi\varepsilon_0 r_1^3} + \frac{q_2 \boldsymbol{r}_2}{4\pi\varepsilon_0 r_2^3} = \frac{-Q\boldsymbol{e}_r}{4\pi\varepsilon_0 R^2} + \frac{Q(-\boldsymbol{e}_r)}{4\pi\varepsilon_0 R^2} = \frac{-Q\boldsymbol{e}_r}{2\pi\varepsilon_0 R^2}$$

例题 11-13　如图 11-13 所示，一半球面的底面圆所在的平面与均强电场 $\boldsymbol{E}$ 的夹角为 60°，球面的半径为 R，球面的法线向外，求通过此半球面的电通量。

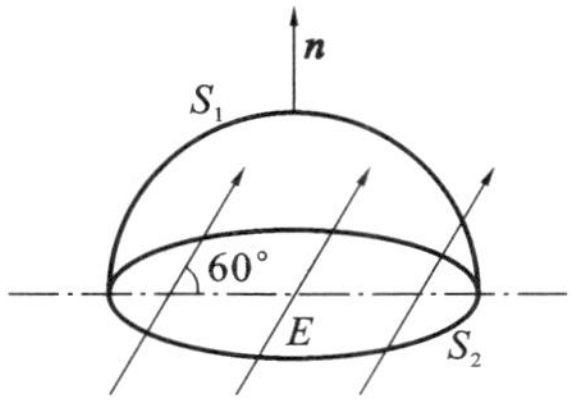

图 11-13　例题 11-13 用图

分析　这是个求通过某曲面电通量的例题。如果用积分式 $\Phi_e = \int_S \boldsymbol{E} \cdot \mathrm{d}\boldsymbol{S}$ 计算就比较困难，因球面上各面元的法线方向都不同。如果能证明半球面的电通量与圆底面的电通量相等（尽管直观上是相等，但还是要证明），而圆底面的电通量好求，则问题就解决了。

解　让球面 S_1 与圆底面 S_2 组成闭合曲面，法线均向外。因其内无任何电荷，故依高斯定理有

$$\oint_S \boldsymbol{E} \cdot \mathrm{d}\boldsymbol{S} = \int_{S_1} \boldsymbol{E} \cdot \mathrm{d}\boldsymbol{S} + \int_{S_2} \boldsymbol{E} \cdot \mathrm{d}\boldsymbol{S} = \frac{q}{\varepsilon_0} = 0$$

于是得通过此半球面的电通量为

$$\Phi_e = \int_{S_1} \boldsymbol{E} \cdot \mathrm{d}\boldsymbol{S} = -\int_{S_2} \boldsymbol{E} \cdot \mathrm{d}\boldsymbol{S} = -\int_{S_2} E\mathrm{d}S\cos\left(\frac{\pi}{2} + 60°\right)$$

$$= -ES_2(-\sin 60°) = \frac{\sqrt{3}\pi R^2 E}{2}$$

例题 11-14　电量分别为 q_1、q_2、q_3 的三个点电荷位于一圆的圆周上，如图 11-14 所示。设无穷远处为电势零点，圆半径为 R，求点 A 处的电势 U。

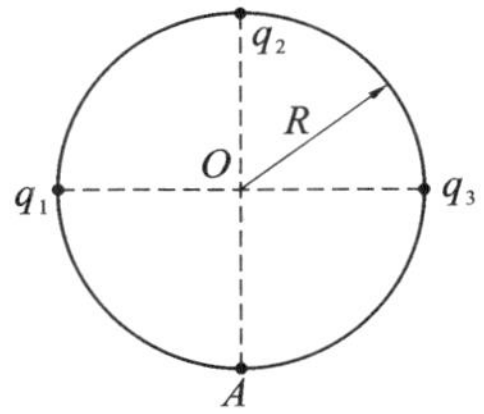

图 11-14　例题 11-14 用图

分析　这是个点电荷系激发电势的例题。电势叠加比场强叠加容易得多，因为它是标量叠加。

解　运用电势叠加原理，可得点 A 的电势为

$$U = \frac{q_1}{4\pi\varepsilon_0 r_1} + \frac{q_2}{4\pi\varepsilon_0 r_2} + \frac{q_3}{4\pi\varepsilon_0 r_3}$$

$$= \frac{q_1}{4\pi\varepsilon_0(\sqrt{2}R)} + \frac{q_2}{4\pi\varepsilon_0(2R)} + \frac{q_3}{4\pi\varepsilon_0(\sqrt{2}R)}$$

$$= \frac{\sqrt{2}q_1 + q_2 + \sqrt{2}q_3}{8\pi\varepsilon_0 R}$$

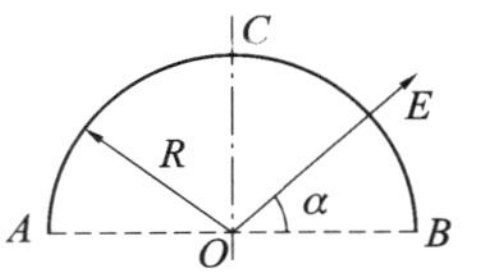

图 11-15 例题 11-15 用图

例题 11-15 如图 11-15 所示，在场强为 $\boldsymbol{E}$ 的均匀电场中，A、B 两点是半圆的两个端点，半圆的半径为 R，$\boldsymbol{E}$ 的方向与 AB 连线的夹角为 α，求从点 A 经路径半圆到点 B 的场强线积分 $\int_{A经半圆}^{B}\boldsymbol{E}\cdot \mathrm{d}\boldsymbol{l}$ 的值。

分析 这是一个求电场强度线积分的例题。抓住电场强度线积分与路径无关，或静电场的环路定理，即电场强度对闭合回路的线积分等于零，问题就解决了。

解 取环路 $ACBA$，对其应用静电场的环路定理，有

$$0=\oint_{l}\boldsymbol{E}\cdot \mathrm{d}\boldsymbol{l}=\int_{ACB}\boldsymbol{E}\cdot \mathrm{d}\boldsymbol{l}+\int_{BOA}\boldsymbol{E}\cdot \mathrm{d}\boldsymbol{l}$$

得线积分 $\int_{A经半圆}^{B}\boldsymbol{E}\cdot \mathrm{d}\boldsymbol{l}$ 的值为

$$\int_{A经半圆}^{B}\boldsymbol{E}\cdot \mathrm{d}\boldsymbol{l}=\int_{ACB}\boldsymbol{E}\cdot \mathrm{d}\boldsymbol{l}=-\int_{BOA}\boldsymbol{E}\cdot \mathrm{d}\boldsymbol{l}=\int_{AOB}\boldsymbol{E}\cdot \mathrm{d}\boldsymbol{l}=E\overline{AB}\cos\alpha=2RE\cos\alpha$$

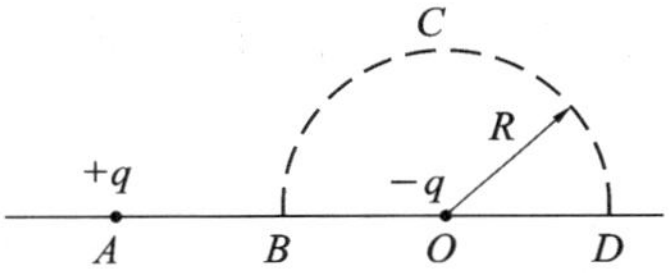

图 11-16 例题 11-16 用图

例题 11-16 如图 11-16 所示，BCD 是以 O 点为圆心，R 为半径的半圆弧，在 A 点有一电量为 $+q$ 的点电荷，O 点有一电量为 $-q$ 的点电荷。线段 AB 的长度为 R。现将一单位正电荷从点 B 沿半圆弧轨道 BCD 移到点 D，求电场力做的功。

分析 这是个表面上求电场力的功，实际是求电势差的例题，最后归结为用电势叠加原理求电势。

解 设试验电荷 q_0 从点 B 沿半圆弧轨道 BCD 移到点 D，电场力做的功为

$$A=\int_{BCD}q_0\boldsymbol{E}\cdot \mathrm{d}\boldsymbol{l}=q_0\int_{B}^{D}\boldsymbol{E}\cdot \mathrm{d}\boldsymbol{l}=q_0U_{BD}=q_0(U_B-U_D)$$

而点 B、C 的电势分别为

$$U_B=\frac{q_A}{4\pi\varepsilon_0 r_{AB}}+\frac{q_O}{4\pi\varepsilon_0 r_{OB}}=\frac{q}{4\pi\varepsilon_0 R}+\frac{-q}{4\pi\varepsilon_0 R}=0$$

$$U_D=\frac{q_A}{4\pi\varepsilon_0 r_{AD}}+\frac{q_O}{4\pi\varepsilon_0 r_{OD}}=\frac{q}{4\pi\varepsilon_0 (3R)}+\frac{-q}{4\pi\varepsilon_0 R}=-\frac{q}{6\pi\varepsilon_0 R}$$

则

$$A=q_0(U_B-U_D)=q_0\left[0-\left(-\frac{q}{6\pi\varepsilon_0 R}\right)\right]=\frac{q_0 q}{6\pi\varepsilon_0 R}$$

得将单位正电荷从点 B 沿半圆弧轨道 BCD 移到点 D，电场力做的功为

$$\frac{A}{q_0}=\frac{q}{6\pi\varepsilon_0 R}$$

例题 11-17　如图 11-17 所示，电量 q 均匀分布在长为 l 的细杆上，求在杆外延长线上与杆近端距离为 a 的 P 点的电势。设无穷远处为电势零点。

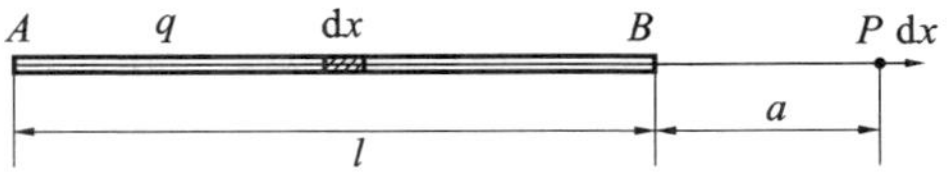

图 11-17　例题 11-17 用图

分析　这是个有限长直线电荷激发的电势，当然还是取微元，算出微元电荷激发的电势，然后进行标量叠加。为了计算的方便，还是选取坐标系为好。

解　选取坐标系如图 11-17 所示，题目已规定选取无穷远处为电势零点，在带电细杆上取微元电荷 $\mathrm{d}q=\lambda\mathrm{d}x,\lambda=q/l$。则 P 点电势 U 为

$$U=\int_0^l\frac{\lambda\mathrm{d}x}{4\pi\varepsilon_0(l+a-x)}=-\frac{\lambda}{4\pi\varepsilon_0}\ln(l+a-x)\Big|_0^l=\frac{\lambda}{4\pi\varepsilon_0}\ln\frac{l+a}{a}=\frac{q}{4\pi\varepsilon_0 l}\ln\frac{l+a}{a}$$

例题 11-18　如图 11-18 所示，一个均匀带电的球层，其电荷体密度为 ρ，球层内表面半径为 R_1，外表面半径为 R_2。设无穷远处为电势零点，求球层内($r<R_1$)、球层中($R_1<r<R_2$)、球层外($r>R_2$)任意点的电势。

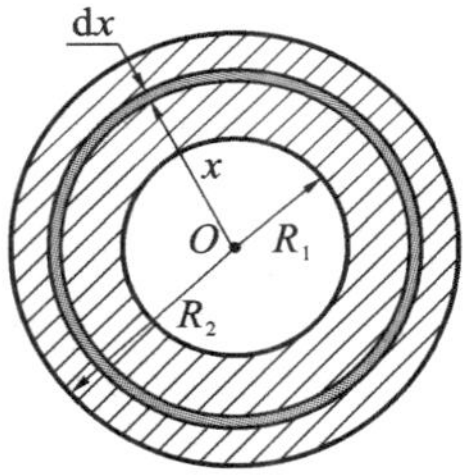

图 11-18　例题 11-18 用图

分析　这是个求电势的例题，求电势有两种方法：其一是用定义法，即对电场强度的线积分；其二是用叠加法。有的题用定义法简单，有的题用叠加法简单。此题用这两种方法都可以。用定义法就涉及求电场强度，此题的电场强度用高斯定理求较为简单。用叠加法就要用比较现成的结果，本题要用到均匀带电球面激发的电势的结果。这两种方法都讲讲。

解　(1) 用定义法求电势

先求电场分布。

因电荷分布球对称，得电场分布呈球对称。带电球层在空间任意点激发的电场都沿径向。对于距球心等距离点，场强大小相等。取以均匀带电球层同心的半径为 r 的球形高斯面。对于高斯定理，有

$$\oint_S\boldsymbol{E}\cdot\mathrm{d}\boldsymbol{S}=\oint_S E\mathrm{d}S=E\oint_S\mathrm{d}S=4\pi r^2E=\frac{q_{\text{高斯面内}}}{\varepsilon_0}$$

球层内($r<R_1$)，因 $q_{\text{高斯面内}}=0$，所以

$$E_1=0$$

球层中($R_1<r<R_2$)，因 $q_{\text{高斯面内}}=\rho\left(\frac{4\pi r^3}{3}-\frac{4\pi {R_1}^3}{3}\right)$，所以

$$E_2=\rho\frac{r^3-{R_1}^3}{3\varepsilon_0 r^2}$$

球层外($r > R_2$),因 $q_{高斯面内} = \rho\left(\frac{4\pi R_2{}^3}{3} - \frac{4\pi R_1{}^3}{3}\right)$,所以

$$E_3 = \rho\frac{R_2{}^3 - R_1{}^3}{3\varepsilon_0 r^2}$$

再求电势分布。

球层内($r < R_1$)的电势

$$\begin{aligned}U_1 &= \int_r^{R_1}\boldsymbol{E}_1\cdot\mathrm{d}\boldsymbol{r} + \int_{R_1}^{R_2}\boldsymbol{E}_2\cdot\mathrm{d}\boldsymbol{r} + \int_{R_2}^{\infty}\boldsymbol{E}_3\cdot\mathrm{d}\boldsymbol{r}\\ &= \int_{R_1}^{R_2}\frac{\rho(r^3 - R_1^3)}{3\varepsilon_0 r^2}\mathrm{d}r + \int_{R_2}^{\infty}\frac{\rho(R_2{}^3 - R_1^3)}{3\varepsilon_0 r^2}\mathrm{d}r\\ &= \left(\frac{\rho R_2^2}{6\varepsilon_0} - \frac{\rho R_1^2}{2\varepsilon_0} + \frac{\rho R_1^3}{3\varepsilon_0 R_2}\right) + \left(\frac{\rho R_2^2}{3\varepsilon_0} - \frac{\rho R_1^3}{3\varepsilon_0 R_2}\right)\\ &= \frac{\rho R_2^2}{2\varepsilon_0} - \frac{\rho R_1^2}{2\varepsilon_0} = \frac{\rho(R_2^2 - R_1^2)}{2\varepsilon_0}\end{aligned}$$

带电的球层内的电势与 r 无关,即球层内是等势体。

球层中($R_1 < r < R_2$)的电势

$$\begin{aligned}U_2 &= \int_r^{R_2}\boldsymbol{E}_2\cdot\mathrm{d}\boldsymbol{r} + \int_{R_2}^{\infty}\boldsymbol{E}_3\cdot\mathrm{d}\boldsymbol{r} = \int_r^{R_2}\frac{\rho(r^3 - R_1^3)}{3\varepsilon_0 r^2}\mathrm{d}r + \int_{R_2}^{\infty}\frac{\rho(R_2{}^3 - R_1^3)}{3\varepsilon_0 r^2}\mathrm{d}r\\ &= \left(\frac{\rho R_2^2}{6\varepsilon_0} - \frac{\rho r^2}{6\varepsilon_0} - \frac{\rho R_1^3}{3\varepsilon_0 r} + \frac{\rho R_1^3}{3\varepsilon_0 R_2}\right) + \left(\frac{\rho R_2{}^2}{3\varepsilon_0} - \frac{\rho R_1^3}{3\varepsilon_0 R_2}\right)\\ &= \frac{\rho R_2^2}{2\varepsilon_0} - \frac{\rho r^2}{6\varepsilon_0} - \frac{\rho R_1^3}{3\varepsilon_0 r}\end{aligned}$$

球层外($r > R_2$)的电势

$$U_3 = \int_r^{\infty}\boldsymbol{E}_3\cdot\mathrm{d}\boldsymbol{r} = \int_r^{\infty}\frac{\rho(R_2{}^3 - R_1^3)}{3\varepsilon_0 r^2}\mathrm{d}r = \frac{\rho(R_2{}^3 - R_1^3)}{3\varepsilon_0 r}$$

(2)用叠加法求电势

在球层中取一半径为 x 厚度为 $\mathrm{d}x$ 的极薄的同心球层(为了与场点到球心的距离 r 相区别,这里用 x 作为薄球层的半径),它实际上是一个均匀带电球面,电荷为 $\mathrm{d}q = 4\pi x^2\rho\mathrm{d}x$,如图 11-18 所示。由《大学物理》下册教材例题 11-11 可知,它在球面内($r < x$)等于球面的电势,为

$$\mathrm{d}U_{内} = \frac{\mathrm{d}q}{4\pi\varepsilon_0 x} = \frac{4\pi x^2\rho\mathrm{d}x}{4\pi\varepsilon_0 x} = \frac{\rho x\mathrm{d}x}{\varepsilon_0}$$

它在球面外($r > x$)的电势为

$$\mathrm{d}U_{外} = \frac{\mathrm{d}q}{4\pi\varepsilon_0 r} = \frac{4\pi x^2\rho\mathrm{d}x}{4\pi\varepsilon_0 r} = \frac{x^2\rho\mathrm{d}x}{\varepsilon_0 r}$$

球层内($r < R_1$)的电势

$$U_1 = \int_{球层} dU_内 = \int_{R_1}^{R_2} \frac{\rho x \, dx}{\varepsilon_0} = \frac{\rho(R_2^2 - R_1^2)}{2\varepsilon_0}$$

球层中($R_1 < r < R_2$)的电势

$$U_2 = \int_{R_1}^{r} dU_外 + \int_{r}^{R_2} dU_内 = \int_{R_1}^{r} \frac{\rho x^2 \, dx}{\varepsilon_0 r} + \int_{r}^{R_2} \frac{\rho x \, dx}{\varepsilon_0}$$

$$= \frac{\rho(r^3 - R_1^3)}{3\varepsilon_0 r} + \frac{\rho(R_2^2 - r^2)}{2\varepsilon_0} = \frac{\rho R_2^2}{2\varepsilon_0} - \frac{\rho R_1^3}{3\varepsilon_0 r} - \frac{\rho r^2}{6\varepsilon_0}$$

球层外($r > R_2$)的电势

$$U_2 = \int_{R_1}^{R_2} dU_外 = \int_{R_1}^{R_2} \frac{\rho x^2 \, dx}{\varepsilon_0 r} = \frac{\rho(R_2^3 - R_1^3)}{3\varepsilon_0 r}$$

两种方法结果完全一致。

第 12 章　静电场中的导体和电介质

§12.1　本章内容剖析

一、静电场中的导体

1. 导体　具有大量可自由移动电荷的物体称为导体。

2. 静电平衡　导体达到静电平衡时，导体体内和导体表面没有宏观电荷移动。至于微观，总是有电荷运动的。导体一切物理规律都是由此推导得出。

3. 静电平衡条件

(1) 导体体内电场强度为零，即 $\boldsymbol{E}=0$。

(2) 导体表面外附近电场强度 $\boldsymbol{E}$ 垂直导体表面。

导体体内电场强度 $\boldsymbol{E}=0$，不是说空间任何电荷(包括导体上的电荷) 各自单独在导体体内都不激发电场，而是说它们各自单独在导体体内激发电场的叠加使得导体体内电场强度为零。同样的道理，导体表面外附近 $\boldsymbol{E}$ 垂直导体表面，电荷单独在导体表面激发电场可以不垂直导体表面，空间所有电荷激发电场叠加起来垂直于导体表面。

4. 导体的电势

(1) 导体是等势体(包含导体表面是等势面)。

(2) 说明

① 导体是等势体是空间所有电荷产生电势叠加的结果。

② 导体是等势体是由导体静电平衡条件得出的。所以这一结论也称为静电平衡条件的推论。

③ 导体是等势体的结论很有意义，正因为导体是等势体，所以计算导体电势时，总是在导体体内找最好计算电势的点计算。

5. 导体电荷分布

(1) 导体体内处处宏观电荷为零，电荷分布在导体表面。

导体体内处处宏观电荷为零，不是说宏观电荷的代数和为零，而是说无任何宏观电荷。

(2) 空腔导体

① 当腔内无任何电荷时，空腔内壁处处无电荷。这也就会造成空腔内电场为零，这是静电屏蔽的基础。

② 当腔内有电荷时，空腔内壁有电荷，且量值与腔内电荷等值反号。

这正是静电起电机的原理：当腔内有电荷时，空腔内壁感应出等值反号的电荷，外表面感应出等值同号的电荷，让腔内电荷与空腔内壁接触，那么腔内壁的等值反号电荷与之中和。这个过程相当于把腔内电荷运送到导体外表面上。

(3) 导体曲率半径小处电荷面密度大。这是个定性的概念，没有定量的意义。这一结论是尖端放电的基础。

6. 导体表面外附近电场

(1) 其方向垂直于导体表面。

(2) 其大小正比于附近表面的电荷面密度，即 $E = \sigma/\varepsilon_0$。

式 $E = \sigma/\varepsilon_0$ 表明，静电平衡时导体尖端(曲率半径小)处电荷密度大，就有尖端处电场强度大，以至于电场将介质击穿，这样就出现了尖端放电现象。

7. 静电屏蔽

(1) 无论空腔导体是否接地，腔内物体不受腔外电场的影响。

(2) 接地空腔导体外物体不受腔内电场的影响。但如果空腔导体不接地，腔外物体就要受腔内电场的影响。

为了同时得到对腔内物体屏蔽和对腔外物体屏蔽，将空腔导体接地，就会有腔内物体不受腔外电场的影响，同时腔外物体不受腔内电场的影响的综合效果。

二、静电场中的电介质

1. 介质的极化

(1) 有极分子取向极化　有外电场时，有极分子受电场力作用，力图转向使分子电矩与电场一致，但分子热运动又力图破坏这种一致。最终分子电矩或多或少形成与电场一致的有序排列，宏观上造成介质表面出现极化电荷，极化电荷激发的电场使原电场减弱。外电场强，这种转向使有序排列的一致性越高，宏观上造成介质表面出现的极化电荷就越多，电极化的程度就越高。

(2) 无极分子位移极化　有外电场时，无极分子都受电场力作用，正、负电荷中心产生位移，形成电偶极子。这由电场力形成的电偶极子在与电场一致的方向上排列，宏观上造成介质表面出现极化电荷，极化电荷激发的电场使原电场减弱。外电场强，正、负电荷中心的位移越大，分子电矩就越大，宏观上造成介质表面出现的极化电荷就越多，电极化的程度就越高。

虽然有极分子与无极分子的极化机理有所不同，但极化的结果是一样的。

2. 介质中的高斯定理

(1) 定理的表达式

$$\oint_S \boldsymbol{D} \cdot \mathrm{d}\boldsymbol{S} = Q_0$$

(2) 定理的文字表述　通过闭合曲面的电位移通量等于闭合曲面所包围的自由电荷的代数和。

(3) 介质中的高斯定理揭示了介质中的静电场是有源场的物理实质。

(4) 说明

① 通过高斯面的电位移通量只与高斯面内的自由电荷有关，但更要注意：高斯面上的电位移矢量不仅与高斯面内的自由电荷有关，还与高斯面外的自由电荷有关，不仅与高斯面内、外的自由电荷有关，还与高斯面内、外的极化电荷有关，即与空间所有电荷有关。

② 介质中的高斯定理也适用于真空，只不过把真空也作为一种介质，其电容率为 ε_0；另外真空中的高斯定理也适用于介质，只不过把介质中的极化电荷也作为电荷。

(5) 介质中的高斯定理可用来求解有介质时某种对称性的电场。其解题步骤与用真空中的高斯定理求解电场的步骤一样。不过用介质中的高斯定理求解电场时，是先求电位移矢量 $\boldsymbol{D}$，再用关系式 $\boldsymbol{D} = \varepsilon_0\varepsilon_r\boldsymbol{E} = \varepsilon\boldsymbol{E}$ 求电场强度 $\boldsymbol{E}$。

3. 电位移矢量 $\boldsymbol{D}$　$\boldsymbol{D}$ 是描述电场的辅助物理量，在各向同性介质中 $\boldsymbol{D} = \varepsilon_0\varepsilon_r\boldsymbol{E} = \varepsilon\boldsymbol{E}$。其中 ε_0、ε_r、ε 间的关系是 $\varepsilon = \varepsilon_0\varepsilon_r$。

三、电容

1. 定义式

(1) 孤立导体　$C = \dfrac{Q}{U}$。

(2) 电容器　$C = \dfrac{Q}{\Delta U} = \dfrac{Q}{U_1 - U_2}$。

孤立导体也是电容器，是导体与无限远处的导体组成的电容器。

2. 说明

(1) 电容是表征电容器荷电本领的物理量，与电容器是否荷电无关。

(2) 电容器的电容不是说与电容器的荷电量成正比，与电容器的电势成反比。因为电容器的电势与电容器的荷电量成正比，两者的比值为一常量。

(3) 任何两个导体都可以组成电容器。

(4) 电容器电容的定义式既是求规则电容器电容的表达式，也是求不规则电容器电容的测量式：

① 求规则电容器的电容　先假设电容器荷电，由此求出激发的电场，算出两极板的电势差。用荷电量除以电势差便可获得规则电容器电容。

② 求不规则电容器的电容　先让电容器荷电，用仪器测出两极板的荷电量和电势差。用测出的荷电量除以测出的电势差便可获得不规则电容器电容。

3. 几种电容器的电容

(1) 平行板电容器　$C = \dfrac{\varepsilon S}{d}$；

(2) 圆柱形电容器　$C = \dfrac{2\pi\varepsilon l}{\ln(R_2/R_1)}$；

(3) 球形电容器　$C = \dfrac{4\pi\varepsilon R_2 R_1}{R_2 - R_1}$；

(4) 孤立导体球　$C = 4\pi\varepsilon R$。

4. 并联　$C = C_1 + C_2 + C_3 + \cdots$

5. 串联　$\dfrac{1}{C} = \dfrac{1}{C_1} + \dfrac{1}{C_2} + \dfrac{1}{C_3} + \cdots$

四、静电场的能量

1. 电容器储存的电能　$W_e = \dfrac{Q^2}{2C} = \dfrac{1}{2}C(\Delta U)^2 = \dfrac{1}{2}Q\Delta U$

2. 静电场的能量密度

(1) 定义式　$w_e = \dfrac{dW}{dV}$

(2) 表达式

① 普遍表达式　$w_e = \dfrac{1}{2}\boldsymbol{E} \cdot \boldsymbol{D}$

② 在各向同性电介质中　$w_e = \dfrac{1}{2}ED = \dfrac{1}{2}\varepsilon E^2 = \dfrac{D^2}{2\varepsilon}$

3. 某电场空间的电场能量　$W_e = \int_V w_e dV = \int_V \dfrac{1}{2}\boldsymbol{E} \cdot \boldsymbol{D} dV$

五、稳恒电流

1. 电流与电流密度

(1) 电流　$I = dq/dt$，正电荷运动的方向为电流的方向。

(2) 电流密度　$\boldsymbol{j} = (dI/dS_{\perp})\boldsymbol{n}$。

(3) 电流与电流密度的关系　$I = \int_S \boldsymbol{j} \cdot d\boldsymbol{S}$。

(4) 电流与载流子定向运动的速度 v 的关系　$I = qnSv$。

2. 欧姆定律的微分形式　$\boldsymbol{j} = \sigma \boldsymbol{E}$

3. 电源电动势 $\mathscr{E}=\int_{(-)经内部}^{(+)}\boldsymbol{E}_{k}\cdot d\boldsymbol{l}=\oint_{l}\boldsymbol{E}_{k}\cdot d\boldsymbol{l}$

4. 电子的逸出功

电子的逸出功即电子飞出金属表面，克服偶电层所消耗的能量。

§12.2 本章重点、难点

一、本章重点

(1) 静电场中的导体。

(2) 介质中的高斯定理。

(3) 电容器及其电容。

(4) 电场的能量。

二、本章难点

(1) 静电场中的导体。

(2) 介质中的高斯定理的理解和应用。

(3) 有导体和介质时电场强度及电势的计算。

§12.3 本章解题指导

本章的习题总是与第11章的内容紧密联系的，都要涉及电荷、电场强度与电势。这些在第11章交代得比较详细，这儿不再重复。根据所讲述的内容，本章有以下几个方面的习题：其一是电场中的导体，其二是电场中的电介质，其三是电容，其四是电场的能量。至于稳恒电流的内容，因为只是为本教材后续内容服务，有关它的习题，本书不作要求。

一、电场中的导体

关于电场中导体的习题，原理十分简单，但做起来却很困难。关于电场中导体的习题，要抓住以下几点：

(1) 导体静电平衡条件。导体体内 $\boldsymbol{E}=0$（如例题12-2、例题12-3、例题12-7），导体表面 $\boldsymbol{E}\perp$ 表面。这是空间所有电荷激发电场叠加的结果。

(2) 导体是等势体。由此得出两点：

① 计算导体电势时找最好计算电势的点来计算（如例题12-3、例题12-5、例题12-6）。

② 两导体的电势差不因路径的不同而改变（如例题12-1）。

(3) 电荷分布在导体表面(如例题 12-3、例题 12-4、例题 12-6、例题 12-7),空腔导体的内腔壁上电荷与腔内电荷等值反号(如例题 12-5)。

(4) 电荷守恒。因静电感应,导体电荷重新分布,但保证电荷守恒(如例题 12-2、例题 12-3、例题 12-6、例题 12-7)。

(5) 导体接地时的电荷走向。不是导体接地后,导体上的电荷都跑入地下,而是导体电势为零(如例题 12-5)。

二、电场中的电介质

关于电场中电介质的习题,在本教材要求的范围内,有两个方面的内容:

(1) 求电场。对于求电场的习题,一般先用介质中的高斯定理求出电位移矢量 $\boldsymbol{D}$,再用关系式 $\boldsymbol{D}=\varepsilon_0\varepsilon_r\boldsymbol{E}=\varepsilon\boldsymbol{E}$ 求电场强度 $\boldsymbol{E}$(如例题 12-7、例题 12-8)。之所以这样求,是因为如果用真空中的高斯定理,就要涉及把极化电荷作为电荷来处理,而极化电荷一般求解困难。

(2) 往往和导体的内容掺和在一起(如例题 12-7、例题 12-8、例题 12-11)。这就要利用导体静电平衡时的性质综合求解。

三、电容

关于电容的习题,大致有四类:

(1) 求规则电容器的电容,这一般是先假设电容器荷电,由此求出电场,算出两板电势差,进而用定义式算出电容(如例题 12-10)。

(2) 在电容器内插入介质板或导体板时,电容的变化。这实际上也是求规则电容器的电容(如例题 12-10)。

(3) 在电容器荷电或接电源的情况下,往电容器内插入介质板或导体板时,电容器电势或荷电的变化。一般是这样的:

① 在电容器荷电的情况下,往电容器内插入介质板或导体板时,电容器极板上荷电不变,电势差改变(如例题 12-10);

② 在电容器接电源的情况下,往电容器内插入介质板或导体板时,电容器极板间电势差不变,荷电变化(如例题 12-10)。

(4) 电容器串、并联后加电压引起电容器被击穿的情况。这里面就按公式求出各电容器的电势差,再依电容器给出的耐压情况进而确定。

四、电场的能量

关于电场能量的习题,大致有六类:

(1) 求电容器储存的电能。这部分习题套公式即可(如例题 12-12)。

(2) 根据电荷或电场分布求电场能量密度(如例题 12-9)。这部分习题只要一步步求出电场,用电场能量密度的表达式就可求出。

(3) 求某电场空间的能量。这部分习题只要求出电场,进而求出电场能量密度,最后积分求出电场能量(如例题 12-13)。

(4) 通过求电容器内电场空间的能量,进而求出电容器的电容。这部分习题是先求出电场,然后求出电场能量密度,再积分求出电场能量,最后与电容器储存电能的公式比较得出电容器的电容(如例题 12-13)。

(5) 在电容器荷电或接电源的情况下,往电容器内插入介质板或导体板时电容器内电场能量的变化。这往往与计算电容器的电容相联系。先算出电容的变化,再结合电容器储存电能的公式 $W_e = Q^2/(2C) = C(\Delta U)^2/2$ 算出。电容器荷电用前式,电容器接电源用后式(如例题 12-10)。

(6) 荷电的电容器通过串、并联后能量的变化。此类题应搞清楚几点:其一,静电力做功等于电场能量的减少;其二,导体用导线连接,是导体所带电荷相加,表明电容是并联(如例题 12-12)。

§ 12.4　本章典型例题

例题 12-1　三块尺寸相同的导体平板 A、B、C 正对着平行放置,相互之间的距离为 d_1 和 d_2,${d_1}^2$ 和 ${d_2}^2$ 远小于板面积。外面两导体平板 A、C 用导线连接,中间板 B 上带电。设 B 板左右两面上电荷面密度分别为 σ_1 和 σ_2,如图 12-1 所示。求比值$\frac{\sigma_1}{\sigma_2}$。

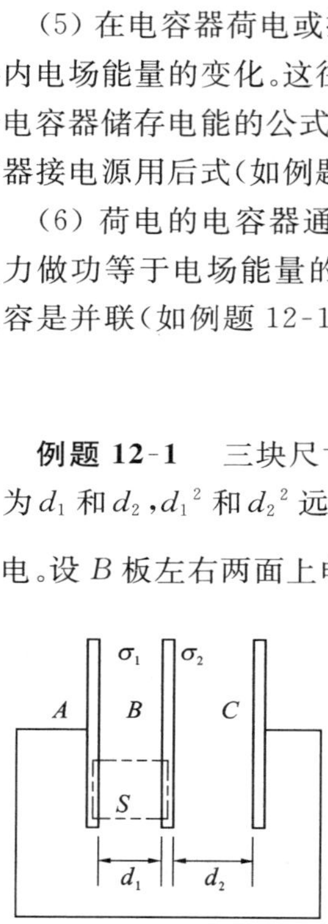

图 12-1　例题 12-1 用图

分析　这是个求导体电荷分布的题。要求电荷分布,就要求电场和电势。电场和电势题目中都没有给,但告诉了外面两导体平板 A、C 用导线连接,即告诉了 B 板与 A、C 两板的电势差相等,有 $U_{BA} = U_{BC}$。通过此式,可以同电场相联系,电场再与电荷面密度相联系,据此可求出 σ_1、σ_2,进而求出 σ_1/σ_2。这里的导体板可看作无限大带电平面。还要证明 A 板右侧与 B 板左侧的电荷面密度等值反号,C 板左侧与 B 板右侧的电荷面密度等值反号,才使得 B、A 间的电场强度大小为 $E_1 = \sigma_1/\varepsilon_0$,得 B、C 间的电场强度大小为 $E_2 = \sigma_2/\varepsilon_0$。

解　先证明静电平衡时,正对着放置的两"无限大"导体薄板,其内侧(即 A 板右侧与 B 板左侧、C 板左侧与 B 板右侧)电荷面密度大小相等、符号相反。以 A 板右侧与 B 板左侧为例,因是"无限大"带电平面,故产生的电场垂直于平面。作如图 12-1 所示柱形高斯面 S,两底面平行于导体板面,且在导体板 A、B 体内,侧面垂直导体板面。设 A 板左面的电荷面密度为 σ，B 板右平面的电荷面密度为 σ'。因静电平衡时导体板体内电场为零，高斯面侧面的法线垂直于电场。依高斯定理有

$$\oint_S \boldsymbol{E}\cdot \mathrm{d}\boldsymbol{S} = \int_{左底}\boldsymbol{E}\cdot \mathrm{d}\boldsymbol{S} + \int_{右底}\boldsymbol{E}\cdot \mathrm{d}\boldsymbol{S} + \int_{侧面}\boldsymbol{E}\cdot \mathrm{d}\boldsymbol{S}$$
$$= 0+0+0=0=\frac{q_{内}}{\varepsilon_0}=\frac{\sigma+\sigma'}{\varepsilon_0}$$

必有

$$\sigma = -\sigma'$$

由此得出，如果 B 板左右两面上电荷面密度分别为 σ_1 和 σ_2，那么 A 板右平面上电荷面密度则为 $-\sigma_1$，B 板左平面上电荷面密度则为 $-\sigma_2$。于是，B、A 板间的电场强度为 $E_1=\sigma_1/\varepsilon_0$，方向向左，$B$、$C$ 板间的电场强度为 $E_2=\sigma_2/\varepsilon_0$，方向向右。则 B、A 板间的电势差 U_{BA}，B、C 板间的电势差 U_{BC} 分别为

$$\Delta U_{BA} = \int_B^A \boldsymbol{E}\cdot \mathrm{d}\boldsymbol{l} = E_1 d_1 = \frac{\sigma_1}{\varepsilon_0}d_1$$

$$\Delta U_{BC} = \int_B^C \boldsymbol{E}\cdot \mathrm{d}\boldsymbol{l} = E_2 d_2 = \frac{\sigma_2}{\varepsilon_0}d_2$$

因导体平板 A、C 用导线连接，有 $U_A=U_C$，故 $\Delta U_{BA}=\Delta U_{BC}$，所以 $\sigma_1 d_1=\sigma_2 d_2$。于是得比值 σ_1/σ_2 为

$$\frac{\sigma_1}{\sigma_2}=\frac{d_2}{d_1}$$

例题 12-2　一“无限大”均匀带电平面 A，其附近放一个与它平行的有一定厚度的“无限大”平面导体板 B，导体板原先不带电。已知 A 上的电荷面密度为 σ，如图 12-2 所示。求在导体板 B 的两个表面 1 和 2 上的感应电荷面密度 σ_1 和 σ_2。

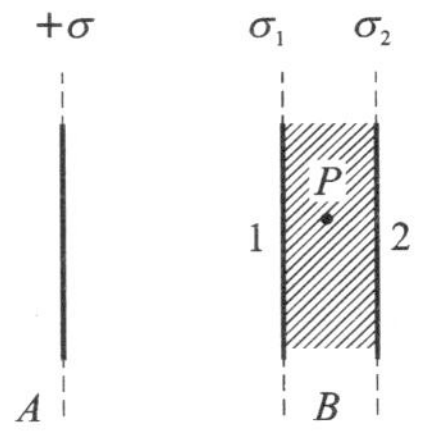

图 12-2　例题 12-2 用图

分析　这也是个求导体电荷分布的题。此题只要抓住静电平衡时导体体内电场强度为零、电场强度为零是所有电荷激发电场叠加的结果以及电荷守恒，问题就解决了。

解　在导体体内取一点 P，静电平衡时，点 P 电场强度为零。而点 P 电场强度是 A、B 两板电荷激发电场叠加的结果。A、B 两板又是“无限大”均匀带电平面，满足“无限大”均匀带电平面激发电场的公式。设 A 板电荷、B 板左侧电荷、B 板右侧电荷在点 P 激发电场分别为 $\boldsymbol{E}_A$（方向向右）、$\boldsymbol{E}_{B左}$（方向向右）、$\boldsymbol{E}_{B右}$（方向向左）。所以有

$$\boldsymbol{E}=\boldsymbol{E}_A+\boldsymbol{E}_{B左}+\boldsymbol{E}_{B右}=0$$

即

$$\frac{\sigma}{\varepsilon_0}+\frac{\sigma_1}{\varepsilon_0}-\frac{\sigma_2}{\varepsilon_0}=0$$

得

$$\sigma+\sigma_1-\sigma_2=0$$

又因导体板原先不带电，依电荷守恒，有

$$\sigma_1+\sigma_2=0$$

联立解以上二式得

$$\sigma_1=\frac{-\sigma}{2},\qquad \sigma_2=\frac{\sigma}{2}$$

例题 12-3　半径分别为 $r_1=2.0\ \text{cm}$ 和 $r_2=3.0\ \text{cm}$ 的两个球形导体，各带电量 $Q_0=2.0\times10^{-8}\ \text{C}$，两球相距很远，若用细导线将两球连接起来，并设无限远处为电势零点。求静电平衡时，(1) 两球所带的电荷 Q_1 和 Q_2；(2) 两球的电势 U_1 和 U_2。

分析　因两球相距很远，故可作为孤立导体球，电荷均匀分布在表面。由于是用导线相连，故两导体球的电势相等，有 $U_1=U_2$。电势满足均匀带电球面产生的电势。

解　(1) 因两球相距很远，故可作为孤立导体球，电荷均匀分布在表面，满足均匀带电球面产生的电势。又因两球用导线相连，得两球的电势相等。有

$$U_1=\frac{Q_1}{4\pi\varepsilon_0 r_1}=U_2=\frac{Q_2}{4\pi\varepsilon_0 r_2}$$

得

$$\frac{Q_1}{r_1}=\frac{Q_2}{r_2}$$

又因两导体球原先各带电为 Q_0，依电荷守恒，得

$$Q_1+Q_2=2Q_0$$

解得

$$Q_1=\frac{2Q_0}{r_1+r_2}r_1=\frac{2\times2.0\times10^{-8}}{2\times10^{-2}+3\times10^{-2}}\times2\times10^{-2}\ \text{C}=1.6\times10^{-8}\ \text{C}$$

$$Q_2=\frac{2Q_0}{r_1+r_2}r_2=\frac{2\times2.0\times10^{-8}}{2\times10^{-2}+3\times10^{-2}}\times3\times10^{-2}\ \text{C}=2.4\times10^{-8}\text{C}$$

(2) 两球的电势

$$U_1=U_2=\frac{Q_1}{4\pi\varepsilon_0 r_1}=\frac{1.6\times10^{-8}}{4\pi\times8.85\times10^{-12}\times2.0\times10^{-2}}\ \text{V}=7.193\times10^{3}\ \text{V}$$

例题 12-4　地球表面附近的电场强度约为 $110\ \text{N}\cdot\text{C}^{-1}$，方向垂直地面向下，假设地球上的电荷都均匀分布在地球表面上，求地球表面的电荷面密度，并指出电

荷的正负。

分析　把地球看成导体，电荷均匀分布在地球表面，且地球表面的电场强度 $\boldsymbol{E}$ 的大小与地球表面电荷面密度 σ 满足：$E=\sigma/\varepsilon_0$。$\boldsymbol{E}$ 的方向垂直地球表面，当 $\sigma>0$ 时，$\boldsymbol{E}$ 的方向向上；当 $\sigma<0$ 时，$\boldsymbol{E}$ 的方向向下。由此可得出地球表面电荷面密度的大小及正负。

解　由题目可知，电荷均匀分布在地球表面，地球可看成导体。由导体表面电场强度 $\boldsymbol{E}$ 与导体表面电荷面密度 σ 的关系：$E=\sigma/\varepsilon_0$，可知

$$\sigma=\varepsilon_0 E=8.85\times10^{-12}\times110\ \mathrm{C/m^2}=9.74\times10^{-10}\ \mathrm{C/m^2}$$

因 $\boldsymbol{E}$ 的方向垂直向下，故 $\sigma<0$ 时，即 σ 为负电荷。

例题 12-5　带电 q 的金属球 A 与带电 Q 的金属球壳 B 同心放置，球 A 半径为 r，球壳 B 内外半径分别为 R_1、R_2。(1) 求电荷分布；(2) 求 A 和 B 的电势 U_A、U_B；(3) 今将球 A 接地，求电荷分布。

分析　这是一个可能使同学们产生错觉的例题。认为任何导体接地，导体上的电荷都会跑入地下。任何一种物理现象，必须有原理为基础。这儿的接地，只是表明，接地导体电势为零。至于是否带电，要通过计算。另外此题还要用到大地电势为零与无限远处电势为零是统一的。由于这儿的导体都是球体，且同心放置，故带电均匀分布在表面，其产生的电势可用均匀带电球面激发的电势来计算。

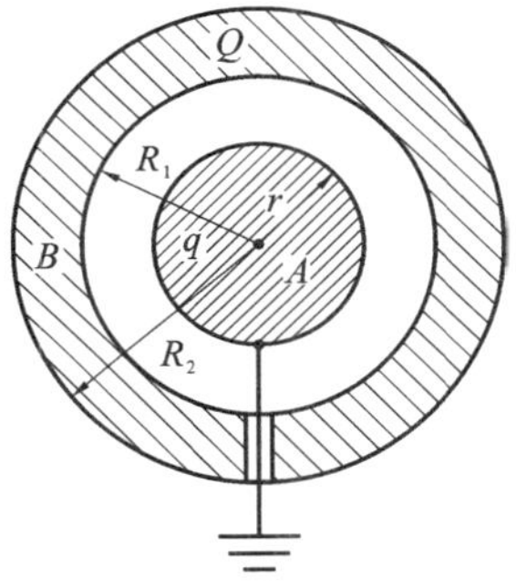

图 12-3　例题 12-5 用图

解　(1) 求导体球不接地时的电荷分布。因 A、B 同心，电荷球对称，故球 A 表面均匀带电 q；球壳 B 内表面均匀带电 $-q$，外表面均匀带电 $Q+q$。

(2) 求电势。因各球面均匀带电，其产生的电势可用均匀带电球面激发的电势来计算。有

$$U_A=\frac{q}{4\pi\varepsilon_0 r}-\frac{q}{4\pi\varepsilon_0 R_1}+\frac{Q+q}{4\pi\varepsilon_0 R_2}$$

$$U_B=\frac{q}{4\pi\varepsilon_0 R_2}-\frac{q}{4\pi\varepsilon_0 R_2}+\frac{Q+q}{4\pi\varepsilon_0 R_2}=\frac{Q+q}{4\pi\varepsilon_0 R_2}$$

(3) 球 A 接地，即此时 A 球电势为零，$U_A'=0$。设此时球 A 带电 q'，球 B 内外表面带电 $-q'$、$Q+q'$，有

$$U_A'=\frac{q'}{4\pi\varepsilon_0 r}-\frac{q'}{4\pi\varepsilon_0 R_1}+\frac{Q+q'}{4\pi\varepsilon_0 R_2}=0$$

$$\frac{q'}{r}-\frac{q'}{R_1}+\frac{Q+q'}{R_2}=0$$

$$q'\left(\frac{1}{r}-\frac{1}{R_1}+\frac{1}{R_2}\right)=-\frac{Q}{R_2}$$

故电荷分布为

$$Q_A=q'=\frac{-Q/R_2}{1/r-1/R_1+1/R_2}=-\frac{QrR_1}{R_1R_2-rR_2+rR_1}<0$$

$$Q_{B内表面}=-Q_A=\frac{QrR_1}{R_1R_2-rR_2+rR_1}>0$$

可见内导体球接地后，电荷不是都跑入地下，而是还带有电荷。

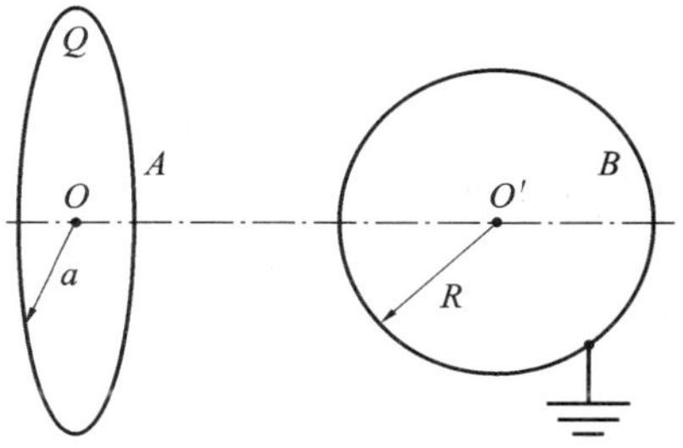

图 12-4　例题 12-6 用图

例题 12-6　如图 12-4 所示，真空中有一半径为 a 带电量为 Q 的均匀带电细圆环，旁边有一原先不带电的导体球，导体球的半径为 R，球心在带电细圆环的中心轴线上，球心距圆环中心的距离为 d，d 大于导体球的半径 R。(1) 用电势叠加原理求导体球的电势；(2) 把导体球接地后再断开，求导体球上的感应电量。

分析　这是个看起来困难，而实际十分简单的例题。导体球的电势是由两部分电荷产生的，其一是细圆环电荷，其二是导体球的感应电荷。感应电荷在导体球上如何分布，我们不清楚，况且这两种电荷在导体球上不同点产生的电势不同。这似乎很难解此题，但是如果抓住导体是电势体的基本概念，寻找最容易计算电势的点进行计算，问题就解决了。选导体球球心 O' 作为电势的计算点，细圆环电荷在此产生的电势通过电势叠加原理可以求出，导体球的感应电荷在此产生的电势应是 $Q/(4\pi\varepsilon_0 R)$（计算过程随后给出）。

解　(1) 因导体是等势体，球心的电势就是导体球的电势，即 $U=U_{球心}$。注意到导体球原先不带电，且导体球上感应电荷的电荷元到球心的距离就是导体球的半径，故

$$U=U_{球心}=\int_{球面}\frac{dq}{4\pi\varepsilon_0 r}+\int_{带电圆环}\frac{dq}{4\pi\varepsilon_0 r}=\int_{球面}\frac{dq}{4\pi\varepsilon_0 R}+\int_{带电圆环}\frac{dq}{4\pi\varepsilon_0\sqrt{a^2+d^2}}$$

$$=\frac{1}{4\pi\varepsilon_0 R}\int_{球面}dq+\frac{1}{4\pi\varepsilon_0\sqrt{a^2+d^2}}\int_{带电圆环}dq=\frac{Q}{4\pi\varepsilon_0\sqrt{a^2+d^2}}$$

(2) 导体球接地，电势为 0。令导体球上的感应电荷为 Q'，有

$$0=U=\int_{球面}\frac{dq}{4\pi\varepsilon_0 r}+\int_{带电圆环}\frac{dq}{4\pi\varepsilon_0 r}=\frac{1}{4\pi\varepsilon_0 R}\int_{球面}dq+\frac{1}{4\pi\varepsilon_0\sqrt{a^2+d^2}}\int_{带电圆环}dq$$

$$=\frac{Q'}{4\pi\varepsilon_0 R}+\frac{Q}{4\pi\varepsilon_0\sqrt{a^2+d^2}}$$

于是得导体球上的感应电荷为 Q' 为

$$Q' = \frac{-QR}{\sqrt{a^2 + d^2}}$$

例题 12-7　如图 12-5 所示，两块很大的导体平板平行放置，面积都是 S，导体板 A 带电 Q_1，导体板 B 带电 Q_2。两导体板间充满介电常数为 ε 的介质。(1) 不计边缘效应，求两板四表面的电荷面密度；(2) 求两板间的电场强度。

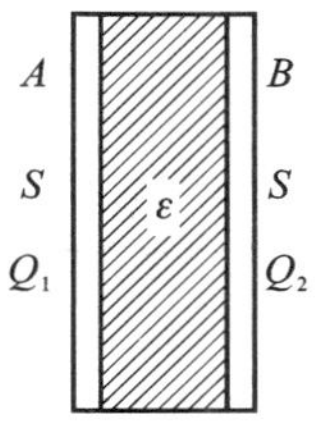

图 12-5　例题 12-7 用图

分析　这是个导体与介质混在一起的例题。要所有电荷在导体体内激发电场为零，就要涉及介质表面的极化电荷，这显然比较困难。只有找个与自由电荷有联系的公式计算，即这儿只有用介质中的高斯定理求解。

解　(1) 求两板四面的面电荷密度。静电平衡时导体体内电场强度为零，电位移矢量也为零，即所有自由电荷在导体体内产生电位移矢量的矢量和为零。尽管极化电荷对电位移矢量有贡献，但这里介质表面的极化电荷等值反号，对导体体内电位移矢量的贡献为零。因无限大均匀带电平面在空间激发的电场强度为 $\sigma/(2\varepsilon_0)$，那么无限大均匀带电导体平面在空间激发的电位移矢量应为 $\sigma/2$，设导体板 A、B 左右两面的电荷面密度依次为 σ_1、σ_2、σ_3、σ_4、有

$$D_{\mathrm{A}} = \frac{\sigma_1}{2} - \frac{\sigma_2}{2} - \frac{\sigma_3}{2} - \frac{\sigma_4}{2} = 0$$

$$D_{\mathrm{B}} = \frac{\sigma_1}{2} + \frac{\sigma_2}{2} + \frac{\sigma_3}{2} - \frac{\sigma_4}{2} = 0$$

因电荷守恒，有

$$\sigma_1 + \sigma_2 = \frac{Q_1}{S}, \qquad \sigma_3 + \sigma_4 = \frac{Q_2}{S}$$

解得

$$\sigma_1 = \sigma_4 = \frac{Q_1 + Q_2}{2S}, \qquad \sigma_2 = -\sigma_3 = \frac{Q_1 - Q_2}{2S}$$

(2) 两板间的电位移矢量的大小为

$$D = \frac{\sigma_1}{2} + \frac{\sigma_2}{2} - \frac{\sigma_3}{2} - \frac{\sigma_4}{2} = \frac{\sigma_1}{2} + \frac{\sigma_2}{2} - \frac{-\sigma_2}{2} - \frac{\sigma_1}{2} = \sigma_2 = \frac{Q_1 - Q_2}{2S}$$

$$E = \frac{D}{\varepsilon} = \frac{Q_1 - Q_2}{2\varepsilon S}$$

电场强度方向向右。

例题 12-8　半径为 R_1 的导体球带电，其电荷面密度为 σ，球外有一层内外半径分别为 R_1、R_2 的电容率为 ε 的与导体球同心的各向同性均匀介质球壳，如图

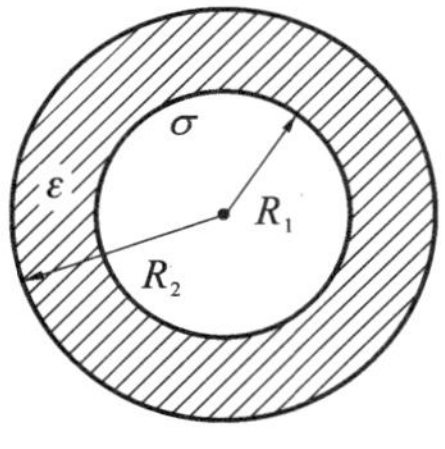

图 12-6 例题 12-8 用图

12-6 所示。求:(1) 离球心距离为 $r<R_1$、$R_1<r<R_2$、$r>R_2$ 处的电位移矢量 $\boldsymbol{D}$ 和电场强度矢量 $\boldsymbol{E}$ 的大小和方向;(2) 导体球的电势。

分析 本题只能先用介质中的高斯定理求出电位移矢量,再用电位移矢量与电场强度的关系求电场强度,因为我们不知道极化电荷。

解 (1) 因电荷与介质球对称,电场也呈球对称,故电位移矢量也呈球对称。即电位移矢量的方向沿径向,对于距球心等距离的点,电位移矢量的大小相等。令 $Q=4\pi R_1{}^2\sigma$。为方便,先以 Q 为已知量计算,待得出结果后再换成 σ 作已知量计算。过场点作与金属球同心的球形高斯面,有

$$\oint_S \boldsymbol{D}\cdot \mathrm{d}\boldsymbol{S}=4\pi r^2 D=\sum q_0$$

当 $r<R_1$,$\sum q_0=0$,得

$$D_1=0,\qquad E_1=0$$

当 $R_1<r<R_2$,$\sum q_0=Q$,得

$$D_2=\frac{Q}{4\pi r^2},\qquad E_2=\frac{Q}{4\pi\varepsilon r^2}$$

当 $r>R_2$,$\sum q_0=Q$,得

$$D_3=\frac{Q}{4\pi r^2},\qquad E_3=\frac{Q}{4\pi\varepsilon_0 r^2}$$

$\boldsymbol{D}$ 和 $\boldsymbol{E}$ 的方向沿径向。

(2) 求导体球的电势

$$\begin{aligned}U&=\int_r^{\infty}\boldsymbol{E}\cdot\mathrm{d}\boldsymbol{l}=\int_r^{R_1}E_1\mathrm{d}r+\int_{R_1}^{R_2}E_2\mathrm{d}r+\int_{R_2}^{\infty}E_3\mathrm{d}r\\&=\int_r^{R_1}0\mathrm{d}r+\int_{R_1}^{R_2}\frac{Q\mathrm{d}r}{4\pi\varepsilon r^2}+\int_{R_2}^{\infty}\frac{Q\mathrm{d}r}{4\pi\varepsilon_0 r^2}=\frac{Q}{4\pi\varepsilon}\left(\frac{1}{R_1}-\frac{1}{R_2}\right)+\frac{Q}{4\pi\varepsilon_0 R_2}\\&=\frac{Q}{4\pi\varepsilon}\left(\frac{1}{R_1}-\frac{1}{R_2}+\frac{\varepsilon}{\varepsilon_0 R_2}\right)=\frac{4\pi R_1{}^2\sigma}{4\pi\varepsilon}\left(\frac{1}{R_1}-\frac{1}{R_2}+\frac{\varepsilon}{\varepsilon_0 R_2}\right)\\&=\frac{R_1{}^2\sigma}{\varepsilon}\left(\frac{1}{R_1}-\frac{1}{R_2}+\frac{\varepsilon}{\varepsilon_0 R_2}\right)\end{aligned}$$

例题 12-9 在相对电容率为 $\varepsilon_r=2$ 的各向同性均匀电介质中,点 P 的电场能量密度为 $w_e=4\times10^{-6}\ \mathrm{J/m^3}$,求该点电场强度 $\boldsymbol{E}$ 的大小。

分析 这是个复习电场能量密度与电场强度关系的题,套公式即可。

解 由电场能量密度与电场强度关系得表达式 $w_e=\dfrac{\varepsilon E^2}{2}=\dfrac{\varepsilon_0\varepsilon_r E^2}{2}$,有

$$E=\sqrt{\frac{2w_e}{\varepsilon_0\varepsilon_r}}=\sqrt{\frac{2\times4\times10^{-6}}{8.85\times10^{-12}\times2}}\ \text{N/C}=6.72\times10^{2}\ \text{N/C}$$

例题 12-10　(1) 极板间距为 d 的平行板电容器两极板间电压为 ΔU，求极板间电场能量密度 w_0。(2) 在保持极板间电压为 ΔU 不变的情况下，往极板间灌相对电容率为 ε_r 的各向同性均匀电介质，灌满后再求极板间电场能量密度 w_1。(3) 先用电压 ΔU 给平行板电容器充电，充满后断开电源，再往极板间灌相对电容率为 ε_r 的各向同性均匀电介质，灌满后再求极板间电场能量密度 w_2。

分析　这是个在保持极板间电压不变时给电容灌介质，或保持极板电荷不变时给电容灌介质，求电场能量密度的题，套公式即可。

解　(1) 因平行板电容器极板间电场为匀强电场，则电场强度与极板间电势差的关系是 $E_0=\dfrac{\Delta U}{d}$，于是极板间电场能量密度 w_0 为

$$w_0=\frac{\varepsilon_0E_0^2}{2}=\frac{\varepsilon_0\ (\Delta U/d)^2}{2}=\frac{\varepsilon_0(\Delta U)^2}{2d^2}$$

(2) 因极板间电压为 ΔU 不变，即极板间电场强度 $E_1=E_0=\dfrac{\Delta U}{d}$ 不变。则灌介质后的电场能量密度 w_1 为

$$w_1=\frac{\varepsilon_0\varepsilon_rE_1^2}{2}=\frac{\varepsilon_0\varepsilon_r(\Delta U/d)^2}{2}=\frac{\varepsilon_0\varepsilon_r(\Delta U)^2}{2d^2}$$

(3) 先给电容器充电，充满后断开电源，再往极板间灌介质，表明灌介质时电容器电荷不变。因 $E_0=\Delta U/d=\sigma/\varepsilon_0$，有 $\sigma=\varepsilon_0\,\Delta U/d$。则灌介质后极板间电场强度 E_2 为

$$E_2=\frac{\sigma}{\varepsilon_0\varepsilon_r}=\frac{\dfrac{\varepsilon_0\Delta U}{d}}{\varepsilon_0\varepsilon_r}=\frac{\Delta U}{\varepsilon_rd}$$

得极板间电场能量密度 w_2 为

$$w_2=\frac{\varepsilon_0\varepsilon_rE_2^2}{2}=\frac{\varepsilon_0\varepsilon_r[\Delta U/(\varepsilon_rd)]^2}{2}=\frac{\varepsilon_0(\Delta U)^2}{2\varepsilon_rd^2}$$

例题 12-11　一电容器由两个很长的同轴导体薄圆筒组成，内外圆筒半径分别为 $R_1=5.0$ cm，$R_2=10.0$ cm，其间充满相对介电常数为 ε_r 的各向同性均匀电介质。电容器接在电压 $\Delta U=32$ V 的电源上，如图 12-7 所示，图 12-7 为装置的横截面图。试求距离轴线 $R=8.0$ cm 处点 P 的电场强度及点 P 与外筒间的电势差。

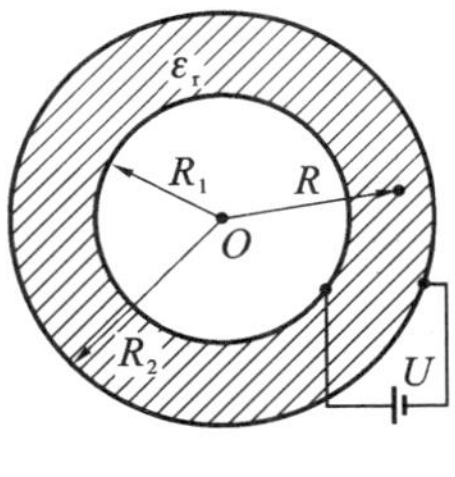

图 12-7　例题 12-11 用图

分析　这是个包含介质、导体、电场强度、电势的综

合例题。同时从此题可以看出无限带电体不能选无限远处为电势零点。

解　令内、外电极单位长度电量分别为λ、$-\lambda$。由教材讲述圆柱形电容器的知识可知，极板间场强的表达式为

$$E=\frac{\lambda}{2\pi\varepsilon_0\varepsilon_r r}$$

由此得两极板电势差的表达式为

$$\Delta U=\int_{\text{内筒}}^{\text{外筒}}\boldsymbol{E}\cdot \mathrm{d}\boldsymbol{l}=\int_{R_1}^{R_2}\frac{\lambda \mathrm{d}r}{2\pi\varepsilon_0\varepsilon_r r}=\frac{\lambda}{2\pi\varepsilon_0\varepsilon_r}\ln\frac{R_2}{R_1}$$

有

$$\frac{\lambda}{2\pi\varepsilon_0\varepsilon_r}=\frac{\Delta U}{\ln(R_2/R_1)}$$

可算出极板间场强为

$$E=\frac{\lambda}{2\pi\varepsilon_0\varepsilon_r r}=\frac{\Delta U}{r\ln(R_2/R_1)}$$

得点 P 场强为

$$E_P=\frac{\lambda}{2\pi\varepsilon_0\varepsilon_r R}=\frac{\Delta U}{R\ln(R_2/R_1)}=\frac{32}{8\times10^{-2}\times\ln\dfrac{10\times10^{-2}}{5\times10^{-2}}}\ \mathrm{V\cdot m^{-1}}=577\ \mathrm{V\cdot m^{-1}}$$

点 P 与外筒间电势差为

$$\Delta U'=\int_{\text{点}P}^{\text{外筒}}\boldsymbol{E}\cdot \mathrm{d}\boldsymbol{l}=\int_{R}^{R_2}\frac{\lambda \mathrm{d}r}{2\pi\varepsilon_0\varepsilon_r r}=\frac{\lambda}{2\pi\varepsilon_0\varepsilon_r}\ln\frac{R_2}{R}=\frac{\Delta U}{\ln(R_2/R_1)}\ln\frac{R_2}{R}$$

$$=\frac{\ln(R_2/R)}{\ln(R_2/R_1)}\Delta U=\frac{\ln\dfrac{10\times10^{-2}}{8\times10^{-2}}}{\ln\dfrac{10\times10^{-2}}{5\times10^{-2}}}\times32\ \mathrm{V}=10.3\ \mathrm{V}$$

例题 12-12　两个相距很远可看作孤立的导体球，半径均为 20 cm，分别充电至 100 V 和 200 V，然后用一根细导线连接两球，使之达到等电势。计算变为等势体的过程中，静电力所做的功。

分析　此题应搞清楚几个概念：其一，静电力做功实质是电场力做功，是消耗电场能量来做功，也就是说静电力做功等于电场能量的减少；其二，导体所带电荷与电容的关系；其三，两导体用导线相连，导体所带电荷是相加，表明电容是并联，即电容相加。

解　由孤立导体球电容的表达式 $C=4\pi\varepsilon_0 R$ 可得两孤立的导体球充电后所带电荷 Q_{10}、Q_{20} 和储存的电能 W_{10}、W_{20} 分别为

$$Q_{10}=C_1U_{10}=4\pi\varepsilon_0 RU_{10},\quad Q_{20}=C_2U_{20}=4\pi\varepsilon_0 RU_{20}$$

$$W_{10}=\frac{C_1U_{10}^2}{2},\quad W_{20}=\frac{C_2U_{20}^2}{2}$$

故用导线连接前两导体球储存的总电能为

$$W_0 = W_{10} + W_{20} = \frac{C_1U_{10}^2}{2} + \frac{C_2U_{20}^2}{2} = \frac{C}{2}(U_{10}^2 + U_{20}^2) = 2\pi\varepsilon_0R(U_{10}^2 + U_{20}^2)$$

两导体相连后,电荷总量不变,电容相当于并联,有

$$Q = Q_{10} + Q_{20} = 4\pi\varepsilon_0R(U_{10} + U_{20})$$

$$C = C_1 + C_2 = 8\pi\varepsilon_0R$$

用导线连接后两导体球储存的总电能为

$$W = \frac{Q^2}{2C} = \frac{[4\pi\varepsilon_0R(U_{10} + U_{20})]^2}{16\pi\varepsilon_0R} = \pi\varepsilon_0R(U_{10} + U_{20})^2$$

静电力做功

$$A = W_0 - W = 2\pi\varepsilon_0R(U_{10}^2 + U_{20}^2) - \pi\varepsilon_0R(U_{10} + U_{20})^2 = \pi\varepsilon_0R(U_{10} - U_{20})^2$$

$$= \pi \times 8.85 \times 10^{-12} \times 20 \times 10^{-2} \times (100 - 200)^2 \text{ J} = 5.56 \times 10^{-8} \text{ J}$$

例题 12-13　一电容器由两个同心薄导体球组成,内、外球半径分别为 a、b,其间充满相对介电常数为 ε_r 的各向同性均匀电介质。试通过求电场的能量求此电容器的电容。

分析　电容器的电能实质上是储存在电场中。电容器的电能与电容有关,电场的能量与电场强度有关,比较两者的结果,就能得出电容器的电容。

解　令内、外电极分别带电 Q, $-Q$,由高斯定理可得两板间场强的大小为

$$E = \frac{Q}{4\pi\varepsilon_0\varepsilon_r r^2}$$

其电场能量密度为

$$w = \frac{\boldsymbol{E} \cdot \boldsymbol{D}}{2} = \frac{\varepsilon_0\varepsilon_r E^2}{2} = \frac{Q^2}{32\pi^2\varepsilon_0\varepsilon_r r^4}$$

在两极板间取同心薄球层,体积为 $\mathrm{d}V = 4\pi r^2\mathrm{d}r$,此薄球层的电场能量为

$$\mathrm{d}W = w\mathrm{d}V = \frac{Q^2\mathrm{d}r}{8\pi\varepsilon_0\varepsilon_r r^2}$$

则电容器电场空间储存的电场能量为

$$W = \int \mathrm{d}W = \int_a^b \frac{Q^2\mathrm{d}r}{8\pi\varepsilon_0\varepsilon_r r^2} = \frac{Q^2}{8\pi\varepsilon_0\varepsilon_r}\left(\frac{1}{a} - \frac{1}{b}\right)$$

而电容器的能量与其电容及电量的关系是　$W = \dfrac{Q^2}{2C}$

所以　$$W = \frac{Q^2}{2C} = \frac{Q^2}{8\pi\varepsilon_0\varepsilon_r}\left(\frac{1}{a} - \frac{1}{b}\right)$$

得电容器电容为　$$C = \frac{4\pi\varepsilon_0\varepsilon_r}{1/a - 1/b} = \frac{4\pi\varepsilon_0\varepsilon_r ab}{b - a}$$

第13章　稳恒磁场

§13.1　本章内容剖析

一、磁场、磁感应强度

1. 磁场　运动电荷或电流周围存在磁场，而它们之间是通过磁场而产生相互作用的，是磁场力的具体表现。磁场是物质存在的一种表现形式，其对外体现是：

(1) 磁场对载流导体或运动电荷有磁场力的作用；

(2) 载流导体或运动电荷在磁场中移动时，磁场力将对载流导体做功；

(3) 磁场与其他物质有相互作用，使其中的物质磁化；

(4) 磁场具有质量、动量和能量。

2. 磁感应强度 $\boldsymbol{B}$ 的定义　用磁矩为 $\boldsymbol{P}_{\mathrm{m}}$ 的试验线圈在磁场中受力矩来定义：

(1) 大小　$B = M_{\max}/P_{\mathrm{m}}$

(2) 方向　与试验线圈处于稳定平衡时 $\boldsymbol{P}_{\mathrm{m}}$（正法线方向）的方向相同。

(3) 物理内涵　磁感应强度是从试验线圈受力矩的角度来描述磁场固有性质的物理量，不以磁场中是否放入试验线圈为转移。

(4) 平面试验线圈的物理模型要求

① 线圈的线度足够小，它所在范围内的磁场性质处处相同；

② 线圈的电流足够小，以至于不影响激发原磁场的电流分布，从而不影响原磁场；

③ 试验线圈的磁矩 $\boldsymbol{P}_{\mathrm{m}} = I\Delta S\boldsymbol{n}$，其方向与线圈平面的法线方向一致。

二、毕奥-萨伐尔定律

1. 定律表述　真空中，载流导线上的每个电流元 $I\mathrm{d}\boldsymbol{l}$ 在空间任意点 P 处所激发的磁感应强度 $\mathrm{d}\boldsymbol{B}$ 的大小与电流元 $I\mathrm{d}\boldsymbol{l}$ 的大小成正比，与电流元 $I\mathrm{d}\boldsymbol{l}$ 和它到场点 P 的矢径 $\boldsymbol{r}$ 间的夹角 θ 的正弦成正比，与 $\boldsymbol{r}$ 大小的平方成反比。$\mathrm{d}\boldsymbol{B}$ 的方向垂直于 $I\mathrm{d}\boldsymbol{l}$ 与 $\boldsymbol{r}$ 所组成的平面，且指向矢积 $I\mathrm{d}\boldsymbol{l}\times\boldsymbol{r}$ 的方向。其数学表达式为

$$\mathrm{d}\boldsymbol{B} = \frac{\mu_0}{4\pi}\frac{I\mathrm{d}\boldsymbol{l}\times\boldsymbol{r}}{r^3}$$

(1) 大小　$\mathrm{d}B = \dfrac{\mu_0}{4\pi}\dfrac{I\mathrm{d}l\sin\theta}{r^2}$

(2) 方向　由 $Id\boldsymbol{l}\times\boldsymbol{r}$ 的方向确定,按右手螺旋法则:右手四指由 $Id\boldsymbol{l}$ 的方向沿小于 180° 角的方向绕向 $\boldsymbol{r}$ 方向,大拇指指向即为 $d\boldsymbol{B}$ 的方向。

(3) 说明　θ 为电流元 $Id\boldsymbol{l}$ 的方向与它到场点 P 的矢径 $\boldsymbol{r}$ 间的夹角。

2. 磁场的叠加原理

(1) 表达式　$\boldsymbol{B}=\int_l d\boldsymbol{B}=\int_l \frac{\mu_0}{4\pi}\frac{Id\boldsymbol{l}\times\boldsymbol{r}}{r^3}$

(2) 说明

① 磁场叠加原理是矢量叠加原理。叠加时,要选取坐标,进行投影。

② 磁场叠加原理包含两部分内容,其一是独立性;其二是叠加性。独立性是任何一个电流元在场点激发的磁场不因其他电流元的存在而受到影响。叠加性是某点处的磁场是每一个电流元单独激发磁场的矢量和。

3. 运动电荷 q 激发的磁场

(1) 表达式　$\boldsymbol{B}=\frac{\mu_0}{4\pi}\frac{q\boldsymbol{v}\times\boldsymbol{r}}{r^3}$

(2) 大小　$dB=\frac{\mu_0}{4\pi}\frac{qv\sin\theta}{r^2}$

(3) 方向　当 q 为正电荷时,$\boldsymbol{B}$ 的方向与 $\boldsymbol{v}\times\boldsymbol{r}$ 的方向一致。当 q 为负电荷时,$\boldsymbol{B}$ 的方向与 $\boldsymbol{v}\times\boldsymbol{r}$ 相反。

4. 几种典型的电流所产生的磁感应强度公式　由毕奥-萨伐尔定律与磁场叠加原理计算及推导出:

直线电流的磁场:$B=\frac{\mu_0 I}{4\pi a}(\cos\theta_1-\cos\theta_2)$

无限长直线电流的磁场:$B=\frac{\mu_0 I}{2\pi a}$

半无限长直线电流的磁场:$B=\frac{\mu_0 I}{4\pi a}$

圆电流轴线上的磁场:$B=\frac{\mu_0 IR^2}{2(R^2+x^2)^{3/2}}$

圆电流在圆心处的磁场:$B=\frac{\mu_0 I}{2R}$

圆弧电流在圆心处的磁场:$B=\frac{\mu_0 I}{4\pi R^2}\int dl=\frac{\mu_0 I\theta}{4\pi R}=\frac{\mu_0 I}{2R}\cdot\frac{\theta}{2\pi}$

载流直螺线管中轴线上的磁场:$B=\frac{\mu_0 nI}{2}(\cos\theta_2-\cos\theta_1)$

载流长直螺线管中的磁场:$B=\mu_0 nI$

三、磁场的高斯定理

1. 磁感应线　磁感应线即其上每点的切线正方向都与该点处磁感应强度方向一致的一条有指向的假想曲线。

(1) 磁感应强度的大小与该点处磁力线的数密度相等，即 $B = \mathrm{d}N/\mathrm{d}S_{\perp}$。

(2) 磁感应强度的方向与该点处切线正方向一致。

(3) 磁力线的性质

① 磁力线是无头无尾的闭合线，即没有起点也没有终点；

② 磁力线不相交，因为任意点磁感应强度的方向是唯一确定的；

③ 磁力线与电流互相套合，其环绕方向与电流流向构成右手螺旋关系。

2. 磁通量

(1) 表达式　$\Phi_{\mathrm{m}} = \int_S \boldsymbol{B} \cdot \mathrm{d}\boldsymbol{S}$

(2) 磁通量的几何意义是通过磁场中某曲面的磁力线条数。

(3) 磁通量是标量，不是矢量，无投影之说。

(4) 计算磁通量要对曲面取法线方向。法线方向的选取：

① 按需选取；

② 一般选面法线方向与磁感应强度的夹角成锐角，则磁通量为正；

③ 规定闭合曲面的法线方向向外。

3. 磁场的高斯定理

(1) 表达式　$\oint_S \boldsymbol{B} \cdot \mathrm{d}\boldsymbol{S} = 0$

(2) 文字表述　穿过任意闭合曲面的总磁通量必为零。

(3) 高斯定理揭示了磁场是无源场的物理实质。

四、安培环路定理

1. 表达式　$\oint_l \boldsymbol{B} \cdot \mathrm{d}\boldsymbol{l} = \mu_0 \sum_i I_i$

2. 文字表述　在真空中，稳恒磁场的磁感应强度 $\boldsymbol{B}$ 沿任意闭合路径的线积分（即 $\boldsymbol{B}$ 的环流），等于该闭合路径所围电流的代数和乘以真空中的磁导率 μ_0。

3. 物理内涵

(1) 安培环路定理积分中的电流必须闭合。

(2) 磁感应强度 $\boldsymbol{B}$ 的环流 $\oint_l \boldsymbol{B} \cdot \mathrm{d}\boldsymbol{l}$ 只与闭合路径所包围的电流 $\sum_i I_i$ 有关，但闭合环路上各点处的 $\boldsymbol{B}$ 是由闭合环路内、外所有电流共同产生的，并非只是闭合环路所包围的电流产生的。若电流不在环路内，可令 $I=0$。

(3) $\sum_i I_i$ 为闭合路径所包围的电流代数和，当电流与积分回路方向符合右手螺旋关系时电流值为正，反之为负。

(4) 安培环路定理揭示了稳恒磁场是有旋场（或涡旋场），是非保守力场的物理实质。

4. 安培环路定理的应用　当电流分布具有某种对称性时，应用安培环路定理可以方便地求出空间的磁场分布。这种方法能简单地求得无限长载流直导线、圆柱、圆柱面及其组合，载流无限长螺线管、载流螺绕环、无限大载流平面及其组合等柱对称和面对称条件下的磁场分布。

其解题步骤是：

(1) 分析电流的对称性，从而得出磁场的对称性；

(2) 选取合适的安培环路，把积分式化为代数式；

(3) 用安培环路定理列方程，解方程；

(4) 指出磁场的方向。

五、磁场对载流导线的作用

1. 载流导线在磁场中受力 —— 安培力

(1) 安培定律的表述　电流元 $I\mathrm{d}\boldsymbol{l}$ 在磁场中某点处所受到磁场的作用力 $\mathrm{d}\boldsymbol{F}$ 的大小，与该点处磁感应强度 $\boldsymbol{B}$ 的大小、电流元 $I\mathrm{d}\boldsymbol{l}$ 的大小以及电流元 $I\mathrm{d}\boldsymbol{l}$ 与磁感应强度 $\boldsymbol{B}$ 的夹角 θ 的正弦成正比。其数学表达式为

$$\mathrm{d}\boldsymbol{F}=I\mathrm{d}\boldsymbol{l}\times\boldsymbol{B}$$

① 大小　$\mathrm{d}F=BI\mathrm{d}l\sin\theta$。

② 方向　$\mathrm{d}\boldsymbol{F}$ 的方向垂直于 $I\mathrm{d}\boldsymbol{l}$ 与 $\boldsymbol{B}$ 所决定的平面，与 $I\mathrm{d}\boldsymbol{l}\times\boldsymbol{B}$ 的方向一致，指向由右手螺旋关系来判断，即：右手四指由 $I\mathrm{d}\boldsymbol{l}$ 方向沿小于 180° 角的方向绕向 $\boldsymbol{B}$ 的方向，大拇指的指向即为安培力 $\mathrm{d}\boldsymbol{F}$ 的方向。

(2) 根据安培定律及叠加原理可计算磁场对载流导线的作用力，即

$$\boldsymbol{F}=\int_l \mathrm{d}\boldsymbol{F}=\int_l I\mathrm{d}\boldsymbol{l}\times\boldsymbol{B}$$

如果电流元受的磁场力 $\mathrm{d}\boldsymbol{F}$ 的方向都相同，则积分变成标量积分。

(3) 电流强度单位“安培”的定义　在真空中，两根平行的无限长直载流导线，各通有大小相等、方向相同的电流，当两导线相距 1 m，而每一导线单位长度上受力为 $2\times10^{-7}\ \mathrm{N\cdot m^{-1}}$ 时，各导线中的电流强度为 1 A。

2. 载流线圈在均匀磁场中受磁力矩

(1) 表达式　$\boldsymbol{M}=\boldsymbol{P}_\mathrm{m}\times\boldsymbol{B}$

① 大小　$M = P_m B\sin\theta$

② 方向　与 $\boldsymbol{P}_m \times \boldsymbol{B}$ 的方向一致，即 $\boldsymbol{P}_m$、$\boldsymbol{B}$、$\boldsymbol{M}$ 成右手螺旋关系。

(2) 几种特殊情况：

① 当 $\theta = \pi/2$，此时线圈平面与 $\boldsymbol{B}$ 平行，$\boldsymbol{P}_m$ 与 $\boldsymbol{B}$ 垂直，线圈所受的磁力矩最大，其值为 $M = BIS$，这时磁力矩有使 θ 减小的趋势；

② 当 $\theta = 0$，此时线圈平面与 $\boldsymbol{B}$ 垂直，$\boldsymbol{P}_m$ 与 $\boldsymbol{B}$ 同方向，线圈所受磁力矩 $M = 0$，此时线圈处于稳定平衡状态；

③ 当 $\theta = \pi$，此时线圈平面与 $\boldsymbol{B}$ 垂直，但 $\boldsymbol{P}_m$ 与 $\boldsymbol{B}$ 反向，线圈所受磁力矩 $M = 0$，这时线圈处于非稳定平衡位置。

3. 安培力的功　载流导线在磁场中运动时安培力的功以及载流线圈在磁场中转动时磁力矩的功：

(1) 表达式　$A = I\Delta\Phi_m$

(2) 文字表述　无论是载流导线在磁场中切割磁力线，还是载流线圈在磁场中转动，安培力或磁力矩所做的功都可按上式计算，亦即安培力或磁力矩所做的功等于电流乘以通过载流线圈所围面磁通量的增量。

(3) 此结论可以推广到任意形状载流导线切割磁力线以及任意载流线圈在磁场中转动的情况。

六、磁场对运动电荷的作用

1. 运动电荷在磁场中受力 —— 洛仑兹力

(1) 表达式　$\boldsymbol{F} = q\boldsymbol{v} \times \boldsymbol{B}$

① 大小　$F = qvB\sin\theta$

② 方向　垂直 $\boldsymbol{v}$ 和 $\boldsymbol{B}$ 所组成的平面。若带电粒子带正电荷，则 $\boldsymbol{F}$ 的方向与 $\boldsymbol{v} \times \boldsymbol{B}$ 的方向一致。若粒子带负电荷，$\boldsymbol{F}$ 的方向与 $\boldsymbol{v} \times \boldsymbol{B}$ 的方向相反。

(2) 洛仑兹关系式　$\boldsymbol{F} = q(\boldsymbol{E} + \boldsymbol{v} \times \boldsymbol{B})$

2. 带电粒子在均匀磁场中的运动

(1) $\boldsymbol{v} \parallel \boldsymbol{B}$，此时 $\theta = 0$ 或 π，$F_m = qvB\sin\theta = 0$，粒子在磁场中将作匀速直线运动。

(2) $\boldsymbol{v} \perp \boldsymbol{B}$，此时 $\theta = \pi/2$，$F_m = qvB$，带电粒子将在 $\boldsymbol{F}$ 与 $\boldsymbol{v}$ 所组成的平面内作匀速圆周运动，洛仑兹力提供向心力，即 $qvB = mv^2/R$。

① 圆周运动半径为　$R = \dfrac{mv}{qB}$

② 圆周运动周期为　$T = \dfrac{2\pi R}{v} = \dfrac{2\pi m}{qB}$

(3) $\boldsymbol{v}$ 与 $\boldsymbol{B}$ 成 θ 角,将速度 $\boldsymbol{v}$ 分解为平行分量 $v_{/\!/}$ 与垂直分量 $v_{\perp}$,带电粒子在均匀磁场中作等螺距的螺旋运动。

① 回转半径为　$R=\dfrac{mv_{\perp}}{qB}=\dfrac{mv\sin\theta}{qB}$

② 回转周期为　$T=\dfrac{2\pi R}{v_{\perp}}=\dfrac{2\pi m}{qB}$

③ 螺距为　$h=v_{/\!/}T=\dfrac{2\pi m}{qB}v\cos\theta$

3. 霍耳效应

(1) 表述　在均匀磁场中放一块宽为 b、厚为 d 的金属薄片,若金属中电流方向与外加磁场方向垂直,则在金属薄片的上下两侧就会出现横向电势差 U_{H},这种现象称为霍耳效应。

(2) 霍耳电势差　$\Delta U_{\mathrm{H}}=\dfrac{1}{nq}\dfrac{IB}{d}=R_{\mathrm{H}}\dfrac{IB}{d}$

(3) 霍耳系数　$R_{\mathrm{H}}=1/(nq)$

§13.2　本章重点、难点

一、本章重点

(1) 毕奥 - 萨伐尔定律及其应用。

(2) 磁通量的计算。

(3) 安培环路定理及其应用。

(4) 安培力。

(5) 洛仑兹力。

二、本章难点

(1) 毕奥 - 萨伐尔定律及其应用。

(2) 磁通量的计算。

(3) 安培环路定理及其应用。

(4) 磁力矩。

§13.3　本章解题指导

本章的习题有以下几个方面的内容,其一磁感应强度的计算;其二磁通量的计算;其三磁场对载流导线的作用;其四磁场对运动电荷的作用。

一、磁感应强度的计算

已知电流分布求磁感应强度，有以下两种方法：

1. 利用毕奥－萨伐尔定律和磁场的叠加原理求解　计算中要注意以下几点：

(1) 运用磁场叠加原理求磁感应强度与运用电场叠加原理求电场强度相似。场强叠加原理是矢量叠加，一定要选坐标，作投影。

(2) 利用直线电流、圆弧电流激发磁场的结论求它们的组合激发的磁场（如例题 13-1、例题 13-2、例题 13-3）。

(3) 各种形状的载流导体激发的磁场，取电流元有以下几种：① 电流元是无限长直电流（如例题 13-4、例题 13-6）；② 电流元是圆电流，比方细圆环电流元（如例题 13-5）。尽量利用几种典型电流所产生的磁感应强度公式。

(4) 运动电荷激发的磁场（如例题 13-7）。

(5) 应用毕奥－萨伐尔定律计算磁感应强度的一般方法、步骤为：

① 建立合适的坐标系，根据电流的分布，选取相应的电流元 $I\mathrm{d}\boldsymbol{l}$，写出电流元 $I\mathrm{d}\boldsymbol{l}$ 的表达式，并确定场点相对电流元 $I\mathrm{d}\boldsymbol{l}$ 的位矢 $\boldsymbol{r}$ 及两者的夹角 θ；

② 根据毕奥－萨伐尔定律求出电流元 $I\mathrm{d}\boldsymbol{l}$ 在场点产生的磁感应强度 $\mathrm{d}\boldsymbol{B}$ 的大小，并由右手螺旋法则确定 $\mathrm{d}\boldsymbol{B}$ 的方向；

③ 判断各电流元对应的 $\mathrm{d}\boldsymbol{B}$ 的方向是否相同，若方向不同，则建立合适的坐标系，将 $\mathrm{d}\boldsymbol{B}$ 在坐标系中分解，写出 $\mathrm{d}\boldsymbol{B}$ 在各坐标轴上的分量 $\mathrm{d}B_x$、$\mathrm{d}B_y$、$\mathrm{d}B_z$；

④ 对各分量积分求得整个磁感应强度在该方向的分量 $B_x=\int_L \mathrm{d}B_x$、$B_y=\int_L \mathrm{d}B_y$、$B_z=\int_L \mathrm{d}B_z$；

⑤ 写出整个载流导线在场点的磁感应强度的大小，并说明方向。

2. 用安培环路定理求磁感应强度　磁场分布具有某种对称性，才能用安培环路定理求 $\boldsymbol{B}$（如例题 13-9、例题 13-10、例题 13-11），解题步骤如下：

(1) 分析对称性。根据电流分布，分析磁场分布是否具有对称性，以便确定是否可用安培环路定理进行求解。

(2) 选择合适的积分回路，要求：

① 待求 $\boldsymbol{B}$ 的场点必须在 L 上；

② 整个环路 L 上或 L 的各线元 $\mathrm{d}l$ 上的 $\boldsymbol{B}$ 与 $\mathrm{d}\boldsymbol{l}$ 的夹角 θ 恒定，$\boldsymbol{B}$ 的大小不变，这样才能将 $\boldsymbol{B}$ 从 $\oint_l \boldsymbol{B}\cdot\mathrm{d}\boldsymbol{l}$ 中提出，把积分式化为代数式；

③ 环路 L 的几何形状以能把积分式化成代数式为准，一般选取圆形或者矩形回路。

(3) 根据安培环路定理列方程：

① 式中的 $\boldsymbol{B}$ 是空间所有电流在场点产生的磁感应强度的矢量和。

② 计算电流时只需算穿过以 L 为边界的任意曲面的电流。

③ 根据电流正负号规则，I 的方向与 L 的绕行方向服从右手螺旋法则时取正，相反取负；计算穿过闭合回路内的净电流 $\sum_i I_{内i}$，再代入公式中求出 $\boldsymbol{B}$ 值。

(4) 确定 $\boldsymbol{B}$ 的方向。

二、磁通量的计算

(1) 已知磁场分布求通过某一曲面的磁通量 Φ_m 时，应掌握两种磁场的计算方法。

① 均匀磁场中，有 $\Phi_m = \int_S \boldsymbol{B} \cdot d\boldsymbol{S} = \boldsymbol{B} \cdot \boldsymbol{S} = BS\cos\theta$

② 非均匀磁场中，有 $\Phi_m = \int_S d\Phi_m = \int_S \boldsymbol{B} \cdot d\boldsymbol{S} = \int_S B dS\cos\theta$

(2) 磁通量是标量，不是矢量，无投影之说。

(3) 计算磁通量要对曲面取法线方向。法线方向的选取：

① 按需选取；

② 要计算磁通量的大小，可选面法线方向与磁感应强度的夹角成锐角；

③ 对于闭合曲面，选取法线方向向外。

④ 对于已有绕行方向的回路所围面的法线方向应与回路绕行方向成右手螺旋关系。

(4) 磁通量的计算一般针对非均匀磁场(如例题13-8)，这就涉及取面积微元。所取的面积微元一定要使面积微元内磁感应强度的表达式是唯一的。

三、磁场对载流导线的作用

(1) 计算磁场对载流导线的作用力，或者计算载流导线对载流导线的作用力。应用安培定律及叠加原理计算的基本步骤：

① 在载流导线上任取一电流元 $Id\boldsymbol{l}$，并确定该电流元 $Id\boldsymbol{l}$ 所在处的 $\boldsymbol{B}$ 的大小和方向；

② 应用安培定律计算电流元 $Id\boldsymbol{l}$ 所受磁力 $d\boldsymbol{F}$ 的大小，并判断其方向是关键；

③ 判断各电流元所受安培力 $d\boldsymbol{F}$ 的方向是否相同。如果方向相同，可直接积分求解，即 $\boldsymbol{F} = \int_l d\boldsymbol{F}$；如果方向不同，则可将安培力 $d\boldsymbol{F}$ 正交分解为 dF_x、dF_y、dF_z，然后再积分求磁力的分量，即分别求 $F_x = \int_L dF_x$、$F_y = \int_L dF_y$、$F_z = \int_L dF_z$，最后求

$\boldsymbol{F}=F_x\boldsymbol{i}+F_y\boldsymbol{j}+F_z\boldsymbol{k}$。对于问题的求解究竟是用矢量积分还是用标量积分应视具体情况而定(如例题 13-12、例题 13-13)。

(2) 计算磁场对载流线圈的作用力和力矩

① 计算磁场对载流平面线圈的作用力时,一般要计算每一段载流导线所受作用力,但在均匀磁场中载流线圈所受的作用力为零,而在非均匀磁场中受力要按照安培定律来计算。

② 磁场对载流线圈的磁力矩的两种计算方法:由力矩定义 $\mathrm{d}\boldsymbol{M}=\boldsymbol{r}\times\mathrm{d}\boldsymbol{F}$,再求力矩 $\boldsymbol{M}$。

如果是均匀磁场,可首先求出任意形状的载流平面线圈的磁矩 $\boldsymbol{P}_{\mathrm{m}}=NIS\boldsymbol{n}$(如例题 13-14),然后利用 $\boldsymbol{M}=\boldsymbol{P}_{\mathrm{m}}\times\boldsymbol{B}$,求出它在磁感应强度为 $\boldsymbol{B}$ 的均匀磁场中所受到的磁力矩 M(如例题 13-15、例题 13-16、例题 13-17)。

(3) 安培力的功。无论是载流导线在磁场中切割磁力线,还是载流线圈在磁场中转动,安培力或安培力矩所做的功都可按 $A=I\Delta\Phi_{\mathrm{m}}$ 计算,亦即安培力或安培力矩所做的功等于电流乘以通过载流线圈所围面磁通量的增量(如例题 13-17)。

四、磁场对运动电荷的作用

(1) 要灵活应用洛仑兹力公式 $\boldsymbol{F}=q\boldsymbol{v}\times\boldsymbol{B}$ 计算并判断方向(如例题 13-18)。

(2) 洛仑兹力只改变速度的方向,不改变速度的大小,即洛仑兹力不做功(如例题 13-20)。

(3) 带电粒子在磁场中受力及其运动规律的三种情况(如例题 13-19、例题 13-21)。

(4) 霍耳效应的相关结论即霍耳电势差和霍耳系数的相关计算(如例题 13-22)。

§13.4 本章典型例题

例题 13-1 如图 13-1 所示,一长直载流导线,沿空间直角坐标系中 Oy 轴放置,电流沿 y 轴正向。在原点 O 处取电流元 $I\mathrm{d}\boldsymbol{l}$,求该电流元在 $(a,0,0)$ 处的磁感应强度 $\boldsymbol{B}$。

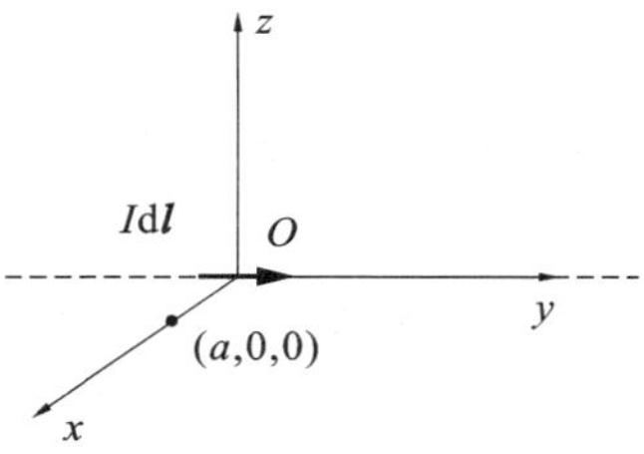

图 13-1 例题 13-1 用图

分析 本题考查对毕奥-萨伐尔定律的理解,可利用矢量叉乘的行列式计算方法。

解 根据毕奥-萨伐尔定律:

$$\mathrm{d}\boldsymbol{B}=\frac{\mu_0}{4\pi}\frac{I\mathrm{d}\boldsymbol{l}\times\boldsymbol{r}}{r^3}$$

此处

$$\mathrm{d}\boldsymbol{l} = \mathrm{d}l\boldsymbol{j}, \quad \boldsymbol{r} = a\boldsymbol{i}$$

$$\mathrm{d}\boldsymbol{B} = \frac{\mu_0}{4\pi}\frac{I\mathrm{d}\boldsymbol{l}\times\boldsymbol{r}}{r^3} = \frac{\mu_0 I}{4\pi a^3}\begin{vmatrix} \boldsymbol{i} & \boldsymbol{j} & \boldsymbol{k} \\ 0 & \mathrm{d}l & 0 \\ a & 0 & 0 \end{vmatrix} = -\frac{\mu_0}{4\pi}\frac{I\mathrm{d}l}{a^2}\boldsymbol{k}$$

例题 13-2 一根无限长导线弯成如图 13-2 所示形状，设各段导线都在同一平面内(纸面内)，其中第二段是半径为 R 的四分之一圆弧，其余为直线。导线中通有电流 I，求点 O 处的磁感应强度。

分析 直线电流在其延长线的一点，因 $I\mathrm{d}\boldsymbol{l}\times\boldsymbol{r}=0$，根据毕奥 - 萨伐尔定律知该点处的磁感应强度为零。此题分别运用直线电流和圆弧形电流的磁场公式并运用磁场的叠加原理计算可得到结果，但叠加时应注意每一段电流产生的磁感应强度的方向。

解 将导线顺电流分成 1、2、3、4 四部分，它们在点 O 产生的磁感应强度设为 $\boldsymbol{B}_1$、$\boldsymbol{B}_2$、$\boldsymbol{B}_3$、$\boldsymbol{B}_4$。根据叠加原理得 O 点的磁感应强度为：

$$\boldsymbol{B} = \boldsymbol{B}_1 + \boldsymbol{B}_2 + \boldsymbol{B}_3 + \boldsymbol{B}_4$$

因点 O 在导线 1、4 的延长线上，$I\mathrm{d}\boldsymbol{l}\times\boldsymbol{r}=0$，根据毕奥 - 萨伐尔定律，有

$$B_1 = B_4 = 0$$

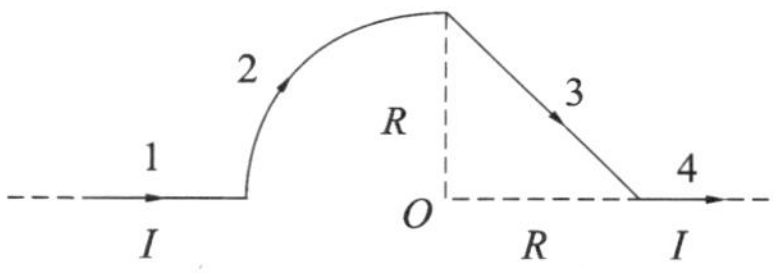

图 13-2 例题 13-2 用图

$\boldsymbol{B}_2$ 的方向向里，大小为

$$B_2 = \frac{\pi/2}{2\pi}\frac{\mu_0 I}{2R} = \frac{\mu_0 I}{8R}$$

$\boldsymbol{B}_3$ 的方向向里，大小为

$$B_3 = \frac{\mu_0 I}{4\pi a}(\cos\theta_1 - \cos\theta_2) = \frac{\mu_0 I}{4\pi R/\sqrt{2}}(\cos 45^\circ - \cos 135^\circ) = \frac{\sqrt{2}\mu_0 I}{4\pi R}\sqrt{2} = \frac{\mu_0 I}{2\pi R}$$

所以，O 点磁感应强度方向向里，大小为

$$B = B_2 + B_3 = \frac{\mu_0 I}{8R} + \frac{\mu_0 I}{2\pi R} = \frac{\mu_0 I}{2R}\left(\frac{1}{4} + \frac{1}{\pi}\right)$$

例题 13-3 长直导线 1 沿垂直 bc 边方向经 a 点流入一电阻均匀分布的正三角形线框，再由 b 点沿垂直 ac 边方向流出，经长直导线 2 返回电源，正三角形边长为 d，如图 13-3 所示。求载流直导线 1、2 和三角形框在框中心点 O 处分别产生的磁感应强度 $\boldsymbol{B}_1$、$\boldsymbol{B}_2$ 和 $\boldsymbol{B}_3$ 以及点 O 处总磁感应强度 $\boldsymbol{B}$ 的大小。

分析 根据叠加原理，点 O 处的磁感应强度 $\boldsymbol{B}$ 为载流直导线 1、2 和三角形框在框中心点 O 处分别产生的磁感应强度 $\boldsymbol{B}_1$、$\boldsymbol{B}_2$ 和 $\boldsymbol{B}_3$ 的矢量叠加。注意两直线电流 1、2 在其延长线上，因 $I\mathrm{d}\boldsymbol{l}\times\boldsymbol{r}=0$，根据毕奥 - 萨伐尔定律知，$B_1 = B_2 = 0$。$\boldsymbol{B}_3$ 可视

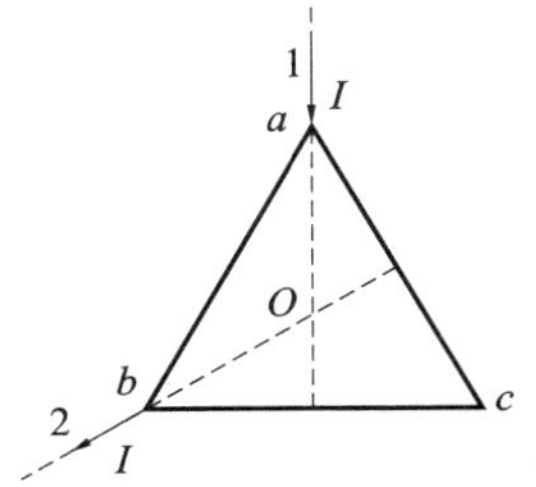

图 13-3　例题 13-3 用图

为直线 ab 和折线 acb 共同激发的，且前者电流 I_1 是后者 I_2 的两倍，即 $I_1=2I_2$。运用直线电流的磁场公式并运用磁场的叠加原理计算可得到结果 $B_3=0$。

解　设三角形线框被 a、b 两点分成直线 ab 和折线 acb，电阻分别为 R_1、R_2，电流分别为 I_1、I_2。由图 13-3 知 R_1、R_2 并联，$R_2=2R_1$，则 $I_1=2I_2$。

因点 O 在长直载流导线 1、2 的延长线上，$I\mathrm{d}\boldsymbol{l}\times\boldsymbol{r}=0$，根据毕奥 - 萨伐尔定律，有

$$B_1=B_2=0$$

直线 ab 在点 O 处激发的磁感应强度 $\boldsymbol{B}_{ab}$ 的大小为

$$B_{ab}=\frac{\mu_0 I_1}{4\pi r}(\cos\theta_1-\cos\theta_2)=\frac{\mu_0 I_1}{4\pi\sqrt{3}d/6}(\cos30^\circ-\cos150^\circ)$$

其中 $\theta_1=30^\circ$，$\theta_2=150^\circ$，$r=\frac{1}{3}\frac{\sqrt{3}}{2}d=\frac{\sqrt{3}}{6}d$，方向垂直纸面向外。

直线 ac 在点 O 处激发的磁感应强度 $\boldsymbol{B}_{ac}$ 的大小为

$$B_{ac}=\frac{\mu_0 I_2}{4\pi\sqrt{3}d/6}(\cos30^\circ-\cos150^\circ)$$

方向垂直纸面向里。同理可得 $B_{cb}=B_{ac}$，方向也是垂直纸面向里，则

$$B_{acb}=B_{ac}+B_{cb}=2\frac{\mu_0 I_2}{4\pi\sqrt{3}d/6}(\cos30^\circ-\cos150^\circ)$$

因 $I_1=2I_2$，则

$$B_{ab}=B_{acb}$$

两者方向相反，故

$$\boldsymbol{B}_3=\boldsymbol{B}_{ab}+\boldsymbol{B}_{acb}=\boldsymbol{0}$$

所以

$$B=B_1+B_2+B_3=0$$

可以进一步分析，若题中正三角形线框换成正四边形或圆，其余条件不变，则同样可以得出中心的磁感应强度为零。因此，可以对以上结论加以推广：电流从正多边形（或圆）一个顶点流进，另一顶点流出，则该正多边形电流在其中心激发的磁感应强度为零。

例题 13-4　如图 13-4 所示，有一无限长通有电流的扁平铜片，宽度为 b，厚度不计，电流 I 在铜片上均匀分布，求在铜片外与铜片共面且离铜片右边缘为 r 处的点 P 处的磁感应强度。

分析　此题关键是要将无限长载流铜片看成是由许多无限长载流导线排列

而成，利用无限长载流导线的磁场公式及叠加原理进行计算。由于每一载流导线有宽度，正是利用这一宽度计算其电流。注意到每一载流导线在点 P 处产生的磁感应强度为 $\mathrm{d}\boldsymbol{B}$，且所有的载流导线在点 P 处产生的磁感应强度 $\mathrm{d}\boldsymbol{B}$ 的方向均相同，所以计算总磁场的积分可用标量积分。

解　如图13-4所示，以点 P 为坐标原点，取水平向左为 x 轴正向。在距点 P 为 x、取宽为 $\mathrm{d}x$ 的无限长窄条电流元，其电流为

$$\mathrm{d}I=\frac{I\mathrm{d}x}{b}$$

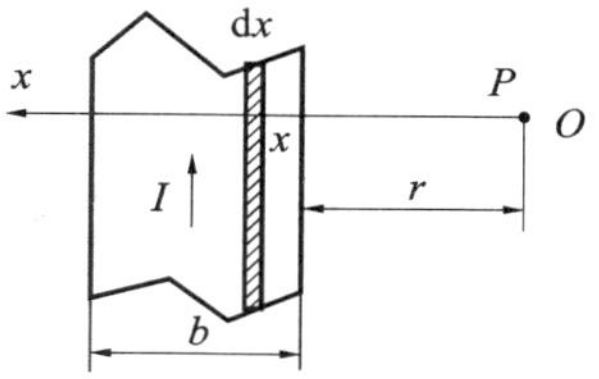

图13-4　例题13-4用图

此窄条电流元在点 P 处产生的磁感应强度的大小为

$$\mathrm{d}B=\frac{\mu_0\mathrm{d}I}{2\pi x}=\frac{\mu_0 I\mathrm{d}x}{2\pi bx}$$

方向垂直纸面向里。所有载流导线在点 P 处产生的磁感应强度 $\mathrm{d}\boldsymbol{B}$ 的方向均相同，所以载流铜片在点 P 处产生的磁感应强度的大小为

$$B=\int\mathrm{d}B=\int_r^{r+b}\frac{\mu_0 I\mathrm{d}x}{2\pi bx}=\frac{\mu_0 I}{2\pi b}\ln\frac{r+b}{r}$$

方向垂直纸面向里。

例题13-5　如图13-5所示，将一导线由内向外密绕成内半径为 R_1，外半径为 R_2 的圆形平面线圈，共有 N 匝，设电流为 I，求此圆形平面载流线圈在中心 O 处产生的磁感应强度的大小。

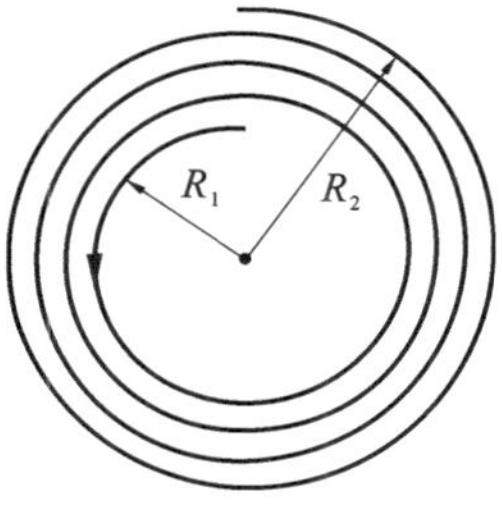

图13-5　例题13-5用图

分析　此题可将圆形平面线圈看成是由许多同心圆电流密排而成，利用圆电流在圆心处的磁场公式及叠加原理进行计算。因此，考虑取细圆环电流元，并求出其在中心激发的磁感应强度，再进行积分求和。

解　在距圆心 r 处（$R_1\leqslant r\leqslant R_2$），取宽为 $\mathrm{d}r$ 的细圆环，其匝数为

$$\mathrm{d}N=n\mathrm{d}r=\frac{N\mathrm{d}r}{R_2-R_1}$$

此细圆环电流元在中心 O 处激发的磁感应强度的大小为

$$\mathrm{d}B=\frac{\mu_0 I\mathrm{d}N}{2r}=\frac{N\mu_0 I\mathrm{d}r}{2(R_2-R_1)r}$$

方向垂直纸面向外，且所有圆电流在中心激发的磁感应强度 $\mathrm{d}\boldsymbol{B}$ 的方向均相同，所以此圆形平面载流线圈在中心 O 处产生的磁感应强度的大小为

$$B=\int_{R_1}^{R_2}\frac{\mu_0 NI}{2(R_2-R_1)r}\mathrm{d}r=\frac{\mu_0 NI}{2(R_2-R_1)}\ln\frac{R_2}{R_1}$$

方向垂直纸面向外。

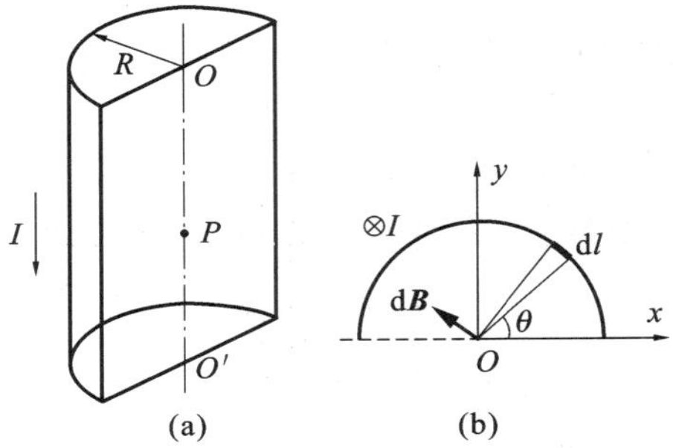

图 13-6　例题 13-6 用图

例题 13-6　在一半径 $R=1.0\ \mathrm{cm}$ 的无限长半圆柱面形金属薄片中，自上而下地有 $I=2.0\ \mathrm{A}$ 的电流通过，如图 13-6(a) 所示，试求圆柱轴线上任意一点 P 的磁感应强度 $\boldsymbol{B}$。

分析　这是个面电流激发磁场的例题。可以将无限长半圆柱面电流看成是由许多无限长载流导线排列而成，利用无限长载流导线的磁场公式及叠加原理进行计算。将“无限长”半圆柱面电流无限分割成宽 $\mathrm{d}l=R\mathrm{d}\theta$ 的“无限长”载流导线，电流为 $\mathrm{d}I=j\mathrm{d}l$，求出电流元激发的磁感应强度 $\mathrm{d}\boldsymbol{B}$，再进行投影，然后进行积分求和。

解　无限长半圆柱面电流的截面图及坐标选取如图 13-6(b) 所示，取宽为 $\mathrm{d}l=R\mathrm{d}\theta$ 的无限长窄条电流元，其电流密度 j 为

$$j=\frac{I}{2\pi R/2}=\frac{I}{\pi R}$$

电流为

$$\mathrm{d}I=j\mathrm{d}l=jR\,\mathrm{d}\theta=\frac{I\mathrm{d}\theta}{\pi}$$

此窄条电流元在点 P 处产生的磁感应强度的大小为

$$\mathrm{d}B=\frac{\mu_0\mathrm{d}I}{2\pi R}=\frac{\mu_0 I\mathrm{d}\theta}{2\pi^2 R}$$

方向如图 13-6(b) 所示。$\mathrm{d}\boldsymbol{B}$ 在坐标上的投影分别为

$$\mathrm{d}B_x=\mathrm{dB}\cos\left(\theta+\frac{\pi}{2}\right)=-\frac{\mu_0 I\sin\theta\mathrm{d}\theta}{2\pi^2 R}$$

$$\mathrm{d}B_y=\mathrm{d}B\sin\left(\theta+\frac{\pi}{2}\right)=\frac{\mu_0 I\cos\theta\mathrm{d}\theta}{2\pi^2 R}$$

$$B_x=\int_0^{\pi}-\frac{\mu_0 I\sin\theta\mathrm{d}\theta}{2\pi^2 R}=-\frac{\mu_0 I}{\pi^2 R}$$

$$B_y=\int_0^{\pi}\frac{\mu_0 I\cos\theta\mathrm{d}\theta}{2\pi^2 R}=0$$

故轴线上任意一点 P 的磁感应强度为

$$B=B_x=-\frac{\mu_0 I}{\pi^2 R}=-2.55\times 10^{-5}\ \mathrm{T}$$

负号表示 $\boldsymbol{B}$ 沿 x 轴负向。

例题 13-7　如图 13-7 所示，长为 l 带电量为 q 的均匀带电直线平行于 y 轴，在 xOy 平面内沿 x 轴正向以速率 v 运动，下端距 x 轴为 a。求当它运动到与 y 轴重合时，坐标原点处的磁感应强度。

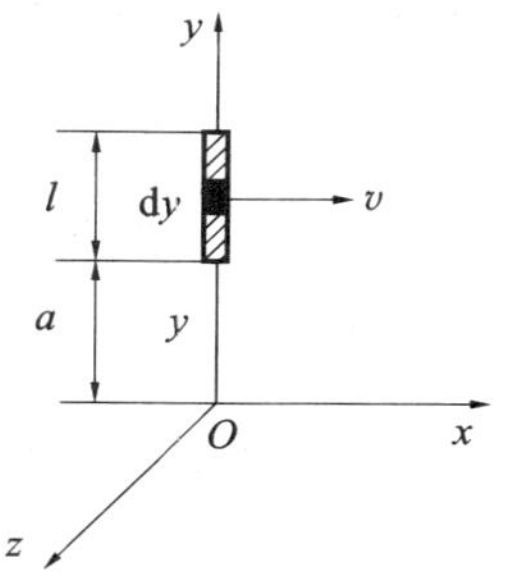

图 13-7　例题 13-7 用图

分析　这是通过运动电荷产生磁场的公式求解运动带电体产生磁场的问题。均匀带电直线可视为由许多电荷元 dq 所组成。当均匀带电直线运动时，相当于许多电荷元运动，每一运动电荷元在空间产生磁场 $d\boldsymbol{B}$，则空间场点的总磁感应强度 $\boldsymbol{B}$ 根据叠加原理是所有电荷元产生磁感应强度的矢量和。

解　在距坐标原点 y 处取长为 dy 的电荷元，其带电量为

$$dq = \lambda dy \quad (\lambda = q/l)$$

由运动电荷激发的磁场 $\boldsymbol{B} = \frac{\mu_0}{4\pi}\frac{q\boldsymbol{v}\times\boldsymbol{r}}{r^3}$ 得 dq 在点 O 处产生磁感应强度 $d\boldsymbol{B}$ 的大小为

$$dB = \frac{\mu_0}{4\pi}\frac{dqv\sin 90^\circ}{y^2} = \frac{\mu_0}{4\pi}\frac{\lambda v dy}{y^2}$$

方向垂直纸面向里，即沿 z 轴负向。故带电直线在点 O 处产生磁感应强度的大小为

$$B = \int dB = \int_a^{a+l}\frac{\mu_0\lambda v dy}{4\pi y^2} = \frac{\mu_0 v}{4\pi}\cdot\frac{q}{l}\left[-\frac{1}{y}\right]_a^{a+l} = \frac{\mu_0 vq}{4\pi a(a+l)}$$

方向沿 z 轴负向。

例题 13-8　在无限长直载流导线的右侧有面积为 S_1 和 S_2 的两个矩形回路，回路旋转方向如图 13-8 所示，两个回路与长直载流导线在同一平面内，且矩形回路的一边与长直载流导线平行。求通过两矩形回路的磁通量及通过 S_1 回路的磁通量与通过 S_2 回路的磁通量之比。

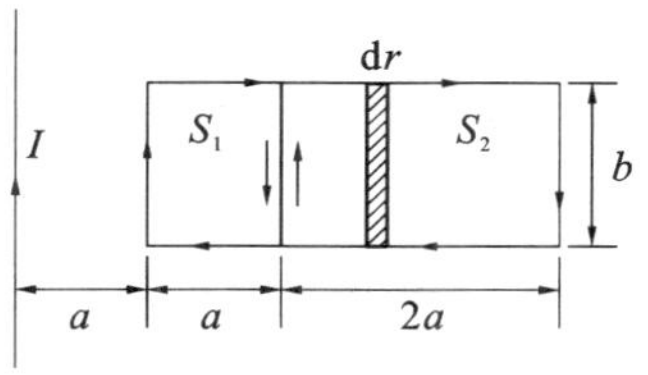

图 13-8　例题 13-8 用图

分析　由于无限长直载流导线在右侧激发的磁场为非均匀分布，矩形平面上各点的磁感应强度不同。但离直线等距离处 $\boldsymbol{B}$ 的大小相等，方向垂直纸面向里。所以可在矩形回路中取与直线平行的长方形的窄条面元，通过面元的磁场可视为均匀的，可求得通过面元的磁通量，再进行积分求和计算。

解　在距直线电流 r 处取长为 b、宽为 dr 的窄条面元 $dS = bdr$，此面元上磁感应强度可认为大小相等，方向垂直纸面向里。由于无限长载流长直导线在面元

dS 处磁感应强度 **B** 的大小为：

$$B = \frac{\mu_0 I}{2\pi r}$$

面元法线方向与磁场方向相同，有

$$\mathrm{d}\Phi_{\mathrm{m}} = \boldsymbol{B} \cdot \mathrm{d}\boldsymbol{S} = Bb\,\mathrm{d}r\cos 0^\circ = \frac{\mu_0 Ib}{2\pi r}\mathrm{d}r$$

通过两矩形回路的磁通量分别为

$$\Phi_1 = \int_a^{2a} \frac{\mu_0 I}{2\pi r} b\,\mathrm{d}r = \frac{\mu_0 Ib}{2\pi}\ln 2$$

$$\Phi_2 = \int_{2a}^{4a} \frac{\mu_0 I}{2\pi r} b\,\mathrm{d}r = \frac{\mu_0 Ib}{2\pi}\ln 2$$

通过 S_1 回路的磁通量与通过 S_2 回路的磁通量之比为

$$\frac{\Phi_1}{\Phi_2} = 1$$

例题 13-9 如图 13-9(a) 所示，一无限长直载流空心圆柱导体的内、外半径分别为 R_1、R_2，电流为 I 且沿横截面均匀分布，求导体内、外任意一点的磁感应强度 **B**。

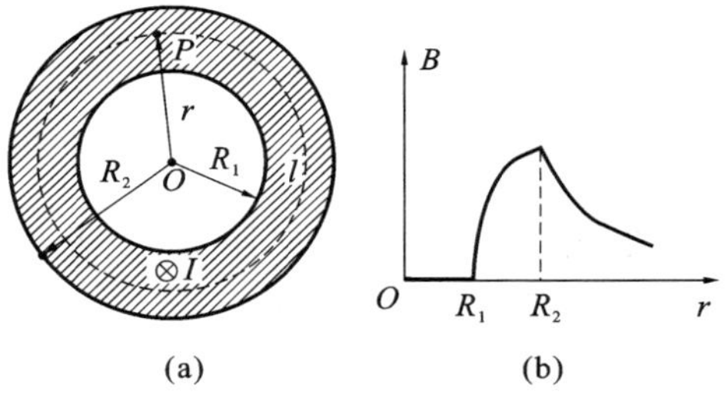

图 13-9 例题 13-9 用图

分析 此题考查对安培环路定理的应用。可以用《大学物理》下册教材中例题 13-7 同样的方法求解。根据电流轴对称性分析磁场分布的轴对称性。选取合适的安培环路，将积分式化为代数式。利用安培环路定理列方程，解方程，最后讨论 **B** 的方向。要特别注意穿过不同回路的电流的计算，这是一个难点。

解 由电流分布轴对称，则磁场分布也呈柱对称。与 OP 等距离的各点的磁感应强度 **B** 的大小相同，方向沿圆周的切线方向，且与电流满足右手螺旋关系。取过点 P，且以点 O 为圆心的圆周为闭合积分回路，使积分路径方向与该处磁力线的绕行方向一致，应用安培环路定理，则

$$\oint_l \boldsymbol{B} \cdot \mathrm{d}\boldsymbol{l} = \oint_l B\,\mathrm{d}l = B\oint_l \mathrm{d}l = B \cdot 2\pi r = \sum I_{\text{内}i}$$

若点 P 在空心圆柱导体内，即 $r < R_1$，则 $\sum I_{\text{内}i} = 0$，有

$$2\pi r B = 0$$

得

$$B = 0$$

若点 P 在圆柱导体内部，即 $R_1 < r < R_2$，则

$$\sum I_{内i} = \frac{I}{\pi(R_2^2 - R_1^2)}\pi(r^2 - R_1^2) = \frac{r^2 - R_1^2}{R_2^2 - R_1^2}I$$

有

$$2\pi rB = \mu_0 \frac{r^2 - R_1^2}{R_2^2 - R_1^2}I$$

得

$$B = \frac{\mu_0 I}{2\pi(R_2^2 - R_1^2)}\frac{r^2 - R_1^2}{r}$$

若点 P 在空心圆柱导体外，即 $r > R_2$，则 $\sum I_{内i} = I$，有

$$2\pi rB = \mu_0 I$$

得

$$B = \frac{\mu_0 I}{2\pi r}$$

$\boldsymbol{B}$ 的方向与电流成右手螺旋关系，即在图中沿顺时针方向。$\boldsymbol{B}$ 在整个空间与 $\boldsymbol{r}$ 的关系曲线如图 13-9(b) 所示。

例题 13-10　设有两平行的无限大载流平面，它们的电流密度大小均为 j，电流流向相同，如图 13-10 所示。求：(1) 载流平面之间的磁感应强度；(2) 两面之外空间的磁感应强度。

分析　这是个无限大载流平面激发磁场的例题。可以用《大学物理》下册教材例题 13-10 的结果求解。无限大均匀平面电流两侧的磁场为均匀磁场，大小相等，方向平行于电流平面，垂直于电流，且两侧磁场反向，与电流成右手螺旋关系。

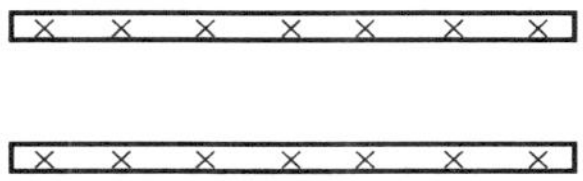

图 13-10　例题 13-10 用图

解　平面电流 ① 在空间产生的磁感应强度大小为：$B_1 = \frac{\mu_0 j}{2}$。在平面 ① 上方向右，下方向左。平面电流 ② 在空间产生的磁感应强度大小也为：$B_2 = \frac{\mu_0 j}{2}$。在平面 ② 上方向右，下方向左。

(1) 两无限大电流在平面间的磁场等值反向，故有

$$B = B_1 - B_2 = 0$$

(2) 两无限大电流平面外磁场方向都相同，故有

$$B = B_1 + B_2 = \mu_0 j$$

磁感应强度的方向在平面 ① 上方向右，平面 ② 下方向左。

例题 13-11　如图 13-11 所示，三条无限长直导线等距地并排安放，导线 Ⅰ、Ⅱ、Ⅲ 分别载有 1A、2A、4A 同方向的电流，由于磁力相互作用的结果，导线单位长

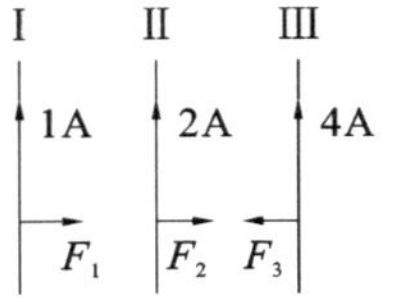

图 13-11 例题 13-11 用图

度上分别受力 F_1、F_2 和 F_3，则 F_1 与 F_2 的比值为多少？

分析 此问题可直接利用无限长平行载流导线间相互作用力的公式计算单位长度上的受力，要注意的是：F_1、F_2 和 F_3 是各导线所受到的合力。

解 由教材式(13-29)知，导线每单位长度上的受力 $F = \mu_0 I_1 I_2/(2\pi a)$，设导线间距离为 a，向右为正方向，则有

$$F_1 = \frac{\mu_0 \times 1 \times 2}{2\pi a} + \frac{\mu_0 \times 1 \times 4}{4\pi a} = \frac{2\mu_0}{\pi a}$$

$$F_2 = \frac{\mu_0 \times 2 \times 4}{2\pi a} - \frac{\mu_0 \times 1 \times 2}{2\pi a} = \frac{3\mu_0}{\pi a}$$

所以

$$\frac{F_1}{F_2} = \frac{2\mu_0/(\pi a)}{3\mu_0/(\pi a)} = \frac{2}{3}$$

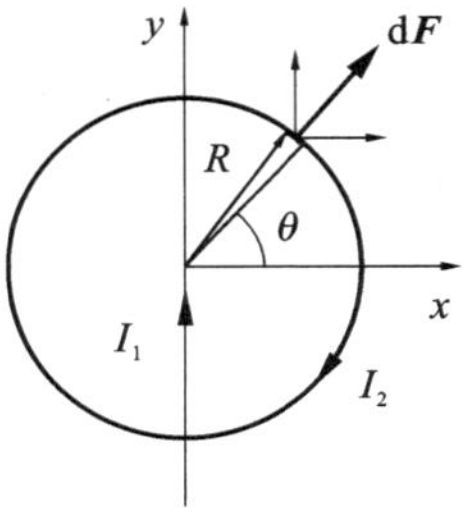

图 13-12 例题 13-12 用图

例题 13-12 如图 13-12 所示，半径为 R 的圆线圈通有电流 I_2，置于电流为 I_1 的无限长直电流的磁场中，直线电流 I_1 恰过圆的直径，两导线相互绝缘。求此圆线圈受到长直电流 I_1 的磁力。

分析 此题为曲线电流在非均匀磁场中的受力，根据安培定律及叠加原理计算。一般采取微分分割、积分求和的方法，选取第一象限的任意电流元，讨论该电流元所在处的磁场并计算其所受的安培力，再对整个曲线电流的受力求和积分。

解 在圆环上取电流元 $I_2 \mathrm{d}l = I_2 R \mathrm{d}\theta$，该处磁场为

$$B = \frac{\mu_0 I_1}{2\pi R\cos\theta}$$

$I_2 \mathrm{d}l$ 与 B 垂直，有

$$\mathrm{d}F = I_2 \mathrm{d}l B \sin\frac{\pi}{2} = \frac{\mu_0 I_1 I_2 \mathrm{d}\theta}{2\pi\cos\theta}$$

坐标轴上的分量为

$$\mathrm{d}F_x = \mathrm{d}F\cos\theta = \frac{\mu_0 I_1 I_2 \mathrm{d}\theta}{2\pi}$$

$$\mathrm{d}F_y = \mathrm{d}F\sin\theta = \frac{\mu_0 I_1 I_2 \sin\theta \mathrm{d}\theta}{2\pi\cos\theta}$$

故

$$F_x = \int_0^{2\pi} \frac{\mu_0 I_1 I_2 \mathrm{d}\theta}{2\pi} = \mu_0 I_1 I_2$$

因对称性，$F_y = 0$，故

$$F = F_x = \mu_0 I_1 I_2$$

方向向右。

例题 13-13　如图 13-13 所示，将一导线密绕成内半径为 R_1，外半径为 R_2 的圆形平面线圈，导线截面直径为 b，电流为 I，求此线圈磁矩的大小。

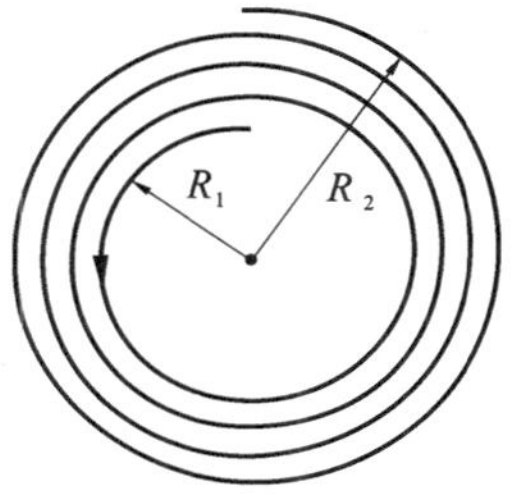

图 13-13　例题 13-13 用图

分析　本题运用平面载流线圈磁矩的公式 $\boldsymbol{P}_m = NIS\boldsymbol{n}$。考虑取细圆环电流元，并求出电流元的磁矩 $\mathrm{d}\boldsymbol{P}_m$，再进行积分求和。

解　取宽为 $\mathrm{d}r$ 的线圈微元，它包含的线圈数为 $\mathrm{d}N = \mathrm{d}r/b$，它的磁矩大小为

$$\mathrm{d}P_m = \mathrm{d}NIS = \frac{\mathrm{d}r}{b} I\pi r^2 = \frac{I\pi r^2 \mathrm{d}r}{b}$$

此线圈磁矩的大小为

$$P_m = \int_{R_1}^{R_2} \frac{\pi I r^2 \mathrm{d}r}{b} = \frac{\pi (R_2{}^3 - R_1^3) I}{3b}$$

例题 13-14　如图 13-14 所示，一个半径为 R、带电量为 q 的均匀带电圆盘以角速度 $\boldsymbol{\omega}$ 绕过圆心且垂直盘面的轴线 AA' 旋转，今将其放入磁感应强度为 $\boldsymbol{B}$ 的均匀外磁场中，$\boldsymbol{B}$ 的方向垂直于轴线 AA'。求圆盘所受磁力矩的大小和方向。

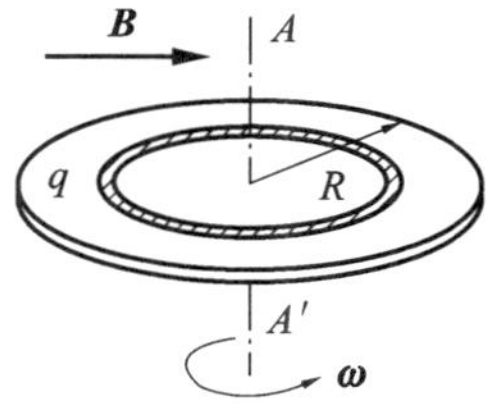

图 13-14　例题 13-14 用图

分析　可将均匀带电圆盘看成无数个无限细的同心圆环，圆盘转动时，每个圆环相当于一个圆电流，则均匀带电薄圆盘绕轴线转动产生的磁场、磁矩及磁力矩可以看成由半径不同的一系列同心载流圆环产生磁场、磁矩及磁力矩的叠加。

解　以 AA' 为轴取圆环微元电荷 $\mathrm{d}q = \sigma 2\pi r \mathrm{d}r$，其中 $\sigma = q/(\pi R^2)$，它旋转形成的电流为

$$\mathrm{d}I = \frac{\mathrm{d}q}{T} = \frac{2\pi\sigma r \mathrm{d}r}{2\pi/\omega} = \sigma \omega r \mathrm{d}r$$

形成的磁矩为

$$\mathrm{d}P_m = S\mathrm{d}I = \pi r^2 \sigma \omega r \mathrm{d}r = \pi\sigma \omega r^3 \mathrm{d}r$$

圆盘电荷旋转形成的磁矩为

$$P_m = \int \mathrm{d}P_m = \int_0^R \pi\sigma \omega r^3 \mathrm{d}r = \frac{\pi\sigma \omega R^4}{4}$$

所受磁力矩的大小为

$$M = P_{m}B\sin 90^{\circ} = \frac{\pi\sigma\,\omega BR^{4}}{4} = \frac{q\omega BR^{2}}{4}$$

方向向里。

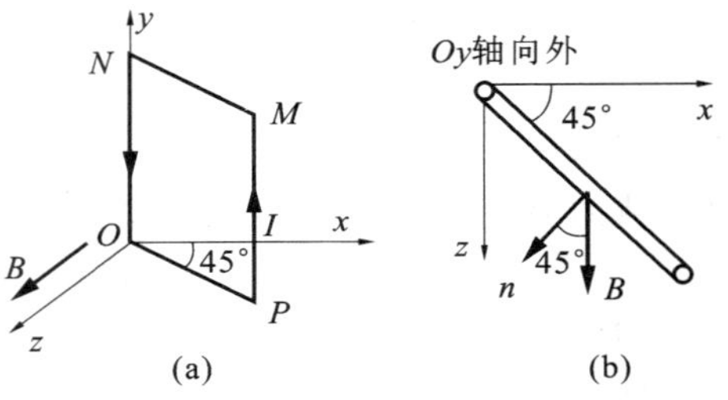

图 13-15 例题 13-15 用图

例题 13-15 如图 13-15(a) 所示，通有电流 I 的正方形线圈 $MNOP$，边长为 a，放置在均匀磁场中，已知磁感应强度 $\boldsymbol{B}$ 沿 z 轴方向，求线圈所受的磁力矩 $\boldsymbol{M}$。

分析 本题要求熟练运用载流线圈磁矩的公式 $\boldsymbol{P}_{m} = NIS\boldsymbol{n}$ 以及线圈在均匀磁场中所受磁力矩公式 $\boldsymbol{M} = \boldsymbol{P}_{m} \times \boldsymbol{B}$。

解 平面俯视图如图 13-15(b) 所示，正方形载流线圈的磁矩为

$$\boldsymbol{P}_{m} = IS\boldsymbol{n} = Ia^{2}\boldsymbol{n}$$

线圈在均匀磁场中所受磁力矩为

$$\boldsymbol{M} = \boldsymbol{P}_{m} \times \boldsymbol{B} = Ia^{2}\boldsymbol{n} \times \boldsymbol{B} = Ia^{2}B\sin 45^{\circ}\boldsymbol{j} = \frac{\sqrt{2}Ia^{2}B}{2}\boldsymbol{j}$$

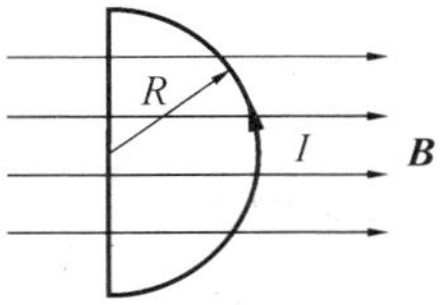

图 13-16 例题 13-16 用图

例题 13-16 如图 13-16 所示，一半圆形闭合线圈，半径 $R = 0.1$ m，通过电流 $I = 10$ A，放在均匀磁场中。磁场方向与线圈平面平行。磁感应强度 $B = 0.5$ T。求：(1) 线圈所受到的磁力矩；(2) 若此线圈受磁力矩的作用从上述位置转到线圈平面与磁场方向垂直的位置，则此过程中磁力矩做功多少？

分析 本题要求熟练运用线圈在均匀磁场中所受磁力矩公式 $\boldsymbol{M} = \boldsymbol{P}_{m} \times \boldsymbol{B}$ 以及磁力矩的功 $A = I\Delta\Phi_{m}$。

解 (1) 线圈所受到磁力矩的大小为

$$M = BIS\sin 90^{\circ} = \frac{BI\pi R^{2}}{2}$$

$$= \frac{0.5 \times 10 \times 3.14 \times 0.1^{2}}{2}\ \text{N} \cdot \text{m} = 7.85 \times 10^{-2}\ \text{N} \cdot \text{m}$$

方向向上。

(2) 当线圈处于图示位置时，$\Phi_{1} = 0$；当线圈平面与磁场垂直时，$\Phi_{2} = BS$。因此，此过程中磁力矩做的功为

$$A = I\Delta\Phi_{m} = I(\Phi_{2} - \Phi_{1}) = IBS = \frac{IB\pi R^{2}}{2} = 7.85 \times 10^{-2}\ \text{J}$$

例题 13-17 磁场中某点处的磁感应强度 $\boldsymbol{B} = 0.40\boldsymbol{i} + 0.20\boldsymbol{j}$ (T)，一电子以速度 $\boldsymbol{v} = 0.50 \times 10^{6}\boldsymbol{i} + 1.0 \times 10^{6}\boldsymbol{j}$ (m/s) 通过该点，则作用于该电子上的磁场力

$\boldsymbol{F}$ 为多少？

分析　此问题直接利用洛仑兹力公式，运用矢量叉乘的行列式方法求解较为方便。

解　洛仑兹力为

$$\boldsymbol{F} = q\boldsymbol{v} \times \boldsymbol{B} = -e\boldsymbol{v} \times \boldsymbol{B}$$

$$= -1.6 \times 10^{-19} \times 10^{6} \times \begin{vmatrix} \boldsymbol{i} & \boldsymbol{j} & \boldsymbol{k} \\ 0.5 & 1.0 & 0 \\ 0.4 & 0.2 & 0 \end{vmatrix}$$

$$= -1.6 \times 10^{-19} \times 10^{6} \times (-0.3)\boldsymbol{k}(\mathrm{N})$$

$$= 4.8 \times 10^{-14}\boldsymbol{k}(\mathrm{N})$$

例题 13-18　如图 13-17 所示，有一无限大平面导体薄板，自上而下均匀通有电流，已知其电流面密度为 j（即单位宽度上通有的电流强度）。有一质量为 m，带正电量为 q 的粒子，以速度 v 沿平板法线方向向外运动。若不计粒子重力。求：(1) 带电粒子最初至少在距板多远处才不与平板碰撞。(2) 至少需经多长时间，粒子才能回到初始位置。

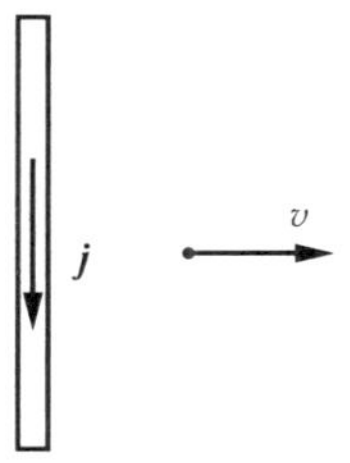

图 13-17　例题 13-17 用图

分析　本题涉及无限大均匀平面电流激发的磁场对运动电荷磁场力的作用。无限大均匀平面电流两侧的磁场可以利用教材例题 13-10 的结果。无限大均匀平面电流两侧的磁场为均匀磁场，大小相等 $B = \mu_0 j/2$，方向平行于电流平面，垂直于电流，且两侧磁场反向，与电流成右手螺旋关系。带电粒子在磁场中运动，受洛仑兹力作用，由于带电粒子的运动方向与磁场方向垂直，洛仑兹力使带电粒子作匀速圆周运动。

解　由安培环路定理可得无限大均匀平面电流两侧的磁场为均匀磁场，大小为

$$B = \frac{\mu_0 j}{2}$$

在面电流右边 $\boldsymbol{B}$ 的方向指向纸面向外，在面电流左边 $\boldsymbol{B}$ 的方向沿纸面向里。

(1) 带电粒子受洛仑兹力为 $\boldsymbol{F} = q\boldsymbol{v} \times \boldsymbol{B}$，由牛顿第二定律得

$$\boldsymbol{F} = q\boldsymbol{v} \times \boldsymbol{B} = m\boldsymbol{a}$$

$$qvB = ma_{\mathrm{n}} = \frac{mv^2}{R}$$

带电粒子不与平板相撞的条件是粒子运行的圆形轨迹不与平板相交，即带电粒子最初位置与平板的距离应大于轨道半径，则

$$R = \frac{mv}{qB} = \frac{2mv}{q\mu_0 j}$$

(2) 经一个周期时间，粒子回到初始位置。即

$$t = T = \frac{2\pi R}{v} = \frac{4\pi m}{q\mu_0 j}$$

例题 13-19　一带电为 q 质量为 m 的粒子在均匀磁场中由静止开始下落，磁场的方向(z 轴方向)与重力方向(y 轴方向)垂直。求粒子下落距离为 h 时的速率，并讲清求解方法的理论依据。

分析　由于运动电荷所受的洛仑兹力与速度垂直，故洛仑兹力只改变速度的方向，不改变速度的大小，即洛仑兹力不做功，只有重力做功，可由能量守恒得出结果。

解　洛仑兹力 $\boldsymbol{F} = q\boldsymbol{v} \times \boldsymbol{B}$ 垂直于 $\boldsymbol{v}$，不改变 $\boldsymbol{v}$ 的大小，即洛仑兹力不做功，重力做功。由能量守恒有

$$mgh = \frac{mv^2}{2}$$

得

$$v = (2gh)^{1/2}$$

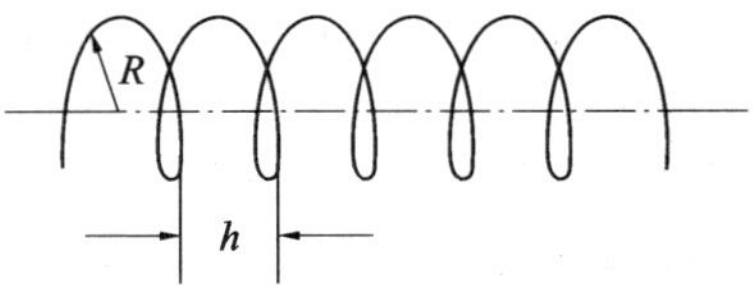

图 13-18　例题 13-20 用图

例题 13-20　一电子在 $B = 2 \times 10^{-3}$ T 的磁场中沿半径为 $R = 1 \times 10^{-2}$ m、螺距为 $h = 2.0 \times 10^{-2}$ m 作螺旋运动，如图 13-18 所示。(1) 指出磁场的方向；(2) 求电子速度的大小。

分析　磁场力将使粒子在垂直于 $\boldsymbol{B}$ 的平面内作匀速圆周运动；在平行于磁场的方向上，磁场对粒子没有作用力，粒子作匀速直线运动。粒子的运动将是这两个运动的叠加，即螺旋运动。

解　(1) 磁场的方向平行螺线管轴线。

(2) 由 $R = mv_{\perp}/(qB)$ 得

$$v_{\perp} = \frac{qBR}{m} = \frac{1.6 \times 10^{-19} \times 2 \times 10^{-3} \times 1 \times 10^{-2}}{9.1 \times 10^{-31}} \text{ m/s} = 3.52 \times 10^6 \text{ m/s}$$

由 $h = v_{/\!/} T = 2\pi m v_{/\!/}/(qB)$ 得

$$v_{/\!/} = qBh/(2\pi m) = [1.6 \times 10^{-19} \times 2 \times 10^{-3} \times 2 \times 10^{-2}/(2\pi \times 9.1 \times 10^{-31})] \text{ m/s}$$
$$= 1.12 \times 10^6 \text{ m/s}$$

$$v = \sqrt{v_{\perp}^2 + v_{/\!/}^2} = 3.7 \times 10^6 \text{ m/s}$$

例题 13-21　在霍耳效应实验中，宽 1.0 cm，长 2.0 cm，厚 1.0×10^{-3} cm 的金属导体，沿长度方向载有 1.0 A 的电流，此导体片放在与其垂直的匀强磁场（$B=1.0$ T）中，产生 1.0×10^{-5} V 的横向电压，试由这些数据求：(1) 载流子的漂移速度；(2) 每立方厘米的载流子数目；(3) 假设载流子是电子，试就此题作一图，画出电流的方向、磁场的方向和霍耳电场的方向。

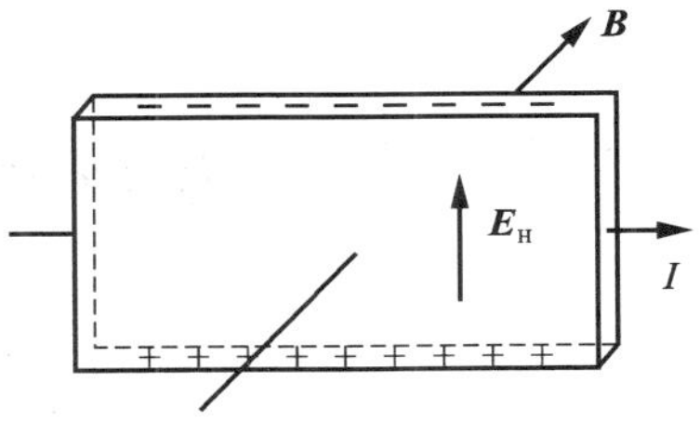

图 13-19　例题 13-21 用图

分析　此题考查霍耳效应的相关结论。

解　(1) 当洛仑兹力 F_m 和电场力 F_e 达到平衡时，有

$$qvB = qE_H = \frac{qU}{d}$$

得

$$v=\frac{U}{Bd}=\frac{1.0\times10^{-5}}{1.0\times1.0\times10^{-5}}\text{m/s}=1.0\text{ m/s}$$

(2) 由 $U=IB/(nqd)$，得

$$n=\frac{IB}{qUd}=\frac{1.0\times1.0}{1.6\times10^{-19}\times1.0\times10^{-5}\times1.0\times10^{-5}}\ \text{m}^{-3}=6.25\times10^{28}\ \text{m}^{-3}$$

(3) 如图 13-19 所示。

第 14 章　磁场中的磁介质

§14.1　本章内容剖析

一、磁介质的磁化

1. 磁介质　根据磁介质被磁化后对原磁场影响的差异性，磁介质可分为三类：

(1) 顺磁质：使原磁场加强，表现为顺磁效应。例如锰、铬、铂、氧等。

(2) 抗磁质：使原磁场减弱，表现为抗磁效应。例如汞、铜、氢、锌、铅等。

(3) 铁磁质：使原磁场大大加强，表现为铁磁效应。例如铁、钴、镍等。

顺磁质和抗磁质对原磁场的改变很弱，称为弱磁质，产生弱磁效应；铁磁质对原磁场的改变很强，称为强磁质，产生强磁效应。

2. 顺磁质和抗磁质的磁化

(1) 顺磁质的磁化　顺磁质的分子磁矩不为零。在外加磁场 $\boldsymbol{B}_0$ 的作用下，各分子磁矩都要受到磁力矩的作用，各分子磁矩 $\boldsymbol{P}_{\mathrm{m}}$ 力图转向使自己的磁矩方向与外磁场 $\boldsymbol{B}_0$ 的方向一致，分子磁矩将不同程度地沿着外磁场方向排列起来。在宏观上介质表面形成磁化电流，磁化电流产生附加磁场 $\boldsymbol{B}'$ 与外磁场 $\boldsymbol{B}_0$ 的方向相同，顺磁质内的磁场增强。

(2) 抗磁质的磁化　抗磁质的分子磁矩为零。在外加磁场 $\boldsymbol{B}_0$ 的作用下，分子中的电子受到洛仑兹力作用，轨道运动的速度将受到影响，产生与原磁场方向相反的附加磁矩，从而产生一个附加的磁化电流，磁化电流激发附加磁场 $\boldsymbol{B}'$ 与原外磁场 $\boldsymbol{B}_0$ 反向，使原磁场减弱。

3. 磁介质中的安培环路定理

(1) 磁介质内部的磁场 $\boldsymbol{B}$ 是外磁场 $\boldsymbol{B}_0$ 与磁化电流 $\boldsymbol{I}'$ 产生的附加磁场 $\boldsymbol{B}'$ 的矢量和，即 $\boldsymbol{B}=\boldsymbol{B}_0+\boldsymbol{B}'$。

(2) 磁介质的相对磁导率　$\mu_{\mathrm{r}}=B/B_0$

对于顺磁质，由于 $B>B_0$，有 $\mu_{\mathrm{r}}>1$；对于抗磁质，由于 $B<B_0$，有 $\mu_{\mathrm{r}}<1$。

(3) 磁介质中的安培环路定理　$\oint_l \boldsymbol{H}\cdot\mathrm{d}\boldsymbol{l}=\sum I_{0i}$

① 磁场强度 $\boldsymbol{H}$：描述磁场强弱的辅助物理量；

② 在各向同性均匀介质中：　$\boldsymbol{B} = \mu_0 \mu_r \boldsymbol{H} = \mu \boldsymbol{H}$

③ 磁介质的磁导率：　$\mu = \mu_0 \mu_r$

④ 注意：安培环路上的磁场强度矢量 $\boldsymbol{H}$ 不仅与传导电流有关，而且还与磁化电流有关，不仅与安培环路内的电流有关，而且还与安培环路外的电流有关，即与全空间所有电流有关。但是，磁场强度矢量 $\boldsymbol{H}$ 对闭合环路的积分却只与闭合环路内的传导电流有关。

⑤ 在磁导率为 μ 的无限大均匀磁介质中，磁场具有对称性，则可选取合适的闭合回路，应用有磁介质磁场的安培环路定理，可方便地求解磁场的分布。其方法与第 13 章真空中的安培环路定理解题方法相同。

二、铁磁质

1. 磁化曲线　磁化曲线即铁磁质中的磁感应强度大小 B 和磁场强度大小 H 之间的关系曲线。由于介质的磁化，B 值随 H 值增加先急剧增大后缓慢增大，再继续增大 H 时，磁化将达到饱和状态，B 将不随 H 的增加而显著增大。此 B-H 曲线叫作起始磁化曲线，简称磁化曲线。

2. 磁滞回线　铁磁质循环往复磁化所对应的闭合磁化曲线称为铁磁质的磁滞回线。

3. 磁畴

(1) 在铁磁质内存在着许多小区域，在这些小区域内的原子间存在着非常强的电子“交换耦合作用”，使相邻原子的磁矩排列整齐，也就是说，这些小区域已自发磁化到饱和状态了。这种小区域称为磁畴。

(2) 无外磁场作用时，磁畴排列杂乱，宏观上对外不显磁性。当有外加磁场并增大时，铁磁质内自发磁化方向和外场相近的磁畴体积将因外场的作用而扩大，自发磁化方向与外场有较大偏离的磁畴体积将缩小，偏离较大的那些磁畴将全部消失，磁畴的磁化方向在不同程度上逐渐转向外磁场的方向，最终磁化达到饱和状态。

4. 铁磁质的特性

(1) 相对磁导率 μ_r 很大，且不为常数。

(2) 有磁滞现象，即物质磁化状态的变化总落后于外磁场的变化。

(3) 有剩磁和矫顽力，强剩磁的存在说明铁磁质可作为永久磁铁，矫顽力的存在表明需反向加磁场去磁。

(4) 铁磁质有一居里点，当热力学温度超过居里点时，铁磁质将退变为弱磁质。

5. 铁磁质的分类

(1) 软磁材料　特点：矫顽力小（$H_C < 10^2\ A \cdot m^{-1}$）或剩磁小，磁滞回线狭长，包围的面积小，磁滞特性不显著，容易磁化和退磁，特别适用于交变磁场，可用来制造变压器、镇流器、继电器、电磁铁、电机以及各种高频电磁元件的铁芯。

(2) 硬磁材料　特点：矫顽力大（$H_C > 10^2\ A \cdot m^{-1}$），剩磁也很大，磁滞回线所包围的面积肥大，磁滞特性显著，且不易退磁，适合于制成永磁体。例如，磁电式电表、永磁扬声器、电话、耳机、录音机、小型直流电机以及雷达中的磁控管等用的永久磁铁都是由硬磁材料做成的。

(3) 矩磁材料　特点：剩磁很大，接近于饱和磁感应强度 B_m，磁滞回线接近于矩形。当它被外磁场磁化时，总是处在 $B_{R'}$ 和 $-B_{R'}$ 两种不同的剩磁状态，因此适用于计算机中，作二进制储存记忆元件。

§14.2　本章重点、难点

一、本章重点

(1) 顺磁质和抗磁质的磁化。
(2) 磁介质中的安培环路定理。
(3) 铁磁质的特性。

二、本章难点

(1) 顺磁质和抗磁质的磁化。
(2) 磁介质中的安培环路定理的理解和应用。
(3) 铁磁质的特性。

§14.3　本章解题指导

本章问题主要涉及两个方面的内容：(1) 磁介质中的安培环路定理及其应用；(2) 磁介质磁化的特点和规律。

一、磁介质中的安培环路定理的应用

(1) 有磁介质时，磁场的计算比较复杂，但对于均匀磁介质充满磁场空间且磁场具有某种对称性的情况，磁场的计算就变得相对简单了。本章主要涉及各向同性均匀磁介质充满磁场空间的问题（如例题 14-2、例题 14-3、例题 14-4、例题 14-5、例题 14-8）。利用磁介质中的安培环路定理的解题步骤为：

① 对电流分布和磁介质进行对称性分析，根据电流与磁场的右手螺旋关系判

断磁场强度 $\boldsymbol{H}$ 的方向；

② 选择合适的回路及绕向(积分方向)；

③ 根据磁介质中磁场的安培环路定理列方程、解方程，求得磁场强度 $\boldsymbol{H}$；

④ 利用关系式 $\boldsymbol{B}=\mu_0\mu_r\boldsymbol{H}=\mu\boldsymbol{H}$ 得出各区域的磁感应强度 $\boldsymbol{B}$ 的分布。

(2) 应用安培环路定理的条件必须满足：除电流分布要具有一定对称性外，也要求磁介质是各向同性的均匀磁介质，且充满整个空间或介质的表面或分界面是规则对称的。若不满足以上条件，则不能利用介质中的安培环路定理求解磁场的分布(如例题 14-6)。

二、磁介质磁化的特点和规律

(1) 磁介质的磁化曲线的特征和规律(如例题 14-1)。

(2) 先计算或定性得到外加磁场 $\boldsymbol{H}$ 的分布情况，然后根据不同磁介质磁化的特点及规律讨论和分析某些结论(如例题 14-7、例题 14-9)。

§14.4　本章典型例题

例题 14-1　如图 14-1 所示为三种不同的磁介质的 B-H 关系曲线，其中虚线表示的是 $B=\mu_0 H$ 的关系，试指出哪一条是表示顺磁质，哪一条是表示抗磁质，哪一条是表示铁磁质。

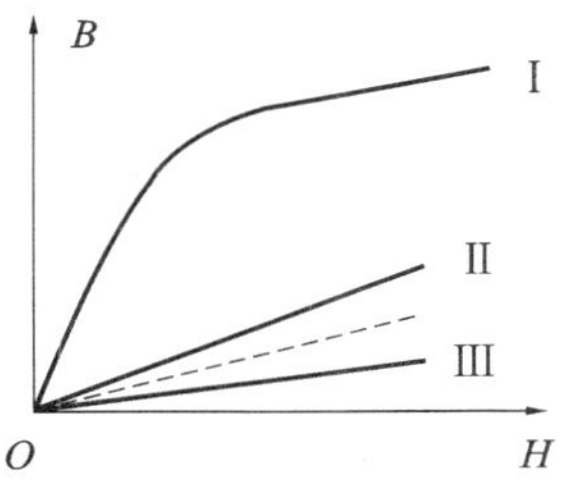

图 14-1　例题 14-1 用图

分析　因为顺磁质的相对磁导率 $\mu_r>1$，即 $\mu>\mu_0$；抗磁质的相对磁导率 $\mu_r<1$，即 $\mu<\mu_0$；且顺磁质和抗磁质的 B-H 关系是直线。所以结论很容易得出。

解　Ⅱ 是直线且斜率大于虚线，所以表示的是顺磁质，而 Ⅲ 表示的是抗磁质，Ⅰ 当然表示的是铁磁质。

例题 14-2　图 14-2 所示为一个绕有 100 匝导线的平均周长为 30 cm 的细环，载有 0.3 A 电流时，铁芯的相对磁导率为 500，求铁芯中的磁场强度和磁感应强度的大小。

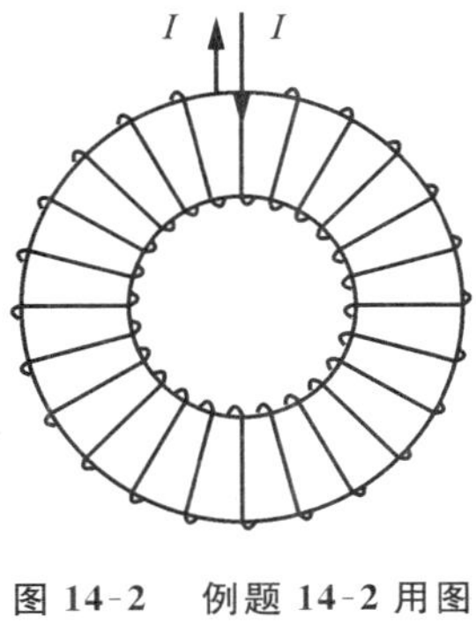

图 14-2　例题 14-2 用图

分析　此题考查对磁介质中磁场的安培环路定理的应用。根据磁介质中磁场的安培环路定理求得磁场强度 $\boldsymbol{H}$，再利用关系式 $B=\mu_0\mu_r H$ 得出磁感应强度 $\boldsymbol{B}$。

解　因是载流细螺绕环(其中心线的半径为 R)，故环内磁场的磁力线为同心

圆，作安培环路与某磁力线重合，旋向与电流成右手螺旋。依介质中的安培环路定理，有

$$\oint_l \boldsymbol{H} \cdot \mathrm{d}\boldsymbol{l} = \sum I_{0i}$$

$$2\pi r H \approx 2\pi R H = NI$$

可得磁场强度大小为

$$H = \frac{NI}{2\pi R} = \frac{100 \times 0.3}{30 \times 10^{-2}}\ \mathrm{A \cdot m^{-1}} = 100\ \mathrm{A \cdot m^{-1}}$$

磁感应强度大小为

$$B = \mu_0 \mu_r H = 4\pi \times 10^{-7} \times 500 \times 100\ \mathrm{T} = 0.063\ \mathrm{T}$$

例题 14-3　图 14-2 所示为某细螺绕环，它是由表面绝缘的导线在铁环上密绕而成，若每厘米绕 20 匝线圈。当导线中的电流 $I = 2.0$ A 时，测得铁环内的磁感强度的大小 $B = 1.0$ T，求铁环的相对磁导率 μ_r。

分析　此题考查对磁介质中磁场的安培环路定理的应用，与上题类似。

解　依介质中的安培环路定理，有

$$\oint_l \boldsymbol{H} \cdot \mathrm{d}\boldsymbol{l} = \sum I_{0i}$$

$$2\pi r H \approx 2\pi R H = NI$$

可得磁场强度大小为

$$H = \frac{NI}{2\pi R} = nI$$

磁感应强度大小为

$$B = \mu_0 \mu_r H = \mu_0 \mu_r nI$$

则铁环的相对磁导率为

$$\mu_r = \frac{B}{\mu_0 nI} = \frac{1}{4\pi \times 10^{-7} \times 20 \times 10^2 \times 2.0} = 199$$

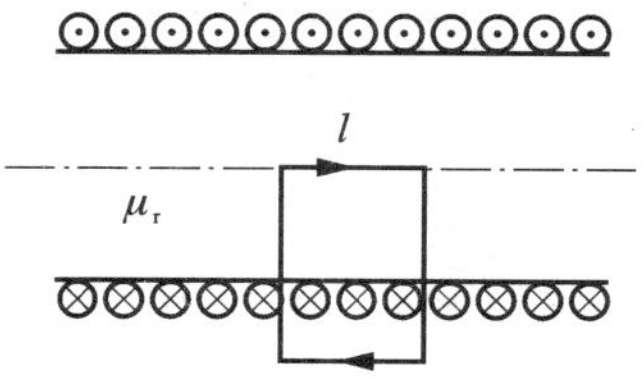

图 14-3　例题 14-4 用图

例题 14-4　如图 14-3 所示，用细导线均匀密绕成长为 L、半径为 $R(L \gg R)$、总匝数为 N 的螺线管，管内充满相对磁导率为 μ_r 的均匀磁介质。若线圈中载有恒定电流 I，求管中任意一点的磁场强度和磁感应强度的大小。

分析　由于 $L \gg R$，螺线管可视为无限长。此题与例题 14-3 类似，先根据磁介质中磁场的安培环路定理求得磁场强度 H，再利用关系式 $B = \mu_0 \mu_r H$ 得出磁感应强度 B。

解　本题虽为介质中的情况，但可利用教材中第 13 章例题 13-8 关于真空中

无限长直载流密绕螺线管管内磁场的结论，即管内为均匀磁场，管外磁场为零。故可沿轴线作一安培回路，回路的一边在轴上，长为 l，则根据介质中磁场的安培环路定理，有

$$\oint_l \boldsymbol{H}\cdot \mathrm{d}\boldsymbol{l} = \sum I_{0i}$$

$$Hl = \frac{N}{L}lI$$

可得磁场强度大小为

$$H = \frac{NI}{L}$$

磁感应强度大小为

$$B = \mu_0\mu_r H = \frac{\mu_0\mu_r NI}{L}$$

例题 14-5　一根同轴电缆线由半径为 a 的长导线和套在它外面的半径为 b 的同轴薄导体圆筒组成，中间充满相对磁导率为 μ_r 的各向同性均匀非铁磁绝缘介质，如图 14-4 所示。传导电流沿导线向上流去，由圆筒向下流回，电流在截面上均匀分布，求介质内的磁感应强度。

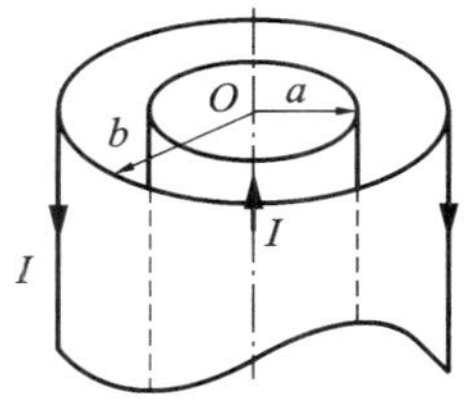

图 14-4　例题 14-5 用图

分析　此题考查对磁介质中磁场的安培环路定理的应用，与《大学物理》下册教材中第 14 章例题 14-2 类似。

解　(1) 由于电流分布具有柱对称性，因而磁场分布也呈柱对称性，在距轴等距处 H 的大小相等，方向沿切线。取同轴的圆形安培环路，依介质中的安培环路定理 $\oint_l \boldsymbol{H}\cdot \mathrm{d}\boldsymbol{l} = \sum I_{0i}$，在介质中 $(a < r < b)$，$\sum I_{0i} = I$，有

$$2\pi rH = I$$

得

$$H = \frac{I}{2\pi r}$$

介质内的磁感应强度为

$$B = \mu H = \mu_0\mu_r H = \frac{\mu_0\mu_r I}{2\pi r}$$

例题 14-6　真空中有一半径为 R，总电流为 I 的无限长圆柱体电流，测得距轴线 O 为 r 处的 A 点的磁感应强度为 $B_A = \mu_0 I/(2\pi r)$，现以 A 为中心，放一个半径为 ρ，相对磁导率为 μ_r 的无限长介质圆柱体，该系统的横截面如图 14-5 所示。图中符

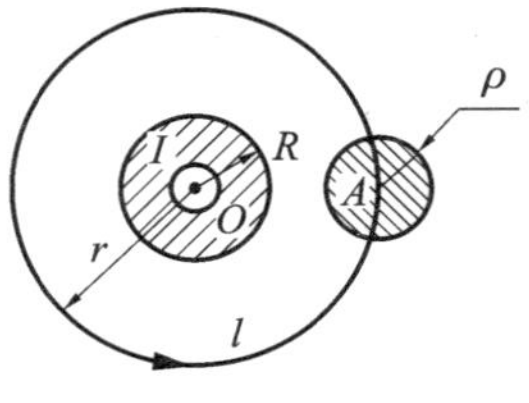

图 14-5　例题 14-6 用图

号“⊙”表示电流垂直图面向外。(1) 计算$\oint_l \boldsymbol{H}\cdot \mathrm{d}\boldsymbol{l}$;(2) 说明能否计算放入介质圆柱体后点 A 处的磁感应强度?

分析　本题较为特殊,与前面情况有所不同,介质没有充满整个空间或者介质不满足对称性。因此本题只能由安培环路定理计算积分式$\oint_l \boldsymbol{H}\cdot \mathrm{d}\boldsymbol{l}$,而不能把积分式化为代数式,即不能利用介质中的安培环路定理来计算磁场的分布。

解　(1) 由于介质没有充满整个空间或者介质不满足对称性,且磁场强度矢量 $\boldsymbol{H}$ 对闭合环路的积分只与闭合环路内的传导电流有关。故只能由安培环路定理计算积分式

$$\oint_l \boldsymbol{H}\cdot \mathrm{d}\boldsymbol{l} = I$$

(2) 根据前面的分析,可知积分式不能化为代数式,即不能利用介质中的安培环路定理来计算磁场的分布。故无法计算点 A 处的磁感应强度。

例题 14-7　一铁环中心线周长 $L = 30\ \mathrm{cm}$,横截面 $S = 1.0\ \mathrm{cm}^2$,环上紧密地绕有 $N = 300$ 匝的线圈,当导线中电流 $I = 3.2\ \mathrm{mA}$ 时,通过环截面的磁通量 $\Phi_\mathrm{m} = 1.0\times 10^{-6}\ \mathrm{Wb}$,试求铁芯的相对磁导率 μ_r。

分析　本题可利用前面例题 14-2、例题 14-3 的结论。即铁环中磁场强度 $H = nI = NI/L$,磁感应强度 $B = \mu nI = \mu_0\mu_\mathrm{r}NI/L$。根据通过铁环的横截面的磁通量 $\Phi_\mathrm{m} = \int_S \boldsymbol{B}\cdot \mathrm{d}\boldsymbol{S} = BS$,可求得相对磁导率 μ_r。

解　铁环中磁场强度 $H = nI = \dfrac{NI}{L}$,磁感应强度 $B = \mu nI = \dfrac{\mu_0\mu_\mathrm{r}NI}{L}$。

通过铁环的横截面的磁通量为

$$\Phi_\mathrm{m} = \int_S \boldsymbol{B}\cdot \mathrm{d}\boldsymbol{S} = BS = \frac{\mu_0\mu_\mathrm{r}NIS}{L}$$

相对磁导率 μ_r 为

$$\mu_\mathrm{r} = \frac{\Phi_\mathrm{m}L}{\mu_0 NIS} = \frac{1.0\times 10^{-6}\times 30\times 10^{-2}}{4\pi\times 10^{-7}\times 300\times 3.2\times 10^{-3}\times 1.0\times 10^{-4}} = 2488$$

例题 14-8　一根无限长同轴电缆由半径为 R_1 的长导线和套在它外面的内、外半径分别为 R_2、R_3 的同轴导体圆筒组成,中间充满磁导率为 μ 的各向同性均匀非铁磁绝缘材料,如图 14-6 所示,传导电流 I 沿导线向右流去,由圆筒向左流回,在它们的截面上电流都是均匀分布的,求同轴导线内外的磁感应强度大小的分布。

分析　此题考查对磁介质中磁场的安培环路定理的应用,与前面例题 14-5

类似。

解　用介质中的安培环路定理 $\oint_l \boldsymbol{H}\cdot \mathrm{d}\boldsymbol{l}=\sum I_{0i}$ 可以得出

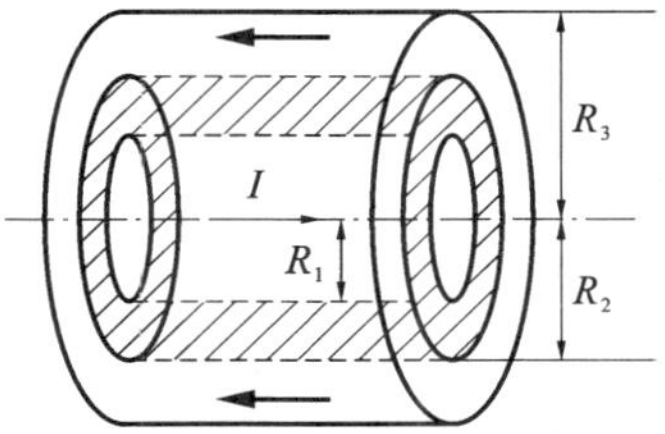

图 14-6　例题 14-8 用图

当 $r<R_1$ 时，$\sum I_{0i}=\dfrac{\pi r^2}{\pi {R_1}^2}I$，则

$$2\pi rH=\frac{r^2}{R_1^2}I$$

$$H=Ir/(2\pi {R_1}^2)$$

圆柱体内 $\mu=\mu_0$，得

$$B=\mu_0 H=\frac{\mu_0 Ir}{2\pi {R_1}^2}$$

当 $R_1<r<R_2$ 时，$\sum I_{0i}=I$，则

$$2\pi rH=I$$

$$H=\frac{I}{2\pi r}$$

磁介质内 $\mu=\mu_0\mu_r$，得

$$B=\mu H=\frac{\mu I}{2\pi r}$$

当 $R_2<r<R_3$ 时，$\sum I_{0i}=\dfrac{I({R_3}^2-r^2)}{{R_3}^2-{R_2}^2}$，则

$$2\pi rH=\frac{I({R_3}^2-r^2)}{{R_3}^2-{R_2}^2}$$

$$H=\frac{I({R_3}^2-r^2)}{2\pi r({R_3}^2-{R_2}^2)}$$

导体圆筒内 $\mu=\mu_0$，得

$$B=\mu_0 H=\frac{\mu_0 I({R_3}^2-r^2)}{2\pi r({R_3}^2-{R_2}^2)}$$

当 $R_3<r$ 时，$\sum I_{0i}=0$，则

$$2\pi rH=0$$

$$H=0,\qquad B=0$$

例题 14-9　矩磁材料具有的矩形磁滞回线如图 14-7(a) 所示，反向场一超过矫顽力，磁化方向就立即反转。矩磁材料的用途是制作电子计算机存储元件的环形磁芯。图 14-7(b) 所示为这种磁芯，其外直径为 1.0 mm，内直径为 0.5 mm，高为 0.3 mm。这类磁芯由矩磁铁氧体材料制成，若磁芯原来已被磁化，矫顽力 $H_C=$

100 A · m^{-1}，方向如图所示。现使磁芯中自内到外的磁化方向全部翻转，导线中脉冲电流 i 的峰值至少需多大？

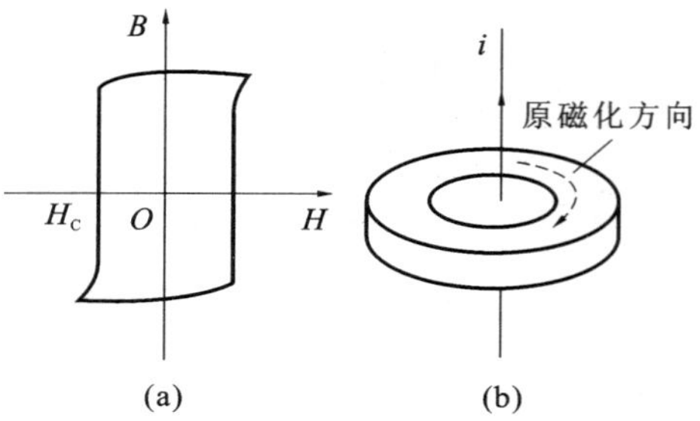

图 14-7 例题 14-9 用图

分析 本题可根据介质中的安培环路定理求得电流 i 在矩磁材料中产生的磁场强度 $H=i/(2\pi r)$，即 r 越大，H 越小。所以脉冲电流 i 的峰值至少要在磁芯的外直径 1.0 mm 处产生 $H_C = 100\ \text{A}\cdot\text{m}^{-1}$ 的反向磁场。

解 根据介质中的安培环路定理可得

$$H=\frac{i}{2\pi r}$$

当 $H=H_C$ 时，有

$$i=H_C\,2\pi r=100\times 2\times 3.14\times 0.5\times 10^{-3}\ \text{A}=0.314\ \text{A}$$

第 15 章　电磁感应

§15.1　本章内容剖析

一、法拉第电磁感应定律

1. 定律的表述　无论何种原因使通过回路所围面积的磁通量发生变化时，回路中产生的感应电动势 $\mathscr{E}_{\mathrm{i}}$ 大小与通过该回路所围面积的磁通量 Φ_{m} 对时间的变化率成正比。

2. 定律的表达式

(1) 感应电动势　$\mathscr{E}_{\mathrm{i}}=-\dfrac{\mathrm{d}\Phi_{\mathrm{m}}}{\mathrm{d}t}$

(2) 感应电流　$I_i=-\dfrac{1}{R}\dfrac{\mathrm{d}\Phi_{\mathrm{m}}}{\mathrm{d}t}$

(3) 感应电量　$q_{\mathrm{i}}=\dfrac{1}{R}(\Phi_{\mathrm{m1}}-\Phi_{\mathrm{m2}})$

二、楞次定律

1. 定律的表述　闭合回路中感应电流的方向，总是使它所激发磁场的磁通量来抵偿引起感应电流的磁通量的变化。或者也可以表述为：感应电流的效果，总是反抗引起感应电流的原因。

2. 定律的物理实质　楞次定律是能量守恒和转化定律在电磁感应中的体现和必然的结果。

3. 用楞次定律确定感应电流方向的步骤

(1) 判断闭合回路内磁力线或磁通量的变化。

(2) 根据楞次定律确定感应电流激发磁场的方向。

(3) 根据右手螺旋关系从感应电流产生磁场的方向确定感应电流的方向。

三、动生电动势

1. 动生电动势的定义

动生电动势即导体在磁场中运动产生的感应电动势。

2. 动生电动势的本质

动生电动势的本质是洛仑兹力。

3. 动生电动势的表达式

令 $\boldsymbol{v}$ 与 $\boldsymbol{B}$ 的夹角为 θ，$\boldsymbol{v}\times\boldsymbol{B}$ 与 $\mathrm{d}\boldsymbol{l}$ 的夹角为 φ，则

$$\mathscr{E}_{\mathrm{i}}=\int_{l}\boldsymbol{v}\times\boldsymbol{B}\cdot\mathrm{d}\boldsymbol{l}=\int_{l}vB\sin\theta\cos\varphi\mathrm{d}l$$

4. 动生电动势的方向

$\boldsymbol{v}\times\boldsymbol{B}$ 指向电势高的一端。

注意：这里 $\boldsymbol{v}\times\boldsymbol{B}$ 指向电动势增加的方向。不像静电场中，电势等于电场的路径积分，$\boldsymbol{E}_0$ 指向电势降落的方向。

5. 动生电动势与法拉第电磁感应定律等价　让运动导体与某些适当的但不动的导体构成导体回路，用法拉第电磁感应定律求该回路的感应电动势，此感应电动势就是运动导体的动生电动势。

四、感生电动势

1. 感生电动势的定义　感生电动势即磁场变化在导体中产生的感应电动势。

2. 感生电动势的本质　感生电动势的本质是变化磁场激发感生电场 E_{i}。

3. 感生电动势的表达式　$\mathscr{E}_{\mathrm{i}}=\int_{l}\boldsymbol{E}_{\mathrm{i}}\cdot\mathrm{d}\boldsymbol{l}$

4. 感生电动势的方向

$\boldsymbol{E}_{\mathrm{i}}$ 指向电势高的一端。

注意：这里 $\boldsymbol{E}_{\mathrm{i}}$ 也是指向电动势增加的方向。不像静电场中，电势等于电场的路径积分，$\boldsymbol{E}_0$ 指向电势降落的方向。

5. 感生电动势与法拉第电磁感应定律等价　让在变化磁场中的导体与某些适当的但不产生感生电动势的导体构成导体回路，用法拉第电磁感应定律求该回路的感应电动势，此感应电动势就是变化磁场中的导体产生的感生电动势。

五、感生电场 $\boldsymbol{E}_{\mathrm{i}}$

1. 麦克斯韦感生电场的假设　变化的磁场激发感生电场 $\boldsymbol{E}_{\mathrm{i}}$。

2. 感生电场的性质

(1) 感生电场的安培环路定理 $\oint_{l}\boldsymbol{E}_{\mathrm{i}}\cdot\mathrm{d}\boldsymbol{l}=-\int_{S}\frac{\partial\boldsymbol{B}}{\partial t}\cdot\mathrm{d}\boldsymbol{S}$ 揭示了感生电场是涡旋场。说明感生电场的电场线是无头无尾的闭合曲线。

(2) 感生电场的高斯定理 $\oint_{l}\boldsymbol{E}_{\mathrm{i}}\cdot\mathrm{d}\boldsymbol{S}=0$ 揭示了感生电场是无源场。

3. 感生电场与静电场的异同点

(1) 不同点：

① 激发方式不同　感生电场由变化磁场激发，静电场由电荷激发。

② 性质不同　感生电场是涡旋场、无源场，静电场是保守场、有源场。

③ 电场线不同　感生电场的电场线是无头无尾的闭合曲线，静电场的电场线起于正电荷终于负电荷。

(2) 相同点　都对电荷有作用力。

4. 电子感应加速器

(1) 电子感应加速器是变化磁场激发涡旋电场的有力证明，也是变化磁场激发涡旋电场在现代科学技术中的具体应用。

(2) 电子感应加速器利用磁场使运动电子拐弯，涡旋电场使电子加速。

5. 涡流　涡旋电场中大块金属中出现的巨大电流称为涡流。涡流的热效应可以利用，但也有危害。涡流在磁场中受到的安培力产生电磁阻力，可利用，也有危害。

6. 求感生电场 $\boldsymbol{E}_{\mathrm{i}}$

应用安培环路定理$\oint_l \boldsymbol{E}_{\mathrm{i}} \cdot \mathrm{d}\boldsymbol{l} = -\int_S \frac{\partial \boldsymbol{B}}{\partial t} \cdot \mathrm{d}\boldsymbol{S}$求具有某种对称性的磁场变化时激发的感生电场。

参照稳恒磁场中用安培环路定律$\oint_l \boldsymbol{B} \cdot \mathrm{d}\boldsymbol{l} = \sum I_{内}$求磁场的步骤。

注意：感生电场不仅在原磁场所存在的空间产生，还可以在原磁场以外的空间产生。

六、自感

1. 自感现象　因回路自身电流变化而在回路自身产生感应电动势的现象。

2. 自感系数 L

(1) 定义式　$L = \dfrac{\Phi_{\mathrm{m}}}{I}$

(2) 测量式　$L = -\dfrac{\mathscr{E}_{\mathrm{L}}}{\mathrm{d}I/\mathrm{d}t}$

(3) 说明

① 当线圈的几何参数与介质不发生变化时，定义式与测量式等价。

② 自感系数 L 是描述自感线圈产生自感电动势本领的物理量，是线圈所固有的，不与自感线圈内是否有电流或电流变化有关。

3. 自感电动势

(1) 自感线圈通有电流时的磁通　$\Phi_{\mathrm{m}} = LI$

(2) 自感电动势　$\mathscr{E}_{\mathrm{L}} = \dfrac{-\mathrm{d}(LI)}{\mathrm{d}t}$

当线圈的几何参数与介质不发生变化时　$\mathscr{E}_L = -\frac{L\mathrm{d}I}{\mathrm{d}t}$

七、互感

1. 互感现象　互感现象即因1线圈电流变化而在2线圈产生感应电动势的现象；或者因2线圈电流变化而在1线圈产生感应电动势的现象。

2. 互感系数 M

(1) 定义式　$M = \frac{\Phi_{12}}{I_1} = \frac{\Phi_{21}}{I_2}$

(2) 测量式　$M = -\frac{\mathscr{E}_{12}}{\mathrm{d}I_1/\mathrm{d}t} = -\frac{\mathscr{E}_{21}}{\mathrm{d}I_2/\mathrm{d}t}$

(3) 说明

① 当两线圈的几何参数与介质不发生变化时，定义式与测量式等价。

② 互感系数 M 是描述互感线圈产生互感电动势本领的物理量，是线圈所固有的，不与互感线圈内是否有电流或电流变化有关。

3. 互感电动势

(1) 互感线圈通有电流时的磁通　$\Phi_{12} = MI_1, \Phi_{21} = MI_2$

(2) 互感电动势　$\mathscr{E}_{12} = \frac{-\mathrm{d}(MI_1)}{\mathrm{d}t}, \mathscr{E}_{21} = \frac{-\mathrm{d}(MI_2)}{\mathrm{d}t}$

当线圈的几何参数与介质不发生变化时　$\mathscr{E}_{12} = -\frac{M\mathrm{d}I_1}{\mathrm{d}t}, \mathscr{E}_{21} = -\frac{M\mathrm{d}I_2}{\mathrm{d}t}$

八、磁场的能量

1. 自感线圈储存的能量　$W = \frac{LI^2}{2}$

2. 磁场的能量密度　$w = \frac{\mathrm{d}W_m}{\mathrm{d}V} = \boldsymbol{B} \cdot \frac{\boldsymbol{H}}{2}$

在各向同性介质中　$w = \frac{BH}{2} = \frac{\mu H^2}{2} = \frac{B^2}{2\mu}$

3. 某空间磁场的磁能　$W_m = \int_V w_m \mathrm{d}V = \int_V \frac{1}{2}\boldsymbol{B} \cdot \boldsymbol{H} \mathrm{d}V$

§15.2　本章重点、难点

一、本章重点

(1) 法拉第电磁感应定律。

(2) 动生电动势。

(3) 感生电动势。

(4) 感生电场。

二、本章难点

(1) 动生电动势。

(2) 感生电动势。

(3) 感生电场。

§15.3 本章解题指导

本章的习题有以下几个方面的内容，其一，用法拉第电磁感应定律求感应电动势、感应电流和感应电量；其二，求动生电动势以及感应电流受到的安培力；其三，求感生电动势和感生电场；其四，与自感、互感有关的问题；其五，磁场的能量。

一、法拉第电磁感应定律的应用

用法拉第电磁感应定律求感应电动势只要按步骤来，一般问题不大(例如例题15-1、例题15-2、例题15-7、例题15-8)。其步骤为：

(1) 选取回路的正方向。如用字母表示则字母顺序就是回路正方向，以此定出回路所围面的法线正方向，回路正方向与回路所围面的法线正方向满足右手螺旋关系。

(2) 计算通过回路所围面的磁通量 $\Phi_{\mathrm{m}}=\int_S \boldsymbol{B}\cdot \mathrm{d}\boldsymbol{S}$

(3) 求感应电动势 $\mathscr{E}_{\mathrm{i}}=-\dfrac{\mathrm{d}\Phi_{\mathrm{m}}}{\mathrm{d}t}$

(4) 定感应电动势的方向 当 $\mathscr{E}_{\mathrm{i}}=-\dfrac{\mathrm{d}\Phi_{\mathrm{m}}}{\mathrm{d}t}>0$ 时，电动势与回路方向相同。反之，电动势与回路方向相反。

二、动生电动势

(1) 求导线上的动生电动势需按以下步骤进行：

① 在导体上根据 $\boldsymbol{v}\times\boldsymbol{B}$ 指向高电势的原理，选取积分路径的起点和终点。以此算出的动生电动势 $\mathscr{E}_{\mathrm{i}}$ 如大于零，则积分路径的终点为高电位，反之，为低电位。

② 在导体上取导线微元 $\mathrm{d}\boldsymbol{l}$，$\mathrm{d}\boldsymbol{l}$ 的方向是以上积分路径从起点到终点的取向。确定 $\mathrm{d}\boldsymbol{l}$ 的运动速度 $\boldsymbol{v}$、$\mathrm{d}\boldsymbol{l}$ 所在处的磁感应强度 $\boldsymbol{B}$ 和 $\boldsymbol{v}$ 与 $\boldsymbol{B}$ 的夹角 θ；用右手螺旋关系定出 $\boldsymbol{v}\times\boldsymbol{B}$ 的方向，进而确定 $\boldsymbol{v}\times\boldsymbol{B}$ 与 $\mathrm{d}\boldsymbol{l}$ 的夹角为 φ。

③ 算出导线元 $\mathrm{d}\boldsymbol{l}$ 上的动生电动势 $\mathrm{d}\mathscr{E}_{\mathrm{i}}=\boldsymbol{v}\times\boldsymbol{B}\cdot\mathrm{d}\boldsymbol{l}=vB\sin\theta\cos\varphi\mathrm{d}l$。

④ 对导线元的动生电动势积分 $\mathscr{E}_i=\int_l\boldsymbol{v}\times\boldsymbol{B}\cdot\mathrm{d}\boldsymbol{l}=\int_l(vB\sin\theta)\cos\varphi\mathrm{d}l$。

⑤ 确定动生电动势 $\mathscr{E}_{\mathrm{i}}$ 的方向，即确定导线上的高电位。如计算出的 $\mathscr{E}_{\mathrm{i}}$ 大于零，则积分路径的终点为高电位，最好用 $\boldsymbol{v}\times\boldsymbol{B}$ 指向电势高端的原理复核一遍。

(2) 导体在磁场中平动产生的动生电动势。这方面的习题只要严格按步骤来解，问题不大(例如例题 15-3)。

(3) 导体在磁场中转动产生的动生电动势。这方面的习题除了严格按步骤来解以外，还应注意把导体转动角速度换算成线速度(例如例题 15-6)。

(4) 动生电动势中的安培力。运动导体上产生动生电动势，如导体是回路，就会有感应电流，运动导体上感应电流就会受到安培力。这方面的习题显得比较困难些，但只要细心，问题不难解决(例如例题 15-4)。

三、感生电场与感生电动势

1. 求感生电场　求感生电动势往往与求感生电场相联系，所以求感生电场是问题的关键。求感生电场在现有的知识范畴内，只能求具有柱对称的磁场在磁场变化时激发的电场。这样的习题一般用感生电场的安培环路定理 $\oint_l\boldsymbol{E}_{\mathrm{i}}\cdot\mathrm{d}\boldsymbol{l}=-\int_S\frac{\partial\boldsymbol{B}}{\partial t}\cdot\mathrm{d}\boldsymbol{S}$ 求解。其解题步骤参照稳恒磁场中用安培环路定律 $\oint_l\boldsymbol{B}\cdot\mathrm{d}\boldsymbol{l}=\sum I_{内}$ 求磁场的步骤。

2. 求感生电动势(例如例题 15-5)　求导体上的感生电动势需按以下步骤进行：

(1) 求感生电场 $\boldsymbol{E}_{\mathrm{i}}$。

(2) 在导体上根据 $\mathscr{E}_{\mathrm{i}}$ 指向高电势端的原理，选取积分路径的起点和终点。以此算出的动生电动势 $\mathscr{E}_{\mathrm{i}}$ 如大于零，则积分路径的终点为高电位。

(3) 在导体上取导线微元 $\mathrm{d}\boldsymbol{l}$，$\mathrm{d}\boldsymbol{l}$ 的方向是以以上积分路径从起点到终点的取向。确定 $\mathrm{d}\boldsymbol{l}$ 与 $\boldsymbol{E}_{\mathrm{i}}$ 的夹角 θ。

(4) 算出导线元 $\mathrm{d}\boldsymbol{l}$ 上的感生电动势 $\mathrm{d}\mathscr{E}_{\mathrm{i}}=\boldsymbol{E}_{\mathrm{i}}\cdot\mathrm{d}\boldsymbol{l}=E_{\mathrm{i}}\cos\theta\mathrm{d}l$。

(5) 对导线元的感生电动势积分 $\mathscr{E}_{\mathrm{i}}=\int_l\boldsymbol{E}_{\mathrm{i}}\cdot\mathrm{d}\boldsymbol{l}=\int_l E_{\mathrm{i}}\cos\theta\mathrm{d}l$。

(6) 确定感生电动势 $\mathscr{E}_{\mathrm{i}}$ 的方向，即确定导线上的高电位。如计算出的 $\mathscr{E}_{\mathrm{i}}$ 大于零，则积分路径的终点为高电位，最好用 $\boldsymbol{E}_{\mathrm{i}}$ 指向高电势的原理复核一遍。

四、自感与互感

1. 求自感系数　求自感系数按步骤求解一般问题不大。其步骤是：

(1) 令线圈中通有电流 I,求出自感线圈所在处的磁感应强度。

(2) 解题的过程中默认线圈所围面的法线方向与线圈中电流 I 的旋向成右手螺旋关系,这样线圈所围面的法线方向与线圈电流激发磁场的方向相同。以此计算线圈回路的磁通量 Φ_m。

(3) 根据自感系数定义式 $L = \Phi_m / I$,计算自感系数 L。

2. 求互感系数　求互感系数按步骤求解也比较容易。其步骤是:

(1) 令两线圈中的一个线圈(比方线圈甲) 通有电流 $I_{甲}$,求出线圈乙所在处的磁感应强度。

(2) 解题的过程中默认线圈乙所围面的法线方向与线圈甲(电流 $I_{甲}$) 在线圈乙处激发磁场的方向相同。以此计算线圈乙回路的磁通量 $\Phi_{甲乙}$。

(3) 根据互感系数的定义式 $M = \Phi_{甲乙} / I_{甲}$ 计算互感系数 M。

五、磁场的能量

这儿所涉及的介质是各向同性介质。

求磁场的能量最好按步骤求解。其步骤是:

(1) 求出所涉及空间的磁场 $\boldsymbol{B}$、$\boldsymbol{H}$ 的分布。

(2) 利用公式 $w_m = BH/2 = \mu H^2/2 = B^2/(2\mu)$,求出磁场的能量密度。

(3) 根据空间磁场分布的特点,选取合适的体积元,使积分尽可能成为一维积分。

(4) 确定积分变量的上下限,进行积分。

§15.4　本章典型例题

例 15-1　长直导线 AC 中的电流 I 沿导线向上,并以 $\mathrm{d}I/\mathrm{d}t = 2\ \mathrm{A \cdot s^{-1}}$ 的变化率均匀增长。导线附近放一个与之同面的直角三角形线框,其一边与导线平行,位置及线框尺寸如图 15-1 所示。求此线框中产生的感应电动势的大小和方向。

分析　这是道训练用法拉第电磁感应定律求感应电动势的例题,按步骤求解。

解　取坐标如图 15-1 所示,取顺时针为三角形回路感应电动势的正向,得三角形平面法线垂直纸面向里。设 $a = 5.0\ \mathrm{cm}$, $b = 10\ \mathrm{cm}$, $l = 20\ \mathrm{cm}$。取窄条面积微元 $\mathrm{d}x$,其面积为 $\mathrm{d}S = y\mathrm{d}x$。先求 x、y 之间的关系。根据相似三角形的几何关系

$$y : (x - a) = l : b$$

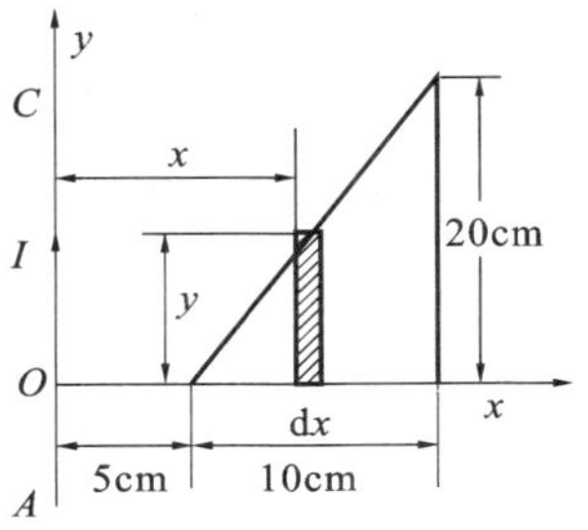

图 15-1　例题 15-1 用图

有

$$y=\frac{(x-a)l}{b}$$

故 $\mathrm{d}S=y\mathrm{d}x=\frac{(x-a)l\mathrm{d}x}{b}$。通过面积微元 $\mathrm{d}S$ 的磁通量为

$$\mathrm{d}\Phi_{\mathrm{m}}=\boldsymbol{B}\cdot\mathrm{d}\boldsymbol{S}=\frac{\mu_0 I}{2\pi x}\cdot\frac{(x-a)l}{b}\mathrm{d}x$$

则通过整个三角形区域的磁通量 Φ_{m} 为

$$\Phi_{\mathrm{m}}=\int\mathrm{d}\Phi_{\mathrm{m}}=\int_a^{a+b}\frac{\mu_0 I(x-a)l}{2\pi bx}\mathrm{d}x=\frac{\mu_0 Il}{2\pi b}\int_a^{a+b}\left(1-\frac{a}{x}\right)\mathrm{d}x$$

$$=\frac{\mu_0 Il}{2\pi b}\left(b-a\ln\frac{a+b}{a}\right)$$

由法拉第电磁感应定律可得，线框中产生的感应电动势为：

$$\mathscr{E}_{\mathrm{i}}=-\frac{\mathrm{d}\Phi_{\mathrm{m}}}{\mathrm{d}t}=-\frac{\mu_0 l}{2\pi b}\left(b-a\ln\frac{a+b}{a}\right)\frac{\mathrm{d}I}{\mathrm{d}t}$$

$$=-\frac{4\pi\times10^{-7}\times0.20}{2\pi\times0.10}\times\left(0.10-0.05\times\ln\frac{0.05+0.10}{0.05}\right)\times2.0\ \mathrm{V}$$

$$=-3.61\times10^{-8}\ \mathrm{V}$$

负号表示方向为逆时针。

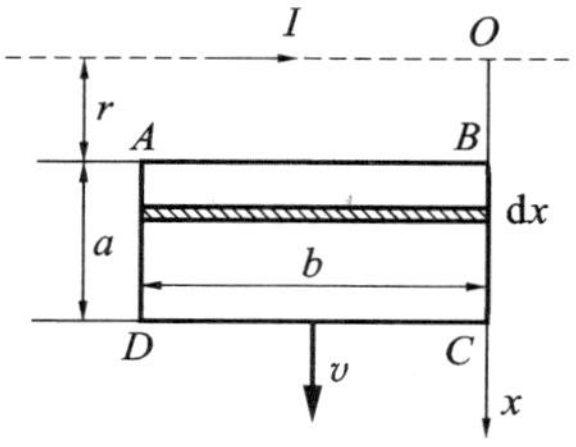

图 15-2　例题 15-2 用图

例 15-2　无限长直载流导线电流为 I，与矩形导体回路 $ABCD$ 共面，边 AB 与长直载流导线平行，如图 15-2 所示。当导体回路 $ABCD$ 以速度 $\boldsymbol{v}$ 垂直于导线远离导线运动时，用法拉第电磁感应定律（$\mathscr{E}_{\mathrm{i}}=-\mathrm{d}\Phi/\mathrm{d}t$）求 $ABCD$ 中的感应电动势。

分析　这也是道训练用法拉第电磁感应定律求感应电动势的例题，按步骤求解。

解　设 AB 边到电流的距离为 $r(t)$，取 $ABCDA$ 为回路正向，得面 $ABCD$ 的法线垂直纸面向里，与长直载流导线在导线框中激发磁场方向相同。在导线框上取微元面积 $\mathrm{d}S=b\mathrm{d}x$，通过 $\mathrm{d}S$ 的磁通量 $\mathrm{d}\Phi_{\mathrm{m}}=\boldsymbol{B}\cdot\mathrm{d}\boldsymbol{S}$，则通过整个矩形线框的磁通量为

$$\Phi_{\mathrm{m}}=\int_S\boldsymbol{B}\cdot\mathrm{d}\boldsymbol{S}=\int_S B\mathrm{d}S\cos0^\circ=\int_r^{r+a}\frac{\mu_0 I}{2\pi x}b\mathrm{d}x=\frac{\mu_0 Ib}{2\pi}\ln\frac{r+a}{r}$$

当线框远离导线运动时，有

$$\mathscr{E}_i = -\frac{d\Phi_m}{dt} = -\frac{d}{dt}\left(\frac{\mu_0 Ib}{2\pi}\ln\frac{r+a}{r}\right)$$

$$= -\frac{\mu_0 Ib}{2\pi}\frac{d}{dt}[\ln(r+a) - \ln r] = \frac{\mu_0 Ib}{2\pi}\left(\frac{1}{r} - \frac{1}{r+a}\right)\frac{dr}{dt}$$

因 $dr/dt = v$，所以线框内的感生电动势为

$$\mathscr{E}_i = \frac{\mu_0 Iabv}{2\pi r(r+a)}$$

因大于零，线框内感生电动势的方向沿 $ABCD$。

例 15-3　如图 15-3(a) 所示，在磁感应强度为 $\boldsymbol{B}$ 的均匀磁场中，有一任意形状且不共面的曲线导体 ab 以速度 $\boldsymbol{v}$ 平动，试证明曲线导体 ab 上的动生电动势为

$$\mathscr{E}_i = (\boldsymbol{v} \times \boldsymbol{B}) \cdot \overrightarrow{ab}$$

式中 $\overrightarrow{ab}$ 是以 a 为起点，b 为终点的矢量。

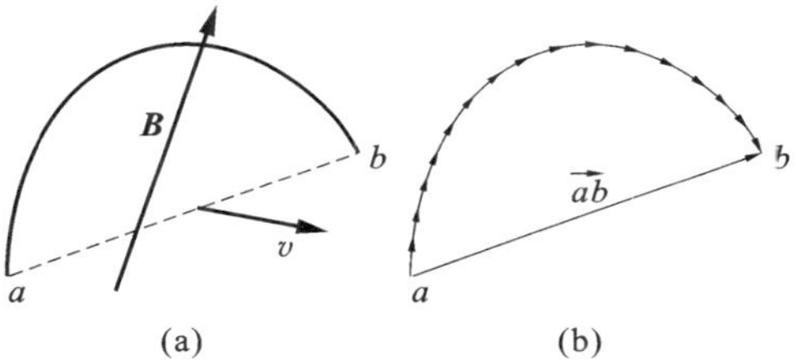

图 15-3　例题 15-3 用图

分析　虽然导线上每一线段元 $d\boldsymbol{l}$ 的方向均不同，但运动速度 $\boldsymbol{v}$ 和和磁场 $\boldsymbol{B}$ 都相同，所以计算动生电动势的积分 $\mathscr{E}_i = \int_a^b (\boldsymbol{v} \times \boldsymbol{B}) \cdot d\boldsymbol{l}$ 时，可把 $\boldsymbol{v} \times \boldsymbol{B}$ 从积分号内提出来，只剩下对 $d\boldsymbol{l}$ 的积分。

证明　选取从 a 到 b 为动生电动势的正向。曲线导体上任取一线段元 $d\boldsymbol{l}$，它以 $\boldsymbol{v}$ 运动时产生的动生电动势为

$$d\mathscr{E}_i = (\boldsymbol{v} \times \boldsymbol{B}) \cdot d\boldsymbol{l}$$

整个曲线导体的动生电动势为

$$\mathscr{E}_i = \int_a^b (\boldsymbol{v} \times \boldsymbol{B}) \cdot d\boldsymbol{l}$$

因是均匀磁场，且曲线导体平动，故所有线段元 $d\boldsymbol{l}$ 的 $\boldsymbol{v}$、$\boldsymbol{B}$ 相同，故 $\boldsymbol{v} \times \boldsymbol{B}$ 可从积分号内提出来。所以上式变为

$$\mathscr{E}_i = \int_a^b (\boldsymbol{v} \times \boldsymbol{B}) \cdot d\boldsymbol{l} = \boldsymbol{v} \times \boldsymbol{B} \cdot \int_a^b d\boldsymbol{l}$$

而 $\int_a^b d\boldsymbol{l}$ 积分为矢量积分，即矢量相加，对此，采用矢量加法的多边形法则，如图 15-3(b) 所示。从图中可明显得出

$$\int_a^b d\boldsymbol{l} = \overrightarrow{ab}$$

所以曲线导体在均匀磁场中平动产生的动生电动势为

$$\mathscr{E}_i = \boldsymbol{v} \times \boldsymbol{B} \cdot \int_a^b d\boldsymbol{l} = \boldsymbol{v} \times \boldsymbol{B} \cdot \overrightarrow{ab}$$

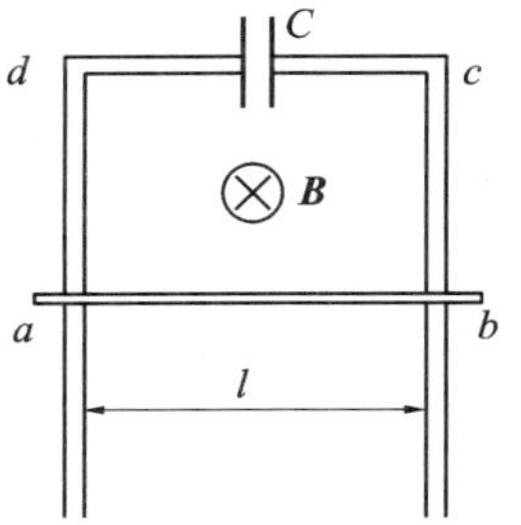

图 15-4　例题 15-4 用图

例 15-4　有一足够长的平行导轨，导轨间距为 l，竖直放置。导轨的上方接一电容。裸导线 ab 可沿金属导轨无摩擦地下滑，导轨位于磁感应强度为 $\boldsymbol{B}$ 的水平均匀磁场中，如图 15-4 所示，设导线 ab 的质量为 m，导轨与导线 ab 的电阻忽略，$abcd$ 形成回路。设 $t=0$ 时，$v=0$，试求：导线 ab 下滑的速度 v 与时间 t 的函数关系。

分析　导轨在下滑的过程中，会在回路 $abcd$ 中产生感应电流。通有感应电流的导线 ab 在磁场中会受到方向向上的安培力，导线的运动就要受到重力和安培力的共同作用。

解　选取从 a 到 b 为动生电动势的正向。因导线在均匀磁场中平动，所以导线中产生的动生电动势为

$$\mathscr{E}_{\mathrm{i}}=\int_l \boldsymbol{v}\times\boldsymbol{B}\cdot\mathrm{d}\boldsymbol{l}=vBl$$

方向向右。此电动势给电容充电，应有电容两端的电压 $U=Q/C$ 与导线上的电动势相等，即 $Q/C=vBl$，式中 Q 为电容器极板上的电荷，故

$$Q=vBlC$$

两边对 t 微分，注意到 $\mathrm{d}Q/\mathrm{d}t$ 为给电容器充电的电流，$\mathrm{d}v/\mathrm{d}t=a$ 为导线 ab 下落的加速度。所以有

$$I=\frac{\mathrm{d}Q}{\mathrm{d}t}=BlC\frac{\mathrm{d}v}{\mathrm{d}t}=BlCa$$

则导线 ab 受的安培力大小为

$$F_{\mathrm{m}}=\left|\int_l(I\mathrm{d}\boldsymbol{l}\times\boldsymbol{B})\right|=IBl=B^2l^2Ca$$

方向向上。导线 ab 还受重力 $P=mg$ 的作用。所以用牛顿定律列方程为

$$P-F_{\mathrm{m}}=mg-B^2l^2Ca=ma$$

$$a=\frac{mg}{m+B^2l^2C}=\frac{\mathrm{d}v}{\mathrm{d}t}$$

$$\mathrm{d}v=\frac{mg\,\mathrm{d}t}{m+B^2l^2C}$$

两边积分，并注意到 $t=0$ 时，$v=0$，有

$$\int_0^v\mathrm{d}v=\int_0^t\frac{mg}{m+B^2l^2C}\mathrm{d}t$$

得导线 ab 下落的速度为

$$v=\frac{mgt}{m+B^2l^2C}$$

例 15-5　在半径为 R 的圆柱形空间中存在着均匀磁场 $\boldsymbol{B}$，$\boldsymbol{B}$ 的方向与柱的轴线平行。有一金属棒 MN 放在磁场内且与竖直半径垂直，左端点 M 在半径上，右端点 N 在圆周上，且 ON 与水平线的夹角为 45°。金属棒 MN 与磁场 $\boldsymbol{B}$ 的轴线垂直，如图 15-5 所示。设 B 随时间的变化率 $\mathrm{d}B/\mathrm{d}t$ 为大于零的常量，求棒上感应电动势的大小，并指出哪一端点的电势高（分别用对感生电场的积分 $\mathscr{E}_i = \int_l \boldsymbol{E}_i \cdot \mathrm{d}\boldsymbol{l}$ 和法拉第电磁感应定律 $\mathscr{E}_i = -\mathrm{d}\Phi_m/\mathrm{d}t$ 两种方法解）。

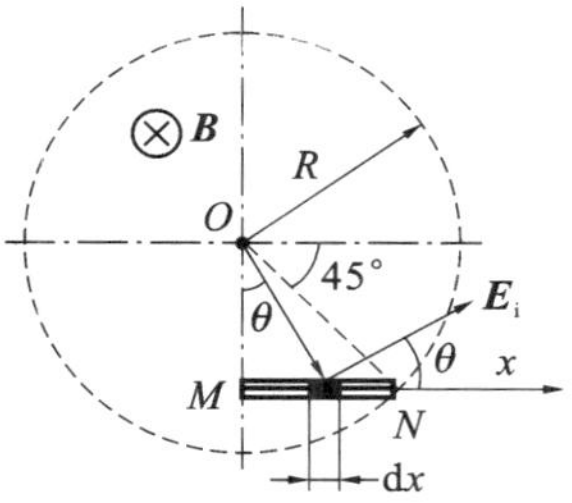

图 15-5　例题 15-5 用图

分析　这也是道训练用对涡旋电场的积分和法拉第电磁感应定律求感生电动势的例题。由于导体棒上各点的感生电场大小不同，故需要在导体棒上取微元。求出微元上的电动势，再对整段导体进行积分。

解　选取从 M 到 N 为感生电动势的正向。

(1) 用对感生电场的积分求解

因磁场均匀分布在圆柱形空间，且随时间发生变化，故它激发的涡旋电场的电场线是以柱形磁场空间的轴线为圆心的同心圆，方向与 $-\mathrm{d}\boldsymbol{B}/\mathrm{d}t$ 成右手螺旋，在本题中沿逆时针。取点 M 为 x 坐标的坐标原点，沿棒 MN 为 x 轴正向。在棒 MN 上取微元 $\mathrm{d}x$，其坐标为 x。因棒在磁场内，由《大学物理》下册教材的例题 15-6 知，该处感生电场的大小为

$$E_i = \frac{r}{2}\frac{\mathrm{d}B}{\mathrm{d}t}$$

方向如图 15-5 所示，与 x 轴正向夹角为 θ。设 $OM = MN = a = \sqrt{2}R/2$，由几何关系知，夹角 θ 满足 $\cos\theta = a/r$。于是导体棒的感生电动势为

$$\mathscr{E}_i = \int_M^N \boldsymbol{E}_i \cdot \mathrm{d}\boldsymbol{l} = \int_M^N E_i \cos\theta \mathrm{d}x = \int_M^N \frac{r}{2} \cdot \frac{\mathrm{d}B}{\mathrm{d}t} \cdot \frac{a}{r}\mathrm{d}x = \frac{a}{2} \cdot \frac{\mathrm{d}B}{\mathrm{d}t}\int_0^a \mathrm{d}x$$

$$= \frac{a^2}{2} \cdot \frac{\mathrm{d}B}{\mathrm{d}t} = \frac{(\sqrt{2}R/2)^2}{2} \cdot \frac{\mathrm{d}B}{\mathrm{d}t} = \frac{R^2}{4} \cdot \frac{\mathrm{d}B}{\mathrm{d}t}$$

因 $\mathscr{E}_i > 0$，故 N 点的电势高。

(2) 用法拉第电磁感应定律求解

沿半径作辅助线 OM、ON 组成三角形回路 $MONM$，回路正方向为顺时针。因 OM、ON 处感生电场与路径垂直，其上的感应电动势为零，有

$$\mathscr{E}_i = \int_M^N \boldsymbol{E}_i \cdot \mathrm{d}\boldsymbol{l} = -\int_N^M \boldsymbol{E}_i \cdot \mathrm{d}\boldsymbol{l} = -\left(\int_N^M \boldsymbol{E}_i \cdot \mathrm{d}\boldsymbol{l} + \int_M^O \mathrm{E}_i \cdot \mathrm{d}\boldsymbol{l} + \int_O^N \boldsymbol{E}_i \cdot \mathrm{d}\boldsymbol{l}\right)$$

$$= -\left(-\frac{\mathrm{d}\Phi_{\mathrm{mMONM}}}{\mathrm{d}t}\right) = \frac{\mathrm{d}\Phi_{\mathrm{mMONM}}}{\mathrm{d}t}$$

而

$$\Phi_{\mathrm{mMONM}} = \int_S \boldsymbol{B} \cdot \mathrm{d}\boldsymbol{S} = \frac{a^2}{2}B$$

故导体棒的感应电动势为

$$\mathscr{E}_{\mathrm{i}} = \frac{\mathrm{d}\Phi_{\mathrm{mMONM}}}{\mathrm{d}t} = \frac{a^2}{2}\frac{\mathrm{d}B}{\mathrm{d}t} = \frac{\left(\sqrt{2}R/2\right)^2}{2}\cdot\frac{\mathrm{d}B}{\mathrm{d}t} = \frac{R^2}{4}\cdot\frac{\mathrm{d}B}{\mathrm{d}t}$$

N 点的电势高。

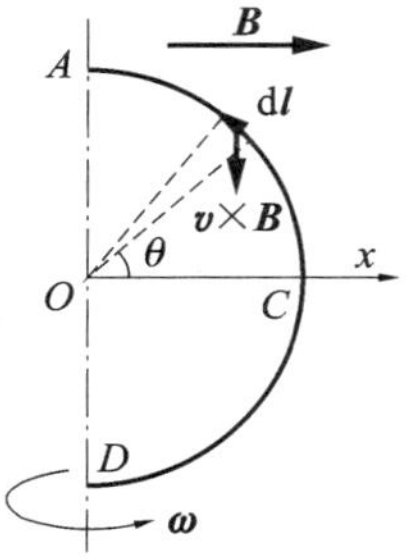

图 15-6　例题 15-6 用图

例 15-6　半径为 R 的半圆弧导线位于均匀磁场 $\boldsymbol{B}$ 中，圆弧直径 AD 垂直于磁场，今以 AD 为轴让半圆弧 ACD 以角速度 $\boldsymbol{\omega}$ 旋转，当转到如图 15-6 所示的位置时（此时 C 点的运动方向向里），求半圆弧导线上的动生电动势。

分析　这是道求动生电动势的例题。应按步骤求解。由于圆弧在旋转过程中，弧线上各点的线速度不一样，要求出整段圆弧的电动势，就要采用取微元再积分的方法。

解　选取从 D 经 C 到 A 为动生电动势的正向，轴 Ox 从圆心 O 沿半径向右。在圆弧上取微元 $\mathrm{d}\boldsymbol{l} = R\mathrm{d}\theta$，$\mathrm{d}l$ 的线速度 $v = \omega R\cos\theta$，方向向里。由图 15-6 所示的几何关系可知，$\boldsymbol{v}\times\boldsymbol{B}$ 与 $\mathrm{d}\boldsymbol{l}$ 的夹角为 $\pi-\theta$。于是该微元在旋转过程中产生的动生电动势为

$$\mathrm{d}\mathscr{E}_{\mathrm{i}} = \boldsymbol{v}\times\boldsymbol{B}\cdot\mathrm{d}\boldsymbol{l} = \omega R\cos\theta\, B\cos(\pi-\theta)R\mathrm{d}\theta = -\omega R^2 B\cos^2\theta\mathrm{d}\theta$$

由此得整段半圆弧导线的动生电动势为

$$\mathscr{E}_{\mathrm{i}} = \int\mathrm{d}\mathscr{E}_{\mathrm{i}} = \int_{-\frac{\pi}{2}}^{\frac{\pi}{2}} -\omega R^2 B\cos^2\theta\mathrm{d}\theta = -\omega R^2 B\int_{-\frac{\pi}{2}}^{\frac{\pi}{2}}\frac{1+\cos2\theta}{2}\mathrm{d}\theta = -\frac{\pi\omega R^2 B}{2}$$

负号表示 D 点电势高，A 点电势低。

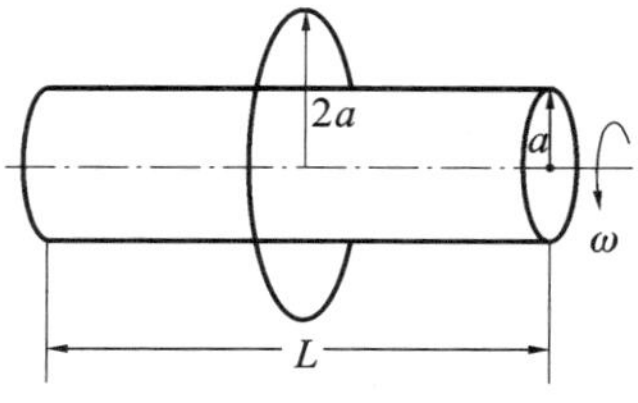

图 15-7　例题 15-7 用图

例 15-7　一长为 L，半径为 $a(a\ll L)$ 的薄壁长圆筒表面均匀带电，电荷面密度为 σ，圆筒以角速度 ω 绕中心轴旋转。一半径为 $2a$，电阻为 R，总匝数为 N 的圆线圈套在圆筒上，如图 15-7 所示。若圆筒转速按 $\omega = \omega_0\left(1-\dfrac{t}{t_0}\right)$ 的规律（ω_0、t_0 为已知常数）随时间线性地减小，求圆线圈中感应电流的大小和流向。

分析　带电绝缘薄壁长圆筒绕中心轴旋转形成的电流等效于载流螺线管。当圆筒的旋转速度发生变化时，相当于载流螺线管的电流发生变化。电流的变化使得载流螺线管内磁场变化，变化的磁场激发感生电场，感生电场在线圈中会产生感生

电动势和感应电流。不过此题用法拉第电磁感应定律解。

解　在圆筒旋转过程中，圆筒上单位长度的电流(面电流的线密度)就是载流螺线管单位长度上线圈的电流，即

$$j = nI = \frac{2\pi aL\sigma/T}{L} = \frac{2\pi a\sigma}{\frac{2\pi}{\omega}} = a\sigma\omega$$

得圆筒内的磁感应强度为

$$B_{内} = \mu_0 a\sigma\omega$$

方向向右。圆筒外的磁感应强度为

$$B_{外} = 0$$

设圆筒截面积为 $S_1 = \pi a^2$，大线圈所围面积为 S_2。故通过线圈内的磁通量为

$$\Phi_m = N\int_{S_2} \boldsymbol{B}\cdot d\boldsymbol{S} = NBS_1 = N\mu_0 a\sigma\omega\pi a^2 = N\mu_0\sigma\omega\pi a^3$$

从而在线圈上产生的感应电动势为

$$\mathscr{E}_i = -\frac{d\Phi_m}{dt} = -\frac{N\mu_0\sigma\pi a^3 d\omega}{dt} = -\frac{N\mu_0\sigma\pi a^3 d[\omega_0(1-t/t_0)]}{dt} = \frac{N\mu_0\sigma\omega_0\pi a^3}{t_0}$$

感应电流为

$$I_i = \frac{\mathscr{E}_i}{R} = \frac{N\mu_0\sigma\omega_0\pi a^3}{t_0 R}$$

方向与旋转方向一致。

例 15-8　单位长度匝数 $n = 5000/m$，截面 $S = 1.5\times10^{-3}\ m^2$ 的螺绕环(可看作细螺绕环)套在一匝数为 $N = 8$，电阻 $R = 15.0\ \Omega$ 的线圈 A 内(图 15-8)。如使螺绕环内的电流 I 按每秒减少 20 A 的速率变化，求：(1) 线圈 A 内的感应电动势；(2) 线圈 A 内的感应电流；(3) 两秒内通过线圈 A 某一截面的感应电量。

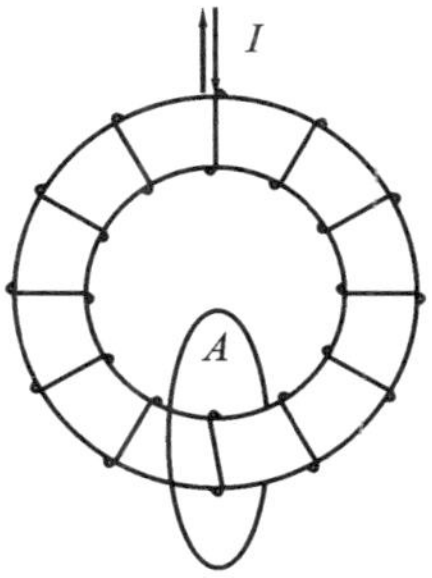

图 15-8　例题 15-8 用图

分析　这是道训练用法拉第电磁感应定律求感应电动势的例题。

解　螺绕环内的磁场为 $B = \mu_0 nI$，取线圈 A 所围面的法线方向与载流螺绕环在线圈 A 激发磁场方向相同，得线圈 A 感应电动势的旋向为图 15-8 中的顺时针，则通过线圈 A 的磁通量为

$$\Phi = \int_{S_A} \boldsymbol{B}\cdot d\boldsymbol{S} = NBS = N\mu_0 nIS$$

(1) 线圈 A 内的感应电动势大小为

$$\mathscr{E}_i = -\frac{d\Phi}{dt} = -\frac{\mu_0 NnS dI}{dt}$$

$$= -4\pi \times 10^{-7} \times 8 \times 5000 \times 1.5 \times 10^{-3} \times (-20)\ \text{V} = 1.51 \times 10^{-3}\ \text{V}$$

方向为顺时针。

(2) 线圈 A 内的感应电流为

$$I_i = \frac{\mathscr{E}_i}{R} = \frac{1.51 \times 10^{-3}}{15.0}\ \text{A} = 1.01 \times 10^{-4}\ \text{A}$$

(3) 两秒内通过线圈 A 某一截面的感应电量为

$$\Delta Q_i = \int_{t_1}^{t_2} I_i dt = I_i \Delta t = 1.01 \times 10^{-4} \times 2\ \text{C} = 2.02 \times 10^{-4}\ \text{C}$$

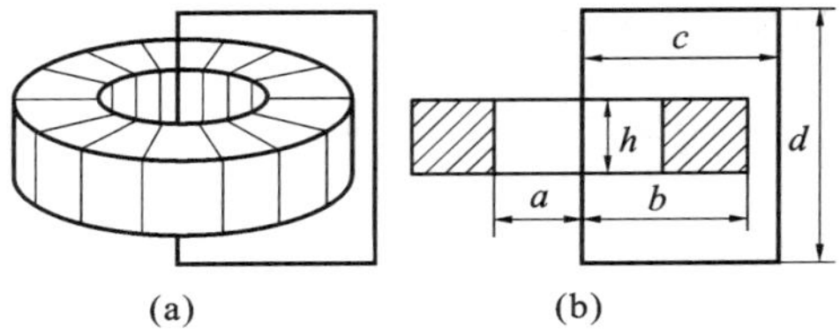

图 15-9 例题 15-9 用图

例 15-9 内外半径分别为 a、b 的环形螺旋管(螺绕环)截面为长方形,共有 N 匝线圈。另有一矩形导线线圈与其套合,如图 15-9(a) 所示,其尺寸标在图 15-9(b) 所示的截面图中,求环形螺旋管与矩形线圈间的互感系数。

分析 线圈之间的互感系数取决于两线圈的几何参数及介质。本例中线圈之间互相套合,若在环形螺线管内通有电流,则环形螺线管产生的磁场几乎全部穿过线框。利用互感系数的定义就可以求出两者之间的互感。

解 令环形螺旋管电流为 I,则管内 $a \leqslant r \leqslant b$ 的磁场大小为

$$B = \frac{\mu_0 NI}{2\pi r}$$

方向垂直于载流螺绕环截面,管外磁场为零。

在线框内取窄条微元 $dS = h dr$,得穿过矩形线框的磁通量 Φ_m 为

$$\Phi_m = \int_S \boldsymbol{B} \cdot d\boldsymbol{S} = \int_a^b \frac{\mu_0 NI}{2\pi r} h\, dr = \frac{\mu_0 NIh}{2\pi} \ln \frac{b}{a}$$

所以线圈和环形螺线管之间的互感系数为

$$M = \frac{\Phi_m}{I} = = \frac{\mu_0 Nh}{2\pi} \ln \frac{b}{a}$$

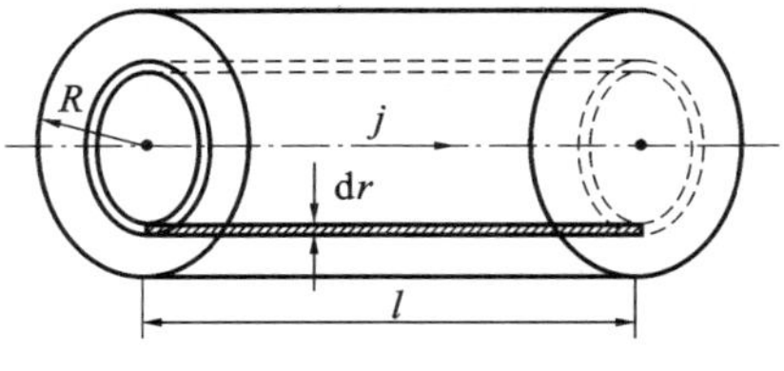

图 15-10 例题 15-10 用图

例 15-10 如图 15-10 所示,半径为 R 的无线长直圆柱形载流导体的电流均匀分布在截面上,电流密度为 j。求长为 l 的一段导体内的磁场能量 W。

分析 根据电流均匀分布的圆柱形导体

内磁场的特点，可以知道在圆柱内磁场的大小不是处处相同的。所以磁场的能量密度是随位置的变化而变化的。故要求出某一段导线内的磁场能量，要用到取微元再积分的方法。

解　依磁场的安培环路定律可求得通电均匀的无线长圆柱形导体内的磁场的大小为

$$B=\frac{\mu_0 Ir}{2\pi R^2}=\frac{\mu_0 j\pi R^2 r}{2\pi R^2}=\frac{\mu_0 jr}{2}$$

取薄壁(厚 dr) 圆筒体积微元 $dV=2\pi r drl$，如图 15-10 所示，此体积元的磁能为

$$dW=wdV=\frac{B^2}{2\mu_0}dV=\frac{(\mu_0 jr/2)^2}{2\mu_0}2\pi r drl=\frac{\mu_0 j^2 l}{4}\pi r^3 dr$$

从而得长为 l 的导线内的磁能为

$$W=\int dW=\int_0^R\frac{\mu_0 j^2 l}{4}\pi r^3 dr=\frac{\mu_0\pi j^2 lR^4}{16}$$

例 15-11　两线圈的自感系数分别为 L_1 和 L_2，它们之间的互感系数为 M。(1) 如将此两线圈反串联，如图 15-11(a) 所示，求 1、3 之间的自感系数；(2) 如将此两线圈顺串联，如图 15-11(b) 所示，求 1、4 之间的自感系数。

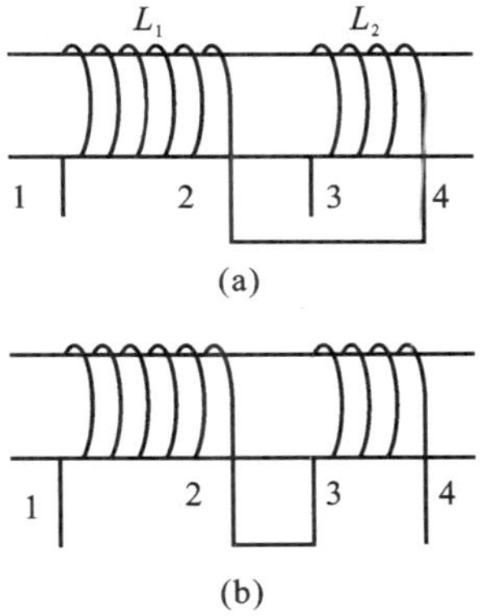

图 15-11　例题 15-11 用图

分析　由于线圈之间存在互感，因此在计算线圈串联的总自感系数之前，应先计算通过线圈的总磁通量。这里应注意，在计算自感磁通量时已经默认线圈所围面的法线方向与线圈中电流 I 的旋向成右手螺旋关系。此时，在计算互感磁通量中某线圈所围面的法线方向与另一线圈电流激发磁场同向的默认不再成立。

解　(1) 两线圈反串联。通过线圈 1 的磁通 Φ_1 包含线圈 1 对线圈 1 产生的磁通 Φ_{11} 和线圈 2 对线圈 1 产生的磁通 Φ_{21}。此时线圈 1 所围面的法线方向以线圈 1 的电流为准，因为是反串联，线圈 1 所围面的法线方向与线圈 2 激发的磁场反向，有 $\Phi_{21}=-MI_2$。同理 $\Phi_{12}=-MI_1$。所以通过两线圈的磁通量之和为

$$\begin{aligned}\Phi&=\Phi_1+\Phi_2=\Phi_{11}+\Phi_{21}+\Phi_{22}+\Phi_{12}=L_1I_1-MI_2+L_2I_2-MI_1\\&=L_1I-MI+L_2I-MI=(L_1+L_2-2M)I\end{aligned}$$

从而得两线圈的自感为

$$L_{反串联}=\Phi/I=L_1+L_2-2M$$

(2) 两线圈顺串联。通过两线圈内的磁通量之和为

$$\Phi = \Phi_1 + \Phi_2 = \Phi_{11} + \Phi_{21} + \Phi_{22} + \Phi_{12} = L_1 I_1 + MI_2 + L_2 I_2 + MI_1$$
$$= L_1 I + MI + L_2 I + MI = (L_1 + L_2 + 2M)I$$

从而得两线圈的自感为

$$L_{顺串联} = \frac{\Phi}{I} = L_1 + L_2 + 2M$$

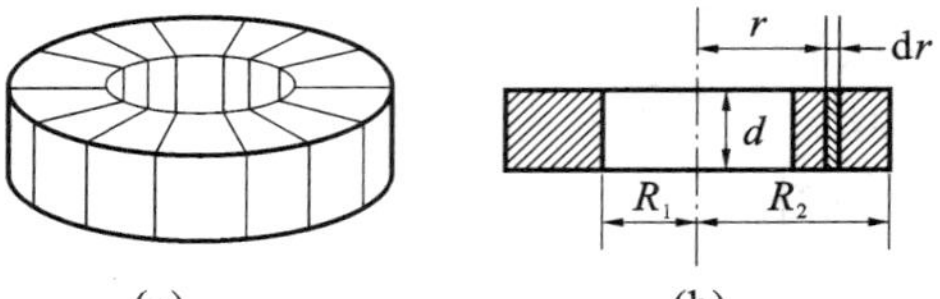

(a) (b)

图 15-12 例题 15-12 用图

例 15-12 如图 15-12 所示，一环形螺线管，内外半径分别为 R_1 和 R_2，高为 d，共 N 匝，截面为长方形，试用能量法证明此螺线管的自感系数为

$$L = \frac{\mu_0 N^2 d}{2\pi} \ln \frac{R_2}{R_1}$$

分析 此题的关键是环形螺线管内磁场储存的能量。磁场能量求出来之后再利用磁场能量和自感系数之间的关系式 $W_m = LI^2/2$ 求出自感系数来。

证明 用安培环路定律 $\oint \boldsymbol{B} \cdot d\boldsymbol{l} = \mu_0 I$，可得管外磁感应强度为零，管内（$R_1 \leqslant r \leqslant R_2$）磁感应强度为

$$B = \frac{\mu_0 NI}{2\pi r}$$

得磁场能量密度为

$$w = \frac{B^2}{2\mu_0} = \frac{[\mu_0 NI/(2\pi r)]^2}{2\mu_0} = \frac{\mu_0 N^2 I^2}{8\pi^2 r^2}$$

在环形螺线管内取薄壁圆筒体积微元，其半径为 r，厚度为 dr，如图 15-12(b) 所示。体积微元的体积为 $dV = 2\pi r dr d$，于是环形螺线管内磁场储存的能量为

$$W_m = \int_V w_m dV = \int_{R_1}^{R_2} \frac{\mu_0 N^2 I^2}{8\pi^2 r^2} 2\pi r d\, dr = \int_{R_1}^{R_2} \frac{\mu_0 N^2 I^2 d}{4\pi r} dr = \frac{\mu_0 N^2 I^2 d}{4\pi} \ln \frac{R_2}{R_1}$$

环形螺线管内磁场能量就是自感线圈储存的能量，而自感系数与自感线圈储存能量之间的关系式为 $W_m = \frac{LI^2}{2}$，故上式变为

$$W_m = \frac{\mu_0 N^2 I^2 d}{4\pi} \ln \frac{R_2}{R_1} = \frac{1}{2} LI^2$$

于是得螺线管的自感系数为

$$L = \frac{\mu_0 N^2 d}{2\pi} \ln \frac{R_2}{R_1}$$

例 15-13 如图 15-13 所示，一半径为 r_2 的带电量为 Q 的均匀带电圆环，里面有一半径为 r_1，总电阻为 R 的导体环，两环共面同心（$r_2 \gg r_1$），当大环以变角速度 $\omega = \omega(t)$ 绕垂直于环面的中心轴旋转时，求小环中的感应电流。问感应电流的方向

如何?

分析　大圆环在旋转的时候，由于自身带有电荷，所以会形成电流，从而在其中心产生磁场。当 $r_2 \gg r_1$ 时，小导体环所处的区域可以近似为匀强磁场。转速变化，等效于电流变化，因大小线圈有互感，故小线圈就会因有感应电动势而出现感应电流。

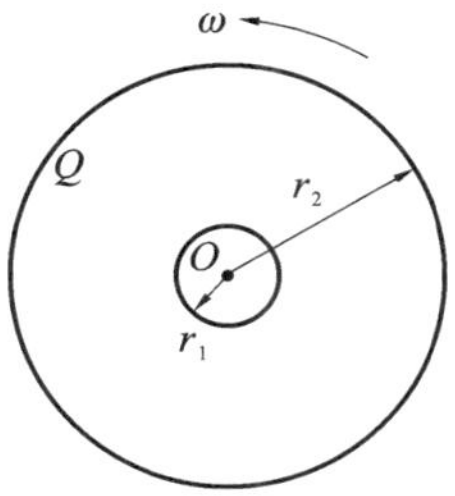

图 15-13　例题 15-13 用图

解　大环旋转的等效电流为

$$I = \frac{dq}{dt} = \frac{Q}{T} = \frac{Q}{\frac{2\pi}{\omega}} = \frac{\omega Q}{2\pi}$$

在环中心激发的磁场为

$$B = \frac{\mu_0 I}{2r_2} = \frac{\mu_0}{2r_2}\frac{\omega Q}{2\pi} = \frac{\mu_0 \omega Q}{4\pi r_2}$$

由于 $r_2 \gg r_1$，小导体环所处的区域可以近似看作为匀强磁场。故小环的磁通量为

$$\Phi_m = \int_S \boldsymbol{B} \cdot d\boldsymbol{S} = BS = \frac{\mu_0 \omega Q}{4\pi r_2}\pi {r_1}^2 = \frac{\mu_0 \omega Q r_1^2}{4r_2}$$

得小环中的感应电动势为

$$\mathscr{E}_i = -\frac{d\Phi_m}{dt} = -\frac{d}{dt}\left(\frac{\mu_0 \omega Q r_1^2}{4r_2}\right) = -\frac{\mu_0 Q r_1^2}{4r_2}\frac{d\omega}{dt}$$

其感应电流为

$$I_i = \frac{\mathscr{E}_i}{R} = -\frac{\mu_0 Q r_1^2}{4Rr_2}\frac{d\omega}{dt}$$

当 $d\omega/dt > 0$ 时，I_i 为顺时针方向；当 $d\omega/dt < 0$ 时，I_i 为逆时针方向。

例 15-14　有一质量为 m 长为 l 的金属杆 OA，可绕过 O 端的竖直光滑轴在水平面内的圆形金属导轨上无摩擦地转动，导轨半径也为 l，圆心为 O。金属杆的 A 端始终保持与导轨接触。金属杆 O 端与金属导轨通过一电阻 R 用导线相连，金属导轨与金属杆两者的电阻均可以忽略。均匀磁场 B 垂直环面，如图 15-14(a) 所示。$t = 0$ 时金属杆 A 端的线速度为 v_0，求任意时刻金属杆的角速度。

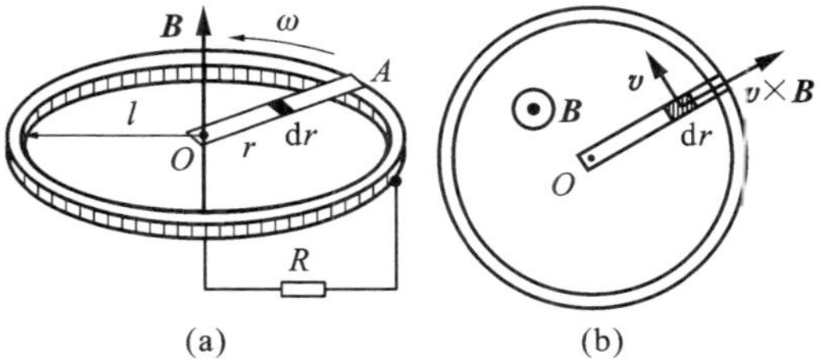

图 15-14　例题 15-14 用图

分析　金属杆在磁场中运动时，产生动生电动势，从而在金属杆中产生电流，电流使得金属杆受安培力作用，安培力阻止金属杆运动。利用牛顿第二定律可以求

出金属杆的运动状态。

解 设任意时刻金属杆逆时针旋转的角速度为 ω。在金属杆上取微元长度 $\mathrm{d}r$，它距圆心为 r，它产生的动生电动势为

$$\mathrm{d}\mathscr{E}_{\mathrm{i}} = \boldsymbol{v} \times \boldsymbol{B} \cdot \mathrm{d}\boldsymbol{l} = \omega r B \mathrm{d}r$$

方向向右斜上方，如图 15-14(b) 所示。得总动生电动势为

$$\mathscr{E}_{\mathrm{i}} = \int \mathrm{d}\mathscr{E}_{\mathrm{i}} = \int_0^l \omega B r \mathrm{d}r = \frac{1}{2}\omega B l^2$$

得感应电流为

$$I = \frac{\mathscr{E}_{\mathrm{i}}}{R} = \frac{\omega B l^2}{2R}$$

方向由 O 向 A。微元 $\mathrm{d}r$ 受安培力的大小为

$$|\mathrm{d}\boldsymbol{F}| = |I\mathrm{d}\boldsymbol{l} \times \boldsymbol{B}| = IB\mathrm{d}r$$

它产生的阻力距的大小为

$$\mathrm{d}M = |\mathrm{d}\boldsymbol{M}| = |\boldsymbol{r} \times \mathrm{d}\boldsymbol{F}| = IBr\mathrm{d}r$$

金属杆受的总阻力矩的大小为

$$M = \int \mathrm{d}M = \int_0^l IBr\mathrm{d}r = \frac{IBl^2}{2} = \frac{\omega B^2 l^4}{4R}$$

方向与 ω 相反。依转动定律，有

$$-\frac{\omega B^2 l^4}{4R} = J\beta = \frac{1}{3}ml^2 \frac{\mathrm{d}\omega}{\mathrm{d}t}$$

$$\frac{\mathrm{d}\omega}{\omega} = -\frac{3B^2 l^2}{4Rm}\mathrm{d}t$$

两边积分，有

$$\int_{\omega_0}^{\omega} \frac{\mathrm{d}\omega}{\omega} = -\int_0^t \frac{3B^2 l^2}{4Rm}\mathrm{d}t$$

$$\ln\frac{\omega}{\omega_0} = -\frac{3B^2 l^2}{4Rm}t$$

$$\omega = \omega_0 \mathrm{e}^{-[3B^2 l^2/(4Rm)]t}$$

得任意时刻金属杆的角速度为

$$\omega = \frac{v_0}{l}\mathrm{e}^{-[3B^2 l^2/(4Rm)]t}$$

第 16 章　电磁场和电磁波

§16.1　本章内容剖析

一、位移电流

1. 位移电流 I_D

(1) 定义　通过电场中某一截面的位移电流 I_D 等于通过该截面的电位移通量对时间的变化率。

(2) 表达式　$I_D = \mathrm{d}\Phi_D/\mathrm{d}t$

(3) 物理实质　位移电流是变化的电场。

(4) 位移电流密度 $\boldsymbol{j}_D$

① 定义　其点的位移电流密度等于该点电位移矢量对时间的变化率。

② 表达式　$\boldsymbol{j}_D = \partial \boldsymbol{D}/\partial t$

2. 位移电流与传导电流的区别

(1) 位移电流是变化的电场,传导电流是电荷的定向运动;

(2) 位移电流不产生焦耳热,传导电流产生焦耳热;

(3) 位移电流在无导体的空间都存在,传导电流只存在于导体中。

3. 全电流 $I_全$

(1) 定义　通过某截面的全电流 $I_全$ 等于通过该截面的传导电流 I_0 与位移电流 I_D 的代数和。

(2) 表达式　$I_全 = I_0 + \dfrac{\mathrm{d}\Phi_D}{\mathrm{d}t}, \boldsymbol{j}_全 = \boldsymbol{j}_0 + \dfrac{\partial \boldsymbol{D}}{\partial t}$

4. 全电流的安培环路定理

(1) 定理表述　磁场强度 H 沿任意闭合回路 l 的积分等于穿过以该回路为边界的任意曲面的全电流。

(2) 表达式　$\oint_l \boldsymbol{H} \cdot \mathrm{d}\boldsymbol{l} = \sum I_0 + \int_S \dfrac{\partial \boldsymbol{D}}{\partial t} \cdot \mathrm{d}\boldsymbol{S}$

(3) 物理实质

① 全电流安培环路定理揭示了位移电流与传导电流一样,按同样的方式激发磁场。

② 位移电流激发磁场的本质是变化的电场激发磁场。

③ 位移电流激发磁场与传导电流激发磁场的性质完全相同，即都是无源场，都是涡旋场。

二、麦克斯韦电磁理论

1. 对电场的总结

(1) 静电场，即电荷激发的电场

$$\oint_S \boldsymbol{D}_0 \cdot \mathrm{d}\boldsymbol{S} = \sum q_0$$

$$\oint_l \boldsymbol{E}_0 \cdot \mathrm{d}\boldsymbol{l} = 0$$

静电场是有源场，是保守场。

(2) 感生电场，变化磁场激发的涡旋电场

$$\oint_S \boldsymbol{D}_\mathrm{i} \cdot \mathrm{d}\boldsymbol{S} = 0$$

$$\oint_l \boldsymbol{E}_\mathrm{i} \cdot \mathrm{d}\boldsymbol{l} = -\int_S \frac{\partial \boldsymbol{B}}{\partial t} \cdot \mathrm{d}\boldsymbol{S}$$

感生电场是无源场，是涡旋场。

(3) 空间电场，静电场与感生电场的叠加

$$\boldsymbol{D} = \boldsymbol{D}_0 + \boldsymbol{D}_\mathrm{i}, \boldsymbol{E} = \boldsymbol{E}_0 + \boldsymbol{E}_\mathrm{i}$$

$$\oint_S \boldsymbol{D} \cdot \mathrm{d}\boldsymbol{S} = \int_V \rho_0 \mathrm{d}V$$

$$\oint_l \boldsymbol{E} \cdot \mathrm{d}\boldsymbol{l} = -\int_S \frac{\partial \boldsymbol{B}}{\partial t} \cdot \mathrm{d}\boldsymbol{S}$$

此二式不是说空间电场既是有源场又是涡旋场，而是表明空间电场是有源场和无源场的叠加，是保守场和涡旋场的叠加。

2. 对磁场的总结

(1) 稳恒磁场，即电流激发的磁场

$$\oint_S \boldsymbol{B}_0 \cdot \mathrm{d}\boldsymbol{S} = 0$$

$$\oint_l \boldsymbol{H}_0 \cdot \mathrm{d}\boldsymbol{l} = \sum I_0$$

稳恒磁场是无源场，是涡旋场。

(2) 对于感生磁场，即变化的电场激发的磁场，或位移电流激发的磁场

$$\oint_S \boldsymbol{B}_\mathrm{i} \cdot \mathrm{d}\boldsymbol{S} = 0$$

$$\oint_l \boldsymbol{H}_\mathrm{i} \cdot \mathrm{d}\boldsymbol{l} = \int_S \frac{\partial \boldsymbol{D}}{\partial t} \cdot \mathrm{d}\boldsymbol{S}$$

(3) 空间磁场,稳恒磁场与感生磁场的叠加

$$\boldsymbol{B}=\boldsymbol{B}_0+\boldsymbol{B}_i, \boldsymbol{H}=\boldsymbol{H}_0+\boldsymbol{H}_i$$

$$\oint_S \boldsymbol{B}\cdot \mathrm{d}\boldsymbol{S}=0$$

$$\oint_l \boldsymbol{H}\cdot \mathrm{d}\boldsymbol{l}=\int_S\left(\boldsymbol{j}_0+\frac{\partial \boldsymbol{D}}{\partial t}\right)\cdot \mathrm{d}\boldsymbol{S}$$

这说明,稳恒磁场与感生磁场都是无源场,都是涡旋场。

3. 麦克斯韦方程组的积分形式

$$\oint_S \boldsymbol{D}\cdot \mathrm{d}\boldsymbol{S}=\int_V \rho_0 \mathrm{d}V$$

$$\oint_l \boldsymbol{E}\cdot \mathrm{d}\boldsymbol{l}=-\int_S \frac{\partial \boldsymbol{B}}{\partial t}\cdot \mathrm{d}\boldsymbol{S}$$

$$\oint_S \boldsymbol{B}\cdot \mathrm{d}\boldsymbol{S}=0$$

$$\oint_l \boldsymbol{H}\cdot \mathrm{d}\boldsymbol{l}=\int_S\left(\boldsymbol{j}_0+\frac{\partial \boldsymbol{D}}{\partial t}\right)\cdot \mathrm{d}\boldsymbol{S}$$

$$\boldsymbol{D}=\varepsilon \boldsymbol{E}, \quad \boldsymbol{B}=\mu \boldsymbol{H}, \quad \boldsymbol{j}=\sigma \boldsymbol{E}$$

自由空间,即 $\rho_0=0, j_0=0$,麦克斯韦方程组的积分形式变为

$$\oint_S \boldsymbol{D}\cdot \mathrm{d}\boldsymbol{S}=0$$

$$\oint_l \boldsymbol{E}\cdot \mathrm{d}\boldsymbol{l}=-\int_S \frac{\partial \boldsymbol{B}}{\partial t}\cdot \mathrm{d}\boldsymbol{S}$$

$$\oint_S \boldsymbol{B}\cdot \mathrm{d}\boldsymbol{S}=0$$

$$\oint_l \boldsymbol{H}\cdot \mathrm{d}\boldsymbol{l}=\int_S \frac{\partial \boldsymbol{D}}{\partial t}\cdot \mathrm{d}\boldsymbol{S}$$

三、电磁振荡与电磁波

1. 无阻尼自由电磁振荡　无阻尼 LC 自由振荡电路在电容 C 中激发的电场和在电感 L 中激发的磁场呈周期变化,其角频率和频率分别为

$$\omega=\frac{1}{\sqrt{LC}}, \quad \nu=\frac{\omega}{2\pi}=\frac{1}{2\pi\sqrt{LC}}$$

2. 电磁波的产生与传播　振荡电路将高频交变电流通过互感耦合到发射天线上,天线的交变电流激发交变磁场,交变磁场又激发交变电场,以此将电磁波辐射出去。

3. 电磁波的性质

(1) 电磁波的波速就是光速：$u=\dfrac{1}{\sqrt{\varepsilon\mu}}$，$c=\dfrac{1}{\sqrt{\varepsilon_0\mu_0}}$。

(2) 电磁场是与天线中交变电流具有相同周期的周期函数。

(3) 电磁波中电场和磁场的变化是同步的。电场 $\boldsymbol{E}$、磁场 $\boldsymbol{H}$ 满足如下关系

$$\sqrt{\varepsilon}\boldsymbol{E}=\sqrt{\mu}\boldsymbol{H}$$

(4) 电磁波是横波。电场 $\boldsymbol{E}$ 与磁场 $\boldsymbol{H}$ 相互垂直，且垂直于电磁波的传播方向。其 $\boldsymbol{E}$、$\boldsymbol{H}$、$\boldsymbol{u}$ 的方向关系满足右手螺旋关系。

(5) 电磁波具有偏振性。电场 $\boldsymbol{E}$、磁场 $\boldsymbol{H}$ 的振动方向各自一定。

(6) 电磁波的能量。能量密度和能流密度（坡印廷矢量）分别为

$$w=\frac{1}{2}\boldsymbol{D}\cdot\boldsymbol{E}+\frac{1}{2}\boldsymbol{H}\cdot\boldsymbol{B}$$

$$\boldsymbol{S}=\boldsymbol{E}\times\boldsymbol{H}$$

4. 电磁波谱　将电磁波的波长（或频率）按照一定的顺序排列称为电磁波谱。可见光（$400\ \text{nm}<\lambda<760\ \text{nm}$）在电磁波谱中只占极小一个波长段。

§16.2　本章重点、难点

一、本章重点

(1) 位移电流。

(2) 位移电流激发磁场。

(3) 麦克斯韦方程组。

(4) 电磁波的性质。

二、本章难点

(1) 位移电流。

(2) 位移电流激发磁场。

§16.3　本章解题指导

本章的习题有以下几个方面的内容：其一是位移电流及其激发的磁场，其二是麦克斯韦方程组各方程的物理含义，其三是电磁波的有关习题。

一、位移电流及其激发的磁场

1. 求位移电流

(1) 位移电流　求位移电流一般是根据麦克斯韦给出的位移电流定义进行计

算。因为要涉及求电位移通量，所以就要选取面的法线方向（例如例题 16-1、例题 16-2、例题 16-3）。

（2）位移电流密度　求位移电流密度也是根据麦克斯韦给出的定义计算。不过注意位移电流密度是矢量。

2. 求位移电流激发的磁场　求位移电流激发的磁场的前提是求位移电流，求出位移电流后再用全电流的安培环路定理求磁场（例如例题 16-3）。

二、麦克斯韦方程组各方程的物理含义

对于一个麦克斯韦方程，要从三方面理解：其一，方程的文字表述；其二，方程的物理含义；其三，方程揭示了什么物理本质（例如例题 16-4）。

三、电磁波的性质

关于电磁波的性质，主要是计算有关能量和电场强度与磁场强度的例题，这没有什么难的地方，套公式就行了（例如例题 16-5）。

§16.4　本章典型例题

例题 16-1　如图 16-1 所示，圆形平行板电容器极板半径为 R，回路 L_1 的半径为 $r_1=2R/3$，回路 L_2 的半径为 $r_2=R/3$。今用传导电流 I_0 给电容器充电，忽略边缘效应，试求通过回路 L_1、L_2 的全电流。

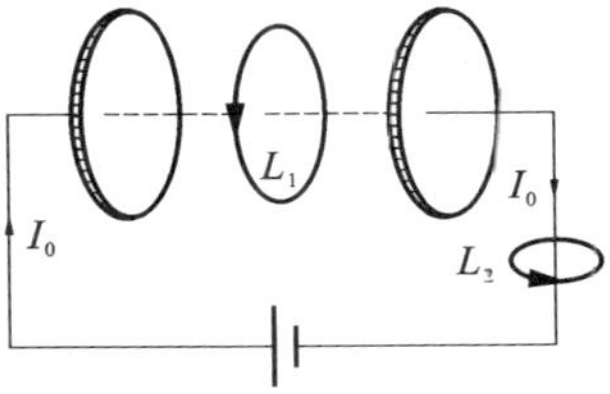

图 16-1　例题 16-1 用图

分析　通过回路 L_1 的全电流只有位移电流，通过回路 L_2 的全电流只有导线中的传导电流，计算通过回路 L_1 的位移电流时，要先计算通过回路 L_1 所围平面的电位移通量。计算电位移通量就要选取平面的法线方向。回路所围面的法线方向应与回路的旋转方向成右手螺旋关系。求出电位移通量后求位移电流就容易了。

解　计算通过回路 L_1 的全电流。

因回路 L_1 所围面的法线方向与回路的旋转方向成右手螺旋关系，由图 16-1 可知回路 L_1 所围面的法线方向向右。因极板空间的电场为匀强电场且方向向右，设某时刻极板电荷为 q。故通过回路 L_1 所围面的电位移通量为

$$\Phi_D=\int_{S_1}\boldsymbol{D}\cdot\mathrm{d}\boldsymbol{S}=DS_1\cos0^\circ=\sigma\pi r_1^2=\frac{q}{\pi R^2}\pi\left(\frac{2R}{3}\right)^2=\frac{4q}{9}$$

注意到极板的充电速率 $\frac{\mathrm{d}q}{\mathrm{d}t}$ 等于电路中的电流 I_0，于是得通过回路 L_1 的全电流为

$$I_1 = I_{01} + I_{D1} = I_{D1} = \frac{\mathrm{d}\Phi_D}{\mathrm{d}t} = \frac{4}{9}\frac{\mathrm{d}q}{\mathrm{d}t} == \frac{4}{9}I_0$$

计算通过回路 L_2 的全电流。

通过回路 L_2 的全电流只包含导线中的传导电流。由图 16-1 可知回路 L_2 所围面的法线方向向上，与导线中的传导电流 I_0 方向相反，故通过回路 L_2 的全电流为

$$I_2 = I_{02} + I_{D2} = I_{02} = - I_0$$

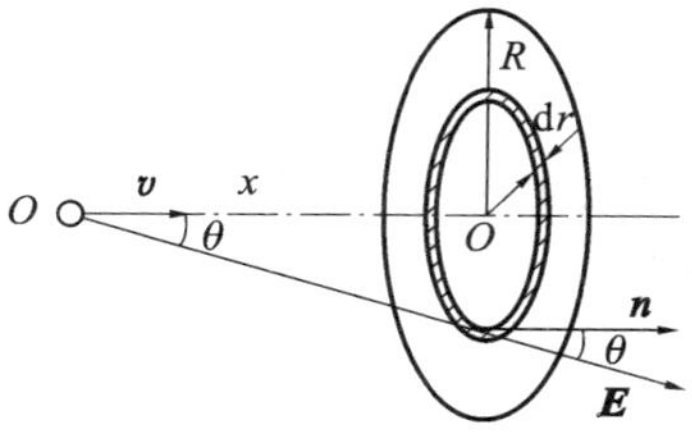

图 16-2 例题 16-2 用图

例题 16-2 如图 16-2 所示，电荷 Q 以速度 $\boldsymbol{v}$ 向 O 点运动（q 到 O 的距离为 x），在 O 点处作一半径为 R 的圆，圆面与 $\boldsymbol{v}$ 垂直，计算通过此圆面的位移电流。

分析 根据位移电流的定义，通过圆面的位移电流等于电位移通量对时间的导数。所以本例题关键要求出当电荷到达 O 点时通过圆面的电位移通量。

解 取圆面法线向右，如图 16-2 所示。将圆面无限分割成同心的窄圆环，在其上取窄圆环微元，其微元面积为 $\mathrm{d}S = 2\pi r\mathrm{d}r$。则通过此圆环微元的电位移通量为

$$\mathrm{d}\Phi_D = \boldsymbol{D}\cdot\mathrm{d}\boldsymbol{S} = D\mathrm{d}S\cos\theta = \frac{Q}{4\pi(x^2+r^2)}2\pi r\mathrm{d}r\frac{x}{\sqrt{x^2+r^2}} = \frac{Qxr\mathrm{d}r}{2\,(x^2+r^2)^{3/2}}$$

于是得通过圆面的电位移通量为

$$\Phi_D = \int\mathrm{d}\Phi_D = \int_0^R \frac{Qxr\mathrm{d}r}{2\,(x^2+r^2)^{3/2}} = \int_0^R \frac{Qx\mathrm{d}(x^2+r^2)}{4\,(x^2+r^2)^{3/2}}$$

$$= -\frac{Qx}{2\sqrt{x^2+r^2}}\Bigg|_0^R = \frac{Q}{2}\left(1-\frac{x}{\sqrt{x^2+R^2}}\right)$$

由位移电流的定义，并注意到因电荷运动使 x 减小，有 $\frac{\mathrm{d}x}{\mathrm{d}t} = - v$。于是得通过圆面的位移电流为

$$I_D = \frac{\mathrm{d}\Phi_D}{\mathrm{d}t} = \frac{\mathrm{d}\Phi_D}{\mathrm{d}x}\frac{\mathrm{d}x}{\mathrm{d}t} = \frac{\mathrm{d}}{\mathrm{d}x}\left[\frac{Q}{2}\left(1-\frac{x}{\sqrt{x^2+R^2}}\right)\right](-v) = \frac{QvR^2}{2\,(x^2+R^2)^{3/2}}$$

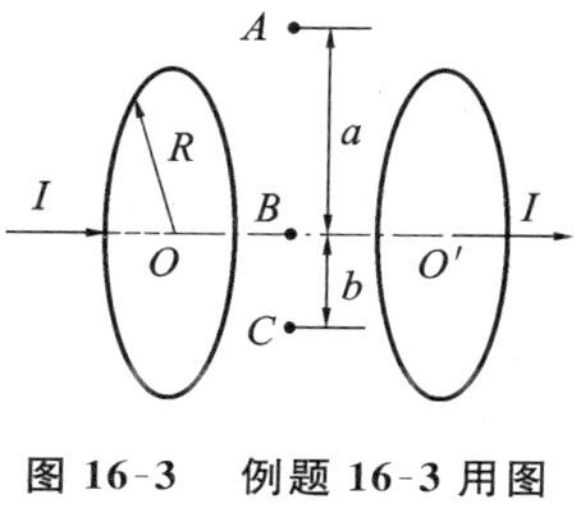

图 16-3 例题 16-3 用图

例题 16-3 电容为 C 的平行板电容器，极板空间介质的电容率为 ε，磁导率为 μ。通有交变电流 $I = I_0\sin\omega t$，其中 ω 为常量。$t = 0$ 时，电容器板间电压 U 为零。忽略边缘效应，求：

(1) 板间电压 U 随时间 t 变化的关系；

(2) t 时刻极板间总的位移电流 I_D；

(3) 极板空间中 A、B、C 三点处的磁感应强度的大

小和方向。A、B、C 三点均在两极板间的某个平行极板的平面与纸面的交线上，具体尺寸如图 16-3 所示。

分析 这是个位移电流激发磁场的例题。位移电流激发磁场，即变化电场激发磁场之类的习题都是用安培环路定理$\oint_l H \cdot \mathrm{d}\boldsymbol{l} = I_\mathrm{D}$ 来求。

解 (1) 设极板电荷为 Q，因 $I = \mathrm{d}Q/\mathrm{d}t$，$Q = CU$，有

$$I = \frac{\mathrm{d}(CU)}{\mathrm{d}t} = \frac{C\mathrm{d}U}{\mathrm{d}t}$$

$$\frac{\mathrm{d}U}{\mathrm{d}t} = \frac{I}{C} = \frac{I_0 \sin\omega t}{C}$$

得极板间电压 U 随时间 t 变化的关系为

$$\int_0^U \mathrm{d}U = \int_0^t \frac{I_0 \sin\omega t\,\mathrm{d}t}{C}$$

$$U = -\frac{I_0 \cos\omega t}{\omega C}\Big|_0^t = \frac{I_0}{\omega C}(1 - \cos\omega t)$$

(2) 取左极板平面的法线方向向右，则 t 时刻极板间的位移电流 I_D 为

$$I_\mathrm{D} = \frac{\mathrm{d}\Phi_D}{\mathrm{d}t} = \frac{\mathrm{d}}{\mathrm{d}t}\left(\int_S \boldsymbol{D} \cdot \mathrm{d}\boldsymbol{S}\right) = \frac{\mathrm{d}(DS)}{\mathrm{d}t} = \frac{\mathrm{d}(\varepsilon ES)}{\mathrm{d}t} = \frac{\mathrm{d}(\varepsilon SU/d)}{\mathrm{d}t}$$

$$= \frac{\mathrm{d}(CU)}{\mathrm{d}t} = \frac{\mathrm{d}Q}{\mathrm{d}t} = I = I_0 \sin\omega t$$

(3) 由题目所给条件，圆形平行板电容器极板空间内电场轴对称，它激发的磁场也是轴对称，在以圆形极板轴线为轴的圆环上，磁场强度的大小相等，方向沿切向。在极板空间内取以电容器轴线为轴，以 r 为半径作环路，方向与 I_D 成右手螺旋关系，有

$$\oint_l \boldsymbol{H} \cdot \mathrm{d}\boldsymbol{l} = 2\pi r H = \sum I_\mathrm{D}$$

当 $r < R$ 时，

$$\sum I_\mathrm{D} = \frac{I_D}{\pi R^2}\pi r^2 = \frac{I_D r^2}{R^2}, H = \frac{I_D r}{2\pi R^2}$$

$$B = \mu H = \frac{\mu I_D r}{2\pi R^2} = \frac{\mu r I_0 \sin\omega t}{2\pi R^2}$$

方向与回路方向相同；

当 $r > R$ 时

$$\sum I_\mathrm{D} = I_\mathrm{D} = I, H = \frac{I}{2\pi r}$$

$$B = \mu H = \frac{\mu I}{2\pi r} = \frac{\mu I_0 \sin\omega t}{2\pi r}$$

方向与回路方向相同。

于是对于 A 点，$r=a>R$，B 的方向向外，大小为

$$B=\frac{\mu I_0\sin\omega t}{2\pi a}$$

对于 B 点，$r=0$

$$B=0$$

对于 C 点，$r=b<R$，B 的方向向里，大小为

$$B=\frac{\mu b I_0\sin\omega t}{2\pi R^2}$$

例题 16-4 说明以下几个麦克斯韦方程组积分形式的物理意义：

① $\oint_S \boldsymbol{D}_0\cdot d\boldsymbol{S}=\int_V \rho_0 dV$　　② $\oint_l \boldsymbol{E}_i\cdot d\boldsymbol{l}=-\int_S \frac{\partial \boldsymbol{B}}{\partial t}\cdot d\boldsymbol{S}$

③ $\oint_S \boldsymbol{B}\cdot d\boldsymbol{S}=0$　　④ $\oint_l \boldsymbol{H}\cdot d\boldsymbol{l}=\int_S\left(\boldsymbol{j}+\frac{\partial \boldsymbol{D}}{\partial t}\right)\cdot d\boldsymbol{S}$

分析 本题主要是复习麦克斯韦方程物理意义的题。

解 题目所列方程的物理意义是：

$\oint_S \boldsymbol{D}_0\cdot d\boldsymbol{S}=\int_V \rho_0 dV$：电荷激发电场，静电场是有源场。

$\oint_l \boldsymbol{E}_i\cdot d\boldsymbol{l}=-\int_S \frac{\partial \boldsymbol{B}}{\partial t}\cdot d\boldsymbol{S}$：变化的磁场激发电场，感生电场是涡旋场。

$\oint_S \boldsymbol{B}\cdot d\boldsymbol{S}=0$：磁力线是无头无尾的闭合曲线，磁场是无源场。

$\oint_l \boldsymbol{H}\cdot d\boldsymbol{l}=\int_S\left(\boldsymbol{j}+\frac{\partial \boldsymbol{D}}{\partial t}\right)\cdot d\boldsymbol{S}$：变化的电场和传导电流一样激发磁场，磁场是涡旋场。

例题 16-5 一广播电台的辐射功率是 20.0 kW。假定辐射场均匀分布在以电台为中心的半球面上。(1) 求距离电台为 $r=5.00$ km 处的坡印廷矢量的平均值；(2) 求该处的电场强度和磁场强度的振幅。

分析 本题主要帮助学生复习电磁波的性质。

解 (1) 因电台可认为在地面上，它只能向地面以上的空间辐射电磁波，所以电台的辐射功率 P 就是通过某半球面的能流。坡印廷矢量 $\boldsymbol{S}$ 是能流密度。所以坡印廷矢量的平均值为

$$\overline{S}=\frac{P}{2\pi r^2}=\frac{2.00\times 10^4}{2\pi\times(5.00\times 10^3)^2}\ \mathrm{W/m^2}=1.27\times 10^{-4}\ \mathrm{W/m^2}$$

(2) 由波动知识可知，坡印廷矢量 $\boldsymbol{S}$ 的平均值与电场强度和磁场强度的大小关系为

$$\overline{S}=\frac{1}{T}\int_0^T S dt=\frac{1}{T}\int_0^T EH\,dt=\frac{1}{T}\int_0^T E_m\cos\left(\frac{2\pi}{T}t+\varphi_0\right)H_m\cos\left(\frac{2\pi}{T}t+\varphi_0\right)dt$$

$$= \frac{1}{T}\int_0^T E_m H_m \cos^2\left(\frac{2\pi}{T}t + \varphi_0\right)dt$$

$$= \frac{E_m H_m}{T}\int_0^T \frac{1}{2}\left[1 + \cos 2\left(\frac{2\pi}{T}t + \varphi_0\right)\right]dt = \frac{E_m H_m}{2} = \frac{S_m}{2}$$

因电磁波中电场强度和磁场强度的大小关系为$\sqrt{\varepsilon}E = \sqrt{\mu}H$，故坡印廷矢量 $\boldsymbol{S}$ 的大小与电场强度和磁场强度的大小关系为

$$S = |\boldsymbol{S}| = |\boldsymbol{E}\times\boldsymbol{H}| = EH = \sqrt{\frac{\varepsilon}{\mu}}E^2 = \sqrt{\frac{\mu}{\varepsilon}}H^2$$

故

$$E = \sqrt{S\sqrt{\frac{\mu}{\varepsilon}}},\quad H = \sqrt{S\sqrt{\frac{\varepsilon}{\mu}}}$$

有

$$\overline{E} = \sqrt{\overline{S}\sqrt{\frac{\mu}{\varepsilon}}} = \sqrt{\frac{S_m}{2}\sqrt{\frac{\mu}{\varepsilon}}} = \sqrt{\frac{\sqrt{\varepsilon/\mu}\,E_m^2}{2}\sqrt{\frac{\mu}{\varepsilon}}} = \sqrt{\frac{E_m^2}{2}} = \frac{E_m}{\sqrt{2}}$$

$$\overline{H} = \frac{H_m}{\sqrt{2}}$$

由此得电场强度和磁场强度的振幅分别为

$$E_m = \sqrt{2}\,\overline{E} = \sqrt{2\,\overline{S}\sqrt{\frac{\mu_0}{\varepsilon_0}}}$$

$$= \sqrt{2\times 1.27\times 10^{-4}\times\sqrt{\frac{1.26\times 10^{-6}}{8.85\times 10^{-12}}}}\ \text{V}\cdot\text{m}^{-1} = 0.31\ \text{V}\cdot\text{m}^{-1}$$

$$H_m = \sqrt{2}\,\overline{H} = \sqrt{2\,\overline{S}\sqrt{\frac{\varepsilon_0}{\mu_0}}}$$

$$= \sqrt{2\times 1.27\times 10^{-4}\times\sqrt{\frac{8.85\times 10^{-12}}{1.26\times 10^{-6}}}}\ \text{A}\cdot\text{m}^{-1} = 8.2\times 10^{-4}\ \text{A}\cdot\text{m}^{-1}$$

说明：对于电磁波中的电场强度和磁场强度对时间的平均值不能采用积分

$$\overline{E} = \frac{1}{T}\int_0^T E\,dt,\quad \overline{H} = \frac{1}{T}\int_0^T H\,dt$$

来求。因为电场强度和磁场强度在一个周期内积分为零。之所以要在电磁波中引入电场强度和磁场强度对时间的平均值，是因为感知仪器感知的是对时间的平均值，更具体地说是能量对时间的平均值。电磁波的能量与电场强度的平方或者与磁场强度的平方成正比，平方的平均值不会积分而为零。坡印廷矢量 $\boldsymbol{S}$ 是能流密度，所以求它的平均值就合理了，由坡印廷矢量的平均值，就可以得出电场强度和磁场强度对时间的平均值。

第 17 章　狭义相对论基础

§17.1　本章内容剖析

一、牛顿的绝对时空观

绝对时空观认为时间与空间是相互独立的，时间的量度和空间的量度都与物质的运动无关，也即与参考系无关，并且时间与空间彼此独立。故时间间隔和空间间隔在任何参考系中都是相等的，称为绝对时间和绝对空间。绝对时空观的数学表达式是伽利略变换。

二、狭义相对论的两个基本原理

1. 相对性原理　在所有的惯性系中，一切物理定律都相同，即具有相同的数学表达式。或者说，对于描述一切物理现象的规律来说，所有惯性系都是等价的，没有绝对优越的惯性系。

2. 光速不变原理　在所有惯性系中，真空中光沿各方向传播的速率都等于一个恒量 c，与光源和观察者的运动状态无关。

三、洛仑兹坐标变换

1. 洛仑兹坐标变换的数学表达式

S 系到 S' 系的变换为

$$\begin{cases} x' = \dfrac{x-ut}{\sqrt{1-u^2/c^2}} = \gamma(x-ut) \\ y' = y \\ z' = z \\ t' = \dfrac{t-ux/c^2}{\sqrt{1-u^2/c^2}} = \gamma\left(t-\dfrac{ux}{c^2}\right) \end{cases}$$

由 S' 系到 S 系的变换为

$$\begin{cases} x = \dfrac{x'+ut'}{\sqrt{1-u^2/c^2}} = \gamma(x'+ut') \\ y = y' \\ z = z' \\ t = \dfrac{t'+ux'/c^2}{\sqrt{1-u^2/c^2}} = \gamma\left(t'+\dfrac{ux'}{c^2}\right) \end{cases}$$

2. 洛仑兹变换式的物理内涵

(1) 洛仑兹变换打破了绝对时空观，即时空与运动无关的陈腐观念，建立起了时空与运动紧密联系的全新时空观。

(2) 伽利略变换式是洛仑兹变换式低速情况下的极限，即洛仑兹变换式包含了伽利略变换式。

(3) 光速是极限速度，任何物体的速度都不可能超过光速。

(4) 相对论对称性。基本的物理规律，在洛仑兹变换下保持不变。

四、狭义相对论的时空观

狭义相对论认为时间和空间不再是相互独立的，且时间和空间的测量都与惯性系的选取有关，都与物质的运动密切相关。

1. 长度收缩(空间间隔的相对性)　运动物体沿运动方向的长度变短了。

(1) 固有长度　物体相对参照系静止时的长度 L_0。

(2) 运动长度　物体相对参照系运动时的长度 L 变短：$L = L_0\sqrt{1-u^2/c^2}$

(3) 说明：

① 要测量相对参照系运动物体的长度必须同时测物体两端的坐标。

② 长度收缩效应是相对的。静止坐标系的观察者测运动坐标系中的尺子是变短的，同样运动坐标系的观察者测静止坐标系中的尺子也是变短的。

③ 长度收缩效应是相对论时空观性质的表现，不同于热胀冷缩。

④ 当 $u \ll c$ 时，有 $L \approx L_0$，绝对空间是相对论空间的低速近似。

2. 同时的相对性

(1) 同时同地发生的两事件，在另一惯性系中观测也同时同地发生。

(2) 同时不同地发生的两事件，在另一惯性系中观测必定不同时发生。

(3) 不同时不同地发生的两事件，在另一惯性系中观测有可能同时发生。

(4) 不同地发生两事件的先后，在另一惯性系中观测有可能先后顺序颠倒。

(5) 相对论不破坏因果律。不同地发生的相互有联系的两事件的先后，在另一惯性系中观测不可能先后顺序颠倒。

3. 时间延缓效应(时间间隔的相对性)

(1) 固有时间　相对参照系静止的两事件的时间间隔 τ_0。

(2) 时间延缓　相对于参照系运动的两事件的时间间隔 τ 变长：$\tau = \dfrac{\tau_0}{\sqrt{1-u^2/c^2}}$

(3) 说明：当 $u \ll c$ 时，有 $\tau \approx \tau_0$，绝对时间是相对论时间的低速近似。

五、狭义相对论动力学的几个结论

1. 相对论质量

(1) 固有质量(相对论静止质量)m_0　物体相对参考系静止时的质量。

(2) 相对论运动质量(动质量)m　物体相对参照系运动时的质量：$m=\dfrac{m_0}{\sqrt{1-v^2/c^2}}$

2. 相对论动量　$\boldsymbol{p}=m\boldsymbol{v}=\dfrac{m_0\boldsymbol{v}}{\sqrt{1-v^2/c^2}}$

3. 相对论力学的基本方程　$\boldsymbol{F}=\dfrac{\mathrm{d}\boldsymbol{p}}{\mathrm{d}t}=\dfrac{\mathrm{d}}{\mathrm{d}t}\left(\dfrac{m_0\boldsymbol{v}}{\sqrt{1-v^2/c^2}}\right)$

4. 相对论能量

(1) 静止能量(静能)　物体相对参照系静止时的能量：$E_0=m_0c^2$。

(2) 相对论总能量　物体相对参照系运动时的能量：$E=mc^2=\dfrac{m_0c^2}{\sqrt{1-v^2/c^2}}$。

(3) 相对论动能　$E_\mathrm{k}=mc^2-m_0c^2=\dfrac{m_0c^2}{\sqrt{1-v^2/c^2}}-m_0c^2$。

(4) 质能关系式　质量变化Δm伴随能量的变化为：$\Delta E=\Delta mc^2$。

(5) 能量守恒定律　孤立系统的总能量守恒。$\sum\limits_i m_ic^2=$恒量。

(6) 质量守恒定律　孤立系统的总质量守恒。$\sum\limits_i m_i=$恒量。

5. 相对论动量与能量关系　$E^2=p^2c^2+m_0^2c^4=p^2c^2+E_0^2$

§17.2　本章重点、难点

一、本章重点

(1) 狭义相对论的两个基本原理。

(2) 洛仑兹坐标变换式。

(3) 相对论时空观。

(4) 相对论质量与速度、质量与能量的关系。

二、本章难点

(1) 光速不变原理的理解。

(2) 相对论时空观。

（3）相对论能量。

§17.3　本章解题指导

本章的习题主要涉及如下类型：利用洛仑兹坐标变换式计算时空坐标（例如例题 17-1、例题 17-2）与时空间隔（例如例题 17-4）；计算时间延缓（例如例题 17-6、例题 17-7、例题 17-8）和长度收缩（例如例题 17-3、例题 17-5）；利用相对论动力学的基础理论计算各种能量（例如例题 17-9、例题 17-10、例题 17-11、例题 17-12、例题 17-13、例题 17-14、例题 17-15）及动量（例如例题 17-13、例题 17-14）。计算时要注意以下几点。

（1）首先要弄清哪个是静系 S、哪个是动系 S'；分清楚动长和静长、固有时间和非固有时间。计算长度收缩时在相对尺子运动的参照系去测量尺子长度时一定要同时测量。

（2）在相对论动力学中，动能公式 $E_k = \dfrac{m_0 v^2}{2}$ 失效，只能用 $E_k = mc^2 - m_0 c^2$ 进行计算。

§17.4　本章典型例题

例题 17-1　两个平行的惯性系 S 和 S'，S' 系相对 S 系以 $0.6c$ 的速率沿轴 Ox 运动。在 S 系中某一事件发生在 $t = 2\times 10^{-5}$ s，$x = 5\times 10^3$ m 处，求在 S' 系中观测该事件的时空坐标。

分析　高速运动领域中的时空坐标均与运动有关，所以要求 S' 系中观测该事件的时空坐标必须用到洛仑兹坐标变换。

解　根据洛仑兹坐标变换，得 S' 系中事件发生的时空坐标为

$$x' = \frac{x - ut}{\sqrt{1 - u^2/c^2}} = \frac{5\times 10^3 - 0.6\times 3\times 10^8\times 2\times 10^{-5}}{\sqrt{1-(0.6c)^2/c^2}}\ \text{m} = 1.75\times 10^3\ \text{m}$$

$$t' = \frac{t - ux/c^2}{\sqrt{1-u^2/c^2}} = \frac{2\times 10^{-5} - 0.6\times 5\times 10^3/(3\times 10^8)^2}{\sqrt{1-(0.6c)^2/c^2}}\ \text{s} = 1.25\times 10^{-5}\ \text{s}$$

例 17-2　S' 系相对 S 系以 $0.8c$ 的速率沿轴 Ox 运动，一事件发生在 $t'_1 = 0$，$x'_1 = 0$ 处，另一事件发生在 $t'_2 = 4\times 10^{-7}$ s，$x'_2 = -50$ m 处，求在 S 系中观测这两个事件的时空坐标。

解 根据洛仑兹坐标变换，得 S 系中事件发生的时空坐标为

$$x_1 = \frac{x'_1 + ut'_1}{\sqrt{1-u^2/c^2}} = \frac{0 + u\cdot 0}{\sqrt{1-u^2/c^2}} = 0$$

$$t_1 = \frac{t'_1 + ux'_1/c^2}{\sqrt{1-u^2/c^2}} = \frac{0 + u\cdot 0/c^2}{\sqrt{1-u^2/c^2}} = 0$$

$$x_2 = \frac{x_2' + ut_2'}{\sqrt{1-u^2/c^2}} = \frac{-50+0.8\times3\times10^8\times4\times10^{-7}}{\sqrt{1-(0.8c)^2/c^2}}\ \text{m} = 76.7\ \text{m}$$

$$t_2 = \frac{t_2' + ux_2'/c^2}{\sqrt{1-u^2/c^2}} = \frac{4\times10^{-7}+0.8\times(-50)/(3\times10^8)^2}{\sqrt{1-(0.8c)^2/c^2}}\ \text{s} = 4.44\times10^{-7}\ \text{s}$$

例 17-3　一根细直杆在 S 系中，测得其静长为 l_0，与 x 轴夹角为 θ，试求在作匀速相对运动的 S' 系中测得的长度。

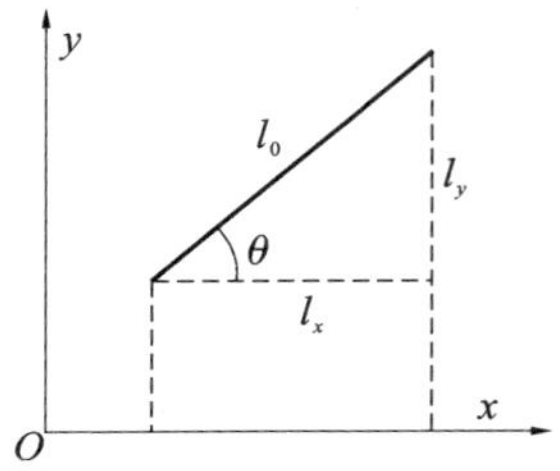

图 17-1　例题 17-3 用图

分析　在 S' 系中的观测者看来，杆以一定的速度 u 运动，沿运动方向的长度会发生长度收缩，所以总长度会发生变化。

解　如图 17-1 所示，细直杆在坐标上的长度分量为

$$l_x = l_0\cos\theta,\ l_y = l_0\sin\theta$$

因为杆相对 S' 系沿 x' 负方向运动，由长度收缩可得 S' 系中测得杆在坐标轴上的分量为

$$l_x' = l_x\sqrt{1-\frac{u^2}{c^2}},\ l_y' = l_y$$

所以 S' 系中杆的长度为

$$\begin{aligned} l' &= \sqrt{l_x^{2\prime} + l_y^{2\prime}} = \sqrt{l_x^2\left(1-\frac{u^2}{c^2}\right)+l_y^2} \\ &= \sqrt{l_0^2\cos^2\theta\left(1-\frac{u^2}{c^2}\right)+l_0^2\sin^2\theta} \\ &= l_0\sqrt{\cos^2\theta\left(1-\frac{u^2}{c^2}\right)+\sin^2\theta} = l_0\sqrt{1-\frac{u^2\cos^2\theta}{c^2}} \end{aligned}$$

例 17-4　两观测者 S 和 S' 以速率 $0.8c$ 作匀速相对运动，S 测得两事件相隔 3 s，发生地点相距 8 m，则 S' 测得这两事件相隔几秒？

分析　将两观测者分别视为两惯性系，根据相对论时空变换式可直接求出二者时空关系。

解　由相对速率 $u = 0.8c$ 可得

$$\gamma = \frac{1}{\sqrt{1-u^2/c^2}} = \frac{1}{\sqrt{1-(0.8c)^2/c^2}} = \frac{1}{0.6} = \frac{5}{3}$$

根据洛仑兹坐标变换式可得 S' 测得两事件的时间间隔为

$$\Delta t' = \gamma\left(\Delta t - \frac{u\,\Delta x}{c^2}\right) = \frac{5}{3}\times\left(3-\frac{0.8c\times8}{c^2}\right)\ \text{s} = \frac{5}{3}\times\left(3-\frac{0.8\times8}{3\times10^8}\right)\ \text{s} \approx 5\ \text{s}$$

例题 17-5　宇宙空间有一颗恒星距地球约 10 光年，若宇航员在宇宙飞船上

度过了 5 年的时间(宇宙飞船上钟指示的时间)才抵达这颗恒星,求宇宙飞船的飞行速度。

分析　求解本题的关键是搞清楚固有时间和固有长度。

解　先用长度收缩解。

恒星距地球 10 光年是地球上观测者测得的距离,为固有长度$\Delta L=\Delta L_0$,飞船上观测者测得自己从地球飞到该星的时间为固有时间$\Delta t'=\Delta t_0=5$ 年,他测地球到该星的距离$\Delta L'$应是长度收缩,故有$\Delta L'=\Delta L_0(1-v^2/c^2)^{1/2}$,于是得飞船速度

$$v=\frac{\Delta L'}{\Delta t'}=\frac{\Delta L_0(1-v^2/c^2)^{1/2}}{\Delta t_0}$$

$$\left(\frac{v\,\Delta t_0}{\Delta L_0}\right)^2=1-\frac{v^2}{c^2}$$

$$v^2\left[\left(\frac{\Delta t_0}{\Delta L_0}\right)^2+\frac{1}{c^2}\right]=1$$

$$v=\frac{1}{\sqrt{(\Delta t_0/\Delta L_0)^2+1/c^2}}=\frac{1}{\sqrt{[5/(10c)]^2+1/c^2}}=\frac{c}{\sqrt{(1/2)^2+1}}=\frac{2c}{\sqrt{5}}$$

再用时间延缓解。

地球上观测者测得的时间Δt是时间延缓,故有$\Delta t=\dfrac{\Delta t_0}{(1-v^2/c^2)^{1/2}}$,得

$$v=\frac{\Delta L}{\Delta t}=\frac{\Delta L_0}{\Delta t_0/(1-v^2/c^2)^{1/2}}=\frac{\Delta L_0(1-v^2/c^2)^{1/2}}{\Delta t_0}$$

解得飞船速度为

$$v=\frac{1}{\sqrt{(\Delta t_0/\Delta L_0)^2+1/c^2}}=\frac{1}{\sqrt{[5/(10c)]^2+1/c^2}}=\frac{c}{\sqrt{(1/2)^2+1}}=\frac{2c}{\sqrt{5}}$$

例 17-6　S 和 S' 是两个平行的惯性系,S' 系相对 S 系以 $0.6c$ 的速率沿轴 Ox 运动。在 S 系中某点发生一事件,S 系上测得其所经历的时间为 8.0 s,而在 S' 系上测其所经历的时间为多少?

分析　S' 系相对 S 系高速运动,故会产生时间延缓效应。根据公式即可计算出 S' 系上测其所经历的时间。

解　事件发生在 S 系上且在 S 系上测得所经历的时间 8.0 s,这个时间为固有时间 τ_0。根据时间延缓公式,S' 系上测事件所经历的时间 τ 为

$$\tau=\frac{\tau_0}{\sqrt{1-u^2/c^2}}=\frac{8}{\sqrt{1-0.6^2}}\ \text{s}=10\ \text{s}$$

例 17-7　两个惯性系 S 和 S' 中的观测者 A 和 B 以 $0.6c$ 的相对速度相互接近,如果 A 测得两者的初始距离是 20 m,则 B 测得两者经过多少时间相遇?

分析　本题中关键是确认观测者 A 测得两者的初始距离是固有长度,观测者

B 测得两者接近经过的时间为固有时间。由此可计算出观测者 B 所经历的固有时间。

解 因 A 以自己的坐标系测 B 的位置，自己的坐标系相对自己是静止的，所以初始距离为固有长度。因 B 以自己的时钟测自己接近 A 的时间，自己的时钟相对自己是静止的，显然 B 测的时间为固有时间。于是 A 测得 B 走完这段距离的时间 τ 为 $\tau = \dfrac{l_0}{u}$，所以 B 测得的固有时间 τ_0 为

$$\tau_0 = \frac{\tau}{\gamma} = \frac{l_0}{u}\sqrt{1-\frac{u^2}{c^2}} = \frac{20}{0.6\times 3\times 10^8}\times\sqrt{1-0.6^2}\ \text{s} = 8.89\times 10^{-8}\ \text{s}$$

例 17-8 火箭相对地面以 $v = 0.6c$ 的速度匀速上升，在火箭发射 $\Delta t' = 10\ \text{s}$（火箭上的钟）时，突然有一物体被弹向地面，其速度相对地面为 $v_1 = 0.3c$，问火箭发射后多长时间该物体到达地面？（按地球的钟计算，计算时假设地面不动，忽略重力）。

分析 在假设条件下，地球与火箭可看作两个以 $v = 0.6c$ 作相对运动的惯性系，在计算时间和距离时要注意弄清楚原时和非固有时，按地球时钟计算的时间是非固有时。

解 由已知得

$$\gamma = \frac{1}{\sqrt{1-v^2/c^2}} = \frac{1}{\sqrt{1-(0.6c)^2/c^2}} = \frac{5}{4}$$

按地球的钟计算火箭发射后多长时间物体到达地面，这段时间应分为两段，其一是火箭发射到物体弹出所经历的时间 Δt_1，其二是物体弹出到物体抵达地面所经历的时间 Δt_2。地面上的人记录火箭发射到物体弹出所经历的时间是延长的，其值为

$$\Delta t_1 = \gamma\,\Delta t' = \frac{5}{4}\times 10\ \text{s} = 12.5\ \text{s}$$

物体弹出到物体抵达地面所经历的时间 Δt_2

$$\Delta t_2 = \frac{v\,\Delta t}{v_1} = \frac{0.6c\times 12.5}{0.3c}\ \text{s} = 25\ \text{s}$$

所以地面上的人记录该物体回到地面所需总时间

$$\Delta t = \Delta t_1 + \Delta t_2 = (12.5+25)\ \text{s} = 37.5\ \text{s}$$

例 17-9 一颗人造卫星静止质量为 $5\times 10^4\ \text{kg}$，当它以第二宇宙速度飞行时，它的质量增加了多少？

分析 第二宇宙速度 $v = 11.2\times 10^3\ \text{m}\cdot\text{s}^{-1}$，且 $v \ll c$，故根据质能关系式可知，人造卫星的动能 $E_k = \Delta mc^2$，将此式变形即可求出 Δm。

解 人造卫星以第二宇宙速度飞行，由于 $v = 11.2\times 10^3\ \text{m}\cdot\text{s}^{-1}$，$v \ll c$，所以

人造卫星的动能为

$$E_k = mc^2 - m_0c^2 = \Delta mc^2 \approx m_0v^2/2$$

得人造卫星质量的增量为

$$\Delta m \approx \frac{m_0v^2}{2c^2} = \frac{5\times10^4\times(11.2\times10^3)^2}{2\times(3\times10^8)^2}\ \text{kg} = 3.484\times10^{-5}\ \text{kg}$$

例 17-10　太阳的辐射能来自其内部的核聚变反应，太阳每秒向周围空间辐射的能量为 $5\times10^{26}\ \text{J}\cdot\text{s}^{-1}$，求太阳因辐射能量而减少的质量是多少?所占太阳总质量($m = 2\times10^{30}$ kg) 的百分比是多少?

分析　根据质能关系式可知，太阳损失的质量全转化为能量辐射出去。由式 $\Delta E = \Delta mc^2$ 即可求出太阳损失的质量。

解　太阳因辐射能量每秒减少的质量

$$\Delta m = \frac{\Delta E}{c^2} = \frac{5\times10^{26}}{(3\times10^8)^2}\ \text{kg} = 5.56\times10^9\ \text{kg}$$

因太阳的总质量为 $m = 2\times10^{30}$ kg，故损失质量占太阳总质量的比例为

$$\frac{\Delta m}{m} = \frac{5.56\times10^9}{2\times10^{30}} = 2.78\times10^{-21}$$

可见太阳因辐射能量而减少的质量所占的比例是非常小的。

例题 17-11　氢弹是核聚变反应，氢原子核和中子聚变成质量较大的核，每用 1 g 氢约损失 0.006 g 静止质量。求氢聚变反应释放出的能量是同质量氢被燃烧成水时释放能量的多少倍?已知 1 g 氢完全燃烧释放 1.3×10^5 J 的能量。

分析　本题可直接应用质能关系式求出 1 g 氢核聚变反应释放出的能量。

解　1 g 氢核聚变反应释放出的能量

$$E = \Delta mc^2 = 0.006\times10^{-3}\times(3\times10^8)^2\ \text{J} = 5.4\times10^{11}\ \text{J}$$

1 g 氢完全燃烧释放的能量 $E' = 1.3\times10^5$ J，由此得核聚变释放出的能量是同质量氢被燃烧释放能量的倍数为

$$\frac{E}{E'} = \frac{5.4\times10^{11}}{1.3\times10^5} = 4.15\times10^6$$

例 17-12　一个自由电子在电场中从静止开始加速，试问它应通过多大的电势差才能使其质量增加 0.4%? 此时电子速度是多少? 已知电子的静质量为9.1×10^{-31} kg。

分析　根据功能原理可知，电场对静止电子做功 A 应等于电子动能 E_k，即 $A = E_k = \Delta mc^2$，由此可求出对电子所加的电势差。由已知条件可知电子运动的质量 m 与静质量 m_0 之比。根据质量与速度关系式可以求出 γ 和 β，进而求出电子的运动速度 v。

解　设电子被加速后质量增加为Δm，电子静止质量为 m_0。由质能关系式可得

$$\frac{\Delta m}{m_0}=\frac{\Delta mc^2}{m_0c^2}=\frac{\Delta E}{m_0c^2}=0.4\%$$

故电子动能 E_k 为

$$E_k=0.004m_0c^2=0.004\times 9.1\times 10^{-31}\times(3\times 10^8)^2\ \text{J}=3.28\times 10^{-16}\ \text{J}$$

而电子带电量为 $e=1.6\times 10^{-19}$ C，故可得所需电势差

$$U=\frac{E_k}{e}=\frac{3.28\times 10^{-16}}{1.6\times 10^{-19}}\ \text{V}=2.05\times 10^3\ \text{V}$$

由质量与速度关系式 $m=\dfrac{m_0}{\sqrt{1-v^2/c^2}}$ 有

$$\sqrt{1-v^2/c^2}=\frac{m_0}{m}=\frac{m_0}{m_0+\Delta m}=\frac{1}{1.004}$$

所以电子的速度为

$$v=\sqrt{1-\frac{1}{1.004^2}}\,c=\sqrt{1-\frac{1}{1.004^2}}\times 3\times 10^8\ \text{m}\cdot\text{s}^{-1}=2.68\times 10^7\ \text{m}\cdot\text{s}^{-1}$$

例 17-13　一观察者测得电子质量是其静质量 m_0 的 3 倍，求电子相对观察者的速度 v、动能 E_k 和动量 p 的大小。

分析　相对论中物体的质量与其运动有关，对应的与质量有关的物理量也都与运动有关。

解　相对论中，由质量与速度关系式 $m=\dfrac{m_0}{\sqrt{1-v^2/c^2}}$，有

$$\sqrt{1-v^2/c^2}=\frac{m_0}{m}=\frac{1}{3}$$

由此可得电子的速度 v、动能 E_k 和动量 p 的大小分别为

$$v=\frac{2\sqrt{2}c}{3}$$

$$E_k=mc^2-m_0c^2=2m_0c^2$$

$$p=mv=3m_0v=2\sqrt{2}m_0c$$

例 17-14　在什么速度下粒子的动量等于经典动量的两倍？在什么速度下粒子的动能等于经典动能的两倍？

分析　本题重点考查相对论动力学的公式。

解　在相对论和经典力学中，动量分别为 $\boldsymbol{p}=\dfrac{m_0\boldsymbol{v}}{\sqrt{1-v^2/c^2}}$，$\boldsymbol{p}=m_0\boldsymbol{v}$。根据题目要求，有

$$p=mv=\frac{m_0v}{\sqrt{1-v^2/c^2}}=2m_0v$$

$$\frac{1}{\sqrt{1-v^2/c^2}}=2$$

得相对论动量等于经典动量两倍的速度为

$$v=\sqrt{3}c/2$$

在相对论和经典力学中,动能分别为 $E_k=\frac{m_0c^2}{\sqrt{1-v^2/c^2}}-m_0c^2$,$E_k=\frac{m_0v^2}{2}$。根据题目要求,有

$$E_k=\frac{m_0c^2}{\sqrt{1-v^2/c^2}}-m_0c^2=2\cdot\frac{1}{2}m_0v^2=m_0v^2$$

得

$$\frac{1}{\sqrt{1-v^2/c^2}}=1+\frac{v^2}{c^2}$$

于是解得相对论动能等于经典动能两倍的速度为

$$v_2=c\sqrt{\frac{\sqrt{5}-1}{2}}\approx 0.786c$$

例 17-15　将静止质量为 m_0 的粒子由静止加速到速度为$\sqrt{3}c/2$,其外力需做多少功?

分析　根据相对性原理,力学规律在所有惯性系中是相同的。在不知道力和位移的情况下可利用动能定理来求外力做功。

解　由已知可得粒子的初、末速度分别为

$$v_0=0,\qquad v=\frac{\sqrt{3}c}{2}$$

则粒子初动能为 $E_{k0}=0$,末动能为

$$E_k=mc^2-m_0c^2=\frac{m_0c^2}{\sqrt{1-v^2/c^2}}-m_0c^2=\frac{m_0c^2}{\sqrt{1-(\sqrt{3}c/2)^2/c^2}}-m_0c^2=m_0c^2$$

整个过程中粒子的动能增量为

$$\Delta E_k=E_k-E_{k0}=m_0c^2$$

由动能定理可得外力做功

$$A=\Delta E_k=m_0c^2$$

第 18 章　光的量子性

§18.1　本章内容剖析

一、黑体辐射

1. 热辐射

(1) 定义　热辐射指任何物体在任何温度下向外辐射的电磁波。

(2) 特点

① 辐射能按波长的分布是不均匀的；

② 辐射能按波长分布随温度不同而不同；

③ 存在峰值波长 λ_m。其定义是在单位波长间隔内辐射能最大的波长；

④ 随着温度的升高，辐射能的峰值波长 λ_m 向短波方向偏移。

(3) 描述热辐射的物理量

① 单色辐出度 $M(\lambda, T)$　单位时间内从辐射体单位表面积上辐射的波长在 λ 附近单位波长区间的电磁波能量。 $M(\lambda, T) = \mathrm{d}E/\mathrm{d}\lambda$

② 辐射出射度 $M(T)$　单位时间从辐射体单位表面积上辐射的总能量。$M(T) = \int_0^\infty M(\lambda, T)\mathrm{d}\lambda$

③ 吸收比 a、反射比 r、透射比 t 关系：$a + r + t = 1$。

2. 黑体辐射

(1) 黑体

① 定义　在任何温度下都能全部吸收所有外来辐射，而毫无反射和透射的物体，即吸收比为 1 的物体。

② 黑体模型　空腔上的小孔。外来辐射进入空腔，在腔内经多次反射而被空腔全部吸收。

③ 组成黑体的空腔与材料无关。

(2) 黑体辐射定律

① 斯忒藩 - 玻耳兹曼定律　黑体的总辐出度 $M(T)$ 与黑体本身的热力学温度 T 的四次方成正比，其表达式为 $M(T) = \sigma T^4$。

② 维恩位移定律　黑体单色辐出度 $M_B(\lambda, T)$ 最大值所对应的波长（峰值波长）λ_m 随黑体温度 T 的升高而向短波方向移动，其表达式为 $\lambda_m T = b$。

3. 普朗克的量子假设

(1) 普朗克的量子假设的内容

① 组成黑体空腔壁的粒子是线性谐振子。

② 线性谐振子的能量不连续，是量子能量($\varepsilon = h\nu$)的整数倍：$nh\nu$。

③ 黑体发射或吸收的能量只能是量子能量($\varepsilon = h\nu$)的整数倍，而且是一份一份地按不连续的方式进行的，而不是分数或小数值。

(2) 普朗克公式　$M_\lambda(T) = \dfrac{2\pi hc^2}{\lambda^5} \dfrac{1}{e^{hc/(kT\lambda)} - 1}$

(3) 普朗克的量子假设的历史意义　它打破了能量连续的陈腐观念，开创了量子论，为量子力学的发展奠定了基础。

二、光电效应

1. 光电效应

(1) 光电效应现象　光电效应现象即光照射金属，金属逸出电子的现象。

(2) 光电效应的实验规律

① 光电效应存在红限频率 ν_0。

② 饱和光电流 i_S 与入射光强 I 成正比。

③ 遏止电势差 U_a 与入射光的频率 ν 成正比。

④ 光电效应无需积累时间。

2. 光的波粒二象性

(1) 波动性　其主要体现：干涉、衍射、偏振；其特征量：频率 ν、波长 λ。

(2) 粒子性　其主要体现：黑体辐射、光电效应、康普顿效应等光与物质的相互作用；其特征量：能量 ε、动量 p。

(3) 波动性与粒子性通过普朗克常量联系起来　$\varepsilon = h\nu$，$p = \dfrac{h}{\lambda}$

3. 爱因斯坦光电效应方程

(1) 爱因斯坦光电效应方程

① 表达式　$h\nu = mv^2/2 + A$

② 文字表述　金属中的电子吸收一个光子所获得的能量，一部分用于克服电子逸出金属所必需的逸出功，一部分变为自己的动能。

③ 爱因斯坦方程实质是能量守恒与转化定律在光电效应中的体现。

(2) 光电效应的红限频率　$\nu_0 = \dfrac{A}{h}$

(3) 光电效应的遏止电势差　$U_a = \dfrac{h\nu - A}{e}$

三、康普顿效应

(1) 表述　X射线照射晶体,在散射线中出现波长变长的射线的现象。
(2) 物理解释　X射线光子与电子作完全弹性碰撞。
(3) 康普顿散射波长改变公式　$\Delta\lambda = \lambda - \lambda_0 = \frac{h}{m_0 c}(1 - \cos\varphi)$
(4) 康普顿波长　$\lambda_c = \frac{h}{m_0 c} = 2.43 \times 10^{-12}\ \mathrm{m}$

§18.2　本章重点、难点

一、本章重点

(1) 爱因斯坦光电方程。
(2) 康普顿散射公式。
(3) 光子的动量与能量。

二、本章难点

(1) 康普顿散射的理解。
(2) 光的波粒二象性的理解。

§18.3　本章解题指导

本章问题主要分为三类:

一、黑体辐射

此类问题只需看清题意后直接套黑体辐射定律的公式求解,解题中一般用到较多的是斯忒藩-玻耳兹曼定律和维恩位移定律,另外需要注意单位换算(如例题18-1)。

二、光电效应方程

光电效应方程可用于计算各种金属的逸出功、红限频率及遏止电压等,这类问题可以直接套公式。但若经光电效应发射的光电子进入磁场,则需结合洛仑兹力求解磁场中的圆周运动半径或周期等。

三、康普顿散射波长公式

此类问题需要考虑矢量的方向性,对各方向列出光子和电子的动量守恒方程,再结合相对论能量，套公式求解即可。

§18.4　本章典型例题

例题18-1　已知太阳在一年内由于辐射而损失的质量为1.36×10^{17} kg，地球与太阳的平均距离为1.5×10^{8} km，太阳半径为6.76×10^{5} km。

(1) 求太阳辐射的总功率；

(2) 把太阳看作黑体，试计算太阳表面的温度。

(3) 求太阳常数，即求垂直射到地球表面单位面积的日光功率。

分析　根据相对论的质能关系，通过质量亏损可求出太阳一年内辐射的总能量，进而求出太阳辐射的总功率；再求出太阳单位表面积的辐射功率。根据斯忒藩-玻尔兹曼定律可得太阳表面的温度。

解　(1) 根据相对论的质能关系，得太阳在一年内辐射的能量为

$$\Delta E=\Delta mc^2$$

则太阳辐射的总功率为

$$P_0=\frac{\Delta E}{\Delta t}=\frac{\Delta mc^2}{\Delta t}=\frac{1.36\times10^{17}\times(3\times10^8)^2}{365\times24\times60\times60}\text{ W}=3.88\times10^{26}\text{ W}$$

(2) 由太阳辐射的总功率可得单位表面积的辐射功率，即总辐出度为

$$M_B(T)=\frac{P_0}{4\pi R^2}$$

根据斯忒藩-玻尔兹曼定律$M_B(T)=\sigma T^4$，得太阳表面的温度为

$$T=\sqrt[4]{\frac{M_B}{\sigma}}=\sqrt[4]{\frac{P_0/(4\pi R^2)}{\sigma}}=\sqrt[4]{\frac{P_0}{4\pi\sigma R^2}}$$

$$=\sqrt[4]{\frac{3.88\times10^{26}}{4\times\pi\times(6.76\times10^8)^2\times5.67\times10^{-8}}}\text{ K}=5875\text{ K}$$

(3) 设太阳常数为C，应有$P_0=C(4\pi l^2)$。故得太阳常数C为

$$C=\frac{P_0}{4\pi l^2}=\frac{3.88\times10^{26}}{4\pi\times(1.5\times10^{11})^2}\text{ W/m}^2=1.37\times10^3\text{ W/m}^2$$

例题18-2　某绝对黑体单色辐出度所对应的峰值波长为$\lambda_m=550$ nm，求该绝对黑体总辐出度。

分析　这是道复习绝对黑体辐射定律的例题，套公式即可。

解　由维恩位移定律$\lambda_m T=b$，得黑体的表面为温度T为　$T=b/\lambda_m$

依据斯忒藩-玻耳兹曼定律$M(T)=\sigma T^4$，得黑体总辐出度为

$$M(T)=\sigma T^4=\sigma\left(\frac{b}{\lambda_m}\right)^4$$

$$=5.67\times10^{-8}\times\frac{2.897\times10^{-34}}{550\times10^{-9}}\text{ W/m}^2=4.36\times10^7\text{ W/m}^2$$

例题 18-3 金属银的光电效应红限频率是 $\nu_0 = 1.153 \times 10^{15}$ Hz。求：(1) 金属银的逸出功 A；(2) 在波长 $\lambda = 200$ nm 紫外光的照射下银的遏止电压。

分析 金属的逸出功 A 可根据爱因斯坦光电效应方程直接求出；遏止电压 U_a 根据电子最大初动能可以得出。

解 (1) 由红限频率 ν_0 可得金属逸出功 A 为

$$A = h\nu_0 = 6.63 \times 10^{-34} \times 1.153 \times 10^{15}\ \text{J} = 7.64 \times 10^{-19}\ \text{J} = 4.78\ \text{eV}$$

(2) 根据爱因斯坦光电效应方程，遏止电压 U_a 满足

$$eU_a = \frac{mv^2}{2} = h\nu - A$$

得遏止电压 U_a 为

$$U_a = \frac{h\nu}{e} - \frac{A}{e} = \frac{hc}{\lambda e} - \frac{h\nu_0}{e} = \frac{h}{e}\left(\frac{c}{\lambda} - \nu_0\right)$$

$$= \frac{6.63 \times 10^{-34}}{1.60 \times 10^{-19}} \times \left(\frac{3.00 \times 10^8}{200.0 \times 10^{-9}} - 1.153 \times 10^{15}\right)\ \text{V} = 1.44\ \text{V}$$

例题 18-4 今有一波长未知的单色光照射某金属表面发生光电效应，测得遏止电势差为 U_a。已知金属材料的逸出功为 A，求该单色光的波长 λ。今让光电效应发射出的光电子经狭缝后垂直进入均匀磁场，测得电子在该磁场中作圆周运动的最大半径为 R，求该均匀磁场的磁感应强度。设电子电量绝对值为 e，质量为 m。

解 由爱因斯坦光电效应方程，有 $h\nu = \dfrac{hc}{\lambda} = \dfrac{mv^2}{2} + A = eU_a + A$

得该单色光的波长 λ 为 $\lambda = \dfrac{hc}{eU_a + A}$

因 $mv^2/2 = eU_a$，有 $mv = \sqrt{2meU_a}$

得电子在磁场中作圆周运动的半径 R 与磁场 B 满足 $R = \dfrac{mv}{qB} = \dfrac{\sqrt{2meU_a}}{qB}$

由此得出均匀磁场的磁感应强度为 $B = \dfrac{\sqrt{2meU_a}}{qR}$

第 19 章　原子的量子理论

§19.1　本章内容剖析

一、氢原子的玻尔理论

1. 玻尔三条假设

(1) 定态假设

① 原子系统只能具有一系列不连续的稳定状态(定态)；

② 定态中的电子虽然作加速运动(圆周运动),但不辐射也不吸收电磁能量；

③ 定态能量取分离值,分别为 $E_1, E_2, E_3, \cdots$

(2) 量子化条件

定态中电子轨道角动量量子化,其值为 $L = n\hbar = \dfrac{nh}{2\pi}$。

(3) 频率条件

当原子从一个能态跃迁到另一个能态时,辐射或吸收一个光子,光子能量与跃迁两能态的能量满足频率条件:$h\nu = |E_n - E_k|$。

2. 描述氢原子定态的物理量

(1) 电子轨道半径　$r_n = n^2 r_1, r_1 = 0.0529\ \text{nm}$ 为第一轨道半径(玻尔半径)。

(2) 能级公式　$E_n = E_1/n^2, E_1 = -13.6\ \text{eV}$ 为基态能量;E_n 为激发态能量。

(3) 能级跃迁辐射或吸收光子的频率公式和波数公式

$$\nu = Rc\left|\frac{1}{k^2} - \frac{1}{n^2}\right|, \quad \tilde{\nu} = \frac{1}{\lambda} = R\left|\frac{1}{k^2} - \frac{1}{n^2}\right|$$

3. 氢原子的光谱线系　$\tilde{\nu} = R\left(\dfrac{1}{k^2} - \dfrac{1}{n^2}\right)$

(1) 赖曼系:$k = 1, n = 2, 3, 4, 5, \cdots$

(2) 巴耳末系:$k = 2, n = 3, 4, 5, 6, \cdots$

(3) 帕邢系:$k = 3, n = 4, 5, 6, \cdots$

……

4. 玻尔理论不是自洽的理论

(1) 无法处理多电子原子的光谱。

(2) 无法处理谱线的强度、偏振以及谱线宽度等问题。

(3) 虽然玻尔理论认为经典理论不适用于原子内部,但仍用经典理论描绘微观粒子的运动。

(4) 量子化条件没有适当的理论解释。

二、德布罗意波

1. 实物粒子的波粒二象性

(1) 波动性　特征量：频率 ν、波长 λ。

(2) 粒子性　特征量：能量 E、动量 p。

(3) 波动性与粒子性通过普朗克常量联系起来　$E = h\nu, p = \dfrac{h}{\lambda}$。

2. 德布罗意波

(1) 实物波波长

低速时，$\lambda = \dfrac{h}{m_0 v}$；高速时，$\lambda = \dfrac{h}{m_0 v}\sqrt{1-\dfrac{v^2}{c^2}}$。

(2) 电子波(电子动能 $E_k = eU$)

① 加速电压 U 较小时：$\lambda = \dfrac{h}{\sqrt{2m_0 eU}}$

② 加速电压 U 较大时：$\lambda = \dfrac{hc}{\sqrt{E_k(2E_0 + E_k)}}$

3. 德布罗意布波的统计解释　德布罗意布波是概率波。

(1) 个别粒子在何处出现是偶然的。

(2) 大量粒子在空间不同位置出现的多少成为必然。

(3) 实物波强的地方，粒子出现概率大，弱的地方，粒子出现概率小。

4. 用德布罗意波解释玻尔的量子化条件　电子波在圆形轨道上传播，走完一周后必然与后面传播来的电子波叠加，前后电子波叠加只有形成驻波才能使电子轨道稳定。这就要求相邻两圆形波的波程差为半波长的偶数倍，即 $\delta = 2\pi r = 2n(\lambda/2) = n\lambda = nh/(mv)$，于是得 $L = mvr = pr = nh/(2\pi)$。

三、不确定关系

1. 不确定关系的表达式

(1) 坐标－动量的不确定关系式：$\Delta x\, \Delta p_x \geqslant h, \Delta y\, \Delta p_y \geqslant h, \Delta z\, \Delta p_z \geqslant h$。

(2) 能量－时间的不确定关系式：$\Delta E\, \Delta t \geqslant h$。

2. 不确定关系的物理意义

(1) 对于微观粒子，坐标和动量不确定量的乘积不得小于普朗克常数 h。

(2) 坐标和动量不是不能确定，是不能同时确定。其中一个量越确定，则另一个量就越不确定。

(3) 不确定关系是微观粒子波粒二象性的必然结果，与探测仪器精度无关。

(4) 不确定关系是判断宏观粒子与微观粒子的依据。如不确定量Δx、Δp_x与粒子的大小、动量可以比拟，则粒子为微观粒子，反之为宏观粒子。

(5) 不确定关系是划分用经典力学还是用量子力学处理问题的界线。如是微观粒子，只能用量子力学进行研究；如是宏观粒子，则用经典力学进行讨论。

四、量子力学简介

1. 波函数

(1) 自由粒子的波函数

$$\Psi(x,t)=\psi_0 e^{-i\frac{2\pi}{h}(Et-px)}$$

(2) 找到粒子的概率密度为

$$|\Psi|^2=\Psi\Psi^*$$

(3) 定解条件

① 波函数必须单值，不可能多值。即找到粒子的概率只能有一个。

② 波函数必须有界，不可能无穷大。即找到粒子的概率不可能无穷大。

③ 波函数在边界必须连续，即同一点找到粒子的概率不可能有两个值。

④ 波函数满足归一化条件$\int_{-\infty}^{\infty}|\Psi|^2\mathrm{d}V=1$。即在全空间找到粒子的概率为1。

2. 薛定谔方程

(1) 自由粒子一维含时薛定谔方程　$-\dfrac{\hbar^2}{2m}\dfrac{\partial^2\Psi}{\partial x^2}=\mathrm{i}\hbar\dfrac{\partial\Psi}{\partial t}$

(2) 在势场中一维含时薛定谔方程　$-\dfrac{\hbar^2}{2m}\dfrac{\partial^2\Psi}{\partial x^2}+U(x,t)\Psi=\mathrm{i}\hbar\dfrac{\partial\Psi}{\partial t}$

(3) 在势场中三维含时薛定谔方程　$-\dfrac{\hbar^2}{2m}\nabla^2\Psi+U(x,y,z,t)\Psi=\mathrm{i}\hbar\dfrac{\partial\Psi}{\partial t}$

(4) 一维定态薛定谔方程　$\dfrac{\mathrm{d}^2\psi(x)}{\mathrm{d}x^2}+\dfrac{2m}{\hbar^2}(E-U)\psi(x)=0$

(5) 三维定态薛定谔方程　$\nabla^2\psi(x,y,z)+\dfrac{2m}{\hbar^2}(E-U)\psi(x,y,z)=0$

3. 原子的壳层结构

(1) 原子状态的四个量子数

① 主量子数$n=1,2,3,\cdots$。决定量子化的能量。

② 角量子数$l=0,1,2,\cdots,(n-1)$。决定量子化的轨道角动量。

③ 磁量子数$m_l=0,\pm1,\pm2,\cdots,\pm l$。决定轨道角动量量子化的空间取向。

④ 自旋磁量子数 $m_s=\pm 1/2$,说明自旋角动量在特定方向只能取两个值。

(2) 泡利不相容原理

原子中不能容纳运动状态完全相同的电子,即原子内不可能有两个或两个以上的电子具有完全相同的四个量子数。

(3) 能量最小原理

核外电子总是尽量先占有能量最低的轨道。只有当能量最低的轨道占满后,电子才依次进入能量较高的轨道,使系统总能量最小。

§19.2 本章重点、难点

一、本章重点

(1) 氢原子的光谱线系。

(2) 玻尔的氢原子理论中的频率条件、轨道半径、能级。

(3) 德布罗意物质波及其统计意义的理解,物质波波长的计算与理解。

(4) 微观粒子运动的不确定关系。

二、本章难点

(1) 玻尔氢原子量子理论。

(2) 波函数对微观粒子运动状态的描述,波函数物理意义的理解。

(3) 薛定谔方程的理解及其简单定态问题的求解。

(4) 四个量子数的含义及其对电子运动状态的理解。

(5) 用波函数求解运动微观粒子的空间概率分布。

§19.3 本章解题指导

本章问题主要分为三类:

一、光谱波长的计算

此类问题一般是给出跃迁能级数,直接代入巴耳末公式求解能级跃迁时发射或吸收的光子能量及其波长、频率等(如例题 19-1)。

二、氢原子跃迁

此类问题与光谱计算顺序相反,一般是根据激发氢原子跃迁的能量,计算氢原子是在哪些能级间发生跃迁(如例题 19-2),亦可由此计算主量子数、能级数等(如例题 19-3、例题 19-4)。解题中要注意,基态能级数为 $n=1$,第一激发态 $n=2$,依此类推。电离态 n 为无穷大。

三、德布罗意波

此类问题一般直接套用德布罗意波波长公式即可，但在解题中要注意：

(1) 微观粒子是低速还是高速运动，近光速的高速运动粒子的相关计算要考虑相对论效应（如例题 19-6）；

(2) 物质波概念如果推广到宏观粒子，所得物质波波长将非常小，波动性将非常弱，这种情况下讨论物质波意义不大（如例题 19-7）。

四、不确定关系

此类问题套公式即可，注意空间坐标与动量对应（如例题 19-5），能量与时间对应。

§19.4　本章典型例题

例题 19-1　静止的氢原子从 $n=3$ 的能态跃迁到 $n=1$ 的能态时发射光子，求氢原子的反冲速度。

分析　据能级跃迁公式可直接算出发射光子的能量，进而求出其波长。而在跃迁过程前后氢原子系统的动量守恒，根据光子波长可得光子的动量进而求得氢原子的反冲动量。

解　求光子波长 λ，由频率公式 $h\nu = hc/\lambda = E_3 - E_1$，得

$$\lambda = \frac{hc}{E_3 - E_1} = \frac{hc}{E_1(1/3^2 - 1/1^2)} = \frac{hc\,1^2 \times 3^2}{E_1(1^2 - 3^2)} = -\frac{9hc}{8E_1}$$

光子动量为

$$p = \frac{h}{\lambda} = -\frac{8E_1}{9c}$$

氢原子动量与光子动量等值反向，故有

$$mv = p = -\frac{8E_1}{9c}$$

得氢原子的反冲速度为

$$v = \frac{p}{m} = -\frac{8E_1}{9mc}$$

$$= -8 \times \frac{-13.6 \times 1.6 \times 10^{-19}}{9 \times 1.67 \times 10^{-27} \times 3 \times 10^{8}}\ \text{m} \cdot \text{s}^{-1} = 3.86\ \text{m} \cdot \text{s}^{-1}$$

例题 19-2　动能为 12 eV 的电子通过碰撞使处于基态的氢原子激发，最高能激发到哪一级？并求当其回到基态时所发出的光谱线的波长。

分析 电子通过碰撞将能量传递给氢原子，氢原子获得能量后最高能够跃迁到的能级与基态能级的能量之差不能大于电子动能。若跃迁能级之差大于2，则还需要计算从最高能级自发跃迁到以下各能级产生的各种谱线。

解 氢原子各能级的能量为 $E_1=-13.6\ \text{eV}$，$E_2=E_1/2^2=-3.4\ \text{eV}$，$E_3=E_1/3^2=-1.51\ \text{eV}$，$E_4=E_1/4^2=-0.85\ \text{eV}$，… 因电子动能为 $E=12\ \text{eV}$，它应大于原子跃迁到的激发态与基态间的能量差，有

$$E>E_2-E_1=10.2\ \text{eV},\qquad E<E_3-E_1=12.09\ \text{eV}$$

故氢原子可激发到 $n=2$ 的能态，回到基态的过程中可发射一种波长的光。由频率公式 $h\nu=\frac{hc}{\lambda}=E_2-E_1$，得光谱线的波长为

$$\lambda=\frac{hc}{E_2-E_1}=\frac{hc}{E_1(1/2^2-1/1^2)}=\frac{hc\,1^2\times 2^2}{E_1(1^2-2^2)}=-\frac{4hc}{3E_1}$$

$$=-\frac{4\times 6.63\times 10^{-34}\times 3.00\times 10^{8}}{3\times(-13.6\times 1.6\times 10^{-19})}\ \text{m}=1.219\times 10^{-7}\ \text{m}=121.9\ \text{nm}$$

例题 19-3 氢原子基态电离能是 13.6 eV，电离能为 0.85 eV 的激发态氢原子，其电子处在 n 等于几的轨道上运动？

分析 氢原子的电离能即电子脱离氢原子跃迁到无穷远时需要的能量，可直接根据能级公式解得。

解 某状态电离能应为 $E_{n\text{电离能}}=E_\infty-E_n=-E_n$。故基态能 $E_1=-E_{1\text{电离能}}$。某状态的能量 $E_n=-E_{n\text{电离能}}=\frac{E_1}{n^2}=-\frac{E_{1\text{电离能}}}{n^2}$。故

$$n^2=\frac{-E_{1\text{电离能}}}{-E_{n\text{电离能}}}=\frac{E_{1\text{电离能}}}{E_{n\text{电离能}}}=\frac{13.6}{0.85}=16$$

$$n=4$$

即其电子处在 n 等于 4 的轨道上运动。

例题 19-4 当氢原子从某初始状态跃迁到激发能为 $\Delta E=10.19\ \text{eV}$ 的状态时，发射出光子的波长 $\lambda=435.3\ \text{nm}$，试求该初始状态的能量和主量子数。

分析 氢原子从某初始状态跃迁时发射光子，说明初始状态能量比较高，初状态与末状态能级的能量之差为发射光子的能量。根据光子能量公式，由发射光子的波长计算光子能量则可得初始状态能级的能量，再结合基态能量计算可得主量子数。

解 氢原子能级跃迁所发射光子的能量为

$$\varepsilon=h\nu=\frac{hc}{\lambda}=\frac{6.63\times 10^{-34}\times 3.00\times 10^{8}}{435.3\times 10^{-9}}\ \text{J}=2.856\ \text{eV}$$

设激发能为 $\Delta E=10.19\ \text{eV}$ 的能级的能量为 E_k，应满足 $\Delta E=E_k-E_1$。故 E_k 为

$$E_k = E_1 + \Delta E = (-13.6 + 10.2)\ \text{eV} = -3.4\ \text{eV}$$

由频率公式 $\varepsilon = h\nu = \dfrac{hc}{\lambda} = E_n - E_k$，得初态能量 E_n 为

$$E_n = E_k + \varepsilon = (-3.4 + 2.856)\ \text{eV} = -0.544\ \text{eV}$$

得初态主量子数为

$$n = \left(\frac{E_1}{E_n}\right)^{1/2} = \left(\frac{-13.6}{-0.544}\right)^{1/2} = 5$$

例题 19-5　质子(质量 $m = 1.67 \times 10^{-27}\,\text{kg}$) 被约束在原子核(直径 d) 内。假设质子的这种约束等效于质子被约束在长度为 d 一维线段上，现在根据不确定关系式($\Delta x\,\Delta p_x \geqslant h$) 已估算出质子所具有的最小能量(动能) 值为 8.23×10^6 eV，试估算原子核的直径 d。

分析　设一个质量为 m 的粒子，约束在长度为 d 的一维线段上，试根据不确定关系式可以估算出这个粒子的动量不确定度。其最低动量的不确定度，就是粒子所具有的最小动量。由动量与动能的关系可以算出粒子的最小动能，亦即粒子的最小能量，由此反推可以估算原子核的直径。

解　根据不确定关系式 $\Delta x\,\Delta p_x \geqslant h$，得动量不确定度为 $\Delta p_x \geqslant \dfrac{h}{d}$。对于最低动量的不确定度，即是粒子所具有的最小动量

$$\Delta p_x = mv_{\min} = \frac{h}{d}$$

于是得粒子的最小动能为

$$E_{\min} = mv_{\min}{}^2/2 = \frac{(mv_{\min})^2}{2m} = \frac{(h/d)^2}{2m} = \frac{h^2}{2md^2}$$

由此估算出原子核的直径为

$$d = \frac{h}{\sqrt{2mE_{\min}}} = \frac{6.63 \times 10^{-34}}{\sqrt{2 \times 1.67 \times 10^{-27} \times 8.23 \times 10^6 \times 1.6 \times 10^{-19}}}\ \text{m}$$
$$= 9.997 \times 10^{-15}\ \text{m} \approx 1.0 \times 10^{-14}\ \text{m}$$

例题 19-6　质量为 m_0 的电子从静止开始被电势差 $U = 500$ kV 的电场加速，如果考虑相对论效应，试计算其德布罗意波的波长，若不用相对论计算，则相对误差是多少?

分析　本题可直接套用相对论动量与能量关系式计算电子动量，然后代入波长与动量的计算式计算德布罗意波长。不考虑相对论则直接利用电子动能计算出电子动量即可得出其波长。

解　加速后电子的动能为 $E_\text{k} = eU$。设考虑相对论效应的德布罗意波长为 λ_1，不考虑相对论效应的德布罗意波长为 λ_2。

考虑相对论效应，依相对论动量与能量关系式，有

$$p^2c^2 = m^2c^4 - m_0{}^2c^4 = (mc^2 + m_0c^2)(mc^2 - m_0c^2) = E_k(E_k + 2m_0c^2)$$

$$p = \frac{[E_k(E_k + 2m_0c^2)]^{1/2}}{c} = \frac{[eU(eU + 2m_0c^2)]^{1/2}}{c}$$

$$\begin{aligned}\lambda_1 &= \frac{h}{p_1} = \frac{hc}{\sqrt{eU(eU + 2m_0c^2)}}\\ &= \frac{6.63 \times 10^{-34} \times 3 \times 10^8}{\sqrt{1.6 \times 10^{-19} \times 5 \times 10^5 \times [1.6 \times 10^{-19} \times 5 \times 10^5 + 2 \times 9.11 \times 10^{-31} \times (3 \times 10^8)^2]}}\ \mathrm{m}\\ &= 1.423 \times 10^{-12}\ \mathrm{m}\end{aligned}$$

不考虑相对论效应

$$\begin{aligned}\lambda_2 &= \frac{h}{p} = \frac{h}{(2m_0E_k)^{1/2}} = \frac{h}{(2m_0eU)^{1/2}}\\ &= \frac{6.63 \times 10^{-34}}{(2 \times 9.11 \times 10^{-31} \times 1.6 \times 10^{-19} \times 5 \times 10^5)^{1/2}}\ \mathrm{m} = 1.737 \times 10^{-12}\ \mathrm{m}\end{aligned}$$

其相对误差为

$$\frac{|\lambda_2 - \lambda_1|}{\lambda_1} = \frac{|1.737 \times 10^{-12} - 1.423 \times 10^{-12}|}{1.423 \times 10^{-12}} = 22.1\ \%$$

例题 19-7 (1) α 粒子在磁感应强度为 $B = 0.030$ T 的均匀磁场中沿半径为 $R = 0.85$ cm 的圆形轨道上运动。试计算其德布罗意波波长（α 粒子的质量 $m_\alpha = 6.64 \times 10^{-27}$ kg）；(2) 若使质量 $m = 0.1$ g 的小球以与 α 粒子相同的速率运动，则其波长为多少？

分析 (1) 磁场中的带电粒子受洛仑兹力作圆周运动的半径可根据向心力公式计算，则速度可用半径表示，结合波长与动量关系可得出德布罗意波波长。(2) 将小球质量和之前求出的粒子速度代入计算动量，直接套公式可得小球对应的德布罗意波波长。

解 (1) 由带电粒子在均匀磁场中运动的知识知 $R = \frac{mv}{qB}$，于是有

$$p_\alpha = m_\alpha v_\alpha = qBR = 2eBR$$

得 α 粒子的德布罗意波长为

$$\begin{aligned}\lambda_\alpha &= \frac{h}{p_\alpha} = \frac{h}{2eBR} = \frac{6.63 \times 10^{-34}}{2 \times 1.6 \times 10^{-19} \times 0.030 \times 0.85 \times 10^{-2}}\ \mathrm{m}\\ &= 8.125 \times 10^{-12}\ \mathrm{m}\end{aligned}$$

(2) 因小球以 α 粒子的速率 $v = v_\alpha = \frac{2eBR}{m_\alpha}$ 运动，于是得小球的德布罗意波长为

$$\lambda_{球}=\frac{h}{p}=\frac{h}{mv}=\frac{h}{m(2eBR)/m_\alpha}=\frac{h}{2eBR}\frac{m_\alpha}{m}=\frac{m_\alpha}{m}\lambda_\alpha$$
$$=\frac{6.64\times10^{-27}}{0.1\times10^{-3}}\times8.125\times10^{-12}\ \text{m}=5.935\times10^{-34}\ \text{m}$$

例题 19-8　一粒子被限制在相距为 l 的两个不可穿透的壁之间，如图 19-1 所示。描写粒子状态的波函数为 $\psi=cx(l-x)$，其中 c 为待定常量，求在 $0\sim\frac{l}{2}$ 区间发现粒子的概率。

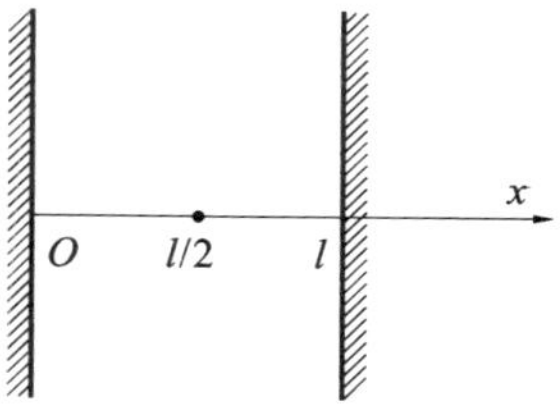

图 19-1　例题 19-8 用图

分析　根据归一化条件可求出波函数中的待定常数 c。因波函数的平方表示找到粒子的概率密度，再对概率密度积分可得找到粒子的概率。

解　由归一化条件，由

$$1=\int_{-\infty}^{\infty}|\psi|^2\mathrm{d}V=\int_0^l|cx(l-x)|^2\mathrm{d}x=\int_0^l(c^2x^2l^2-2c^2x^3l+c^2x^4)\mathrm{d}x$$
$$=\frac{c^2l^5}{3}-\frac{c^2l^5}{2}+\frac{c^2l^5}{5}=\frac{c^2l^5}{30}$$

得归一化常数为

$$c=\sqrt{\frac{30}{l^5}}$$

则 $0\sim l/2$ 区间发现粒子的概率为

$$P=\int_V|\psi|^2\mathrm{d}V=\int_0^{l/2}\left|\sqrt{\frac{30}{l^5}}x(l-x)\right|^2\mathrm{d}x=\int_0^{l/2}\left(\frac{30}{l^5}\right)(x^2l^2-2x^3l+x^4)\mathrm{d}x$$
$$=\frac{30}{l^5}\left[\frac{l^2(l/2)^3}{3}-\frac{l(l/2)^4}{2}+\frac{(l/2)^5}{5}\right]=0.5=50\%$$

例题 19-9　粒子处于一维无限深方势阱中，当粒子所处状态的波函数为

$$\psi=\frac{1}{\sqrt{a}}\cos\frac{\pi x}{2a}\quad(-a\leqslant x\leqslant a)$$

时，求找到粒子概率密度最大的坐标值。

分析　波函数的物理意义是：波函数的平方表示找到粒子的概率密度。对概率密度关于空间坐标求导，导数为零处即得概率密度的极值的坐标位置。

解　因波函数为 $\psi=\frac{1}{\sqrt{a}}\cos\frac{\pi x}{2a}(-a\leqslant x\leqslant a)$，其概率密度为

$$\rho(x)=\psi\psi^*=\frac{1}{a}\cos^2\frac{\pi x}{2a}$$

令 $\frac{\mathrm{d}\rho(x)}{\mathrm{d}x}=0$，得

$$0=\frac{\mathrm{d}}{\mathrm{d}x}[\rho(x)]=\frac{\mathrm{d}}{\mathrm{d}x}\left(\frac{1}{a}\cos^2\frac{\pi x}{2a}\right)=\frac{1}{a}\cdot 2\cos\frac{\pi x}{2a}\cdot\left(-\sin\frac{\pi x}{2a}\right)\cdot\frac{\pi}{2a}$$

$$=-\sin\frac{\pi x}{a}\cdot\frac{\pi}{2a^2}$$

有 $x=0,\pm a$。因 $x=\pm a$ 属于边界，$\psi=0$。故概率密度最大值的坐标为 $x=0$。

附录一　大学物理课外练习习题集(甲种本)

甲 1-1　质点运动学

一、选择题

1. 一质点作直线运动,某时刻的瞬时速度为 $v = 2\ \mathrm{m/s}$,瞬时加速度为$a = -2\ \mathrm{m/s^2}$,则 1 s 后质点的速度(　　)。

(A) 等于零　　(B) 等于 $-2\ \mathrm{m/s}$　(C) 等于 $2\ \mathrm{m/s}$　(D) 不能确定

2. 一质点沿半径为 R 的圆周运动一周后回到原地。它运动的位移和路程的大小分别是(　　)。

(A) $2\pi R, 0$　　(B) $0, 0$　　(C) $0, 2\pi R$　　(D) $2\pi R, 2\pi R$

3. 质点作半径为 R 的变速圆周运动时,加速度大小为(v 表示任一时刻质点的速率)(　　)。

(A) $\dfrac{\mathrm{d}v}{\mathrm{d}t}$　　(B) $\left[\left(\dfrac{\mathrm{d}v}{\mathrm{d}t}\right)^2 + \dfrac{v^4}{R^2}\right]^{1/2}$

(C) $\dfrac{\mathrm{d}v}{\mathrm{d}t} + \dfrac{v^2}{R}$　　(D) $\dfrac{v^2}{R}$

4. 一抛射体的初速度为 $v_0 = 20\ \mathrm{m/s}$,抛射角为 $\theta = 60°$,抛射点的法向加速度、最高点的切向加速度以及最高点的曲率半径分别为(　　)。

(A) $4.9\ \mathrm{m/s^2}$, 0, 10.2 m　　(B) $4.9\ \mathrm{m/s^2}$, $8.49\ \mathrm{m/s^2}$, 0

(C) $8.49\ \mathrm{m/s^2}$, 0, 40.8 m　　(D) $9.8\ \mathrm{m/s^2}$, $9.8\ \mathrm{m/s^2}$, 30.6 m

二、填空题

1. 悬挂在弹簧上的物体在竖直方向上振动,振动方程为$y = A\sin\omega t$,其中 A、ω 均为常量,则(1) 物体速度与时间的函数关系为____________;(2) 物体加速度与坐标的函数关系为________。

2. 在 x 轴上作变加速直线运动的质点,已知初始位置为 x_0,任意时刻的速度为 $v = v_0 + kt^2$(其中 k 为常量),则其加速度与时间的关系式为 $a =$ ________,运动方程为 $x =$ __________。

3. 如图甲 1-1-1 所示,一质点 P 从 O 点出发以匀速率$0.1\ \mathrm{m \cdot s^{-1}}$ 作顺时针转向的圆周运动,圆的半径为 1 m,在它走过 3/4 圆周的这段时间内的平均速度大小为__________,方向是__________。

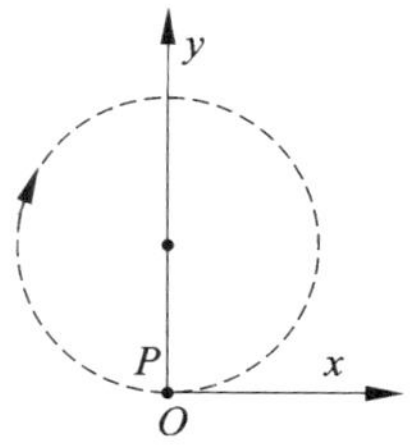

图甲 1-1-1

三、计算题

1. 如图甲 1-1-2 所示,质点 P 在水平面内沿一半径为$R = 2.0$ m的圆轨道转动。转动的角速度ω与时间 t 的关系为 $\omega = kt^2$(k 为常量),已知$t = 2$ s时质点 P 的速度为 32.0 m/s。试求 $t = 1$ s时,质点 P 的速度与加速度的大小。

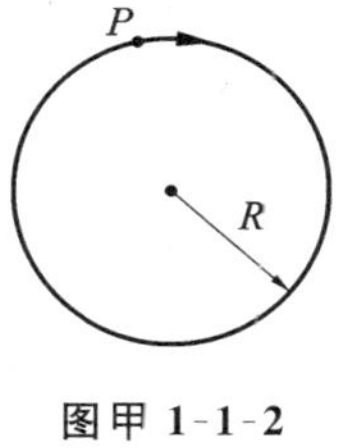

图甲 1-1-2

2. 一艘正在沿直线行驶的电艇，在发动机关闭后，其加速度方向与速度方向相反，大小与速度平方成正比，即$\mathrm{d}v/\mathrm{d}t=-kv^2$，式中$k$为常数。试证明电艇在关闭发动机后又行驶$x$距离时的速度为

$$v=v_0\mathrm{e}^{-kx}$$

其中v_0是发动机关闭时的速度。

甲 1-2 牛顿运动定律

一、选择题

1. 如图甲 1-2-1 所示，设想一只质量为m的猴，原来抓住一根用绳吊在天花板上的质量为M的直杆，悬线突然断开，小猴则沿杆竖直向上爬以保持它离地面的高度不变，此时直杆下落的加速度为(　　)。

(A) g　　(B) $\frac{mg}{M}$　　(C) $\frac{(M+m)g}{M-m}$

(D) $\frac{(M+m)g}{M}$　　(E) $\frac{(M-m)g}{M}$

2. 如图甲 1-2-2 所示，竖立的圆筒形转笼，半径为R，绕中心轴OO'转动，物块A紧靠在圆筒的内壁上，物块与圆筒间的滑动摩擦因数为μ，要使物块A不下落，圆筒的角速度ω至少应为(　　)。

(A) $\sqrt{\frac{\mu g}{R}}$　　(B) $\sqrt{\mu g}$　　(C) $\sqrt{\frac{g}{\mu R}}$　　(D) $\sqrt{\frac{g}{R}}$

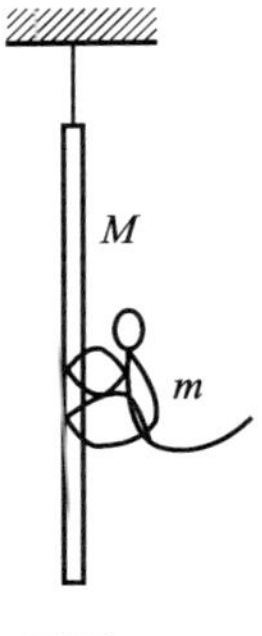

图甲 1-2-1

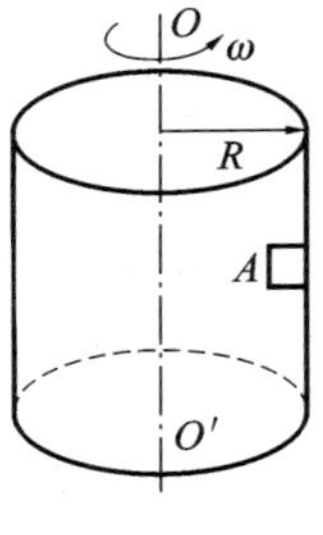

图甲 1-2-2

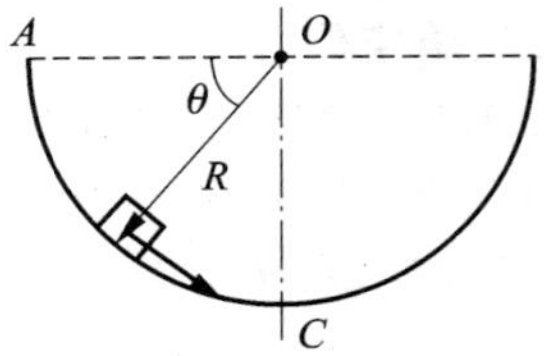

图甲 1-2-3

3. 如图甲 1-2-3 所示，假使物体沿着竖直面上圆弧轨道下滑，轨道是光滑的，在从A至C的下滑过程中，下面哪种说法是正确的?(　　)。

(A) 它的加速度方向永远指向圆心

(B) 它的速率均匀增加

(C) 它的合外力大小变化，方向永远指向圆心

(D) 它的合外力大小不变

(E) 轨道支持力大小不断增加

4. 已知水星的半径是地球半径的 0.4 倍，质量为地球的 0.04 倍，设在地球上的重力加速度

为 g，则水星表面上的重力加速度为(　　)。

(A)$0.1g$　　(B)$0.25g$　　(C)$4g$　　(D)$2.5g$

二、填空题

1. 一架轰炸机在俯冲后沿一竖直面内的圆周轨道飞行，如图甲 1-2-4 所示，如果飞机的飞行速率为一恒值 $v = 640$ km/h，为使飞机在最低点的加速度不超过重力加速度的 7 倍($7g$)，则此圆周轨道的最小半径 $R =$ ________，若驾驶员的质量为 70 kg，在最小圆周轨道的最低点，他的视重(即人对座椅的压力)$N' =$ ________。

2. 画出图甲 1-2-5 中物体 A、B 的受力图：

(1) 在水平圆桌面上与桌面一起作匀速转动的物体 A；

(2) 和物体 C 叠放在一起自由下落的物体 B。

3. 质量为 m 的小球，用轻绳 AB、BC 连接，如图甲 1-2-6 所示。剪断 AB 前后的瞬间，绳 BC 中的张力比 $T/T' =$ ____________。

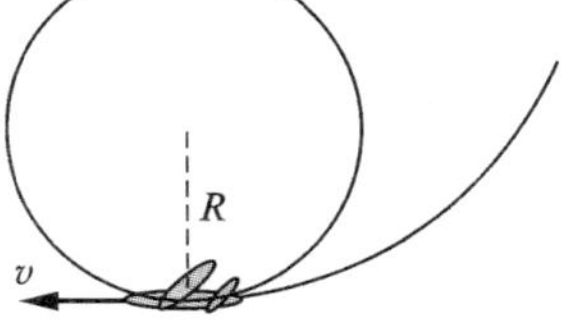

图甲 1-2-4

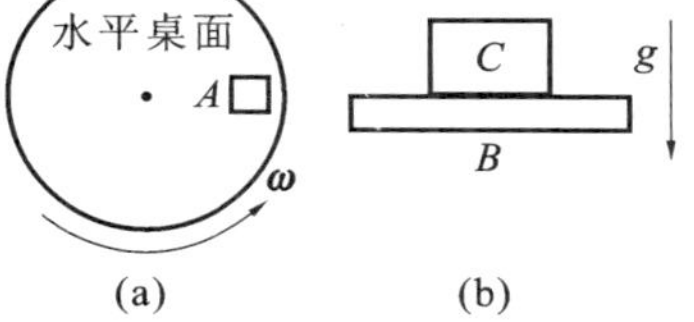

图甲 1-2-5

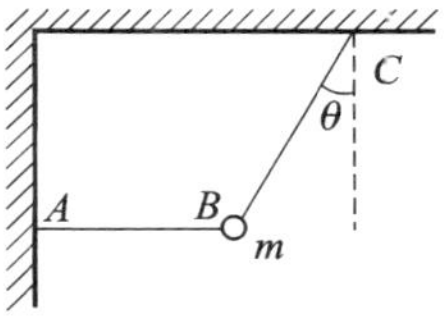

图甲 1-2-6

三、计算题

1. 一条轻绳跨过轴承摩擦可忽略的轻滑轮，在绳的一端挂一质量为 m_1 的物体，在另一侧有一质量为 m_2 的环，如图甲 1-2-7 所示。求环相对于绳以恒定的加速度 a_2 滑动时，物体和环相对地面的加速度各为多少？环与绳之间的摩擦力多大？

2. 质量为 m 的子弹以速度 v_0 水平射入沙土中，设子弹所受阻力与速度成正比，比例系数为 k，忽略子弹的重力，求：(1) 子弹射入沙土后，速度随时间变化的函数关系式；(2) 子弹射入沙土的最大深度。

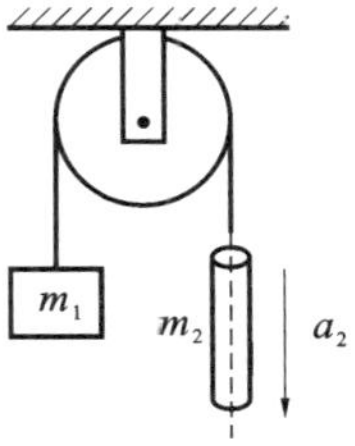

图甲 1-2-7

甲 1-3　动　　量

一、选择题

1. 质量为 m 的铁锤竖直落下，打在木桩上并停下，设打击时间为Δt，打击前铁锤速率为 v，则在打击木桩的时间内，铁锤所受平均合外力的大小为(　　)。

(A) $\dfrac{mv}{\Delta t}$　　(B) $\dfrac{mv}{\Delta t} - mg$　　(C) $\dfrac{mv}{\Delta t} + mg$　　(D) $\dfrac{2mv}{\Delta t}$

2. 如图甲 1-3-1 所示，一斜面固定在卡车上，一物块置于该斜面上，在卡车沿水平方向加速启动的过程中，物块在斜面上无相对滑动，说明在此过程中摩擦力对物块的冲量(　　)。

(A) 水平向前

(B) 只可能沿斜面向上

(C) 只可能沿斜面向下

(D) 沿斜面向上或沿斜面向下均有可能

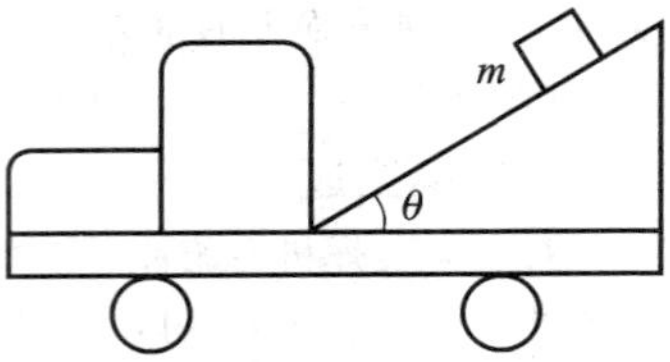

图甲 1-3-1

3. 如图甲 1-3-2 所示，圆锥摆的摆球的质量为 m，速率为 v，圆半径为 R，当摆球在轨道上运动半周时，摆球所受重力冲量的大小为(　　)。

(A) $2mv$　　(B) $\sqrt{(2mv)^2+\left(\frac{mg\pi R}{v}\right)^2}$

(C) $\frac{\pi Rmg}{v}$　　(D) 0

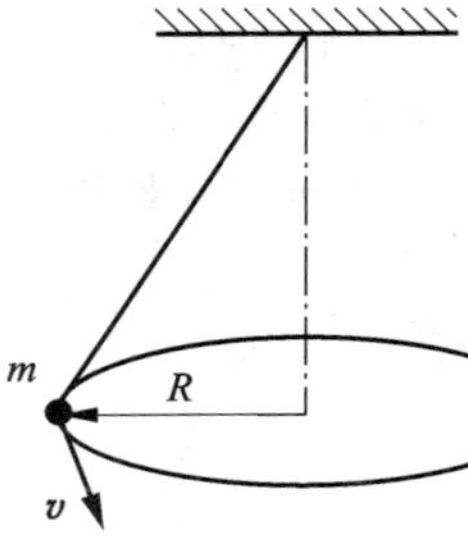

图甲 1-3-2

4. 粒子 B 的质量是粒子 A 的质量的 4 倍，开始时粒子 A 的速度为 $(3\boldsymbol{i}+4\boldsymbol{j})$ m/s，粒子 B 的速度为 $(2\boldsymbol{i}-7\boldsymbol{j})$ m/s，由于两者的相互作用，粒子 A 的速度变为 $(7\boldsymbol{i}-4\boldsymbol{j})$ m/s，此时粒子 B 的速度等于(　　)。

(A) $2\boldsymbol{i}-7\boldsymbol{j}$　　(B) $\boldsymbol{i}-5\boldsymbol{j}$

(C) 0　　(D) $5\boldsymbol{i}-3\boldsymbol{j}$

二、填空题

1. 水流流过一个固定的涡轮叶片，如图甲 1-3-3 所示，水流流过叶片前后的速率都等于 v，每单位时间流向叶片的水的质量保持不变且等于 Q，则水作用于叶片的力大小为________，方向为________。

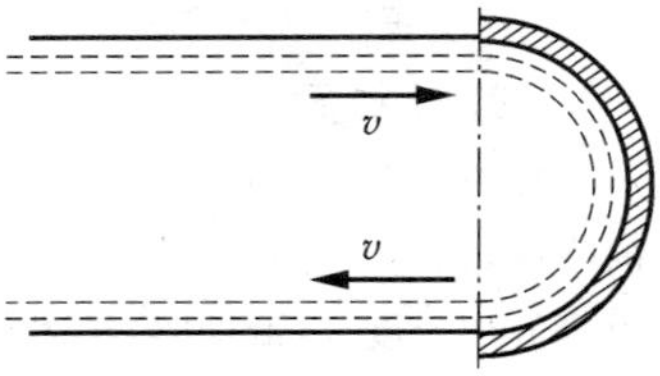

图甲 1-3-3

2. 如图甲 1-3-4 所示，两块并排的木块 A 和 B，质量分别为 m_1 和 m_2，静止地放在光滑的水平面上，一子弹水平地穿过两木块，设子弹穿过两木块所用的时间分别为 Δt_1 和 Δt_2，木块对子弹的阻力为恒力 $\boldsymbol{F}$，则子弹穿出后，木块 A 速度的大小为________；木块 B 速度的大小为________。

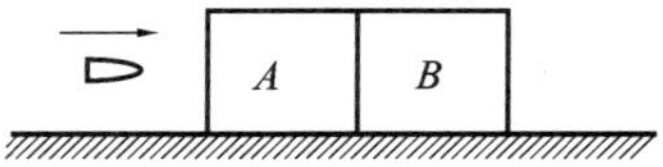

图甲 1-3-4

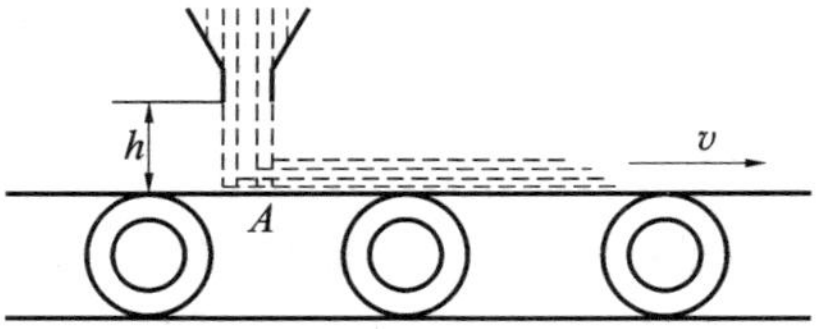

图甲 1-3-5

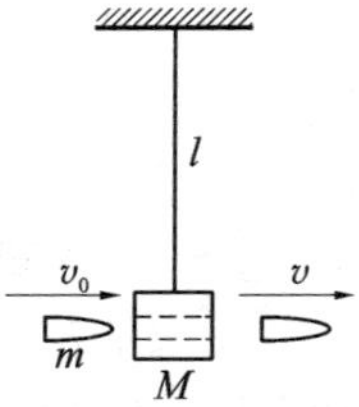

图甲 1-3-6

三、计算题

1. 如图甲 1-3-5 所示，用传送带 A 输送煤粉，料斗口在 A 上方高 $h=0.5$ m 处，煤粉自料斗

口自由下落在 A 上，设料斗口连续卸煤的流量为 $q_m = 40\ \mathrm{kg/s}$，A 以 $v = 2.0\ \mathrm{m/s}$ 的水平速度向右移动，求装煤的过程中，煤粉对传送带 A 作用力的大小和方向(不计相对传送带静止的煤粉质量)。

2. 如图甲 1-3-6 所示，质量为 $M = 1.5\ \mathrm{kg}$ 的物体，用一根长为 $l = 1.25\ \mathrm{m}$ 的细绳悬挂在天花板上，今有一质量为 $m = 10\ \mathrm{g}$ 的子弹以 $v_0 = 500\ \mathrm{m/s}$ 的水平速度射穿物体，刚穿出物体时子弹的速度大小 $v = 30\ \mathrm{m/s}$，设穿透时间极短，求：(1) 子弹刚穿出物体时绳中张力的大小；(2) 子弹在穿透过程中所受的冲量。

甲 1-4　功　和　能

一、选择题

1. 一水平放置的轻弹簧，弹性系数为 k，一端固定，另一端系一质量为 m 的滑块 A，A 旁又有一质量相同的滑块 B，如图甲 1-4-1 所示，设两滑块与桌面间无摩擦，若用外力将 A、B 一起推压使弹簧压缩距离为 d 而静止，然后撤消外力，则 B 离开 A 时的速度为(　　)。

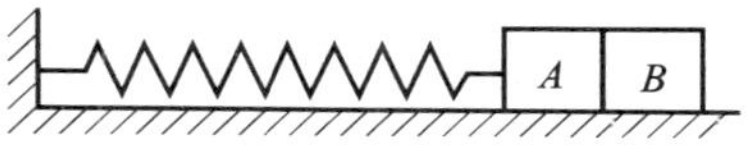

图甲 1-4-1

(A) $\dfrac{d}{2k}$　(B) $\sqrt{\dfrac{k}{m}}d$　(C) $\sqrt{\dfrac{k}{2m}}d$　(D) $\sqrt{\dfrac{2k}{m}}d$

2. 劲度系数为 k 的轻弹簧，一端与在倾角为 α 的斜面上的固定挡板 A 相接，另一端与质量为 m 的物体 B 相连，点 O 为弹簧在没有连物体时，长度为原长时端点的位置，点 a 为物体 B 的平衡位置。现在将物体 B 由点 a 沿斜面向上移动到点 b，如图甲 1-4-2 所示。设点 a 与点 O、点 O 与点 b 之间距离分别为 x_1 和 x_2，则在此过程中，由弹簧、物体 B 和地球组成系统势能的增量为(　　)。

(A) $\dfrac{1}{2}kx_2{}^2 + mgx_2\sin\alpha$

(B) $\dfrac{kx_2^2}{2} - \dfrac{kx_1{}^2}{2} + mg(x_1 + x_2)\sin\alpha$

(C) $\dfrac{1}{2}k(x_2 - x_1)^2 + mg(x_2 - x_1)\sin\alpha$

(D) $\dfrac{1}{2}k(x_2 - x_1)^2 + mg(x_2 - x_1)\cos\alpha$

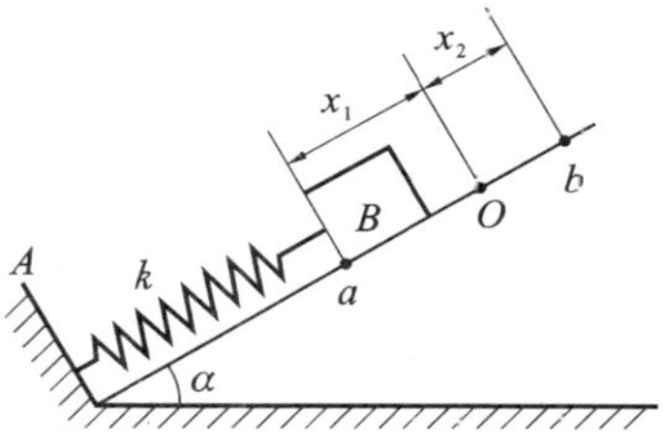

图甲 1-4-2

3. 对于一个物体系来说，在下列条件中，哪种情况下系统的机械能守恒?(　　)

(A) 外力和非保守内力都不做功　(B) 合外力不做功

(C) 合外力为零　(D) 外力和保守内力都不做功

4. 速度为 v 的子弹，打穿一块木板后速度为零，设木板对子弹的阻力是恒定的。那么，当子弹射入木板的深度等于其厚度的一半时，子弹的速度是(　　)。

(A) $\dfrac{v}{2}$　(B) $\dfrac{v}{4}$　(C) $\dfrac{v}{3}$　(D) $\dfrac{v}{\sqrt{2}}$

二、填空题

1. 一质点在两恒力的作用下，位移为 $\Delta \boldsymbol{r} = 3\boldsymbol{i} + 8\boldsymbol{j}$ (SI)，在此过程中，动能增量为 24 J，已知

其中一恒力 $F_1 = 12\boldsymbol{i} - 3\boldsymbol{j}$ (SI)，则另一恒力所做的功为____________。

2. 如图甲 1-4-3 所示，劲度系数为 k 的弹簧，上端固定，下端悬挂重物。当弹簧伸长 x_0，重物在 O 处达到平衡，现取重物在 O 处时各种势能均为零，则当弹簧长度为原长时，系统的重力势能为____________，系统的弹性势能为____________。

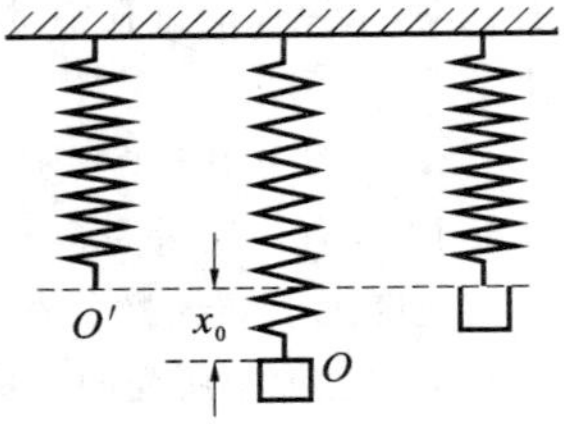

图甲 1-4-3

3. 一长为 l，质量为 m 的匀质链条，放在光滑桌面上，若其长度的 1/5 悬挂于桌边下，现将其慢慢拉回桌面，需做功________。

三、计算题

一质量为 m 的陨石从距地面高$R/2$ 处由静止开始落向地面，设地球质量为 M，半径为 R，忽略空气阻力。求：(1) 陨石下落过程中，万有引力做的功是多少？(2) 陨石落地的速度多大？

四、证明题

质量为 m 的汽车，沿 x 轴正方向运动，初始位置 $x_0 = 0$，从静止开始加速。在其发动机的功率 P 维持不变，且不计阻力的条件下：(1) 证明其速度表达式为 $v = \sqrt{2Pt/m}$；(2) 证明其位置表达式为 $x = \sqrt{8P/(9m)}\ t^{3/2}$。

甲 1-5 力矩、转动惯量、转动定律

一、选择题

1. 有两个力作用在一个有固定轴的刚体上：

① 这两个力都平行于轴作用时，它们对轴的合力矩一定是零；

② 这两个力都垂直于轴作用时，它们对轴的合力矩可能是零；

③ 这两个力的合力为零时，它们对轴的合力矩也一定是零；

④ 这两个力的合力为零时，它们对轴的合力矩可能是零；

⑤ 当这两个力对轴的合力矩为零时，它们的合力可能是零；

⑥ 当这两个力对轴的合力矩为零时，它们的合力一定是零。

在上述说法中(　　)。

(A)只有 ① 是正确的　　(B)①、②、③、④、⑤、⑥ 正确

(C)①、②、③ 都正确　　(D)①、②、④、⑤ 都正确

2. 将细绳绕在一个具有水平光滑轴的飞轮边缘上，如果在绳端挂一质量为 m 的重物[图甲 1-5-1(a)]时，飞轮的角加速度为 β_1。如果以拉力 mg 代替重物拉绳[图甲 1-5-1(b)]时，则飞轮的角加速度(　　)。

(A) 等于 β_1　　(B) 等于 $2\beta_1$

(C) 大于 β_1　　(D) 小于 β_1

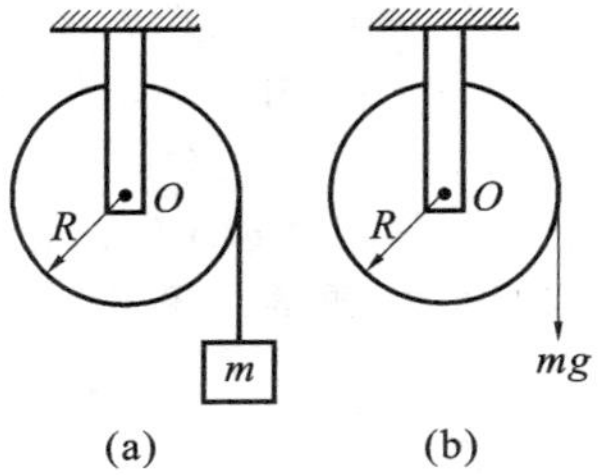

图甲 1-5-1

3. 一质量为m，半径为R的匀质圆盘可在水平桌面上绕中心轴转动，盘与桌面间的摩擦因数为μ，求摩擦力矩 M_μ。先取细圆环

微元，如图甲 1-5-2 所示，圆盘的质量面密度为 $\sigma = \frac{m}{S} = \frac{m}{\pi R^2}$，细圆环的面积为 $dS = 2\pi r dr$，得出微元质量 $dm = \sigma dS = \frac{2mr dr}{R^2}$，它受的摩擦力是 $df_\mu = \mu(dm)g = 2\mu mgr dr/R^2$，接着要进行的计算是(　　)。

(A) $M_\mu = \int r df_\mu = \int_0^R \frac{2\mu mg}{R^2} r^2 dr = \frac{2\mu mgR}{3}$

(B) $M_\mu = \left(\int df_\mu\right)\frac{R}{2} = \left(\int_0^R \frac{2\mu mg}{R^2} r dr\right)\frac{R}{2} = \frac{\mu mgR}{2}$

(C) $M_\mu = \left(\int df_\mu\right)\frac{l}{3} = \left(\int_0^R \frac{2\mu mg}{R^2} r dr\right)\frac{R}{3} = \frac{\mu mgl}{3}$

(D) $M_\mu = \left(\int df_\mu\right)R = \left(\int_0^R \frac{2\mu mg}{R^2} r dr\right)R = \mu mgR$

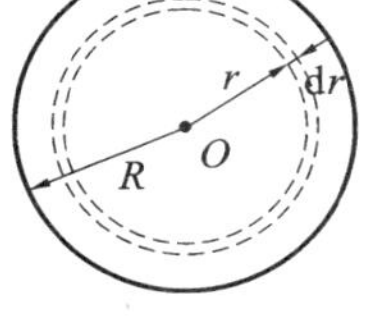

图甲 1-5-2

4. 质量为 m，内外半径分别为 R_1、R_2 的均匀宽圆环，求对中心轴的转动惯量。先取宽度为 dr 以中心轴为轴的细圆环微元(图甲 1-5-2)，宽圆环质量面密度为 $\sigma = \frac{m}{S} = \frac{m}{\pi({R_2}^2 - {R_1}^2)}$，细圆环的面积为 $dS = 2\pi r dr$，得出微元质量 $dm = \sigma dS = \frac{2mr dr}{{R_2}^2 - {R_1}^2}$，接着要进行的计算是(　　)。

(A) $J = \left(\int_m dm\right)R_2^2 = \left(\int_{R_1}^{R_2} \frac{2m}{R_2^2 - R_1^2} \cdot r dr\right)R_2^2 = m{R_2}^2$

(B) $J = \int_m r^2 dm = \int_{R_1}^{R_2} \frac{2m}{R_2^2 - R_1^2} \cdot r^3 dr = \frac{m(R_2^2 + R_1^2)}{2}$

(C) $J = \left(\int_m dm\right)R_1^2 = \left(\int_{R_1}^{R_2} \frac{2m}{R_2^2 - R_1^2} \cdot r dr\right)R_1^2 = m{R_1}^2$

(D) $J = \left(\int_m dm\right)\left(\frac{R_2 + R_1}{2}\right)^2 = \left(\int_{R_1}^{R_2} \frac{2m}{R_2^2 - R_1^2} \cdot r dr\right)\frac{(R_2 + R_1)^2}{4} = \frac{m(R_2 + R_1)^2}{4}$

(E) $J = J_{大圆} - J_{小圆} = \frac{m({R_2}^2 - {R_1}^2)}{2}$

二、填空题

1. 如图甲 1-5-3 所示，半径分别为 R_A 和 R_B 的两轮，用皮带连接，若皮带不打滑，则两轮的角速度 $\omega_A : \omega_B =$ ________；法向加速度 $a_{nA} : a_{nB} =$ ________。

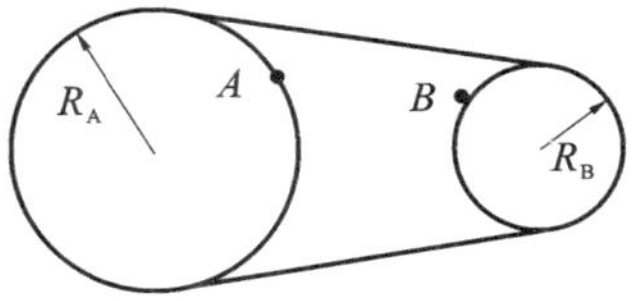

图甲 1-5-3

2. 如图甲 1-5-4 所示，一长为 L 的轻质细杆，两端分别固定质量为 m 和 $2m$ 的小球，则此系统绕过中点 O 且与杆垂直的轴的转动惯量 $J =$ ________。

3. 接上题，如轻质细杆与两小球组成的刚体系统在竖直平面内可绕过中点 O 且与杆垂直的水平光滑轴(O 轴)转动，开始时杆与水平面成 60° 角，此时刚体系统所受合外力矩为 $M =$ ________；当此刚体系统从静止状态无初转速释放后，转到水平位置时，角加速度 $\beta =$ ________。

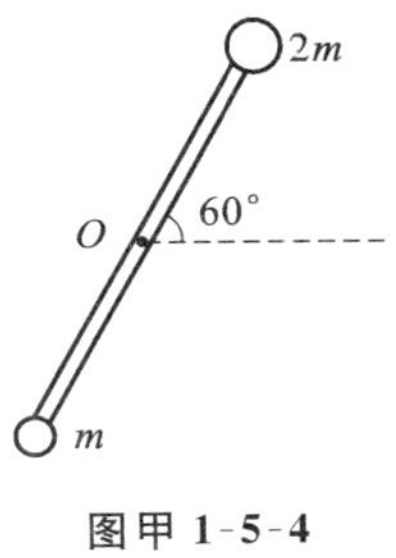

图甲 1-5-4

三、计算题

1. 一质量为 m，长为 l 的均质细杆可在水平桌面上绕杆的一端转动，杆与桌面间的摩擦因数为 μ，求摩擦力矩 M_μ。

2. 质量为 m 的均匀细杆长 l，通过光滑铰链悬挂在天花板上，如图甲 1-5-5 所示，开始时杆与水平面成 30° 角，求：(1) 释放后的任意时刻(此时杆与水平面成 θ 角) 杆的角加速度；(2) 杆到达竖直位置时的角速度。

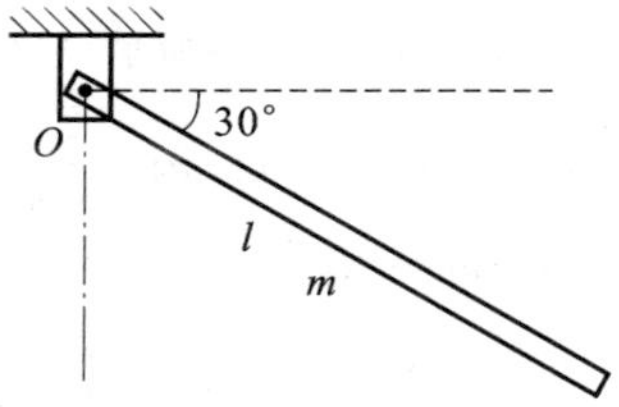

图甲 1-5-5

甲 1-6　刚体定轴转动中的动能及角动量

一、选择题

1. 如图甲 1-6-1 所示，一匀质细杆可绕通过上端与杆垂直的水平光滑固定轴旋转，初始状态为静止悬挂。现有一个小球自左方水平打击细杆，设小球与细杆之间为非弹性碰撞，则在碰撞过程中细杆与小球这一系统(　　)。

(A) 与地球组成的系统机械能守恒

(B) 只有动量守恒

(C) 只有对转轴 O 的角动量守恒

(D) 动量和角动量均守恒，这一系统与地球组成的系统的机械能守恒

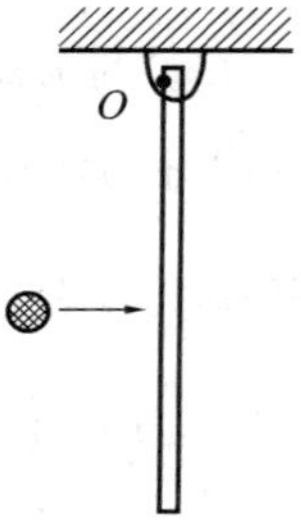

图甲 1-6-1

2. 一人站在旋转平台的中央，两臂侧平举，整个系统以 2π rad/s 的角速度旋转，转动惯量为 6.0 kg·m^2。如果将双臂收回则系统的转动惯量变为 2.0 kg·m^2。此时系统的转动动能与原来的转动动能之比 E_k/E_{k0} 为(　　)。

(A) 2　　(B) 3　　(C) $\sqrt{2}$　　(D) $\sqrt{3}$

3. 如图甲 1-6-2 所示，一静止的均匀细棒，长为 l、质量为 m_1，可绕通过棒的端点且垂直于棒长的光滑固定轴 O 在水平面内转动，转动惯量为 $m_1 l^2/3$。一质量为 m_2、速率为 v 的子弹在水平面内沿与棒垂直的方向射入并穿出棒的自由端，设穿过棒后子弹速率为 $\frac{v}{2}$，则此时棒的角速度为(　　)。

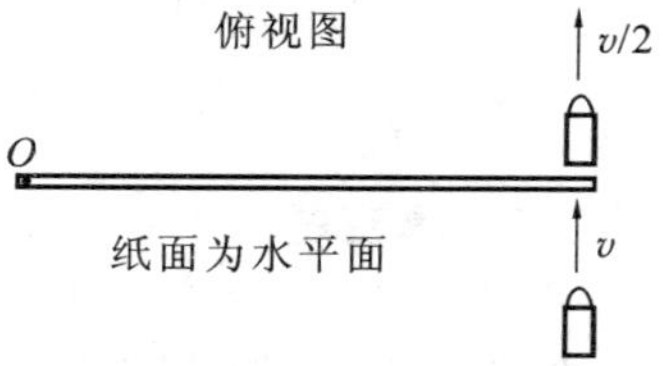

图甲 1-6-2

(A) $\dfrac{m_2 v}{m_1 l}$　　(B) $\dfrac{7m_2 v}{4m_1 l}$

(C) $\dfrac{5m_2 v}{3m_1 l}$　　(D) $\dfrac{3m_2 v}{2m_1 l}$

4. 一人站在无摩擦的转动平台上并随转动平台一起转动，双臂水平地举着两哑铃，当他把两哑铃水平地收缩到胸前的过程中(　　)。

(A) 人与哑铃组成的系统对转轴的角动量守恒，人、哑铃、平台、地球组成系统的机械能不守恒

(B) 人与哑铃组成系统对转轴的角动量不守恒，人、哑铃、平台、地球组成系统的机械能守恒

(C) 人与哑铃组成系统对转轴的角动量，人、哑铃、平台、地球组成系统的机械能都守恒

(D) 人与哑铃组成系统对转轴的角动量,人、哑铃、平台、地球组成系统的机械能都不守恒

二、填空题

1. 飞轮 A 以角速度 ω_0 绕轴旋转,它对轴的转动惯量为 J_0;另一静止飞轮 B 突然被同轴地啮合到转动的飞轮 A 上,该飞轮对轴的转动惯量也为 J_0,啮合后整个系统机械能的损失为________。

2. 太阳的热核材料燃尽时它将急速塌缩成半径等于地球半径的一颗白矮星,如果不计质量散失,那时太阳的转动周期将变为________ s。(太阳的半径为 6.96×10^8 m,地球半径为 6.4×10^6 m,目前太阳的自转周期为 26 个地球日;太阳和白矮星均看作均匀球体。)

3. 如图甲 1-6-3 所示,长为 l 的均匀刚性细杆,放在倾角为 α 的光滑斜面上,可以绕通过其一端垂直于斜面的光滑固定轴 O 在斜面上转动。在此杆绕该轴转动一周的过程中,杆对轴的角动量________,选杆与地球为系统,系统机械能________。

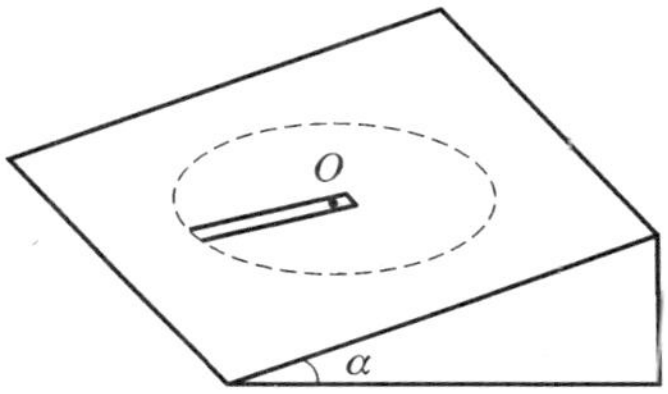

图甲 1-6-3

三、计算题

1. 转动着的飞轮转动惯量为 J,在 $t=0$ 时角速度为 ω_0,此后飞轮经历制动过程,阻力矩 M_μ 的大小与角速度 ω 的平方成正比,比例系数为 k(k 为正常数)。求:(1) 当 $\omega=\omega_0/3$ 时,飞轮的角加速度 β;(2) 从开始制动到 $\omega=\omega_0/3$ 所经过的时间 t。

2. 如图甲 1-6-4 所示,一质量均匀分布的圆盘,质量为 M,半径为 R,放在一粗糙水平面上,摩擦因数为 μ,圆盘可绕通过其中心 O 的竖直固定光滑轴转动。开始时圆盘静止,一质量为 m 的子弹以水平速度 v_0 垂直圆盘半径打入圆盘边缘并嵌在盘边上,求:(1) 子弹击中圆盘后,盘所获得的角速度;(2) 经过多长时间后,圆盘停止转动。(圆盘绕通过 O 的竖直轴的转动惯量为 $MR^2/2$,忽略子弹重力造成的摩擦阻力矩)

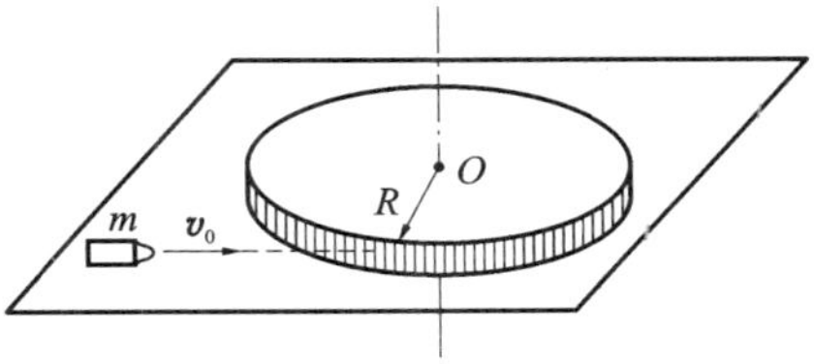

图甲 1-6-4

甲 1-7　力学习题课

一、选择题

1. 图甲 1-7-1(a) 所示为一绳长为 l_1 的单摆;图甲 1-7-1(b) 所示为一长度为 l_2 的能绕位于上端点的光滑水平轴 O 自由转动的匀质细棒。现将单摆和细棒同时从与铅直线成 θ 角度的位置由静止释放,若运动到竖直位置时,单摆、细棒的角速度相等,则 l_1 与 l_2 的关系为(　　)。

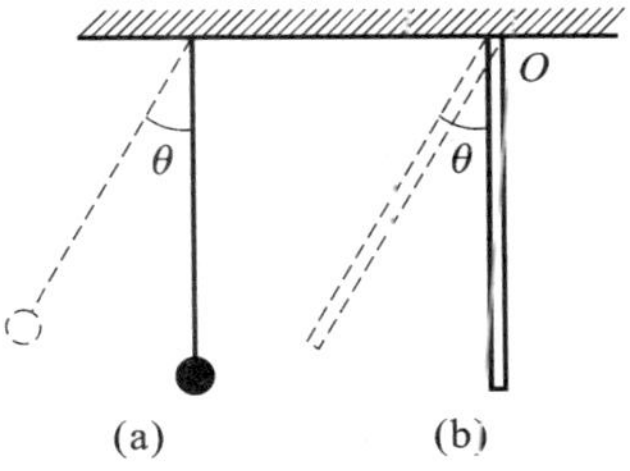

图甲 1-7-1

(A)$l_1=\dfrac{2l_2}{3}$ (B)$l_1=l_2$ (C)$l_1=\dfrac{l_2}{2}$ (D)$l_1=\sqrt{\dfrac{2}{3}}l_2$

2. 一圆锥摆，如图甲 1-7-2 所示，摆球在水平面内作圆周运动，则(   )。

(A) 摆球的动量，摆球对过悬点的铅直线的角动量，摆球与地球组成系统的机械能都守恒

(B) 摆球的动量不守恒，摆球对过悬点的铅直线的角动量，摆球与地球组成系统的机械能守恒

(C) 摆球的动量，摆球对过悬点的铅直线的角动量，摆球与地球组成系统的机械能都不守恒

(D) 摆球的动量，摆球对过悬点的铅直线的角动量守恒，摆球与地球组成系统的机械能不守恒

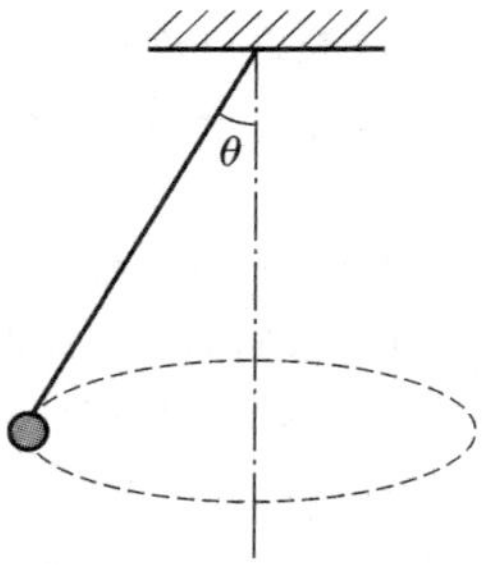

图甲 1-7-2

3. 一特殊的弹簧，弹性力 $F=-kx^2$，k 为劲度系数，x 为形变量。现将弹簧水平放置于光滑的水平面上，一端固定，另一端与质量为 m 的滑块相连而处于自然状态。今沿弹簧长度方向给滑块一个冲量，使其获得一速度 v，压缩弹簧，则弹簧被压缩的最大长度为(   )。

(A) $\sqrt{\dfrac{m}{k}}v$ (B) $\sqrt{\dfrac{k}{m}}v$ (C) $\left(\dfrac{3mv^2}{2k}\right)^{1/3}$ (D) $\left(\dfrac{3mv}{2k}\right)^{1/3}$

4. 圆盘绕 O 轴转动，如图甲 1-7-3 所示，若同时射来两颗质量相同，速度大小相同，方向相同，且其速度射线到轴的距离相等的子弹，子弹射入圆盘后均留在盘内，则子弹射入后圆盘的角速度 ω 将(   )。

(A) 无法判断 (B) 不变

(C) 增大 (D) 减小

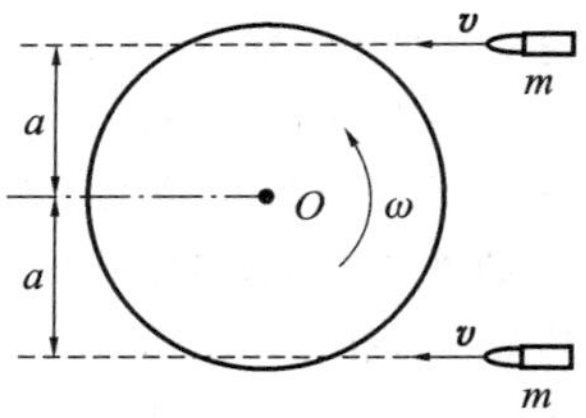

图甲 1-7-3

二、填空题

1. 如图甲 1-7-4 所示，质点 P 的质量为 2 kg，位置矢量为 $\boldsymbol{r}$，速度为 $\boldsymbol{v}$，它受到力 $\boldsymbol{F}$ 的作用。则三个矢量均在 xOy 平面内，且 $r=3.0$ m，$v=4.0$ m/s，$F=2$ N，则作用在质点上的力对原点的力矩 $M=$ ________ 。

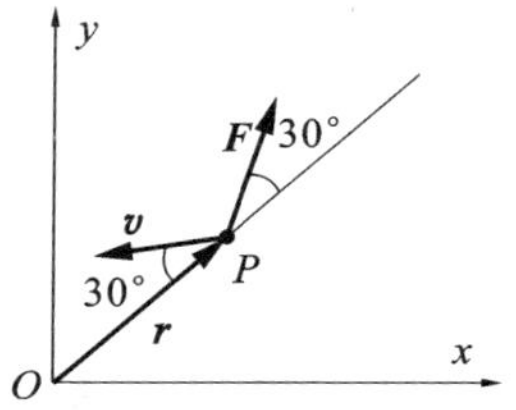

图甲 1-7-4

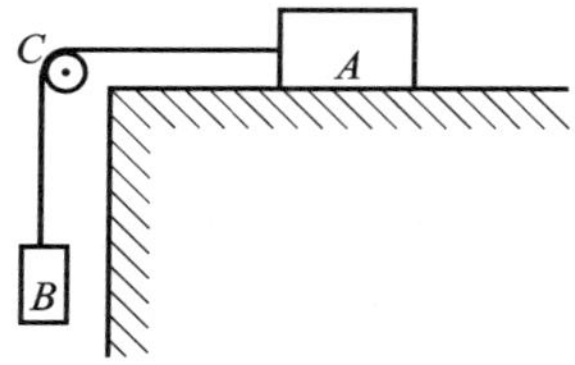

图甲 1-7-5

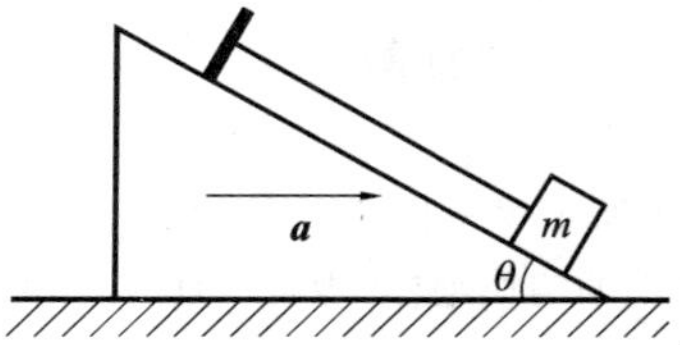

图甲 1-7-6

2. 如图甲 1-7-5 所示，滑块 A、重物 B 和滑轮 C 的质量分别为 m_A、m_B 和 m_C，滑轮的半径为 R，滑轮对转轴的转动惯量为 $J=m_C R^2/2$，滑块 A 与桌面间的摩擦因数为 μ、滑轮与轴承间无摩擦，绳的质量可不计，绳与滑轮之间无相对滑动，则滑块 A 的加速度 $a=$ ________ 。

3. 如图甲 1-7-6 所示,斜面滑块加速向右运动,当加速度 a 至少等于________时,绳子的张力为零(设物体与滑块斜面间的摩擦因数为零),此时物体 m 对斜面的正压力 $N=$ ________。

三、计算题

1. 有一辆载有砂子,总质量为 M 的小车,从倾角为 α 的固定光滑斜面顶端静止滑下,斜面高度为 H,当小车滑到斜面中点时,恰好有一质量为 m,离小车高度为 h 处的一钢球自由下落到小车内。求小车滑到斜面底端时的速度。

2. 物体 A 放在粗糙的水平面桌面内,与水平桌面的摩擦系数为 μ,一细绳的一端系物体 A,另一端缠绕在半径为 R 的圆柱形转轮 B 上。设转轮的最高点与物体的质心处在同一高度,物体与转轮的质量均为 m。开始时,物与轮之间的绳是松弛的,物是静止的,转轮以角速度 ω_0 绕其转轴 O 自由转动,如图甲 1-7-7 所示。求:(1) 细绳绷紧后的瞬时,物体 A 的速度;(2) 物体 A 运动后,绳的张力。

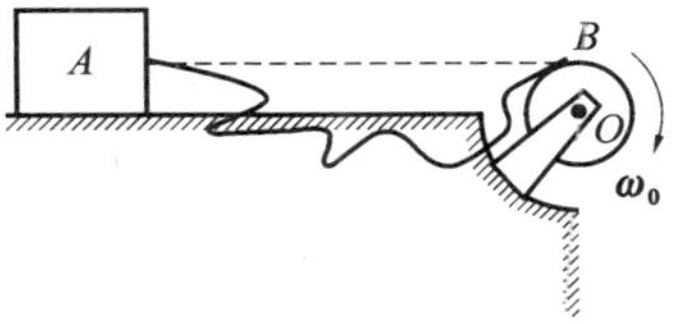

图甲 1-7-7

甲 2-1　简 谐 振 动

一、选择题

1. 一劲度系数为 k 的轻弹簧截成二等份,然后将它们并联在一起,下面挂质量为 m 的物体,如图甲 2-1-1 所示,则振动系统的频率为(　　)。

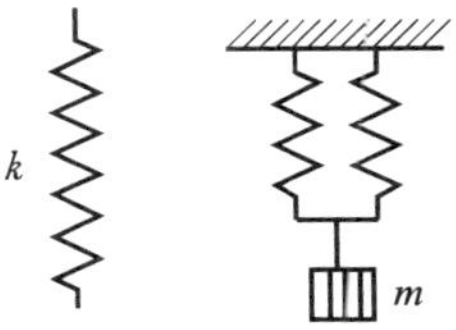

图甲 2-1-1

(A) $\dfrac{\sqrt{4k/m}}{2\pi}$　　(B) $\dfrac{\sqrt{3k/m}}{2\pi}$

(C) $\dfrac{\sqrt{2k/m}}{2\pi}$　　(D) $\dfrac{\sqrt{k/m}}{2\pi}$

2. 地球上有一弹簧振子和一单摆,周期均为 T。今将它们搬到月球上,月球上重力加速度为地球上重力加速度的 1/6,设它们在月球上的周期分别为 T_1、T_2。则(　　)。

(A) $T_1=T_2=\sqrt{6}T$　　(B) $T_1=T_2=T$

(C) $T_1=T,T_2=\sqrt{6}T$　　(D) $T_1=\sqrt{6}T,T_2=T$

3. 一个质点作简谐振动,振幅为 A,在起始时刻质点的位移为 $-A/2$,且向 x 轴的正方向运动,代表此简谐振动的旋转矢量图为图甲 2-1-2 中哪项?(　　)

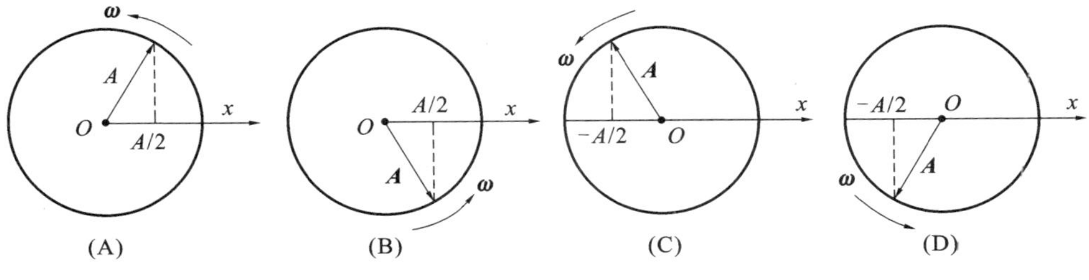

图甲 2-1-2

4. 广义简谐振动的动力学特征是(　　)。

(A) 一个物理量对时间的一次微分与该物理量成正比，其比例系数为正的常数，则该物理量随时间的变化就是简谐振动

(B) 一个物理量对时间的二次微分与该物理量成正比，其比例系数为负的常数，则该物理量随时间的变化就是简谐振动

(C) 一个物理量对时间的一次微分与该物理量成正比，其比例系数为负的常数，则该物理量随时间的变化就是简谐振动

(D) 一个物理量对时间的二次微分与该物理量正比，其比例系数为正的常数，则该物理量随时间的变化就是简谐振动

二、填空题

1. 一刚体作定轴转动，振动方程为 $\theta = \theta_m \cos(\omega t + \varphi)$，当时间 $t = T/2$(T 为周期) 时，刚体的角速度$\mathrm{d}\theta/\mathrm{d}t$ 为____________。

2. 振子质量为 $m = 0.10$ kg 的弹簧振子作振幅为 $A = 5.0 \times 10^{-2}$ m，周期为$T = 0.2$ s 的简谐振动，则作用在振子上的最大力为____________。

3. 若上题中的简谐振动是小球连接弹簧产生的，则弹簧的劲度系数为____。

三、计算题

1. 一质量为 M、长为 L 的均匀细杆，上端挂在无摩擦的水平轴上，杆的中点与一横连在墙上的弹簧相连，如图甲 2-1-3 所示，弹簧的劲度系数为 k。当杆竖直静止时弹簧处于水平原长状态。求杆作微小振动的周期(杆绕过一端点且垂直杆的轴的转动惯量为$ML^2/3$)。

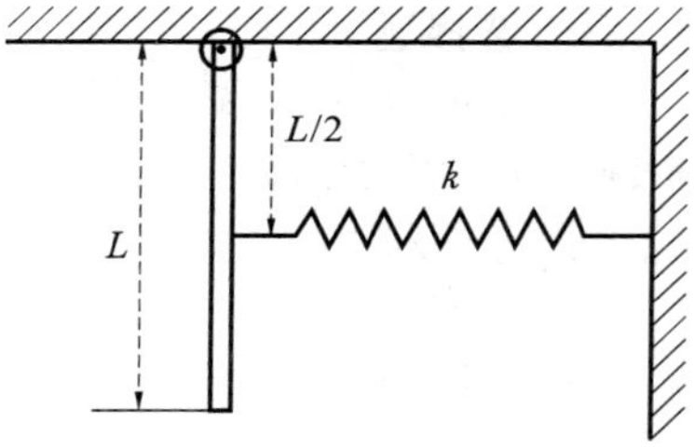

图甲 2-1-3

2. 摆球质量为 $m = 0.1$ kg 的单摆作简谐振动时，角位移随时间的关系为$\theta = 0.1\cos(5t + 0.5)$，式中各量均为 SI 制。求：(1) 单摆作简谐振动的角频率 ω；(2) 单摆的摆长；(3) 单摆摆动的角速度 Ω。

甲 2-2　简谐振动的能量、简谐振动合成

一、选择题

1. 两个质点各自作简谐振动，它们的振幅相同、周期相同，第一个质点的振动方程为 $x_1 = A\cos(\omega t + \alpha)$。当第一个质点从相对平衡位置的负位移处回到平衡位置时，第二个质点正在最大位移处，则第二个质点的振动方程为(　　)。

(A) $x_2 = A\cos(\omega t + \alpha)$　　(B) $x_2 = A\cos(\omega t + \alpha - \pi/2)$

(C) $x_2 = A\cos(\omega t + \alpha + \pi/2)$　　(D) $x_2 = A\cos(\omega t + \alpha + \pi)$

2. 有两个振动：$x_1 = A_1\cos(\omega t + \pi/2)$，$x_2 = A_2\sin\omega t$，且 $A_2 < A_1$。则合成振动的振幅为(　　)。

(A) $A_1 - A_2$　　(B) $A_1 + A_2$

(C) $(A_1{}^2 + A_2{}^2)^{1/2}$　　(D) $(A_1{}^2 - A_2{}^2)^{1/2}$

3. 关于“拍”,以下说法正确的是(　　)。

(A) 两个同方向简谐振动合成必然形成“拍”

(B) 两个相互垂直简谐振动合成可能形成“拍”

(C) 任意两个简谐振动合成都能形成“拍”

(D) 两个同方向、频率相差不大且其差频远小于振动频率的简谐振动合成才能形成“拍”

4. 用余弦函数描述一简谐振动,已知振幅为A,周期为T,初位相$\varphi_0=\frac{2\pi}{3}$,则振动曲线为图甲 2-2-1 中哪一项?(　　)

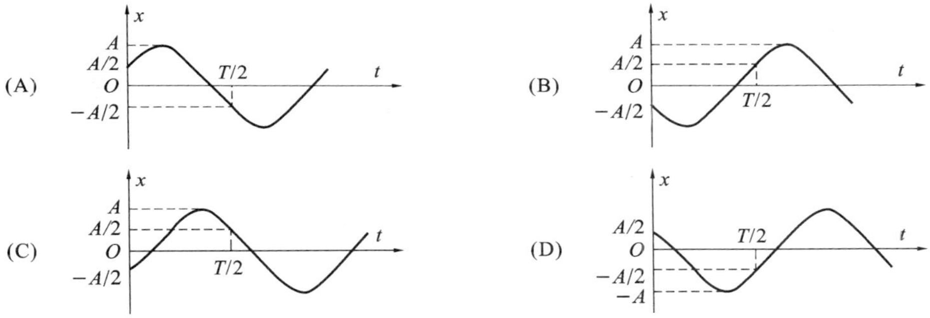

图甲 2-2-1

二、填空题

1. 若两个同方向、不同频率简谐振动的表达式分别为

$$x_1=A\cos 20\pi t\quad(\text{SI}),\ x_2=A\cos 22\pi t\quad(\text{SI})$$

则它们的合振动的频率为____________,每秒的拍数为________。

2. 一作简谐振动的振动系统,其质量为 0.2 kg,频率为 2 Hz,振幅为 0.5 cm,则其振动能量为________________。

3. 弹簧振子在光滑水平面上作简谐振动时,弹性力在一个周期内所做的功为________。

三、计算题

1. 在一轻弹簧下端悬挂$m_0=50$ g 的砝码时,弹簧伸长 8 cm,现在这根弹簧下端悬挂$m=125$ g的物体,构成弹簧振子。将物体从平衡位置向下拉动 4 cm,并给以向上的 21 cm/s 的初速度(这时$t=0$),选x轴向下,求振动方程的数值式。

2. 一质点同时参与两个同方向的简谐振动,其振动方程分别为

$$x_1=4\times10^{-2}\cos(4t+\pi/3)\quad(\text{SI})$$

$$x_2=3\times10^{-2}\cos(4t-\pi/6)\quad(\text{SI})$$

画出两简谐振动的旋转矢量图,并求合成振动的振动方程。

甲 2-3　阻尼振动、受迫振动、共振、平面简谐波的波动方程

一、选择题

1. 有一悬挂的弹簧振子，振子是一个条形磁铁，当振子上下振动时，条形磁铁穿过一个闭合圆线圈 A(如图甲 2-3-1 所示)，则此振子作(　　)。

(A) 阻尼振动　　(B) 等幅振动

(C) 强迫振动　　(D) 增幅振动

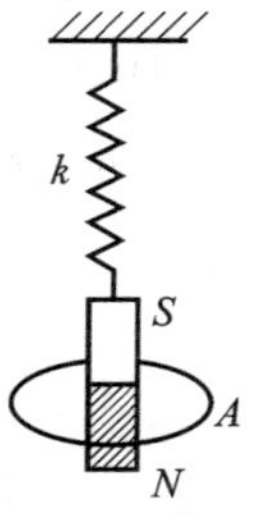

图甲 2-3-1

2. 如果一物理量 y 能以波的形式在空间传播，设空间变量只有 x，则该物理量 y 应满足的微分方程是(　　)。

(A) $\frac{k\,\partial y}{\partial x}=\frac{\partial y}{\partial t}$，$k$ 为正的常数，k 与波速 u 的关系是：$u=k$

(B) $\frac{k\,\partial^2 y}{\partial x^2}=\frac{\partial^2 y}{\partial t^2}$，$k$ 为正的常数，k 与波速 u 的关系是：$u^2=k$

(C) $\frac{k\,\partial y}{\partial x}=\frac{-\partial y}{\partial t}$，$k$ 为正的常数，k 与波速 u 的关系是：$u=k$

(D) $\frac{k\,\partial^2 y}{\partial x^2}=\frac{-\partial^2 y}{\partial t^2}$，$k$ 为正的常数，k 与波速 u 的关系是：$u^2=k$

3. 一波动方程为 $y=A\cos\left[\omega\left(t-\frac{x-x_0}{u}\right)+\varphi_0\right]$，于是可以得出的结论是(　　)。

(A) 波源位于 x_0 点

(B) $t=0$ 的时刻是原点开始振动的时刻

(C) 波传播过程中，各质元振动位相为 φ_0

(D) x_0 点的振动方程为 $y=A\cos(\omega t+\varphi_0)$

4. 图甲 2-3-2 所示为一平面简谐波在 $t=0$ 时刻的波形图，该波的波速 $u=200$ m/s，则 P 处质点的振动曲线为图甲 2-3-3 中哪一项所画出的曲线？(　　)

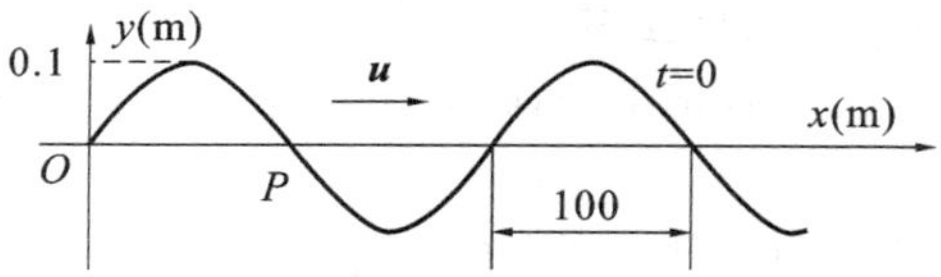

图甲 2-3-2

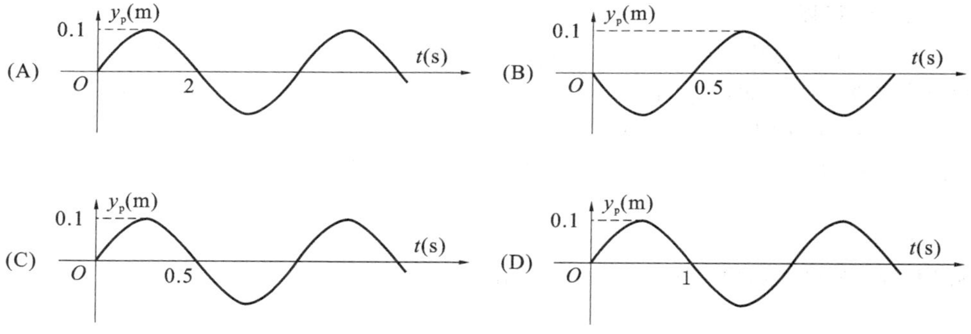

图甲 2-3-3

二、填空题

1. 一列余弦横波以速度 $\boldsymbol{u}$ 沿 x 轴向正方向传播，t 时刻波形曲线如图甲 2-3-4 所示，试分别指出图中 A、B 各质点在该时刻的运动方向：A ______ ；B ______ 。

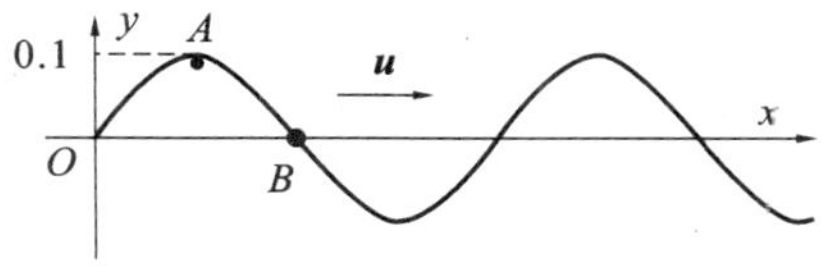

图甲 2-3-4

2. 弹簧振子的无阻尼自由振动是简谐振动，同一振子在作简谐振动的策动力的作用下的稳定受迫振动也是简谐振动，两者在频率（或周期，或圆频率）上的不同是：后者的频率为策动力的频率，前者的频率为__________________。

3. 一平面简谐波沿 x 轴正方向传播，已知 $x = x_0$ 处质点的振动方程为 $y = A\cos(\omega t + \varphi_0)$。若波速为 $\boldsymbol{u}$，则此波的波动方程为________________。

三、计算题

1. 一平面简谐波在介质中以速度 $c = 40$ m/s 自左向右传播，已知在传播路径上某点 A 的振动方程为

$$y = 3\cos(8\pi t - \pi) \quad \text{(SI)}$$

另一点 D 在 A 右方 8 m 处。

(1) 若取 x 轴方向向左，并以 A 为坐标原点，如图甲 2-3-5(a) 所示，试写出波动方程，并求出 D 点的振动方程；

(2) 若取 x 轴方向向右，以 A 点左方 5 m 处的 O 点为 x 轴原点，如图甲 2-3-5(b) 所示，重新写出波动方程及 D 点的振动方程。

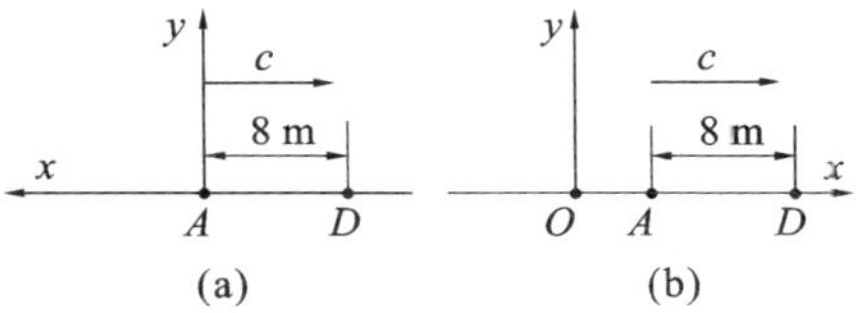

图甲 2-3-5

2. 某质点作简谐振动，周期为 2 s，振幅为 0.06 m，开始计时（$t = 0$）时，质点恰好处在负二分之一最大位移处，且朝平衡位置运动。求：(1) 该质点的振动方程；(2) 此振动以速度 $u = 2$ m/s 沿 x 轴正方向传播时，形成的一维简谐波的波动方程；(3) 该波的波长。

甲 2-4　平面简谐波的波动方程(续)、波的能量、波的干涉

一、选择题

1. 一平面简谐波表达式为 $y = -0.05\sin(2\pi x - \pi t)$ (SI)。则该波的频率 ν(Hz)，波速 u(m/s) 及波线上各点振动的振幅 A(m) 依次为(　　)。

(A) 1/2, 1/2, 0.05　　(B) 1/2, 1/2, −0.05

(C) 1/2, 1, −0.05　　(D) 2, 2, 0.05

2. 一平面简谐波，波速 $u = 5$ m/s。$t = 0$ 时波形曲线如图甲 2-4-1 所示，则 $x = 0$ 处的振动方程为(　　)。

(A) $y = 2\times10^{-2}\cos\left(\dfrac{\pi t}{2} - \dfrac{\pi}{2}\right)$ (SI)　　(B) $y = 2\times10^{-2}\cos\left(\dfrac{\pi t}{2} + \pi\right)$ (SI)

(C) $y = 2\times10^{-2}\cos\left(\dfrac{\pi t}{2} + \dfrac{\pi}{2}\right)$ (SI)　　(D) $y = 2\times10^{-2}\cos\left(\pi t - \dfrac{3\pi}{2}\right)$ (SI)

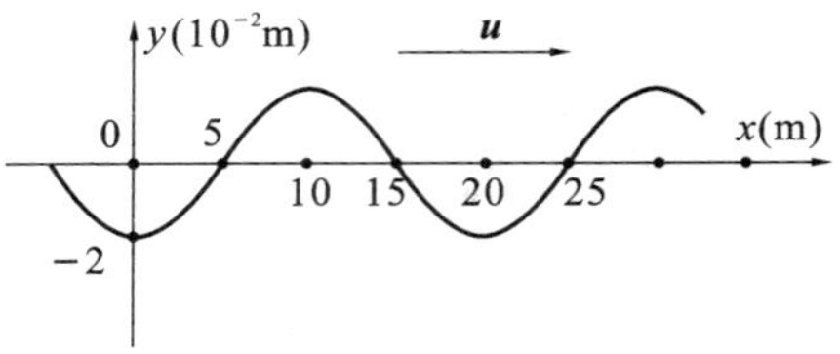

图甲 2-4-1

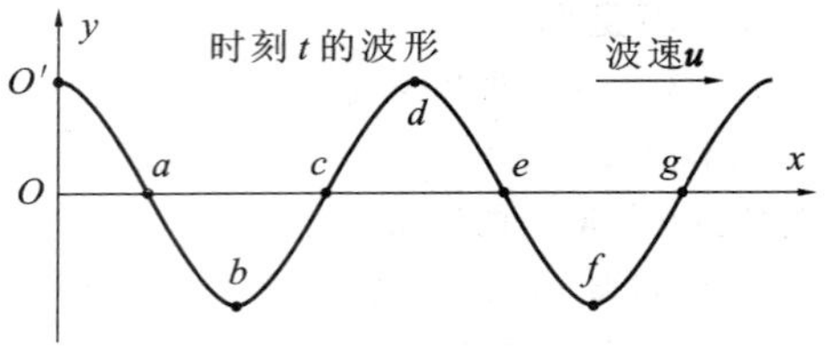

图甲 2-4-2

3. 一横波 t 时刻波形曲线如图甲 2-4-2 所示，则该时刻能量为最小值的媒质质元的位置是(　　)。

(A)O'，b，d，f　　(B)a，c，e，g　　(C)O'，d　　(D)b，f

4. 以下说法：

① 在波传播的过程中，某质元的动能和势能相互转化，总能量保持不变；

② 在波传播的过程中，某质元任意时刻的动能与势能相等；

③ 在波传播的过程中，媒质任意质元的动能与势能都随时间作周期性的变化；

④ 在波传播的过程中，媒质任意质元的动能与势能随时间的变化同步；

⑤ 在波传播的过程中，某质元任意时刻的动能与势能相等，且不随时间发生变化；

⑥ 在波传播的过程中，媒质任意质元的总能量不是定值，是随时间作周期变化；

⑦ 在波传播的过程中，某质元任意时刻的动能与势能有可能相等，有可能不等，视时刻而定。

正确的是(　　)。

(A)①、②、③、④、⑤、⑥、⑦　　(B)①、⑤、⑦

(C)②、③、④、⑥　　(D)都不正确

二、填空题

1. 一简谐波的频率为 5×10^3 Hz，波速为 5×10^2 m/s，在传播路径上相距 5×10^{-3} m 的两点之间的振动位相差为____________。

2. 一列平面简谐波沿 x 轴正方向无衰减地传播，波的振幅为 5×10^{-3} m，周期为 0.02 s，波速为 300 m/s，当 $t=0$ 时，x 轴原点处的质元正通过平衡位置向 y 轴负方向运动，则该简谐波的表达式为________________。

3. 一个点波源位于 O 点，以 O 为圆心作两个同心球面，它们的半径分别为 R_1 和 R_2。在两个球面上各质元振动的振幅之比 $A_1/A_2=$______。

三、计算题

1. 如图甲 2-4-3 所示，两列相干波在 P 点相遇，一列波在 B 点引起的振动是

$$y_{10}=1.5\times10^{-2}\cos4\pi t \quad (\text{SI})$$

另一列波在 C 点引起的振动是

$$y_{20}=1.5\times10^{-2}\cos(4\pi t-\pi/2) \quad (\text{SI})$$

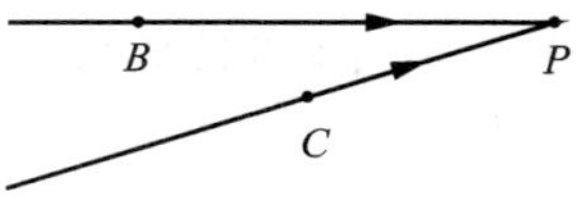

图甲 2-4-3

$\overline{BP} = 0.90$ m,$\overline{CP} = 0.65$ m,两波的传播速度 $u = 2.0$ m/s,不考虑传播中振幅的减小,求 P 点合振动的振动方程。

2. 一平面简谐波,频率为 600 Hz,波速为 400 m·s^{-1},在截面积为4.00×10^{-4} m^2 的管内空气中传播,若在 10 s 内通过截面的能量为 2.0×10^{-4} J,求:(1) 通过截面的平均能流;(2) 波的平均能流密度;(3) 波的平均能量密度。

甲 2-5　波的干涉(续)、驻波

一、选择题

1. 在波长为 λ 的驻波中,两个相邻波节之间的距离为(　　)。

(A)$\lambda/4$　　(B)$\lambda/2$　　(C)$3\lambda/4$　　(D) λ

2. 关于产生驻波的条件,以下说法正确的是(　　)。

(A) 任何两列波叠加都会产生驻波

(B) 任何两列相干波叠加都能产生驻波

(C) 两列振幅相同的相干波叠加能产生驻波

(D) 两列振幅相同,在同一直线上沿相反方向传播的相干波叠加才能产生驻波

3. 沿相反方向传播的两列相干波,其波动方程为

$$y_1 = A\cos 2\pi\ (\nu t - x/\lambda)$$
$$y_2 = A\cos[2\pi(\nu t + x/\lambda) + \pi]$$

叠加后形成的驻波中,波腹的位置坐标为(　　)。

(A)$x = \pm k\lambda$　　(B)$x = \pm k\lambda/2$

(C)$x = \pm (2k+1)\lambda/4$　　(D)$x = \pm (2k+1)\lambda/2$

其中 $k = 0,1,2,3,\cdots$

4. 关于半波损失,以下说法

① 在反射波中总会产生半波损失;

② 在折射波中总会产生半波损失;

③ 在折射波中总不会产生半波损失;

④ 只有当波从波疏媒质向波密媒质入射时,反射波中才产生半波损失;

⑤ 半波损失的实质是振动相位突变了 π;

⑥ 半波损失的实质是振动相位突变了 2π。

正确的是(　　)。

(A) ③、④、⑤　　(B) ①、②　　(C) ③、④、⑤、⑥　　(D)①、②、⑥

二、填空题

1. 某时刻驻波波形曲线如图甲 2-5-1 所示,则 a、b 两点振动的位相差是_____。

2. 设平面简谐波沿 x 轴传播,在 $x = 0$ 处发生反射,反射波的表达式为 $y_2 = A\cos[2\pi\ (\nu t - x/\lambda)]$。已知反射点为一自由端,则由入射波和反射波形成驻波波腹的位置坐标为____________。

3. 如图甲 2-5-2 所示,两相干波源 s_1 和 s_2 相距 $\lambda/2$(λ 为波长),S_1 的位相比 S_2 的位相超前

$\pi/2$，在 S_1、S_2 的连线上，S_1 外侧各点（例如 P 点）两波引起的两简谐振动的位相差是__________。

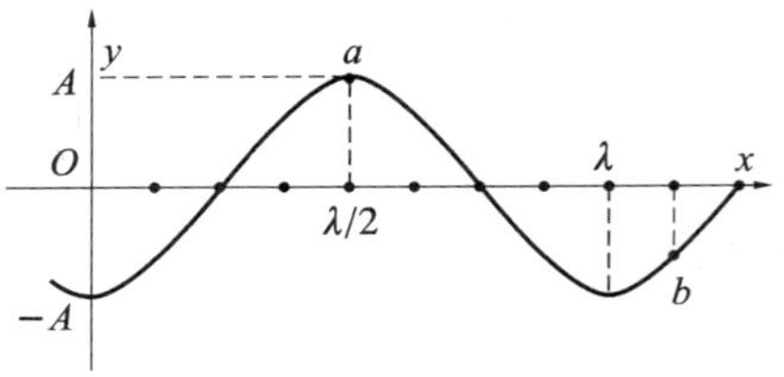

图甲 2-5-1

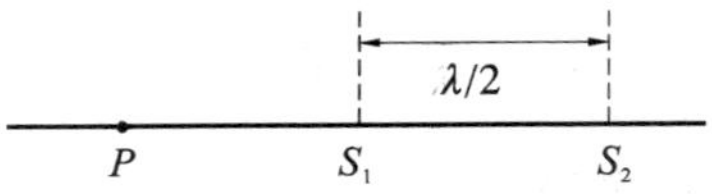

图甲 2-5-2

三、计算题

1. 在绳上传播的入射波方程为 $y_1 = A\cos(\omega t + 2\pi x/\lambda)$。入射波在 $x=0$ 处的绳端反射，反射端为固定端，设反射波不衰减，求驻波方程。

2. 一列横波在绳索上传播，其表达式为

$$y_1 = 0.04\cos\left[2\pi\left(\frac{t}{0.01} - \frac{x}{0.2}\right)\right] \quad \text{(SI)}$$

现有另一列横波（振幅也是 0.04 m）与上述已知横波在绳索上形成驻波。(1) 设这一横波在 $x=0$ 处与已知横波同位相，写出该波的方程；(2) 写出绳索上的驻波方程，求出各波腹的位置坐标表达式，并写出离原点最近的两个波腹的坐标值。

甲 2-6 振动和波习题课

一、选择题

1. 用余弦函数描述一简谐振子的振动，若其速度-时间（v-t）关系曲线如图甲 2-6-1 所示，则振动的初位相为(　　)。

(A) $\pi/6$　　(B) $\pi/3$　　(C) $\pi/2$

(D) $2\pi/3$　　(E) $5\pi/6$

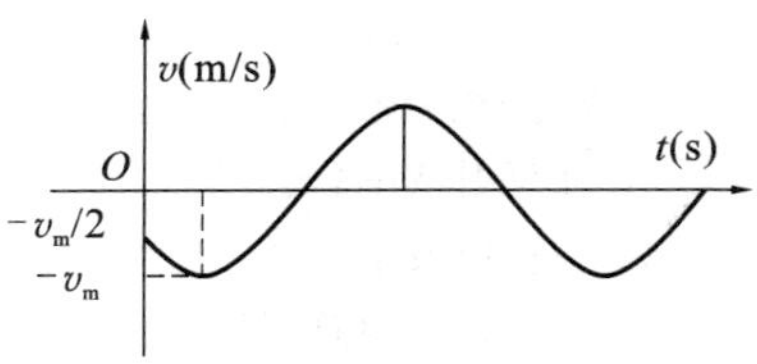

图甲 2-6-1

2. 一质点作简谐振动，周期为 T，从质点由平衡位置向 x 轴负方向运动时开始，到二分之一正向最大位移这段路程所需要的最少时间为(　　)。

(A) $5T/12$　　(B) $5T/6$　　(C) $T/6$　　(D) $7T/12$

3. 以下说法：

① 从运动学角度看，振动是单个质点运动（在平衡位置的往复），波是振动状态的传播，质点并不随波前进；

② 从动力学角度看简谐振动是单个质点受弹性回复力的作用而产生的，波是各质元受到邻近质元的作用而产生的；

③ 从能量角度看，简谐振动中的单个质点与简谐波中的各个质元都作简谐振动，故简谐振动中的质点的总能量与简谐波中的各质元的总能量都不变，只是动能与势能相互转化；

④ 从能量角度看,简谐振动是单个质点的总能量不变,只是动能与势能的相互转化;波是能量的传播,各质元的总能量随时间作周期变化,而且动能与势能的变化同步;

⑤ 从总体上看,振动质点的集合是波动。

正确的是(　　)。

(A)①、②、④　　(B)③、⑤　　(C)①、④　　(D)②、③、⑤

4. 关于波动中的波速与各质元的振动速度,以下说法:

① 波速与质点振动的速度是一回事,至少它们之间相互有联系;

② 波速与质点振动速度都随时间作周期变化;

③ 波速只与介质有关,介质一定,波速一定,不随频率、波长而变,介质确定后,波速为常数;

④ 质元的振动速度随时间作周期变化,而波速不随时间变化;

⑤ 由关系式 $v = \lambda\nu$ 可知,波速与频率和波长成正比;

⑥ 虽有关系式 $v = \lambda\nu$,但不能说频率增大,波速增大。

错误的是(　　)。

(A)③、④、⑥　　(B)①、②、⑤　　(C)①、④、⑥　　(D)②、③、⑤

二、填空题

1. 在静止的升降机中,长度为 l 的单摆的振动周期为 T_0,当升降机以加速度 $a = g$ 竖直上升时,摆的振动周期 $T =$ ____________。

2. 弹簧下方悬挂一物块,物块作简谐振动,当这物块的位移等于振幅的一半时,其势能是总能的________倍。

3. 一平面简谐波沿 Ox 轴传播,波动方程为 $y = A\cos[2\pi(\nu t + x/\lambda) + \varphi]$,则 $x_1 = L$ 处介质质点振动初位相是__________;与 x_1 处质点速度大小相同,但方向相反的其他各介质质点的位置是______________。

三、计算题

1. 由质量为 $M = 0.995$ kg 的木块和劲度系数为 $k = 100$ N/m 的轻质弹簧组成一在光滑水平台上运动的谐振子,如图甲 2-6-2 所示,开始时木块静止在 O 点,一质量为 $m = 0.005$ kg 的子弹以速率 $v_0 = 400$ m/s 沿水平方向射入木块并嵌在其中,然后木块(内有子弹)作简谐振动,若从子弹射入木块并嵌在木块中时开始计时,试写出系统的振动方程,取 x 轴如图甲 2-6-2 所示。

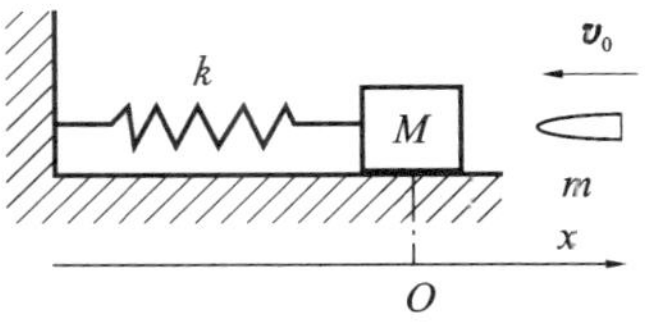

图甲 2-6-2

2. 在实验室中做驻波实验时,使一根长 2 m 张紧的弦线的一端沿垂直长度方向以 100 Hz 的频率作简谐振动,弦线的质量为 2×10^{-3} kg,如果在这根弦线上产生四个波腹很强的驻波,必须对这根弦线施加多大的张力?

甲 3-1　光的相干性、光程、双缝干涉

一、选择题

1. 在双缝干涉实验中，两缝间距离为 d，双缝与屏幕之间的距离为 D ($D \gg d$)，波长为 λ 的平行单色光垂直照射到双缝上，屏幕上干涉条纹中相邻明纹之间的距离是(　　)。

(A) $2\lambda D/d$　　(B) $\lambda d/D$　　(C) dD/λ　　(D) $\lambda D/d$

2. 用白光光源进行双缝实验，若用一个纯黄色的滤光片遮盖一条缝，用一个纯绿色的滤光片遮盖另一条缝，则(　　)。

(A) 干涉条纹将是彩色条纹，即每一条纹都由黄色条纹和绿色条纹组成

(B) 干涉条纹将是黄光干涉条纹和绿光干涉条纹叠加而成

(C) 不产生干涉条纹

(D) 将产生黄绿色的彩色干涉条纹，但低级次清楚，高级次模糊，再高级次分辨不清

3. 有四种装置

① 一盏钠光灯和一盏日光灯发出的光，照射到屏上；

② 完全相同的两盏钠光灯发出相同波长的光，照射到屏上；

③ 同一盏钠光灯，用黑纸盖住其中部，将钠光灯分成上下两部分，上下两部分发出的光同时照射到屏上；

④ 用一盏钠光灯照亮一狭缝，此亮缝再照亮与它平行且间距很小的两条狭缝，此两条亮缝的光照射到屏上。

其中，能在屏上形成稳定干涉花样的是(　　)。

(A)④　　(B)③、④　　(C)②、③、④　　(D)①、②、③、④

4. 在双缝干涉实验中，采用以下措施：

① 使屏远离双缝；

② 使两缝的间距变小；

③ 改用波长较大的单色光源；

④ 把两个缝的缝宽稍微调窄。

能使屏上的干涉条纹间距变大的措施是(　　)。

(A)①、②、③、④　　(B)①、②、③　　(C)①、②　　(D)①

二、填空题

1. 在杨氏双缝干涉实验中，用波长 $\lambda = 632.8$ nm 的氦氖激光照射双缝，在距离双缝 2.00 m 处的屏上，测得正负二级明纹中心的距离为 2.50 mm，则两缝的间距为 ________。

2. 在双缝干涉中，屏幕 E 上的 P 点处是明条纹，若将缝 s_2 盖住，并在 s_1、s_2 连线的垂直平分面处放一反射镜 M，如图甲 3-1-1 所示，问此时 P 点处是明条纹还是暗条纹?答：______ 条纹。

3. 在真空中做双缝干涉实验，测得干涉条纹的宽度为 Δl，若将此双缝干涉实验装置放在折射率为 n 的媒质中，则屏上干涉条纹宽度为 $\Delta l' =$ ______。

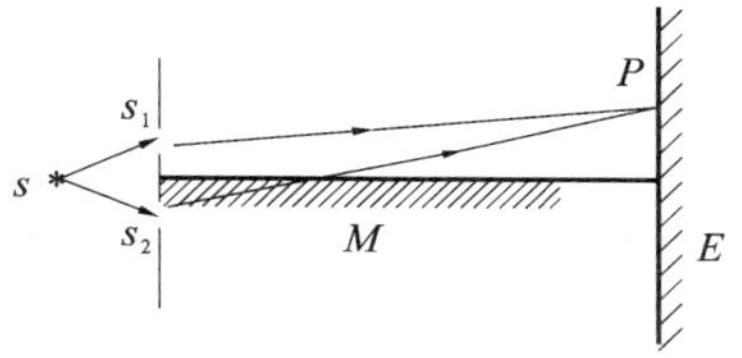

图甲 3-1-1

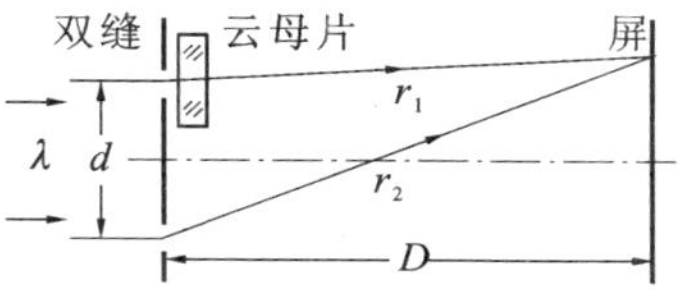

图甲 3-1-2

三、计算题

1. 在杨氏双缝干涉实验中，两缝的间距 $d = 0.200$ mm，双缝与屏的距离 $D = 1.20$ m。用钠黄光(589.3 nm) 照射双缝。(1) 求屏上干涉条纹的宽度；(2) 今用一云母片盖住双缝中的上缝，如图甲 3-1-2 所示。该云母片的折射率为 $n = 1.58$，厚度 $e = 5.00$ μm，求零级明纹中心的坐标。

2. 在杨氏双缝干涉实验中，两缝的间距 $d = 0.400$ mm，双缝与屏的距离 $D = 2.00$ m。用波长范围为 500 nm $\leqslant \lambda \leqslant$ 700 nm 的复色光垂直照射双缝。求：(1) 屏上第一级($k = 1$) 彩色干涉条纹和第五级($k = 5$) 彩色干涉条纹的宽度；(2) 不与其他条纹发生重叠的彩色干涉条纹的最高级次。

甲 3-2　薄膜干涉、劈尖干涉

一、选择题

1. 如图甲 3-2-1 所示，两个直径有微小差别且彼此平行的滚柱之间的距离为 L，夹在两块平晶的中间，形成空气劈尖，当单色光垂直入射时，产生等厚干涉条纹，如果滚柱之间的距离 L 变大，则在 L 范围内干涉条纹的(　　)。

(A) 数目不变，间距变大　　(B) 数目不变，间距变小

(C) 数目增加，间距变小　　(D) 数目减少，间距不变

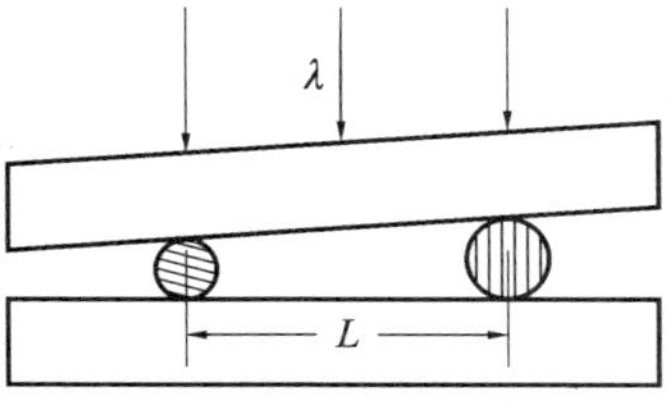

图甲 3-2-1

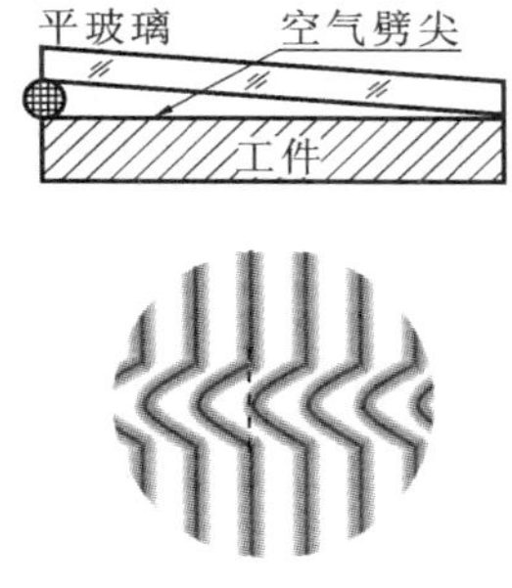

图甲 3-2-2

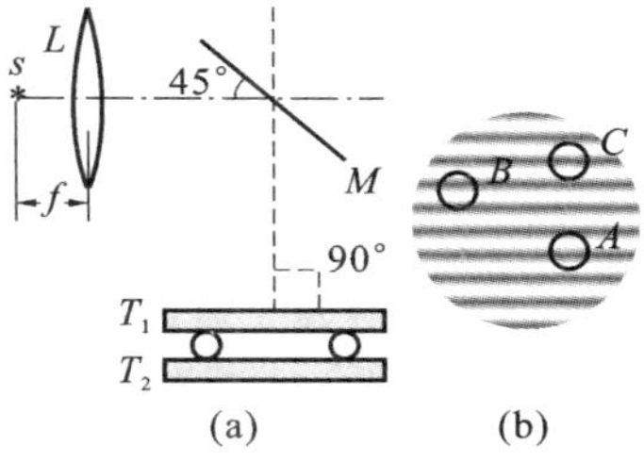

图甲 3-2-3

2. 用劈尖干涉法可检测工件表面缺陷，当波长为 λ 的单色平行光垂直入射时，若观察到的干涉条纹如图甲 3-2-2 所示，每一条纹弯曲部分的顶点恰好与其左边条纹的直线部分的连线相切。则(　　)。

(A) 工件表面条纹弯曲处是凸起，凸起高度为半个波长

(B) 工件表面条纹弯曲处是凸起，凸起高度为一个波长

(C) 工件表面条纹弯曲处是凹陷，凹陷的深度为半个波长

(D) 工件表面条纹弯曲处是凹陷，凹陷深度为一个波长

3. 检验滚珠大小的干涉装置如图甲 3-2-3(a) 所示，s 为光源，L 为会聚透镜，M 为半透半反镜，在平晶 T_1、T_2 之间放置 A、B、C 三个滚珠，其中 A 为标准件，直径为 d_0。用波长为 λ 的单色光垂直照射平晶，在 M 上方观察时观察到等厚条纹如图甲 3-2-3(b) 所示。轻压 C 端，条纹间距变大，则 B 珠的直径 d_1、C 珠的直径 d_2 与 d_0 的关系分别为(　　)。

(A) $d_1 = d_0 + 2\lambda, d_2 = d_0 + 3\lambda$　　(B) $d_1 = d_0 - 2\lambda, d_2 = d_0 - 3\lambda$

(C) $d_1 = d_0 + \lambda, d_2 = d_0 + 3\lambda/2$　　(D) $d_1 = d_0 - \lambda, d_2 = d_0 - 3\lambda/2$

4. 如图甲 3-2-4 所示，薄膜的折射率为 n_2，入射介质的折射率为 n_1，透射介质的折射率为 n_3，且 $n_1 > n_2$，$n_2 < n_3$，入射光线在两介质交界面的反射光线分别为 ① 和 ②，则光路中存在半波损失的情况是(　　)。

(A) ① 光有半波损失，② 光没有半波损失

(B) ① 光、② 光都有半波损失

(C) ① 光、② 光都没有半波损失

(D) ① 光没有半波损失，② 光有半波损失

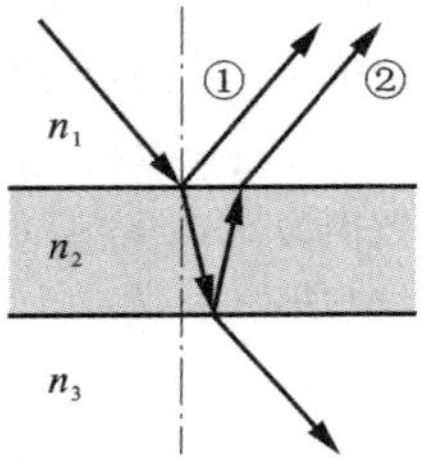

图甲 3-2-4

二、填空题

1. 有一玻璃劈尖，放在空气中，劈尖角为 $\theta = 9.00 \times 10^{-5}$ rad，用波长 $\lambda = 632.8$ nm 的氦氖激光照射，测得干涉条纹的宽度为 $\Delta l = 2.50$ mm，则该玻璃的折射率为________。

2. 折射率为 1.70 的两块标准平面玻璃板之间形成一空气劈尖。用波长 $\lambda = 550$ nm 的单色光垂直照射，产生等厚干涉条纹，条纹宽度为 2.00 mm。假如在劈尖内充满某种液体时，相邻明纹间的距离比劈尖内是空气时明纹间的距离缩小 $\Delta l' = 0.50$ mm，则该液体的折射率为______。

3. 空气劈尖干涉实验中，(1) 如将劈尖中充水，条纹变化的情况是______；(2) 如将一片玻璃平行地拉开，条纹变化的情况是________。

三、计算题

1. 空气中有一水平肥皂膜，其折射率为 $n_2 = 1.33$，厚 0.42 μm。如果用白光垂直照射，在反射方向观察，肥皂膜呈何颜色？

2. 利用劈尖干涉测量玻璃上所镀透明介质薄膜厚度的方法是这样的：将已镀介质薄膜的玻璃用研磨机磨成有一很小倾角的斜面，用单色光垂直照射斜面，斜面上的反射光形成等厚干涉条纹，用显微镜测量斜面上的干涉条纹数，就可以算出薄膜的厚度。已知入射光波长 $\lambda = 650.0$ nm，介质膜的折射率为 $n_2 = 1.95$，衬底玻璃的折射率为 $n_3 = 2.42$。问：(1) 斜面底边处的干涉条纹是明纹还是暗纹？(2) 如果斜面部分共观察到 6 条明纹，且斜面顶端处是暗纹，求介质膜的厚度。

甲 3-3　牛顿环、迈克尔逊干涉仪、圆孔衍射、光学仪器分辨率

一、选择题

1. 把观察牛顿环装置中的平凸透镜换成半径很大的半圆柱面透镜，用单色光垂直照射半圆

柱面的平凸透镜时,观察到的干涉条纹的特点是(　　)。

(A) 间隔不等的与圆柱面母线平行的干涉直条纹,中间密,两边稀

(B) 间隔不等的与圆柱面母线平行的干涉直条纹,中间稀,两边密

(C) 间隔相等的与圆柱面母线平行的干涉直条纹

(D) 间隔相等的与圆柱面母线垂直的干涉直条纹

2. 严格地说,空气的折射率大于1,因此在牛顿环实验中,若将玻璃夹层中的空气逐渐抽去时,干涉圆环的半径将(　　)。

(A) 变小　　(B) 不变　　(C) 变大　　(D) 消失

3. 利用爱里斑角半径满足的关系式 $\theta \approx \sin\theta = 0.61\dfrac{\lambda}{R}$ 解释衍射,应是(　　)。

(A) λ 大或者 R 小,爱里斑角半径大,说明光绕过障碍物的本领大,衍射明显

(B) λ 大或者 R 小,爱里斑角半径大,说明透镜放大倍数大,不能说明衍射明显

(C) λ 大或者 R 小,爱里斑角半径大,说明光直线传播能力强,衍射不明显

(D) λ/R 大的圆孔衍射不一定比 λ/R 小的圆孔衍射的衍射效果明显

4. 透镜对点物的衍射等效于夫琅禾费圆孔衍射,即点物通过透镜成像为盘像(爱里斑)。因此透镜能分辨两点物的极限是(　　)。

(A) 两点物的角距离与点物衍射像爱里斑的角半径的一半相等

(B) 两点物的角距离与点物衍射像爱里斑的角半径相等

(C) 两点物的角距离与点物衍射像爱里斑的角半径的二倍相等

(D) 两点物的角距离与点物衍射像爱里斑的角半径的三倍相等

二、填空题

1. 用迈克尔逊干涉仪测某气体在1 atm下的折射率,其实验过程大致如下:在迈克尔逊干涉仪的一光臂中放入盛该气体的容器,用单色光进行实验,调整迈克尔逊干涉仪,使得屏上出现圆环状的等倾干涉条纹。再用抽气机将气体缓慢抽出,观看屏上条纹的变化(条纹从中心长出或条纹陷入中心),由此测出气体的折射率。已知容器内空的长度为 10 cm,将气体"完全"抽出后屏上条纹的变化为 475 条,入射单色光为 632.8 nm 的氦氖激光,则气体的折射率为________。

2. 在牛顿环装置中,把平凸玻璃透镜和平面玻璃(设玻璃折射率 $n_1 = 1.50$)之间的空气($n_2 = 1.00$)改换成水($n_2' = 4/3$),则第 k 个暗环半径的相对改变量 $|r_k' - r_k|/r_k$ 为__________。

3. ________________________原理的基本内容是:波阵面上各面积元所发出的子波在观察点 P 的相干叠加,决定了 P 点的合振动及光强。

三、计算题

1. 在牛顿环实验中,用紫光照射,测得某 k 级暗环的半径 $r_k = 4.00\times10^{-3}$ m,第 $k+6$ 级暗环半径 $r_{k+6} = 5.93\times10^{-3}$ m,已知平凸透镜的曲率半径 $R = 8.00$ m,求紫光的波长和这个 k 级暗环的 k 值。

2. 可见光的平均波长为 $\lambda = 550$ nm,试求物镜直径为 6.00 cm 的普通望远镜和直径为 5.00 m 的反射式天文望远镜的最小分辨角,并比较它们的分辨本领。

甲 3-4　单缝衍射

一、选择题

1. 在如图甲 3-4-1 所示的夫琅禾费衍射装置中，将单缝宽度 a 稍稍变窄，则屏幕 C 上的中央衍射条纹与其他级条纹的变化是(　　)。

(A) 中央条纹变窄，其他级条纹变宽

(B) 中央条纹变窄，其他级条纹变窄

(C) 中央条纹变宽，其他级条纹变窄

(D) 中央条纹变宽，其他级条纹变宽

(E) 中央条纹宽度不变，其他级条纹宽度不变

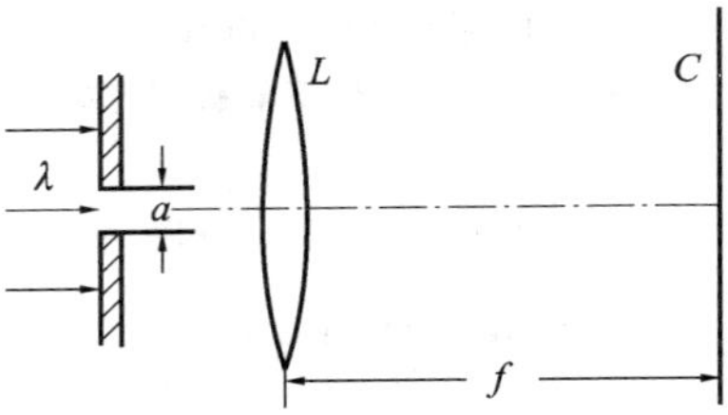

图甲 3-4-1

2. 在单缝夫琅禾费衍射实验中，波长为 λ 的单色光垂直入射到宽度为 $a = 8\lambda$ 的单缝上，对应于衍射角为 θ 的方向，单缝处波阵面可分成的半波带数目为 4，则 $\sin\theta$ 等于(　　)。

(A)1/2　　(B)1/4　　(C)1/6　　(D)1/8

3. 关于半波带，正确的理解是(　　)。

(A) 将单狭缝分成许多条带，相邻条带的对应点到达屏上汇聚点的距离之差为入射光波长的 1/2

(B) 将能透过单狭缝的波阵面分成条带，各条带的宽度为入射光波长的 1/2

(C) 将能透过单狭缝的波阵面分成许多条带，相邻条带的对应点的衍射光到达屏上汇聚点的光程差为入射光波长的 1/2

(D) 将单狭缝透光部分分成条带，各条带的宽度为入射光波长的 1/2

4. 单色光 λ 垂直入射到单狭缝上，对应于某一衍射角 θ，此单狭缝两边缘衍射光通过透镜到屏上汇聚点 A 的光程差为 $\delta = 2\lambda$，则(　　)。

(A) 透过此单狭缝的波阵面所分成的半波带数目为四个，屏上 A 点为暗点

(B) 透过此单狭缝的波阵面所分成的半波带数目为两个，屏上 A 点为暗点

(C) 透过此单狭缝的波阵面所分成的半波带数目为四个，屏上 A 点为明点

(D) 透过此单狭缝的波阵面所分成的半波带数目为两个，屏上 A 点为明点

二、填空题

1. 在单缝夫琅禾费衍射实验中，设第一级暗纹的衍射角很小，若用钠黄光($\lambda_1 \approx 589$ nm)照射单缝得到中央明纹的宽度为 4.0 mm，则用 $\lambda_2 = 442$ nm 的蓝紫色光照射单缝得到的中央明纹宽度为________________。

2. 如果单缝夫琅禾费衍射的第一级暗纹发生在衍射角为 30° 的方位上，所用单色光波长 $\lambda = 5\times10^2$ nm，则单缝宽度为________________m。

3. 平行单色光垂直入射于单缝上，观察屏上 P 点为第二级暗纹。若将单缝宽度减小一半，P 点将是________级__________纹。

三、计算题

1. 用波长 $\lambda = 632.8$ nm 的平行光垂直照射单缝，缝宽 $a = 0.150$ mm，缝后用凸透镜把衍射

光会聚在焦平面上，测得第二级与第三级暗条纹之间的距离为2.7 mm，求此透镜的焦距。

2. 在夫琅禾费单缝衍射实验中，波长 $\lambda = 554.7$ nm 的单色光以与单缝平面的法线成 20.0° 角入射到缝宽为 $a = 0.010$ mm 的单缝上，对应于衍射角 ±15.0° 的方向，如图甲 3-4-2 所示。求：(1) 单缝处波阵面可分半波带的数目；(2) 屏上是明条纹，还是暗条纹；(3) 条纹的级次。

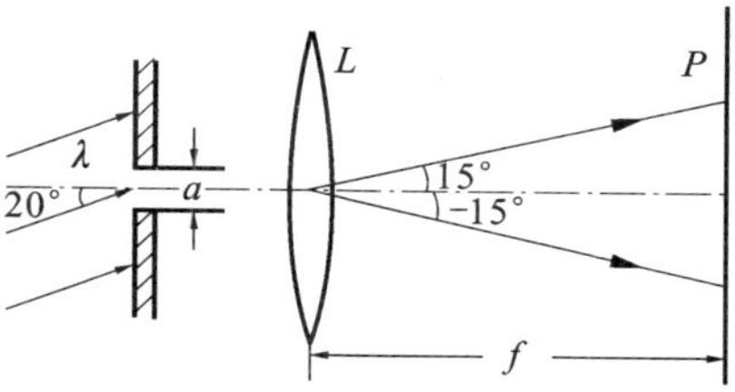

图甲 3-4-2

甲 3-5　光栅 X 射线的衍射

一、选择题

1. 为了测定一个给定光栅的光栅常数，用 $\lambda = 550$ nm 的单色平行光照射光栅，已知第一级明纹出现在 12.71° 的方向上。(1) 试问这光栅的光栅常数 d 为多少？(2) 第二级明纹出现的角度 θ_2 为多少？(　　)

(A) $d = 5.0\ \mu\text{m}$；$\theta_2 = 26.11°$　　(B) $d = 2.5\ \mu\text{m}$；$\theta_2 = 26.11°$

(C) $d = 5.0\ \mu\text{m}$；$\theta_2 = 52.22°$　　(D) $d = 2.5\ \mu\text{m}$；$\theta_2 = 52.22°$

2. 一衍射光栅，每厘米有 250 条透光缝，每条透光缝宽为 $a = 2.00 \times 10^{-3}$ cm，在光栅后放一焦距 $f = 1.00$ m 的凸透镜，现以 $\lambda = 600$ nm 的平行单色光垂直照射光栅。求：(1) 透光缝 a 的单缝衍射中央明条纹宽度 Δx 为多少？(2) 在该宽度内，光栅衍射主极大有几条？答：(　　)

(A) $\Delta x = 3.00 \times 10^{-2}$ m；光栅衍射主极大有 3 条

(B) $\Delta x = 3.00 \times 10^{-2}$ m；光栅衍射主极大有 6 条

(C) $\Delta x = 6.00 \times 10^{-2}$ m；光栅衍射主极大有 3 条

(D) $\Delta x = 6.00 \times 10^{-2}$ m；光栅衍射主极大有 6 条

3. 用每毫米内有 600 条刻痕的平面透射光栅观察白光光谱，设透镜焦距为 $f = 1.00$ m。白光波长范围为 400 ～ 760 nm，白光垂直照射光栅，则(　　)。

(A) 最多能看到二级不交叠光谱，该光谱两极端谱线的线距离为 0.530 m

(B) 最多能看到二级不交叠光谱，该光谱两极端谱线的线距离为 0.265 m

(C) 最多能看到一级不交叠光谱，该光谱两极端谱线的线距离为 0.530 m

(D) 最多能看到一级不交叠光谱，该光谱两极端谱线的线距离为 0.265 m

4. 平行单色光垂直照射到狭缝数为 N(N 很大) 的光栅上，在屏上产生衍射条纹，则(　　)。

(A) 衍射条纹的两主极大之间有 $N-1$ 个极小，有 $N-2$ 个次极大；次极大光强极弱，它们与极小连成一片暗区

(B) 衍射条纹的两主极大之间有 $N-2$ 个极小，有 $N-1$ 个次极大；次极大光强极弱，它们与极小连成一片暗区

(C) 衍射条纹的两主极大之间有 $N-1$ 个极小，有 $N-2$ 个次极大；次极大光强不是很弱，在屏上可以看见次极大条纹

(D) 衍射条纹的两主极大之间有 $N-2$ 个极小，有 $N-1$ 个次极大；次极大光强不是很弱，在

屏上可以看见次极大条纹

二、填空题

1. 用每毫米内有 400 条刻痕的平面透射光栅观察氦氖激光($\lambda = 632.8$ nm)，当光线以入射角 30.0° 入射时，最多能看到第________级光谱。

2. 已知某 X 射线含有从 9.5 ~ 13.0 nm 范围内的各种波长，晶体的晶格常数为 $d = 27.5$ nm。让该 X 射线入射到晶体上，在与入射线成 70° 角方向上看到的 X 射线的波长为____________。

3. 含有波长分别为 $\lambda_1 = 440$ nm 和 $\lambda_2 = 550$ nm 两种光的平行光束垂直照射光栅，发现这两种波长的光重叠，测得它们第二次重叠(不考虑零级谱线的重叠)于衍射角为 60.0° 的方向上。则 1 cm 内的光栅狭缝数为________。

三、计算题

1. 用波长 $\lambda = 450$ nm 的单色光垂直照射到一光栅上，第二级明纹出现在 $\sin\theta_2 = 0.30$ 处，第三级缺级。求：(1) 该光栅的光栅常数；(2) 光栅上狭缝的宽度；(3) 屏上实际呈现的全部光谱线的级数及总的条纹数。

2. 一衍射光栅，每厘米有 200 条透光缝，每条透光缝宽为 $a = 1.50 \times 10^{-3}$ cm，在光栅后放一焦距 $f = 1.00$ m 的凸透镜，现以 $\lambda = 600.0$ nm 的平行单色光垂直照射光栅。求：(1) 透光缝的单缝衍射中央明条纹的线宽度为多少？(2) 在该宽度内，有几个光栅衍射主极大？

甲 3-6 光的偏振

一、选择题

1. 一束垂直入射面振动的线偏振光以起偏角入射到某介质表面，则反射光与折射光的偏振情况是(　　)。

(A) 反射光与折射光都是垂直入射面振动的线偏振光

(B) 反射光是垂直入射面振动的线偏振光，折射光是平行入射面振动的线偏振光

(C) 反射光是平行入射面振动的线偏振光，折射光是垂直入射面振动的线偏振光

(D) 折射光是平行入射面振动的线偏振光，看不见反射光

2. 一束光强为 I_0 的自然光垂直穿过两偏振片，该两偏振片的偏振化方向成 30° 角，若不考虑偏振片的反射和吸收，则穿过两个偏振片后的光强 I 为(　　)。

(A) $3I_0/4$　　(B) $3I_0/8$　　(C) $I_0/2$　　(D) $3I_0/2$

3. 自然光以 57° 入射角照射到不知折射率的某一透明表面时，反射光为线偏振光，则知(　　)。

(A) 折射光为线偏振光，折射角为 33°

(B) 折射光为线偏振光，折射角不能确定

(C) 折射光为部分偏振光，折射角不能确定

(D) 折射光为部分偏振光，折射角为 33°

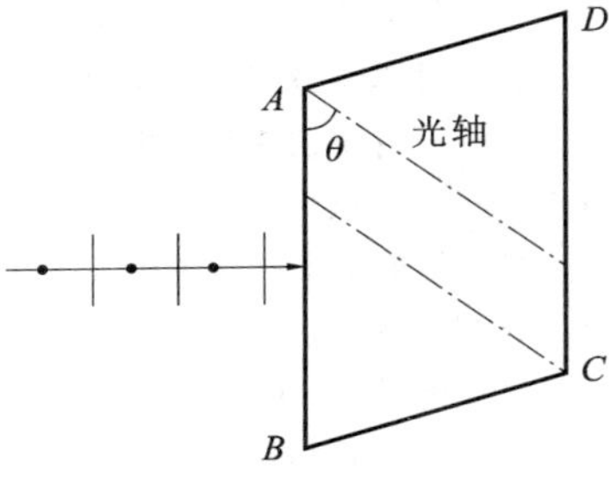

图甲 3-6-1

4. $ABCD$ 为一块方解石的一个截面，AB 为垂直于纸面的晶体平面与纸面的交线，光轴方向在纸面内且与 AB 成一锐角 θ，如图甲 3-6-1 所示。一束平行的单色自然光垂直

于 AB 端面入射，在方解石内折射光分解为 o 光和 e 光。则 o 光和 e 光的(　　)。

(A) 传播方向相同，电场强度的振动方向互相垂直

(B) 传播方向相同，电场强度的振动方向不互相垂直

(C) 传播方向不同，电场强度的振动方向互相垂直

(D) 传播方向不同，电场强度的振动方向不互相垂直

二、填空题

1. 一束自然光从空气以 58° 的入射角入射到一种非透明介质的表面，反射光为完全偏振光，则此非透明介质的折射率为________。

2. 在两个偏振化方向相互平行的偏振片 P_1 和 P_3 之间，放入一个以恒定角速度 ω 绕轴旋转的偏振片 P_2。设 $t=0$ 时，偏振片 P_1、P_2 和 P_3 的偏振化方向平行，光强为 I_0 的自然光垂直入射到偏振片 P_1 上，则从偏振片 P_3 出射的光强 I 随时间的变换关系为 $I_3=$________________。

3. 两平行放置的偏振片 P_1 与 P_2，光强为 I_0 的自然光垂直入射到 P_1 上，P_1 以入射光线为轴以角速度 ω 匀速转动。$t=0$ 时，P_2 与 P_1 的偏振化方向平行，则 t 时刻透过 P_1 的光强 $I_1=$____，透过 P_2 的光强 $I_2=$________。

三、计算题

1. 用一束强度为 I_0 的部分偏振光垂直照射到偏振片 P 上，已知部分偏振光中自然光的强度是偏振光强度的 4 倍。求：(1) 以光线为轴，旋转偏振片时，透射光最大光强与最小光强的比值。(2) 当偏振光的振动方向与偏振片的偏振化方向间的夹角为何值时，透射光强为入射光强的一半。

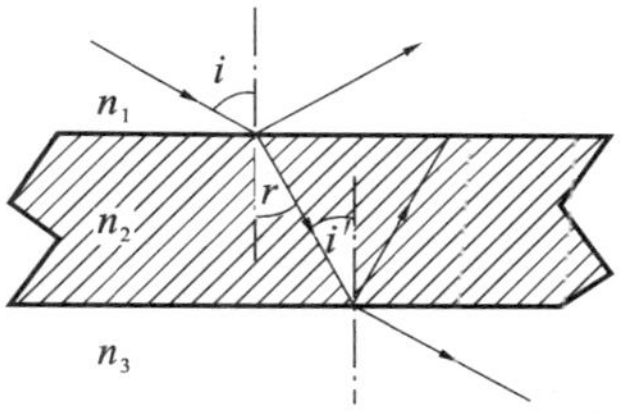

图甲 3-6-2

2. 有三种透明介质相互接触，接触面相互平行，如图甲 3-6-2 所示，已知 $n_1=1.00$，$n_2=1.69$，一束自然光以入射角 i 入射，若在两个分界面上的反射光都是线偏振光，求：(1) 入射角 i 的值；(2) 第三种介质的折射率 n_3。

甲 3-7　光学习题课

一、选择题

1. 用一个偏振片和一个凸面镜组成“牛顿环”，整个装置放在空气中。用单色自然光照射偏振片，在凸面镜的后面观察干涉条纹，则(　　)。

(A) 干涉条纹和经典牛顿环透射光的干涉条纹一样，但明纹的亮度加强

(B) 干涉条纹和经典牛顿环透射光的干涉条纹一样，但明纹的亮度减弱

(C) 干涉条纹和经典牛顿环透射光的干涉条纹一样，且明纹的亮度不变

(D) 无干涉条纹

2. 在光栅光谱中，假如所有偶数级次的主极大都恰好在每缝衍射的暗纹方向上，因而实际上不出现，那么此光栅每个透光缝宽度 a 和相邻两缝间不透光部分宽度 b 的关系为(　　)。

(A) $a=b$　　(B) $a=2b$　　(C) $b=2a$　　(D) $a=3b$

3. 如图甲 3-7-1 所示，折射率为 n_2、厚度为 e 的透明介质薄膜的上方和下方的透明介质的折

射率分别为 n_1 和 n_3，已知 $n_1 < n_2$，$n_3 < n_2$，若用波长为 λ 的单色平行光垂直入射到该薄膜上，则从薄膜上、下两表面反射的光束（用 ①、② 示意）的光程差是（　　）。

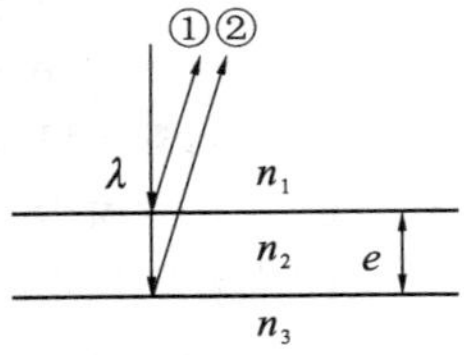

图甲 3-7-1

(A) $2n_2e$　　(B) $2n_2e - \lambda/(2n_2)$

(C) $2n_2e - \lambda$　　(D) $2n_2e - \lambda/2$

4. 在双缝干涉实验中，两条缝的宽度原来是相等的，若其中一缝的宽度略变宽，则（　　）。

(A) 干涉条纹间距变宽

(B) 干涉条纹间距变窄

(C) 干涉条纹间距不变，但原极小处的强度不再为零

(D) 不再发生干涉现象

二、填空题

1. 牛顿环装置中透镜与平板玻璃之间充以某种液体时，观察到第 8 级暗环的直径为 1.27 cm，当把这种液体抽走后，此暗条纹的直径变为 1.45 cm，由此得该液体的折射率 $n =$ ________。

2. 波长为 λ 的平行单色光垂直入射到光栅常数 $d = 4\ \mu\text{m}$ 的透射光栅上，缝宽 $a = 1\ \mu\text{m}$，则在单缝衍射的中央明条纹中共有________条谱线（主极大）。

3. 强度为 I_0 的自然光垂直入射到叠放在一起的两偏振片上，通过两偏振片后的光强为 $I_0/4$，则此两偏振片偏振化方向间的夹角（取锐角）是________。

三、计算题

1. 有三个偏振片堆叠在一起，第一块与第三块的偏振化方向相互平行，第二块和第一块的偏振化方向相互垂直，然后第二块偏振片以恒定角速度 ω 绕光传播的方向旋转，如图甲 3-7-2 所示。设入射自然光的光强为 I_0，试求此自然光通过这一系统后的出射光强。

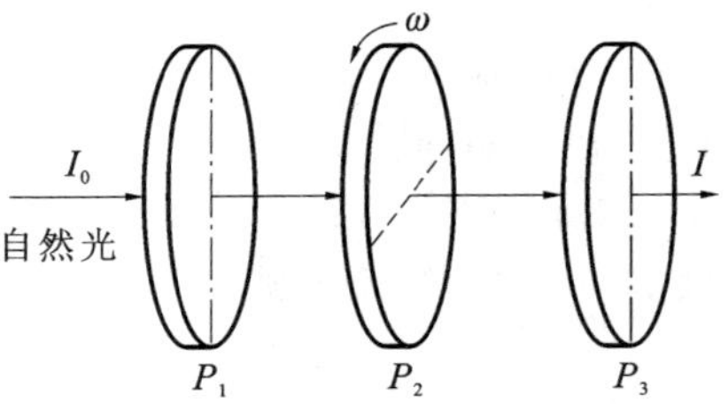

图甲 3-7-2

2. 白光（400 ~ 760 nm）垂直照射每毫米 1000 条刻痕的光栅，光栅后放一焦距为 200 cm 的凸透镜，求第一级光谱的宽度（即求 400 nm 第一级主极大坐标与 760 nm 第一级主极大坐标间的距离）。

甲 4-1　状态方程、压强公式

一、选择题

1. 下列各式中哪一式表示气体分子的平均平动动能？（式中 M 为气体的质量，M_{mol} 为摩尔质量，m 为气体分子质量，N 为气体分子总数目，n 为气体分子数密度，N_A 为阿伏加德罗常数）（　　）。

(A) $\frac{3}{2}npV$　　(B) $\frac{3M}{2M_{\text{mol}}}pV$　　(C) $\frac{3m}{2M}pV$　　(D) $\frac{3M_{\text{mol}}}{2M}N_A pV$

2. 根据平衡态的定义：在不受外界影响的条件下，热力学系统各部分的宏观性质不随时间

变化的状态称为平衡态。所以可以说(　　)。

(A) 处于平衡态的气体，其状态的状态参量 p、V、T 不随时间变化，但分子依然在作杂乱无章的剧烈运动

(B) 只要气体内部各部分的状态参量 p、V、T 不随时间变化，则气体就处于平衡态

(C) 气体内分子处于平衡位置的状态称为平衡态

(D) 处于平衡态的热力学系统，分子的热运动停止

3. 理想气体是根据玻意耳 - 马略特定律、盖 - 吕萨克定律和查理定律从实际气体中抽象出来的。由此得出理想气体的微观模型是(　　)。

(A) 气体分子大小可以忽略不计的分子模型

(B) 气体分子大小可以忽略不计，在没有碰撞时，分子间无任何作用力的分子模型

(C) 气体分子在没有碰撞时，分子间无任何作用力，在运动过程中遵守牛顿运动定律，碰撞时分子是弹性小球的分子模型

(D) 气体分子大小可以忽略不计，在没有碰撞时，分子间无任何作用力；在运动过程中遵守牛顿运动定律，碰撞时分子是弹性小球的分子模型

4. 若理想气体的体积为 V，压强为 p，温度为 T，单个分子的质量为 m，k 为玻耳兹曼常量，R 为摩尔气体常量。则该理想气体的分子数为(　　)。

(A) $\dfrac{pV}{m}$　　(B) $\dfrac{pV}{kT}$　　(C) $\dfrac{pV}{RT}$　　(D) $\dfrac{pV}{mT}$

二、填空题

1. 一个容器中盛有一定量的气体，如果压缩气体并对它加热，使它的温度从0 ℃ 上升到98 ℃，体积减小一半，则压强变为原来的________倍。

2. 按照统计规律，理想气体处于平衡态时，应有 $\overline{v_x} = \overline{v_y} = \overline{v_z} =$ ________；$\overline{v_x^2} = \overline{v_y^2} = \overline{v_z^2} =$ ________ $\overline{v^2}$。

3. 一个容器内贮有 1 mol 氢气和 1 mol 氦气，若两种气体各自对器壁产生的压强分别为 p_1 和 p_2，则两者的大小关系是________________。

三、计算题

1. 一瓶氢气和一瓶氧气温度相同，若氧气分子的平均平动动能为 6.21×10^{-21} J。试求：(1) 氢气分子的平均平动动能和方均根速率；(2) 氢气的温度。(氢气分子和氧气分子均看作刚性理想气体分子)

2 一容器内贮有气体，温度为 0 ℃，问：(1) 压力为 1 atm 时，在 10.0 m^3 中有多少个分子？(2) 在高真空时，压力为 1.00×10^{-6} Pa，在 1 m^3 中有多少个分子？

甲 4-2　理想气体的内能、分布律

一、选择题

1. 两容器内分别盛有氢气和氦气，若它们的温度和压强分别相等，则(　　)。

(A) 两种气体分子的平均平动动能相等

(B) 两种气体分子的平均动能相等

(C) 两种气体分子的平均速率相等

(D) 两种气体的内能相等

2. 麦克斯韦速率分布曲线如图甲 4-2-1 所示，图中 v_0 满足 $\int_0^{v_0} f(v)\mathrm{d}v = \int_{v_0}^{\infty} f(v)\mathrm{d}v$，则图中 A、B 两部分面积 S_1 与 S_2 的关系为(　　)。

(A) $S_1 < S_2$　　(B) $S_1 > S_2$

(C) $S_1 = S_2$　　(D) 不能确定

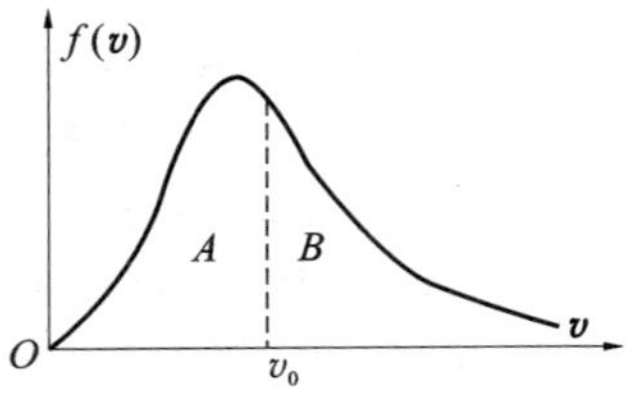

图甲 4-2-1

3. 一容器内装有 N_1 个刚性双原子理想气体分子和 N_2 个刚性三原子理想气体分子，当该系统处在温度为 T 的平衡态时，其内能为(　　)。

(A) $(N_1+N_2)\left(\frac{5}{2}kT+\frac{6}{2}kT\right)$　　(B) $N_1\ \frac{5}{2}kT+N_2\ \frac{6}{2}kT$

(C) $\frac{1}{2}(N_1+N_2)\left(\frac{5}{2}kT+\frac{6}{2}kT\right)$　　(D) $N_1\ \frac{6}{2}kT+N_2\ \frac{5}{2}kT$

4. 两种不同的理想气体，若它们的平均速率相等，则它们的(　　)。

(A) 最可几速率不相等，方均根速率不相等

(B) 最可几速率相等，方均根速率不相等

(C) 最可几速率不相等，方均根速率相等

(D) 最可几速率相等，方均根速率相等

二、填空题

1. 自由度为 i 的一定量刚性分子理想气体，当其体积为 V、压强为 p 时，其内能 $E=$ ________。

2. 图甲 4-2-2 所示的两条平衡态下理想气体的麦克斯韦速率分布曲线，当它们表示同种理想气体不同温度的麦克斯韦速率分布曲线时，温度 T_1 ________ T_2；当它们表示不同种理想气体相同温度的麦克斯韦速率分布曲线时，分子质量 m_1 ________ m_2（两空可填 $<$、$=$、$>$）。

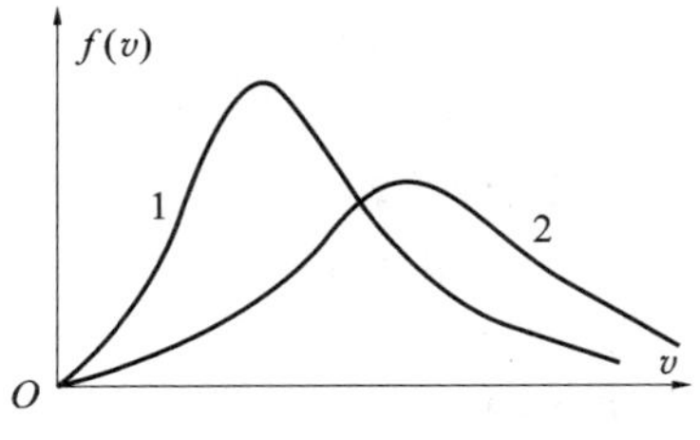

图甲 4-2-2

3. 质量为 0.1 kg，温度为 27 ℃ 的氮气装在容积为 0.01 m^3 的容器中，容器以 $v=50\ \mathrm{m\cdot s^{-1}}$ 的速率作匀速直线运动。若容器突然停下来，假设其定向运动的动能全部转化为分子热运动的动能，则当重新达到平衡态后，氮气温度的增量为 ________，压强的增量为 ________。

三、计算题

1. 当一定量的氧气和一定量的氢气的压强、体积和温度都相等时，求它们的质量比 $\frac{M(O_2)}{M(H_2)}$ 和内能比 $\frac{E(O_2)}{E(H_2)}$（氧气和氢气视为刚性双原子分子气体）。

2. 一密封房间的体积为 $4.0\times3.0\times2.8\ \mathrm{m}^3$，室温为 20 ℃，室内空气分子热运动的平动动能的

总和是多少?如果气体的温度降低1.0 K,而体积不变,则气体的内能变化多少?气体分子的方均根速率增加多少?(已知空气的质量密度$\rho = 1.29\ \mathrm{kg \cdot m^{-3}}$,平均摩尔质量 $M_{mol} = 29\times10^{-3}\ \mathrm{kg \cdot mol^{-1}}$,且空气分子可视为刚性双原子分子)

甲 4-3　自由程、碰撞频率、热力学第一定律

一、选择题

1. 一容器储存有某种理想气体,其分子平均自由程为$\overline{\lambda_0}$,当气体的热力学温度升到原来的两倍,但体积不变,分子作用球半径不变,则此时平均自由程为(　　)。

(A)$2\,\overline{\lambda_0}$　　(B)$\sqrt{2}\,\overline{\lambda_0}$　　(C)$\overline{\lambda_0}$　　(D)$\overline{\lambda_0}/\sqrt{2}$

2. 一定量的理想气体,在温度不变的条件下,当体积变大时,分子的平均碰撞次数$\overline{Z}$和平均自由程$\bar{\lambda}$的变化情况是(　　)。

(A)$\overline{Z}$和$\bar{\lambda}$都增大　　(B)$\overline{Z}$和$\bar{\lambda}$都减小

(C)$\bar{\lambda}$减小而$\overline{Z}$增大　　(D)$\bar{\lambda}$增大而$\overline{Z}$减小

3. 如图甲 4-3-1 所示,一定量的理想气体,由平衡状态A变到平衡状态$B(p_A = p_B)$,则无论经过的是什么过程,系统必然(　　)。

(A) 对外做负功　　(B) 内能减少

(C) 从外界吸热　　(D) 向外界放热

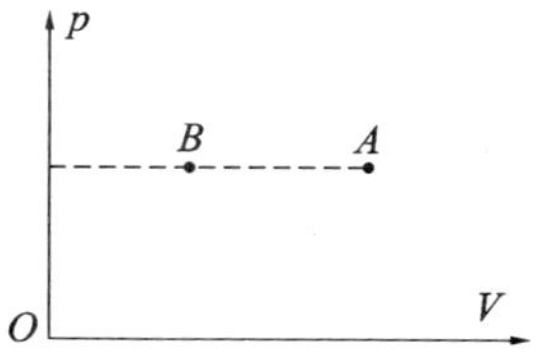

图甲 4-3-1

4. 用公式$\Delta E = \nu C_V \Delta T$(式中$C_V$为定容摩尔热容量,$\nu$为气体摩尔数)计算理想气体内能增量时,此式(　　)。

(A) 适用于一切始末态为平衡态的过程

(B) 只适用于一切等容过程

(C) 只适用于一切准静态过程

(D) 只适用于准静态的等容过程

二、填空题

1. 一定量的理想气体处于热动平衡状态时,描述此热力学系统的物理量有:体积V,压强p,温度T,分子速度v,其中不随时间变化的宏观量是________,而随时间变化的微观量是________。

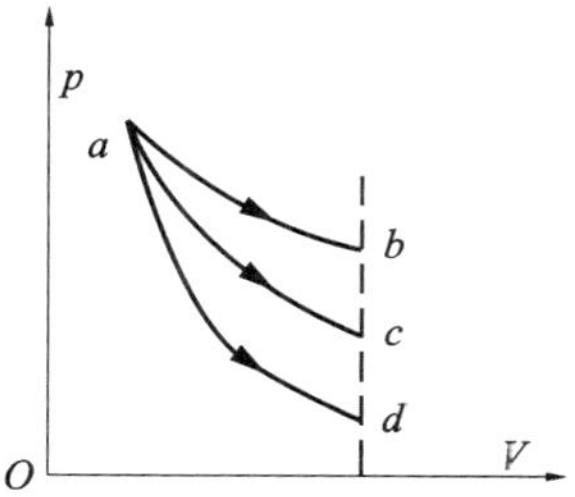

图甲 4-3-2

2. 如图甲 4-3-2 所示的三个过程中,$a\to c$为等温过程,则有:$a\to b$ 过程 ΔE ________ 0(填 <、=、>),$a\to d$ 过程 ΔE ________ 0(填<、=、>)。

3. 如图甲 4-3-3 所示,处于平衡态A的热力学系统,若经准静态等容过程变到平衡态B,从外界吸热 416 J,若经准静态等压过程变到与平衡态B有相同温度的平衡态C,将从外界吸热 582 J。则从平衡态A变到平衡态C的准静态等压过程中系统对外界所做功为________。

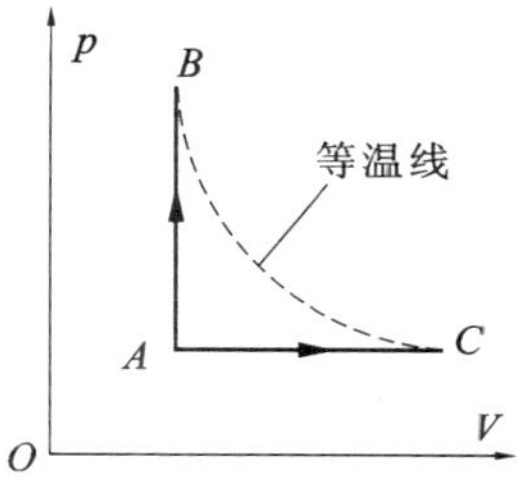

图甲 4-3-3

三、计算题

1. 1 mol 三原子分子理想气体由状态 $1(p_1, V_1)$ 沿图 4-3-4 所示直线变到末态 $2(p_2, V_2)$，如图甲 4-3-4 所示。试求：(1) 气体内能的增量；(2) 气体对外界做的功；(3) 气体从外界吸收的热量。

2. 如图甲 4-3-5 所示，系统沿过程曲线 abc 从 a 态变化到 c 态，共吸收热量600 J，同时对外做功 300 J。后沿过程曲线 cda 回到 a 态，并向外放热 400 J。求系统沿过程曲线 cda 从 c 态变化到 a 态时内能的变化及对外做的功。

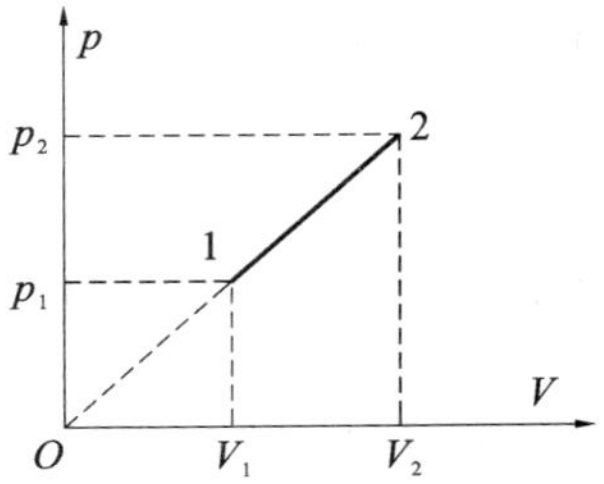

图甲 4-3-4

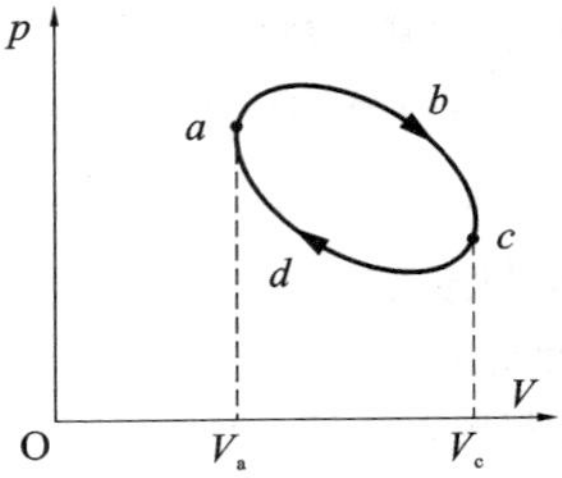

图甲 4-3-5

甲 4-4　等值过程、循环过程

一、选择题

1. 汽缸中有一定量的氦气(视为理想气体)，经过绝热压缩，体积变为原来的一半，问气体分子的平均速率变为原来的几倍？(　　)

(A) $2^{2/5}$　　(B) $2^{1/5}$　　(C) $2^{1/3}$　　(D) $2^{2/3}$

2. 一定量的理想气体，经历如图甲 4-4-1 所示的 def 过程(图中虚线 df 为绝热线)。判断该过程是吸热还是放热。(　　)。

(A) 无法判断　　(B) 吸热　　(C) 不吸热也不放热　　(D) 放热

3. 如图甲 4-4-2 所示，一定量的理想气体从体积 V_1 膨胀到体积 V_2 分别经历的过程是：$A \to B$ 等压过程；$A \to C$ 等温过程。其中有可能放热的过程(　　)。

(A) 是 $A \to D$　　(B) 是 $A \to C$　　(C) 是 $A \to B$　　(D) 没有

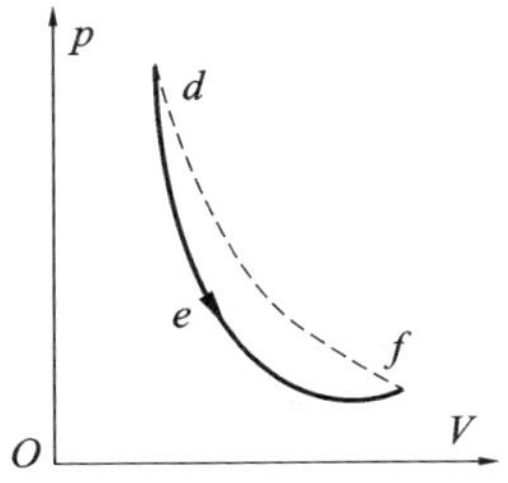

图甲 4-4-1

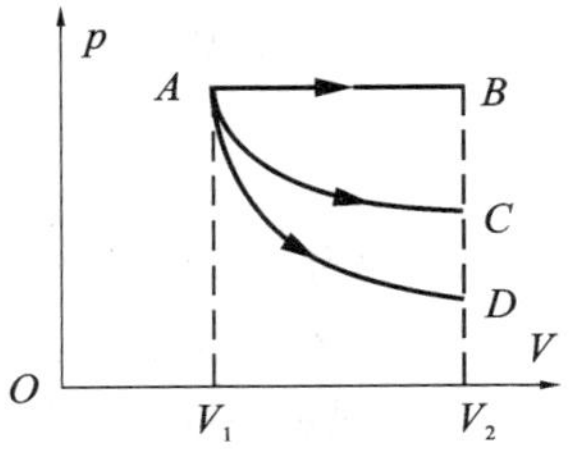

图甲 4-4-2

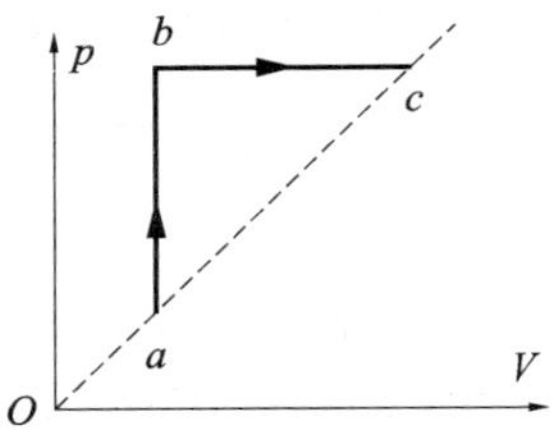

图甲 4-4-3

4. 一定量某理想气体所经历的循环过程是：从初态 (V_0, T_0) 开始，先经绝热压缩使其体积减半，再经等容降温回复到初态温度 T_0，最后经等温过程使其体积恢复为 V_0，则气体在此循环过程中(　　)。

(A) 对外做的净功为正值　　(B) 对外做的净功为负值

(C) 内能增加了　　(D) 从外界净吸收的热量为正值

二、填空题

1. 如图甲 4-4-3 所示,一定量的理想气体经历$a \to b \to c$ 过程,在此过程中气体从外界吸收热 Q,系统内能变化ΔE,请在以下空格内填上 >0,$=0$,<0。ΔE ________,Q ________ 。

2. 设三种理想气体 He、N_2 和 CO_2 的摩尔数皆相同,在相同的初态下进行等压加热过程,设这三种理想气体的物理量分别用 1、2、3 表示。若从外界吸收的热量相同,则温度升高的比值$\Delta T_1 : \Delta T_2 : \Delta T_3 =$ ____ ;压强增加的比值$\Delta p_1 : \Delta p_2 : \Delta p_3 =$ ______________ 。

3. 在常温常压下,一定量的某种双原子理想气体,在等压过程中吸热为 Q,对外做功为 A,内能增加为ΔE,则$A/Q =$ ________ ,$\Delta E/Q =$ ________ 。

三、计算题

1. 温度为 $T_0 = 300$ K 的 2 mol 理想气体,先经等温膨胀使体积达到原来的 4 倍,然后等容加热,使其末态的压强刚好等于初态压强,整个过程气体吸收的热量为 4.49×10^4 J。试画出此过程的 p-V 图,并求这种气体的热容比 $\gamma = C_p/C_V$ 值。

2. 图 4-4-4 所示为燃烧汽油的四冲程内燃机进行的循环叫**奥托循环**。ea 为等压吸气,ab 为绝热压缩,bc 为等容爆炸,cd 为绝热做功,da 表示打开排气孔,压强突然降下来(近似等容),ae 为等压排气。设工作物质为理想气体,压缩比 $V_1/V_2 = 7$,$\gamma = 4/3$,求循环效率 η。

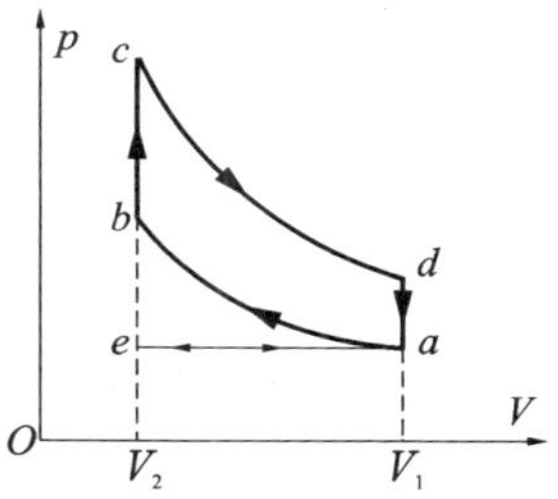

图甲 4-4-4

甲 4-5　循环过程(续)、热力学第二定律

一、选择题

1. 根据热力学第二定律可知(　　)。

(A) 功可以全部转换为热,但热不能全部转换为功

(B) 热可以从高温物体向低温物体传递,但不能从低温物体向高温物体传递

(C) 容器里的气体可以从其内的小体积向大体积膨胀,但不能从其内的大体积向小体积收缩

(D) 不可逆过程中发生的过程只能正向进行,不能向反向进行

(E) 一切自发过程都是不可逆的

2. 一定量理想气体完成一个循环过程 $abca$,如图甲 4-5-1 所示。如改用如图甲 4-5-2 所示的 p-V 图表示这一循环,以下四组图中,正确的是(　　)。

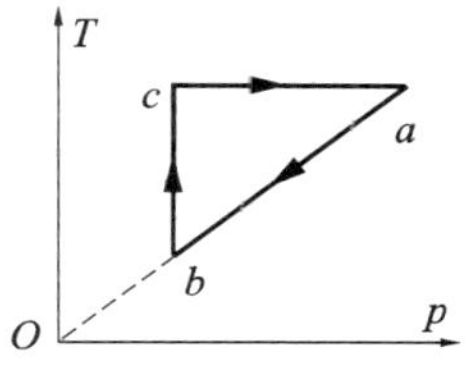

图甲 4-5-1

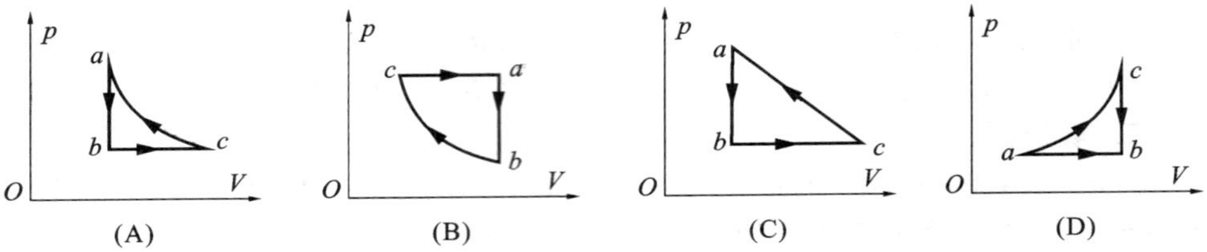

图甲 4-5-2

3. 假设下列各式涉及的热机所经历的过程均为无摩擦的准静态过程。那么，关于热机效率，以下说法正确的是(　　)。

(A)$\eta=\dfrac{A}{Q_1}$ 适用于任何热机，$\eta=\dfrac{Q_1-Q_2}{Q_1}$，$\eta=\dfrac{T_1-T_2}{T_1}$ 只适用于卡诺热机

(B)$\eta=\dfrac{A}{Q_1}$，$\eta=\dfrac{Q_1-Q_2}{Q_1}$，$\eta=\dfrac{T_1-T_2}{T_1}$ 都适用于任何热机

(C)$\eta=\dfrac{A}{Q_1}$，$\eta=\dfrac{Q_1-Q_2}{Q_1}$，$\eta=\dfrac{T_1-T_2}{T_1}$ 都只适用于卡诺热机，不适用于其他热机

(D)$\eta=\dfrac{A}{Q_1}$，$\eta=\dfrac{Q_1-Q_2}{Q_1}$ 适用于任何热机，$\eta=\dfrac{T_1-T_2}{T_1}$ 只适用于卡诺热机

4. 一定量理想气体经历的循环过程用 V-T 图表示，如图甲 4-5-3 所示，在此循环过程中，气体向外界放热的过程是(　　)。

(A)$A\rightarrow C$　　(B)$C\rightarrow B$ 和 $A\rightarrow C$

(C)$C\rightarrow B$　　(D)$B\rightarrow A$

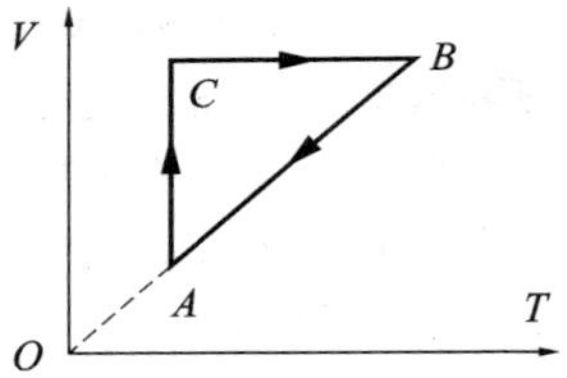

图甲 4-5-3

二、填空题

1. 卡诺致冷机，其低温热源温度为 $T_2=300$ K，高温热源温度为 $T_1=450$ K，每一循环从低温热源吸热 $Q_2=400$ J，已知该致冷机的致冷系数 $\omega=Q_2/A=T_2/(T_1-T_2)$(式中 A 为外界对系统做的功)，则每一循环中外界必须做功 $A=$ ________。

2. 图甲 4-5-4 所示的卡诺循环 $dcefd$ 的效率为 $\eta_1=$ ____；卡诺循环 $abef$ 的效率为 $\eta_2=$ ____ 。

3. 1 mol 理想气体(已知 $\gamma=C_p/C_V$) 的循环过程如图甲 4-5-5 的 T-V 图所示，其中 CA 为绝热过程，A 点状态参量(T_1，V_1) 和 B 点的状态参量(T_1，V_2) 为已知，试求 C 点的状态量：$V_c=$ ____；$T_c=$ ____ 。

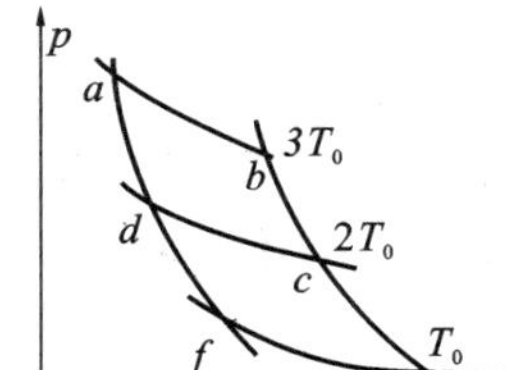

图甲 4-5-4

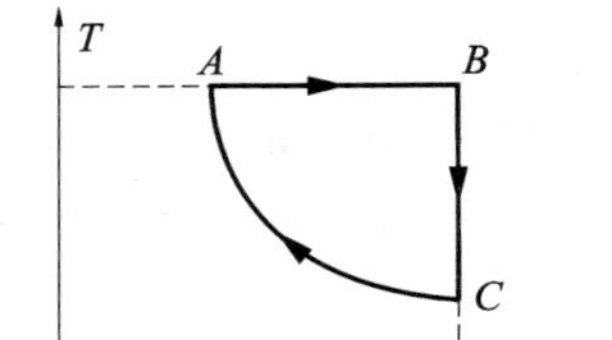

图甲 4-5-5

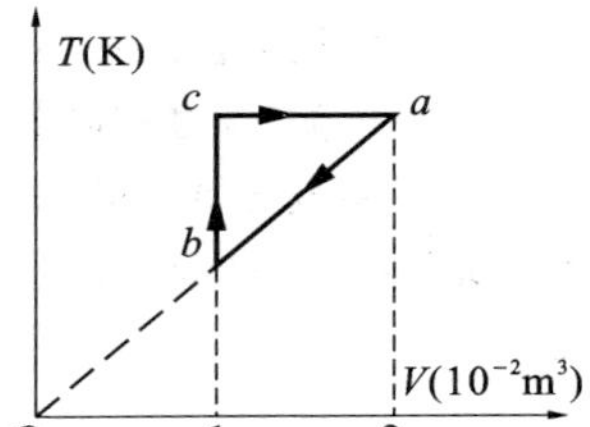

图甲 4-5-6

三、计算题

1. 1 mol双原子分子理想气体的循环过程如图甲4-5-6的T-V图所示，其中c点的温度为$T_c = 400\ \text{K}$，试求：(1)ab、bc、ca各个过程系统吸收的热量；(2)经一循环系统所做的净功；(3)循环的效率($\ln 2 = 0.693$)。

2. 某双原子理想气体，初态A温度为T，体积为V，压强为p。先等温变化到B使体积翻倍，再等容变化到C，最后绝热变化使气体回到初态A。求该循环的效率。

甲4-6　热学习题课

一、选择题

1. 有容积不同的A、B两个容器，A中装有多原子分子理想气体，B中装有双原子分子理想气体。若两种气体的压强相同，那么，这两种气体单位体积的内能$\left(\dfrac{E}{V}\right)_A$和$\left(\dfrac{E}{V}\right)_B$的关系(　　)。

(A) $\left(\dfrac{E}{V}\right)_A > \left(\dfrac{E}{V}\right)_B$　　(B) $\left(\dfrac{E}{V}\right)_A < \left(\dfrac{E}{V}\right)_B$

(C) $\left(\dfrac{E}{V}\right)_A = \left(\dfrac{E}{V}\right)_B$　　(D) 不能确定

2. 设某种气体的分子速率分布函数为$f(v)$，则速率$v > v_p$的所有分子的平均速率为(　　)。

(A) $\int_{v_p}^{\infty} vf(v)\mathrm{d}v$　　(B) $v\int_{v_p}^{\infty} f(v)\mathrm{d}v$

(C) $\int_{v_p}^{\infty} vf(v)\mathrm{d}v \Big/ \left(\int_{v_p}^{\infty} f(v)\mathrm{d}v\right)$　　(D) $\int_{v_p}^{\infty} f(v)\mathrm{d}v \Big/ \left(\int_{0}^{\infty} f(v)\mathrm{d}v\right)$

3. 图甲4-6-1所列各图表示的速率分布曲线，哪一项中的两条曲线能是同一温度下氮气和氦气的分子速率分布曲线？(　　)

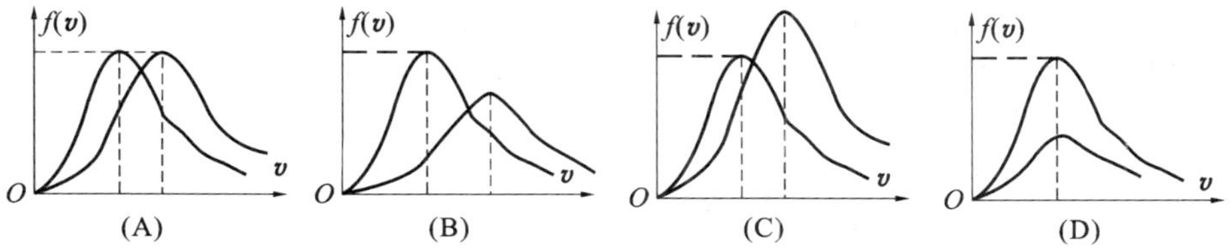

图甲 4-6-1

4. 已知一定量的某种理想气体，在温度为T_1与T_2时分子平均速率分别为$\overline{v_1}$和$\overline{v_2}$，分子速率分布函数的最大值分别为$f(v_{p1})$和$f(v_{p2})$，若$T_1 > T_2$，则(　　)。

(A) $\overline{v_1} > \overline{v_2}$，$f(v_{p1}) > f(v_{p2})$　　(B) $\overline{v_1} < \overline{v_2}$，$f(v_{p1}) < f(v_{p2})$

(C) $\overline{v_1} < \overline{v_2}$，$f(v_{p1}) > f(v_{p2})$　　(D) $\overline{v_1} > \overline{v_2}$，$f(v_{p1}) < f(v_{p2})$

二、填空题

1. 在一个以匀速度$\boldsymbol{u}$运动的容器中，盛有分子质量为m的某种双原子理想气体，若使容器突然停止运动，则气体状态达到平衡后，其温度的增量$\Delta T =$ ______ 。

2. 已知 $f(v)$ 为麦克斯韦速率分布函数，$\bar{v}$ 为分子平均速率，则$\int_0^{\bar{v}} f(v)\mathrm{d}v$ 表示________。

3. 速率 $v > \bar{v}$ 的分子的平均速率表达式为$\overline{v'} =$ ________________。

三、计算题

1. 质量为 2.5 g 的氢气和氦气混合气体，盛于某密闭的汽缸里(氢气和氦气均视为刚性分子的理想气体)。若保持汽缸的体积不变，测得此混合气体的温度每升高 1 K，需要吸收的热量等于 $2.25R$(R 为摩尔气体常量)。求：(1) 混合气体中氢气、氦气的质量；(2) 若保持汽缸内的压强不变，要使该混合气体的温度升高 1 K，该气体将吸收多少热量(氢气的 $M_{\mathrm{mol}} = 2\times10^{-3}\ \mathrm{kg\cdot mol^{-1}}$，氦气的 $M_{\mathrm{mol}} = 4\times10^{-3}\ \mathrm{kg\cdot mol^{-1}}$)。

2. 一定量的某种理想气体进行如图甲 4-6-2 所示的循环过程，已知气体在状态 A 的温度为 $T_A = 300$ K，求：(1) 气体在状态 B、C 的温度；(2) 各过程中气体对外所做的功；(3) 经过整个循环，气体从外界吸收的总热量(各过程吸热的代数和)。

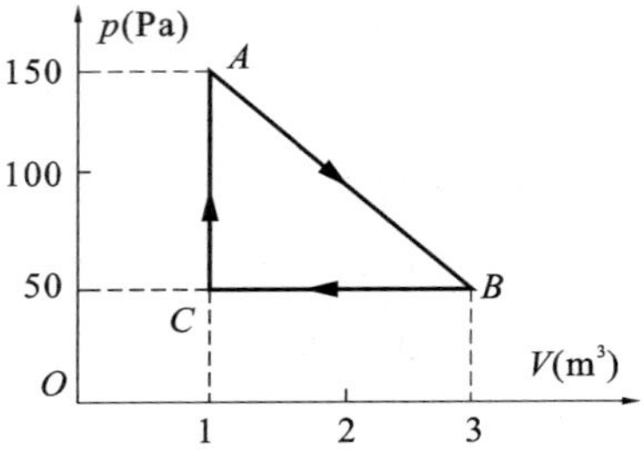

图甲 4-6-2

甲 5-1　电场强度

一、选择题

1. 一均匀带电球面，电荷面密度为 σ，因此球面内电场强度处处为零，球面上面元 $\mathrm{d}S$ 处的电量为 $\sigma\mathrm{d}S$ 的电荷元在球面内各点产生的电场强度(　　)。

(A) 处处不为零　　(B) 不一定都为零

(C) 处处为零　　(D) 无法判定

2. 关于电场强度定义式 $\boldsymbol{E} = \boldsymbol{F}/q_0$，下列说法中哪个是正确的?(　　)。

(A) 场强 $\boldsymbol{E}$ 的大小与试探电荷 q_0 的大小成反比

(B) 场强 $\boldsymbol{E}$ 的大小与试探电荷 q_0 受力 $\boldsymbol{F}$ 的大小成反比

(C) 对场中某点，试探电荷受力 $\boldsymbol{F}$ 与 q_0 的比值不因 q_0 而变

(D) 若场中某点不放试探电荷 q_0，则 $\boldsymbol{F} = 0$，从而 $\boldsymbol{E} = 0$

3. 下列说法中哪一个是正确的?(　　)。

(A) 电场中某点场强的方向，就是将点电荷放在该点所受电场力的方向

(B) 在以点电荷为中心的球面上，由该点电荷所产生的场强处处相同

(C) 场强方向可由 $\boldsymbol{E} = \boldsymbol{F}/q$ 定出，其中 q 为试验电荷的电量，$\boldsymbol{F}$ 为试验电荷所受的电场力

(D) 以上说法都不正确

4. 如图甲 5-1-1 所示，在坐标$(a,0)$处放置一点电荷 $+q$，在坐标$(-a,0)$处放置另一点电荷 $-q$，P 点是 x 轴上的一点，坐标为$(x,0)$。当 $x \gg a$ 时，该点场强的大小为(　　)。

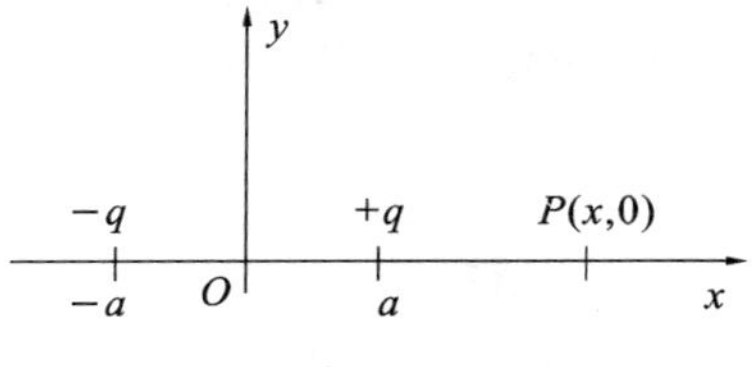

图甲 5-1-1

(A) $\dfrac{q}{4\pi\varepsilon_0 x}$　　(B) $\dfrac{q}{4\pi\varepsilon_0 x^2}$

(C) $\dfrac{qa}{2\pi\varepsilon_0 x^3}$　　(D) $\dfrac{qa}{\pi\varepsilon_0 x^3}$

二、填空题

1. 如图甲 5-1-2 所示，两根相互平行的无限长均匀带正电直线 1、2，相距为 d，其电荷线密度分别为 λ_1 和 λ_2，则场强为零的点与直线 1 的距离 $a =$ ____ 。

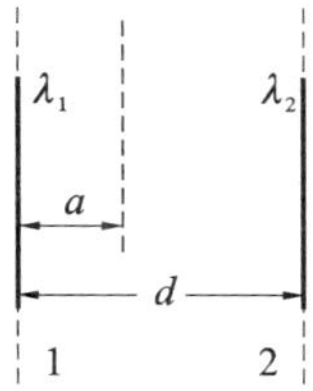

图甲 5-1-2

2. 如图甲 5-1-3 所示，带电量均为 $+q$ 的两个点电荷，分别位于 x 轴上的 a 和 $-a$ 位置。则 y 轴上各点电场强度的表达式为 $\boldsymbol{E} =$ ____________ ，场强最大值的位置在 $y =$ ____________ 。

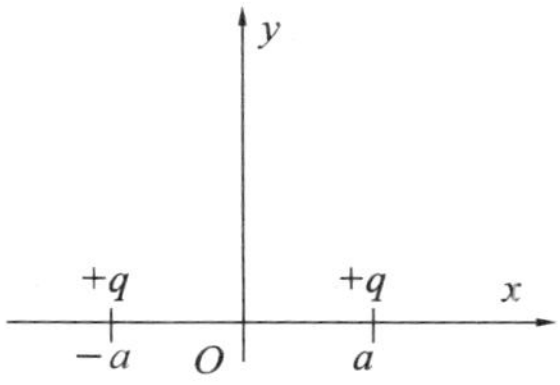

图甲 5-1-3

3. 一电偶极子放在场强为 $\boldsymbol{E}$ 的匀强电场中，电矩的方向与电场强度方向成角 θ。已知作用在电偶极子上的力矩大小为 $\boldsymbol{M}$，则此电偶极子电矩 $\boldsymbol{P}_e$ 的大小为________ 。

三、计算题

1. 用绝缘细线弯成的半圆环，半径为 R，其上均匀地带有正电荷 Q，试求圆心 O 处的电场强度。

2. 一半径为 R 的半球面，均匀地带有电荷，电荷面密度为 σ，求球心处的电场强度。

甲 5-2　高斯定理

一、选择题

1. 如图甲 5-2-1 所示。有一电场强度 $\boldsymbol{E}$ 平行于 x 轴正向的均匀电场，则通过图中一半径为 R 的半球面的电场强度通量为(　　)。

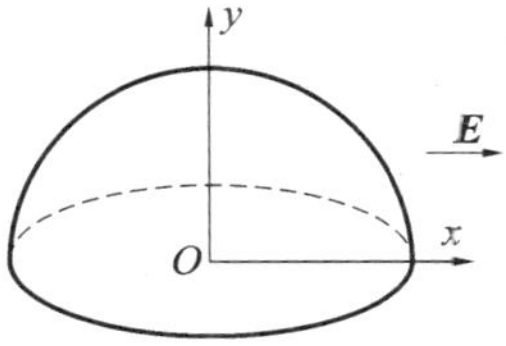

图甲 5-2-1

(A) $\pi R^2 E$　　(B) $\pi R^2 E/2$

(C) $2\pi R^2 E$　　(D) 0

2. 有两个点电荷电量都是 $+q$，相距为 $2a$，今以左边的点电荷所在处为球心，以 a 为半径作一球形高斯面。在球面上取两块相等的小面积 S_1 和 S_2，其位置如图甲 5-2-2 所示。设通过 S_1 和 S_2 的电通量分别为 Φ_1 和 Φ_2，通过整个球面的电场强度通量为 Φ，则(　　)。

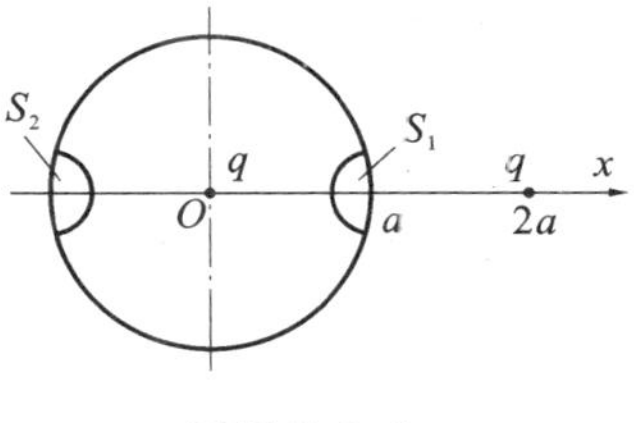

图甲 5-2-2

(A) $\Phi_1 > \Phi_2, \Phi = q/\varepsilon_0$

(B) $\Phi_1 < \Phi_2, \Phi = q/\varepsilon_0$

(C) $\Phi_1 = \Phi_2, \Phi = q/\varepsilon_0$

(D) $\Phi_1 < \Phi_2, \Phi = 2q/\varepsilon_0$

3. 关于高斯定理，以下说法正确的是(　　)。

(A) 高斯定理是普遍适用的，但用它计算电场强度时要求电荷分布具有某种对称性

(B) 高斯定理对非对称性的电场是不正确的

(C) 高斯定理一定可以用于计算电荷分布具有对称性电场的电场强度

(D) 高斯定理一定不可以用于计算非对称性电荷分布的电场的电场强度

4. 图甲 5-2-3 所示为一球对称性静电场的 E-r 关系曲线，请指出该电场是由哪种带电体产生的(E 表示电场强度的大小，r 表示离对称中心的距离)(　　)。

(A) 点电荷

(B) 半径为 R 的均匀带电球体

(C) 半径为 R 的均匀带电球面

(D) 内外半径分别为 r 和 R 的同心均匀带电球壳

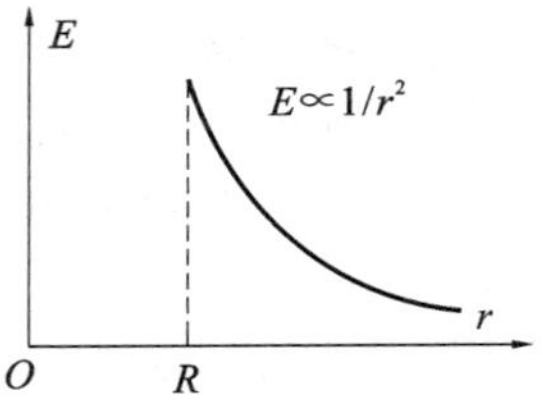

图甲 5-2-3

二、填空题

1. 如图甲 5-2-4 所示，一个带电量为 q 的点电荷位于边长为 l 的正方体的一个顶角上，则通过该正方一个面 $abcd$ 的电通量的大小等于____________。

2. 如图甲 5-2-5 所示，真空中有两个点电荷，带电量分别为 Q 和 $-Q$，相距 $2R$。若以负电荷所在处 O 点为中心，以 R 为半径作高斯球面 S，则通过该球面的电通量 $\Phi=$________；若以 $\boldsymbol{r}_0$ 表示高斯面外法线方向的单位矢量，则高斯面上 A 点电场强度为________。

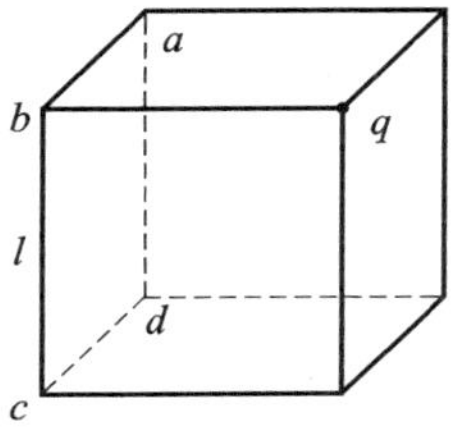

图甲 5-2-4

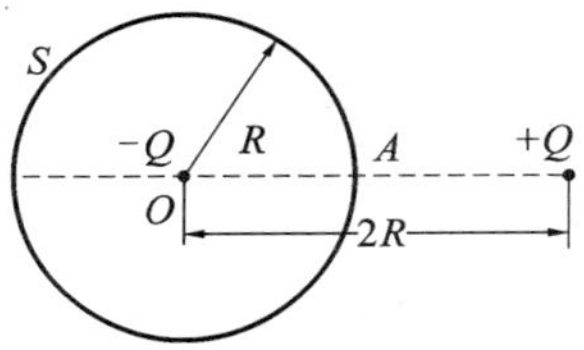

图甲 5-2-5

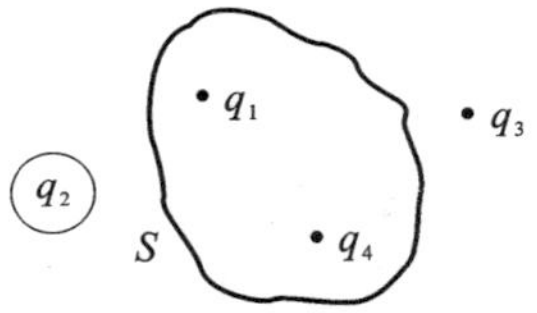

图甲 5-2-6

3. 电荷 q_1、q_2、q_3 和 q_4 在真空中的分布如图甲 5-2-6 所示，其中 q_2 是半径为 R 的均匀带电球体，S 为闭合曲面，则通过闭合曲面 S 的电场强度通量为 $\oint_S \boldsymbol{E}\cdot d\boldsymbol{S}=$______，式中电场强度 $\boldsymbol{E}$ 是______产生的。

三、计算题

1. 如图甲 5-2-7 所示，两块“无限大”均匀带电平行平板，其电荷面密度分别为 $-\sigma$ $(\sigma>0)$ 及 2σ。求图中各区域的电场强度(令 Ⅰ 区、Ⅱ 区、Ⅲ 区的电场强度分别为 $\boldsymbol{E}_1$、$\boldsymbol{E}_2$、$\boldsymbol{E}_3$)。

2. 一带电细线弯成半径为 R 的圆，电荷线密度为 $\lambda=\lambda_0\cos\varphi$，式中 λ_0 为一常数，φ 为半径 R 与 x 轴所成的夹角，如图甲 5-2-8 所示。试求环心 O 处的电场强度。

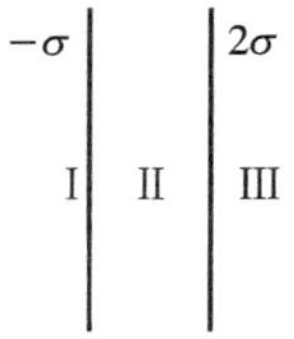

图甲 5-2-7

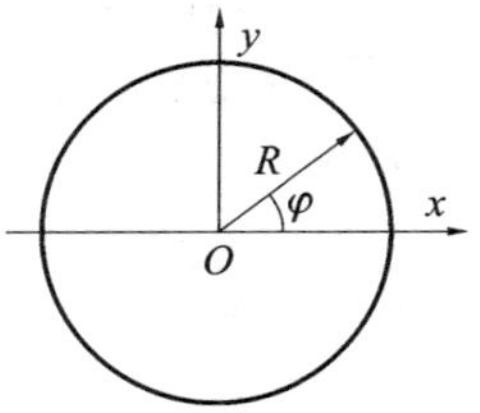

图甲 5-2-8

甲 5-3　电　　势

一、选择题

1. 如图甲 5-3-1 所示，半径为 R 的均匀带电球面，总电量为 Q，设无穷远处的电势为零，则球内距离球心为 r 的 P 点处的电场强度的大小和电势为(　　)。

(A) $E=0, U=\dfrac{Q}{4\pi\varepsilon_0 R}$　　(B) $E=0, U=\dfrac{Q}{4\pi\varepsilon_0 r}$

(C) $E=\dfrac{Q}{4\pi\varepsilon_0 r^2}, U=\dfrac{Q}{4\pi\varepsilon_0 r}$　　(D) $E=\dfrac{Q}{4\pi\varepsilon_0 r^2}, U=\dfrac{Q}{4\pi\varepsilon_0 R}$

2. 如图甲 5-3-2 所示，两个同心的均匀带电球面，内球面半径为 R_1，带电量 Q_1，外球面半径为 R_2，带电量为 Q_2。设无穷远处为电势零点，则在两个球面之间，距中心为 r 处的 P 点的电势为(　　)。

(A) $\dfrac{Q_1+Q_2}{4\pi\varepsilon_0 r}$　　(B) $\dfrac{Q_1}{4\pi\varepsilon_0 R_1}+\dfrac{Q_2}{4\pi\varepsilon_0 R_2}$

(C) $\dfrac{Q_1}{4\pi\varepsilon_0 r}+\dfrac{Q_2}{4\pi\varepsilon_0 R_2}$　　(D) $\dfrac{Q_1}{4\pi\varepsilon_0 R_1}+\dfrac{Q_2}{4\pi\varepsilon_0 r}$

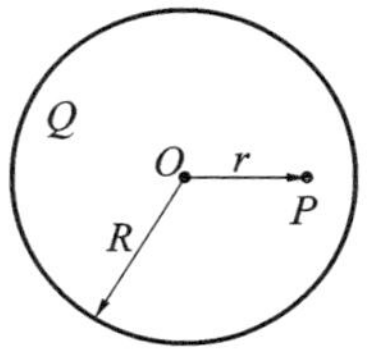

图甲 5-3-1

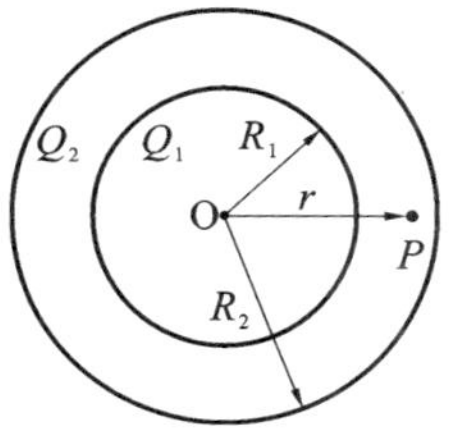

图甲 5-3-2

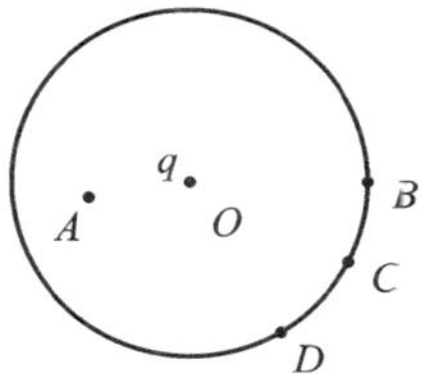

图甲 5-3-3

3. 一电量为 q 的点电荷位于圆心 O 处，A 是圆内一点，B、C、D 为同一圆周上的三点，如图甲 5-3-3 所示。现将一试验电荷从 A 点分别移动到 B、C、D 各点，则(　　)。

(A) 从 A 到 B，电场力做功最大

(B) 从 A 到 C，电场力做功最大

(C) 从 A 到 D，电场力做功最大

(D) 从 A 到各点，电场力做功相等

4. 如图甲 5-3-4 所示，$CDEF$ 为一矩形，边长分别为 l 和 $2l$，在 DC 延长线上 $CA=l$ 处的 A 点有点电荷 $+q$，在 CF 的中点 B 点有点电荷 $-q$，若使单位正电荷从 C 点沿 $CDEF$ 路径运动到 F 点，则电场力所做的功等于(　　)。

(A) $\dfrac{q}{4\pi\varepsilon_0 l^2}\cdot\dfrac{\sqrt{5}-1}{\sqrt{5}}$　　(B) $\dfrac{q}{4\pi\varepsilon_0 l}\cdot\dfrac{\sqrt{5}-1}{\sqrt{5}}$

(C) $\dfrac{q}{4\pi\varepsilon_0 l}\cdot\dfrac{\sqrt{3}-1}{\sqrt{3}}$　　(D) $\dfrac{q}{4\pi\varepsilon_0 l}\cdot\dfrac{1-\sqrt{5}}{\sqrt{5}}$

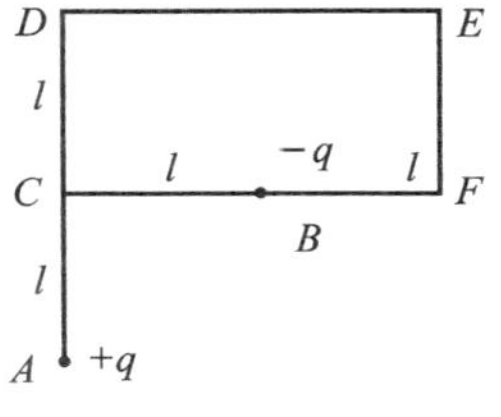

图甲 5-3-4

二、填空题

1. 电量分别为 q_1、q_2、q_3 的三个点电荷位于一圆的直径上，两个在圆周上，一个在圆心，如图甲 5-3-5 所示。设无穷远处为电势零点，圆半径为 R，则 b 点处的电势 $U=$ ________ 。

2. 如图甲 5-3-6 所示，在场强为 $\boldsymbol{E}$ 的均匀电场中，A、B 两点间距离为 d，AB 连线方向与 $\boldsymbol{E}$ 的夹角为 α。从 A 点经任意路径到 B 点的场强线积分 $\int_{AB}\boldsymbol{E}\cdot \mathrm{d}\boldsymbol{l}=$ ________ 。

3. 如图甲 5-3-7 所示，BCD 是以 O 点为圆心，以 R 为半径的半圆弧，在 A 点有一电量为 $-q$ 的点电荷，O 点有一电量为 $+q$ 的点电荷，线段 BA 长为 R。现将一单位正电荷从 B 点沿半圆弧轨道 BCD 移到 D 点，则电场力所做的功为 ________ 。

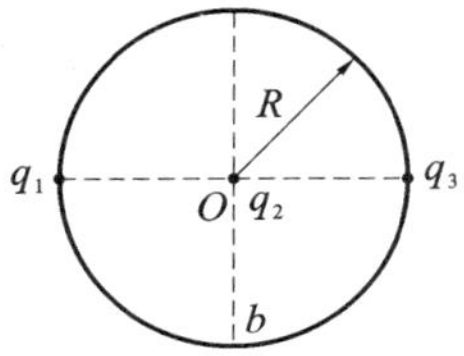

图甲 5-3-5

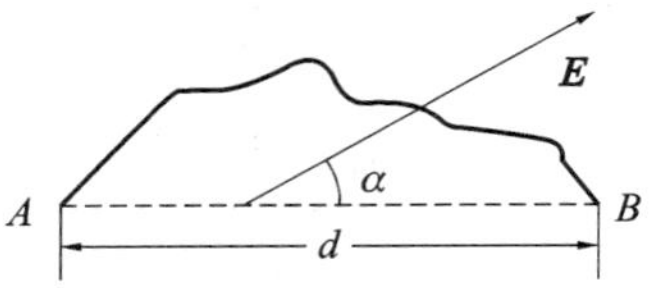

图甲 5-3-6

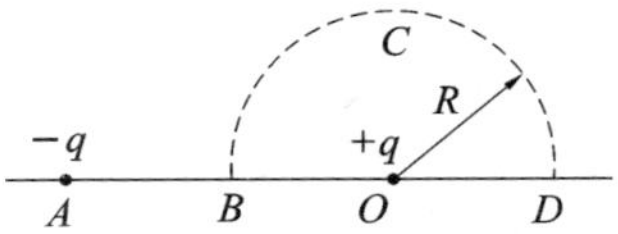

图甲 5-3-7

三、计算题

1. 如图甲 5-3-8 所示，一个均匀带电的球层，其电量为 Q，球层内表面半径为 R_1，外表面半径为 R_2。设无穷远处为电势零点，求空腔内任意点（$r<R_1$）的电势。

2. 已知电荷线密度为 λ 的无限长均匀带电直线附近的电场强度为 $E=\lambda/(2\pi\varepsilon_0 r)$。(1) 求在 r_1、r_2 两点间的电势差 $U_{r_1}-U_{r_2}$；(2) 在点电荷的电场中，曾取 $r\to\infty$ 处的电势为零，求均匀带电直线附近的电势能否这样取？试说明之。

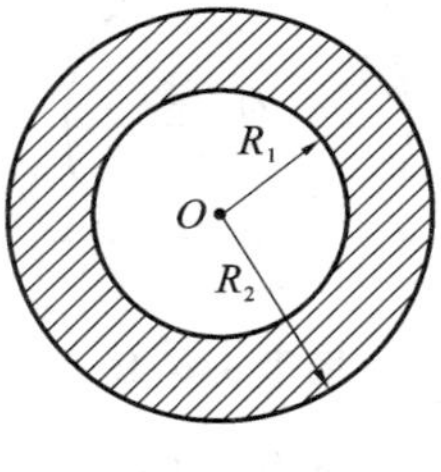

图甲 5-3-8

甲 5-4　静电场中的导体

一、选择题

1. 导体 A 接地方式如图甲 5-4-1 所示，导体 B 带电 $+Q$，则导体 A（　　）。

(A) 带正电　　(B) 带负电

(C) 不带电　　(D) 左边带正电，右边带负电

图甲 5-4-1

2. 三块互相平行的导体板，相互之间的距离 d_1 和 d_2 比板面积线度小得多，外面两板用导线连接，中间板上带电。设左右两面上电荷面密度分别为 σ_1 和 σ_2，如图甲 5-4-2 所示，则比值 $\frac{\sigma_1}{\sigma_2}$ 为（　　）。

(A) d_2/d_1　　(B) 1　　(C) d_1/d_2　　(D) d_2^2/d_1^2

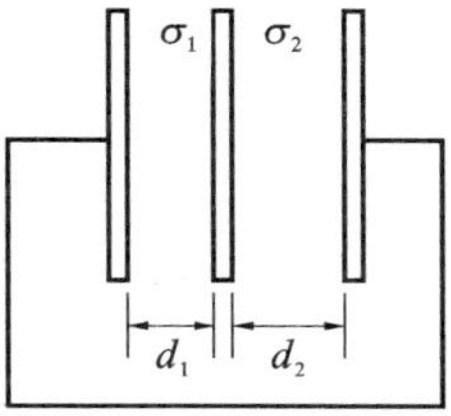

图甲 5-4-2

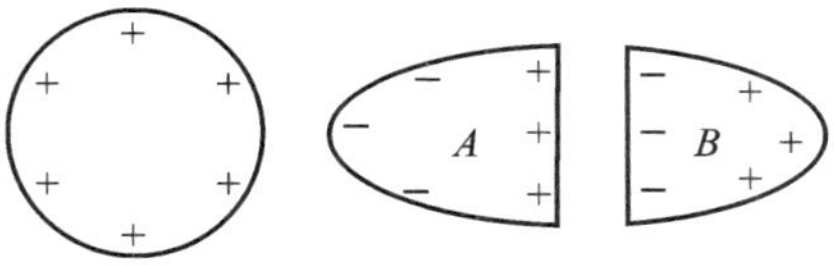

图甲 5-4-3

3. A、B 是两块不带电的导体，放在一带正电导体的电场中，如图甲 5-4-3 所示。设无限远处为电势零点，A 的电势为 U_A，B 的电势为 U_B，则(　　)。

(A)$U_B > U_A \neq 0$　　(B)$U_B < U_A = 0$

(C)$U_B = U_A$　　(D)$U_B < U_A$

4. 半径分别为 R 和 r 的两金属球，相距很远，用一导线将两球连接，并使它们带电。在忽略导线影响的情况下，两球表面的电荷面密度之比 $\frac{\sigma_R}{\sigma_r}$ 为(　　)。

(A)R/r　　(B) R^2/r^2　　(C)r/R　　(D)r^2/R^2

二、填空题

1. 一"无限大"均匀带电平面 A，其附近放一与它平行的有一定厚度的"无限大"平面导体板 B，如图甲 5-4-4 所示。已知 A 上的电荷面密度为 σ，则在导体板 B 的两个表面上的感应电荷面密度 $\sigma_1 =$ ________________；$\sigma_2 =$ ________________。

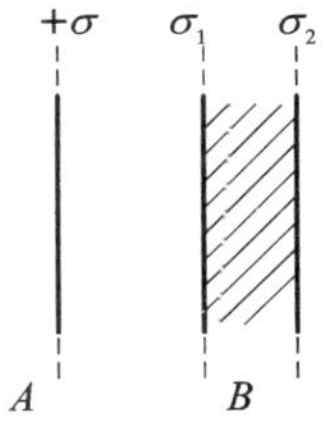

图甲 5-4-4

2. 任意带电体在导体体内(不是空腔导体的腔内)________(填会或不会)产生电场，处于静电平衡下的导体，空间所有电荷(含感应电荷)在导体体内产生电场的________(填矢量和标量)叠加为零。

3. 处于静电平衡下的导体____________(填是或不是)等势体，导体表面附近的电场线与导体表面相互________。

三、计算题

1. 一平行板电容器，极板面积为 S，相距为 d。若 B 板接地，且保持 A 板的电势 $U_A = U_0$ 不变，如图甲 5-4-5 所示，把一块面积相同的带电量为 Q 的导体薄板 C 平行地插入两板之间，求导体薄板 C 的电势 U_C。

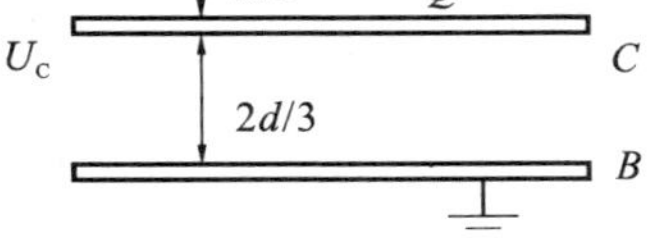

图甲 5-4-5

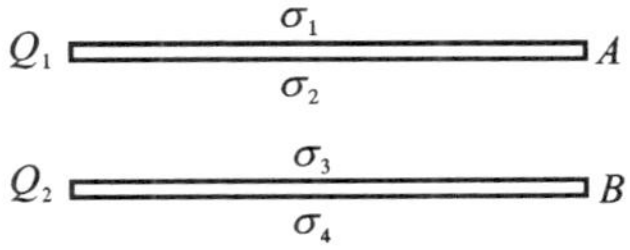

图甲 5-4-6

2. 如图甲 5-4-6 所示，面积均为 $S = 0.1\ \text{m}^2$ 的两金属平板 A、B 平行对称放置，间距为 $d =$

1 mm，今给 A、B 两板分别带电 $Q_1=3.54\times10^{-9}$ C，$Q_2=1.77\times10^{-9}$ C，忽略边缘效应，求：(1) 两板共四个表面的电荷面密度 σ_1、σ_2、σ_3、σ_4；(2) 两板间的电势差 $\Delta U=U_A-U_B$。

甲 5-5　静电场中的电介质

一、选择题

1. 一孤立金属球，带有电量 1.2×10^{-8} C，当电场强度的大小为 3×10^6 V·m^{-1} 时，空气将被击穿。若要空气不被击穿，则金属球的半径至少大于(　　)。

(A) 3.6×10^{-2} m　　(B) 6.0×10^{-6} m

(C) 3.6×10^{-5} m　　(D) 6.0×10^{-3} m

2. 关于静电场中的电位移线，下列说法中，哪一项是正确的？(　　)。

(A) 起自正电荷，止于负电荷，不形成闭合线，不中断

(B) 任何两条电位移线互相平行

(C) 起自正自由电荷，止于负自由电荷，任何两条电位移线在无自由电荷的空间不相交

(D) 电位移线只出现在有电介质的空间

3. 一导体球外充满相对电容率为 ε_r 的均匀电介质，若测得导体表面附近场强为 E，则导体球面上的自由电荷面密度 σ 为(　　)。

(A) $\varepsilon_0 E$　　(B) $\varepsilon_0\varepsilon_r E$　　(C) $\varepsilon_r E$　　(D) $(\varepsilon_0\varepsilon_r-\varepsilon_0)E$

4. 高斯定理 $\oint_S \boldsymbol{D}\cdot d\boldsymbol{S}=Q_0$（$Q_0$ 为高斯面 S 所包围的自由电荷），则以下说法正确的是(　　)。

(A) 电位移矢量 $\boldsymbol{D}$ 与面 S 内外所有电荷有关，积分 $\oint_S \boldsymbol{D}\cdot d\boldsymbol{S}$ 只与面 S 内自由电荷有关

(B) 电位移矢量 $\boldsymbol{D}$ 只与面 S 内自由电荷有关，积分 $\oint_S \boldsymbol{D}\cdot d\boldsymbol{S}$ 与面 S 内外所有电荷有关

(C) 电位移矢量 $\boldsymbol{D}$ 只与面 S 内自由电荷有关，积分 $\oint_S \boldsymbol{D}\cdot d\boldsymbol{S}$ 也只与面 S 内自由电荷有关

(D) 电位移矢量 $\boldsymbol{D}$、积分 $\oint_S \boldsymbol{D}\cdot d\boldsymbol{S}$ 与面 S 内外所有电荷都有关

二、填空题

1. 分子中正、负电荷的中心重合的分子称________分子；正、负电荷的中心不重合的分子称________分子。

2. 静电场中有极分子极化是分子固有电矩受外电场力矩作用而沿外场方向____而产生的，称____极化。

3. 无极分子的极化是分子中电荷受外电场力使正、负电荷中心发生____从而产生附加电矩，称____极化。

三、计算题

1. 如图甲 5-5-1 所示，两块很大的导体平板平行放置，面积都是 S，导体板 A 带电 Q_1，导体板 B 带电 Q_2。两导体板间充满介电常数为 ε 的介质。(1) 不计边缘效应，求两板四表面的电荷面密度；(2) 求两板间的电场强度。

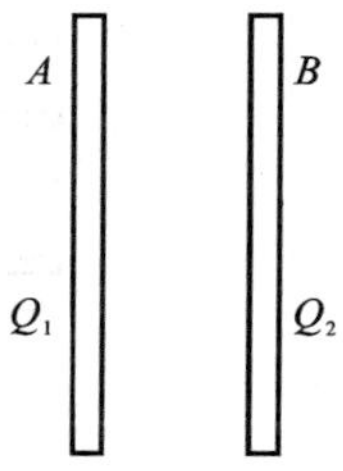

图甲 5-5-1

2. 半径为 R_1 的导体球带电 Q，球外有一层内外半径分别为 R_1、R_2，相对电容率(相对介电常数)为 ε_r 的同心均匀介质球壳，如图甲 5-5-2 所示。求：(1) 离球心距离为 $r_1(r_1 < R_1)$、$r_2(R_1 < r_1 < R_2)$、$r_3(r_1 > R_2)$ 处的电位移矢量 $\boldsymbol{D}$ 和电场强度矢量 $\boldsymbol{E}$ 的大小和方向；(2) 导体球的电势。

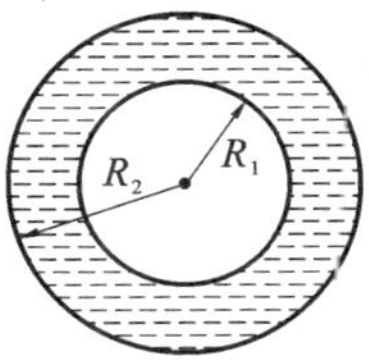

图甲 5-5-2

甲 5-6　电容、电场能量

一、选择题

1. 两个半径相同的金属球，一为空心，一为实心。把两者各自孤立时的电容值加以比较，则(　　)。

(A) 空心球电容值大　　(B) 实心球电容值大

(C) 两球电容值相等　　(D) 大小关系无法确定

2. C_1 和 C_2 两个电容器，其上分别标明 200 pF(电容量)、500 V(耐压值)和300 pF、900 V。把它们串联起来并在两端加上 1000V 电压，则(　　)。

(A) 两者都被击穿　　(B) 两者都不被击穿

(C) C_2 被击穿，C_1 不被击穿　　(D) C_1 被击穿，C_2 不被击穿

3. 关于电动势，以下说法**错误**的是(　　)。

(A) 电源电动势的大小等于将单位正电荷从电源负极经电源内部运送到电源正极非静电力所做的功

(B) 电动势有大小、有方向，故电动势是矢量

(C) 电动势的方向是自负极经电源内部指向到电源正极

(D) 闭合回路电动势的大小等于将单位正电荷沿闭合回路走一周非静电力所做的功

4. 平行板电容器充电后与电源断开，然后在两极板间插入一导体平板，则电容 C、极板间电压 V、极板空间(不含插入的导体板)电场强度 E 及电场的能量 W 将(↑ 表示增大，↓ 表示减小)(　　)。

(A) C↓，U↑，W↑，E↑　　(B) C↓，U↓，W↓，E↓

(C) C↑，U↑，W↑，E↑　　(D) C↑，U↓，W↓，E 不变

二、填空题

1. 一平行板电容器，充电后切断电源，然后使两极板间充满相对电容率为 ε_r 的各向同性均匀电介质，此时两极板间的电场强度是原来的________倍；电场能量是原来的____倍。

2. 在相对电容率为 $\varepsilon_r = 4$ 的各向同性均匀电介质中，与电能密度 $w_e = 2 \times 10^{-6}\ \mathrm{J \cdot cm^{-3}}$ 相应的电场强度的大小 $E =$ ________。

3. 一平行板电容器两极板间电压为 U，其间充满相对电容率为 ε_r 的各向同性均匀电介质，电介质厚度为 d，则电介质中的电场能量密度 $w =$ ________。

三、计算题

1. 一电容器由两个很长的同轴导体薄圆筒组成，内外圆筒半径分别为 $R_1 = 2\ \mathrm{cm}$，$R_2 =$

5 cm，其间充满相对电容率为 ε_r 的各向同性均匀电介质的电容器接在电压 $U=32$ V 的电源上，如图甲 5-6-1 所示（图甲 5-6-1 为装置的横截面图）。试求距离轴线 $R=3.5$ cm 处的 A 点的电场强度和 A 点与外筒间的电势差。

2. 两个相距很远可看作孤立的导体球，半径均为 10 cm，分别充电至 200 V 和 400 V，然后用一根细导线连接两球，使之达到等电势。计算变为等势体的过程中，静电力所做的功。

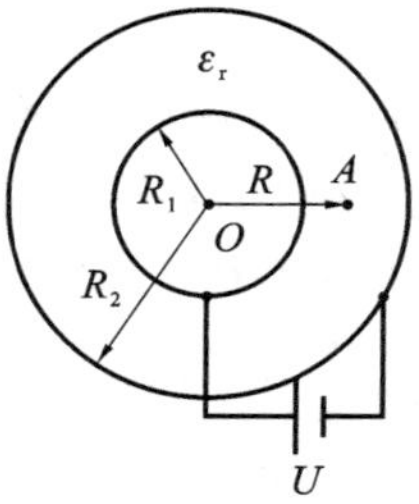

图甲 5-6-1

甲 5-7 静电场习题课

一、选择题

1. 一空气平行板电容器，接电源充电后电容器中储存的能量为 W_0，在保持电源接通的条件下，在两极间充满相对电容率为 ε_r 的各向同性均匀电介质，则该电容器中储存的能量 W 为（　　）。

(A) $W=W_0/\varepsilon_r$　　(B) $W=\varepsilon_r W_0$

(C) $W=(1+\varepsilon_r)W_0$　　(D) $W=W_0$

2. 图甲 5-7-1 所示，两个“无限长”的半径分别为 R_1 和 R_2 的共轴圆柱面，均匀带电，沿轴线方向单位长度上的带电量分别为 λ_1 和 λ_2，则在外圆柱面外面、距离轴线为 r 处的 P 点的电场强度大小 E 为（　　）。

(A) $\dfrac{\lambda_1}{2\pi\varepsilon_0 R_1}+\dfrac{\lambda_2}{2\pi\varepsilon_0 R_2}$

(B) $\dfrac{\lambda_1}{2\pi\varepsilon_0 (r-R_1)}+\dfrac{\lambda_2}{2\pi\varepsilon_0 (r-R_2)}$

(C) $\dfrac{\lambda_1+\lambda_2}{2\pi\varepsilon_0 (r-R_2)}$

(D) $\dfrac{\lambda_1+\lambda_2}{2\pi\varepsilon_0 r}$

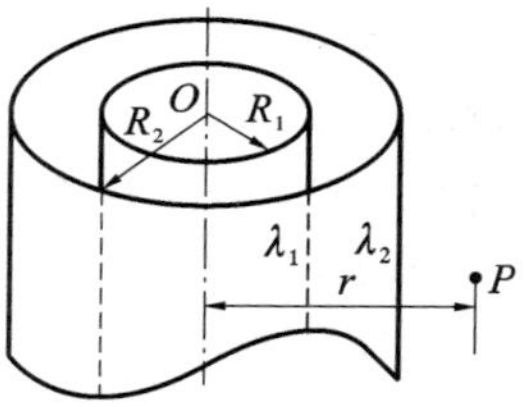

图甲 5-7-1

3. 如图甲 5-7-2 所示，有一带电量为 $+q$，质量为 m 的粒子，自极远处以初速度 $\boldsymbol{v}_0$ 射入点电荷 $+Q$ 的电场中，点电荷 $+Q$ 固定在 O 点不动。当带电粒子运动到与 O 点相距 R 的 P 点时，则粒子速度和加速度的大小分别是（　　）。

(A) $\left(v_0{}^2+\dfrac{Qq}{2\pi\varepsilon_0 Rm}\right)^{1/2}$，$\dfrac{Qq}{4\pi\varepsilon_0 Rm}$

(B) $\left(v_0{}^2+\dfrac{Qq}{4\pi\varepsilon_0 Rm}\right)^{1/2}$，$\dfrac{Qq}{4\pi\varepsilon_0 Rm}$

(C) $\left(v_0{}^2-\dfrac{Qq}{2\pi\varepsilon_0 Rm}\right)^{1/2}$，$\dfrac{Qq}{4\pi\varepsilon_0 R^2 m}$

(D) $\left(v_0{}^2-\dfrac{Qq}{4\pi\varepsilon_0 Rm}\right)^{1/2}$，$\dfrac{Qq}{4\pi\varepsilon_0 R^2 m}$

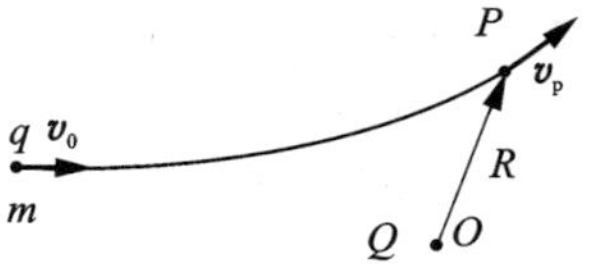

图甲 5-7-2

4.空间有一非均匀电场,其电场线如图甲 5-7-3 所示。若在电场中取一半径为 R 的球面,已知通过球面上 ΔS 面的电通量为 $\Delta \Phi_e$,则通过其余部分球面的电通量为(　　)。

(A) $-\Delta \Phi_e$　　(B) $\dfrac{4\pi R^2\ \Delta \Phi_e}{\Delta S}$

(C) $\dfrac{(4\pi R^2-\Delta S)\ \Delta \Phi_e}{\Delta S}$　　(D) 0

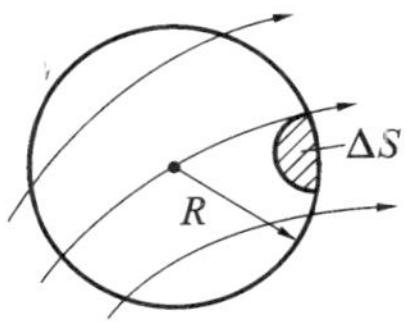

图甲 5-7-3

二、填空题

1.一个平行板电容器的电容值 $C=100$ pF,面积 $S=100\ \text{cm}^2$,两板间充以相对电容率为 $\varepsilon_r=6$ 的云母片。当把它接到 50 V 的电源上时,云母片中电场强度的大小 $E=$ ______;金属板上的自由电荷电量 $q=$ ______ 。

2.半径为 R 的带电圆环(圆心是 O),其轴线上有两点 A 和 B,且 $OA=AB=R$,如图甲 5-7-4 所示,若取无限远处为电势零点,设 A、B 两点的电势分别为 U_1 和 U_2,则 U_1/U_2 为________ 。

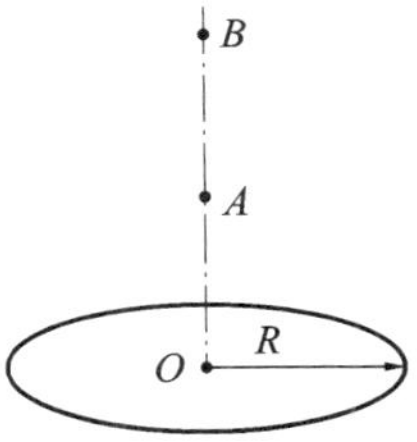

图甲 5-7-4

3.真空中半径为 R_1 和 R_2 的两个导体球相距很远,则两球的电容之比 $C_1/C_2=$ ______ ;当用细长导线将两球相连后,电容 $C=$ ______ 。今将其带电,平衡后球表面附近场强之比 $E_1/E_2=$ ______ 。

三、计算题

1.一平行板空气电容器,极板面积为 S,极板间距为 d,充电至带电 Q 后与电源断开,然后用外力缓缓地把两极间距拉开到 $2d$,求:(1) 电容器能量的改变;(2) 在此过程中外力所做的功,并讨论此过程中的功能转换关系。

2.在带电量为 $+Q$,半径为 R 的均匀带电球体中沿直径开一细洞并嵌一绝缘细管,一质量为 m,带电量为 $-q$ 的点电荷在管中运动。设带电球体固定不动,且忽略点电荷所受的重力,如图甲 5-7-5 所示,$t=0$ 时,点电荷距球心 O 的距离为 $a\,(a<R)$,运动速度为 $v_0=0$,试写出该点电荷的运动方程(即点电荷到球心的距离 r 随时间的变化关系式)。

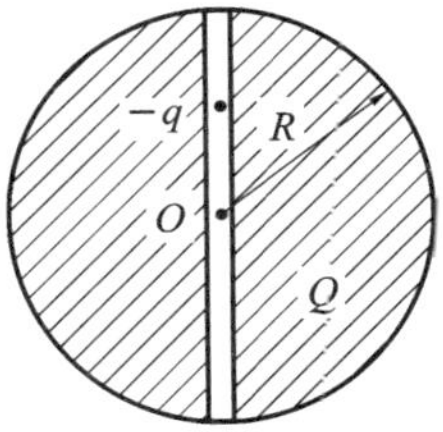

图甲 5-7-5

甲 5-8　毕奥 - 萨伐尔定律

一、选择题

1.如图甲 5-8-1 所示,边长为 l 的正方形线圈中通有电流 I,则此线圈在点 A 处产生的磁感应强度为(　　)。

(A) $\dfrac{\sqrt{2}\mu_0 I}{2\pi l}$　　(B) $\dfrac{\sqrt{2}\mu_0 I}{4\pi l}$

(C) $\dfrac{\sqrt{2}\mu_0 I}{\pi l}$　　(D) 以上均不对

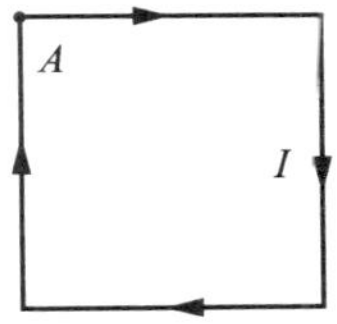

图甲 5-8-1

2.电流 I 由长直导线 1 沿对角线 AC 方向经点 A 流入一电阻均匀分

布的正方形导线框，再由点 D 沿对角线 BD 方向流出，经长直导线 2 返回电源，如图甲 5-8-2 所示。若载流直导线 1、2 和正方形框在导线框中心点 O 处产生的磁感应强度分别用 $\boldsymbol{B}_1$、$\boldsymbol{B}_2$ 和 $\boldsymbol{B}_3$ 表示，则点 O 处磁感应强度的大小为（　　）。

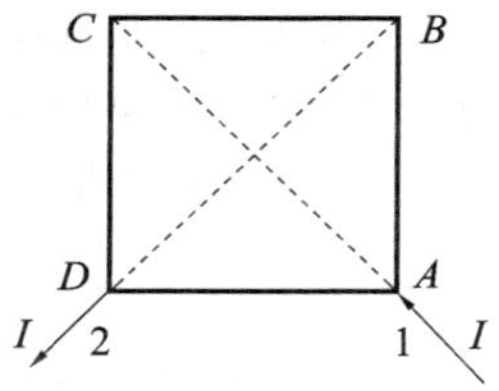

图甲 5-8-2

(A) $B=0$，因为 $B_1=B_2=B_3=0$

(B) $B=0$，因为虽然 $B_1\neq 0$，$B_2\neq 0$，但 $\boldsymbol{B}_1+\boldsymbol{B}_2=0$，$B_3=0$

(C) $B\neq 0$，因为虽然 $B_3=0$，但 $\boldsymbol{B}_1+\boldsymbol{B}_2\neq 0$

(D) $B\neq 0$，因为虽然 $\boldsymbol{B}_1+\boldsymbol{B}_2=0$，但 $B_3\neq 0$

3. 如图甲 5-8-3 所示，无限长直导线在点 P 处弯成半径为 R 的圆，当通以电流 I 时，则在圆心点 O 处的磁感应强度大小等于（　　）。

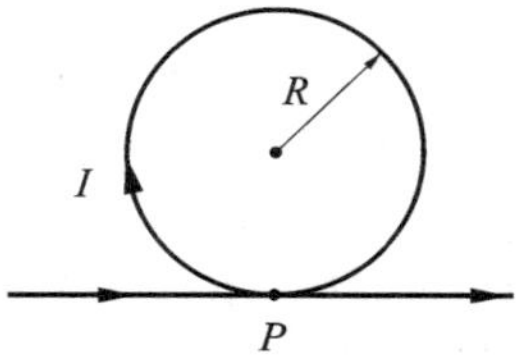

图甲 5-8-3

(A) $\dfrac{\mu_0 I}{2\pi R}$　　(B) $\dfrac{\mu_0 I}{4R}$

(C) $\dfrac{\mu_0 I}{2R}\left(1-\dfrac{1}{\pi}\right)$　　(D) $\dfrac{\mu_0 I}{4R}\left(1+\dfrac{1}{\pi}\right)$

4. 一匝数为 N 的正三角形线圈边长为 a，通有电流为 I，则中心处的磁感应强度为（　　）。

(A) $B=\dfrac{3\sqrt{3}\mu_0 NI}{\pi a}$　　(B) $B=\dfrac{\sqrt{3}\mu_0 NI}{\pi a}$

(C) $B=0$　　(D) $B=\dfrac{9\mu_0 NI}{2\pi a}$

二、填空题

1. 平面线圈的磁矩为 $\boldsymbol{p}_{\mathrm{m}}=IS\boldsymbol{n}$，其中 S 是电流为 I 的平面线圈所围的面积，$\boldsymbol{n}$ 是平面线圈的法向单位矢量，按右手螺旋法则，当四指的方向代表________ 方向时，大拇指的方向代表________ 方向。

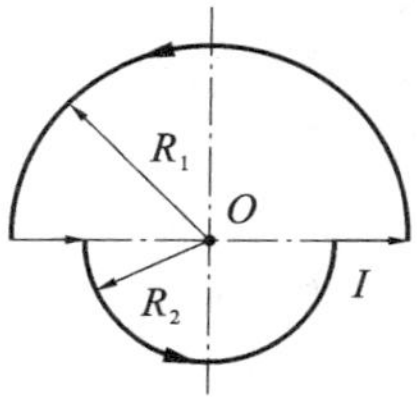

图甲 5-8-4

2. 两个半径分别为 R_1、R_2 的同心半圆形导线共面，与沿直径的直导线连接同一回路，回路中电流为 I，如图甲 5-8-4 所示，则圆心点 O 处的磁感应强度 $\boldsymbol{B}_0$ 的大小为________，方向为________。

3. 如图甲 5-8-5 所示，在真空中，电流由长直导线 1 沿切向经 a 点流入一电阻均匀分布的圆环，再由 b 点沿切向流出，经长直导线 2 返回电源。已知直导线上的电流强度为 I，圆环半径为 R，$\angle aOb=180°$。则圆心点 O 处的磁感应强度的大小 $B=$ ____________。

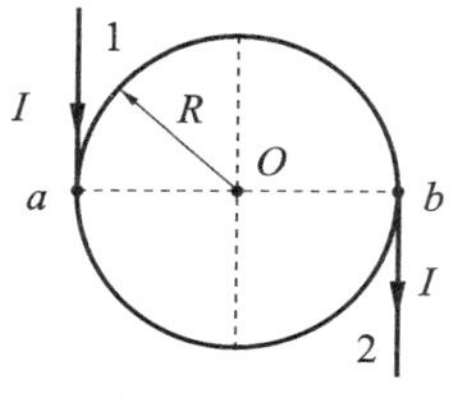

图甲 5-8-5

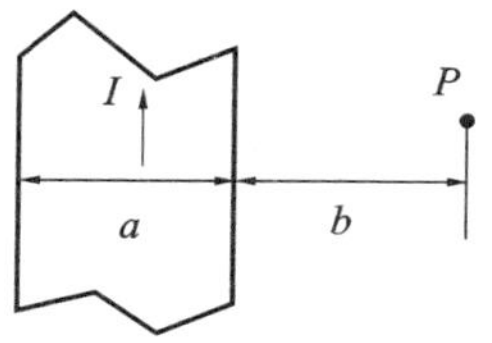

图甲 5-8-6

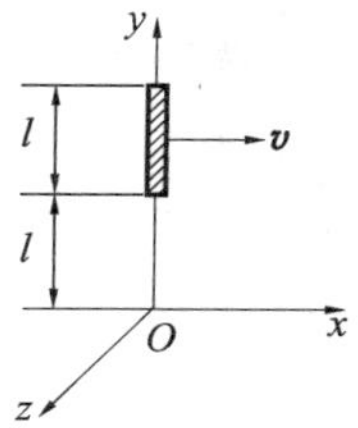

图甲 5-8-7

三、计算题

1. 如图甲 5-8-6 所示，有一无限长通有电流的扁平铜片，宽度为 a，厚度不计，电流 I 在铜片上均匀分布，求在铜片外与铜片共面，且距铜片右边缘为 b 的点 P 处的磁感应强度。

2. 如图甲 5-8-7 所示，长为 l，带电量为 Q 的均匀带电直线平行于 y 轴，在 xy 平面内沿 x 正向以速率 v 运动，近端距 x 轴也为 l。求当它运动到与 y 轴重合时，坐标原点处的磁感应强度。

甲 5-9　毕奥 - 萨伐尔定律(续)、磁通量、磁场中的高斯定理

一、选择题

1. 在均匀磁场 $\boldsymbol{B}$ 中作一半径为 r 的半球面 S，S 边线所围面的法线单位矢量 $\boldsymbol{n}$ 与 $\boldsymbol{B}$ 的夹角为 θ，如图甲 5-9-1 所示。则通过半球面 S 的磁通量为(　　)。

(A) $\pi r^2 B$　　(B) $2\pi r^2 B$

(C) $-\pi r^2 B\sin\theta$　　(D) $-\pi r^2 B\cos\theta$

2. 有一半径为 R 的单匝圆线圈，通以电流 I。若将该导线弯成匝数 $N=2$ 的平面圆线圈，导线长度不变，并通以同样的电流，则线圈中心的磁感应强度和线圈的磁矩分别是原来的(　　)。

(A) 4 倍和 $\frac{1}{2}$ 倍　(B) 4 倍和 $\frac{1}{8}$ 倍　(C) 2 倍和 $\frac{1}{4}$ 倍　(D) 2 倍和 $\frac{1}{2}$ 倍

3. 宽为 a，厚度可以忽略不计的无限长扁平载流金属片，如图甲 5-9-2 所示，中心轴线上方一点 P 的磁感应强度的方向沿(　　)。

(A) y 轴正向　(B) y 轴负向　(C) x 轴正向　(D) x 轴负向

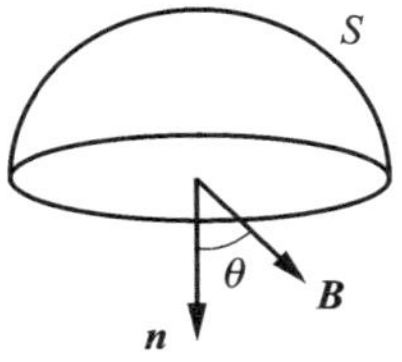

图甲 5-9-1

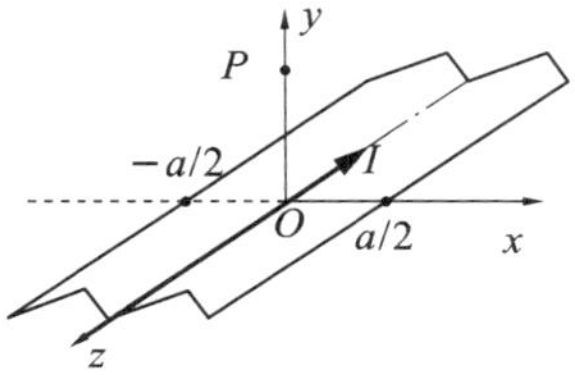

图甲 5-9-2

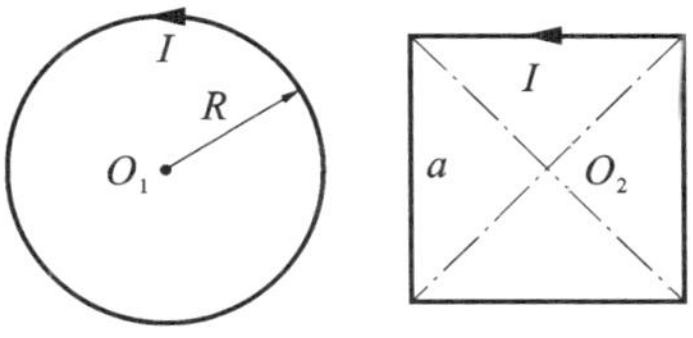

图甲 5-9-3

4. 如图甲 5-9-3 所示，载流圆线圈(半径为 R)与正方形线圈(边长为 a)通有相同电流 I，若两线圈中心 O_1 与 O_2 处的磁感应强度大小相同，则半径 R 与边长 a 之比 $R:a$ 为(　　)。

(A) $1:1$　(B) $\sqrt{2}\pi:8$　(C) $\sqrt{2}\pi:4$　(D) $\sqrt{2}\pi:1$

二、填空题

1. 一电子以速度 $v=1.0\times10^7$ m/s 作直线运动，在与电子相距 $d=1.0\times10^{-9}$ m 的一点处，由电子产生磁场的最大磁感应强度 $B_{\max}=$ ________。

2. 半径为 R 的无限长圆筒形螺线管，在内部产生的是均匀磁场，方向沿轴线，与 I 成右手螺旋，大小为 $\mu_0 nI$，其中 n 为单位长度上的线圈匝数，则通过螺线管横截面磁通量的大小为____________。

3. 氢原子中电子(电量 e)以速度 $\boldsymbol{v}$ 在半径为 r 的圆周上作匀速圆周运动，它等效于一圆电流，其电流 I 用 v、r 表示的关系式为 $I=ev/(2\pi r)$，此圆电流在中心产生的磁场 $B=$ ________。

三、计算题

1. 在无限长直载流导线的右侧有面积为 S_1 和 S_2 的两个矩形回路，回路方向如图甲 5-9-4 所示，两个回路与长直载流导线在同一平面内，且矩形回路的一边与长直载流导线平行。求通过两矩形回路的磁通量及通过 S_1 回路的磁通量与通过 S_2 回路的磁通量之比。

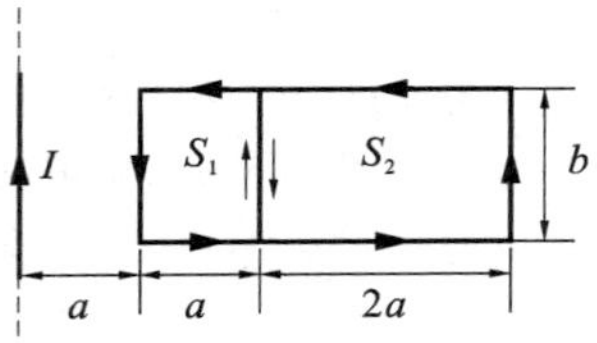

图甲 5-9-4

2. 半径为 R 的薄圆盘均匀带电，总电量为 Q。令此盘绕通过盘心且垂直盘面的轴线作匀速转动，角速度为 ω，求盘心处磁感应强度的大小。

甲 5-10　安培环路定理

一、选择题

1. 在图甲 5-10-1(a)、(b) 中各有一半径相同的圆形回路 L_1 和 L_2，圆周内有电流 I_1 和 I_2，其分布相同，且均在真空中，但在图甲 5-10-1(b) 中，L_2 回路外有电流 I_3，P_1、P_2 为两圆形回路上的对应点，则(　　)。

(A) $\oint_{L_1} \boldsymbol{B} \cdot \mathrm{d}\boldsymbol{l} = \oint_{L_2} \boldsymbol{B} \cdot \mathrm{d}\boldsymbol{l}, \boldsymbol{B}_{P_1} = \boldsymbol{B}_{P_2}$

(B) $\oint_{L_1} \boldsymbol{B} \cdot \mathrm{d}\boldsymbol{l} \neq \oint_{L_2} \boldsymbol{B} \cdot \mathrm{d}\boldsymbol{l}, \boldsymbol{B}_{P_1} = \boldsymbol{B}_{P_2}$

(C) $\oint_{L_1} \boldsymbol{B} \cdot \mathrm{d}\boldsymbol{l} = \oint_{L_2} \boldsymbol{B} \cdot \mathrm{d}\boldsymbol{l}, \boldsymbol{B}_{P_1} \neq \boldsymbol{B}_{P_2}$

(D) $\oint_{L_1} \boldsymbol{B} \cdot \mathrm{d}\boldsymbol{l} \neq \oint_{L_2} \boldsymbol{B} \cdot \mathrm{d}\boldsymbol{l}, \boldsymbol{B}_{P_1} \neq \boldsymbol{B}_{P_2}$

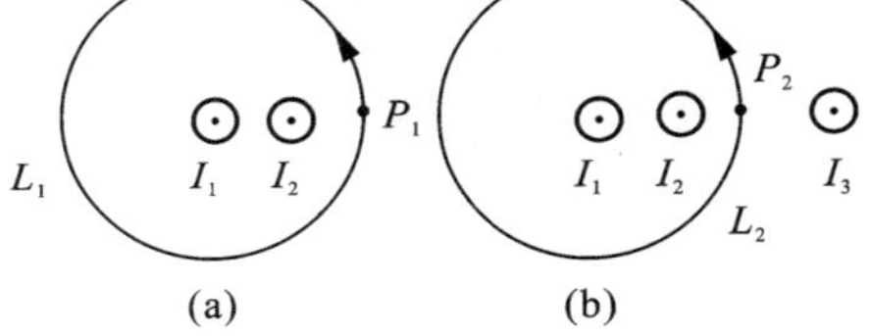

图甲 5-10-1

2. 无限长直圆柱体，半径为 R，沿轴向均匀流有电流。设圆柱体内 ($r < R$) 的磁感应强度为 B_1，圆柱体外 ($r > R$) 的磁感应强度为 B_2，则有(　　)。

(A) B_1、B_2 均与 r 成正比

(B) B_1 与 r 成正比，B_2 与 r 成反比

(C) B_1、B_2 均与 r 成反比

(D) B_1 与 r 成反比，B_2 与 r 成正比

3. 如图甲 5-10-2 所示，两根直导线 ab 和 cd 沿半径方向被接到一个截面处处相等的铁环上，恒定电流 I 从 a 端流入而从 d 端流出，则磁感应强度 B 沿图中闭合路径 L 的积分 $\oint_L \boldsymbol{B} \cdot \mathrm{d}\boldsymbol{l}$ 等于(　　)。

(A) $\mu_0 I$　　(B) $\dfrac{\mu_0 I}{3}$

(C) $\dfrac{\mu_0 I}{4}$　　(D) $\dfrac{2\mu_0 I}{3}$

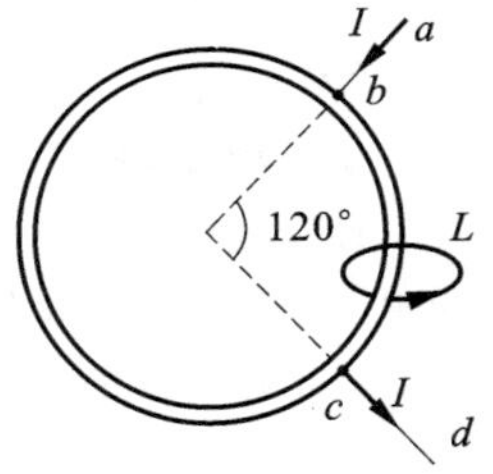

图甲 5-10-2

4. 如图甲 5-10-3 所示，在一圆形电流 I 所在的平面内，选取一个同心圆形闭合回路 L，则由安培环路定理可知(　　)。

(A)$\oint_L \boldsymbol{B}\cdot d\boldsymbol{l}=0$,且环路上任意点 $B\neq 0$

(B)$\oint_L \boldsymbol{B}\cdot d\boldsymbol{l}=0$,且环路上任意点 $B=0$

(C)$\oint_L \boldsymbol{B}\cdot d\boldsymbol{l}\neq 0$,且环路上任意点 $B\neq 0$

(D)$\oint_L \boldsymbol{B}\cdot d\boldsymbol{l}\neq 0$,且环路上任意点 $B=0$

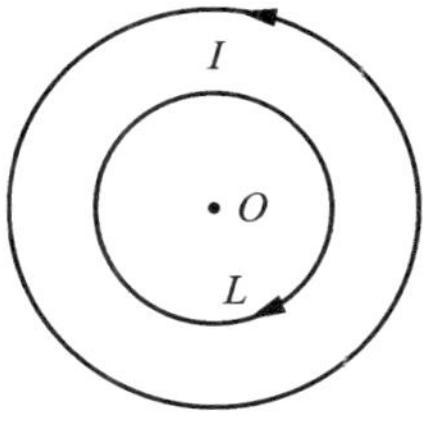

图甲 5-10-3

二、填空题

1. 用相同细导线分别均匀密绕成两个单位长度匝数相等的半径为 R 和 r 的长直螺线管($R=2r$),螺线管长度远大于半径。今让两螺线管载有电流且均为 I,则两螺线管中的磁感应强度大小 B_R 和 B_r 应满足________。

2. 在安培环路定理中$\oint_L \boldsymbol{B}\cdot d\boldsymbol{l}=\mu_0\sum I_i$,$\sum I_i$ 是指__________;$\boldsymbol{B}$ 是指环路 L 上的磁感应强度,它是由环路__________的电流产生的。

3. 两根长直导线通有电流 I,图甲 5-10-4 所示有三种环路,

对于环路 a,$\oint_{L_a}\boldsymbol{B}\cdot d\boldsymbol{l}=$__________;

对于环路 b,$\oint_{L_b}\boldsymbol{B}\cdot d\boldsymbol{l}=$__________;

对于环路 c,$\oint_{L_c}\boldsymbol{B}\cdot d\boldsymbol{l}=$__________。

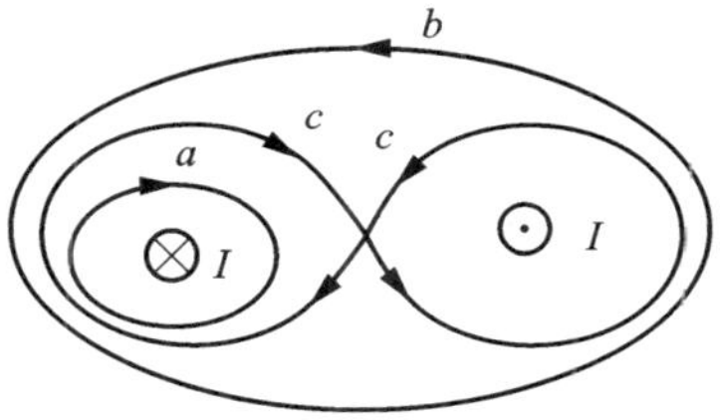

图甲 5-10-4

三、计算题

1. 已知电流为 I 的无限长直均匀密绕螺线管(单位长度上线圈匝数为 n)中心轴线上磁感应强度的大小为 $B=\mu_0 nI$,方向与电流成右手螺旋关系。试用安培环路定理求其内外磁感应强度的大小和方向。

2. 设有两平行的无限大载流平面,它们的电流密度的大小均为 j,电流流向相反,如图甲 5-10-5 所示。求:(1) 两载流平面之间的磁感应强度;(2) 两面之外空间的磁感应强度。

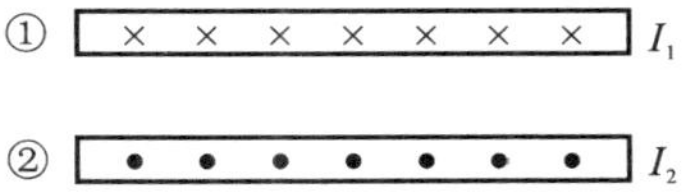

图甲 5-10-5

甲 5-11　安　培　力

一、选择题

1. 如图甲 5-11-1 所示,匀强磁场中有一矩形通电线圈,它的平面与磁场平行,在磁场作用下,线圈发生转动,其方向是(　　)。

(A)ab 边转入纸内,cd 边转出纸外　(B)ab 边转出纸外,cd 边转入纸内

(C)ad 边转入纸内,bc 边转出纸外　(D)ad 边转出纸外,bc 边转入纸内

2. 若一平面载流线圈在磁场中既不受力,也不受力矩作用,这说明(　　)。

(A) 该磁场一定不均匀,且线圈的磁矩方向一定与磁场方向平行

(B) 该磁场一定不均匀,且线圈的磁矩方向一定与磁场方向垂直

(C) 该磁场一定均匀，且线圈的磁矩方向一定与磁场方向平行

(D) 该磁场一定均匀，且线圈的磁矩方向一定与磁场方向垂直

3. 有一半径为 $R=0.1\ \text{m}$ 的由细软导线做成的圆环，流过的电流 $I=10\ \text{A}$，将圆环放在一磁感应强度 $B=1\ \text{T}$ 的均匀磁场中，磁场的方向与圆电流的磁矩方向一致，今有外力作用在导线环上，使其变成正方形，则在维持电流不变的情况下，外力克服磁场力所做的功是(　　)。

(A)1 J　　(B)0.314 J　　(C)0.247 J　　(D)6.75×10^{-2} J

4. 如图甲 5-11-2 所示，三条无限长直导线等距地并排安放，导线 Ⅰ、Ⅱ、Ⅲ 分别载有 1 A、2 A、3 A 同方向的电流，由于磁相互作用的结果，导线单位长度上分别受力 F_1、F_2 和 F_3，则 F_1 与 F_2 的比值 F_1/F_2 等于(　　)。

(A)7/8　　(B)5/8　　(C)7/18　　(D)5/4

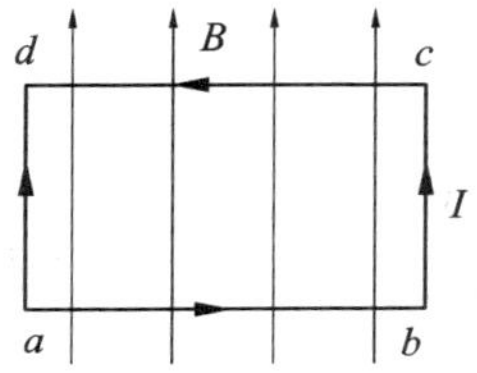

图甲 5-11-1

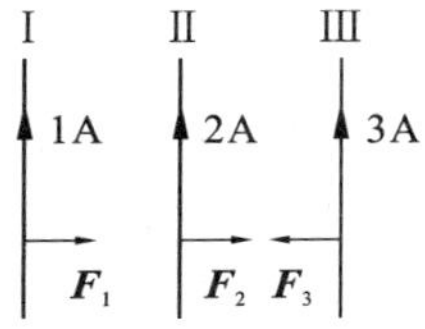

图甲 5-11-2

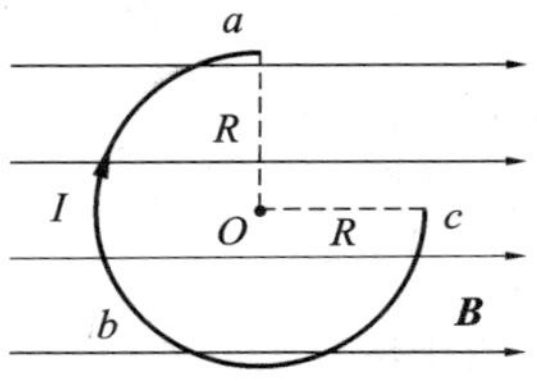

图甲 5-11-3

二、填空题

1. 如图甲 5-11-3 所示，在真空中有一半径为 R 的 3/4 圆弧形的导线，其中通以稳恒电流 I，导线置于均匀外磁场中，且 $\boldsymbol{B}$ 与导线所在平面平行。则该载流导线所受磁力的大小为__________。

2. 磁场中某点磁感应强度的大小为 $2.0\ \text{Wb}\cdot\text{m}^{-2}$，在该点一圆形试验线圈所受的磁力矩为最大磁力矩 $6.28\times10^{-6}\ \text{m}\cdot\text{N}$，如果通过的电流为 10 mA，则可知线圈的半径为________ m，这时线圈平面法线方向与该处磁场方向的夹角为________。

3. 一半圆形闭合线圈，半径 $R=0.2\ \text{m}$，通有电流 $I=5\ \text{A}$，放在均匀磁场中。磁场方向与线圈平面平行，如图甲 5-11-4 所示。磁感应强度 $B=0.5\ \text{T}$，则线圈所受到磁力矩为__________。若此线圈受磁力矩的作用从上述位置转到线圈平面与磁场方向成 30° 的位置，则此过程中磁力矩做功为__________。

三、计算题

1. 如图甲 5-11-5 所示，将一导线密绕成内半径为 R_1，外半径为 R_2 的圆形平面线圈，导线截面直径为 b，电流为 I，求此线圈磁矩的大小。

2. 如图甲 5-11-6 所示，半径为 R 的半圆线圈 ACD 通有电流 I_2，置于电流为 I_1 的无限长直线电流的磁场中，直线电流 I_1 恰过半圆的直径，两导线相互绝缘。求半圆线圈受到长直线电流 I_1 的磁力。

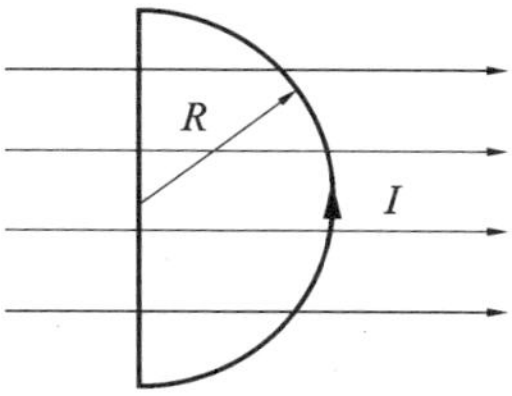

图甲 5-11-4

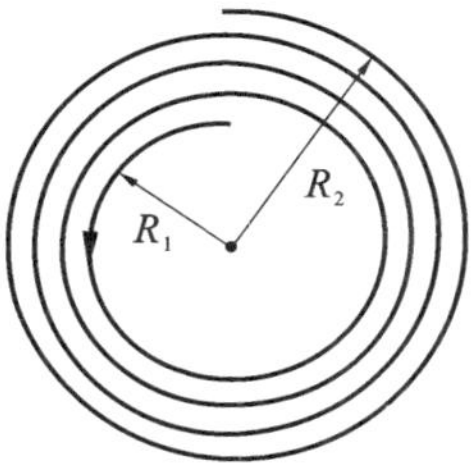

图甲 5-11-5

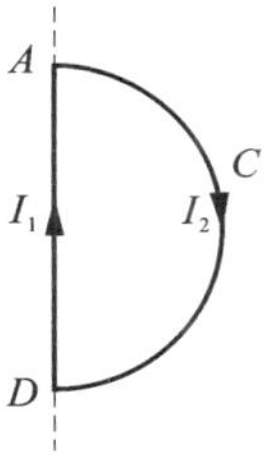

图甲 5-11-6

甲 5-12　洛仑兹力

一、选择题

1. 一个能量为 E 的电子，沿图甲5-12-1 所示方向入射并能穿过一个宽度为 D、磁感应强度为 $\boldsymbol{B}$(方向垂直纸面向外）的均匀磁场区域，则该电子出射方向和入射方向间的夹角为(　　)。

(A) $\alpha=\cos^{-1}\dfrac{EBD}{\sqrt{2mE}}$　　(B) $\alpha=\sin^{-1}\dfrac{eBD}{\sqrt{2mE}}$

(C) $\alpha=\sin^{-1}\dfrac{BD}{e\sqrt{2mE}}$　　(D) $\alpha=\cos^{-1}\dfrac{BD}{e\sqrt{2mE}}$

2. 一电子以速度 $\boldsymbol{v}$ 垂直地进入磁感应强度为 $\boldsymbol{B}$ 的均匀磁场中，此电子在磁场中运动的轨道所围的面积内的磁通量是(　　)。

(A) 正比于 B，反比于 v^2　　(B) 反比于 B，正比于 v^2

(C) 正比于 B，反比于 v　　(D) 反比于 B，反比于 v

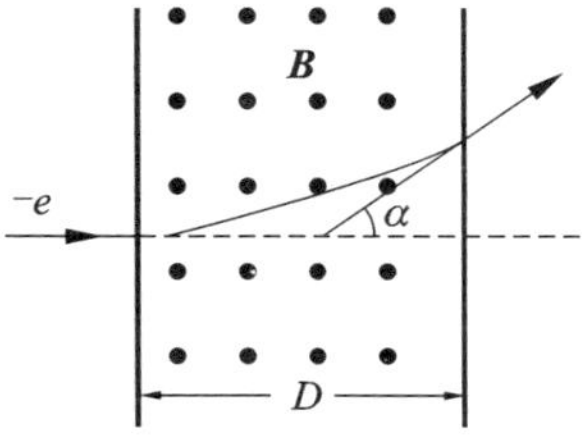

图甲 5-12-1

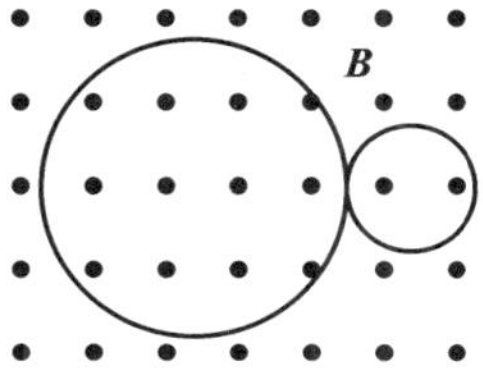

图甲 5-12-2

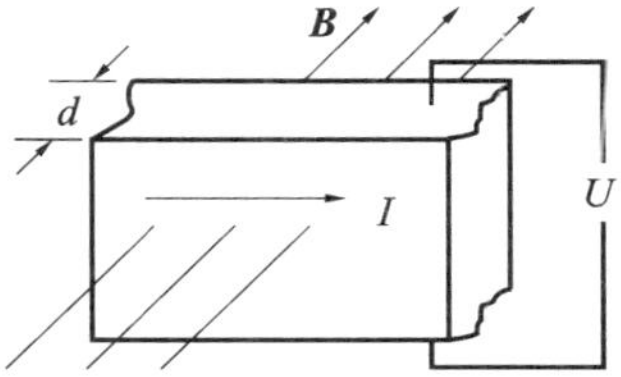

图甲 5-12-3

3. 一匀强磁场，其磁感应强度方向垂直纸面向外，两带电粒子在该磁场中的运动轨迹如图甲 5-12-2 所示，则(　　)。

(A) 两粒子的电荷必然同号　　(B) 两粒子的运动周期必然不同

(C) 两粒子的动量大小必然不同　　(D) 两粒子的电荷可以同号也可以异号

4. 一铜板厚度为 $d=1.00$ mm，放置在待测的匀强磁场 $\boldsymbol{B}$ 中，磁场方向垂直于导体的平面，如图甲 5-12-3 所示。当铜板中的电流为 56 A 时，测得铜板上下两侧边的电势差为 $U=1.10\times10^{-5}$ V。已知铜板中自由电子数密度 $n=4.20\times10^{28}\ \mathrm{m^{-3}}$，电子电量 $e=1.60\times10^{-19}$ C，则待测磁场 $\boldsymbol{B}$ 的大小为(　　)。

(A)0.66 T　　(B)2.64 T　　(C)1.32 T　　(D)13.2 T

二、填空题

1. 在电场强度 $\boldsymbol{E}$ 和磁感应强度 $\boldsymbol{B}$ 方向一致的匀强电场和匀强磁场中，有一运动电子，某时刻速度 $\boldsymbol{v}$ 的方向如图甲 5-12-4 所示。设电子质量为 m，电量为 q，则该时刻运动电子法向加速度和切向加速度的大小分别为 $a_n =$ ______，$a_t =$ ______。

2. 图甲 5-12-5 所示为磁场中的通电薄金属板，当磁感应强度 $\boldsymbol{B}$ 沿 x 正向，电流 I 沿 y 正向，则金属板对应于霍耳电势差的电场强度 $\boldsymbol{E}_H$ 的方向沿______。

3. 磁场中某点处的磁感应强度 $\boldsymbol{B} = 0.50\boldsymbol{i} + 0.40\boldsymbol{j}$ (T)，一电子以速度 $\boldsymbol{v} = -7.0 \times 10^6 \boldsymbol{i} + 4.0 \times 10^6 \boldsymbol{j}$ ($\mathrm{m \cdot s^{-1}}$) 通过该点，则作用于该电子上的磁场力 $\boldsymbol{F}$ 为______N。

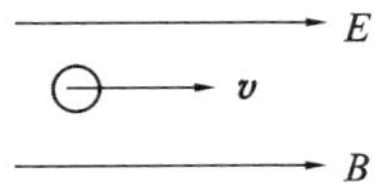

图甲 5-12-4

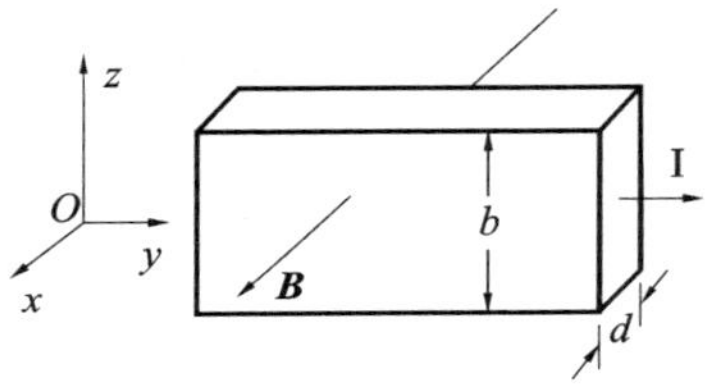

图甲 5-12-5

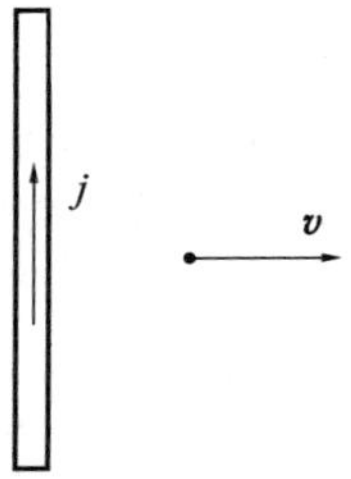

图甲 5-12-6

三、计算题

1. 如图甲 5-12-6 所示，有一无限大平面导体薄板，自下而上均匀通有电流，已知其面电流密度为 j(即单位宽度上通有的电流)。有一质量为 m，带正电量为 q 的粒子，以速度 $\boldsymbol{v}$ 沿平板法线方向向外运动。若不计粒子重力，求：(1) 带电粒子最初至少在距板多远处才不与平板碰撞。(2) 需经多长时间，才能回到初始位置。

2. 一带电为 Q，质量为 m 的粒子在均匀磁场中由静止开始下落，磁场的方向(z 轴方向)与重力方向(y 轴方向)垂直，求粒子下落距离为 y 时的速率，并讲清求解方法的理论依据。

甲 5-13　磁场中的磁介质

一、选择题

1. 如图甲 5-13-1 所示，一个磁导率为 μ_1 的无限长均匀磁介质圆柱体，半径为 R_1，其中均匀地通过电流 I。在它外面还有一半径为 R_2 的无限长同轴圆柱面，其上通有与前者方向相反的电流 I，两者之间充满磁导率为 μ_2 的均匀磁介质，则在 $0 < r < R_1$ 的空间，磁场强度 $\boldsymbol{H}$ 的大小为(　　)。

(A)0　　(B)$I/(2\pi r)$

(C)$Ir/(2\pi R_1{}^2)$　　(D) $I/(2\pi R_1)$

2. 图甲 5-13-2 中，M、P、O 为软磁材料制成的棒，三者在同一平面内，当 K 闭合后(　　)。

(A)P 的左端出现 N 极　　(B)M 的左端出现 N 极

(C)O 的右端出现 N 极　　(D)P 的右端出现 N 极

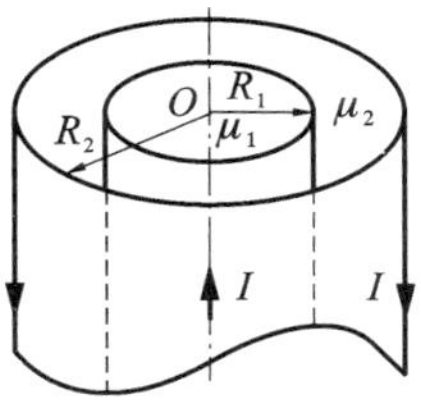

图甲 5-13-1

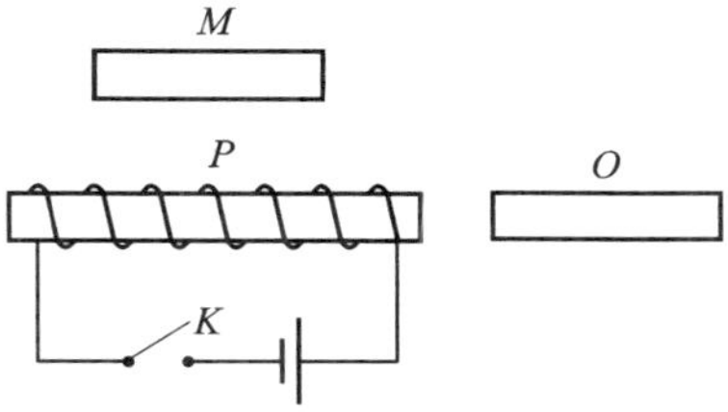

图甲 5-13-2

3. 用细导线均匀密绕成长为 l、半径为 $a(l \gg a)$、总匝数为 N 的螺线管，管内充满相对磁导率为 μ_r 的均匀磁介质。若线圈中电流为 I，则管中任意一点(　　)。

(A) 磁场强度大小为 $H = NI$，磁感应强度大小为 $B = \mu_0\mu_r NI$

(B) 磁场强度大小为 $H = \mu_0 NI/l$，磁感应强度大小为 $B = \mu_0\mu_r NI/l$

(C) 磁场强度大小为 $H = NI/l$，磁感应强度大小为 $B = \mu_r NI/l$

(D) 磁场强度大小为 $H = NI/l$，磁感应强度大小为 $B = \mu_0\mu_r NI/l$

4. 以下说法中正确的是(　　)。

(A) 若闭曲线 L 内没有包围传导电流，则曲线 L 上各点的 $\boldsymbol{H}$ 必等于零

(B) 对于抗磁质，$\boldsymbol{B}$ 与 $\boldsymbol{H}$ 一定同向

(C) $\boldsymbol{H}$ 仅与传导电流有关

(D) 闭曲线 L 上各点 $\boldsymbol{H}$ 为零，则该曲线所包围的传导电流的代数和必为零

二、填空题

1. 空气中某处的磁感应强度 $B = 1$ T，空气的相对磁导率 $\mu_r = 1.000304$，那么此处磁场强度 $H =$ ________ 。

2. 螺绕环上均匀密绕线圈，线圈中通有电流，管内充满相对磁导率为 $\mu_r = 4200$ 的磁介质。设线圈中的电流在磁介质中产生的磁感应强度的大小为 B_0，磁化电流在磁介质中产生的磁感应强度的大小为 B'，则 B_0 与 B' 之比为____________。

3. 硬磁材料的特点是____________，适于制造____________。

三、计算题

1. 图甲 5-13-3 所示为某细螺绕环，它是由表面绝缘的导线在铁环上密绕而成，若每厘米绕 10 匝线圈。当导线中的电流 $I = 2.0$ A 时，测得铁环内的磁感应强度的大小 $B = 1.0$ T，求铁环的相对磁导率 μ_r。

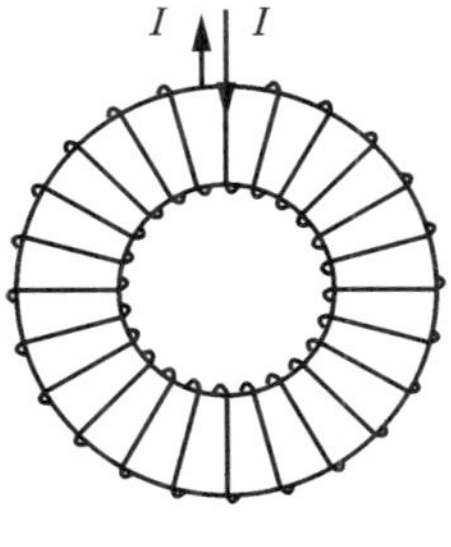

图甲 5-13-3

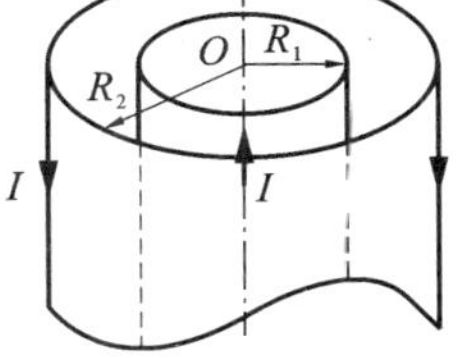

图甲 5-13-4

2. 一根同轴电缆线由半径为 R_1 的长导线和套在它外面的半径为 R_2 的同轴薄导体圆筒组成，中间充满相对磁导率为 μ_r 的各向同性均匀非铁磁绝缘介质，如图甲 5-13-4 所示。传导电流沿导线向上流去，由圆筒向下

流回，电流在截面上均匀分布，求介质内的磁感应强度。

甲 5-14 稳恒磁场习题课

一、选择题

1. 如果想让一质子在地磁场中一直沿着赤道运动，发射该质子的速度方向应是(　　)。

(A) 平行赤道向东　　(B) 平行赤道向西

(C) 垂直赤道向北　　(D) 垂直赤道向南

(E) 垂直赤道向上　　(F) 垂直赤道向下

2. 边长为 l 的正方形线圈，分别用图甲 5-14-1 所示的两种方式通以电流 I(其中 ab、cd 与正方形共面)，在这两种情况下，线圈在其中心产生的磁感应强度的大小分别为(　　)。

(A) $B_1=0; B_2=0$

(B) $B_1=0; B_2=\dfrac{2\sqrt{2}\mu_0 I}{\pi l}$

(C) $B_1=\dfrac{2\sqrt{2}\mu_0 I}{\pi l}; B_2=0$

(D) $B_1=\dfrac{2\sqrt{2}\mu_0 I}{\pi l}; B_2=\dfrac{2\sqrt{2}\mu_0 I}{\pi l}$

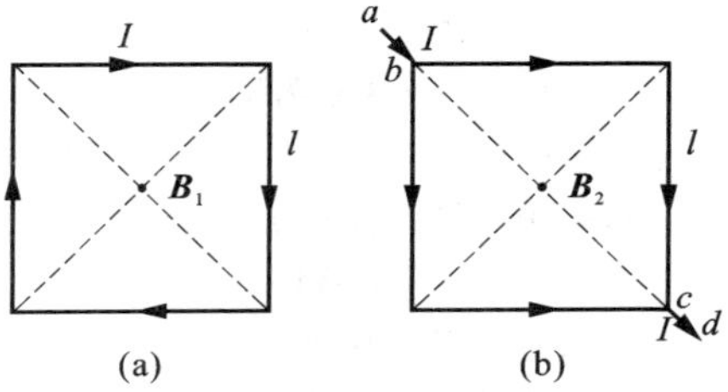

图甲 5-14-1

3. 在匀强磁场中，有两个平面线圈，其面积 $A_1=2A_2$，通有电流 $I_1=2I_2$，它们所受的最大磁力矩之比 $\dfrac{M_1}{M_2}$ 等于(　　)。

(A) 4　　(B) 2　　(C) 1　　(D) 1/4

4. 一个通有电流 I 的导体，厚度为 d，横截面积为 S，放在磁感应强度为 $\boldsymbol{B}$ 的匀强磁场中，磁场方向如图甲 5-14-2 所示。现测得导体上下两面电势差为 U，则此导体的霍耳系数等于(　　)。

(A) $\dfrac{IUS}{Bd}$　　(B) $\dfrac{IBU}{dS}$

(C) $\dfrac{US}{IBd}$　　(D) $\dfrac{Ud}{IB}$

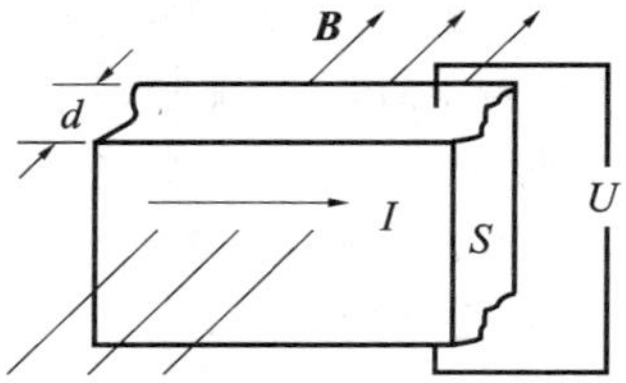

图甲 5-14-2

二、填空题

1. 一质点带有电荷 $q=8.0\times10^{-19}$ C，以速度 $v=3.0\times10^{5}$ m/s 在半径为 $R=6.0\times10^{-8}$ m 的圆周上，作匀速圆周运动，该运动的带电质点在轨道中心所产生的磁感应强度 $B=$________。该运动的带电质点轨道运动的磁矩 $P_m=$________。

2. 如图甲 5-14-3 所示，将半径为 R 的无限长导体薄壁管(厚度忽略)沿轴向割去一宽度为 $h(h\ll R)$ 的无限长狭缝后，再沿轴向均匀地通以电流，其面电流的线密度为 i，则管轴线上磁感应强度的大小是________。

3. 在磁感应强度为 $\boldsymbol{B}=a\boldsymbol{i}+b\boldsymbol{j}+c\boldsymbol{k}$(T) 的均匀磁场中，有一个半径为 R 的半球面形碗(球面

法线沿球面向外),碗口向上,即开口沿 z 轴正方向。则通过此半球形碗的磁通量为________ 。

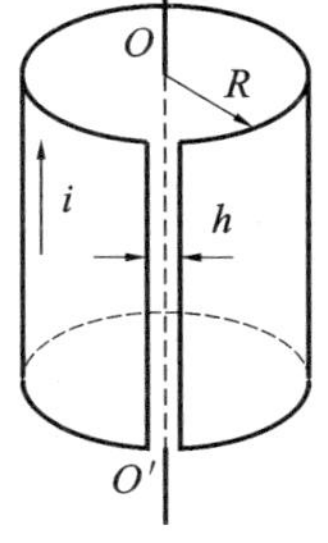

图甲 5-14-3

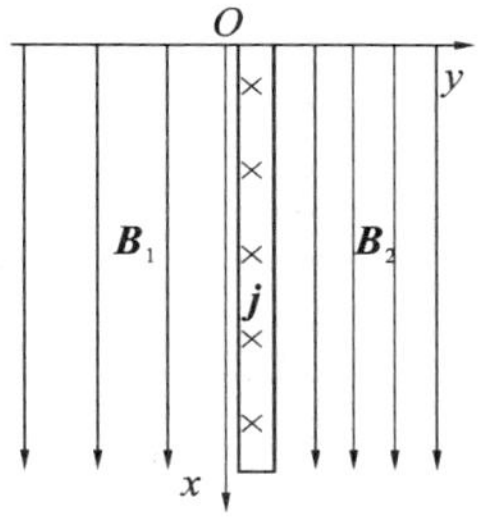

图甲 5-14-4

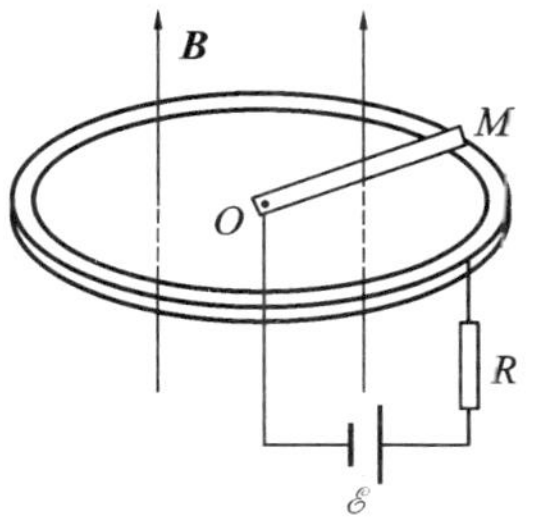

图甲 5-14-5

三、计算题

1. 如图 5-14-4 所示,将一无限大均匀载流平面放入均匀磁场中(设均匀磁场方向沿 Ox 轴正方向),其电流方向与磁场方向垂直且指向纸内,已知放入后平面两侧的总磁感应强度分别为 $\boldsymbol{B}_1$ 与 $\boldsymbol{B}_2$,求:(1) 原磁场的磁感应强度 $\boldsymbol{B}_0$ 及此无限大均匀载流平面激发磁场的磁感应强度 $\boldsymbol{B}'$;(2) 此无限大均匀载流平面的面电流的线密度 j。

2. 如图 5-14-5 所示,水平面内有一圆形导体轨道,匀强磁场 $\boldsymbol{B}$ 的方向与水平面垂直,一金属杆 OM(质量为 m)可在轨道上绕 O 运转,轨道半径为 a。若金属杆与轨道的摩擦力正比于 M 点的速度,比例系数为 k,设回路中的电流 I 为已知。试求:(1) 若保持回路中的电流 I 不变,开始时金属杆处于静止,求 t 时刻金属杆的角速度 ω;(2) 为使金属杆不动,在 M 点应加多大的切向力?

甲 5-15　电磁感应定律、动生电动势

一、选择题

1. 在一线圈回路中,规定满足如图甲 5-15-1 所示的旋转方向时,电动势 $\mathscr{E}$、磁通量 Φ_m 为正值。若磁铁沿箭头方向进入线圈,则(　　)。

(A) $\dfrac{d\Phi_m}{dt}<0,\mathscr{E}<0$　　(B) $\dfrac{d\Phi_m}{dt}>0,\mathscr{E}<0$

(C) $\dfrac{d\Phi_m}{dt}>0,\mathscr{E}>0$　　(D) $\dfrac{d\Phi_m}{dt}<0,\mathscr{E}>0$

2. 一长直螺线管,单位长度匝数为 n,电流为 I。其中部放一面积为 A,总匝数为 N,电阻为 R 的测量线圈,如图甲 5-15-2 所示。开始时螺线管与测量线圈的轴线平行,若将测量线圈翻转 180°,则通过测量线圈某导线截面上的电量 Δq 为(　　)。

(A) $\dfrac{2\mu_0 nINA}{R}$　(B) $\dfrac{\mu_0 nINA}{R}$　(C) $\dfrac{\mu_0 NIA}{R}$　(D) $\dfrac{\mu_0 nIA}{R}$

3. 若尺寸相同的铁环与铜环所包围的面积中穿过相同变化率的磁通量,则在两环中(　　)。

(A) 感应电动势不同,感应电流相同

(B) 感应电动势相同,感应电流也相同

(C) 感应电动势不同,感应电流也不同

(D) 感应电动势相同,感应电流不同

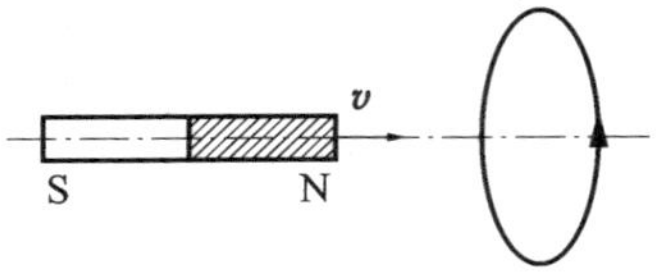

图甲 5-15-1

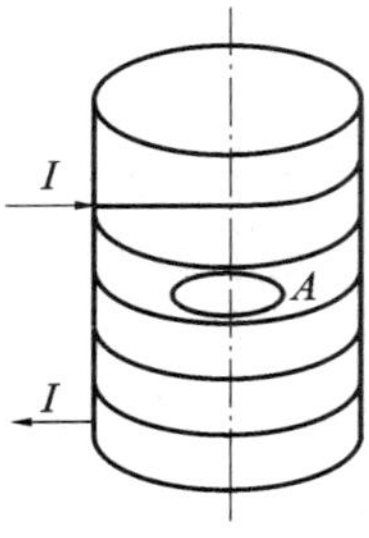

图甲 5-15-2

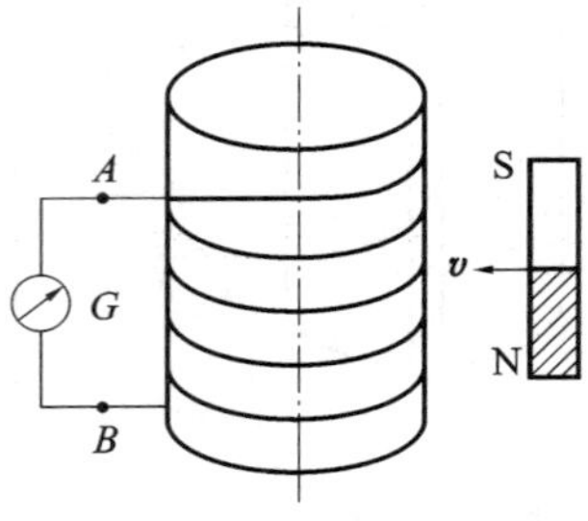

图甲 5-15-3

4. 一磁铁朝线圈运动,如图甲 5-15-3 所示。若以螺线管内电流流向为准,则线圈内感应电流的方向以及电表两端电位 U_A 和 U_B 的高低为(　　)。

(A) I 由 A 到 B, $U_A > U_B$　　(B) I 由 B 到 A, $U_A < U_B$

(C) I 由 B 到 A, $U_A > U_B$　　(D) I 由 A 到 B, $U_A < U_B$

二、填空题

1. 如图甲 5-15-4 所示,一光滑的金属导轨置于均匀磁场 $\boldsymbol{B}$ 中,导线 ab 长为 l,以速度 $\boldsymbol{v}$ 在导轨上平行移动,则回路中的感应电动势 $\mathscr{E}=$ ________, U_a ____ U_b(填 <、=、>)。

2. 如图甲 5-15-5 所示,直角三角形金属框 PQS 置于匀强磁场 $\boldsymbol{B}$ 中,$\boldsymbol{B}$ 平行于 PQ,当金属框绕 PQ 以角速度 $\boldsymbol{\omega}$ 转动时,PS 边感应电动势的大小 $\mathscr{E}_i'=$ ________ 方向________。

3. 上题中图甲 5-15-5 所示的 $PSQP$ 整个回路的感应电动势大小 $\mathscr{E}_i=$ ________。

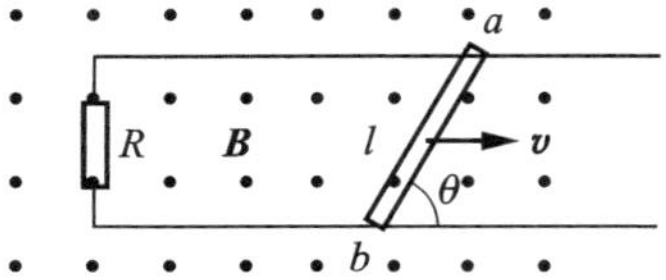

图甲 5-15-4

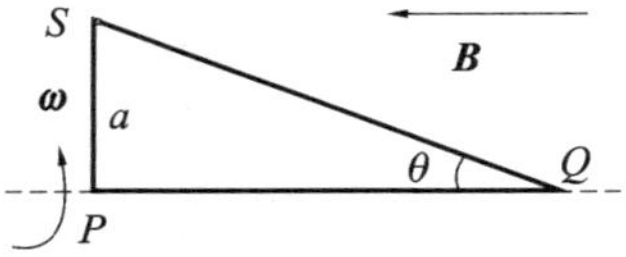

图甲 5-15-5

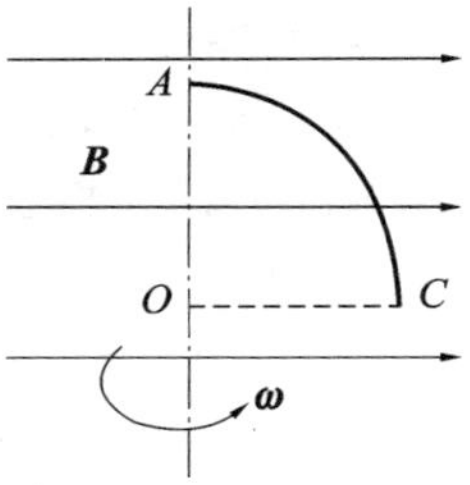

图甲 5-15-6

三、计算题

1. 半径为 R 的四分之一圆弧导线位于均匀磁场 B 中,圆弧的 A 端与圆心 O 的连线垂直于磁场,今以 AO 为轴让圆弧 AC 以角速度 $\boldsymbol{\omega}$ 旋转,当转到如图甲 5-15-6 所示的位置时(此时 C 点的运动方向向里),求导线圆弧上的感应电动势。

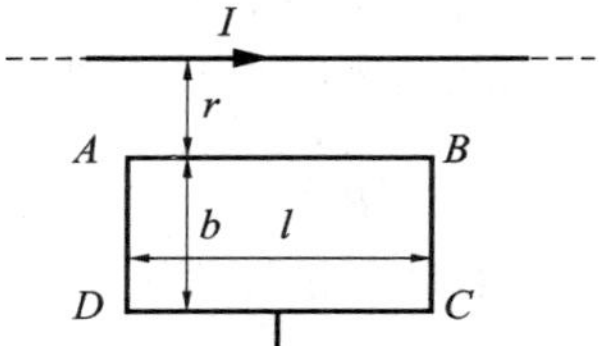

图甲 5-15-7

2. 载流长直导线与矩形回路 $ABCD$ 共面,且导线平行于 AB,如图甲 5-15-7 所示,当长直导线中电流恒定,回路 $ABCD$

以垂直于导线的速度 $\boldsymbol{v}$ 远离导线运动时，用法拉第电磁感应定律 $\mathscr{E}_i=-\mathrm{d}\Phi_m/\mathrm{d}t$ 求 $ABCD$ 中的感应电动势。

甲 5-16　感生电动势、涡流

一、选择题

1. 如图甲 5-16-1 所示，均匀磁场被局限在无限长圆柱形空间内，且成轴对称分布，图甲 5-16-1 所示为此磁场的截面，磁场按 $\mathrm{d}B/\mathrm{d}t$ 随时间变化，圆柱体外一点 P 的感应电场 E 应(　　)。

(A) 等于零

(B) 不为零，方向向左或向右

(C) 不为零，方向向上或向下

(D) 不为零，方向向内或向外

(E) 无法判定

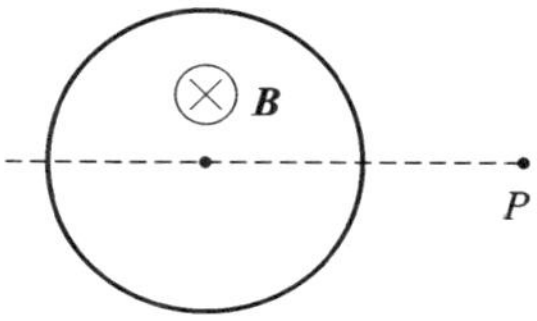

图甲 5-16-1

2. 在一竖直放置的足够长的铜管中，有一条形磁铁从管口自由下落，如铜管不动，则条形磁铁的运动将(　　)。

(A) 作自由落体运动

(B) 先作加速运动，当速度达到一定值后，一直作匀速直线运动

(C) 先作加速运动，再作匀速运动，最后作减速运动

(D) 作加速度小于 g 的匀加速落体运动

3. 一无限长直螺线管内放置两段与其轴垂直的直线导体，图甲 5-16-2 所示为此两段导体所处的螺线管截面，其中 ab 段在直径上，cd 段在一条弦上，当螺线管通电的瞬间(电流方向如图甲 5-16-2 所示)则 ab、cd 两段导体中感生电动势的有无及导体两端电位高低情况为(　　)。

(A) ab 中有感生电动势，cd 中无感生电动势，a 端电位高

(B) ab 中有感生电动势，cd 中无感生电动势，b 端电位高

(C) ab 中无感生电动势，cd 中有感生电动势，d 端电位高

(D) ab 中无感生电动势，cd 中有感生电动势，c 端电位高

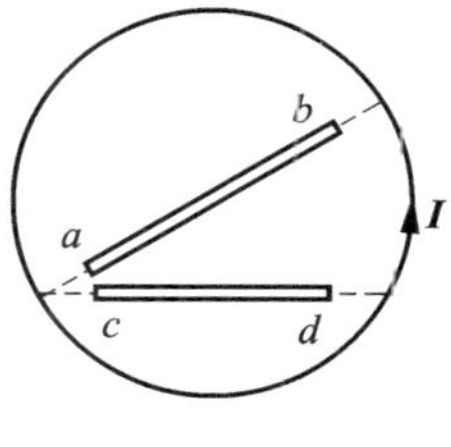

图甲 5-16-2

4. 圆电流外有一闭合回路，它们在同一平面内，ab 是回路上的两点，如图甲 5-16-3 所示，当圆电流 I 变化时，闭合回路上的感应电动势及 a、b 两点的电位差的状况是(　　)。

(A) 闭合回路上有感应电动势，但不能引入电势差的概念

(B) 闭合回路上有感应电动势，$U_a-U_b>0$

(C) 闭合回路上有感应电动势，$U_a-U_b<0$

(D) 闭合回路上无感应电动势，无电位差

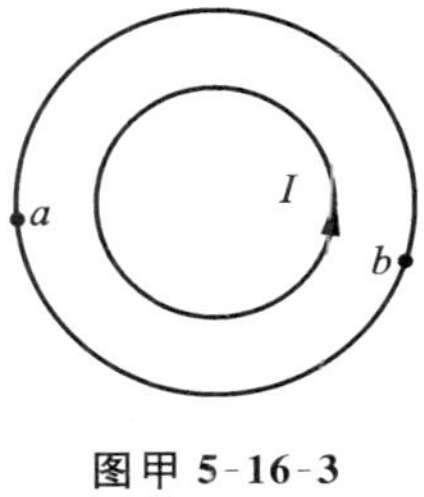

图甲 5-16-3

二、填空题

1. 产生动生电动势的非静电力是______力，产生感生电动势的非静电力是______力。

2. 把一铜板从一均匀磁场中拉出，会在铜板中产生涡流。在图甲 5-16-4 中定性地画出了三条涡流线 1、2、3，则在铜板中实际存在的涡流线是________。

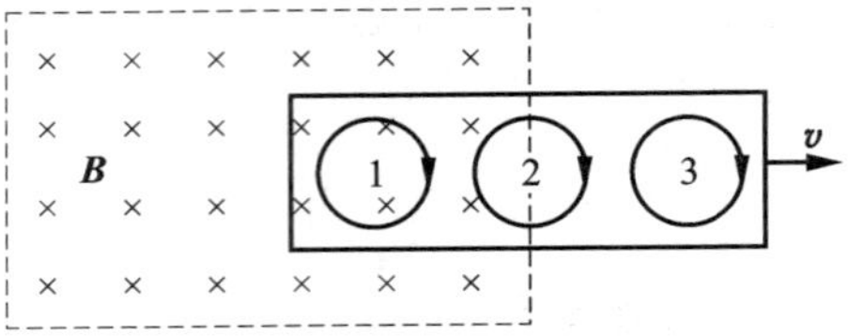

图甲 5-16-4

3. 螺线管内放一个有 2000 匝直径为 2.5 cm 的探测线圈，线圈平面与螺线管轴线垂直，线圈与外面的测电量的冲击电流计串联，整个回路中的串联电阻为 1000 Ω，今让螺线管流过正向电流，待稳定后突然将电流反向，测得 $\Delta q = 2.5\times10^{-7}$ C，则探测线圈处的磁感应强度为________________。

三、计算题

1. 单位长度匝数 $n = 5000 \cdot \mathrm{m}^{-1}$，截面 $S = 2\times10^{-3}\ \mathrm{m}^2$ 的螺绕环（可看作细螺绕环）套在一匝数为 $N = 5$，电阻 $R = 2.0\ \Omega$ 的线圈 A 内（图甲 5-16-5），如使螺绕环内的电流 I 按每秒减少 20 A 的速率变化。求：(1) 线圈 A 内的感应电动势；(2) 线圈 A 内的感应电流；(3) 两秒内通过线圈 A 某一截面的感应电量。

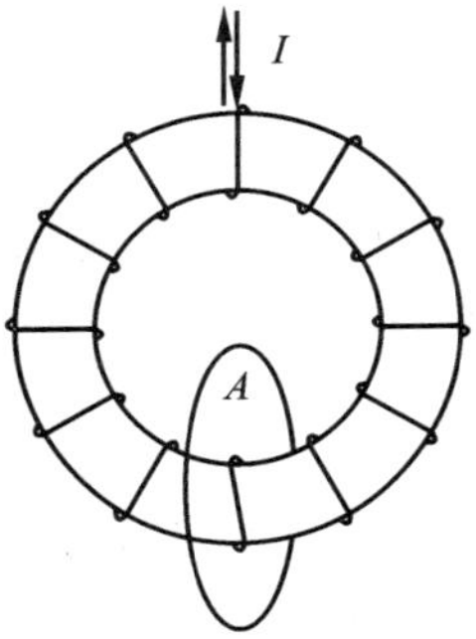

图甲 5-16-5

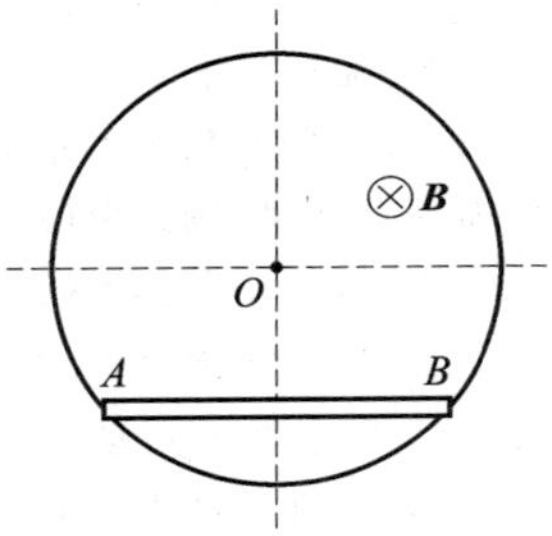

图甲 5-16-6

2. 在半径为 R 的圆柱形空间中存在着均匀磁场 $\boldsymbol{B}$，$\boldsymbol{B}$ 的方向与轴线平行，有一长为 l_0 的金属棒 AB 置于该磁场中，如图甲 5-16-6 所示，当 $\mathrm{d}B/\mathrm{d}t$ 以恒定值增加时，用 $\mathscr{E}_{\mathrm{i}} = \int_l \boldsymbol{E}_{\mathrm{i}} \cdot \mathrm{d}\boldsymbol{l}$ 求金属棒上的感应电动势，并指出 A、B 点电位的高低。

甲 5-17　自感、互感、磁场的能量

一、选择题

1. 两个平面圆载流线圈相距不远，如果要使其互感系数近似为零，则应调整线圈的取向使（　　）。

(A) 一个线圈平面平行于两圆心的连线，另一个线圈平面垂直于两圆心的连线

(B) 两线圈平面都平行于两圆心的连线

(C) 两线圈平面都垂直于两圆心的连线

(D) 两线圈中电流方向相反

2. 一圆形线圈 C_1 有 N_1 匝，线圈半径为 r，将此线圈放在另一半径为 $R(R\gg r)$ 的圆形大线圈 C_2 的中心，两者同轴，大线圈有 N_2 匝，则此二线圈的互感系数 M 为（　　）。

(A) $\dfrac{\mu_0 N_1 N_2 \pi R}{2}$　　(B) $\dfrac{\mu_0 N_1 N_2 \pi R^2}{2r}$

(C) $\dfrac{\mu_0 N_1 N_2 \pi r^2}{2R}$　　(D) $\dfrac{\mu_0 N_1 N_2 \pi r}{2}$

3. 有两个长直密绕螺线管，长度及线圈匝数均相同，半径分别为 r_1 和 r_2，管内充满均匀介质，其磁导率分别为 μ_1 和 μ_2，设 $r_1 : r_2 = 1:2$，$\mu_1 : \mu_2 = 2:1$，当两螺线管在各自的电路中通电稳定后的电流相等时，其自感系数之比 $L_1 : L_2$ 与自感磁能之比 $W_{m1} : W_{m2}$ 分别为(　　)。

(A) $L_1 : L_2 = 1:1$, $W_{m1} : W_{m2} = 1:1$

(B) $L_1 : L_2 = 1:2$, $W_{m1} : W_{m2} = 1:2$

(C) $L_1 : L_2 = 1:2$, $W_{m1} : W_{m2} = 1:1$

(D) $L_1 : L_2 = 2:1$, $W_{m1} : W_{m2} = 2:1$

4. 用线圈的自感系数 L 来表示载流线圈磁场能量的公式 $W_m = LI^2/2$，(　　)。

(A) 只适用于无限长密绕螺线管

(B) 只适用于单匝圆线圈

(C) 只适用于一个匝数很多且密绕的螺线环

(D) 适用于自感系数为 L 的任意线圈

二、填空题

1. 面积为 S 和 $2S$ 的两线圈 A、B，如图甲 5-17-1 所示放置，通有相同的电流 I，线圈 A 的电流所产生的磁场通过线圈 B 的磁通量用 Φ_{mAB} 表示，线圈 B 的电流所产生的磁场通过线圈 A 的磁通量用 Φ_{mBA} 表示，则二者的关系为________。

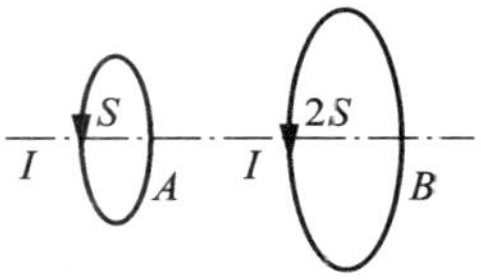

图甲 5-17-1

2. 自感为 0.25 H 的线圈中，当电流在(1/16) s 内由 2 A 均匀减小到零时，线圈中自感电动势的大小为________。

3. 真空中两条相距 $2a$ 的平行长直导线，通以方向相同，大小相等的电流 I，O、P 两点与两导线在同一平面内，与导线的距离如图甲 5-17-2 所示，则 O 点的磁场能量密度 w_{mO} = ________，P 点的磁场能量密度 w_{mP} = ________。

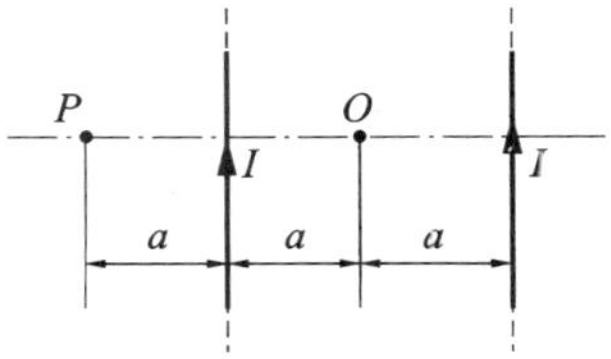

图甲 5-17-2

三、计算题

1. 两线圈的自感系数分别为 L_1 和 L_2，它们之间的互感系数为 M。(1) 如将此二线圈顺串联，如图甲 5-17-3(a) 所示，求 1、4 之间的自感系数；(2) 如将此二线圈反串联，如图甲 5-17-3(b) 所示，求 1、3 之间的自感系数。

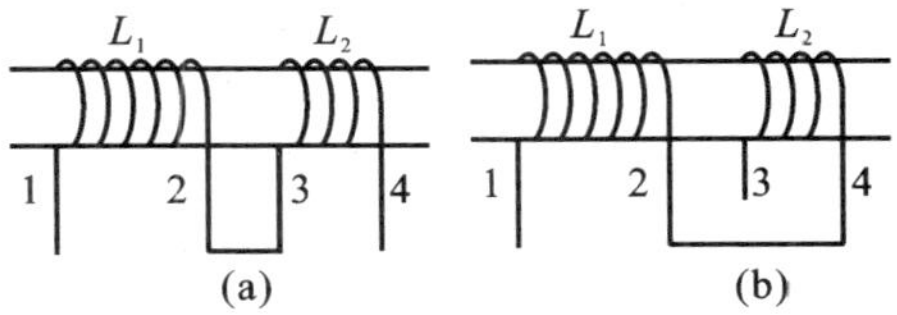

图甲 5-17-3

2. 一环形螺线管，内外半径分别为 a、b，高为 h，共 N 匝，截面为长方形，试用能量法证明此螺线管的自感系数为 $L = \dfrac{\mu_0 N^2 h}{2\pi} \ln \dfrac{b}{a}$。

甲 5-18 麦克斯韦方程组、电磁波

一、选择题

1. 设位移电流激发的磁场为 $\boldsymbol{B}_1$，传导电流激发的磁场为 $\boldsymbol{B}_2$，则有（　　）。

(A) $\boldsymbol{B}_1$、$\boldsymbol{B}_2$ 都是保守场　　(B) $\boldsymbol{B}_1$、$\boldsymbol{B}_2$ 都是涡旋场

(C) $\boldsymbol{B}_1$ 是保守场，$\boldsymbol{B}_2$ 是涡旋场　　(D) $\boldsymbol{B}_1$ 是涡旋场，$\boldsymbol{B}_2$ 是保守场

2. 设位移电流与传导电流激发的磁场分别为 $\boldsymbol{B}_\mathrm{i}$ 和 $\boldsymbol{B}_0$，则有（　　）。

(A) $\oint_S \boldsymbol{B}_0 \cdot \mathrm{d}\boldsymbol{S} \neq 0, \oint_S \boldsymbol{B}_\mathrm{i} \cdot \mathrm{d}\boldsymbol{S} = 0$　　(B) $\oint_S \boldsymbol{B}_0 \cdot \mathrm{d}\boldsymbol{S} \neq 0, \oint_S \boldsymbol{B}_\mathrm{i} \cdot \mathrm{d}\boldsymbol{S} \neq 0$

(C) $\oint_S \boldsymbol{B}_0 \cdot \mathrm{d}\boldsymbol{S} = 0, \oint_S \boldsymbol{B}_\mathrm{i} \cdot \mathrm{d}\boldsymbol{S} \neq 0$　　(D) $\oint_S \boldsymbol{B}_0 \cdot \mathrm{d}\boldsymbol{S} = 0, \oint_S \boldsymbol{B}_\mathrm{i} \cdot \mathrm{d}\boldsymbol{S} = 0$

3. 在某空间，有电荷激发的电场 $\boldsymbol{E}_0$，又有变化磁场激发的电场 $\boldsymbol{E}_\mathrm{i}$，选一闭合回路 l，则有（　　）。

(A) 一定有 $\oint_l \boldsymbol{E}_0 \cdot \mathrm{d}\boldsymbol{l} = 0, \oint_l \boldsymbol{E}_\mathrm{i} \cdot \mathrm{d}\boldsymbol{l} \neq 0$

(B) 一定有 $\oint_l \boldsymbol{E}_0 \cdot \mathrm{d}\boldsymbol{l} \neq 0, \oint_l \boldsymbol{E}_\mathrm{i} \cdot \mathrm{d}\boldsymbol{l} = 0$

(C) 可能有 $\oint_l \boldsymbol{E}_0 \cdot \mathrm{d}\boldsymbol{l} \neq 0$，一定有 $\oint_l \boldsymbol{E}_\mathrm{i} \cdot \mathrm{d}\boldsymbol{l} \neq 0$

(D) 一定有 $\oint_l \boldsymbol{E}_0 \cdot \mathrm{d}\boldsymbol{l} = 0$，可能有 $\oint_l \boldsymbol{E}_\mathrm{i} \cdot \mathrm{d}\boldsymbol{l} = 0$

4. 电荷激发的电场为 $\boldsymbol{E}_0$，变化磁场激发的电场为 $\boldsymbol{E}_\mathrm{i}$，则有（　　）。

(A) $\boldsymbol{E}_0$、$\boldsymbol{E}_\mathrm{i}$ 同是保守场　　(B) $\boldsymbol{E}_0$、$\boldsymbol{E}_\mathrm{i}$ 同是涡旋场

(C) $\boldsymbol{E}_0$ 是保守场，$\boldsymbol{E}_\mathrm{i}$ 是涡旋场　　(D) $\boldsymbol{E}_0$ 是涡旋场，$\boldsymbol{E}_\mathrm{i}$ 是保守场

二、填空题

1. 在没有自由电荷与传导电流的变化电磁场中

$\oint_l \boldsymbol{H} \cdot \mathrm{d}\boldsymbol{l} =$ ________________________；

$\oint_l \boldsymbol{E} \cdot \mathrm{d}\boldsymbol{l} =$ ________________________。

2. 写出包含以下意义的麦克斯韦方程：

(1) 电力线起始于正电荷，终止于负电荷________________；

(2) 变化的磁场一定伴随有电场________________；

3. 反映电磁场基本性质和规律的麦克斯韦方程组的积分形式为

① $\oint_S \boldsymbol{D} \cdot \mathrm{d}\boldsymbol{S} = \sum_{i=1}^{n} q_i$；________　② $\oint_l \boldsymbol{E} \cdot \mathrm{d}\boldsymbol{l} = -\dfrac{\mathrm{d}\Phi_\mathrm{m}}{\mathrm{d}t}$；

③ $\oint_S \boldsymbol{B} \cdot \mathrm{d}\boldsymbol{S} = 0$；________　④ $\oint_l \boldsymbol{H} \cdot \mathrm{d}\boldsymbol{l} = \sum_{i=1}^{n} I_i + \dfrac{\mathrm{d}\Phi_\mathrm{d}}{\mathrm{d}t}$

试判断下列结论是包含于或等效于哪一个麦克斯韦方程式的，将确定的方程式用代号填在相应结论后的空白处：

(1) 变化的磁场一定伴随有电场________________________________；

(2) 磁感应线是无头无尾的______________________________;

(3) 电荷总伴随有电场______________________________。

三、计算题

1. 如图甲 5-18-1 所示,电荷 q 以速度 $\boldsymbol{v}$ 向 O 点运动(q 到 O 的距离为 x)在 O 点处作一半径为 a 的圆,圆面与 $\boldsymbol{v}$ 垂直,计算通过此圆面的位移电流。

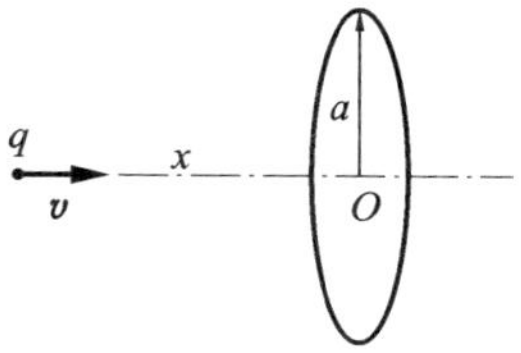

图甲 5-18-1

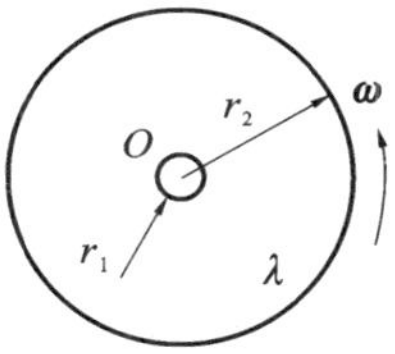

图甲 5-18-2

2. 如图甲 5-18-2 所示,一半径为 r_2 电荷线密度为 λ 的均匀带电圆环,里面有一半径为 r_1,总电阻为 R 的导体环,两环共面同心($r_2 \gg r_1$),当大环以变角速度 $\omega = \omega(t)$ 绕垂直于环面的中心轴旋转时,求小环中的感应电流,其方向如何?

甲 5-19　电磁感应习题课

一、选择题

1. 在圆柱形空间内有一磁感应强度为 $\boldsymbol{B}$ 的均匀磁场,如图甲 5-19-1 所示,$\boldsymbol{B}$ 的大小以速率 $\dfrac{\mathrm{d}B}{\mathrm{d}t}$ 变化,在磁场中有 A、B 两点,其间可放直导线 AB 和弯曲的导线 AB 弧,则(　　)。

(A) 电动势只在直导线 AB 中产生

(B) 电动势只在弯曲的导线 AB 弧中产生

(C) 电动势在直导线 AB 和弯曲的导线 AB 弧中都产生,且两者大小相等

(D) 电动势在直导线 AB 和弯曲的导线 AB 弧中都产生,且直导线 AB 电动势的大小小于弯曲导线 AB 弧电动势的大小

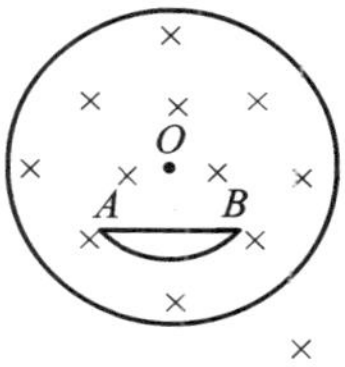

图甲 5-19-1

2. 将一条形永久磁铁分别插入外形尺寸完全相同的铁环与铜环,磁铁在插入环的前后对两环的相对位置以及插入环的过程中对两环的相对位移完全相同。设磁铁插入铜环外力做功为 A_1,插入铁环外力做功为 A_2,则(　　)。

(A) $A_1 > A_2$　　(B) $A_1 = A_2$　　(C) $A_1 < A_2$　　(D) 不能确定

3. 用导线围成如图甲 5-19-2 所示的回路(以 O 为圆心的圆加一直径),放在轴线通过 O 点且垂直于图面的圆柱形均匀磁场中,如磁场方向垂直图面向里,其大小随时间减小,则感应电流的流向(没有标明流向的导线表示无电流)为(　　)。

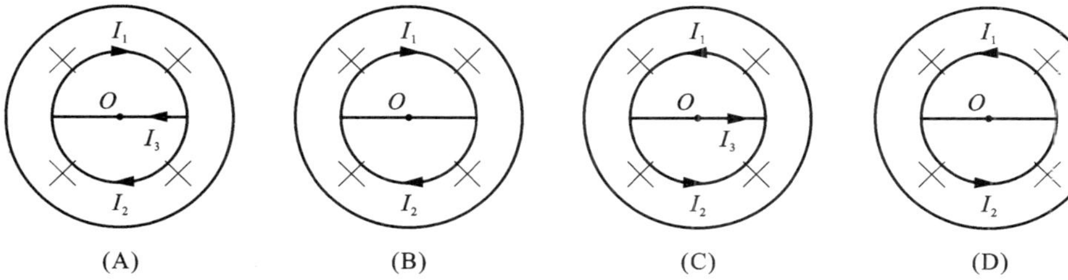

图甲 5-19-2

4. 要使电子作如图甲 5-19-3 所示的圆周运动，且速度不断地增加，则在以 O 为轴的圆柱体内所加的磁场应是(   )。

(A) 方向向内，大小随时间增加

(B) 方向向内，大小随时间减小

(C) 方向向外，大小随时间增加

(D) 方向向外，大小随时间减小

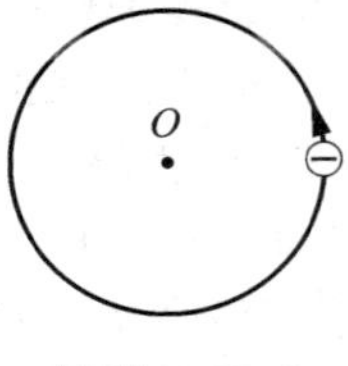

图甲 5-19-3

二、填空题

1. 如图甲 5-19-4 所示，设有一面积足够大的导体薄片 S 位于磁场 $\boldsymbol{B}$ 中，导体薄片 S 垂直于磁场 $\boldsymbol{B}$，在导体薄片 S 上方的 P 点处放置能探测磁场变化的探测器，导体薄片 S 下方的磁场发生变化。当导体薄片 S 的电阻率为________时，P 点处探测器探测不到磁场的变化。

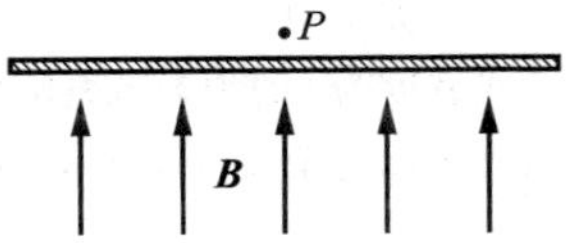

图甲 5-19-4

2. 加在平行板电容器极板上的电压随时间的变化率为 $\dfrac{\mathrm{d}U}{\mathrm{d}t}=1\times10^{6}\ \mathrm{V\cdot s^{-1}}$，在电容器内产生 1.0 A 的位移电流，则该电容器的电容量为________ μF。

3. 自由空间(即无自由电荷与传导电流的空间)麦克斯韦方程组的积分形式为：

$\oint_S \boldsymbol{D}\cdot\mathrm{d}\boldsymbol{S}=$________； $\oint_l \boldsymbol{E}\cdot\mathrm{d}\boldsymbol{l}=$________；

$\oint_S \boldsymbol{B}\cdot\mathrm{d}\boldsymbol{S}=$________； $\oint_l \boldsymbol{H}\cdot\mathrm{d}\boldsymbol{l}=$________。

三、计算题

1. 一无限长直导线通有电流 $I=I_0\mathrm{e}^{-3t}$，一矩形线圈与长直导线共面放置，其长边与导线平行，位置如图甲 5-19-5 所示，求：(1) 矩形线圈中感应电动势的大小及感应电流的方向；(2) 导线与线圈的互感系数。

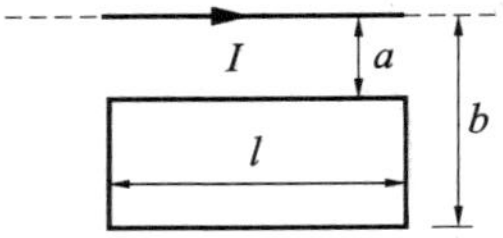

图甲 5-19-5

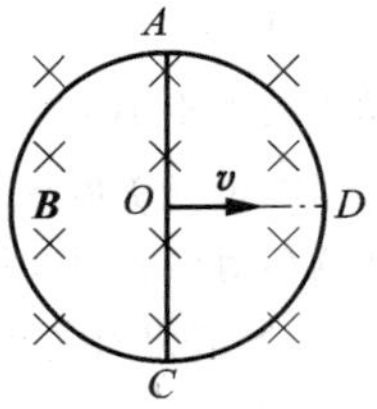

图甲 5-19-6

2. 半径为 a 的导体圆环放在均匀磁场 $\boldsymbol{B}$ 中，$\boldsymbol{B}$ 垂直于环面，今有一电阻棒(单位长度上的电阻为 r_0)紧贴圆环从图甲 5-19-6 所示的直径 AC 处沿垂直于此直径的半径 OD 方向运动，当它离开导体圆环时，求通过此电阻棒某截面的感应电量。

甲 6-1 狭义相对论时空观

一、选择题

1. 一尺子沿长度方向运动，S' 系随尺子一起运动，S 系静止，在不同参照系中测量尺子的长度时必须注意(   )。

(A) S' 与 S 中的观察者可以不同时地去测量尺子两端的坐标

(B) S' 中的观察者可以不同时，但 S 中的观察者必须同时去测量尺子两端的坐标

(C) S' 中的观察者必须同时，但 S 中的观察者可以不同时去测量尺子两端的坐标

(D)S' 与 S 中的观察者都必须同时去测量尺子两端的坐标

2. 在高速运动的列车里(S' 系)一物体从 A 运动到 B,经历的时间为$\Delta t' > 0$;而在地上(S 系)的观察者看列车上的 A、B 两点的坐标发生变化,物体运动的时间变化为Δt,则在 S 中得到的结果是(　　)。

(A) 可能是物从 B 到 A,$\Delta t > 0$　　(B) 可能是物从 B 到 A,$\Delta t < 0$

(C) 可能是物从 A 到 B,$\Delta t < 0$　　(D) 一定是物从 A 到 B,$\Delta t > 0$

3. 已知在运动参照系(S')中观察静止参照系(S)中沿运动方向放置的米尺(固有长度为 1 m)和时钟的一小时分别为 0.8 m 和 1.25 h,反过来,在 S 中观察 S' 中沿运动方向放置的米尺和时钟的一小时分别为(　　)。

(A)0.8 m,0.8 h　　(B)1.25 m,1.25 h

(C)0.8 m,1.25 h　　(D)1.25m,0.8 h

4. 一等腰直角三角形以 $v = 0.8c$ 的速度沿水平直角边的方向运动,则此直角三角形的三个角 α、β、γ(如图甲 6-1-1 所示)在静止的参照系中观察得出的 α'、β'、γ' 将是(　　)。

(A)$\alpha' = 59°$,$\beta' = 31°$,$\gamma' = 90°$

(B)$\alpha' = 31°$,$\beta' = 59°$,$\gamma' = 90°$

(C)$\alpha' = 59°$,$\beta' = 59°$,$\gamma' = 62°$

(D)$\alpha' = 31°$,$\beta' = 31°$,$\gamma' = 118°$

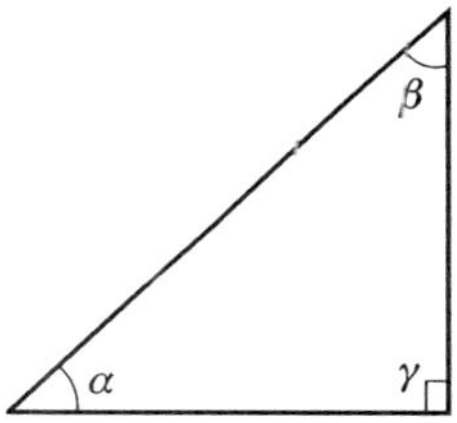

图甲 6-1-1

二、填空题

1. 狭义相对论的两条基本假设是________原理和________原理。

2. 观察者测得运动棒的长度是它静止长度的一半,设棒沿其长度方向运动,则棒相对于观察者运动的速度是__________。

3. 在 S' 系中的 x' 轴上,同地发生的两个事件之间的时间间隔是 4 s,在 S 系中这两个事件之间的时间间隔是 5 s。则 S' 系相对 S 系的速率 $v =$ ________,S 系中这两事件的空间间隔是__________。

三、计算题

1. 一短跑选手,在地球上以 10 s 的时间跑完 100 m,在沿短跑选手运动的方向上一宇宙飞船以 0.6c 的速度飞行,在飞船上的观察者看来,这选手跑的时间和距离各为多少?

2. 两个惯性系 S 和 S' 中的观测者 A 和 B 以 0.8 c 的相对速度相互接近,如果 A 测得两者的初始距离是 20 m,则 B 测得两者经过多少时间相遇?

甲 6-2　相对论力学基础

一、选择题

1. 圆柱形均匀棒静止时的密度为 ρ_0,当它以速率 u 沿其长度方向运动时,测得它的密度为 ρ,则两测量结果的比 $\rho : \rho_0$ 是(　　)。

(A) $\sqrt{1-\frac{u^2}{c^2}}$　　(B) $\frac{1}{\sqrt{1-u^2/c^2}}$　　(C) $1-\frac{u^2}{c^2}$　　(D) $\frac{1}{1-u^2/c^2}$

2. 把一个静止质量为 m_0 的粒子由静止加速到 $0.6c$，需要做的功是（　　）。

(A) $0.225m_0c^2$　　(B) $0.25m_0c^2$　　(C) $0.36m_0c^2$　　(D) $0.18m_0c^2$

3. 电子静止质量 m_0，当电子以 0.8 c 的速度运动时，它的动量 p、动能 E_k 和能量 E 分别是（　　）。

(A) $p=\frac{4m_0c}{3}, E_k=\frac{2m_0c^2}{3}, E=\frac{5m_0c^2}{3}$

(B) $p=0.8m_0c, E_k=0.32m_0c^2, E=0.64m_0c^2$

(C) $p=\frac{4m_0c}{3}, E_k=\frac{8m_0c^2}{18}, E=\frac{5m_0c^2}{3}$

(D) $p=0.8m_0c, E_k=\frac{2m_0c^2}{3}, E=0.64m_0c^2$

4. 设标准煤的燃烧值为 $301.68\times10^5\ \text{J}\cdot\text{kg}^{-1}$，1 kg 物质相应的能量相当于燃烧多少标准煤释放的能量（　　）。

(A) 2.98×10^5 kg　　(B) 2.98×10^7 kg

(C) 2.98×10^9 kg　　(D) 2.98×10^{11} kg

二、填空题

1. 粒子的动量是其非相对论动量的两倍，则粒子的速度是__________ c，当粒子的动能是其非相对论动能的两倍时，则粒子的速度为__________ c。

2. 一匀质矩形薄板，它静止时测得其长度为 a，宽为 b，质量为 m_0，由此可算出其质量面密度为 $\frac{m_0}{ab}$，假设该薄板沿长度方向以接近光速 v 作匀速直线运动，此时再测算该矩形薄板的质量面密度为________________。

3. 把一个静止质量为 m_0 的粒子，由静止加速到 $v=0.6c$（c 为真空中光速），需做的功等于______________。

三、计算题

1. 一电子经加速器加速后获得了 1 MeV 的能量，求电子的速度 v、动量 p、能量 E 的大小。

2. 一物体的速度使其质量增加 10%，此物在其运动方向上的长度缩短了多少？

甲 6-3　热辐射、光电效应、康普顿效应

一、选择题

1. 下列物体哪个是绝对黑体（　　）。

(A) 不辐射可见光的物体　　(B) 不辐射任何光的物体

(C) 不能反射可见光的物体　　(D) 不能反射任何光的物体

2. 一绝对黑体在温度 $T_1=1500$ K 时，辐射峰值所对应的波长为 λ_1，当温度降为 750 K 时，辐射峰值所对应的波长为 λ_2，则 $\frac{\lambda_1}{\lambda_2}$ 为（　　）。

(A) $\sqrt{2}$　　(B) $1/\sqrt{2}$　　(C) $1/2$　　(D) 2

3. 一般认为光子有以下性质

① 不论在真空中或介质中的光速都是 c；

② 它的静止质量为零；

③ 它的动量为 $h\nu/c^2$；

④ 它的动能就是它的总能量；

⑤ 它有动量和能量，但没有质量。

以上结论正确的是(　　)。

(A)②④　(B)③④⑤　(C)②④⑤　(D)①②③

4. 某种金属在光的照射下产生光电效应，要想使饱和光电流增大以及增大光电子的初动能，应分别增大照射光的(　　)。

(A) 强度，波长　(B) 照射时间，频率

(C) 照射时间，波长　(D) 强度，频率

二、填空题

1. 用辐射高温计测得炉壁小孔的辐射出射度为 22.8 W·cm^{-2}，则炉内的温度为________。

2. 人体温度以 36.5 ℃ 计，如把人体看作黑体，人体辐射峰值所对应的波长为________。

3. 能量和一个电子的静止能量相等的光子的波长是____________，动量是________。

三、计算题

1. 已知垂直射到地球表面每单位面积的日光功率(称太阳常数)等于 1.37×10^3 W·m^{-2}，地球与太阳的平均距离为 1.5×10^8 km，太阳的半径为 6.76×10^5 km。(1) 求太阳辐射的总功率；(2) 把太阳看作黑体，试计算太阳表面的温度；(3) 求太阳在一年内由于辐射而损失的质量。

2. 波长为 λ 的单色光照射某金属 M 表面产生光电效应，发射的光电子(电量绝对值为 e，质量为 m)经狭缝 s 后垂直进入磁感应强度为 $\boldsymbol{B}$ 的均匀磁场，如图甲 6-3-1 所示。今已测出电子在该磁场中作圆周运动的最大半径为 R，求：(1) 金属材料的逸出功；(2) 遏止电压。

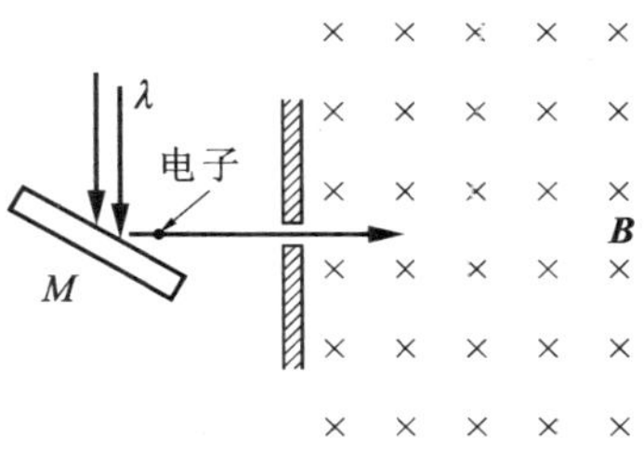

图甲 6-3-1

甲 6-4　玻尔的氢原子理论

一、选择题

1. 已知氢原子处于基态的能量为 -13.6 eV，则处于第一激发态的氢原子的电离能为(　　)。

(A)3.4 eV　(B) -3.4 eV　(C)13.6 eV　(D) -13.6 eV

2. 已知氢原子的玻尔半径为 r_1。依玻尔理论，处于第二激发态的氢原子中电子的轨道半径应是(　　)。

(A)$4r_1$　(B)$3r_1$　(C)$2r_1$　(D)$9r_1$

3. 如图甲 6-4-1 所示，被激发的氢原子跃迁到较低能态时，可能发射波长为 λ_1，λ_2，λ_3 的辐射，则它们的关系为（　　）。

(A) $\lambda_1 = \lambda_2 + \lambda_3$　　(B) $\dfrac{1}{\lambda_3} = \dfrac{1}{\lambda_1} + \dfrac{1}{\lambda_2}$

(C) $\lambda_2 = \lambda_1 + \lambda_3$　　(D) $\dfrac{1}{\lambda_3} = \dfrac{1}{\lambda_1 + \lambda_2}$

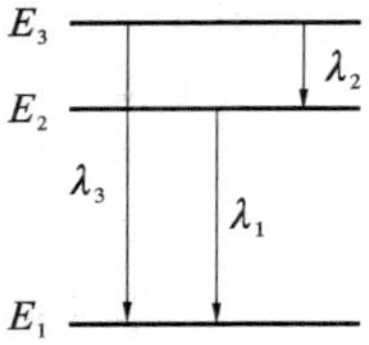

图甲 6-4-1

4. 由氢原子理论知，当大量氢原子处于 $n = 3$ 的激发态时，原子跃迁将发出（　　）。

(A) 一种波长的光　(B) 两种波长的光　(C) 三种波长的光　(D) 连续光谱

二、填空题

1. 依据经典的电磁理论，电子绕核作圆周运动，圆周运动属加速运动，应向外辐射电磁波，所以电子能量应逐渐减少，运动轨道越来越小，相应的转动频率越来越高，所以原子光谱应是________（填线状光谱或连续光谱）。电子最终落到核上，原子系统是一个不稳定系统。

2. 氢原子基态能是 －13.6 eV，电子处在 $n = 3$ 的轨道上运动的氢原子的能量是________ eV。

3. 根据玻尔的氢原子理论：(1) 原子系统存在一系列不连续的能量状态，处于这些状态的原子中的电子只能在特定轨道上绕核作圆周运动，不辐射能量；(2) 原子从一个能态向另一个能态跃迁时，辐射和吸收一个光子，光子频率满足 $h\nu = |$______$|$；(3) 原子中电子绕核作圆周运动的轨道角动量 L 满足 $L =$ ______ 。

三、计算题

1. 静止的氢原子从 $n = 4$ 的能态跃迁到 $n = 1$ 的能态时而发射光子，求氢原子的反冲速度。

2. 动能为 12.5 eV 的电子通过碰撞使处于基态的氢原子激发，最高能激发到哪一级？当其回到基态时能产生哪些谱线？求出其波长。

甲 6-5　德布罗意波、不确定关系

一、选择题

1. 一光子与电子的波长都是 0.2 mm，则它们的动量和总能量之间的关系是（　　）。

(A) 总动量相同，总能量相同

(B) 总动量不同，总能量也不同，且光子的总动量与总能量都小于电子的总能量与总动量

(C) 总动量不同，总能量也不同，且光子的总动量与总能量都大于电子的总能量与总动量

(D) 它们的动量相同，电子的能量大于光子的能量

2. 一质量为 1.25×10^{-29} kg 的粒子以 100 eV 的动能运动，则与此相联系的物质波的波长是（　　）。

(A) 2.2×10^{-21} m　　(B) 4.7×10^{-11} m

(C) 3.3×10^{-11} m　　(D) 1.2×10^{-7} m

3. 不确定关系的表达式为（　　）。

(A) $\Delta x\, \Delta v_x \leqslant h$　　(B) $\Delta x\, \Delta p_x \geqslant h$

(C) $\Delta x\,\Delta p_x \leqslant h$　　(D) $\Delta E\,\Delta t \leqslant h$

4. 不确定关系式$\Delta x \cdot \Delta p_x \geqslant h$ 表示在 x 方向上(　　)。

(A) 粒子的位置和动量不能同时确定　(B) 粒子的位置和动量都不能确定

(C) 粒子的动量不能确定　(D) 粒子的位置不能确定

二、填空题

1. 静止电子经电压 $U = 81$ V 的电场加速后,其德布罗意波长 $\lambda =$ ________。

2. 动能为0.025 eV的中子的德布罗意波长为__________;在室温($T = 290$ K)下作热运动的中子的德布罗意波长为__________。

3. 动能为 E 质量为 m_0 的电子($v \ll c$) 的德布罗意波长是__________。

三、计算题

1. 一个质量为 m 的粒子,约束在长度为 L 的一维线段上,试根据不确定关系式估算这个粒子所具有的最小能量值,并由此计算直径为 10^{-14} m的核内质子的最小动能。

2. 质量为 m_e 的电子被电势差 $U_{12} = 100$ kV 的电场加速,如果考虑相对论效应,试计算其德布罗意波的波长,若不用相对论计算,则相对误差是多少?

甲 6-6　薛定谔方程

一、选择题

1. 由于微观粒子具有波粒二象性,在量子力学中用波函数 $\Psi(x,y,z,t)$ 来表示粒子的状态,波函数 Ψ(　　)。

(A) 只需满足归一化条件　(B) 只需满足单值、有界、连续的条件

(C) 只需满足连续与归一化条件　(D) 必须满足单值、有界、连续及归一化条件

2. 反映微观粒子运动的基本方程是(　　)。

(A) 牛顿定律方程　(B) 麦克斯韦电磁场方程

(C) 薛定谔方程　(D) 以上均不是

3. 已知一维运动粒子的波函数为$\begin{cases}\psi(x) = cx\mathrm{e}^{-kx}, & x \geqslant 0 \\ \psi(x) = 0, & x < 0\end{cases}$,则粒子出现概率最大的位置是 x =(　　)。

(A) $1/k$　(B) $1/k^2$　(C) k　(D) $1/\sqrt{k}$

4. 已知用光照的方法将氢原子基态电离,可用的最短波长是 913Å 的紫外光,那么氢原子从各受激态跃迁至基态的赖曼系光谱的波长可表示为(　　)。

(A) $\dfrac{91.3(n-1)}{n+1}$ nm　(B) $\dfrac{91.3n^2}{n^2-1}$ nm

(C) $\dfrac{91.3(n^2+1)}{n^2-1}$ nm　(D) $\dfrac{91.3(n+1)}{n-1}$ nm

二、填空题

1. 已知宽度为 a 为一维无限深方势阱中粒子的波函数为$\psi = A\sin\dfrac{n\pi x}{a}$,则归一化常数 A 应

为________________。

2. 当原子系统处于正常状态时，原子内各电子趋向可能占取的最低能级，这就是原子壳层结构的________________原理。

3. 宽度为0.1 nm的无限深势阱中$n=1$时，电子的能量为________eV，宽度为1 cm的无限深势阱中$n=1$时，电子的能量为________ eV$\left(E_n=\dfrac{h^2n^2}{8ma^2}\right)$。

三、计算题

1. 粒子处于一维无限深方势阱中，当粒子所处状态的波函数为

$$\psi=\sqrt{\frac{2}{a}}\sin\frac{\pi x}{a}\quad(0\leqslant x\leqslant a)$$

求找到粒子概率最大的坐标值。

2. 有一粒子沿x方向运动，其波函数为

$$\psi(x)=\frac{A}{1+\mathrm{i}x}$$

求此波函数的归一化常数A，粒子按坐标分布的概率密度分布函数，以及概率密度取最大值的坐标。

甲 6-7 近代物理习题课

一、选择题

1. 如图甲6-7-1所示，一维势阱中粒子可以有若干能态，如果势阱的宽度L缓慢地减小，则(　　)。

(A) 每个能级的能量减小

(B) 能级数增加

(C) 每个能级的能量保持不变

(D) 相邻能级间的能量差增加

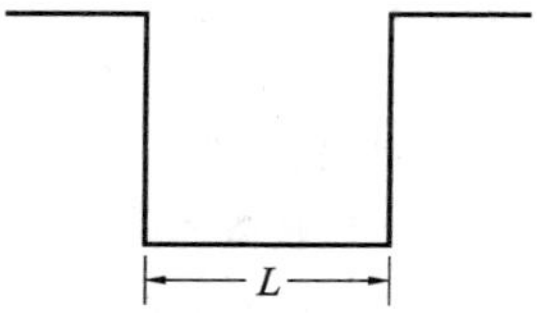

图甲 6-7-1

2. 按氢原子理论，当大量氢原子处于$n=4$的激发态时，原子跃迁将发出(　　)。

(A) 三种波长的光　(B) 四种波长的光

(C) 五种波长的光　(D) 六种波长的光

3. 设某微观粒子运动时的能量是静止能量的k倍，则其运动速度的大小为(　　)。

(A) $\dfrac{c}{k-1}$　(B) $\dfrac{c\sqrt{1-k^2}}{k}$　(C) $\dfrac{c\sqrt{k^2-1}}{k}$　(D) $\dfrac{c\sqrt{k(k+2)}}{k+1}$

4. 把表面洁净的紫铜块、黑铁块和白铝块放入同一恒温炉膛中加热达到热平衡。炉中这三块金属对某红光的单色辐出度(单色发射本领)和单色吸收比(单色吸收率)之比依次用$\dfrac{M_1}{a_1}$、$\dfrac{M_2}{a_2}$和$\dfrac{M_3}{a_3}$表示，则有(　　)。

(A) $\dfrac{M_1}{a_1}>\dfrac{M_2}{a_2}>\dfrac{M_3}{a_3}$　(B) $\dfrac{M_1}{a_1}=\dfrac{M_2}{a_2}=\dfrac{M_3}{a_3}$

(C) $\frac{M_3}{a_3} > \frac{M_2}{a_2} > \frac{M_1}{a_1}$　　(D) $\frac{M_2}{a_2} > \frac{M_1}{a_1} > \frac{M_3}{a_3}$

二、填空题

1. 氢原子基态的电离能是________ eV。电离能为 0.544 eV 的激发态氢原子，其电子处在 $n =$ ____ 的轨道上运动。

2. 分别以频率 ν_1、ν_2 的单色光照射到某一光电管，若 $\nu_1 > \nu_2$（ν_1、ν_2 均大于红限频率 ν_0），则当两种频率的入射光的光强相同时，所产生的光电子的最大初动能 E_1 ____ E_2（填 <、=、>），为阻止光电子到达阳极，所加的遏止电压 $|U_{a1}|$ ________ $|U_{a2}|$（填 <、=、>）。

3. 夜间地面降温主要是由于地面的热辐射。如果晴天夜里地面的温度为27 ℃，按黑体辐射计算，1 m^2 地面散失热量的速率为________________。

三、计算题

1. 氢原子光谱的巴耳末线系中，有一光谱线的波长为 $\lambda = 434$ nm，试求：(1) 与这一谱线相应的光子能量为多少电子伏特；(2) 该谱线是氢原子由能级 E_n 跃迁到能级 E_k 产生的，n 和 k 各为多少；(3) 最高能级为 E_5 的大量氢原子，最多可以发射几个线系的光，共几条谱线（不必计算波长值）。请在氢原子能级图中表示出来，并说明波长最短的是哪条谱线。

2. 铀核的线度为 7.2×10^{-15} m。试用不确定关系估算核中 α 粒子（$m_\alpha = 6.7 \times 10^{-27}$ kg）的动量值和动能值。

附录二　大学物理课外练习习题集(乙种本)

乙1-1　质点运动学

一、选择题

1. 一质点沿 x 轴作直线运动,其 v-t 曲线如图乙1-1-1所示,当 $t=0$ 时,质点位于坐标原点,则 $t=4.5$ s时,质点在 x 轴上的位置为(　　)。

(A)0　　(B)2 m　　(C)5 m

(D)-2 m　　(E)-5 m

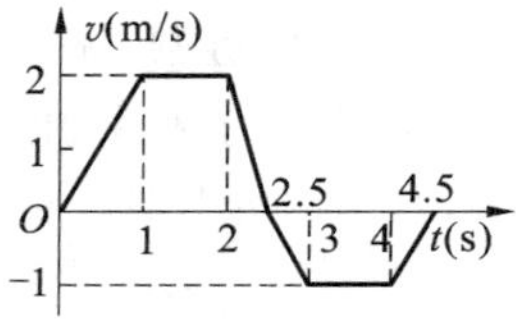

图乙 1-1-1

2. 一质点在平面上运动,已知质点位置矢量的表达式为 $\boldsymbol{r}=bt\boldsymbol{i}+ct^2\boldsymbol{j}$(其中 b、c 为常量),则该质点作(　　)。

(A) 匀速直线运动　(B) 变速直线运动

(C) 抛物线运动　(D) 圆周运动

3. 质点作曲线运动,$\boldsymbol{r}$ 表示位置矢量,l 表示路程,a_t 表示切向加速度,下列表达式:①$\mathrm{d}\boldsymbol{v}/\mathrm{d}t=a$;②$\mathrm{d}r/\mathrm{d}t=v$;③$\mathrm{d}l/\mathrm{d}t=v$;④$|\mathrm{d}\boldsymbol{v}/\mathrm{d}t|=a_t$。正确的是(　　)。

(A) 只有 ③ 是正确的　　(B) 只有 ②、④ 是正确的

(C) 只有 ② 是正确的　　(D) 只有 ①、④ 是正确的

4. 下面表述正确的是(　　)。

(A) 质点作圆周运动,加速度一定与速度垂直;

(B) 轨道最弯处法向加速度最大;

(C) 物体作直线运动,法向加速度必为零;

(D) 某时刻的速率为零,切向加速度必为零。

二、填空题

1. 悬挂在弹簧上的物体在竖直方向上振动,振动方程为 $y=A\cos(\omega t+\varphi)$,其中 A、ω、φ 均为常量,则 ① 物体速度与时间的函数关系为____________;② 物体加速度与时间的函数关系为________________。

2. 在 x 轴上作变加速直线运动的质点,已知其初速度为 v_0,初始位置为 x_0,加速度为 $a=kt$(其中 k 为常量),则其速度与时间的关系 $v=$________,运动方程 $x=$____________。

3. 以一定初速度斜向上抛出一个物体,如果忽略空气阻力,当该物体的速度 $\boldsymbol{v}$ 与水平面的夹角为 θ 时,它的切向加速度的大小为 $a_t=-g\sin\theta$,法向加速度 a_n 的大小为 $a_n=$________。

三、计算题

1. 如图乙1-1-2所示,A、B 两物体由一长为 l 的刚性杆相连,A、B 两物体可在相互垂直的光滑轨道上滑行。如物体 A 以恒定速率 v_0 向左滑行,求物体 B 的速度和加速度。

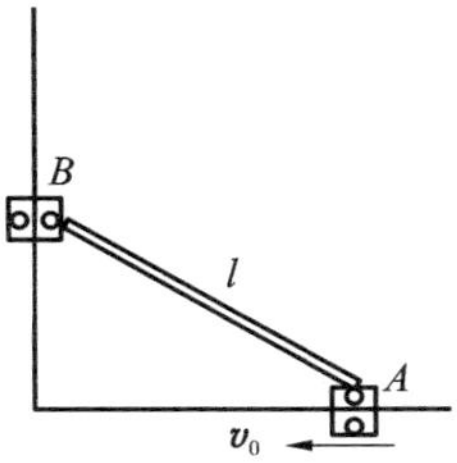

图乙 1-1-2

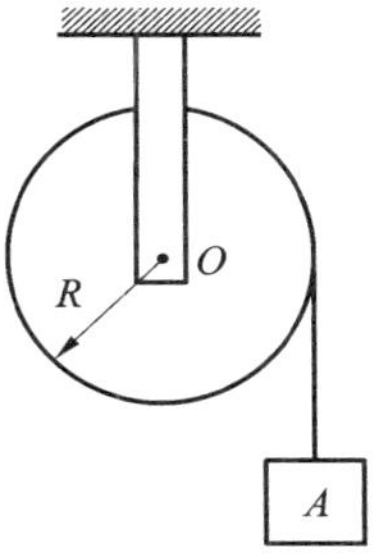

图乙 1-1-3

2. 一个半径为 $R=1.0$ m 的圆盘,可以绕水平中心轴自由转动,一根细绳绕在盘子的边缘,其自由端拴一物体 A(图乙 1-1-3),在重力作用下,物体 A 从静止开始匀加速地下降,在 $t=2$ s 内下降的高度为 $h=0.4$ m,求物体开始下降后 $t'=3$ s 末,轮边缘上任意点的速度、角速度、切向加速度与法向加速度的大小。

乙 1-2　牛顿运动定律

一、选择题

1. 已知土星的半径是地球半径的 11 倍,质量为地球的 320 倍,设在地球上的重力加速度为 g,则土星表面上的重力加速度为(　　)。

(A)$29g$　(B)$0.38g$　(C)$0.035g$　(D)$2.64g$

2. 如图乙 1-2-1 所示,一光滑的内表面半径为 10 cm 的半球形碗,以匀角速度 ω 绕其对称轴旋转,已知放在碗内表面上的一个小球 P 相对碗静止,其位置高于碗底 4 cm,则由此可推知碗旋转的角速度约为(　　)。

(A)12.8 rad・s^{-1}　(B)17.4 rad・s^{-1}　(C)10.5 rad・s^{-1}　(D)18.6 rad・s^{-1}

3. 如图乙 1-2-2 所示,一根轻弹簧,下端系着重物,上端用手提起,并竖直向上作匀加速运动,当手突然停止运动的瞬间,物体将(　　)。

(A) 向上作匀速运动　(B) 向上作加速运动

(C) 立即处于静止状态　(D) 在重力作用下向上作减速运动

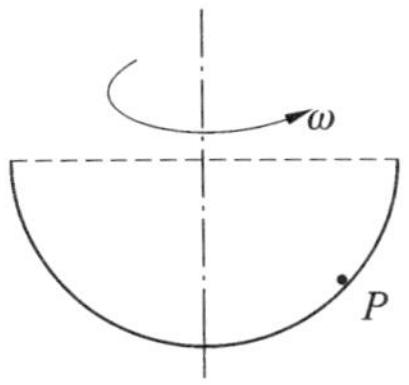

图乙 1-2-1

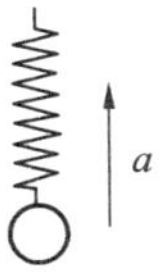

图乙 1-2-2

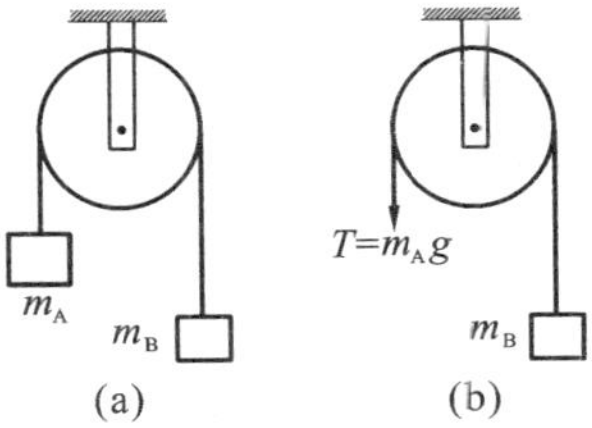

图乙 1-2-3

4. 如图乙 1-2-3(a) 所示,设滑轮的质量和轴承处的摩擦忽略。当 $m_A>m_B$ 时,算出 m_A 向下的加速度为 a,今去掉 m_A 而代之以拉力 $T=m_Ag$,如图乙 1-2-3(b) 所示,算出 m_B 的加速度 a',

则(　　)。

(A) $a > a'$　　(B) $a = a'$　　(C) $a < a'$　　(D) 无法判断

二、填空题

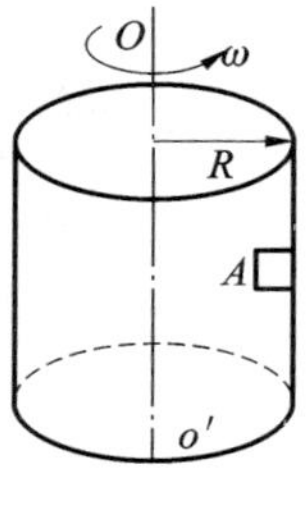

图乙 1-2-4

1. 如图乙 1-2-4 所示,竖立的圆筒形转笼,半径为 R,绕中心轴 OO' 转动,物块 A 紧靠在圆筒的内壁上,且物块相对转笼静止,物块与圆筒间的摩擦因数为 μ。试画出物块 A 的受力图。

2. 如图乙 1-2-5 所示,一根绳子系着一质量为 m 的小球,悬挂在天花板上,小球在竖直面内摆动。对小球摆动的任意时刻,有人沿绳子拉力方向求合力写出方程 $T - mg\cos\theta = 0$,你认为该式是否正确?答__________。理由是____________。

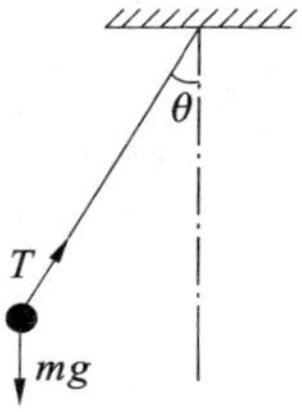

图乙 1-2-5

3. 一特技表演飞机在空中沿一竖直面内的圆周轨道(其半径 $R = 460$ m)作表演飞行,如果飞机的飞行速率为一恒值 $v = 540\ \text{km}\cdot\text{h}^{-1}$,则飞机的加速度是重力加速度的________倍,若驾驶员的质量为 70 kg,在轨道的最低点,他的视重(即人对座椅的压力) $N' =$ __________N。

三、计算题

1. 直九型直升飞机每片旋翼长 5.97 m,若按宽度一定,厚度均匀的薄片计算,求旋翼以 $400\ \text{r}\cdot\text{min}^{-1}$ 的转速旋转时,其根部受到的拉力为重力的几倍。

2. 在半径为 R 的光滑球面的顶点处,一质点从顶点静止滑落。求质点离开球面时质点对球心的连线与竖直线间的夹角 θ。

乙 1-3　动　　量

一、选择题

1. 质量为 m 的铁锤竖直落下,打在木桩上并停下,设打击时间为 Δt,打击前铁锤速率为 v,则在打击木桩的时间内,铁锤所受平均合外力的大小为(　　)。

(A) $\dfrac{2mv}{\Delta t}$　　(B) $\dfrac{mv}{\Delta t} - mg$

(C) $\dfrac{mv}{\Delta t} + mg$　　(D) $\dfrac{mv}{\Delta t}$

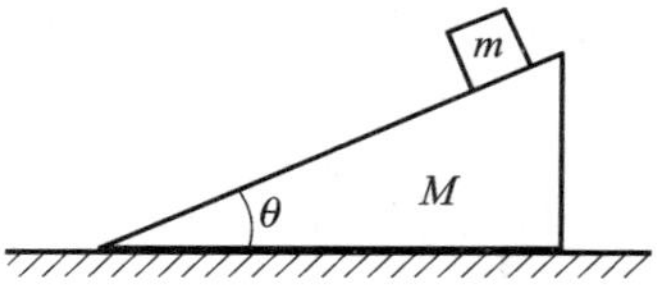

图乙 1-3-1

2. 一质量为 M 的斜面原来静止于光滑水平面上,将一质量为 m 的木块轻轻放于斜面上,如图乙 1-3-1 所示。如果此后木块能静止于斜面上,则斜面将(　　)。

(A) 保持静止　　(B) 向右加速运动

(C) 向右匀速运动　　(D) 向左加速运动

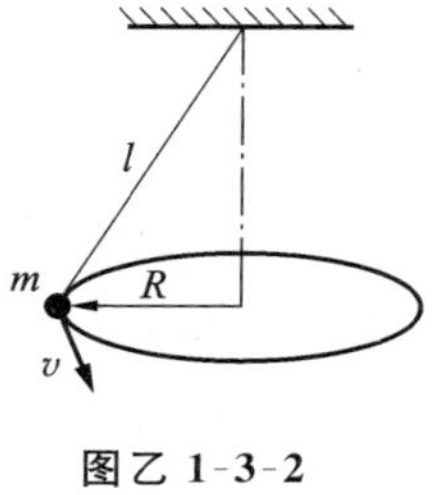

图乙 1-3-2

3. 如图乙 1-3-2 所示,圆锥摆的摆球质量为 m,速率为 v,圆半径为 R,当摆球在轨道上运动半周后,摆球的动量改变量的大小为(　　)。

(A) $2mv$　　(B) 0

(C) mv　　(D) $3mv$

4. 一弹性球水平抛出，落地后跳起，达到原先高度时速度大小与方向与原先的相同，则(　　)。

(A) 此过程动量守恒，重力与地面弹力的合力为零

(B) 此过程前后的动量相等，重力的冲量与地面弹力的冲量大小相等，方向相反

(C) 此过程动量守恒，合外力的冲量为零

(D) 此过程前后动量相等，重力的冲量为零

二、填空题

1. 自动步枪连发时每分钟射出 120 发子弹，每发子弹的质量为 8.00 g，出枪口的速率为 $750\ \mathrm{m\cdot s^{-1}}$。则射击时枪托对肩部的平均压力为____________。

2. 如图乙 1-3-3 所示，两块并排的木块 A 和 B，质量分别为 m_1 和 m_2，静止地放在光滑的水平面上，一子弹水平地穿过两木块，设子弹穿过两木块所用的时间分别为 Δt_1 和 Δt_2，木块对子弹的阻力为恒力 F，则子弹穿出后，木块 A 速度的大小为______；木块 B 速度的大小为________。

3. 一质量为 $m = 60$ kg 的男子在一静止于湖面的小船上(其质量为 $M = 240$ kg，长度 $l = 5$ m) 行走。当他从船头走到船尾时，船向船________ 方向移动的距离为____________。

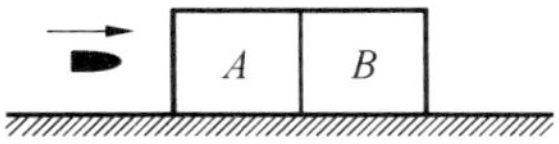

图乙 1-3-3

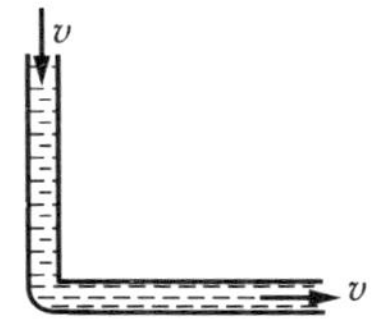

图乙 1-3-4

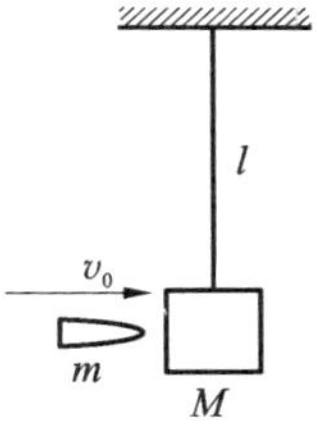

图乙 1-3-5

三、计算题

1. 如图乙 1-3-4 所示，水管有一段弯成 90°。已知管中水的流量为 $3\times10^3\ \mathrm{kg\cdot s^{-1}}$，流速为 $10\ \mathrm{m\cdot s^{-1}}$。如不计水的重力，求水流对此段弯管压力的大小和方向。

2. 如图乙 1-3-5 所示，质量为 $M = 1.5$ kg 的物体，用一根长为 $l = 1.25$ m 的细绳悬挂在天花板上成为一个冲击摆。今有一质量为 $m = 10$ g 的子弹以 $v_0 = 500\ \mathrm{m\cdot s^{-1}}$ 的水平速度射入冲击摆并嵌在其中。求：(1) 子弹射入后的一瞬间绳中张力的大小；(2) 在射入过程中子弹所受的冲量。

乙 1-4　功　和　能

一、选择题

1. 下列说法中正确的是(　　)。

(A) 作用力的功与反作用力的功必定等值异号

(B) 作用于一个物体的摩擦力只能做负功

(C) 内力不改变系统的总机械能

(D) 作用力功的大小与反作用力功的大小可以相等，也可以不等

2. 一辆汽车从静止出发，在平直的公路上加速前进，如果发动机的功率一定，下面说法正确的是(　　)。

(A) 汽车的加速度是不变的

(B) 汽车的加速度与它的速度成正比

(C) 汽车的加速度随时间减小

(D) 汽车的动能与它通过的路程成正比

3. 关于机械能守恒，以下说法正确的是(　　)。

(A) 系统所受的合外力和系统内非保守内力都不做功时，系统的机械能守恒

(B) 一对内力大小相等，方向相反，做功必然等值反号，故系统内力做功为零，所以系统机械能守恒与内力无关

(C) 系统所受合外力不做功时，系统的机械能守恒

(D) 系统所受的合外力为零时，系统的机械能守恒

4. 以下说法错误的是(　　)。

(A) 功是能量转换的量度

(B) 系统经历某过程前后的机械能相等，则系统机械能守恒

(C) 机械能守恒的整个过程中，任意时刻机械能都相等

(D) 势能是属于物体系的，其量值与势能零点的选取有关

(E) 系统机械能守恒时，虽然任意时刻系统机械能保持恒量，但内部各物体的机械能可以变化，其变化是由内力做功造成的

二、填空题

1. 如图乙 1-4-1 所示，一质点在几个力的作用下，沿半径为 R 作圆周运动，其中一个力是恒力 $\boldsymbol{F}_0$，方向始终沿 x 轴正向，即 $\boldsymbol{F}_0 = F_0\boldsymbol{i}$，当质点从 A 点沿逆时针方向走过 3/4 圆周到达 B 点时，$\boldsymbol{F}_0$ 所做的功为______。

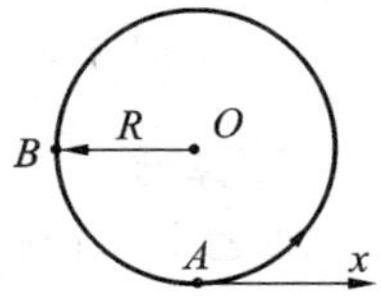

图乙 1-4-1

2. 力 $\boldsymbol{F} = x\boldsymbol{i} + 3y^2\boldsymbol{j}$ (SI) 作用于其运动方程为 $x = 2t$ (SI) 的作直线运动的物体上，则 0～1 s 内力 $\boldsymbol{F}$ 做的功为 $A =$ ________ J。

3. 如图乙 1-4-2 所示，原长 l_0、劲度系数为 k 的弹簧悬挂在天花板上，下端静止于 O 点；悬一重物 m 后，弹簧伸长 x_0 而平衡，此时弹簧下端静止于 O' 点；当物体 m 运动到 P 点时，弹簧又伸长 x。如取 O 点为弹性势能零点，P 点处系统的弹性势能为________；如以 O' 点为弹性势能零点，则 P 点处系统的弹性势能为________。

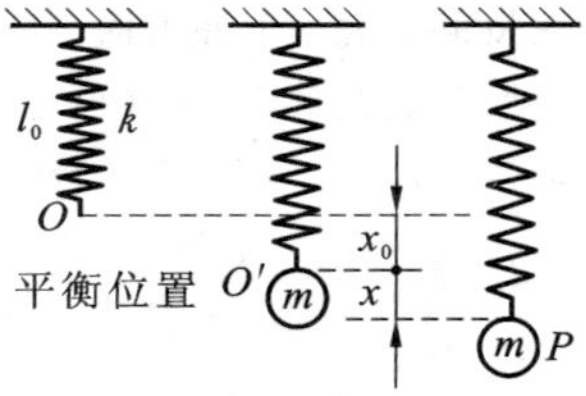

图乙 1-4-2

三、计算题

1. 设地球质量为 M，半径为 R。一质量为 m 的陨石从距地面高 R(即距地球中心 $2R$) 处由静止开始落向地面，忽略空气阻力，(1) 陨石下落过程中，万有引力做的功是多少？(2) 陨石落地时的速度多大？

2. 某弹簧不遵守胡克定律，若施力 F，则相应伸长为 x，力与伸长 x 的关系为

$$F = 8x + 24x^2 \quad \text{(SI)}$$

求：(1) 将弹簧从定长 $x_1 = 0.50$ m 拉伸到定长 $x_2 = 1.00$ m 时，外力所做的功。(2) 将弹簧放在水平光滑的桌面上，一端固定，另一端系一个质量为 0.1 kg 的物体，然后将弹簧拉伸到一定长 $x_2 = 1.00$ m，再将物体由静止释放，求当弹簧回到 $x_1 = 0.50$ m 时物体的速率。(3) 此弹簧的弹力是保守力吗?为什么?

乙 1-5　力矩、转动惯量、转动定律

一、选择题

1. 有两个力作用在一个有固定轴的刚体上

① 这两个力都平行于轴作用时，它们对轴的合力矩一定是零；

② 这两个力都垂直于轴作用时，它们对轴的合力矩可能是零；

③ 这两个力的合力为零时，它们对轴的合力矩也一定是零；

④ 当这两个力对轴的合力矩为零时，它们的合力也一定是零。

在上述说法中(　　)。

(A) 只有 ① 是正确的

(B)①、② 正确，③、④ 错误

(C)①、②、③ 都正确，④ 错误

(D)①、②、③、④ 都正确

2. 关于刚体对轴的转动惯量，下列说法中正确的是(　　)。

(A) 只取决于刚体的质量，与质量的空间分布和轴的位置无关

(B) 取决于刚体的质量和质量的空间分布，与轴的位置无关

(C) 只取决于转轴的位置，与刚体的质量和质量的空间分布无关

(D) 取决于刚体的质量，质量的空间分布和轴的位置

3. 细绳绕在具有水平光滑轴的飞轮边缘上，如果在绳端挂一质量为 m 的重物，飞轮的角加速度 β_1。如果以拉力 mg 代替重物拉绳时，飞轮的角加速度将(　　)。

(A) 大于 β_1　　(B) 小于 β_1　　(C) 等于 β_1　　(D) 不能确定

4. 均匀细棒 OA 可绕通过其一端 O 而与棒垂直的水平固定光滑轴转动，如图乙 1-5-1 所示，今使棒从水平位置由静止开始自由下落，在棒摆动到竖立位置的过程中，下述说法哪一种是正确的?(　　)。

(A) 角速度从大到小，角加速度从小到大

(B) 角速度从小到大，角加速度从小到大

(C) 角速度从小到大，角加速度从大到小

(D) 角速度从大到小，角加速度从大到小

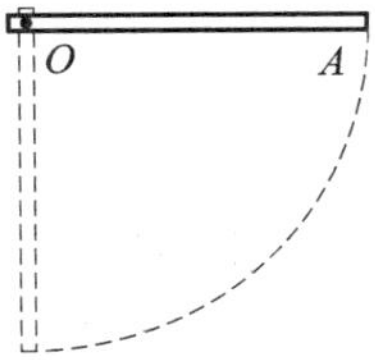

图乙 1-5-1

二、填空题

1. 一个作定轴转动的轮子，对轴的转动惯量 $J=2.0\ \mathrm{kg\cdot m^2}$，正以角速度 ω_0 匀速转动，现对轮子加一恒定的力矩 $M=-7.0\ \mathrm{m\cdot N}$，经过时间 $t=8.0\ \mathrm{s}$ 时轮子的角速度 $\omega=-\omega_0$，则 $\omega_0=$ ________。

2. 如图乙 1-5-2 所示，一长为 l 的轻质细杆，两端分别固定质量为 m 和 $2m$ 的小球，此系统在竖直平面内可绕过中点 O 且与杆垂直的水平光滑轴(O 轴)转动，则此系统对转轴 O 的转动惯量为________________。

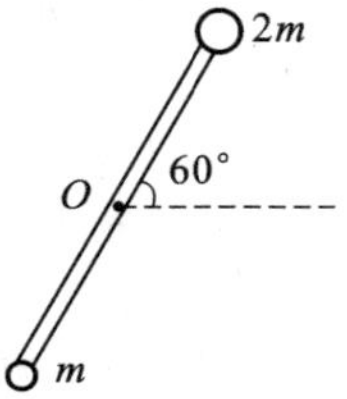

图乙 1-5-2

3. 接上题，开始时杆与水平成 60° 角，处于静止状态。无初转速地释放后，杆与球这一刚体系统绕 O 轴转动，当杆转到水平位置时，刚体受到的合外力矩 $M=$ ________。

三、计算题

1. 如图乙 1-5-3 所示，一质量均匀分布的圆盘，质量为 m，半径为 R，放在一粗糙水平面上，摩擦因数为 μ，圆盘可绕通过其中心 O 的竖直固定光滑轴转动。求圆盘所受的摩擦阻力矩。

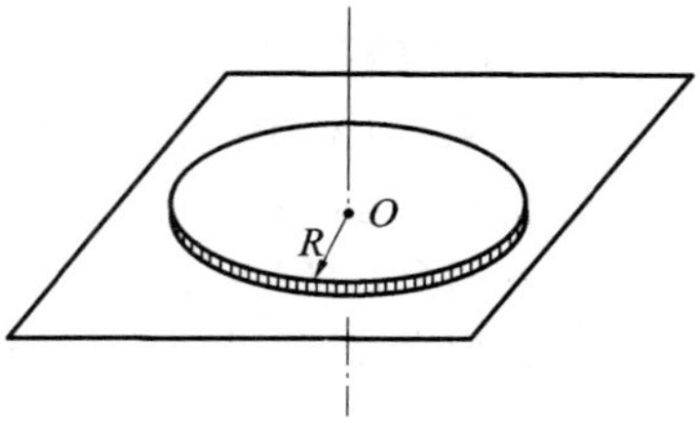

图乙 1-5-3

2. 电风扇在开启电源后，经过 t_1 时间达到了额定转速，此时相应的角速度为 ω_0。当关闭电源后，经过 t_2 时间风扇停转。已知风扇转子的转动惯量为 J，并假定摩擦阻力矩和电机的电磁力矩均为常量，试根据已知量推算电机的电磁力矩。

乙 1-6 刚体定轴转动中的动能及角动量

一、选择题

1. 刚体角动量守恒的充分而必要的条件是(　　)。

(A) 刚体不受外力矩的作用

(B) 刚体所受合外力矩为零

(C) 刚体所受的合外力和合外力矩均为零

(D) 刚体的转动惯量和角速度均保持不变

2. 如图乙 1-6-1 所示，一光滑细杆上端由光滑铰链固定，杆可绕其上端在任意角度的锥面上绕 OO' 作匀角速转动。有一小环套在杆的上端处，开始时使杆在一个锥面上运动起来，而后小环由静止开始沿杆下滑。在小环下滑的过程中，小环、杆和地球组成的系统机械能以及小环和杆对 OO' 的角动量这两个量中(　　)。

(A) 机械能、角动量都不守恒

(B) 机械能守恒、角动量不守恒

(C) 机械能不守恒、角动量守恒

(D) 机械能、角动量都守恒

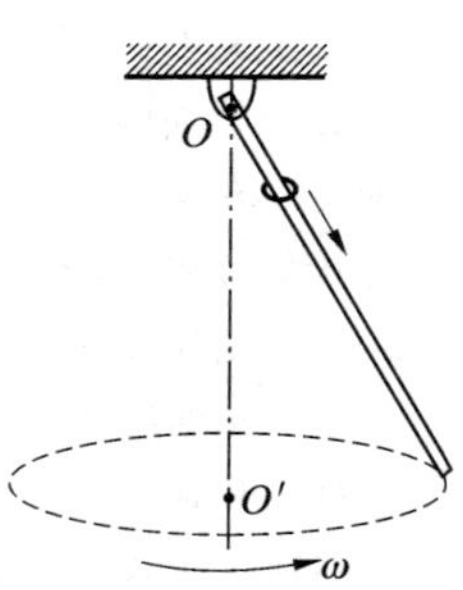

图乙 1-6-1

3. 有一半径为 R 的水平圆转台，可绕通过其中心的竖直固定光滑轴转动,转动惯量为 J,开始时转台以匀角速度 ω_0 转动,此时有一质量为 m 的人站在转台中心,随后人沿半径向外跑去,当人到达转台边缘时,转台的角速度为(　　)。

(A) $\dfrac{J\omega_0}{mR^2}$　(B) $\dfrac{J\omega_0}{(J+m)R^2}$　(C) $\dfrac{J\omega_0}{J+mR^2}$　(D) ω_0

4. 如图乙 1-6-2 所示,一匀质细杆可绕通过其一端的水平光滑轴在竖直平面内自由转动,杆长 $l=(5/3)m$,今使杆从与竖直方向成 60° 角的位置由静止释放,则杆的最大角速度为(　　)。

(A) 2.97 $\mathrm{rad\cdot s^{-1}}$　(B) π $\mathrm{rad\cdot s^{-1}}$

(C) 9 $\mathrm{rad\cdot s^{-1}}$　(D) $\sqrt{3}$ $\mathrm{rad\cdot s^{-1}}$

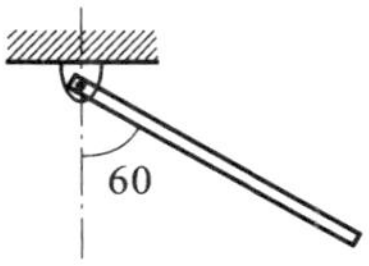

图乙 1-6-2

二、填空题

1. 如图乙 1-6-3 所示,一匀质细杆 AB,长为 l,质量为 m。A 端挂在一光滑的固定水平轴上,细杆可以在竖直平面内自由摆动。杆从水平位置由静止释放后开始下摆,当下摆 θ 时,杆的角速度为________。

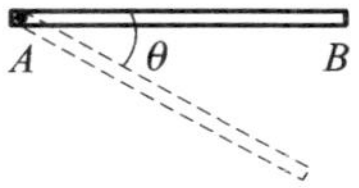

图乙 1-6-3

2. 将一质量为 m 的小球,系于轻绳的一端,绳的另一端穿过光滑水平桌面上的小孔用手拉住,先使小球以角速度 ω_1 在桌面上作半径为 r_1 的圆周运动,然后缓慢将绳下拉,使半径缩小为 r_2,在此过程中小球的动能增量是____________。

3. 一飞轮以角速度 ω_0 绕轴旋转,飞轮对轴的转动惯量为 J_1;另一静止飞轮突然被同轴地啮合到转动的飞轮上,该飞轮对轴的转动惯量为前者的二倍,啮合后整个系统的角速度 $\omega=$____________。

三、计算题

1. 一轴承光滑的定滑轮,质量为 $M=2.00$ kg,半径为 $R=0.100$ m,一根不能伸长的轻绳,一端缠绕在定滑轮上,另一端系有一质量为 $m=5.00$ kg 的物体,如图乙 1-6-4 所示。已知定滑轮转动惯量为 $J=MR^2/2$,其初角速度 $\omega_0=10.0\ \mathrm{rad\cdot s^{-1}}$,方向垂直纸面向里。求:(1) 定滑轮的角加速度;(2) 定滑轮的角速度变化到 $\omega=0$ 时,物体上升的高度;(3) 当物体回到原来位置时,定滑轮的角速度。

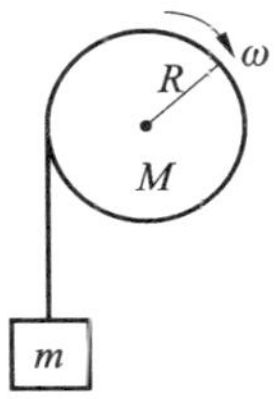

图乙 1-6-4

2. 有一质量为 m_1、长为 l 的均匀细棒,静止平放在滑动摩擦因数为 μ 的水平桌面上,它可绕通过其端点 O 且与桌面垂直的固定光滑轴转动。另有一水平运动的质量为 m_2 的小滑块,从侧面以垂直于棒的方向与棒的另一端 A 相撞,设碰撞时间极短,已知小滑块在碰撞前后的速度分别为 v_1 和 v_2,如图乙 1-6-5 所示。求碰撞后从细棒开始转动到停止转动的过程所需的时间(已知棒绕 O 点的转动惯量 $J=m_1l^2/3$)。

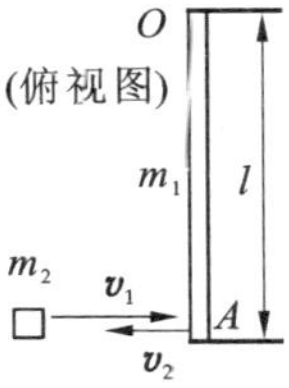

图乙 1-6-5

乙 1-7　力学习题课

一、选择题

1. 如图乙 1-7-1 所示,两滑块 A、B,质量分别为 m_1 和 m_2,与斜面间的摩擦因数分别为 μ_1 和

μ_2，今将 A、B 粘合在一起，并使它们的底面共面，而构成一个大滑块，则大滑块与斜面间的摩擦因数为（　　）。

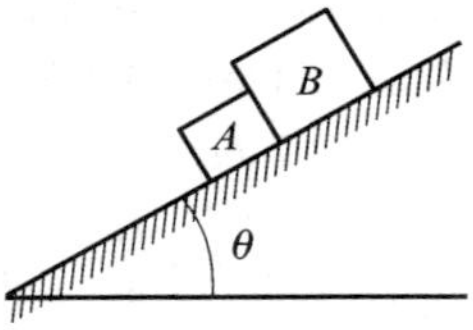

图乙 1-7-1

(A) $\dfrac{\mu_1 m_1 + \mu_2 m_2}{m_1 + m_2}$　　(B) $\dfrac{\mu_1\mu_2}{\mu_1 + \mu_2}$

(C) $\sqrt{\mu_1\mu_2}$　　(D) $\dfrac{\mu_1 + \mu_2}{2}$

2. 图乙 1-7-2(a) 为一绳长为 l、质量为 m 的单摆。图乙 1-7-2(b) 为一长度为 l、质量为 m 能绕水平轴 O 自由转动的匀质细棒。现将单摆和细棒同时从与竖直线成 θ 角度的位置由静止释放，若运动到竖直位置时，单摆、细棒的角速度分别用 ω_1、ω_2 表示。则（　　）。

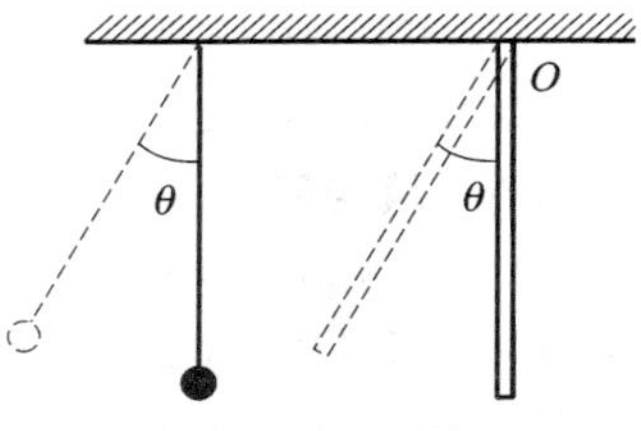

图乙 1-7-2

(A) $\omega_1 = \dfrac{\omega_2}{2}$　　(B) $\omega_1 = \omega_2$

(C) $\omega_1 = \dfrac{2\omega_2}{3}$　　(D) $\omega_1 = \sqrt{\dfrac{2}{3}}\omega_2$

3. 一特殊的弹簧，弹力 $F = -kx^3$，k 为劲度系数，x 为形变量。现将弹簧水平放置于光滑的水平面上，一端固定，另一端与质量为 m 的滑块相连而处于自然状态。今沿弹簧长度方向给滑块一个冲量，使其获得一速度 v，压缩弹簧，则弹簧被压缩的最大长度为（　　）。

(A) $\sqrt{\dfrac{m}{k}}v$　　(B) $\left(\dfrac{2mv^2}{k}\right)^{1/4}$　　(C) $\left(\dfrac{4mv}{k}\right)^{1/4}$　　(D) $\sqrt{\dfrac{k}{m}}v$

4. 一物体正在绕固定光滑轴自由转动，（　　）。

(A) 它受热膨胀或遇冷收缩时，角速度不变

(B) 它受热时角速度变大，它遇冷时角速度变小

(C) 它受热时角速度变小，它遇冷时角速度变大

(D) 它受热或遇冷时，角速度均变大

二、填空题

1. 灯距地面高度为 H，一个人身高为 h，在灯下以匀速率 v 沿水平直线行走，如图乙 1-7-3 所示。则他的头顶在地上的影子 M 点沿地面移动的速度 $v' =$ ________。

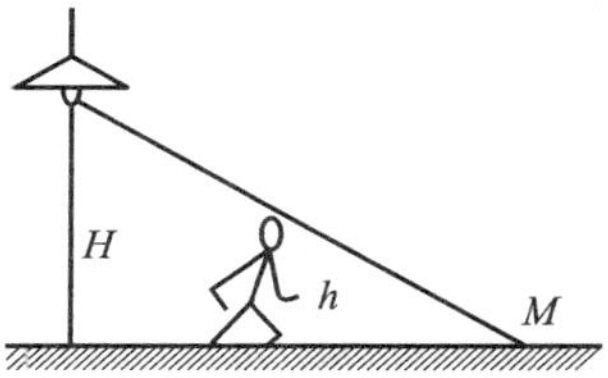

图乙 1-7-3

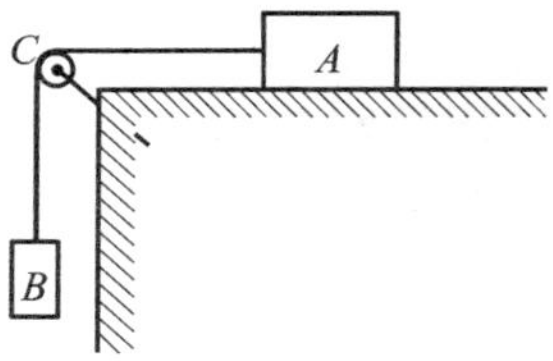

图乙 1-7-4

2. 一质点沿直线运动，其坐标 x 与时间 t 的关系为 $x = Ae^{-\beta t}\cos\omega t$，$A$、$\beta$、$\omega$ 皆为常数。则任意时刻 t 质点的加速度 $a =$ ________。

3. 如图乙 1-7-4 所示，滑块 A、重物 B 和滑轮 C 的质量分别为 m_A、m_B 和 m_C，滑轮的半径 R，滑轮对轴的转动惯量为 $J = m_C R^2/2$，滑块 A 与桌面间、滑轮与轴承之间均无摩擦，绳的质量可不计，绳与滑轮之间无相对滑动，滑块 A 的加速度 $a =$ ________。

三、计算题

1. 质量为 $M = 0.03$ kg，长为 $l = 0.2$ m 的均匀细棒，在一水平面内绕通过棒中心并与棒垂直的光滑固定轴自由转动。细棒上套有两个可沿棒滑动的小物体，每个质量都为 $m = 0.02$ kg。开始时，两小物体分别被固定在棒中心的两侧且距中心各为 $r = 0.05$ m，此系统以 $n_1 = 15\ \mathrm{r \cdot min^{-1}}$ 的转速转动。若将小物体松开后，它们在滑动过程中受到的阻力正比于速度，已知细棒对中心轴的转动惯量为 $Ml^2/12$。求：(1) 当两小物体到达棒的端点时，系统的角速度是多少？(2) 当两小物体飞离棒的端点时，棒的角速度是多少？

2. 如图乙 1-7-5 所示，滑轮(作为均匀圆盘) 质量 m_0，绳子质量忽略不计，忽略一切摩擦阻力，物体 A 的质量 m_1 大于物体 B 的质量 m_2。求在 A、B 运动过程中弹簧秤的读数。

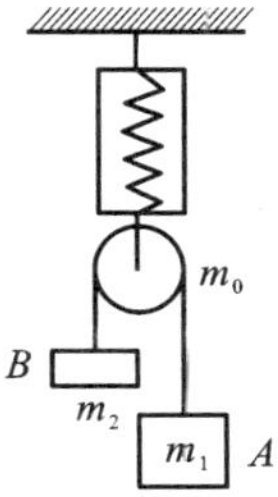

图乙 1-7-5

乙 2-1　简谐振动

一、选择题

1. 轻弹簧上端固定，下端系一质量为 m_1 的物体，稳定后在 m_1 的下边又系一质量为 m_2 的物体，于是弹簧又伸长了 Δx，若将 m_2 移去，并令其振动，则振动周期为(　　)。

(A) $T = 2\pi\sqrt{\dfrac{m_2 \Delta x}{m_1 g}}$　　(B) $T = \dfrac{\sqrt{m_1 \Delta x/(m_2 g)}}{2\pi}$

(C) $T = 2\pi\sqrt{\dfrac{m_1 \Delta x}{m_2 g}}$　　(D) $T = 2\pi\sqrt{\dfrac{m_2 \Delta x}{(m_1 + m_2) g}}$

2. 一质点作简谐振动，振动方程为 $x = A\cos(\omega t + \varphi)$，当时间 $t = \dfrac{T}{4}$(T 为周期) 时，质点的速度为(　　)。

(A) $A\omega\sin\varphi$　　(B) $-A\omega\cos\varphi$　　(C) $-A\omega\sin\varphi$　　(D) $A\omega\cos\varphi$

3. 以下所列运动形态：

① 球形碗底小球小幅度的摆动；

② 细绳悬挂的小球作大幅度的摆动；

③ 乒乓球在弹性桌面上作等高的上下跳动。

哪些是简谐振动？(　　)

(A)①、②、③ 都不是简谐振动　　(B)①、②、③ 都是简谐振动

(C)②、③ 是简谐振动　　(D)① 是简谐振动

4. 地球上有一弹簧振子和一单摆，周期均为 T。今将它们搬到某行星上，设该行星表面的重力加速度为地球表面重力加速度的 2 倍，设它们在该行星表面的周期分别为 T_1、T_2，则(　　)。

(A) $T_1 = T, T_2 = \dfrac{\sqrt{2}T}{2}$　　(B) $T_1 = \dfrac{\sqrt{2}T}{2}, T_2 = T$

(C) $T_1 = T_2 = \frac{\sqrt{2}T}{2}$　　　　(D) $T_1 = T_2 = T$

二、填空题

1. 某质点可在 x 轴上运动，通过对其受力列方程得出：$F = kx = m\mathrm{d}^2x/\mathrm{d}t^2$。其中 k 为常量，m 为质点的质量。该质点的运动________简谐振动（填是或不是）。

2. 一质点作简谐振动，振动方程为

$$x = 0.04\cos(50\,t + 23^\circ)\quad \text{(SI)}$$

则该质点任意时刻振动速度为____________________(SI)，振动加速度为____________________(SI)。

3. 若上题中的质点质量为 $m = 0.08$ kg，则该质点所受合外力的最大值为________。

三、计算题

1. 质量为 $m = 2.0$ kg，转动惯量为 $I = 0.005$ kg·m^2 的刚体作简谐振动时角位移随时间的关系为 $\theta = 0.05\cos(20t + \pi/2)$，式中各量均为SI制。求：(1) 刚体质心到转轴的距离 d；(2) 复摆作简谐振动的周期 T；(3) 复摆摆动的角速度 Ω。

2. 质量为 m，长为 l 的均匀细棒可绕过一端的固定轴 O_1 自由转动，在细棒的另一端有一劲度系数为 k 的轻弹簧与其连接。弹簧的上端固定于 O_2 点，如图乙 2-1-1 所示。开始时棒刚好在水平位置而静止，现将棒沿顺时针方向绕 O_1 轴转过一小角度 θ_0，然后放手。(1) 证明杆作简谐振动；(2) 求出其周期；(3) 以向下转动为旋转正向，水平位置为角坐标原点，转过角 θ_0 为起始时刻，写出振动表达式。

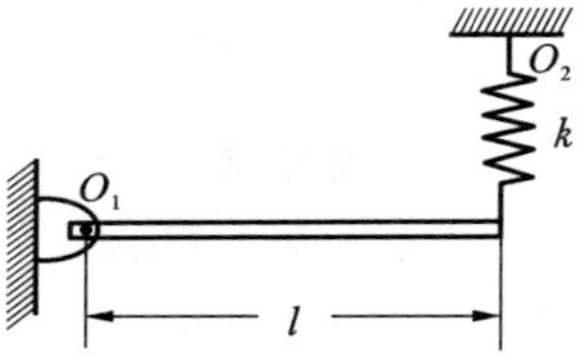

图乙 2-1-1

乙 2-2　简谐振动的能量、简谐振动的合成

一、选择题

1. 把单摆摆球从平衡位置向位移正方向拉开，使摆线与竖直方向成一微小角度 θ，然后由静止放手任其振动，从放手时开始计时，若用余弦函数表示其运动方程，则该单摆振动的初位相为(　　)。

(A) 0　　(B) π　　(C) θ　　(D) $\frac{\pi}{2}$

2. 两个质点各自作简谐振动，它们的振幅相同、周期相同，第一个质点的振动方程为 $x_1 = A\cos(\omega t + \alpha)$。当第一个质点从相对平衡位置的正位移处回到平衡位置时，第二个质点在正最大位移处，则第二个质点的振动方程为(　　)。

(A) $x_2 = A\cos\left(\omega t + \alpha + \frac{\pi}{2}\right)$　　(B) $x_2 = A\cos(\omega t + \alpha + \pi)$

(C) $x_2 = A\cos(\omega t + \alpha)$　　(D) $x_2 = A\cos\left(\omega t + \alpha - \frac{\pi}{2}\right)$

3. 要测一音叉的固有频率，可选择一标准音叉，同时敲打它们，耳朵听到的声音是这两音叉引起耳膜振动的合成。今选得标准音叉的固有频率为 $\nu_0 = 730$ Hz，敲打待测音叉与已知音叉后听到的声音在10 s内有20次变强,则待测音叉的频率ν(　　)。

(A) 一定等于732 Hz

(B) 一定等于728 Hz

(C) 不肯定。如果在待测音叉上加一小块橡皮泥后敲打测得拍频变小,则肯定待测音叉的固有频率为732 Hz

(D) 不肯定。如果在标准音叉上加一小块橡皮泥后敲打测得拍频变小,则肯定待测音叉的固有频率为732 Hz

4. 一个质点作简谐振动,振幅为A,在起始时刻质点的位移为$A/2$,且向x轴的正方向运动,代表此简谐振动的旋转矢量图为图乙2-2-1中哪一项?(　　)

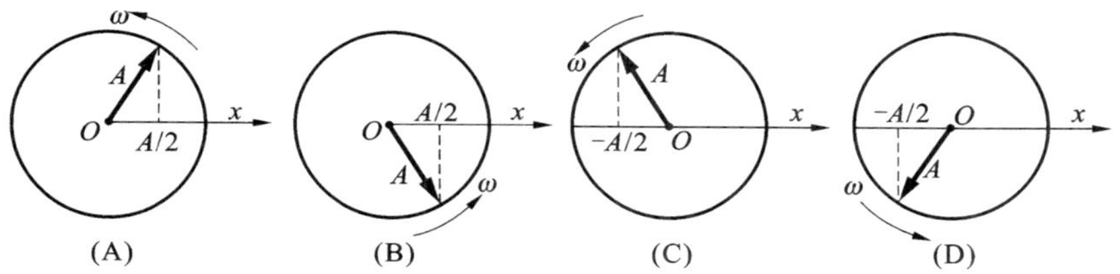

图乙 2-2-1

二、填空题

1. 若两个同方向、不同频率简谐振动的表达式分别为

$$x_1 = A\cos 10\pi t \quad (\text{SI}) \qquad x_2 = A\sin 12\pi t \quad (\text{SI})$$

则它们的合振动的频率为__________,每秒的拍数为__________。

2. 一质点沿x轴作简谐振动,振动范围的中心点为x轴的原点。已知周期为T,振幅为A。

(1) 若$t=0$时质点过$x=0$处且朝x轴正方向运动,则振动方程为$x=$__________。

(2) 若$t=0$时质点处于$x=\dfrac{A}{2}$处且朝x轴负方向运动,则振动方程为$x=$__________。

3. 一质点作简谐振动的圆频率为ω、振幅为A。当$t=0$时质点位于$x=A/2$处且朝x轴正方向运动,试画出此振动的旋转矢量图。

三、计算题

1. 在一轻弹簧下端悬挂$m_0=100$ g的砝码时,弹簧伸长8 cm,现在这根弹簧下端悬挂$m=250$ g的物体,构成弹簧振子。将物体从平衡位置向下拉动4 cm,并给以向上的21 cm·s^{-1}的初速度(这时$t=0$),选x轴向下,求振动方程的数值式。

2. 一质点同时参与两个同方向的简谐振动,其振动方程分别为

$$x_1 = 4\times 10^{-2}\cos(4t+\pi/3) \quad (\text{SI})$$

$$x_2 = 3\times 10^{-2}\cos(4t-\pi/6) \quad (\text{SI})$$

画出两振动的旋转矢量图,并求合成振动的振动方程。

乙 2-3 阻尼振动、受迫振动、共振、平面简谐波的波动方程

一、选择题

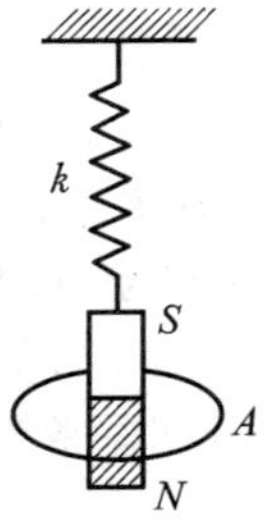

图乙 2-3-1

1. 有一悬挂的弹簧振子，振子是一个条形磁铁，当振子上下振动时，条形磁铁穿过一个闭合圆线圈 A（图乙 2-3-1），则此振子作（　　）。

(A) 阻尼振动　　(B) 等幅振动

(C) 强迫振动　　(D) 增幅振动

2. 一平面简谐波沿 x 轴负方向传播，已知 $x = x_0$ 处质点振动方程为 $y = A\cos(\omega t + \varphi_0)$。若波速为 u，则此波的波动方程为（　　）。

(A) $y = A\cos\left[\omega\left(t - \dfrac{x - x_0}{u}\right) + \varphi_0\right]$

(B) $y = A\cos\left[\omega\left(t - \dfrac{x_0 - x}{u}\right) + \varphi_0\right]$

(C) $y = A\cos\left(\omega t - \dfrac{x_0 - x}{u} + \varphi_0\right)$

(D) $y = A\cos\left(\omega t + \dfrac{x_0 - x}{u} + \varphi_0\right)$

3. 如果一物理量 y 能以波的形式在空间传播，设空间变量只有 x，则该物理量 y 应满足的微分方程是（　　）。

(A) $\dfrac{\partial y}{\partial x} = \dfrac{k\,\partial y}{\partial t}$，$k$ 为正的常数，k 与波速 u 的关系是：$u = \dfrac{1}{k}$

(B) $\dfrac{\partial y}{\partial x} - \dfrac{k\,\partial y}{\partial t} = 0$，$k$ 为正的常数，k 与波速 u 的关系是：$u = \dfrac{1}{k}$

(C) $\dfrac{\partial^2 y}{\partial x^2} = \dfrac{k\,\partial^2 y}{\partial t^2}$，$k$ 为正的常数，k 与波速 u 的关系是：$u^2 = \dfrac{1}{k}$

(D) $\dfrac{\partial^2 y}{\partial x^2} + \dfrac{k\,\partial^2 y}{\partial t^2} = 0$，$k$ 为正的常数，k 与波速 u 的关系是：$u^2 = \dfrac{1}{k}$

4. 一波动方程为 $y = A\cos[\omega(t - x/u) + \varphi_0]$，于是可以得出以下的结论是（　　）。

(A) $t = 0$ 的时刻是波源开始振动的时刻

(B) 波源位于坐标原点

(C) 波传播的过程中，各质元振动的速度为 u

(D) 波沿 x 轴正向传播。

二、填空题

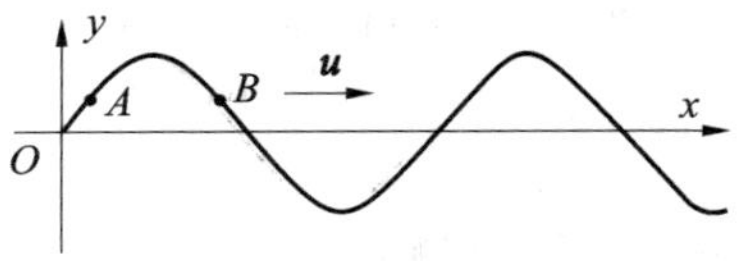

图乙 2-3-2

1. 一列余弦横波以速度 $\boldsymbol{u}$ 沿 x 轴正方向传播，t 时刻波形曲线如图乙 2-3-2 所示，试分别指出图中 A、B 两质点在该时刻的运动方向：A ________；B ________。

2. 已知一平面简谐波沿 x 轴正向传播，振动周期 $T = 0.5$ s，波长 $\lambda = 10$ m，振幅 $A = 0.1$ m。当 $t = 0$ 时波源振动的位移恰好为正的最大值。若波源处为原点，则沿波传播方向距离波源为 $\lambda/2$ 处质点的振动

方程为 $y=$ ________________ 。

3. 一简谐波的频率为 5×10^4 Hz,波速为 $1.5\times10^3\ \mathrm{m\cdot s^{-1}}$,在传播路径上相距 5×10^{-3} m 的两点之间的振动位相差为________。

三、计算题

1. 某质点作简谐振动,周期为 2 s,振幅为 0.06 m,开始计时($t=0$)时,质点恰好处在负向最大位移处。求:(1) 该质点的振动方程;(2) 此振动以速度 $u=2\ \mathrm{m\cdot s^{-1}}$ 沿 x 轴正向(设该点为原点)传播时,形成一维简谐波的波动方程;(3) 该波的波长。

2. 图乙 2-3-3 所示为一平面简谐波在 $t=0$ 时刻波形图,求:(1) 该波的波动方程;(2) P 处质点的振动方程。

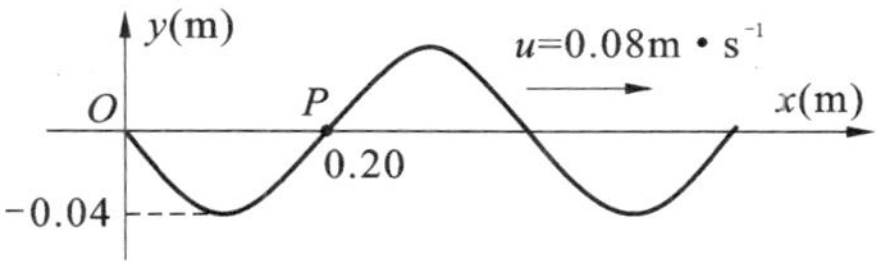

图乙 2-3-3

乙 2-4　平面简谐波的波动方程(续)、波的能量、波的干涉

一、选择题

1. 一平面简谐波在弹性媒质中传播,在某一瞬时,媒质中某质元正处于平衡位置,此时它的能量是(　　)。

(A) 动能为零,势能为零　　(B) 动能为零,势能最大

(C) 动能最大,势能最大　　(D) 动能最大,势能为零

2. 一列机械横波在 t 时刻波形曲线如图乙 2-4-1 所示,则该时刻能量最大值的媒质质元的位置是(　　)。

(A) a,c,e,g　　(B) o',b,d,f　　(C) o',d　　(D) b,f

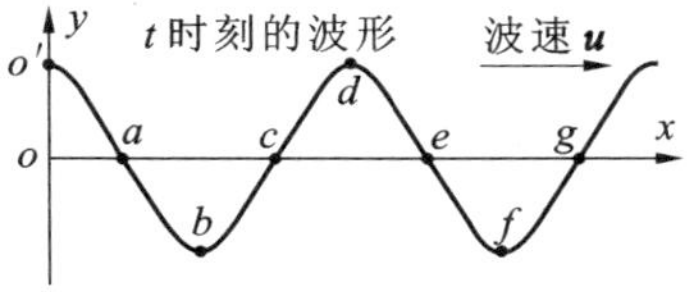

图乙 2-4-1

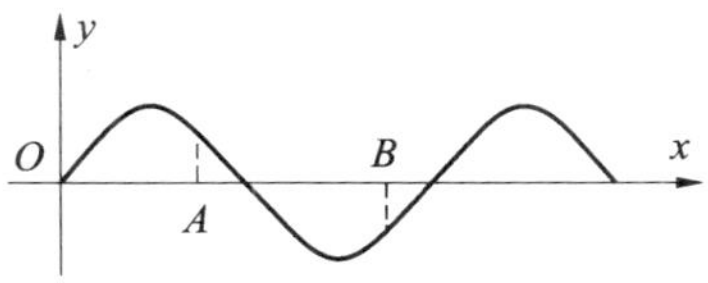

图乙 2-4-2

3. 图乙 2-4-2 所示为一平面简谐机械波在 t 时刻的波形曲线。若此时 A 点处媒质质元的振动动能在增大,则(　　)。

(A) A 点处质元的弹性势能在减小

(B) 各点的波的能量密度都不随时间变化

(C) B 点处质元的振动动能在减小

(D) 波沿 x 轴负方向传播

4. 如图乙 2-4-3 所示,两相干波源 s_1 和 s_2 相距 $\lambda/4$(λ 为波长),s_1 的位相比 s_2 的位相超前 $\pi/2$,在 s_1、s_2 的连线上,s_1 外侧各点(例如 P 点)两波引起的两简谐振动的位相差是(　　)。

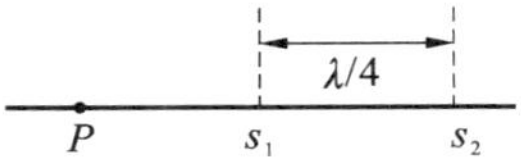

图乙 2-4-3

(A) 0　　(B) π　　(C) π/2　　(D) π/4

二、填空题

1. 一个点波源位于 O 点，以 O 为圆心作两个同心球面，它们的半径分别为 R_1 和 R_2。在两个球面上分别取相等的面积 ΔS_1 和 ΔS_2，则通过它们的平均能流之比 $\overline{P}_1/\overline{P}_2 =$ ________。

2. 如图乙 2-4-4 所示，在平面波传播方向上有一障碍物 AB，根据惠更斯原理，定性地绘出波绕过障碍物传播的情况。

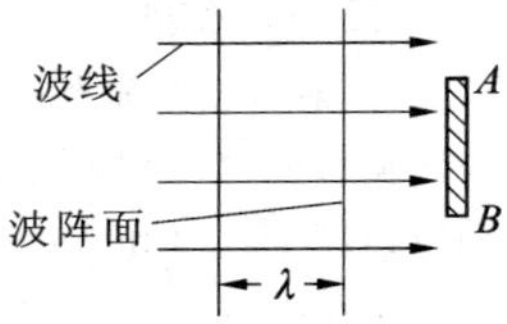

图乙 2-4-4

3. 一列平面简谐波沿 x 轴正方向无衰减地传播，波的振幅为 2×10^{-3} m，周期为 0.01 s，波速为 400 m·s^{-1}，当 $t=0$ 时 x 轴原点处的质元正通过平衡位置向 y 轴正方向运动，则该简谐波的表达式为________________。

三、计算题

1. 如图乙 2-4-5 所示，三个同频率、振动方向相同(垂直纸面)的简谐波，在传播过程中在 O 点相遇，若三个简谐波各自单独在 s_1、s_2 和 s_3 的振动方程分别为

$$y_1 = A\cos(\omega t + \pi/2)$$
$$y_2 = A\cos\omega t$$
$$y_3 = 2A\cos(\omega t - \pi/2)$$

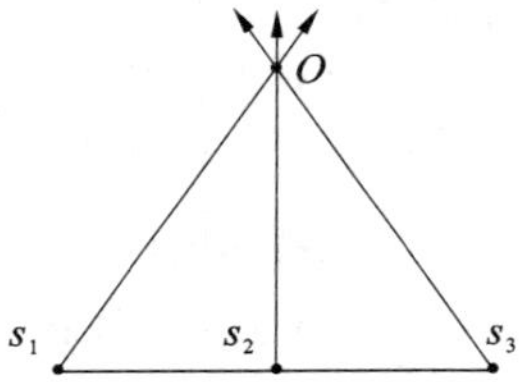

图乙 2-4-5

且 $s_2O = 4\lambda$，$s_1O = s_3O = 5\lambda$(λ 为波长)，求 O 点的合成振动方程(设传播过程中各波振幅不变)。

2. 如图乙 2-4-6 所示，两列相干波在 P 点相遇，一列波在 B 点引起的振动是

$$y_{10} = 3\times10^{-3}\cos2\pi t \quad \text{(SI)}$$

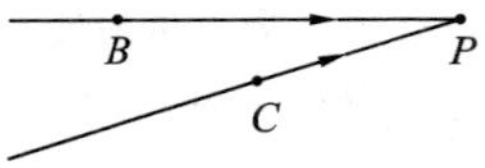

图乙 2-4-6

另一列波在 C 点引起的振动是

$$y_{20} = 3\times10^{-3}\cos(2\pi t + \pi/2) \quad \text{(SI)}$$

$\overline{BP} = 0.45$ m，$\overline{CP} = 0.30$ m，两波的传播速度 $u = 0.20$ m·s^{-1}，不考虑传播中振幅的减小，求 P 点合振动的振动方程。

乙 2-5　波的干涉(续)、驻波

一、选择题

1. 关于驻波的特性，以下说法错误的是(　　)。

(A) 驻波是一种特殊的振动，波节处的势能与波腹处的动能相互转化

(B) 两波节之间的距离等于产生驻波的相干波的波长

(C) 一波节两边的质点的振动步调(或位相)相反

(D) 相邻两波节之间的质点的振动步调(或位相)相同

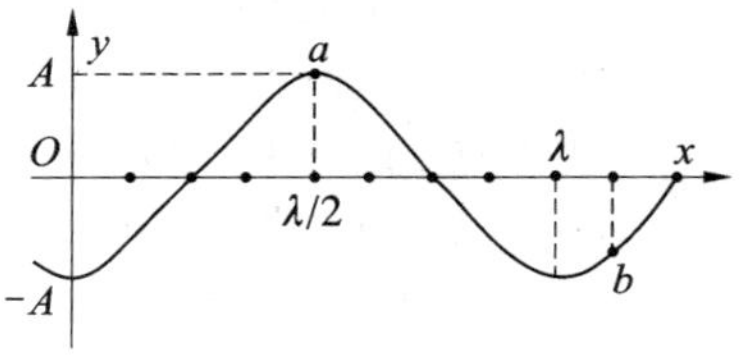

图乙 2-5-1

2. 某时刻驻波波形曲线如图乙 2-5-1 所示，则 a、b 两

点位相差是(　　)。

(A) π　　(B)$\pi/2$　　(C)$5\pi/4$　　(D) 0

3. 如果在长为 L、两端固定的弦线上形成驻波,则此驻波的基频波的波长为(　　)。

(A)$L/2$　　(B) L　　(C)$3L/2$　　(D) $2L$

4. 一机车汽笛频率为 750 Hz,机车以 90 $km \cdot h^{-1}$ 的速率远离静止的观察者,观察者听到声音的频率是(设空气中声速为 340 $m \cdot s^{-1}$)(　　)。

(A)699 Hz　　(B)810 Hz　　(C)805 Hz　　(D)695 Hz

二、填空题

1. 在波长为 λ 的驻波中,两个相邻波腹之间的距离为__________。

2. 设沿弦线传播的一入射波的表达式是

$$y_1 = A\cos[2\pi(\nu t - x/\lambda) + \varphi]$$

在 $x = L$ 处(B 点)发生反射,反射点为固定端(图乙 2-5-2),设波在传播和反射过程中振幅不变,则弦线上反射波的表达式为 $y =$ __________。

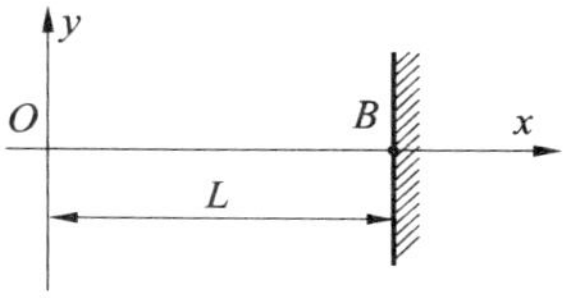

图乙 2-5-2

3. 相对于空气为静止的声源振动频率为 ν_s,接收器 R 以速率 v_R 远离声源,设声波在空气中传播速度为 u,那么接收器收到的声波频率 $\nu_R =$ __________。

三、计算题

1. 在绳上传播的入射波方程为 $y_1 = A\cos(\omega t + 2\pi x/\lambda)$。入射波在 $x = 0$ 处的绳端反射,反射端为自由端,设反射波不衰减,求驻波方程。

2. 设入射波的方程式为 $y_1 = A\cos 2\pi(x/\lambda + t/T)$。在 $x = 0$ 处发生反射,反射点为一固定端,设反射时无能量损失,求:(1) 反射波的方程式;(2) 合成的驻波方程式;(3) 波腹和波节的位置。

乙 2-6　振动和波习题课

一、选择题

1. 图乙 2-6-1 中三条曲线分别表示简谐振动中的位移 x、速度 v、加速度 a,下面哪个说法是正确的?(　　)。

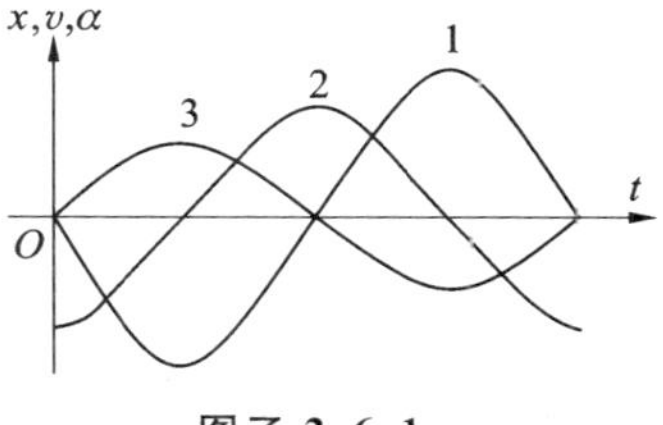

图乙 2-6-1

(A) 曲线 3、1、2 分别表示 x、v、a 曲线

(B) 曲线 2、1、3 分别表示 x、v、a 曲线

(C) 曲线 1、3、2 分别表示 x、v、a 曲线

(D) 曲线 2、3、1 分别表示 x、v、a 曲线

(E) 曲线 1、2、3 分别表示 x、v、a 曲线

2. 一质点作简谐振动,周期为 T,质点由平衡位置向 x 轴正方向运动时,由平衡位置到二分之一最大位移这段路程所需要的最少时间为(　　)。

(A)$T/4$　　(B)$T/12$　　(C)$T/6$　　(D)$T/8$

3. 一平面简谐波在弹性媒质中传播,在媒质质元从最大位移处回到平衡位置的过程中(　　)。

(A) 它的势能转换成动能

(B) 它的动能转换成势能

(C) 它把自己的能量传给相邻的一段媒质质元，其能量逐渐减小

(D) 它从相邻的一段媒质质元获得能量，其能量逐渐增加

4. 在弦上有一简谐波，其表达式是

$$y_1 = 2.0\times10^{-2}\cos\left[2\pi\left(\frac{t}{0.02}-\frac{x}{20}\right)+\frac{\pi}{3}\right]\quad \text{(SI)}$$

为了在此弦线上形成驻波，并且在 $x=0$ 处为一波节，此弦线上还应有一简谐波，其表达式为(　　)。

(A) $y_2 = 2.0\times10^{-2}\cos\left[2\pi\left(\frac{t}{0.02}+\frac{x}{20}\right)+\frac{\pi}{3}\right]$ (SI)

(B) $y_2 = 2.0\times10^{-2}\cos\left[2\pi\left(\frac{t}{0.02}+\frac{x}{20}\right)+\frac{2\pi}{3}\right]$ (SI)

(C) $y_2 = 2.0\times10^{-2}\cos\left[2\pi\left(\frac{t}{0.02}+\frac{x}{20}\right)+\frac{4\pi}{3}\right]$ (SI)

(D) $y_2 = 2.0\times10^{-2}\cos\left[2\pi\left(\frac{t}{0.02}+\frac{x}{20}\right)-\frac{\pi}{3}\right]$ (SI)

二、填空题

1. 如图乙 2-6-2 所示，一平面简谐波沿 Ox 轴负方向传播，波长为 λ。若 P 处质点振动方程是

$$y_P = A\cos(2\pi\nu t+\pi/2)$$

则该波的波动方程是________。

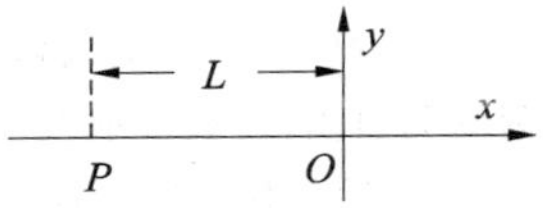

图乙 2-6-2

2. 在静止的升降机中，长度为 l 在单摆的振动周期为 T_0，当升降机以加速度 $a=g/2$ 竖直下降时，摆的振动周期 $T=$______。

3. 一平面简谐波沿 Ox 轴传播，波动方程为

$$y = A\cos[2\pi(\nu t - x/\lambda)+\varphi]$$

则 $x_0=L$ 处介质质点振动初位相是________；与 x_0 处质点振动状态相同的其他质点的位置是__________。

三、计算题

1. 如图乙 2-6-3 所示，在竖直面内半径为 R 的一段光滑圆弧形轨道上，放一小物体，使其静止于轨道的最低处，然后轻碰一下此物体，使其沿圆弧形轨道来回作小幅度运动，试证：(1) 此物体作简谐振动；(2) 此简谐振动的周期 $T=2\pi\sqrt{R/g}$。

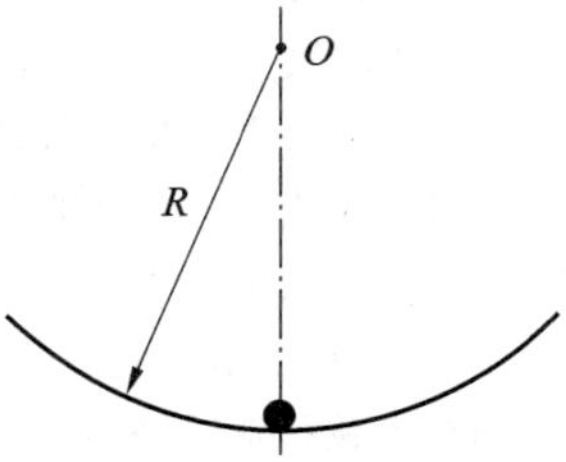

图乙 2-6-3

2. 在实验室中做驻波实验时，使一根长 3 m 张紧的弦线的一端沿垂直长度方向以 60 Hz 的频率作简谐振动，弦线的质量为 60×10^{-3} kg，如果在这根弦线上产生有四个波腹形状的驻波，必须对这根弦线施加多大的张力？

乙 3-1　光的相干性、光程、双缝干涉

一、选择题

1. 用白光光源进行双缝实验，若用一个纯红色的滤光片遮盖一条缝，用一个纯蓝色的滤光片遮盖另一条缝，则(　　)。

(A) 干涉条纹的宽度将发生改变

(B) 产生红光和蓝光的两种彩色干涉条纹

(C) 不产生干涉条纹

(D) 干涉条纹的亮度将发生改变

2. 做双缝干涉实验时，为使条纹宽度变大，应(　　)。

(A) 加大双缝间的间距　　(B) 加大双缝与屏间的距离

(C) 加大每条缝的缝宽　　(D) 减小入射单色光的波长

3. 在双缝干涉实验中，对屏的要求是(　　)。

(A) 屏的位置对每一特定的双缝干涉实验是确定的，屏的位置改变，条纹消失

(B) 屏必须垂直双缝的中垂面

(C) 屏必须与双缝中垂面重合

(D) 双缝与屏之间的距离远大于双缝间的间距，不然难以分清屏上的干涉条纹

4. 真空中波长为 λ 的单色光，在折射率为 n 的均匀透明媒质中，从 A 点沿某一路径传播到 B 点，路径的长度为 l。A、B 两点光振动位相差记为 $\Delta\varphi$，则(　　)。

(A) 当 $l=\dfrac{3\lambda}{2n}$，有 $\Delta\varphi=3\pi$　　(B) 当 $l=\dfrac{3\lambda}{2n}$，有 $\Delta\varphi=3n\pi$

(C) 当 $l=\dfrac{3\lambda}{2}$，有 $\Delta\varphi=3\pi$　　(D) 当 $l=\dfrac{3n\lambda}{2}$，有 $\Delta\varphi=3n\pi$

二、填空题

1. 在杨氏双缝干涉实验中，用波长 $\lambda=632.8$ nm 的氦氖激光照射，在屏上测得正负二级明纹中心的距离为 2.50 mm。若改用未知波长的单色光照射，上述距离变为 2.00 mm，则单色光的波长为____________。

2. 有四种装置

① 一盏钠光灯和一盏日光灯发出的光，照射到屏上；

② 完全相同的两盏钠光灯发出相同波长的光，照射到屏上；

③ 同一盏钠光灯，用黑纸盖住其中部，将钠光灯分成上下两部分，上下两部分发出的光同时照射到屏上；

④ 用一盏钠光灯照亮一狭缝，此亮缝再照亮与它平行间距很小的两条狭缝，此二亮缝的光照射到屏上。

以上 4 种装置，能在屏上形成稳定干涉花样的是________。

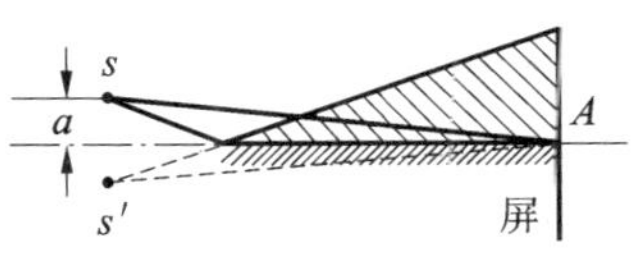

图乙 3-1-1

3. 如图乙 3-1-1 所示，在劳埃镜干涉装置中，若光源 s 离

屏的距离为 D，s 离平面镜的垂直距离为 a(a 很小)。则平面镜与屏交界处 A 的干涉条纹应为________条纹；设入射光波长为 λ，则相邻条纹中心间的距离为________________。

三、计算题

1. 以某单色光垂直照射到相距 0.20 mm 的双缝上，双缝平面到屏幕的距离为 1.50 m。(1) 从同侧的第一级明纹到第三级明纹的距离为 7.50 mm，求单色光的波长。(2) 若入射光的波长为 600 nm，求条纹的宽度。

2. 在杨氏双缝干涉实验中，两缝的间距 $d = 0.10$ mm，双缝与屏的距离 $D = 1.00$ m。用 $\lambda = 500$ nm 的单色光照射双缝。(1) 今用一透明薄膜片盖住双缝中的上缝，如图乙 3-1-2 所示。该薄膜的折射率为 $n = 1.40$，厚度 $e = 5.00$ μm。求零级明纹中心的坐标，并说明该坐标是不放透明薄膜片时的第几级明纹。(2) 现在再用一相同厚度的云母片盖住双缝中的下缝。此时测得零级明纹与原零级明纹以两缝不盖薄片时的零级明纹对称，求该云母片的折射率。

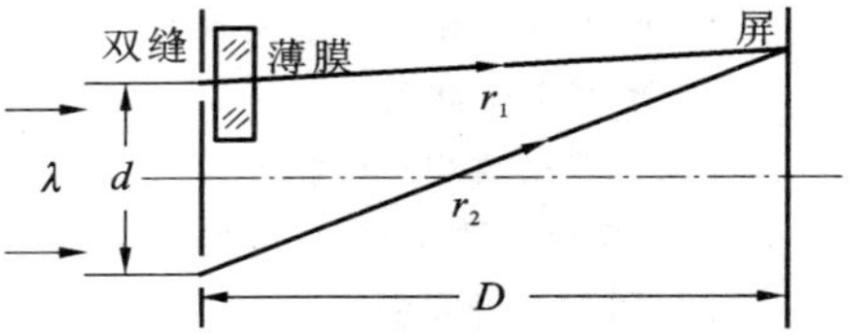

图乙 3-1-2

乙 3-2 薄膜干涉、劈尖干涉

一、选择题

1. 一束波长为 λ 的单色光由空气垂直入射到折射率为 n 的透明薄膜上，要使透射光得到加强，则薄膜的最小厚度应为(　　)。

(A)$\lambda/2$　　(B)$\lambda/(2n)$

(C)$\lambda/4$　　(D)$\lambda/(4n)$

2. 如图乙 3-2-1 所示，薄膜的折射率为 n_2，入射介质的折射率为 n_1，透射介质为 n_3，且 $n_1 < n_2 < n_3$，入射光线在两介质交界面的反射光线分别为 ① 和 ②，则产生半波损失的情况是(　　)。

(A)① 光 ② 光都产生半波损失

(B)① 光产生半波损失，② 光不产生半波损失

(C)① 光 ② 光都不产生半波损失

(D)① 光不产生半波损失，② 光产生半波损失

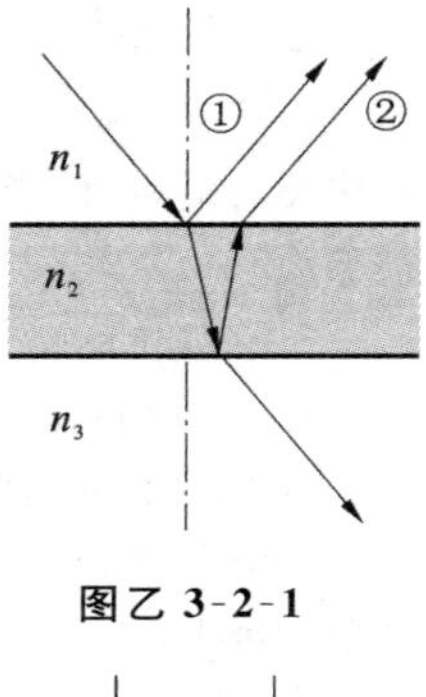

图乙 3-2-1

3. 波长为 λ 的单色光垂直入射到厚度为 e 的平行薄膜上，如图乙 3-2-2 所示，反射光消失，则当 $n_1 < n_2 < n_3$ 时，应满足条件 ①；当 $n_1 < n_2$，且 $n_2 > n_3$ 时应满足条件 ②。条件①、条件② 分别是(　　)。

(A)① $2ne = k\lambda$，② $2ne = k\lambda$

(B)① $2ne = k\lambda + \lambda/2$，② $2ne = k\lambda + \lambda/2$

(C)① $2ne = k\lambda$，② $2ne = k\lambda - \lambda/2$

(D)① $2ne = k\lambda - \lambda/2$，② $2ne = k\lambda$

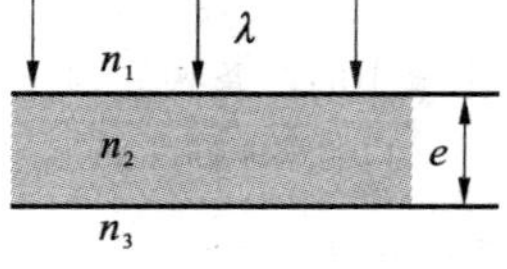

图乙 3-2-2

4. 用劈尖干涉法可检测工件表面缺陷，当波长为 λ 的单色平行光

垂直入射时，若观察到的干涉条纹如图乙 3-2-3 所示，每一条纹弯曲部分的顶点恰好与其左边条纹的直线部分的连线相切，则工件表面与条纹弯曲处对应的部分(　　)。

(A) 凸起，且高度为$\lambda/4$

(B) 凸起，且高度为$\lambda/2$

(C) 凹陷，且深度为$\lambda/2$

(D) 凹陷，且深度为$\lambda/4$

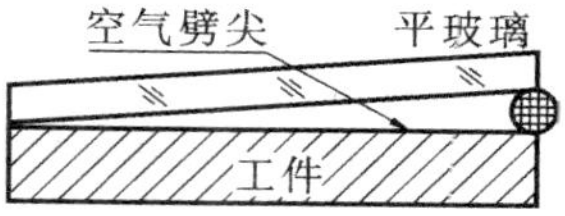

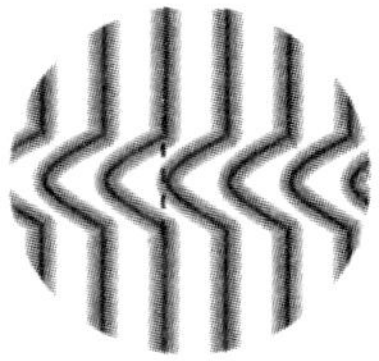

图乙 3-2-3

二、填空题

1. 若已知某透镜的折射率为 1.50，今欲在其上镀一层增透膜，增透膜折射率为 1.35。使从空气中入射的波长为 550 nm 的光透射加强，则该增透膜的厚度满足的条件是__________。

2. 在用劈尖干涉测量硅片上二氧化硅薄膜厚度的实验中，已知入射光为波长 $\lambda = 589.3$ nm 的钠黄光，二氧化硅薄膜的折射率为 $n_2 = 1.60$，硅衬底的折射率为 $n_3 = 3.52$。如果劈尖部分在反射光中共观察到 6 条明纹，且开口端是暗纹，则二氧化硅薄膜的厚度是__________。

3. 折射率为 1.70 的两块标准平面玻璃板之间形成一个空气劈尖（劈尖角 θ 很小）。用波长 $\lambda = 550$ nm 的单色光垂直入射，产生等厚干涉条纹，条纹宽度为2.00 mm。则空气劈尖的劈尖角 θ 为__________。

三、计算题

1. 在折射率 $n = 1.50$ 的玻璃上，镀上 $n' = 1.35$ 的透明介质薄膜，入射光垂直于介质膜表面照射，观察反射光的干涉，发现对 $\lambda_1 = 600$ nm 的光干涉相消，对$\lambda_2 = 675$ nm 的光波干涉相长，且在 600 ～ 675 nm之间没有别的波长的光波最大限度相消干涉或相长干涉的情况，求所镀介质膜的厚度。

2. 折射率为 1.50 的玻璃上有一层厚为 350 nm 的油膜，油膜折射率为 1.45。白光(波长范围为 400 ～ 760 nm) 垂直照射到油膜上。(1) 从反射光中观察，油膜呈什么颜色?(2) 今欲使此油膜成为增透膜，使从空气中入射的波长为 550 nm 的光透射加强，求油膜厚度满足的条件及此增透膜的最小厚度。

乙 3-3　牛顿环、迈克耳逊干涉仪、圆孔、光学仪器分辨率

一、选择题

1. 在牛顿环实验装置中，曲率半径为 R 的平凸透镜与平玻璃板在中心恰好接触，它们之间充满折射率为 n 的透明介质，垂直入射到牛顿环装置上的平行单色光在真空中的波长为 λ，则反射光形成的干涉条纹中暗环半径 r_k 的表达式为(　　)。

(A) $r_k = \sqrt{k\lambda R}$　　(B) $r_k = \sqrt{k\lambda R/n}$

(C) $r_k = \sqrt{kn\lambda R}$　　(D) $r_k = \sqrt{k\lambda/Rn}$

2. 在迈克耳逊干涉仪的一条光路中，放入一折射率为 n，厚度为 d 的透明薄片，放入后，这条光路的光程改变了(　　)。

(A) nd　　(B) $2nd$　　(C) $2(n-1)d+\lambda/2$

(D) $2(n-1)d$　　(E) $(n-1)d$

3. 利用爱里斑角半径满足的关系式 $\theta \approx \sin\theta = 1.22\lambda/d$ 解释衍射，应是(　　)。

(A) d 小，爱里斑角半径大，说明透镜放大倍数大，不能说明衍射明显

(B) d 小，爱里斑角半径大，说明光直线传播能力强，衍射不明显

(C) d 小，爱里斑角半径大，说明光绕过障碍物的本领大，衍射明显

(D) d 小的透镜一定比 d 大的透镜的衍射效果明显

4. 若星光的波长按 5500 Å 计算，孔径为 127 cm 的大型望远镜所能分辨的两颗星的最小角距离 θ（从地上一点看两星视线间的夹角）是(　　)。

(A) 5.3×10^{-7} rad　　(B) 1.8×10^{-4} rad

(C) 5.3×10^{-5} rad　　(D) 3.2×10^{-3} rad

二、填空题

1. 应用迈克耳逊干涉仪测量某入射光的波长 λ，其方法是让该波长的光垂直入射到迈克耳逊干涉仪上，调节迈克耳逊干涉仪，使其产生等倾干涉的圆环状条纹。缓慢移动微动手轮，使动镜缓慢移动，屏上圆环状干涉条纹就会从中心一个个长出，或一个个陷入中心。已知动镜缓慢移动了 3.165×10^{-5} m，在此过程中圆环状干涉条纹从中心长出了 100 个，则入射光的波长 λ 为________。

2. 惠更斯引入__________的概念提出了惠更斯原理，菲涅耳再用________的思想补充了惠更斯原理，发展成了惠更斯－菲涅耳原理。

3. 波长为 λ 的单色光垂直照射到直径为 d 的圆孔上产生夫琅禾费衍射。中央亮斑称爱里斑，它集中了入射光能的 84%，它的角半径为 $\theta \approx \sin\theta =$ ________。

三、计算题

1. 已知天空中两颗星相对于一望远镜的角距离（即望远镜物镜中心与两颗星分别引直线间的夹角）为 4.47×10^{-7} rad，它们发出的光波波长按 550 nm 计算，要分辨出这两颗星，望远镜的口径（即直径）至少要多大？

2. 如图乙 3-3-1 所示，将已知半径的平凸透镜的凸球面放置在待测的凹球面上，在两球面间形成空气薄层，用平行单色光垂直照射，观察反射光干涉条纹。已知凹球面半径 R_2，凸球面半径 R_1（$R_1 < R_2$），若中心 O 点处刚好接触，测得第 k 个暗环的半径为 r_k。证明入射光波长 λ 为

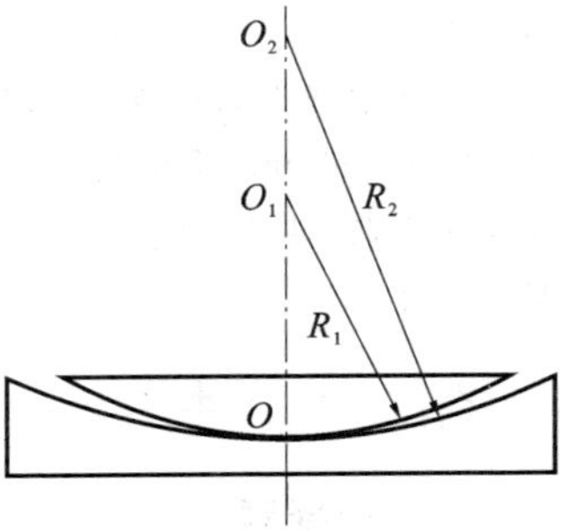

图乙 3-3-1

$$\lambda = \frac{(R_2 - R_1)r_k^{\ 2}}{kR_1R_2}$$

乙 3-4　单缝衍射

一、选择题

1. 单色光 λ 垂直入射到单缝上，对应于某一衍射角 θ，此单狭缝两边缘衍射光通过透镜到屏

上汇聚点 A 的光程差为 $\delta=2\lambda$,则(　　)。

(A) 透过此单狭缝的波阵面所分成的半波带数目为二个,屏上 A 点为明点

(B) 透过此单狭缝的波阵面所分成的半波带数目为二个,屏上 A 点为暗点

(C) 透过此单狭缝的波阵面所分成的半波带数目为四个,屏上 A 点为暗点

(D) 透过此单狭缝的波阵面所分成的半波带数目为四个,屏上 A 点为明点

2. 在单缝夫琅禾费衍射实验中,波长为 λ 的单色光垂直入射到宽度为 $a=4\lambda$ 的单缝上,对应于衍射角 30° 的方向,单缝处波阵面可分成的半波带数目为(　　)。

(A)2 个　　(B)4 个　　(C)6 个　　(D)8 个

3. 在图乙 3-4-1 所示的单缝夫琅禾费衍射装置中,设中央明纹的衍射角范围很小,若使单缝宽度 a 变为原来的3/2,同时使入射的单色光的波长 λ 变为原来的3/4,则屏幕 C 上单缝衍射条纹和中央明纹的宽度 Δx 将变为原来的(　　)。

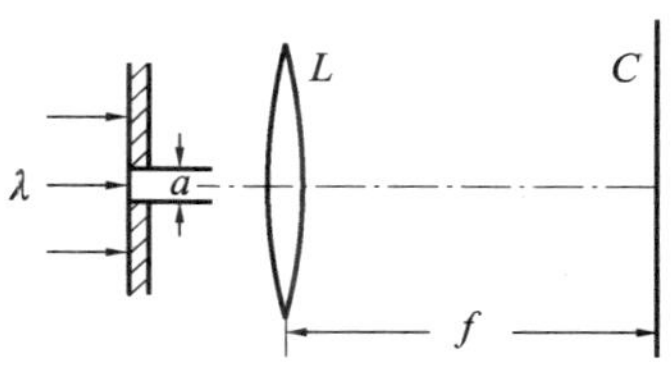

图乙 3-4-1

(A)3/4 倍　　(B)2/3 倍

(C)9/8 倍　　(D)1/2 倍

(E)2 倍

4. 关于半波带正确的理解是(　　)。

(A) 将能透过单狭缝的波阵面分成许多条带,相邻条带对应点的衍射光到达屏上汇聚点的光程差为入射光波长的1/2

(B) 将单狭缝分成许多条带,相邻条带的对应点到达屏上汇聚点的距离之差为入射光波长的1/2

(C) 将能透过单狭缝的波阵面分成条带,各条带的宽度为入射光波长的1/2

(D) 将单狭缝透光部分分成条带,各条带的宽度为入射光波长的1/2

二、填空题

1. 用单缝衍射测光波波长的方法如下:使待测波长的光变成平行光,用它垂直照射单缝,单缝后的透镜将衍射光汇聚到位于透镜焦平面的屏上,然后测量衍射条纹。已知单缝的宽度为 $a=0.20$ mm,测得中央明纹两侧第四级暗纹间的角距离为 $\Delta\theta=1.49°$,则待测光波的波长为________。

2. 若将单缝夫琅禾费衍射实验放入折射率为 n 的液体中,设缝宽为 a,垂直入射的单色光波长为 λ,则暗纹衍射角 θ 满足的公式为________。

3. 波长为 500 ~ 600 nm 的复合光垂直照射在 $a=0.01$ mm 的单狭缝上,缝后凸透镜的焦距为 1.0 m,则此二波长光零级明纹的中心间隔为________,一级明纹的中心间隔为________。

三、计算题

1. 用波长为 632.8 nm 的激光束测一单缝的宽度,若测得中央明纹两侧第五级暗纹间的角距离为 $\Delta\theta=1.58\times10^{-2}$ rad。试求缝宽和中央明纹的角宽度。

2. 在夫琅禾费单缝衍射装置中,设入射单色光的波长 $\lambda=550$ nm,单缝宽度 $a=0.10$ mm,透镜的焦距 $f=1.50$ m。(1) 求中央明纹的宽度;(2) 求 ±5 级暗纹中心的距离;(3) 今用此单缝

衍射装置测另一单色光的波长 λ'，测得 ± 6 级暗纹中心与 $\lambda = 550$ nm 的 ± 5 级暗纹中心的距离相同，求待测光波的波长 λ'。

乙 3-5 光栅 X 射线的衍射

一、选择题

1. 若用复色光(500 ~ 700 nm) 垂直照射每毫米内有 400 条刻痕的平面透射光栅，则(　　)。

(A) 最多能看到三级完整光谱，最多能看到二级不重叠光谱

(B) 最多能看到二级完整光谱，最多能看到三级不重叠光谱

(C) 最多能看到三级完整光谱，最多能看到三级不重叠光谱

(D) 最多能看到二级完整光谱，最多能看到二级不重叠光谱

2. 用钠黄光谱($\lambda = 589.3$ nm) 垂直照射每毫米内有 600 条刻痕的平面透射光栅，能看到该光谱线的最高级次 k 为多少？若用白光(400 ~ 760 nm) 垂直照射光栅，能看到完整光谱的最高级次 k' 为多少？(　　)。

(A)$k = 2$；$k' = 2$　　(B)$k = 3$；$k' = 3$

(C)$k = 4$；$k' = 4$　　(D)$k = 3$；$k' = 2$

3. 在光栅衍射实验中，若保持光栅常数 d 不变，而把每条缝的宽度 a 略微加宽，则(　　)。

(A) 单缝衍射的中央主极大变宽，其中所包含的光栅衍射主极大数变少

(B) 单缝衍射的中央主极大变宽，其中所包含的光栅衍射主极大数变多

(C) 单缝衍射的中央主极大变宽，其中所包含的光栅衍射主极大数不变

(D) 单缝衍射的中央主极大变窄，其中所包含的光栅衍射主极大数变少

(E) 单缝衍射的中央主极大变窄，其中所包含的光栅衍射主极大数变多

4. 某元素的特征光谱中含有波长分别为 $\lambda_1 = 450$ nm 和 $\lambda_2 = 750$ nm($1\ \text{nm} = 10^{-9}$ m) 的光谱线。在光栅光谱中，这两种波长的谱线有重叠现象，重叠处 λ_2 的谱线的级次数将是(　　)

(A)2、3、4、5、…　　(B)2、5、8、11、…

(C)2、4、6、8、…　　(D)3、6、9、12、…

二、填空题

1. 用白光(400 ~ 760 nm) 垂直照射每毫米 1000 条刻痕的光栅，光栅后放一焦距为 150 cm 的凸透镜，则第一级光谱的宽度(即求 400 nm 第一级主极大坐标与 760 nm 第一级主极大坐标间的距离) 为________。

2. 以波长 $\lambda = 0.120$ nm 的 X 射线照射某岩盐晶体表面，测得反射光的第一级极大出现在与晶面夹角为 14.5° 处，则该岩盐晶体的晶格常数为________。

3. 用波长为 589.3 nm 的平行单色光垂直照射到一透射光栅上，在分光计上测得第一级光谱线的衍射角 $\theta = 35.4°$，则该光栅每毫米上的光栅刻痕数为________。

三、计算题

1. 一块每毫米 600 条缝的光栅，用钠黄光垂直入射，观察衍射光谱。钠黄光包含两条谱线，其波长分别为 589.6 nm 和 589.0 nm。(1) 求在第二级光谱中这两条谱线互相分离的角度；(2) 如果光栅后透镜的焦距为70.0 cm，求这两条谱线的线距离。

2. 波长为 $\lambda = 500$ nm 的平行单色光垂直照射光栅，观察到第二级、第三级明纹分别出现在 $\sin\theta_2 = 0.200$ 和 $\sin\theta_3 = 0.300$ 的方向上，第四级缺级。求：(1) 该光栅的光栅常数；(2) 光栅上狭缝的最小宽度；(3) 屏幕上出现光谱线的全部级数。

乙 3-6　光的偏振

一、选择题

1. 一束光强为 I_0 的自然光垂直穿过两个偏振片，此两偏振片的偏振化方向成 45° 角，若不考虑偏振片的反射和吸收，则穿过两个偏振片后的光强 I 为(　　)。

(A) $I_0/4$　　(B) $\sqrt{2}I_0/4$　　(C) $I_0/2$　　(D) $\sqrt{2}I_0/2$

2. 使一光强为 I_0 的平面偏振光先后通过两个偏振片 P_1 和 P_2，P_1 和 P_2 的偏振化方向与原入射光光矢量振动方向的夹角分别是 α 和 90°，则通过这两个偏振片后的光强 I 是(　　)。

(A) $(1/2)I_0\cos^2\alpha$　　(B) 0　　(C) $(1/4)I_0\sin^2\alpha$

(D) $(1/4)I_0\sin^2 2\alpha$　　(E) $I_0\cos^4\alpha$

3. 自然光以 60° 的入射角照射到不知其折射率的某一透明表面时，反射光为线偏振光，则(　　)。

(A) 折射光为线偏振光，折射角为 30°

(B) 折射光为部分偏振光，折射角为 30°

(C) 折射光为线偏振光，折射角不能确定

(D) 折射光为部分偏振光，折射角不能确定

4. 其振动方向平行入射面的线偏振光以布儒斯特角由空气入射到一玻璃表面上(　　)。

(A) 反射光为垂直入射面内振动的完全偏振光，折射光为平行入射面内振动占优势的部分偏振光

(B) 反射光为平行入射面内振动的完全偏振光，折射光为平行入射面内振动的偏振光

(C) 反射光消失，折射光为平行入射面内振动的偏振光

(D) 反射光消失，折射光也消失

二、填空题

1. 一束自然光从空气以 54° 的入射角入射到一种非透明介质的表面，反射光为完全偏振光。则此非透明介质的折射率为________。

2. 在两个偏振化方向相互垂直的偏振片 P_1 和 P_3 之间，放入一个以恒定角速度 ω 绕轴旋转的偏振片 P_2。设 $t = 0$ 时，偏振片 P_1 和 P_2 间的夹角为 90°。光强为 I_0 的自然光垂直入射到偏振片 P_1 上，则从偏振片 P_3 出射的光强 I 随时间的变换关系为 $I_3 =$ ____________________。

3. 一束光线入射到光学单轴晶体后，成为两束光线，沿着不同方向折射，这样的现象称为双折射现象。其中一束折射光称为寻常光；它____________普通折射定律；另一束光线称为非常光，它____________普通折射定律。

三、计算题

1. 用一束强度为 I_0 的部分偏振光垂直照射到偏振片 P 上，已知部分偏振光中自然光强度 I_1 是偏振光强度 I_2 的 3 倍。求：(1) 以光线为轴，旋转偏振片时，透射光最大光强与最小光强的比

值。(2) 当偏振光的振动方向与偏振片的偏振化方向间的夹角为何值时，透射光强为入射光强的一半。

2. 有三种透明介质相互接触，接触面相互平行，如图乙3-6-1所示，已知 $n_1=1.00$，$n_2=1.63$，一束自然光以入射角 i 入射，若在两个分界面上的反射光都是线偏振光，求：(1) 入射角 i 的值；(2) 第三种介质的折射率 n_3。

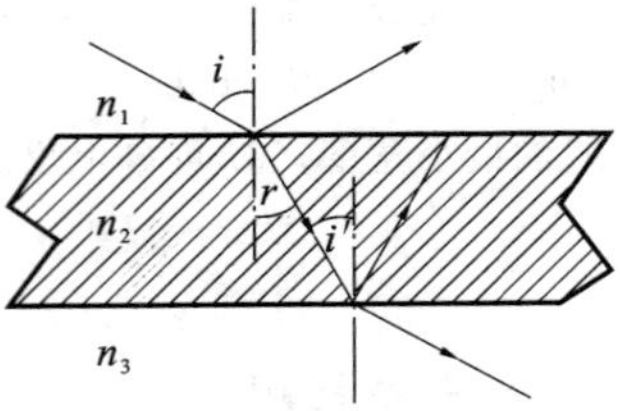

图乙 3-6-1

乙 3-7　光学习题课

一、选择题

1. 在双缝干涉实验中，两条缝的宽度原来是相等的，若其中一缝的宽度略变窄，则(　　)。

(A) 干涉条纹间距不变，但原极小处的强度不再为零

(B) 干涉条纹间距变窄

(C) 干涉条纹间距变宽　　(D) 不再发生干涉现象

2. 如图乙3-7-1所示，用波长为 λ 的单色光照射双缝干涉实验装置，若将一折射率为 n、劈尖角为 α 的透明劈尖 b 插入光线2中，则当劈尖 b 缓慢地向上移动时(只遮住 s_2)，屏 C 上的干涉条纹(　　)。

(A) 间隔变大，向下移动　　(B) 间隔变小，向上移动

(C) 间隔不变，向下移动　　(D) 间隔不变，向上移动

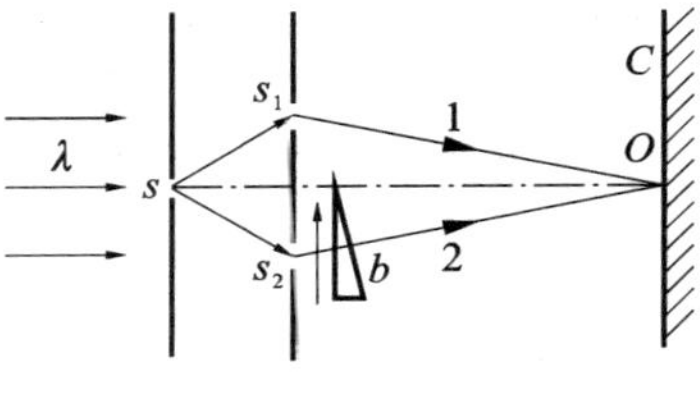

图乙 3-7-1

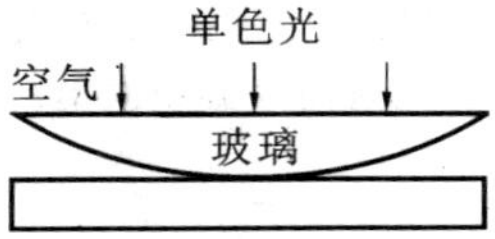

图乙 3-7-2

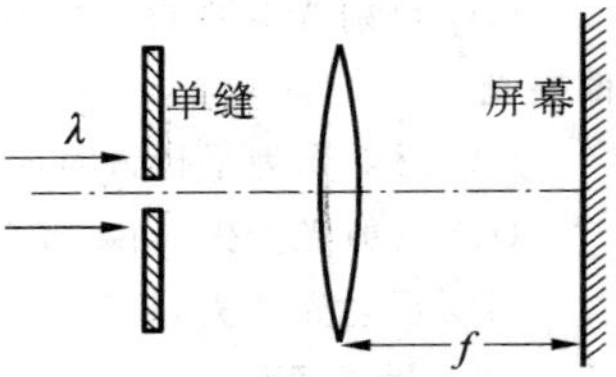

图乙 3-7-3

3. 如图乙3-7-2所示，用单色光垂直照射在观察牛顿环的装置上，当平凸透镜垂直向上缓慢平移而远离平面玻璃时，可以观察到这些环状干涉条纹(　　)。

(A) 向右平移　(B) 向中心收缩　(C) 向外扩张

(D) 静止不动　(E) 向左平移

4. 在图乙3-7-3所示的单缝夫琅禾费衍射实验中，若将单缝沿透镜光轴方向向透镜平移，则屏幕上的衍射条纹(　　)。

(A) 间距变大　　(B) 间距变小

(C) 间距不变，但明暗条纹的位置交替变化

(D) 不发生变化

二、填空题

1. 波长$\lambda=600$ nm的单色光垂直照射到牛顿环的装置上,第二级明纹与第五级明纹所对应的空气膜厚度之差为________ nm。

2. 用波长为λ的单色平行光垂直入射在一块透射光栅上,其光栅常数$d=3\ \mu$m,缝宽$a=1\ \mu$m,则在单缝衍射的中央明条纹中共有______ 条谱线(主极大)。

3. 两个偏振片叠放在一起,强度为I_0的自然光垂直入射其上,若通过两个偏振片后的光强为$I_0/8$,则此两偏振片的偏振化方向间的夹角(取锐角)是______ 。

三、计算题

1. 有三个偏振片堆叠在一起,第一块与第三块的偏振化方向相互垂直,第二块和第一块的偏振化方向相互平行,然后第二块偏振片以恒定角速度ω绕光传播的方向旋转,如图乙3-7-4所示。设入射自然光的光强为I_0,试求此自然光通过这一系统后的出射光强。

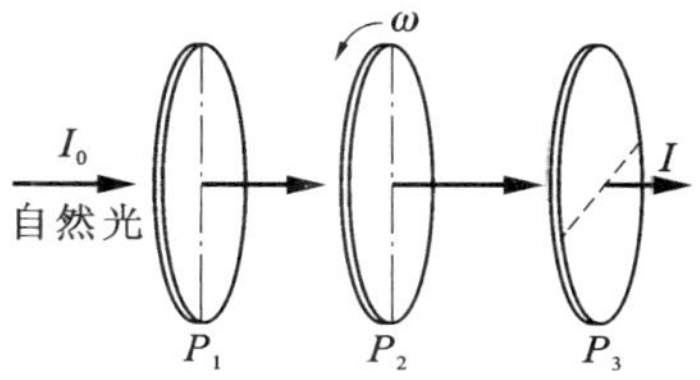

图乙 3-7-4

2. (1) 在单缝夫琅禾费衍射实验中,垂直入射的光有两种波长,$\lambda_1=400$ nm,$\lambda_2=760$ nm,已知单缝宽度$a=1.0\times10^{-2}$ cm,透镜焦距$f=50$cm,求两种光第一级衍射明纹中心之间的距离;

(2) 若用光栅常数$d=1.0\times10^{-3}$ cm的光栅替换单缝,其他条件和(1)相同,求两种光第一级主极大之间的距离。

乙4-1　状态方程、压强公式

一、选择题

1. 关于温度的意义,有下列几种说法:

① 气体的温度是分子平均平动动能的量度;

② 气体的温度是大量气体分子热运动的集体表现,具有统计意义;

③ 温度的高低反映物质内部分子热运动剧烈程度的强弱;

④ 从微观上看,气体的温度表示每个气体分子的冷热程度。

上述说法中正确的是(　　)。

(A)①、②、③　　(B)①、②、④　　(C)②、③、④　　(D)①、③、④

2. 关于平衡态,以下说法正确的是(　　)。

(A) 描述气体状态的状态参量p、V、T不发生变化的状态称为平衡态

(B) 气体内分子处于平衡位置的状态称为平衡态

(C) 在不受外界影响的条件下,热力学系统各部分的宏观性质不随时间变化的状态称为平衡态

(D) 处于平衡态的热力学系统,分子的热运动停止

3. 理想气体的微观模型是(　　)。

(A) 分子大小可以忽略不计的气体分子模型

(B) 分子在没有碰撞时,分子间无任何作用力的分子模型

(C) 分子在运动过程中遵守牛顿运动定律,碰撞时分子是弹性小球的气体分子模型

(D) 分子大小可以忽略不计；没碰撞时，相互间无作用力；碰撞时为弹性小球；运动中遵守牛顿运动定律的气体分子模型

4. 按照统计规律，理想气体处于平衡态时，应有(　　)。

① 分子速度的平均值 $\overline{v} = \left(\sum_1^N v\right) \Big/ N = 0$；

② 分子分速度平均值

$$\overline{v_x} = \left(\sum_1^N v_x\right) \Big/ N = \overline{v_y} = \left(\sum_1^N v_y\right) \Big/ N = \overline{v_z} = \left(\sum_1^N v_z\right) \Big/ N = 0;$$

③ 分子速度平方的平均值 $\overline{v^2} = \left(\sum_1^N v^2\right) \Big/ N = 0$；

④ 分子各分速度平方的平均值 $\overline{v^2}_x = \overline{v^2}_y = \overline{v^2}_z = \overline{v^2}/3$；

⑤ 向各方向运动的分子数相等 $n_x = n_y = n_z = n/3$。

其中正确的是(　　)。

(A) 只有 ①、② 正确　　(B) ①、②、④、⑤ 正确

(C) 只有 ④、⑤ 正确　　(D) 全正确

二、填空题

1. 一个容器内贮有 0.5 mol 氧气和 0.5 mol 氮气，若两种气体各自对器壁产生的压强分别为 p_1 和 p_2，则两者的大小关系是 p_1 ________(填 <、=、>)p_2。

2. 某种柴油机的汽缸容积为 0.568×10^{-3} m^3。设压缩前其中空气的温度为70 ℃，压力为 0.90 atm，当活塞运动把空气压缩到原体积的 $\frac{1}{7}$ 时，压力增加到25 atm，则此时空气的温度为__________K。

3. 在容积为 1×10^{-2} m^3 的容器中，装有质量 100 g 的气体，若气体分子的方均根速率为 200 m·s^{-1}，则气体的压强为__________。

三、计算题

1. 一容器内储有氧气，其压强 $p = 1.013 \times 10^5$ Pa，温度 $t = 0$ ℃。试求：(1) 单位体积内的分子数；(2) 氧气的密度；(3) 分子间的平均距离。

图乙 4-1-1

2. 如图乙 4-1-1 所示，两个容器容积相等，分别储有相同质量的 N_2 和 O_2 气体，它们用光滑细管相连通，管子中置一小滴水银，两边的温度差为 30 K，求当水银滴在正中间不动时，N_2 和 O_2 的温度(N_2 的摩尔质量为 28×10^{-3} kg·mol^{-1}，O_2 的摩尔质量为 32×10^{-3} kg·mol^{-1})。

乙 4-2　理想气体的内能、分布律

一、选择题

1. 两容器内分别盛有氢气和氦气，若它们的温度和质量分别相等，则(　　)。

(A) 两种气体分子的平均速率相等

(B) 两种气体分子的平均动能相等

(C) 两种气体分子的平均平动动能相等

(D) 两种气体的内能相等

2. 如图乙 4-2-1 所示为两条平衡态下理想气体的麦克斯韦速率分布曲线，则以下说法正确的是(　　)。

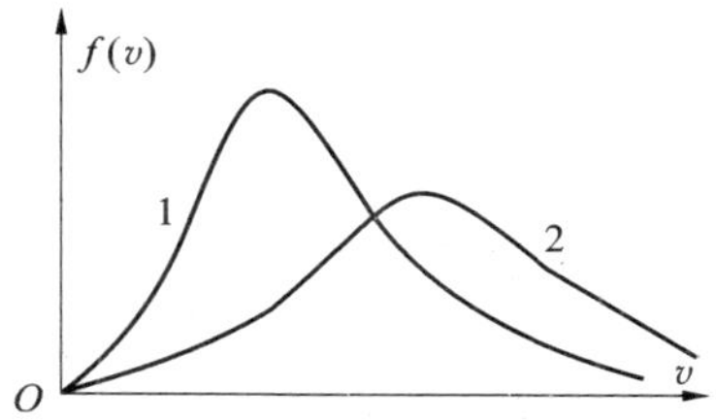

图乙 4-2-1

(A) 当它们表示同种理想气体不同温度的麦克斯韦速率分布曲线时，温度 $T_1 > T_2$，当它们表示不同种理想气体相同温度的麦克斯韦速率分布曲线时，分子质量 $m_1 > m_2$

(B) 当它们表示同种理想气体不同温度的麦克斯韦速率分布曲线时，温度 $T_1 < T_2$，当它们表示不同种理想气体相同温度的麦克斯韦速率分布曲线时，分子质量 $m_1 > m_2$

(C) 当它们表示同种理想气体不同温度的麦克斯韦速率分布曲线时，温度 $T_1 > T_2$，当它们表示不同种理想气体相同温度的麦克斯韦速率分布曲线时，分子质量 $m_1 < m_2$

(D) 当它们表示同种理想气体不同温度的麦克斯韦速率分布曲线时，温度 $T_1 < T_2$，当它们表示不同种理想气体相同温度的麦克斯韦速率分布曲线时，分子质量 $m_1 < m_2$

3. 两种不同的理想气体，若它们的最概然速率相等，则它们的(　　)。

(A) 平均速率相等，方均根速率相等

(B) 平均速率相等，方均根速率不相等

(C) 平均速率不相等，方均根速率相等

(D) 平均速率不相等，方均根速率不相等

4. 麦克斯韦速率分布曲线如乙 4-2-2 所示，图中 A、B 两部分面积相等，则该图表示(　　)。

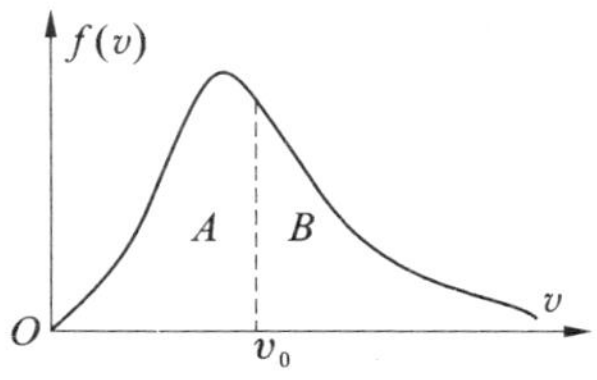

图乙 4-2-2

(A) v_0 为最可几速率

(B) v_0 为平均速率

(C) v_0 为方均根速率

(D) 速率大于和小于 v_0 的分子数各占一半

二、填空题

1. 若某种理想气体分子的方根速率 $\sqrt{\overline{v^2}} = 450\ \mathrm{m \cdot s^{-1}}$，气体压强为 $p = 7 \times 10^4\ \mathrm{Pa}$，则该气体的质量密度为 $\rho =$ __________ 。

2. 一容器内装有 N_1 个单原子理想气体分子和 N_2 个刚性双原子理想气体分子，当该系统处在温度为 T 的平衡态时，其内能为______________ 。

3. 自由度为 i 的一定量刚性分子理想气体，当其体积为 V、压强为 p 时，其内能 $E =$ ______________ 。

三、计算题

1. 当氢气和氦气的压强、体积和温度都相等时，求它们的质量比 $M(H_2)/M(He)$ 和内能比 $E(H_2)/E(He)$（将氢气视为刚性双原子分子气体）。

2. 容器内某理想气体的温度为 $T = 273$ K，压强 $p = 101.3$ Pa，密度为

1.43×10^{-3} kg·m^{-3}，试求：(1) 气体的摩尔质量，并判断是何种气体；(2) 气体分子的平均平动动能和平均转动动能；(3) 0.4 mol 该气体的内能。

乙 4-3　自由程、碰撞频率、热力学第一定律

一、选择题

1. 一定量的理想气体，在温度不变的条件下，当压强降低时，分子的平均碰撞次数 $\overline{Z}$ 和平均自由程 $\overline{\lambda}$ 的变化情况是(　　)。

(A) $\overline{Z}$ 和 $\overline{\lambda}$ 都增大　　(B) $\overline{Z}$ 和 $\overline{\lambda}$ 都减小

(C) $\overline{\lambda}$ 减小而 $\overline{Z}$ 增大　　(D) $\overline{\lambda}$ 增大而 $\overline{Z}$ 减小

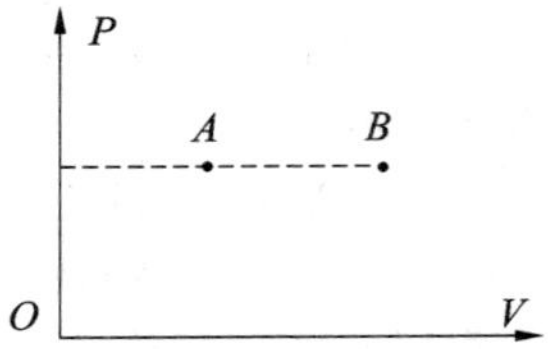

图乙 4-3-1

2. 如图乙 4-3-1 所示，一定量的理想气体，由平衡状态 A 变到平衡状态 $B(p_{A}=p_{B})$，则无论经过的是什么过程，系统必然(　　)。

(A) 内能增加　(B) 对外做正功

(C) 从外界吸热　(D) 向外界放热

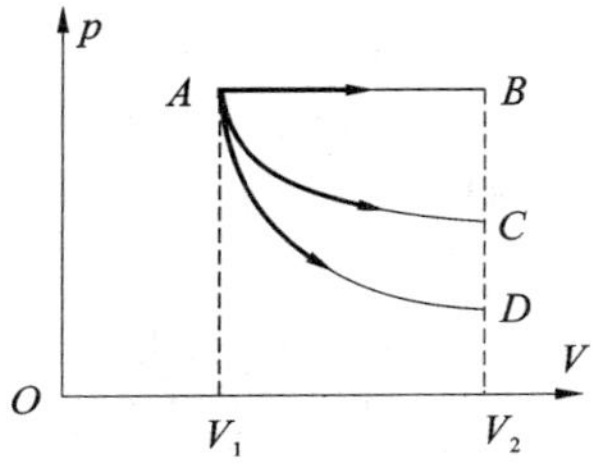

图乙 4-3-2

3. 如图乙 4-3-2 所示，一定量的理想气体从体积 V_1 膨胀到体积 V_2 分别经历的过程是：$A\to B$ 等压过程；$A\to C$ 等温过程；$A\to D$ 绝热过程。其中吸热最多的过程(　　)。

(A) 是 $A\to D$　(B) 是 $A\to C$

(C) 是 $A\to B$　(D) 既是 $A\to B$，也是 $A\to C$，两者一样多

4. 一容器储有某种理想气体，其分子平均自由程为 λ_0，当气体的热力学温度降到原来的一半，但体积不变，分子作用球半径不变，则此时平均自由程为(　　)。

(A) $\lambda_0/2$　(B) λ_0

(C) $\sqrt{2}\lambda_0$　(D) $\lambda_0/\sqrt{2}$

二、填空题

1. 在相同的温度和压强下，各为单位体积的氢气(视为刚性双原子分子气体)与氦气的内能之比为__________，各为单位质量的氢气与氦气的内能之比为__________。

2. 一定量的理想气体处于热动平衡状态时，此热力学系统不随时间变化的三个宏观量是__________；而随时间变化的微观量是__________。

3. 烟气流经锅炉的烟道，其温度从 700 ℃ 降低到 150 ℃，然后从烟囱排出，烟气在烟道中放出的热量被锅炉中的水和水蒸气所吸收。已知空气的质量密度为 $\rho=1.29\ \mathrm{kg\cdot m^{-3}}$，摩尔质量 $M_{\mathrm{mol}}=28.9\times10^{-3}\ \mathrm{kg\cdot mol^{-1}}$；空气的定压摩尔热容 $C_p=7R/2$。则每立方米烟气在烟道中放出的热量为__________。

三、计算题

1. 一容器储有氢气，其压强 $p=1.0$ atm，温度为 $t=27$ ℃。求：(1) 单位体积内的分子数；(2) 氢气的质量密度 ρ；(3) 氢分子的平均动能；(4) 氢分子的平均距离(氢分子质量 $m=3.34\times10^{-27}$ kg)。

2. 一定量的理想气体，其体积和压强依照 $V=a/\sqrt{p}$ 的规律变化，其中 a 为已知常数，试求：(1) 气体从体积 V_1 膨胀到 V_2 所做的功；(2) 体积为 V_1 时的温度 T_1 与体积为 V_2 时的温度 T_2 之比。

乙 4-4　等值过程、循环过程

一、选择题

1. 用下列两种方法：(1) 使高温热源的温度 T_1 升高 ΔT；(2) 使低温热源的温度 T_2 降低同样的 ΔT 值；分别可使卡诺循环的效率升高 $\Delta\eta_1$ 和 $\Delta\eta_2$，两者相比(　　)。

(A) $\Delta\eta_2>\Delta\eta_1$　　(B) $\Delta\eta_1=\Delta\eta_2$

(C) $\Delta\eta_1>\Delta\eta_2$　　(D) 无法确定哪个大

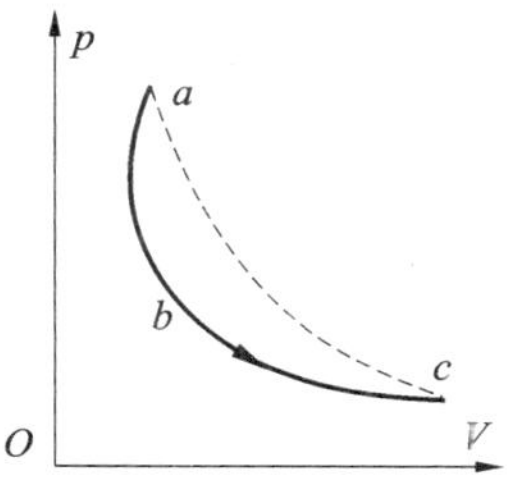

图乙 4-4-1

2. 一定量的理想气体，经历如图乙 4-4-1 所示的 abc 过程(图中虚线 ac 为等温线)。判断该过程是吸热还是放热。(　　)。

(A) 不吸热也不放热　　(B) 放热

(C) 吸热　　(D) 无法判断

3. 用公式 $\Delta E=\nu C_V\Delta T$(式中 C_V 为定容摩尔热容量，ν 为气体摩尔数) 计算理想气体内能增量时，此式(　　)。

(A) 只适用于准静态的等容过程

(B) 只适用于一切等容过程

(C) 只适用于一切准静态过程

(D) 适用于一切始末态为平衡态的过程

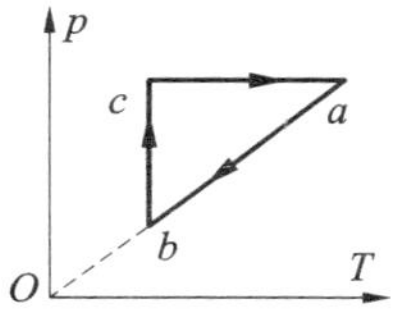

图乙 4-4-2

4. 一定量理想气体完成一个循环过程 $abca$，如图乙 4-4-2 所示。如改用图乙 4-4-3 所示的 p-V 图表示这一循环，则其中正确的是(　　)。

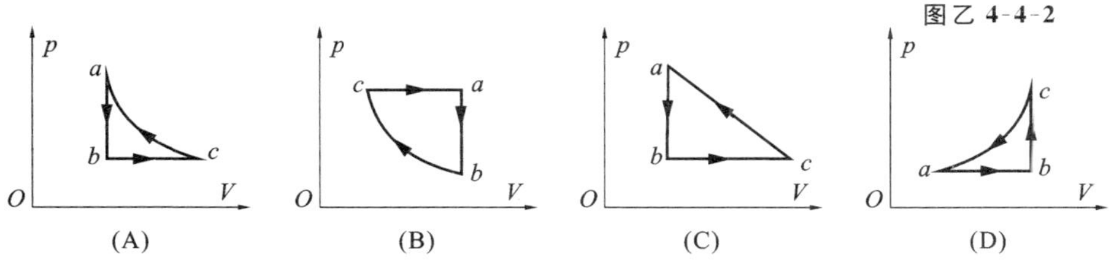

图乙 4-4-3

二、填空题

1. 同种理想气体的定压摩尔热容 C_p 大于定容摩尔热容 C_V，其原因是____。

2. 常温常压下，一定量的某种理想气体 (视为刚性分子，自由度为 i) 在等压过程中吸热为 Q，对外做功为 A，内能增加为 ΔE，则 $A/Q=$ __________，$\Delta E/Q=$ ________。

3. 摩尔数相同的两种气体：He、N_2(均视为刚性分子的理想气体)，它们从相同的初态出发，都经历等容吸热过程，若吸取相同的热量，则温度升高较大的气体是__________；压强增大较小的气体是__________。

三、计算题

1. 1 mol 双原子分子理想气体，置于汽缸内，装着可动活塞。原来的体积为1.0 L，压强是1 atm，今将此气体在等压下加热，直到其体积加倍；然后在等容下加热，直到其压强加倍；最后再经过绝热膨胀，使其温度降至初始温度。(1) 试在 p-V 图上表述上述过程；(2) 求系统内能的改变和系统对外做的功。

2. 1 mol 氧气(理想气体)原来的温度为290K，压强为 5.50×10^5 Pa。经绝热膨胀后(准静态过程)，体积变为原来的两倍。求气体末时刻的压强及过程中气体对外做的功。

乙 4-5　循环过程(续)、热力学第二定律

一、选择题

1. 一定量某理想气体所经历的循环过程是：从初态 (V_0, T_0) 开始，先经绝热膨胀使其体积增大1倍，再经等容升温回复到初态温度 T_0，最后经等温过程使其体积回复为 V_0，则气体在此循环过程中(　　)。

(A) 对外做的净功为正值　　(B) 从外界净吸收的热量为正值

(C) 内能增加了　　(D) 对外做的净功为负值

2. 假设下列所涉及的热机经历的过程均为无摩擦的准静态过程，那么，关于热机效率，以下说法正确的是(　　)。

(A) $\eta=\dfrac{A}{Q_1}$，$\eta=\dfrac{Q_1-Q_2}{Q_1}$，$\eta=\dfrac{T_1-T_2}{T_1}$ 完全等价

(B) $\eta=\dfrac{A}{Q_1}$，$\eta=\dfrac{Q_1-Q_2}{Q_1}$ 适用于任何热机；$\eta=\dfrac{T_1-T_2}{T_1}$ 只适用于卡诺热机

(C) $\eta=\dfrac{A}{Q_1}$ 适用于任何热机；$\eta=\dfrac{Q_1-Q_2}{Q_1}$，$\eta=\dfrac{T_1-T_2}{T_1}$ 只适用于卡诺热机

(D) $\eta=\dfrac{A}{Q_1}$，$\eta=\dfrac{Q_1-Q_2}{Q_1}$，$\eta=\dfrac{T_1-T_2}{T_1}$ 都只适用于卡诺热机

3. 在下列说法中，哪些是正确的？(　　)。

① 可逆过程一定是平衡过程；② 平衡过程一定是可逆的；③ 不可逆过程一定是非平衡过程；④ 非平衡过程一定是不可逆的

(A)①、④　　(B)②、③

(C)①、②、③、④　　(D)①、③

4. 根据热力学第二定律可知(　　)。

(A) 功可以全部转换为热，但热不能全部转换为功

(B) 热可以从高温物体传到低温物体，但不能从低温物体传到高温物体

(C) 不可逆过程是不能向反方向进行的过程

(D) 一切自发过程都是不可逆的

二、填空题

1. 卡诺致冷机工作于温度为 200 K 和 300 K 之间，此制冷机的致冷系数为__________。

2. 如图乙 4-5-1 所示的卡诺循环:$abcda$,$dcefd$,其效率分别为:η_1 = ________;η_2 = ________。

3. 卡诺致冷机,低温热源温度为 $T_2 = 300$ K,高温热源温度为 $T_1 = 450$ K,每一循环从低温热源吸热 $Q_2 = 400$ J,已知该致冷机的致冷系数 $w = Q_2/A = T_2/(T_1 - T_2)$(式中 A 为外界对系统做的功),则每一循环中外界必须做功 A = ______。

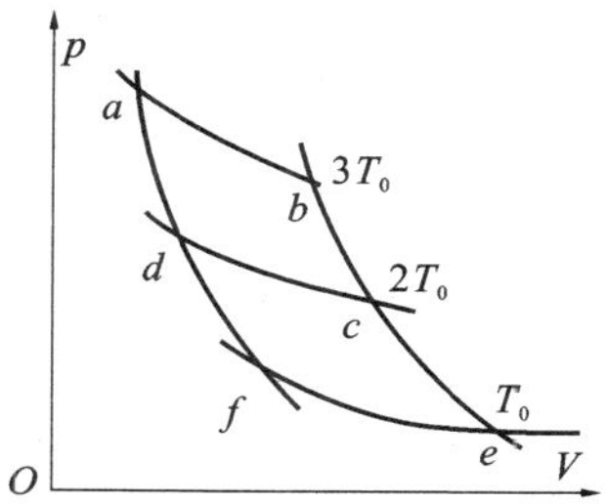

图乙 4-5-1

三、计算题

1. 比热容 $\gamma = 1.40$ 的理想气体,进行图乙 4-5-2 所示的 $ABCA$ 循环,状态 A 的温度为 300K。(1) 求状态 B、C 的温度;(2) 计算 AB 过程中气体吸收的热量、气体所做的功和气体内能的增量。

2. 1 mol 单原子分子理想气体的循环过程如图乙 4-5-3 的 T-V 图所示,其中 c 点的温度为 $T_c = 600$ K,试求:(1) ab、bc、ca 各个过程系统吸收的热量;(2) 经一循环系统所做的净功;(3) 循环效率。($\ln 2 = 0.693$)

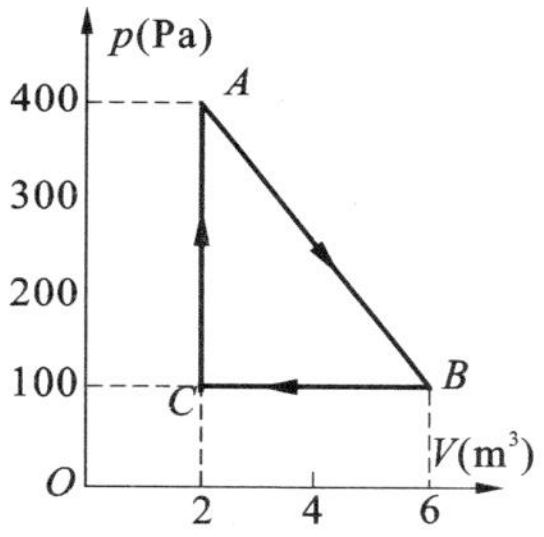

图乙 4-5-2

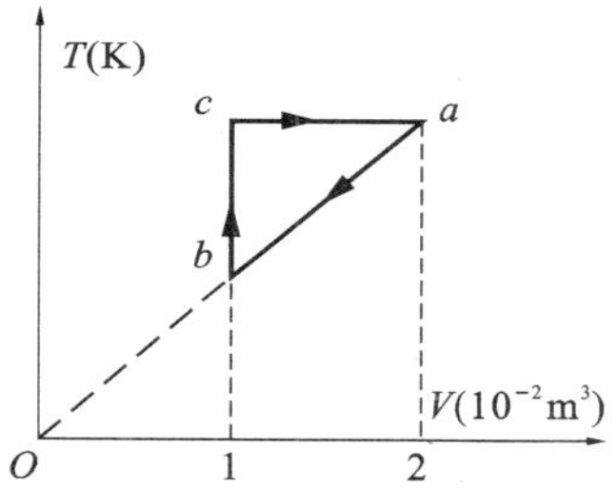

图乙 4-5-3

乙 4-6　热学习题课

一、选择题

1. 室内生炉子后温度从 15 ℃ 升高到 27 ℃,而室内气压不变,则此时室内的分子数减少了(　　)。

(A)0.5%　　(B)4%　　(C)9%　　(D)21%

2. 有容积不同的 A、B 两个容器,A 中装有单原子分子理想气体,B 中装有双原子分子理想气体。若两种气体的压强相同,那么,这两种气体单位体积的内能 $(E/V)_A$ 和 $(E/V)_B$ 的关系(　　)。

(A) 为 $(E/V)_A < (E/V)_B$　　(B) 为 $(E/V)_A > (E/V)_B$

(C) 为 $(E/V)_A = (E/V)_B$　　(D) 不能确定

3. 设某种气体的分子速率分布函数为 $f(v)$,则速率在 $v_1 \sim v_2$ 区间内分子的平均速率为(　　)。

(A)$\int_{v_1}^{v_2} vf(v)\mathrm{d}v$　　(B)$v\int_{v_1}^{v_2} f(v)\mathrm{d}v$

(C)$\int_{v_1}^{v_2} vf(v)\mathrm{d}v \Big/ \left(\int_{v_1}^{v_2} f(v)\mathrm{d}v\right)$　　(D)$\int_{v_1}^{v_2} f(v)\mathrm{d}v \Big/ \left(\int_{0}^{\infty} f(v)\mathrm{d}v\right)$

4. 已知一定量的某理想气体，在温度为 T_1 与 T_2 时分子最概然速率分别为 v_{p1} 和 v_{p2}，分子速率分布函数的最大值分别为 $f(v_{p1})$ 和 $f(v_{p2})$，若 $T_1 > T_2$，则(　　)。

(A) $v_{p1} > v_{p2}$；$f(v_{p1}) > f(v_{p2})$　　(B) $v_{p1} < v_{p2}$；$f(v_{p1}) < f(v_{p2})$

(C) $v_{p1} < v_{p2}$；$f(v_{p1}) > f(v_{p2})$　　(D) $v_{p1} > v_{p2}$；$f(v_{p1}) < f(v_{p2})$

二、填空题

1. 在一个以匀速度 $\boldsymbol{u}$ 运动的容器中，盛有分子质量为 m 的某种单原子理想气体，若使容器突然停止运动，则气体状态达到平衡后，其温度的增量 $\Delta T =$ ______ 。

2. 已知 $f(v)$ 为麦克斯韦速率分布率，v_p 为分子最可几速率，则 $\int_0^{v_p} f(v)\mathrm{d}v$ 表示 ______________________ 。

3. 速率 $v > v_p$ 的分子的平均速率表达式为 ______________________ 。

三、计算题

1. 一定量的某理想气体进行图乙 4-6-1 所示的循环过程，已知气体在状态 A 的温度为 $T_A = 300$ K，求：(1) 气体在状态 B、C 的温度；(2) 各过程中气体对外所做的功；(3) 经过整个循环，气体从外界吸收的总热量(各过程吸热的代数和)。

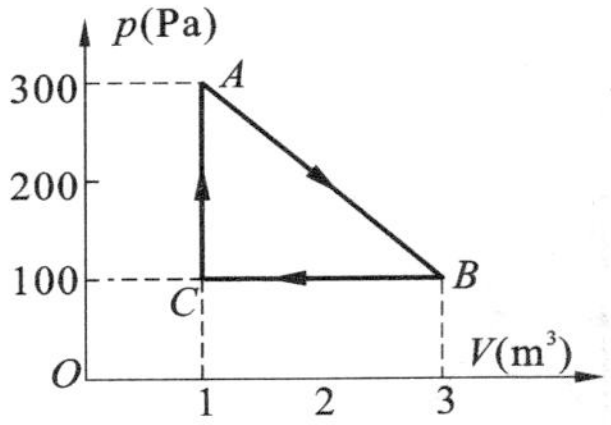

图乙 4-6-1

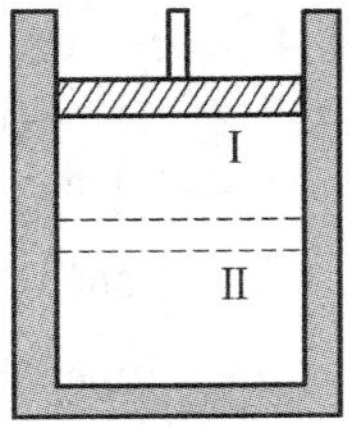

图乙 4-6-2

2. 如图乙 4-6-2 所示，一金属圆筒中盛有 1 mol 双原子分子的理想气体，用可动活塞封住，圆筒浸在冰水混合物中，迅速推动活塞，使气体从标准状态(活塞位置Ⅰ) 压缩到体积为原来一半的状态(活塞位置Ⅱ)，然后维持活塞不动，待气体温度下降至 0 ℃，再让活塞缓慢上升到位置Ⅰ，完成一次循环。(1) 试在 p-V 图上画出相应的理想循环曲线；(2) 若作 100 次循环放出的总热量全部用来融解冰，则有多少冰被融化?(已知冰的融解热 $\lambda = 3.35 \times 10^5\ \mathrm{J \cdot kg^{-1}}$)

乙 5-1　电场强度

一、选择题

1. 关于试验电荷，以下说法正确的是(　　)。

(A) 试验电荷是电量极小的电荷

(B) 试验电荷是体积极小的电荷

(C) 试验电荷是体积和电量都极小的电荷

(D) 试验电荷是电量足够小，以至于它不影响产生原电场的电荷分布，从而不影响原电场；同时是体积足够小，以至于它所在的位置真正代表一点的正电荷(这里的足够小都是相对问题而言的)

2. 关于点电荷电场强度的计算公式 $\boldsymbol{E} = q\boldsymbol{r}/(4\pi\varepsilon_0 r^3)$，以下说法正确的是(　　)。

(A) $r \to 0$ 时，$E \to \infty$

(B) $r \to 0$ 时，q 不能作为点电荷，公式不适用

(C)$r \to 0$ 时,q 仍是点电荷,但公式无意义

(D)$r \to 0$ 时,q 已成为球形电荷,应该用球对称电荷分布来计算电场

3. 试验电荷 q_0 在电场中受力为 f,其电场强度的大小为 f/q_0,以下说法正确的是(　　)。

(A) 电场强度 E 是由产生电场的电荷所决定的,不以试验电荷 q_0 及其受力为转移

(B)E 反比于 q_0

(C)E 正比于 f 且反比于 q_0　　　(D)E 正比于 f

4. 在没有其他电荷存在的情况下,一个点电荷 q_1 受另一点电荷 q_2 的作用力为 $\boldsymbol{f}_{12}$,当放入第三个电荷 Q 后,以下说法正确的是(　　)。

(A)$\boldsymbol{f}_{12}$ 的大小不变,但方向改变,q_1 所受的总电场力不变

(B)$\boldsymbol{f}_{12}$ 的大小改变了,但方向没变,q_1 受的总电场力不变

(C)$\boldsymbol{f}_{12}$ 的大小和方向都不会改变,但 q_1 受的总电场力发生了变化

(D)$\boldsymbol{f}_{12}$ 的大小、方向均发生改变,q_1 受的总电场力也发生了变化

二、填空题

1. 一半径为 R 的带有一缺口的细圆环,缺口宽度为 $d(d \ll R)$ 环上均匀带正电,总电量为 q,如图乙 5-1-1 所示,则圆心 O 处的场强大小 $E =$ ________ ,场强方向为________。

2. 在一个正电荷激发的电场中的某点 A,放入一个正的点电荷(不是试验电荷)q,测得它所受力的大小为 f_1。将其撤走,改放一个等量的点电荷(也不是试验电荷)$-q$,测得电场力的大小为 f_2,则 A 点电场强度 $\boldsymbol{E}$ 的大小满足的关系式为________________ 。

3. 电偶极子的物理模型是:其电荷间的距离远______(填"大于"或"小于")问题所涉及的距离的两个等量异号的______(填"点"或"任意")电荷系统。

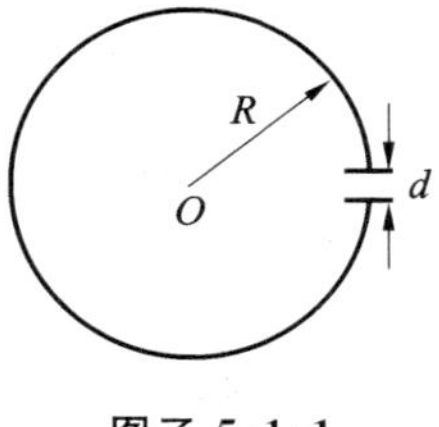

图乙 5-1-1

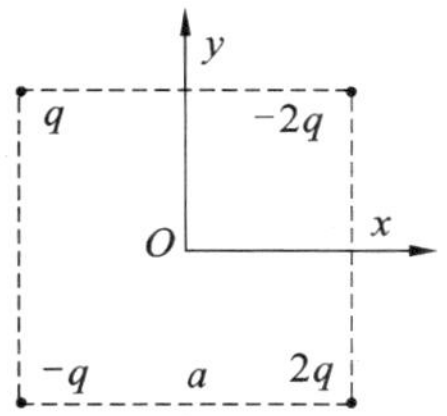

图乙 5-1-2

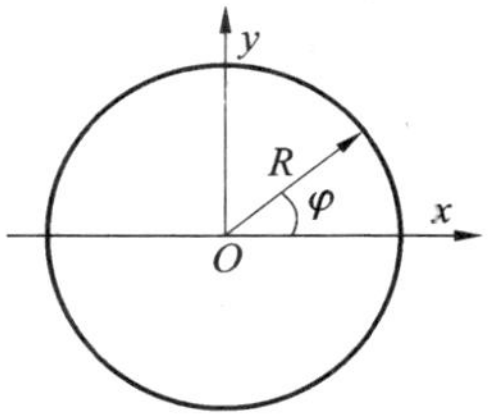

图乙 5-1-3

三、计算题

1. 边长为 a 的正方形的四个顶点上放置如图乙 5-1-2 所示的点电荷,求中心 O 处电场强度的大小和方向。

2. 一带电细线弯成半径为 R 的圆,电荷线密度为 $\lambda = \lambda_0 \sin\varphi$,式中 λ_0 为一常数,φ 为半径 R 与 x 轴所夹的角,如图乙 5-1-3 所示,试求环心 O 处的电场强度。

乙 5-2　高 斯 定 理

一、选择题

1. 图乙 5-2-1 所示为一轴对称性静电场的 E-r 关系曲线,请指出该电场是由哪种带电体产

生的(E 表示电场强度的大小,r 表示离对称轴的距离)。(　　)

(A)“无限长”均匀带电直线

(B) 半径为 R 的“无限长”均匀带电圆柱体

(C) 半径为 R 的有限长均匀带电圆柱面

(D) 半径为 R 的“无限长”均匀带电圆柱面

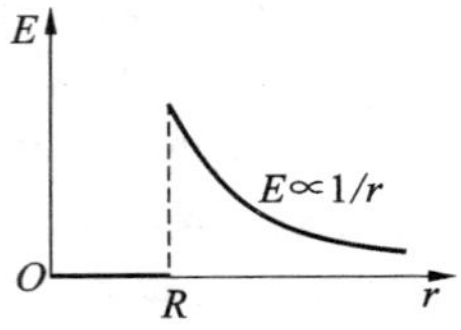

图乙 5-2-1

2. 关于高斯定理的理解,有下面几种说法,其中正确的是(　　)。

(A) 如高斯面上 $\boldsymbol{E}$ 处处为零,则该面内必无电荷

(B) 如高斯面内有净电荷,则通过高斯面的电通量必不为零

(C) 如高斯面 S 上 $\boldsymbol{E}$ 处处不为零,则高斯面 S 内必有电荷

(D) 如高斯面内无电荷,则高斯面上 $\boldsymbol{E}$ 处处为零

(E) 高斯定理仅适用于具有高度对称的电场

3. 如图乙 5-2-2 所示,一个带电量为 q 的点电荷位于正立方体的 A 角上,则通过侧面 $abcd$ 的电通量等于(　　)。

(A) $q/(6\varepsilon_0)$　　　　(B) $q/(12\varepsilon_0)$

(C) $q/(24\varepsilon_0)$　　　　(D) $q/(48\varepsilon_0)$

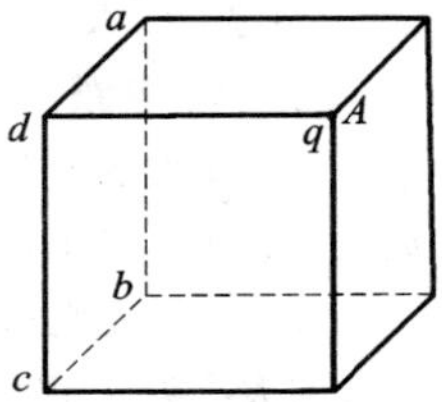

图乙 5-2-2

4. 关于电场线,以下说法正确的是(　　)。

(A) 电场线是一条曲线,曲线上的每一点的切线方向都与该点的电场强度方向平行

(B) 电场线上各点的电场强度大小相等

(C) 开始时处于静止的电荷在电场力的作用下运动的轨迹必与一条电场线重合

(D) 在无电荷的电场空间,电场线可以相交

二、填空题

1. 真空中两条平行的无限长均匀带电直线,电荷线密度分别为 $+\lambda$ 和 $-\lambda$,点 P_1 和 P_2 与两带电线共面,其位置如图乙 5-2-3 所示,取向右为坐标 x 正向,则 $E_{P_1}=$ ________,$E_{P_2}=$ ________。

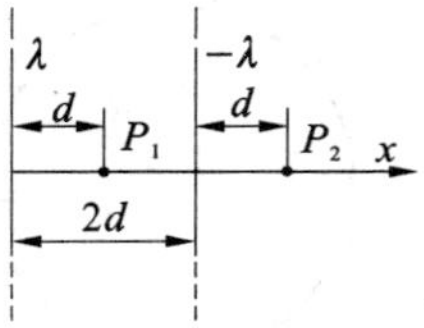

图乙 5-2-3

2. 如图乙 5-2-4 所示,一半球面的底面圆所在的平面与均强电场 $\boldsymbol{E}$ 的夹角为 30°,球面的半径为 R,球面的法线向外,则通过此半球面的电通量为________ 。

3. 真空中有 AB 两板,相距为 d,板面积为 $S(S\gg d^2)$,带电量分别带 $+q$ 和 $-q$,在忽略边缘效应的情况下,两板间的相互作用力的大小为________ 。

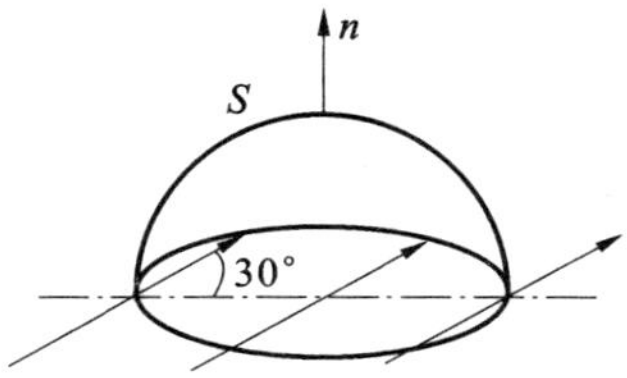

图乙 5-2-4

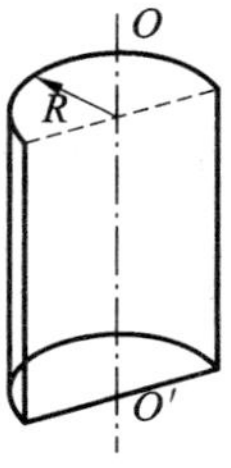

图乙 5-2-5

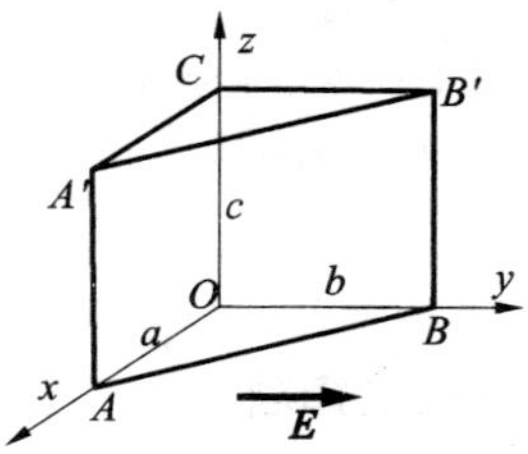

图乙 5-2-6

三、计算题

1. 一“无限长”均匀带电的半圆柱面，半径为 R，设半圆柱面沿轴线单位长度上的电量为 λ，如图乙 5-2-5 所示。试求轴线上任意一点的电场强度。

2. 在电场强度为 $\boldsymbol{E}$ 的匀强电场中，有一如图乙 5-2-6 所示的三棱柱，取表面法线向外，求过面 $AA'CO$、面 $B'BOC$、面 $ABB'A'$ 的电通量 Φ_1、Φ_2、Φ_3。

乙 5-3　电　　势

一、选择题

1. 电量 Q 均匀分布在半径为 R 的球面上，坐标原点位于球心处，现从球面与 x 轴交点处挖去面元ΔS，并把它移至无穷远处(图乙 5-3-1)，若选无穷远处为电势零点，且将ΔS 移走后球面上的电荷分布不变，则此球心 O 点的场强 $\boldsymbol{E}_0$ 与电位 U_0 分别为(　　)。

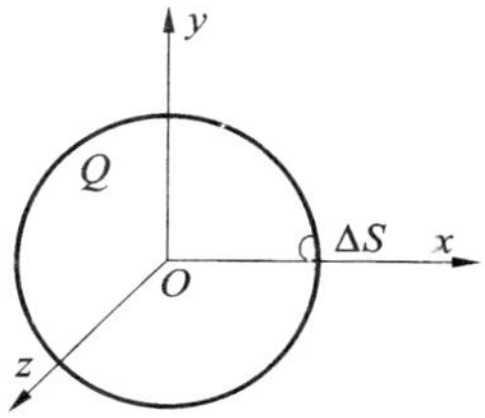

图乙 5-3-1

(A) $-\dfrac{Q\Delta S}{(4\pi R^2)^2\varepsilon_0}\boldsymbol{i};\dfrac{Q}{4\pi\varepsilon_0 R}\cdot\left(1-\dfrac{\Delta S}{4\pi R^2}\right)$

(B) $\dfrac{Q\Delta S}{(4\pi R^2)^2\varepsilon_0}\boldsymbol{i};\dfrac{Q}{4\pi\varepsilon_0 R}\cdot\left(1-\dfrac{\Delta S}{4\pi R^2}\right)$

(C) $\dfrac{Q\Delta S}{(4\pi R^2)^2\varepsilon_0}\boldsymbol{i};-\dfrac{Q}{4\pi\varepsilon_0 R}\cdot\left(1-\dfrac{\Delta S}{4\pi R^2}\right)$

(D) $-\dfrac{Q\Delta S}{(4\pi R^2)^2\varepsilon_0}\boldsymbol{i};-\dfrac{Q}{4\pi\varepsilon_0 R}\cdot\left(1-\dfrac{\Delta S}{4\pi R^2}\right)$

2. 一电偶极矩为 $\boldsymbol{P}$ 的电偶极子放在电场强度为 $\boldsymbol{E}$ 的均匀外电场中，$\boldsymbol{P}$ 与 $\boldsymbol{E}$ 的夹角为 α 角，在此电偶极子绕过其中心且垂直于 $\boldsymbol{P}$ 与 $\boldsymbol{E}$ 组成平面的轴沿 α 角增加的方向转过 180° 的过程中，电场力做功为(　　)。

(A) $-2EP\sin\alpha$　(B) $2EP\sin\alpha$　(C) $-2EP\cos\alpha$　(D) $2EP\cos\alpha$

3. 如图乙 5-3-2 所示，在点电荷 $+q$ 的电场中，若取图中 P 点处为电势零点，则 M 点的电势为(　　)。

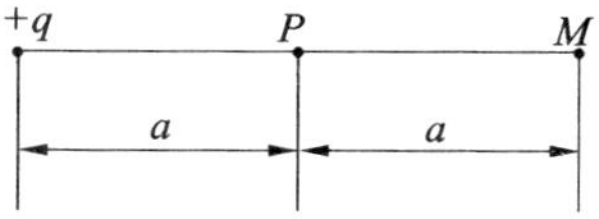

图乙 5-3-2

(A) $q/(4\pi\varepsilon_0 a)$　(B) $q/(8\pi\varepsilon_0 a)$

(C) $-q/(4\pi\varepsilon_0 a)$　(D) $-q/(8\pi\varepsilon_0 a)$

4. 以下说法中正确的是(　　)。

(A) 沿着电场线移动负电荷，负电荷的电势能是增加的

(B) 场强弱的地方电位一定低，电位高的地方场强一定强

(C) 等势面上各点的场强大小一定相等

(D) 初速度为零的点电荷，仅在电场力作用下，总是从高电位处向低电位运动

(E) 场强处处相同的电场中，各点的电位也处处相同

二、填空题

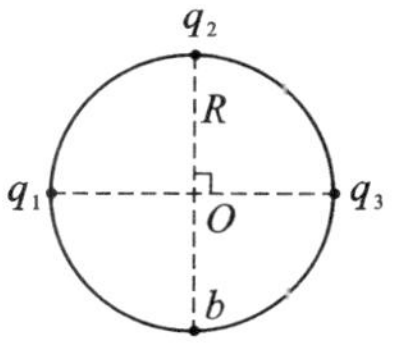

图乙 5-3-3

1. 电量分别为 q_1、q_2、q_3 的三个点电荷分别位于同一圆周的三个点上，如图乙 5-3-3 所示，设无穷远处为电势零点，圆半径为 R，则 b 点处

的电势 $U =$ ____。

2. 若静电场的某个立体区域电势等于恒量，则该区域的电场强度分布是____________；若电势随空间坐标作线性变化，则该区域的场强分布是________。

3. 如图乙 5-3-4 所示，BCD 是以 O 点为圆心，以 R 为半径的半圆弧，在 A 点有一电量为 $+q$ 的点电荷，O 点有一电量为 $-q$ 的点电荷，线段 $AB = R$，现将一单位正电荷从 B 点沿半圆弧轨道 BCD 移到 D 点，则电场力所做的功为________。

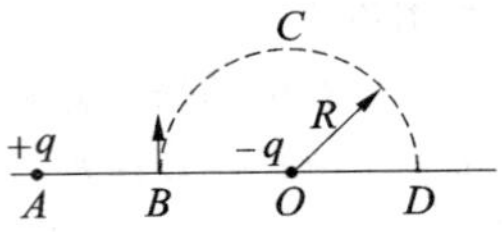

图乙 5-3-4

三、计算题

1. 电量 q 均匀分布在长为 $2l$ 的细杆上，求在杆外延长线上与杆近端距离为 a 的 P 点的电势（设无穷远处为电势零点）。

2. 一均匀带电的球层，其电荷体密度为 ρ，球层内表面半径为 R_1，外表面半径为 R_2，设无穷远处为电势零点，用电势叠加原理，并借助均匀带电球面（带电 Q，球面半径 R）在球内激发的电势等于球面电势的公式 $U = Q/(4\pi\varepsilon_0 R)$，求空腔内任意点的电势。

乙 5-4 静电场中的导体

一、选择题

1. 如图乙 5-4-1 所示，原先不带电的金属球壳的球心处放一点电荷 q_1，球外放一点电荷 q_2。设 q_2、金属内表面的电荷、外表面的电荷对 q_1 的作用力分别为 F_1、F_2、F_3，q_1 受的总电场力为 F，则（　　）。

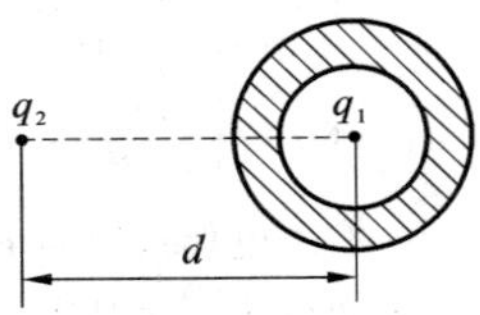

图乙 5-4-1

(A) $F_1 = F_2 = F_3 = F = 0$

(B) $F_1 = \dfrac{q_1 q_2}{4\pi\varepsilon_0 d^2}, F_2 = 0, F_3 = 0, F = F_1$

(C) $F_1 = \dfrac{q_1 q_2}{4\pi\varepsilon_0 d^2}, F_2 = 0, F_3 = \dfrac{-q_1 q_2}{4\pi\varepsilon_0 d^2}$（即与 F_1 反向），$F = 0$

(D) $F_1 = \dfrac{q_1 q_2}{4\pi\varepsilon_0 d^2}, F_2 = \dfrac{-q_1 q_2}{4\pi\varepsilon_0 d^2}$（即与 F_1 反向），$F_3 = 0, F = 0$

(E) $F_1 = \dfrac{q_1 q_2}{4\pi\varepsilon_0 d^2}, F_2 = \dfrac{-q_1 q_2}{4\pi\varepsilon_0 d^2}$（即与 F_1 反向），$F_3 = 0, F = 0$

2. 如图乙 5-4-2 所示，真空中有一点电荷 Q 及空心金属球壳 A，A 处于静电平衡，球内有一点 M，球壳中有一点 N，以下说法正确的是（　　）。

(A) $E_M \neq 0, E_N = 0$，Q 在 M 处产生电场，而在 N 处不产生电场

(B) $E_M = 0, E_N \neq 0$，Q 在 M 处不产生电场，而在 N 处产生电场

(C) $E_M = E_N = 0$，Q 在 M、N 处都不产生电场

(D) $E_M \neq 0, E_N \neq 0$，Q 在 M、N 处都产生电场

(E) $E_M = E_N = 0$，Q 在 M、N 处都产生电场

3. 如图乙 5-4-3 所示，一导体球壳 A，同心地罩在一接地导体 B 上，今给 A 球带负电 $-Q$，则 B 球（　　）。

(A) 带正电　　(B) 带负电

(C) 不带电　　(D) 上面带正电，下面带负电

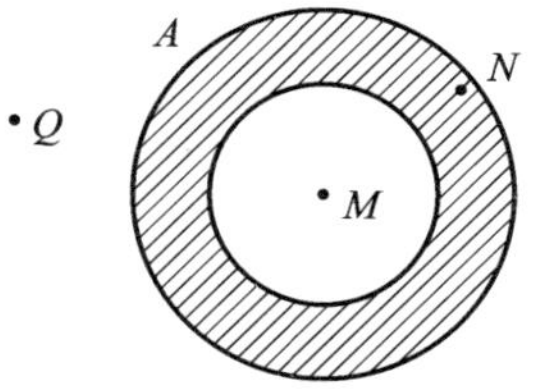

图乙 5-4-2

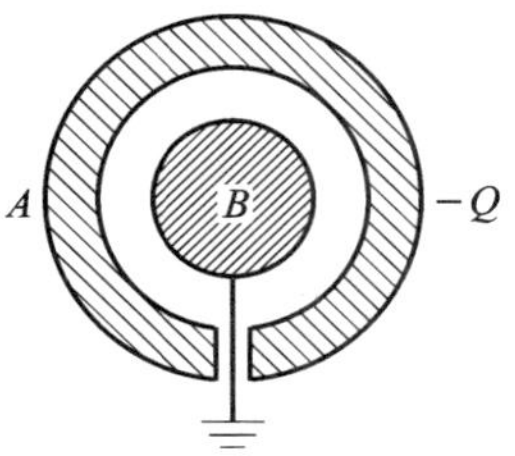

图乙 5-4-3

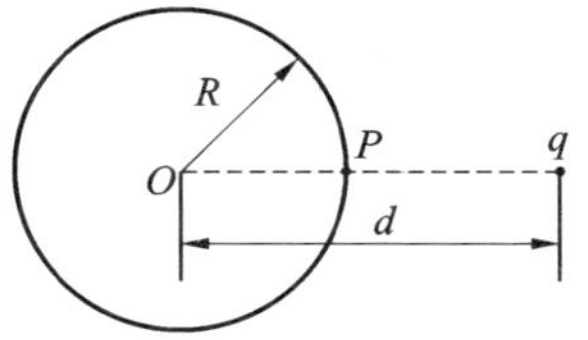

图乙 5-4-4

4. 如图乙 5-4-4 所示，真空中有一点电荷 q，旁边有一半径为 R 的球形带电导体，q 距球心为 d（$d > R$）球体旁附近有一点 P，P 在 q 与球心的连线上，P 点附近导体的电荷面密度为 σ。以下关于 P 点电场强度大小的答案中，正确的是(　　)。

(A) $\dfrac{\sigma}{2\varepsilon_0}+\dfrac{q}{4\pi\varepsilon_0(d-R)^2}$　　(B) $\dfrac{\sigma}{2\varepsilon_0}-\dfrac{q}{4\pi\varepsilon_0(d-R)^2}$

(C) $\dfrac{\sigma}{\varepsilon_0}+\dfrac{q}{4\pi\varepsilon_0(d-R)^2}$　　(D) $\dfrac{\sigma}{\varepsilon_0}$

(E) $\dfrac{\sigma}{\varepsilon_0}-\dfrac{q}{4\pi\varepsilon_0(d-R)^2}$　　(F) 以上答案全不对

二、填空题

1. 半径分别为 $r_1 = 1.0$ cm 和 $r_2 = 2.0$ cm 的两个球形导体，各带电量 $q = 1.0 \times 10^{-8}$ C，两球心相距很远，若用细导线将两球连接起来，并设无限远处为电势零点，则两球分别带电 $Q_1 =$ ____________，$Q_2 =$ ____________。

2. 上题中两球的电势 $U_1 =$ ____________，$U_2 =$ ____________。

3. 地球表面附近的电场强度约为 100 $N \cdot C^{-1}$，方向垂直地面向下，假设地球上的电荷都均匀分布在地表面上，则地面的电荷面密度 $\sigma =$ ____________，地面电荷是____________电荷(填正或负)。

三、计算题

1. 一平行板电容器，极板面积为 S，相距为 d，若 B 板接地，且保持 A 板的电势 $U_A = U_0$ 不变，如图乙 5-4-5 所示，把一块面积相同的带电量为 Q 的导体薄板 C 平行地插入两板中间，求导体薄板 C 的电势 U_C。

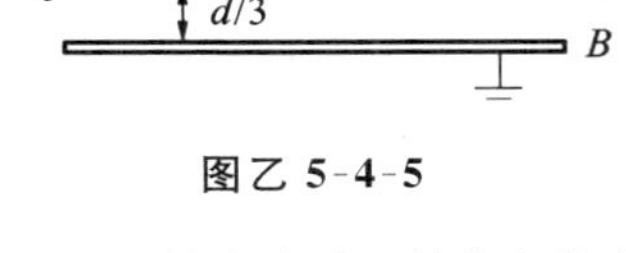

图乙 5-4-5

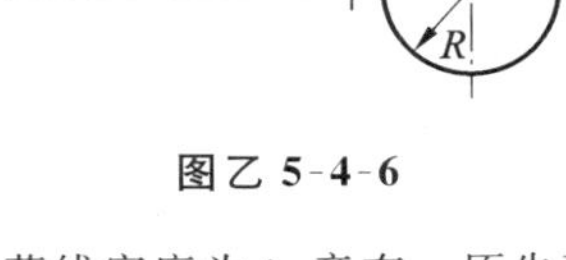

图乙 5-4-6

2. 如图乙 5-4-6 所示，长为 l 的均匀带电直线，电荷线密度为 λ，旁有一原先不带电的导体球，球心在带电直线的延长线上，距直线近端为 d，d 大于导体球的半径 R，(1) 用电势叠加原理

求导体球的电势；(2) 把导体球接地后再断开，求导体球上的感应电量。

乙 5-5 静电场中的电介质

一、选择题

1. 静电场中高斯定理$\oint_S \boldsymbol{E} \cdot \mathrm{d}\boldsymbol{S} = \left(\sum_{S内} q\right) \Big/ \varepsilon_0$ 的适用范围是(　　)。

(A) 只适用于真空中的静电场，不适用于介质中的静电场

(B) 适用于真空中的静电场和各向同性介质中的静电场，不适用于各向异性介质中的静电场

(C) 适用于真空中的静电场和均匀介质中的静电场，不适用于非均匀介质中的静电场

(D) 适用于一切静电场，只不过将其应用于电介质中的静电场时，S 面内的电荷 $\sum_{S内} q$ 应包括 S 面内电介质上的极化电荷

2. 真空中有一半径为 R，带电量为 Q 的导体球，测得距中心 O 为 r 处的 A 点场强为 $\boldsymbol{E}_A = Q\boldsymbol{r}/(4\pi\varepsilon_0 r^3)$，现以 A 为中心，再放上一个半径为 ρ，相对电容率为 ε_r 的介质球，如图乙 5-5-1 所示。此时下列各公式中正确的是(　　)。

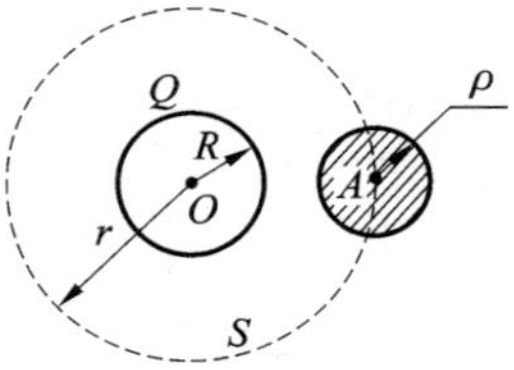

图乙 5-5-1

(A) A 点的电场强度 $\boldsymbol{E}_A' = \boldsymbol{E}_A/\varepsilon_r$

(B) $\oint_S \boldsymbol{D} \cdot \mathrm{d}\boldsymbol{S} = Q$；

(C) $\oint_S \boldsymbol{E} \cdot \mathrm{d}\boldsymbol{S} = Q/\varepsilon_0$

(D) 导体球面上的电荷面密度 $\sigma = Q/(4\pi R^2)$

3. 关于静电场中的电位移线，下列说法中，哪一项是正确的？(　　)

(A) 起自正自由电荷，止于负自由电荷，且任何两条电位移线不相交

(B) 任何两条电位移线可以互相平行，也可以相交

(C) 电位移线起自正电荷，止于负电荷，不闭合，不中断

(D) 电位移线只出现在有电介质的空间，真空中没有电位移线

4. 介质中高斯定理的表达式是$\oint_S \boldsymbol{D} \cdot \mathrm{d}\boldsymbol{S} = \sum_{S内} q_0$，对该式的理解是(　　)。

(A) 高斯面上的电位移矢量 $\boldsymbol{D}$ 只与高斯面内的自由电荷有关，通过高斯面的电位移通量等于高斯面内自由电荷的代数和

(B) 高斯面上的电位移矢量 $\boldsymbol{D}$ 只与高斯面内的自由电荷和极化电荷有关，通过高斯面的电位移通量等于高斯面内的自由电荷和极化电荷的代数和

(C) 高斯面上的电位移矢量 $\boldsymbol{D}$ 与空间所有电荷（高斯面内的自由电荷和极化电荷，高斯面外的自由电荷和极化电荷）有关，通过高斯面的电位移通量等于高斯面内自由电荷的代数和

(D) 高斯面上的电位移矢量 $\boldsymbol{D}$ 与空间所有电荷有关，通过高斯面的电位移通量等于空间所有电荷的代数和

二、填空题

1. 分子中正、负电荷中心________________的分子称无极分子，其分子电矩为零；正、负电荷中心______________的分子称有极分子，其分子电矩不为零。

2. 在静电场中，________分子的极化是分子固有电矩受外电场力矩作用而沿外电场方向取向而产生的，称取向极化；________分子的极化是分子中电荷受外电场力使正、负电荷中心发生位移从而产生附加磁矩，称位移极化。

3. 在各向同性均匀介质存在的电场中，电位移矢量 $\boldsymbol{D}$、电场强度矢量 $\boldsymbol{E}$ 和介质的电容率 ε 的关系为 $\boldsymbol{D}=$ ________，真空中的电容率 ε_0，介质的相对电容率 ε_r 和介质的电容率 ε 的关系为 $\varepsilon=$ ________。

三、计算题

1. 如图乙 5-5-2 所示，两块很大的导体平板平行放置，面积都是 S，导体板 A 带电 Q_1，导体板 B 带电 Q_2，两导体板间充满介电常数为 ε 的介质。(1) 不计边缘效应，求两板四表面的电荷面密度；(2) 求两板间的电场强度。

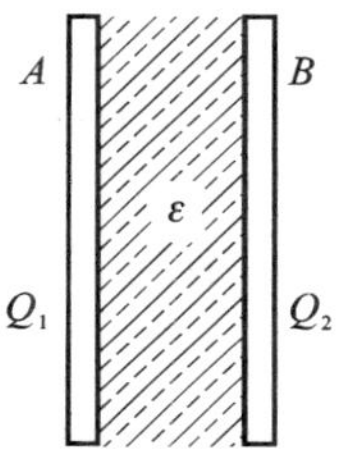

图乙 5-5-2

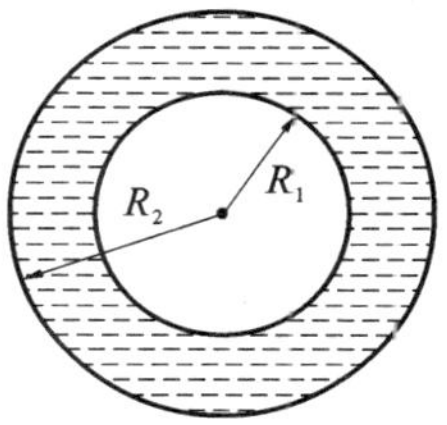

图乙 5-5-3

2. 半径为 R_1 的导体球带电 Q，球外有一层内外半径分别为 R_1、R_2，相对电容率(相对介电常数) 为 ε_r 的同心均匀介质球壳，如图乙 5-5-3 所示。求：(1) 离球心距离为 $r_1(r_1<R_1)$，$r_2(R_1<r_1<R_2)$，$r_3(r_1>R_2)$ 处的电位移矢量 $\boldsymbol{D}$ 和电场强度矢量 $\boldsymbol{E}$ 的大小和方向；(2) 导体球的电势。

乙 5-6　电容、静电场的能量

一、选择题

1. 表皮破损的人体，最小电阻约为 800 Ω。若有 0.05 A 的电流通过人体，人就有生命危险，则最低的危险电压是(　　)。

(A) 40 V　　(B) 20 V　　(C) 400 V　　(D) 200 V

2. 两个半径相同的金属球，一为空心，一为实心。把两者各自孤立时的电容值加以比较，则(　　)。

(A) 空心球电容值大　　(B) 实心球电容值大

(C) 两球电容值相等　　(D) 大小关系无法确定

3. 平行板电容器充电后与电源断开，然后在两极板间平行插入一导体平板，则电容 C，极板间电压 U，极板空间(不含插入的导体板) 电场强度 E 及电场的能量 W 将(↑ 表示增大，↓ 表示减小)(　　)。

(A) C↓，U↑，W↑，E↑　　(B) C↑，U↓，W↓，E 不变

(C) C↑，U↑，W↑，E↑　　(D) C↓，U↓，W↓，E↓

4. 如果某带电体电荷分布的电荷体密度 ρ 增大为原来的 2 倍，则电场的能量变为原来的(　　).

(A) 2 倍　　(B)1/2 倍　　(C)1/4 倍　　(D) 4 倍

二、填空题

1. 一平行板电容器，充电后断开电源，然后使两极板间充满相对介电常数为 ε_r 的各向同性均匀电介质，此时两极板间的电场强度为原来的 ________ 倍，电场能量是原来的 ________ 倍。

2. 在相对电容率 $\varepsilon_r = 4$ 的各向同性均匀电介质中，与电能密度 $w_e = 2\times10^6\ \mathrm{J\cdot cm^{-3}}$ 相应的电场强度大小 $E =$ ________。

3. 一平行板电容器两极板间电压为 U，其间充满相对介电常数为 ε_r 的各向同性均匀电介质，电介质厚度为 d，则电介质中的电场能量密度 $w =$ ________。

三、计算题

1. 一电容器由两个同心薄导体球层组成，内外球层半径分别为 R_1、R_2，其间充满相对介电常数为 ε_r 的各向同性均匀电介质。试通过求电场的能量求此电容器的电容。

2. 假想从无穷远处陆续移来微电荷使一半径为 R 的导体球带电。(1) 球上已带电荷 q 时，再将一个电荷元 $\mathrm{d}q$ 从无穷远处移到球上的过程中，外力做多少功？(2) 使球上电荷从零开始增加到 Q 的过程中，外力共做多少功？

乙 5-7　静电场习题课

一、选择题

1. 如图乙 5-7-1 所示，一厚度为 d 的“无限大”均匀带电导体板，电荷面密度为 σ，则板的两侧离板面距离均为 h 的两点 a、b 之间的电势差为(　　)。

(A) 零　　(B) $\sigma/2\varepsilon_0$　　(C) $\sigma h/\varepsilon_0$　　(D) $2\sigma h/\varepsilon_0$

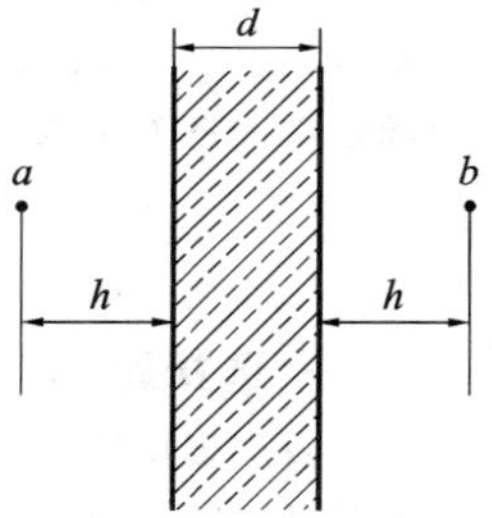

图乙 5-7-1

2. 真空中有一均匀带电球体和一均匀带电球面，如果它们的半径和所带的电量都相等，则它们的静电能之间的关系是(　　)。

(A) 均匀带电球体产生电场的静电能等于均匀带电球面产生电场的静电能

(B) 球体内的静电能大于球面内的静电能，球体外的静电能小于球面外的静电能

(C) 均匀带电球体产生电场的静电能小于均匀带电球面产生电场的静电能

(D) 均匀带电球体产生电场的静电能大于均匀带电球面产生电场的静电能

3. 如图乙 5-7-2 所示，一半径为 a 的“无限长”圆柱面上均匀带电，其电荷线密度为 λ，在它外面同轴地套一半径为 b 的薄金属圆筒，圆筒原先不带电，但与地连接，设大地的电势为零，则在内圆柱面里面、距离轴线为 r 的 P 点的场强大小和电势分别为(　　)。

(A) $E = 0, U = \dfrac{\lambda}{2\pi\varepsilon_0}\ln\dfrac{a}{r}$　　(B) $E = 0, U = \dfrac{\lambda}{2\pi\varepsilon_0}\ln\dfrac{b}{a}$

(C) $E = \dfrac{\lambda}{2\pi\varepsilon_0 r}, U = \dfrac{\lambda}{2\pi\varepsilon_0}\ln\dfrac{b}{r}$　　(D) $E = \dfrac{\lambda}{2\pi\varepsilon_0 r}, U = \dfrac{\lambda}{2\pi\varepsilon_0}\ln\dfrac{b}{a}$

4. 如图乙 5-7-3 所示，在真空中半径分别为 R 和 $2R$ 的两个同心球面，其上分别均匀地带有

电量 $+q$ 和 $-3q$，今将一电量为 $+Q$ 的带电粒子从内球面处由静止释放，则该粒子到达外球面时的动能为(　　)。

(A) $\dfrac{Qq}{4\pi\varepsilon_0 R}$　(B) $\dfrac{Qq}{2\pi\varepsilon_0 R}$　(C) $\dfrac{Qq}{8\pi\varepsilon_0 R}$　(D) $\dfrac{3Qq}{8\pi\varepsilon_0 R}$

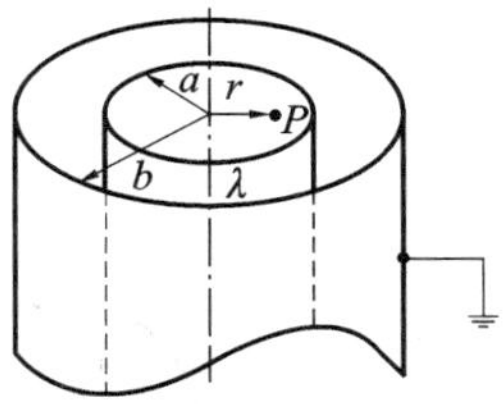

图乙 5-7-2

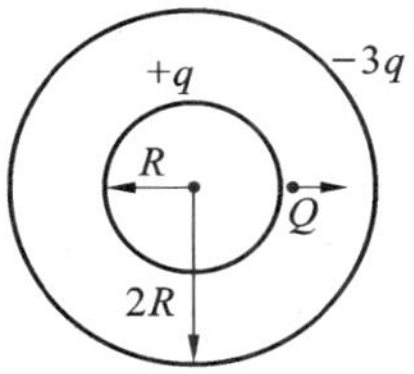

图乙 5-7-3

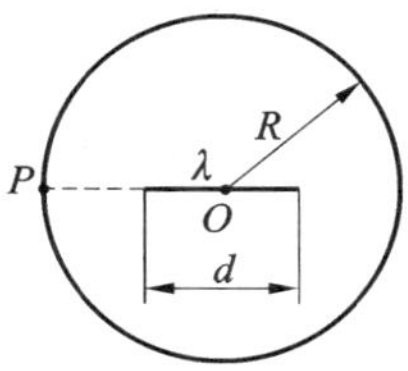

图乙 5-7-4

二、填空题

1. 一均匀带电直线长为 d，电荷线密度为 $+\lambda$，以导线中点 O 为球心，R 为半径($R > d/2$)作一球面，如图乙 5-7-4 所示，则通过该球面的电通量为________，带电直线的延长线与球面交点 P 处的电场强度的大小为________，方向________。

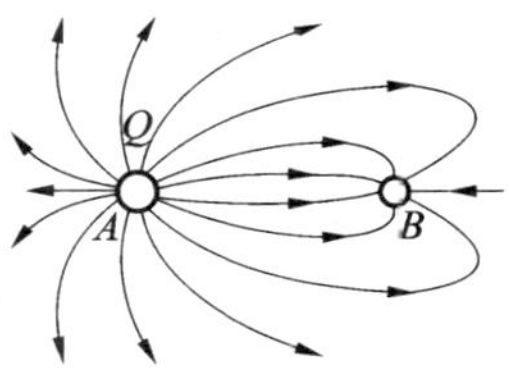

图乙 5-7-5

2. 一空气平行板容器，两板相距为 d，与一电池连接时两板之间相互作用力的大小为 F，在与电池保持连接的情况下，将两板距离拉开到 $2d$，则两板之间的相互作用力的大小是________。

3. 图乙 5-7-5 所示为某电荷系形成电场中电力线示意图，已知 A 点处有电量 Q 的点电荷，则从电力线可判断 B 处存在一个____(填正、负)的点电荷；其电量 $|q|$ ____ Q (填 $>$，$<$，$=$)。

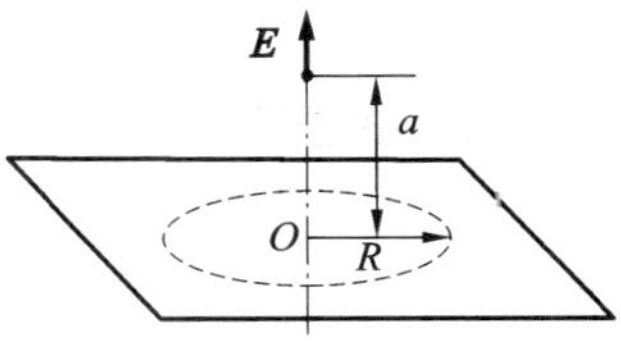

图乙 5-7-6

三、计算题

1. 如图乙 5-7-6 所示，一电荷面密度为 σ 的“无限大”平面，在距离平面 a 处一点的场强大小的一半是由平面上一半径为 R 的圆面范围内电荷所产生的，试求该圆半径的大小。

2. 两平行的无限长半径均为 r_0 的圆柱形导线相距为 d ($d \gg r_0$)，求单位长度的此两导线间的电容。

乙 5-8　毕奥-萨伐尔定律

一、选择题

1. 电流元 $I\mathrm{d}\boldsymbol{l}$ 位于直角坐标系原点，电流沿 z 轴正方向，它在空间点 P $(a,0,0)$ 产生磁场的磁感应强度 $\mathrm{d}\boldsymbol{B}$ 是(　　)。

(A) 0　(B) $\dfrac{\mu_0 I\mathrm{d}l}{4\pi a^2}\boldsymbol{j}$

(C) $\dfrac{\mu_0 I\mathrm{d}l}{4\pi a^2}\boldsymbol{k}$　(D) $\dfrac{\mu_0 I\mathrm{d}l}{4\pi a^2}\boldsymbol{i}$

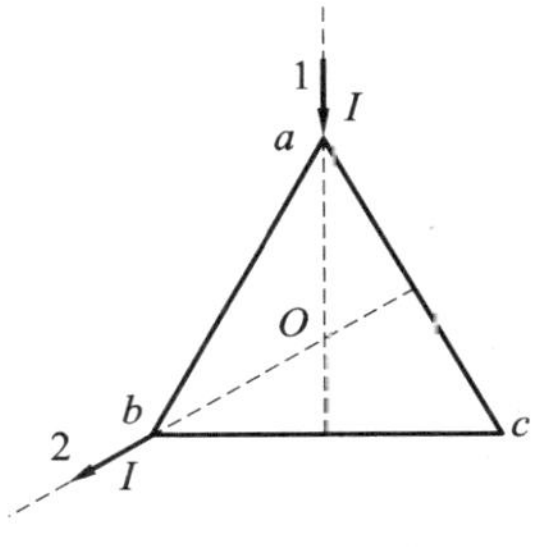

图乙 5-8-1

2. 长直导线 1 沿垂直 bc 边方向经 a 点流入一电阻均匀分布的正

三角形线框，再由 b 点沿垂直 ac 边方向流出，经长直导线 2 返回电源（图乙 5-8-1），若载流直导线 1、2 和三角形框在框中心点 O 处产生的磁感应强度分别用 $\boldsymbol{B}_1$、$\boldsymbol{B}_2$ 和 $\boldsymbol{B}_3$ 表示，关于点 O 的磁感应强度（　　）。

(A) $B = 0$，因为 $B_1 = B_2 = B_3 = 0$

(B) $B = 0$，因为虽然 $B_1 \neq 0$，$B_2 \neq 0$，但 $\boldsymbol{B}_1 + \boldsymbol{B}_2 = 0$，$B_3 = 0$

(C) $B \neq 0$，因为虽然 $B_3 = 0$，但 $\boldsymbol{B}_1 + \boldsymbol{B}_2 \neq 0$

(D) $B \neq 0$，因为虽然 $\boldsymbol{B}_1 + \boldsymbol{B}_2 = 0$，但 $B_3 \neq 0$

3. 如图乙 5-8-2 所示，无限长直导线在 P 处弯成半径为 R 的圆，当通以电流 I 时，则在圆心点 O 处的磁感应强度大小等于（　　）。

(A) $\dfrac{\mu_0 I}{2\pi R}$　　(B) $\dfrac{\mu_0 I}{4R}$

(C) $\dfrac{\mu_0 I}{2R}\left(1 - \dfrac{1}{\pi}\right)$　　(D) $\dfrac{\mu_0 I}{4R}\left(1 + \dfrac{1}{\pi}\right)$

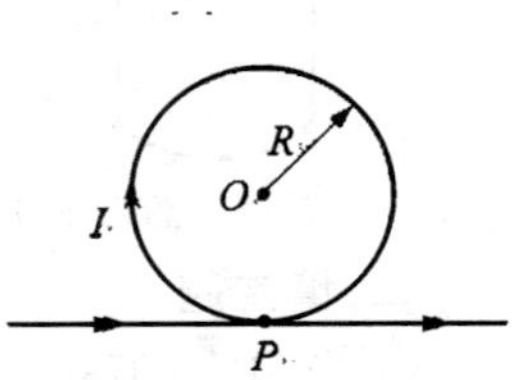

图乙 5-8-2

4. 两无限长载流导线，分别位于 zx 平面与 xy 平面中，如图乙 5-8-3 所示，则坐标原点处磁感应强度大小和方向分别为（　　）。

(A) $\sqrt{2}\mu_0 I/(2\pi a)$，在 yz 面内，与 y 轴成 $45°$ 角

(B) $\sqrt{2}\mu_0 I/(2\pi a)$，在 zx 面内，与 z 轴成 $45°$ 角

(C) $\sqrt{2}\mu_0 I/(2\pi a)$，在 xy 面内，与 x 轴成 $45°$ 角

(D) $\sqrt{2}\mu_0 I/(2\pi a)$，在 yz 面内，与 y 轴成 $135°$ 角

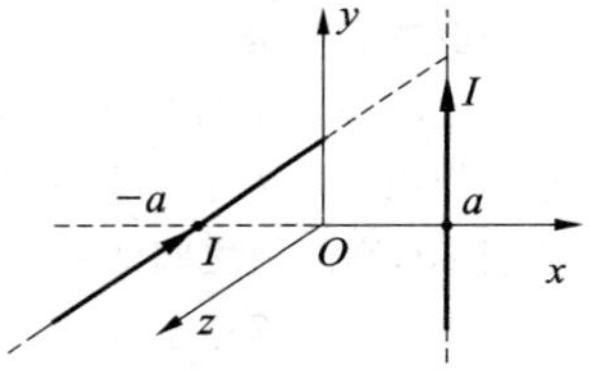

图乙 5-8-3

二、填空题

1. 氢原子中电子（电量 e）以速度 v 在半径为 r 的圆周上作匀速圆周运动，它等效于一圆电流，其电流 I 用 v、r 表示的关系式为 $I = \dfrac{ev}{2\pi r}$，此圆电流在中心产生的磁场 $B =$ ________ 。

2. 如图乙 5-8-4 所示，有一无限长通有电流的扁平铜片，宽度为 a，厚度不计，电流 I 在铜片上均匀分布，在铜片外与铜片共面，离铜片右边缘为 b 的点 P 处的磁感应强度的大小为 ____________ ，方向为 ____________ 。

3. 如图乙 5-8-5 所示，载流圆线圈（半径为 R）与正方形线圈（边长为 a）通有相同电流 I，若两线圈中心 O_1 与 O_2 处的磁感应强度大小相同，则半径 R 与边长 a 之比 $R : a$ 为 ________ 。

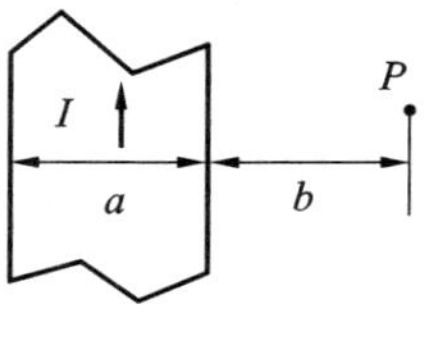

图乙 5-8-4

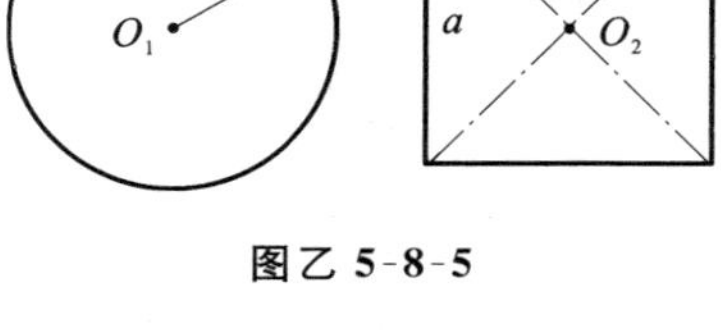

图乙 5-8-5

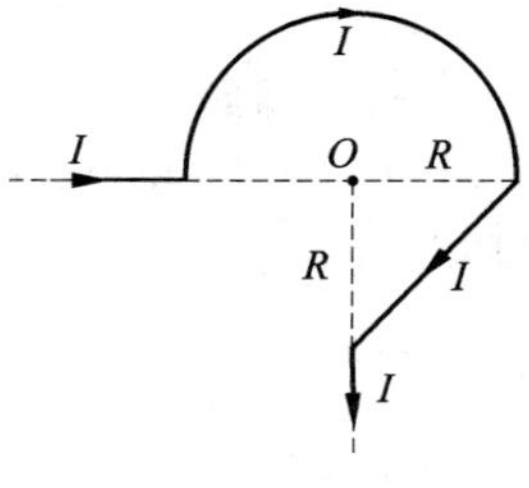

图乙 5-8-6

三、计算题

1. 一根无限长导线弯成如图乙 5-8-6 所示形状,设各段导线都在纸面内,其中第二段是半径为 R 的半圆弧,其余为直线。导线中通有电流 I,求点 O 处的磁感应强度。

2. 如图乙 5-8-7 所示,将一导线由内向外密绕成内半径为 R_1,外半径为 R_2 的圆形平面线圈,共有 N 匝,设电流为 I,求此圆形平面载流线圈在中心 O 处产生的磁感应强度的大小。

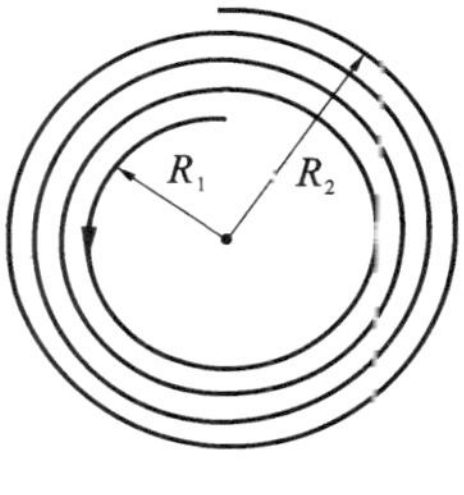

图乙 5-8-7

乙 5-9　毕奥 - 萨伐尔定律(续)、磁通量、磁场中的高斯定理

一、选择题

1. 无限长载流导线,弯成如图乙 5-9-1 所示的形状,其中 $ABCD$ 段在 xOy 平面内,BCD 弧是半径为 R 的半圆弧,DE 段平行于 Oz 轴,则圆心处的磁感应强度为(　　)。

(A) $\frac{\mu_0 I}{4\pi R}\boldsymbol{j}+\left(\frac{\mu_0 I}{4\pi R}-\frac{\mu_0 I}{4R}\right)\boldsymbol{k}$　　(B) $\frac{\mu_0 I}{4\pi R}\boldsymbol{j}-\left(\frac{\mu_0 I}{4\pi R}+\frac{\mu_0 I}{4R}\right)\boldsymbol{k}$

(C) $\frac{\mu_0 I}{4\pi R}\boldsymbol{j}+\left(\frac{\mu_0 I}{4\pi R}+\frac{\mu_0 I}{4R}\right)\boldsymbol{k}$　　(D) $\frac{\mu_0 I}{4\pi R}\boldsymbol{j}-\left(\frac{\mu_0 I}{4\pi R}-\frac{\mu_0 I}{4R}\right)\boldsymbol{k}$

2. 有一半径为 R 的单匝圆线圈,通以电流 I。若将该导线弯成匝数 $N=2$ 的平面圆线圈,导线长度不变,并通以同样的电流,则线圈中心的磁感应强度和线圈的磁矩分别是原来的(　　)。

(A)4 倍和1/2 倍　(B)4 倍和1/8 倍　(C)2 倍和1/4 倍　(D)2 倍和1/2 倍

3. 如图乙 5-9-2 所示,xy 平面内有两相距为 $2a$ 的无限长直载流导线,电流的大小相等,方向相同且平行于 x 轴,距坐标原点均为 a,z 轴上有一点 P 距两电流均为 $2a$,则点 P 处的磁感应强度 $\boldsymbol{B}$(　　)。

(A) 大小为$\frac{\sqrt{3}\mu_0 I}{4\pi a}$,方向沿 z 轴正向　(B) 大小为$\frac{\mu_0 I}{4\pi a}$,方向沿 z 轴正向

(C) 大小为$\frac{\sqrt{3}\mu_0 I}{4\pi a}$,方向沿 y 轴正向　(D) 大小为$\frac{\sqrt{3}\mu_0 I}{4\pi a}$,方向沿 y 轴负向

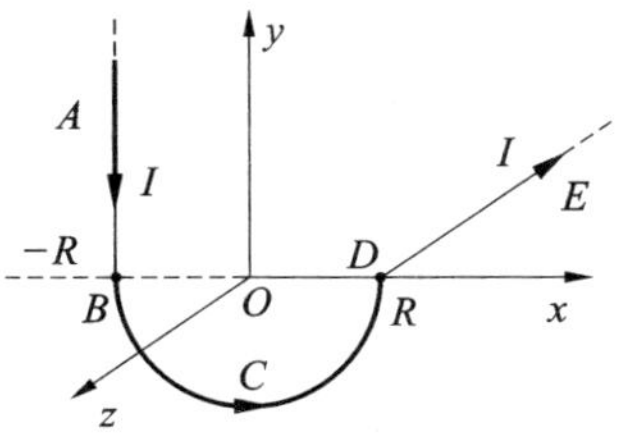

图乙 5-9-1

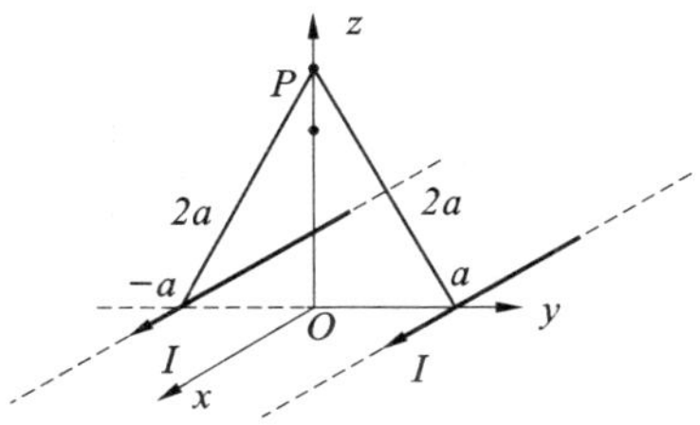

图乙 5-9-2

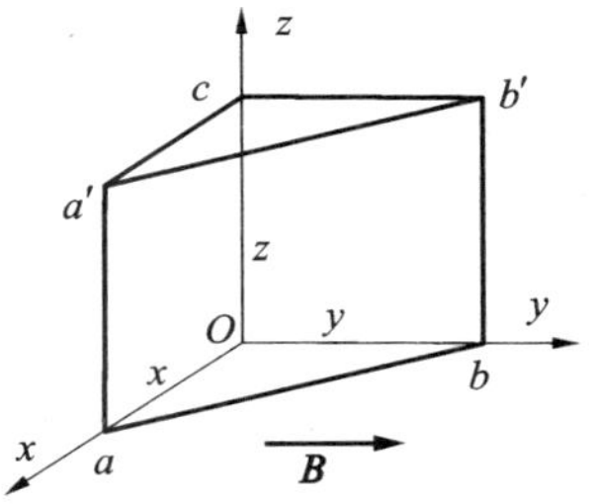

图乙 5-9-3

4. 在磁感应强度为 $\boldsymbol{B}$ 的匀强磁场中,有一如图乙 5-9-3 所示的三棱柱,取表面的法线均向外,设过面 $aa'cO$,面 $b'bOc$,面 $abb'a'$ 的磁通量分别为 Φ_{m1},Φ_{m2},Φ_{m3},则(　　)。

(A)$\Phi_{m1}=0$，$\Phi_{m2}=Byz$，$\Phi_{m3}=-Byz$

(B)$\Phi_{m1}=-Bxz$，$\Phi_{m2}=0$，$\Phi_{m3}=Bxz$

(C)$\Phi_{m1}=-Bxz$，$\Phi_{m2}=-Bz\sqrt{x^2+y^2}$，$\Phi_{m3}=-Byz$

(D)$\Phi_{m1}=Bxz$，$\Phi_{m2}=Bz\sqrt{x^2+y^2}$，$\Phi_{m3}=Byz$

二、填空题

1. 如图乙 5-9-4 所示，长为 l，带电量为 Q 的均匀带电直线平行于 y 轴，在 xy 平面内沿 x 正向以速率 v 运动，近端距 x 轴也为 l，当它运动到与 y 轴重合时，坐标原点的磁感应强度 $\boldsymbol{B}$ 的大小为________，方向沿________。

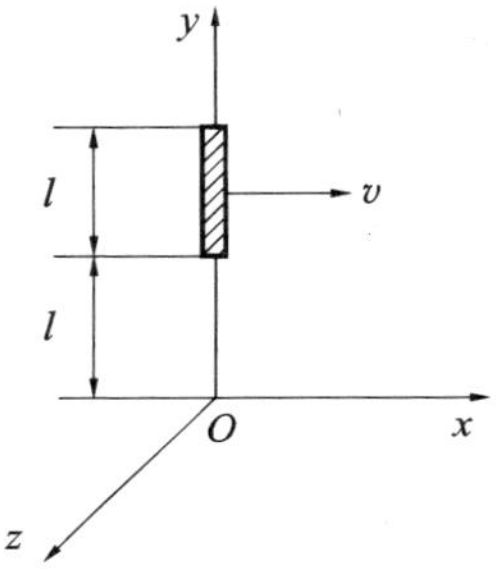

图乙 5-9-4

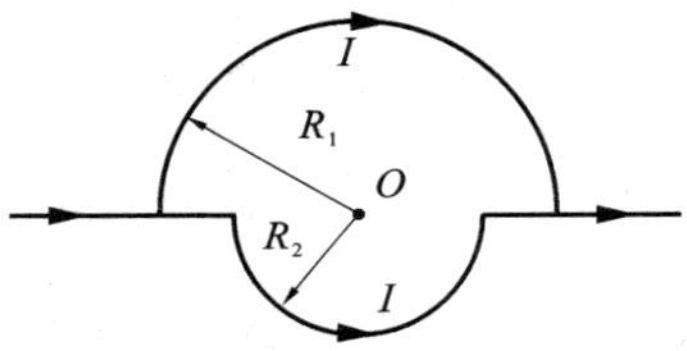

图乙 5-9-5

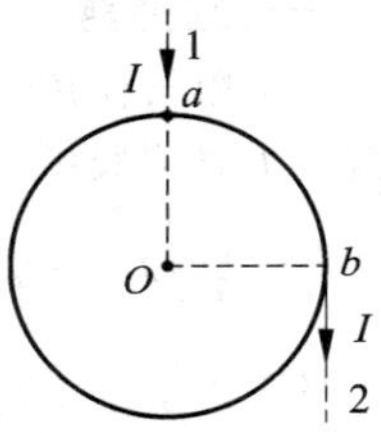

图乙 5-9-6

2. 如图乙 5-9-5 所示，真空中稳恒电流 I 流过两个半径分别为 R_1、R_2 的共面同心半圆形导线，两半圆导线间由沿直径的直导线连接，电流沿直导线流入流出，则圆心点 O 处磁感应强度 $\boldsymbol{B}$ 的大小为________，方向为________。

3. 在真空中，电流由长直导线 1 沿半径方向经点 a 流入一电阻均匀分布的圆环，再由点 b 沿切向流出，经长直导线 2 返回电源(图乙 5-9-6)。已知直导线上的电流为 I，圆环半径为 R，$\angle aOb=90°$，则圆心点 O 处的磁感应强度的大小 $B=$________。

三、计算题

1. 在一半径 $R=1.0$ cm 的无限长半圆柱面形金属薄片中，自下而上地有 $I=5.0$ A 的电流通过，如图乙 5-9-7 所示，试求圆柱轴线上任意一点 P 的磁感应强度 $\boldsymbol{B}$ 的大小及方向。

2. 如图乙 5-9-8 所示，无限长直导线载有电流 I，旁边有一与之共面的长方形平面，长为 a，宽为 b，近边距电流 I 为 c，求通过此面的磁通量。

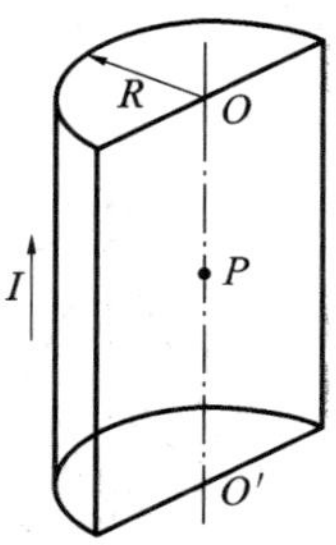

图乙 5-9-7

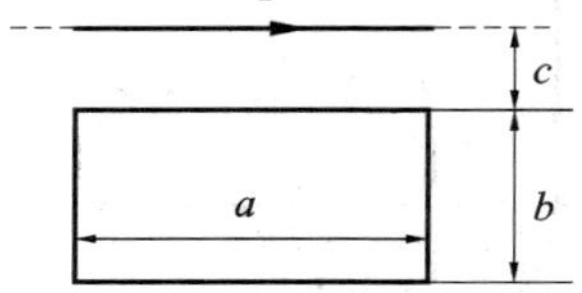

图乙 5-9-8

乙 5-10　安培环路定理

一、选择题

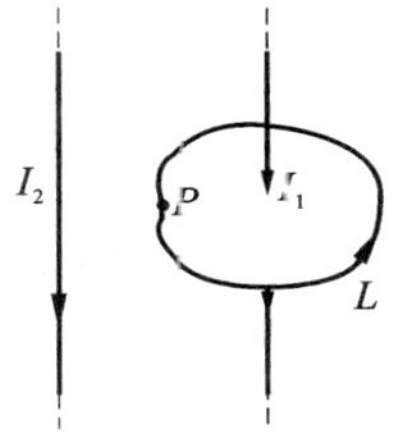

图乙 5-10-1

1. 如图乙 5-10-1 所示，有两根无限长直载流导线平行放置，电流分别为 I_1 和 I_2，L 是空间一闭曲线，I_1 在 L 内，I_2 在 L 外，P 是 L 上的一点，今将 I_2 在 L 外向 I_1 移近时，则有(　　)。

(A)$\oint_L \boldsymbol{B}\cdot d\boldsymbol{l}$ 与 $\boldsymbol{B}_P$ 同时改变　(B)$\oint_L \boldsymbol{B}\cdot d\boldsymbol{l}$ 与 $\boldsymbol{B}_P$ 都不改变

(C)$\oint_L \boldsymbol{B}\cdot d\boldsymbol{l}$ 不变，$\boldsymbol{B}_P$ 改变　(D)$\oint_L \boldsymbol{B}\cdot d\boldsymbol{l}$ 改变，$\boldsymbol{B}_P$ 不变

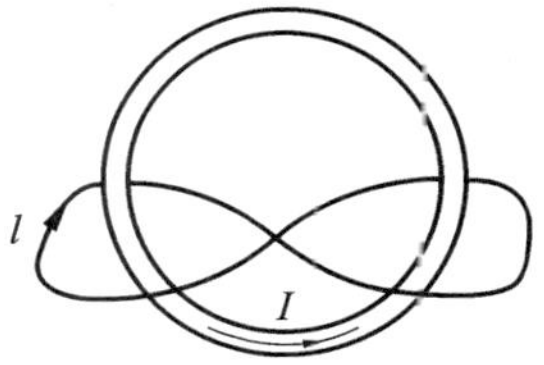

图乙 5-10-2

2. 如图乙 5-10-2 所示，有一环形电流 I 和一回路 l，则积分 $\oint_l \boldsymbol{B}\cdot d\boldsymbol{l}$ 应等于(　　)。

(A)0　(B)$2I$　(C)$-2\mu_0 I$　(D)$2\mu_0 I$

3. 载流空心圆柱导体的内外半径分别为 a 和 b，电流在导体截面上均匀分布，则空间各点的 B-r 曲线应为图乙 5-10-3 中的哪一项？(　　)

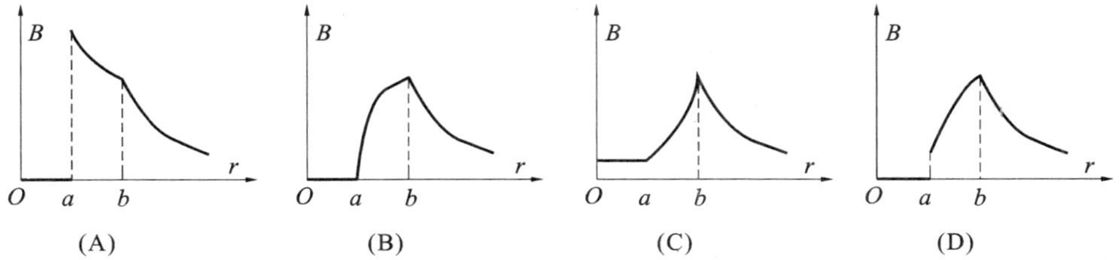

图乙 5-10-3

4. 对于某一回路 l，积分 $\oint_l \boldsymbol{B}\cdot d\boldsymbol{l}=\mu_0 I\neq 0$，则可以肯定(　　)。

(A) 回路上有些点的 $\boldsymbol{B}$ 可能为零，有些点可能不为零，或所有点可能全不为零

(B) 回路上所有点的 $\boldsymbol{B}$ 一定不为零

(C) 回路上有些点的 $\boldsymbol{B}$ 一定为零

(D) 回路上所有点的 $\boldsymbol{B}$ 可能都为零

二、填空题

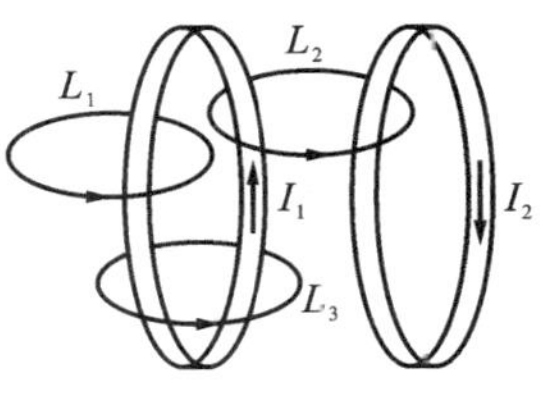

图乙 5-10-4

1. 长度为 L，半径为 R 的有限长载流圆柱，电流为 I，________(能或不能) 用安培环路定理计算此电流产生的磁场。设想此有限长载流圆柱与其他导线组成电流为 I 的闭合电路，如以此圆柱轴线上的一点为圆心作一圆形回路 l，l 的半径为 $r(r<R)$，回路平面垂直电流轴线，则积分 $\oint_l \boldsymbol{B}\cdot d\boldsymbol{l}$ 应等于________。

2. 如图乙 5-10-4 所示，真空中有两圆形电流 I_1 和 I_2 和三个

环路 L_1、L_2、L_3，则安培环路定理的表达式为$\oint_{L_1}\boldsymbol{B}\cdot \mathrm{d}\boldsymbol{l}=$ ________，$\oint_{L_2}\boldsymbol{B}\cdot \mathrm{d}\boldsymbol{l}=$ ________，$\oint_{L_3}\boldsymbol{B}\cdot \mathrm{d}\boldsymbol{l}=$ ________。

3. 电流 I_1 穿过一环路 l，而电流 I_2 则在环路 l 的外面，则环路 l 上各点的磁感应强度 $\boldsymbol{B}$ 与电流________有关；积分$\oint_{l}\boldsymbol{B}\cdot \mathrm{d}\boldsymbol{l}$ 与电流________有关。

三、计算题

1. 设有两无限大平行载流平面，它们的电流密度均为 j，电流流向相反，如图乙 5-10-5 所示。求：(1) 载流平面之间的磁感应强度；(2) 两面之外空间的磁感应强度。

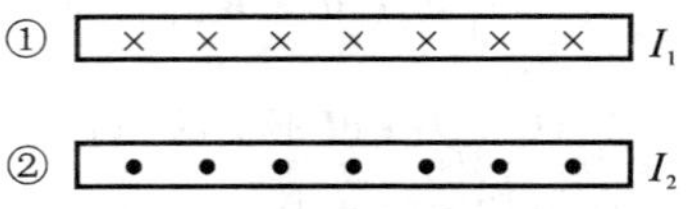

图乙 5-10-5

2. 半径为 R 的薄圆盘均匀带电，总电量为 Q。令此盘绕通过盘心且垂直盘面的轴线作匀速转动，角速度为 ω，求盘心处磁感应强度的大小和旋转圆盘的磁矩。

乙 5-11 安 培 力

一、选择题

1. 在电流为 I_0 的无限长直载流导线旁有一段与之共面电流为 I 的直线导线 AC，如图乙 5-11-1 所示。则导线 AC 受磁力方向向右，其大小为( )。

(A) $\dfrac{\mu_0 I_0 Ib}{2\pi a}$ (B) $\dfrac{\mu_0 I_0 Ib}{2\pi(a+b)}$

(C) $\dfrac{\mu_0 I_0 Ib}{\pi(a+b)}$ (D) $\dfrac{\mu_0 I_0 I}{2\pi}\ln\dfrac{a+b}{a}$

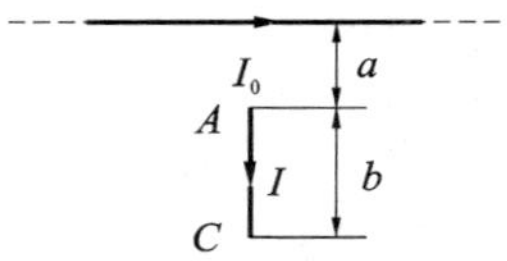

图乙 5-11-1

2. 如图乙 5-11-2 所示，电流元 $\boldsymbol{I}_1\mathrm{d}\boldsymbol{l}_1$ 和 $\boldsymbol{I}_2\mathrm{d}\boldsymbol{l}_2$ 在同一平面内，相距为 r，$\boldsymbol{I}_1\mathrm{d}\boldsymbol{l}_1$ 与两电流元的连线 r 的夹角为 θ_1，$\boldsymbol{I}_2\mathrm{d}\boldsymbol{l}_2$ 与 r 的夹角为 θ_2，则 $\boldsymbol{I}_2\mathrm{d}\boldsymbol{l}_2$ 受 $\boldsymbol{I}_1\mathrm{d}\boldsymbol{l}_1$ 作用的安培力的大小为( )。

(A) $\mu_0 I_1 I_2 \mathrm{d}l_1 \mathrm{d}l_2/(4\pi r^2)$ (B) $\mu_0 I_1 I_2 \mathrm{d}l_1 \mathrm{d}l_2 \sin\theta_1 \sin\theta_2/(4\pi r^2)$

(C) $\mu_0 I_1 I_2 \mathrm{d}l_1 \mathrm{d}l_2 \sin\theta_1/(4\pi r^2)$ (D) $\mu_0 I_1 I_2 \mathrm{d}l_1 \mathrm{d}l_2 \sin\theta_2/(4\pi r^2)$

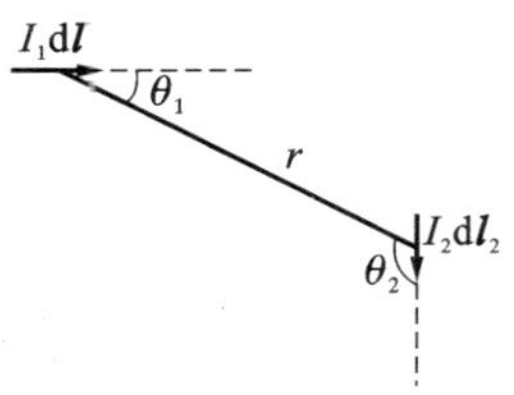

图乙 5-11-2

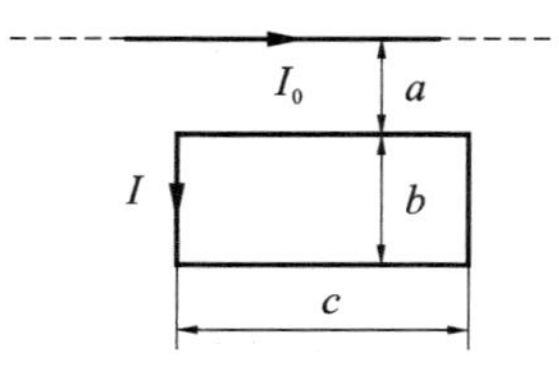

图乙 5-11-3

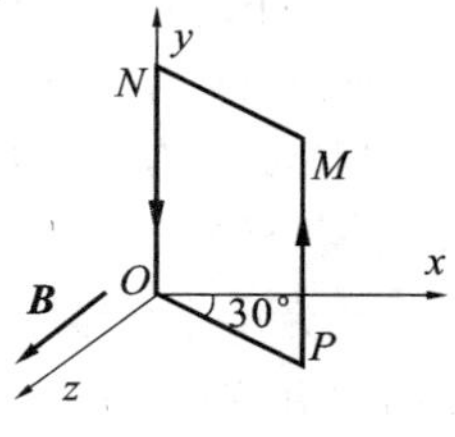

图乙 5-11-4

3. 在电流为 I_0 的无线长直载流导线旁有一段与之共面电流为 I 的矩形线圈，如图乙 5-11-3 所示。则矩形线圈受磁力的大小为( )。

(A) $\dfrac{\mu_0 I_0 Ic}{2\pi}\left(\dfrac{1}{a}-\dfrac{1}{b}\right)$，方向向上 (B) $\dfrac{\mu_0 I_0 Ic}{2\pi}\left(\dfrac{1}{a}-\dfrac{1}{a+b}\right)$，方向向下

(C) $\frac{\mu_0 I_0 I}{2\pi}\ln\frac{a+b}{c}$,方向向左　　(D) $\frac{\mu_0 I_0 I}{2\pi}\ln\frac{c}{a+b}$,方向向右

4. 通有电流 I 的正方形线圈 $MNOP$,边长为 a(图乙 5-11-4),放置在均匀磁场中,已知磁感应强度 $\boldsymbol{B}$ 沿 z 轴方向,则线圈所受的磁力矩 $\boldsymbol{M}$ 大小为(　　)。

(A) Ia^2B,方向沿 y 轴负方向　　(B) $Ia^2B/2$,方向沿 z 轴方向

(C) Ia^2B,方向沿 y 轴方向　　(D) $Ia^2B/2$,方向沿 y 轴方向

二、填空题

1. 平面线圈的磁矩 $\boldsymbol{P}_m = IS\boldsymbol{n}$,其中 S 是电流为 I 的平面线圈的面积,$\boldsymbol{n}$ 是线圈的法线单位矢量;按右手螺旋法则,当四指代表________的旋转方向时,大拇指方向代表磁矩 $\boldsymbol{P}_m$ 的方向。

2. 如图乙 5-11-5 所示,在真空中有一半径为 a 的 3/4 圆弧形的导线,其中通以稳恒电流 I,导线置于均匀外磁场 $\boldsymbol{B}$ 中,且 $\boldsymbol{B}$ 与导线所在平面垂直,则该圆弧载流导线 bc 所受的磁力大小为______。

3. 一矩形闭合线圈,长 $a = 0.3$ m,宽 $b = 0.2$ m 通过电流 $I = 5$ A,放在均匀磁场中。磁场方向与线圈平面平行,如图乙 5-11-6 所示。磁感应强度 $B = 0.5$ T,则线圈所受到磁力矩为________。若此线圈受磁力矩的作用从上述位置转到线圈平面与磁场方向成 30° 的位置,则此过程中磁力矩做功为________。

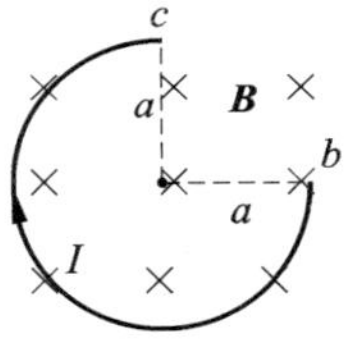

图乙 5-11-5

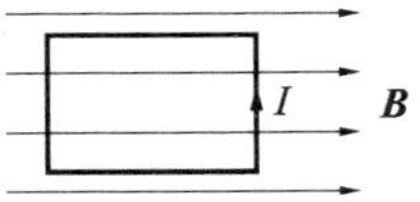

图乙 5-11-6

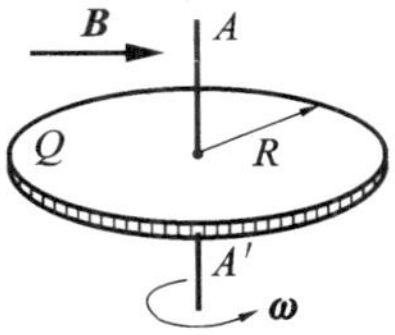

图乙 5-11-7

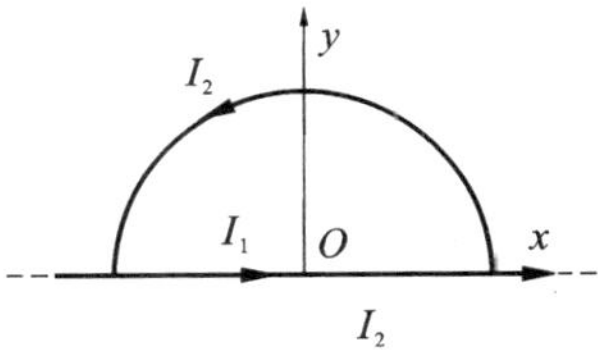

图乙 5-11-8

三、计算题

1. 一个半径为 R、带电量为 Q 的均匀带电圆盘以角速度 $\boldsymbol{\omega}$ 绕过圆心且垂直盘面的轴线 AA' 旋转,今将其放入磁感应强度为 $\boldsymbol{B}$ 的均匀外磁场中,$\boldsymbol{B}$ 的方向垂直于轴线 AA',如图乙 5-11-7 所示。求圆盘所受磁力矩的大小和方向。

2. 在 xOy 平面内有一半径为 R 的半圆线圈,通有逆时针方向的电流 I_2,另有一电流为 I_1 的无限长直导线与 x 轴重合,电流方向向右。半圆电流的直线部分与直线电流 I_1 重合但绝缘,如图乙 5-11-8 所示。求此半圆线圈所受的磁力。

乙 5-12　洛仑兹力

一、选择题

1. 一个动量为 p 的电子,沿图乙 5-12-1 所示的方向入射并能穿过一个宽度为 d、磁感应强度为 B(方向垂直纸面向外)的均匀磁场区域,则该电子出射方向和入射方向间的夹角为(　　)。

(A) $\alpha = \arccos\frac{eBd}{p}$　　(B) $\alpha = \arcsin\frac{eBd}{p}$

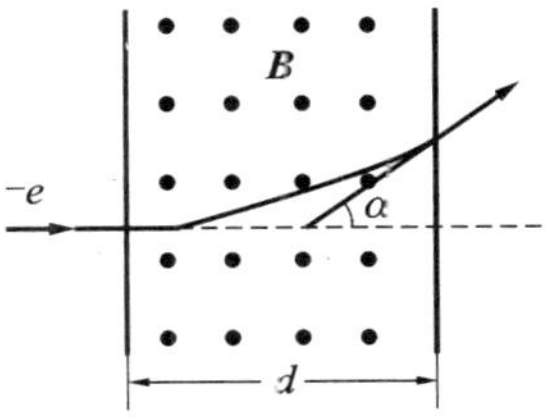

图乙 5-12-1

(C) $\alpha = \arcsin \dfrac{Bd}{ep}$　　　(D) $\alpha = \arccos \dfrac{Bd}{ep}$

2. 一运动电荷 q，质量为 m，以初速度 $\boldsymbol{v}_0$ 进入均匀磁场中，若 $\boldsymbol{v}_0$ 与磁场方向的夹角为 α，则(　　)。

(A) 其动能改变，动量不变　　　(B) 其动能和动量都改变

(C) 其动能不变，动量改变　　　(D) 其动能、动量都不变

3. 如图乙 5-12-2 所示，两个比荷 (q/m) 相同的带异号电荷的粒子，以不同的初速度 $\boldsymbol{v}_1$ 和 $\boldsymbol{v}_2$ $(v_1 > v_2)$ 射入匀强磁场 $\boldsymbol{B}$ 中，设 T_1、T_2 分别为两粒子作圆周运动的周期，则以下结论正确的是(　　)。

(A) $T_1 = T_2$，q_1 和 q_2 都向顺时针方向旋转

(B) $T_1 = T_2$，q_1 和 q_2 都向逆时针方向旋转

(C) $T_1 \neq T_2$，q_1 向顺时针方向旋转，q_2 向逆时针方向旋转

(D) $T_1 = T_2$，q_1 向顺时针方向旋转，q_2 向逆时针方向旋转

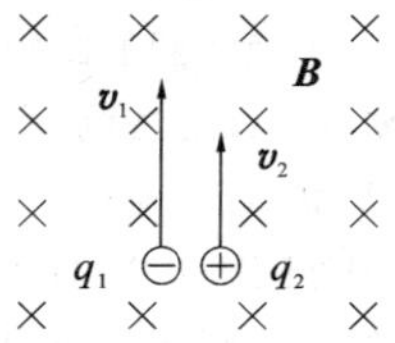

图乙 5-12-2

4. 两个电子 a 和 b 同时由电子枪射出，垂直进入均匀磁场，速率分别为 v 和 $2v$，经磁场偏转后，它们是(　　)。

(A) a、b 同时回到出发点　　　(B) a、b 都不会回到出发点

(C) a 先回到出发点　　　(D) b 先回到出发点

二、填空题

1. 图乙 5-12-3 所示为磁场中的通电薄金属板，当磁感应强度 $\boldsymbol{B}$ 沿 x 轴负向，电流 I 沿 y 轴正向时，则金属板中对应于霍耳电场的电场强度 $\boldsymbol{E}_H$ 的方向沿__________。

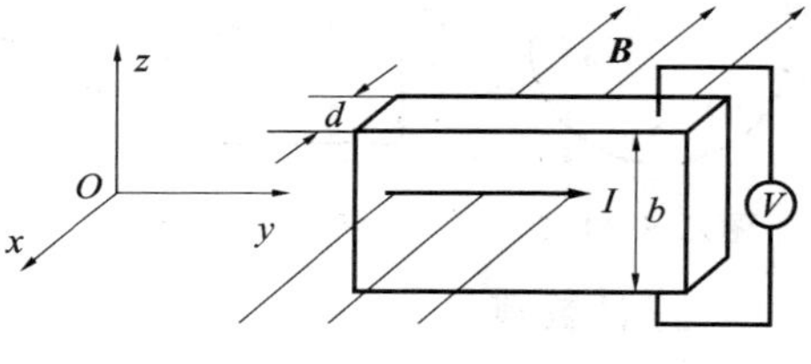

图乙 5-12-3

2. 磁场中某点处的磁感应强度 $\boldsymbol{B} = 0.40\boldsymbol{i} - 0.20\boldsymbol{j}$(T)，一电子以速度 $\boldsymbol{v} = 0.50 \times 10^6 \boldsymbol{i} + 1.0 \times 10^6 \boldsymbol{j}$ $(\mathrm{m \cdot s^{-1}})$ 通过该点，则作用于该电子上的磁场力 $\boldsymbol{F} =$ ______。

3. 在匀强磁场中，电子以速率 $v = 8.0 \times 10^5 \ \mathrm{m \cdot s^{-1}}$ 作半径 $R = 0.5$ cm 的圆周运动，则磁场的磁感应强度的大小 $B =$ __________。

三、计算题

1. 一电子在 $B = 2 \times 10^{-3}$ T 的磁场中沿半径为 $R = 2 \times 10^{-2}$ m、螺距为 $h = 5.0 \times 10^{-2}$ m 的螺旋运动，如图乙 5-12-4 所示。(1) 指出磁场的方向；(2) 求电子速度的大小。

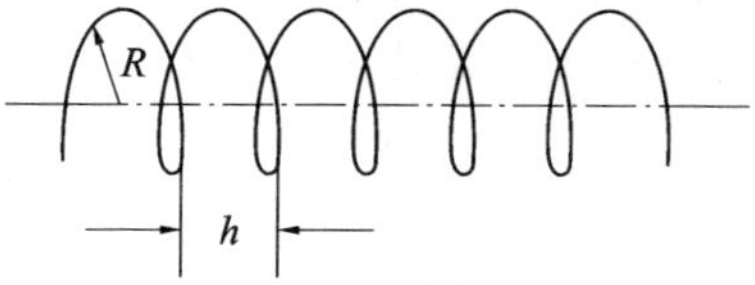

图乙 5-12-4

2. 在霍耳效应实验中，宽 1.0 cm，长 4.0 cm，厚 1.0×10^{-3} cm 的金属导体，沿长度方向载有 3.0 A 的电流，此导体片放在与其垂直的匀强磁场 ($B = 1.5$ T) 中，产生 1.0×10^{-5} V 的横向电压，试由这些数据求：(1) 载流子的漂移速度；(2) 每立方厘米的载流子数目；(3) 试就此题作一图，画出电流的方向、磁场的方向、载流子的积累和霍耳电场的方向。

乙 5-13　磁场中的磁介质

一、选择题

1. 磁介质有三种，用相对磁导率 μ_r 表征它们各自特性时(　　)。

(A) 顺磁质 $\mu_r > 0$，抗磁质 $\mu_r < 0$，铁磁质 $\mu_r \gg 1$

(B) 顺磁质 $\mu_r > 1$，抗磁质 $\mu_r = 1$，铁磁质 $\mu_r \gg 1$

(C) 顺磁质 $\mu_r > 1$，抗磁质 $\mu_r < 1$，铁磁质 $\mu_r \gg 1$

(D) 顺磁质 $\mu_r > 0$，抗磁质 $\mu_r < 0$，铁磁质 $\mu_r > 1$

2. 关于稳恒磁场的安培环路定理 $\oint_l \boldsymbol{B} \cdot \mathrm{d}\boldsymbol{l} = \mu_0 \sum I_{内i}$ 的适用范围是(　　)。

(A) 只适用于真空中的稳恒磁场，不适用于介质中的稳恒磁场

(B) 适用于真空中的稳恒磁场和各向同性介质中的稳恒磁场，不适用于各向异性介质中的稳恒磁场

(C) 适用于真空中的稳恒磁场和均匀介质中的稳恒磁场，不适用于非均匀介质中的稳恒磁场

(D) 适用于一切稳恒磁场，只不过将其应用于磁介质中的稳恒磁场时，l 内的电流 $\sum I_{内i}$ 应包括 l 面内介质上的磁化电流

3. 关于环路 l 上的 $\boldsymbol{H}$ 及对环路 l 的积分 $\oint_l \boldsymbol{H} \cdot \mathrm{d}\boldsymbol{l}$，以下说法正确的是(　　)。

(A) $\boldsymbol{H}$ 与整个磁场空间的传导电流、磁化电流有关，而 $\oint_l \boldsymbol{H} \cdot \mathrm{d}\boldsymbol{l}$ 只与环路 l 内传导电流有关

(B) $\boldsymbol{H}$ 与 $\oint_l \boldsymbol{H} \cdot \mathrm{d}\boldsymbol{l}$ 都只与环路内的传导电流有关

(C) $\boldsymbol{H}$ 与 $\oint_l \boldsymbol{H} \cdot \mathrm{d}\boldsymbol{l}$ 都与整个磁场空间内的所有传导电流有关

(D) $\boldsymbol{H}$ 与 $\oint_l \boldsymbol{H} \cdot \mathrm{d}\boldsymbol{l}$ 都与空间内的传导电流和磁化电流有关

4. 真空中有一半径为 R，总电流为 I 的无限长圆柱体电流，测得距轴线 O 为 r 处的 A 点的磁感应强度为 $B_A = \mu_0 I/(2\pi r)$，现以 A 为中心，放一个半径为 ρ，相对磁导率为 μ_r 的无限长介质圆柱体，该系统的横截面图如图乙 5-13-1 所示。图中符号“⊙”表示电流垂直图面向外。此时下列各公式中正确的是(　　)。

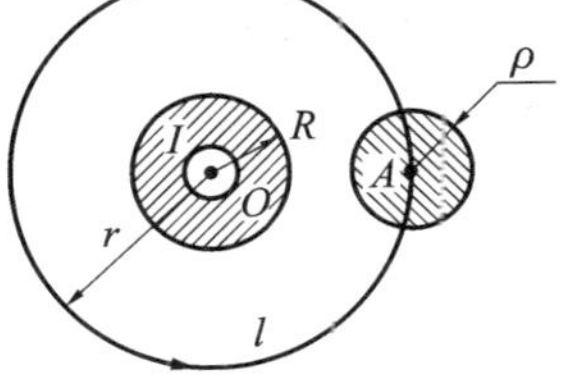

图乙 5-13-1

(A) 点 A 的磁感应强度 $\boldsymbol{B}_A' = \mu_r \boldsymbol{B}_A$

(B) $\oint_l \boldsymbol{H} \cdot \mathrm{d}\boldsymbol{l} = I$

(C) $\oint_l \boldsymbol{B} \cdot \mathrm{d}\boldsymbol{l} = \mu_0 I$

(D) 无限长圆柱体电流的电流密度为 $j = I/(\pi R^2)$

二、填空题

1. 图乙 5-13-2 所示的两种不同铁磁质的磁滞回线中，适合制造永久磁铁的是磁介质____，适合制造变压器铁芯的是磁介质____。

2. 一个绕有 500 匝导线的平均周长 50 cm 的细环，载有 0.3 A 电流时，铁芯的相对磁导率为 600。则：(1) 铁芯中的磁感应强度为________；(2) 铁芯中的磁场强度 H 为________。

3. 图乙 5-13-3 中为三种不同的磁介质的 B-H 关系曲线，其中虚线表示的是 $B=\mu_0 H$ 的关系，说明 a、b、c 各代表哪一类磁介质的 B-H 关系曲线：

a 代表____________ 的 B-H 关系曲线；

b 代表____________ 的 B-H 关系曲线；

c 代表____________ 的 B-H 关系曲线。

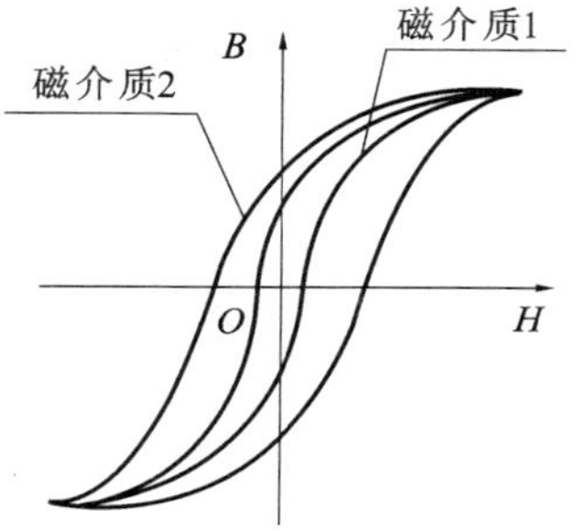

图乙 5-13-2

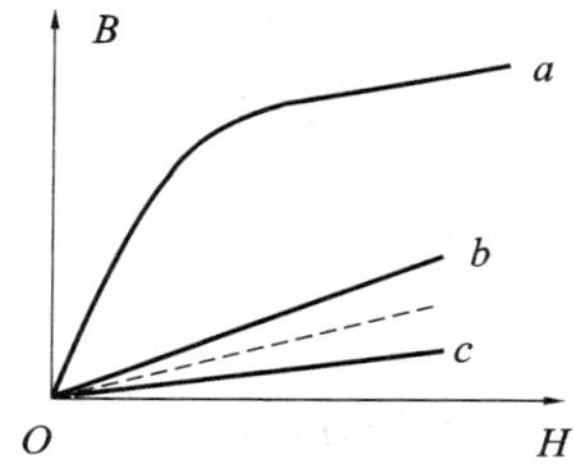

图乙 5-13-3

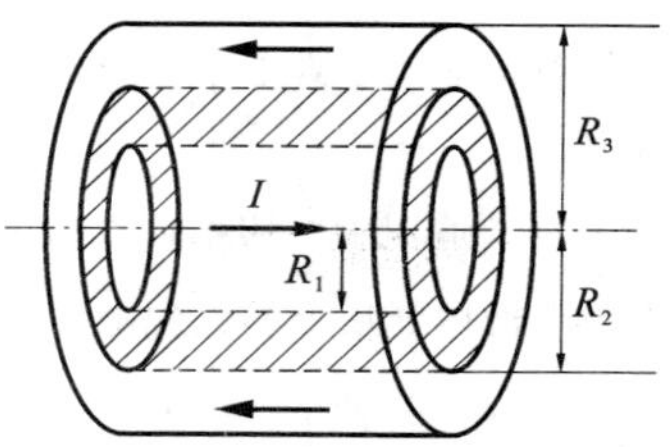

图乙 5-13-4

三、计算题

1. 一铁环中心线周长 $L=30$ cm，横截面 $S=1.0\ \text{cm}^2$，环上紧密地绕有 $N=300$ 匝的线圈，当导线中电流 $I=32$ mA 时，通过环截面的磁通量 $\Phi_m=2.0\times10^{-6}$ Wb，试求铁芯的相对磁导率 μ_r。

2. 一根无限长同轴电缆由半径为 R_1 的长导线和套在它外面的内外半径为 R_2、R_3 的同轴导体圆筒组成，中间充满磁导率为 μ 的各向同性均匀非铁磁绝缘材料，如图乙 5-13-4 所示，传导电流 I 沿导线向右流去，由圆筒向左流回，在它们的截面上电流都是均匀分布的，求同轴线内外的磁感应强度大小的分布。

乙 5-14　稳恒磁场习题课

一、选择题

1. 在磁场方向和导体中电流方向不变的条件下(　　)。

(1) 导体中的载流子所受磁场力的方向与载流子的种类(正负)无关，产生霍耳电压的正负与载流子的种类有关

(B) 导体中的载流子所受磁场力的方向与载流子的种类(正负)无关，产生霍耳电压的正负与载流子的种类无关

(C) 导体中的载流子所受磁场力的方向与载流子的种类(正负)有关，产生霍耳电压的正负

与载流子的种类无关

(D) 导体中的载流子所受磁场力的方向与载流子的种类(正负)有关,产生霍耳电压的正负与载流子的种类有关

2. 在磁场方向和导体中电流方向不变的条件下(　　)。

(A) 导体中的载流子所受磁场力的方向与载流子的种类(正负)无关,导线所受的安培力的方向与载流子的种类有关

(B) 导体中的载流子所受磁场力的方向与载流子的种类(正负)有关,导线所受的安培力的方向与载流子的种类有关

(C) 导体中的载流子所受磁场力的方向与载流子的种类(正负)无关,导线所受的安培力的方向与载流子的种类无关

(D) 导体中的载流子所受磁场力的方向与载流子的种类(正负)有关,导线所受的安培力的方向与载流子的种类无关

3. 无限长直电流产生磁场的公式为 $B=\mu_0 I/2\pi r$,以下说法正确的是(　　)。

(A) 此公式中只要求导线为直导线

(B) 此公式中只要求导线为无限长,且截面必须为圆形

(C) 当 $r=0$ 时,此公式不适用,因为磁感应强度 B 为无限大

(D) 当 $r=0$ 时,此公式不适用,因为此时场点到导线的距离不是远大于导线的截面尺寸,导线不能看成无限细

4. 安培环路定理 $\oint_l \boldsymbol{B}\cdot \mathrm{d}\boldsymbol{l}=\mu_0 I$ 中的电流 I(　　)。

(A) 必须穿过回路 l 所围的曲面,且必须为无限长的直线

(B) 必须穿过回路 l 所围的曲面,且必须闭合

(C) 不必穿过回路 l 所围的曲面,但必须闭合

(D) 必须穿过回路 l 所围的曲面,但可以为有限长的直线

二、填空题

1. 在氢原子中,若视电子(质量为 m,电量为 $-e$)绕质子作半径为 r,角速度为 ω 的匀速圆周运动。那么,电子作匀速圆周运动所等效的环形电流 $I=$ ____ ;电子的轨道磁矩为 $P_m=$ ____ 。

2. 如图乙 5-14-1 所示,有一电子以初速度 $\boldsymbol{v}_0$ 沿与均匀磁场 $\boldsymbol{B}$ 成 α 角度的方向在点 A 射入磁场空间。经过一段飞行后恰好打在图中的点 O,直线 AO 与磁场 $\boldsymbol{B}$ 平行,则 AO 的长度 $L=$ ________ 。

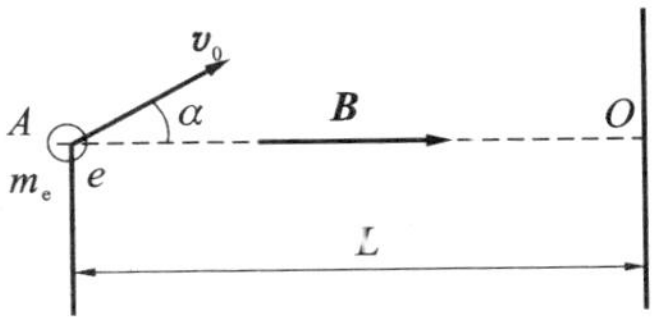

图乙 5-14-1

3. 如图乙 5-14-2 所示,均匀磁场中放一均匀带正电荷的圆环,其电荷线密度为 λ,圆环可绕与环面垂直的轴旋转,当圆环以角速度 ω 转动时,圆环受到的磁力矩的大小为________,其方向为________。

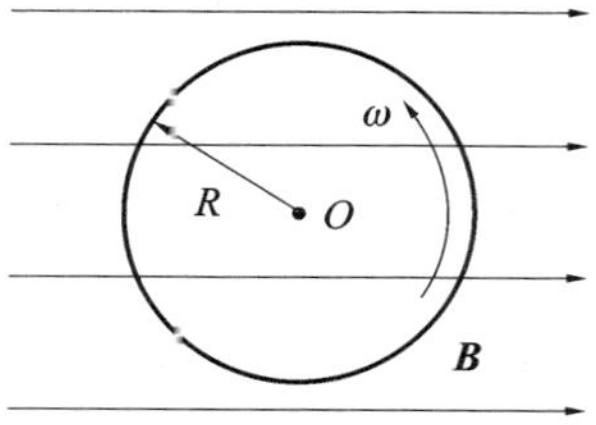

图乙 5-14-2

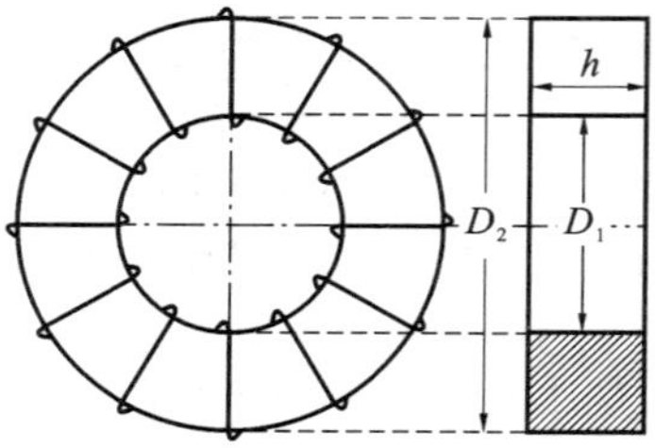

图乙 5-14-3

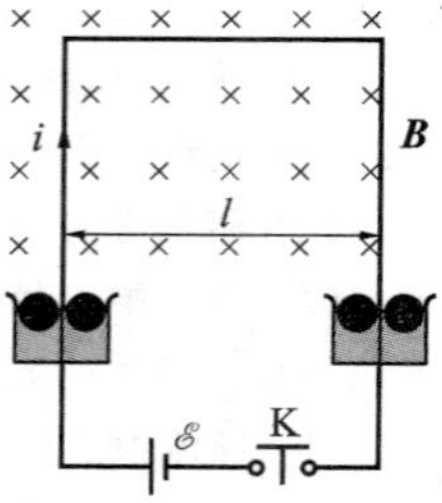

图乙 5-14-4

三、计算题

1. 总匝数为 N 的矩形截面的螺绕环，通有电流为 I，尺寸如图乙 5-14-3 所示。(1) 用安培环路定理求环内的磁感应强度分布；(2) 通过螺绕环的一个截面(图乙5-14-3 中阴影区) 的磁通量的大小。

2. 有一根质量为 m 的倒 U 形导线，两端浸没在水银槽中，导线的上段 l 处于均匀磁场 $\boldsymbol{B}$ 中，如图乙 5-14-4 所示，如果使一个电流脉冲，即电量 $q=\int_{\Delta t} i\mathrm{d}t$ 通过导线，这导线就会跳起来，假定电流脉冲的持续时间 Δt 同导线跳起来的时间 t 相比非常小，试由导线所达高度 h 计算电流脉冲的大小，设 $B=0.1\ \mathrm{T}$，$m=10\times10^{-3}\,\mathrm{kg}$，$l=0.2\ \mathrm{m}$，$h=0.3\ \mathrm{m}$。(提示：利用动量原理求冲量，并找出 $\int_{\Delta t} i\mathrm{d}t$ 与冲量 $\int_{\Delta t} F\mathrm{d}t$ 的关系)

乙 5-15 电磁感应定律、动生电动势

一、选择题

1. 如图乙 5-15-1 所示，一载流螺线管的旁边有一圆形线圈，欲使线圈产生如图乙 5-15-1 所示方向的感应电流 i，下列哪种情况可以做到？(　　)。

(A) 载流螺线管向线圈靠近

(B) 载流螺线管离开线圈

(C) 载流螺线管中电流增大

(D) 载流螺线管中插入铁芯

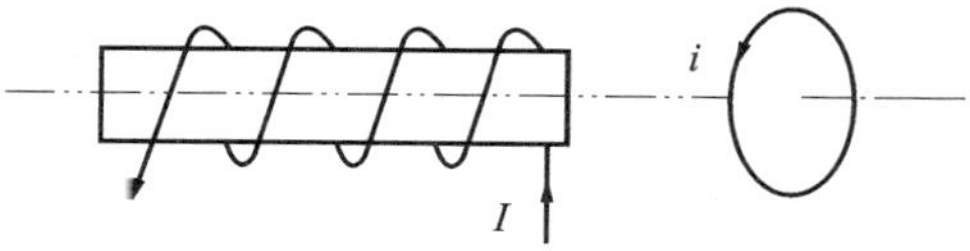

图乙 5-15-1

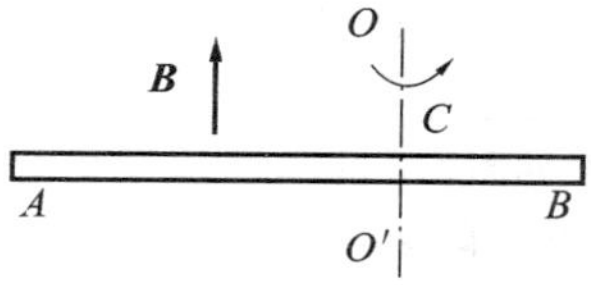

图乙 5-15-2

2. 尺寸相同的铁环与铜环所围面中，通以相同变化率的磁通量，则环中(　　)。

(A) 感应电动势不同，感应电流不同 (B) 感应电动势相同，感应电流相同

(C) 感应电动势不同，感应电流相同 (D) 感应电动势相同，感应电流不同

3. 如图乙 5-15-2 所示，导体棒 AB 在均匀磁场中绕通过 C 点的垂直于棒长且沿磁场方向的轴 OO' 转动(角速度 $\boldsymbol{\omega}$ 与 $\boldsymbol{B}$ 同方向)，BC 的长度为棒长的 1/3。则(　　)。

(A) A 点比 B 点电势高

(B) A 点与 B 点电势相等

(C) A 点比 B 点电势低

(D) 有稳恒电流从 A 点流向 B 点

4. 如图乙 5-15-3 所示，直角三角形金属框架 abc 放在均匀磁场中，磁场 $\boldsymbol{B}$ 平行于 ab 边，bc 边的长度为 l。当金属框架绕 ab 边以匀角速度 $\boldsymbol{\omega}$ 转动时，$abca$ 回路中的感应电动势 $\mathscr{E}$ 和 a、c 两点的电势差 $U_a - U_c$ 为(　　)。

(A) $\mathscr{E} = 0, U_a - U_c = B\omega l^2/2$

(B) $\mathscr{E} = B\omega l^2, U_a - U_c = B\omega l^2/2$

(C) $\mathscr{E} = 0, U_a - U_c = -B\omega l^2/2$

(D) $\mathscr{E} = B\omega l^2, U_a - U_c = -B\omega l^2/2$

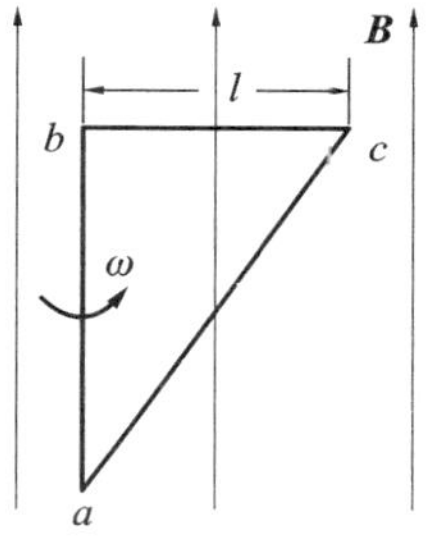

图乙 5-15-3

二、填空题

1. 如图乙 5-15-4 所示，半径为 r_1 的小导线环，置于半径为 r_2 的大导线环中心，二者在同一平面内，且 $r_1 \ll r_2$。在大导线环中通有正弦电流 $I = I_0 \sin\omega t$，其中 ω、I 为常数，t 为时间，则任意时刻小导线环中感应电动势的大小为________。设小导线环的电阻为 R，则在 $t = 0$ 到 $t = \frac{\pi}{2\omega}$ 时间内，通过小导线环某截面的感应电量为 $q =$ ________。

2. 如图乙 5-15-5 所示，长直导线中通有电流 I，有一与长直导线共面且垂直于导线的细金属棒 AB，以速度 $\boldsymbol{v}$ 平行于长直导线作匀速运动。(1) 金属棒 AB 两端的电势 U_A ____ U_B(填 <、=、>)；(2) 若将金属棒与导线平行放置，AB 两端的电势 U_A ____ U_B(填 <、=、>)。

3. 半径为 R 的金属圆板在均匀磁场中以角速度 $\boldsymbol{\omega}$ 绕中心轴旋转，均匀磁场的方向平行于转轴，如图乙 5-15-6 所示。这时板中由中心至同一边缘点的不同曲线上总感应电动势的大小为________，方向________。

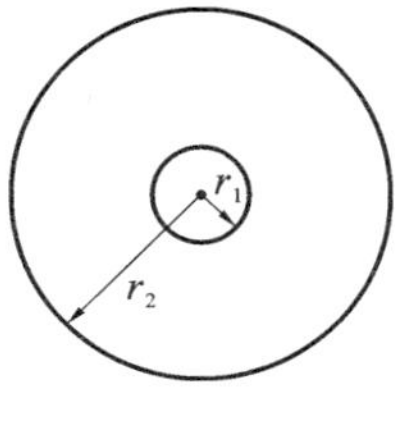

图乙 5-15-4

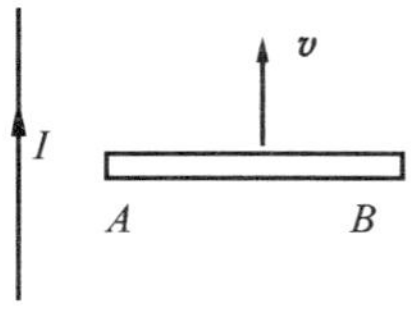

图乙 5-15-5

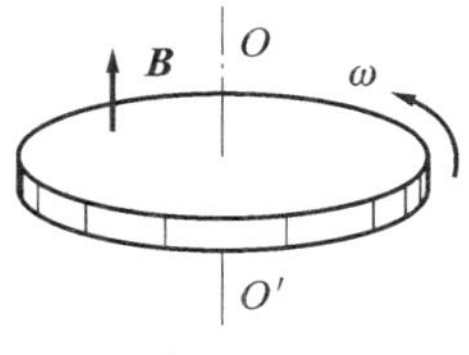

图乙 5-15-6

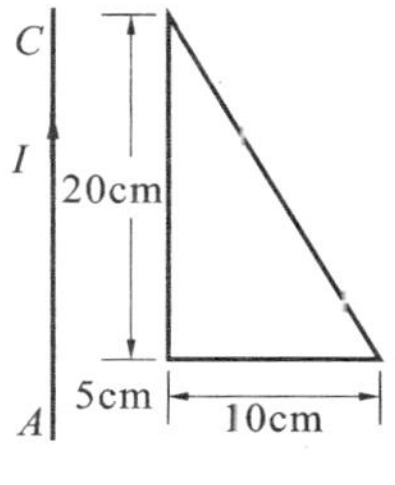

图乙 5-15-7

三、计算题

1. 如图乙 5-15-7 所示，长直导线 AC 中的电流 I 沿导线向上，并以 $dI/dt = 2A/s$ 的变化率均匀增长。导线附近放一个与之同面的直角三角形线框，其一边与导线平行，位置及线框尺寸如图乙 5-15-7 所示。求此线框中产生的感应电动势的大小和方向。

2. 有一很长的长方形的倒 U 形导轨，宽为 l，竖直放置，裸导线 ab 可沿金属导轨(电阻忽略)无摩擦地下滑，导轨位于磁感应强度 $\boldsymbol{B}$ 水平均匀磁场中，如图乙 5-15-8 所示。设导线 ab 的质量为 m，它在电路中的电阻为 R，$abcd$ 形成回路，$t=0$ 时，$v=0$，试求：导线 ab 下滑的速度 v 与时间 t 的函数关系。

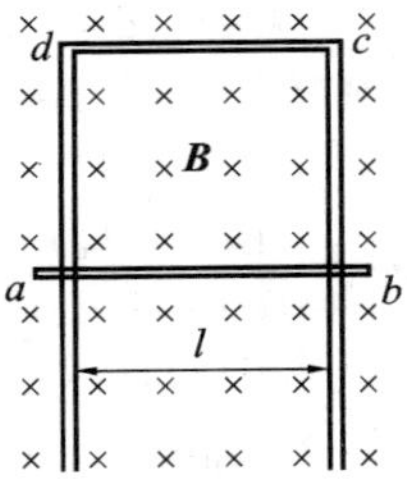

图乙 5-15-8

乙 5-16　感生电动势、涡流

一、选择题

1. 磁感应强度为 $\boldsymbol{B}$ 的均匀磁场被限制在圆柱形空间内，$\boldsymbol{B}$ 的大小以速率 $dB/dt>0$ 变化，在磁场中有一等腰三角形 ACD 导线线圈如图乙 5-16-1 所示放置。在导线 CD 中产生的感应电动势为 $\mathscr{E}_1$，在导线 CAD 中产生的感应电动势为 $\mathscr{E}_2$，在导线线圈 $ACDA$ 中产生的感应电动势为 $\mathscr{E}$。则(　　)。

(A) $\mathscr{E}_1=-\mathscr{E}_2$；$\mathscr{E}=\mathscr{E}_1+\mathscr{E}_2=0$

(B) $\mathscr{E}_1>0$；$\mathscr{E}_2<0$；$\mathscr{E}=\mathscr{E}_1+\mathscr{E}_2>0$

(C) $\mathscr{E}_1>0$；$\mathscr{E}_2>0$；$\mathscr{E}=\mathscr{E}_1-\mathscr{E}_2<0$

(D) $\mathscr{E}_1>0$；$\mathscr{E}_2>0$；$\mathscr{E}=\mathscr{E}_2-\mathscr{E}_1>0$

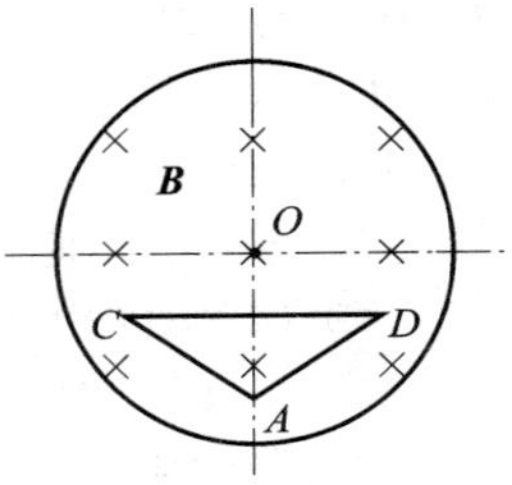

图乙 5-16-1

2. 匝数为 N 的矩形线圈长为 a 宽为 b，置于均匀磁场 $\boldsymbol{B}$ 中。线圈以角速度 $\boldsymbol{\omega}$ 旋转，如图乙 5-16-2 所示。当 $t=0$ 时线圈平面处于纸面位置，且 AC 边向外，DE 边向里。设回路正向为 $ACDEA$，则任意时刻线圈内的感应电动势为(　　)。

(A) $-abNB\omega\sin\omega t$　　(B) $abNB\omega\cos\omega t$

(C) $abNB\omega\sin\omega t$　　(D) $-abNB\omega\cos\omega t$

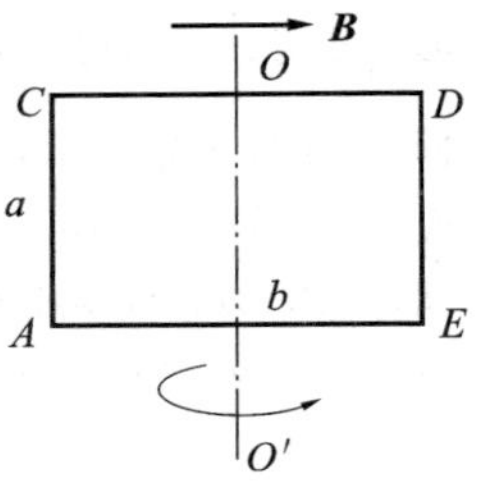

图乙 5-16-2

3. 一铜板放在磁感应强度正在增大的磁场中时，铜板中出现涡流(感应电流)，则涡流将(　　)。

(A) 减缓铜板中磁场的增加　　(B) 加速铜板中磁场的增加

(C) 对磁场不起作用　　(D) 使铜板中磁场反向

4. 用导线围成如图乙 5-16-3 所示的正方形加一对角线回路，中心为 O 点，放在轴线通过 O 点且垂直于图面的圆柱形均匀磁场中。磁场方向垂直图面向里，其大小随时间减小，则感应电流的流向(没有标明流向的导线表示无电流)在图乙5-16-3 的四图中应为(　　)。

二、填空题

1. 如图乙 5-16-4 所示，匀强磁场局限于半径为 R 的圆柱形空间区域，$\boldsymbol{B}$ 垂直于纸面向里，磁感应强度 $\boldsymbol{B}$ 以 $\dfrac{dB}{dt}=$ 常量 的速率增加。D 点在柱形空间内，离轴线的距离为 r_1，C 点在圆柱形空间外，离轴线上的距离为 r_2。将一电子(质量为 m，电量为 $-e$)置于 D 点，则电子的加速度为 $a_D=$ ________，方向向________；将电子置于 C 点时，电子的加速度为 $a_C=$ ____，方向向____。

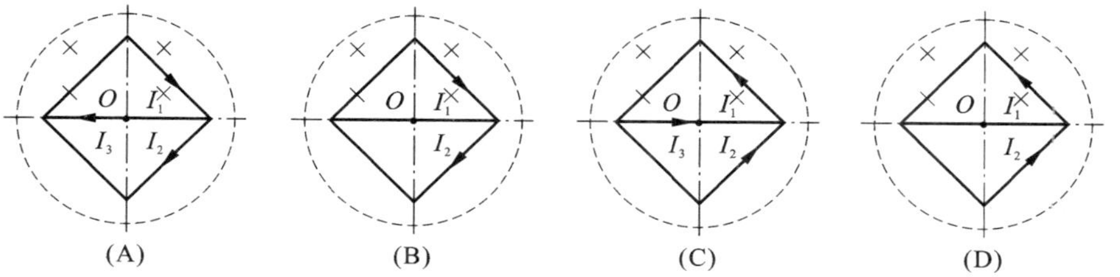

图乙 5-16-3

2. 一闭合导线被弯成圆心在 O 点，半径为 R 的三段首尾相接的圆弧线圈：弧 ab、弧 bc、弧 ca。弧 ab 位于 xOy 平面内，弧 bc 位于 yOz 平面内，弧 ca 位于 zOx 平面内，如图乙 5-16-5 所示。均匀磁场 $\boldsymbol{B}$ 沿 x 轴正向，设磁感应强度 $\boldsymbol{B}$ 随时间的变化率为 $\mathrm{d}B/\mathrm{d}t = k(k>0)$，则闭合回路中的感应电动势为____________，圆弧 bc 中感应电流的方向为__________。

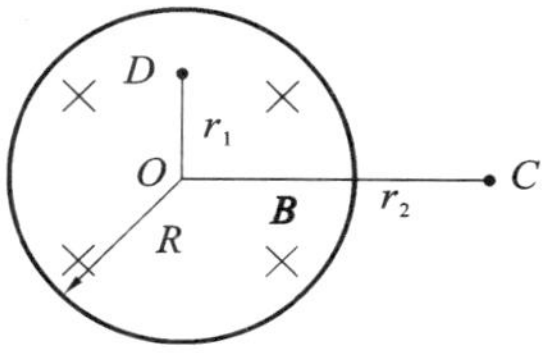

图乙 5-16-4

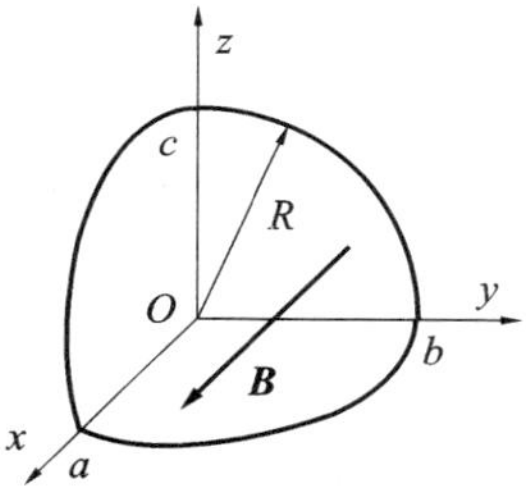

图乙 15-16-5

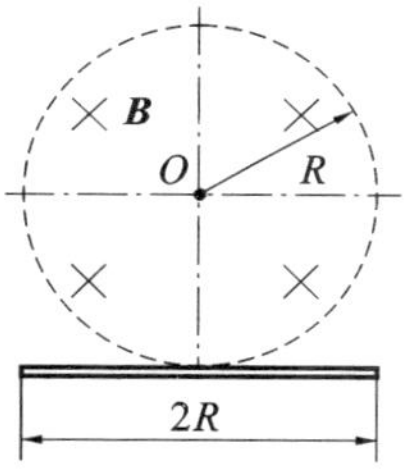

图乙 5-16-6

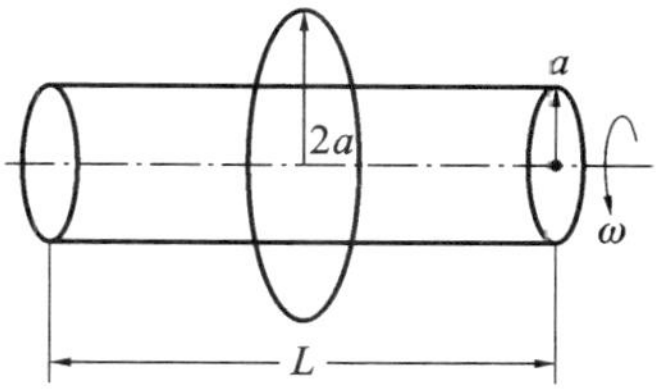

图乙 5-16-7

三、计算题

1. 在半径为 R 的圆柱形空间中存在着均匀磁场 $\boldsymbol{B}$，$\boldsymbol{B}$ 的方向与柱的轴线平行。有一长为 $2R$ 的金属棒 MN 放在磁场外且与圆柱形均匀磁场相切，切点为金属棒的中点，金属棒与磁场 $\boldsymbol{B}$ 的轴线垂直，如图乙 5-16-6 所示。设 $\boldsymbol{B}$ 随时间的变化率 $\dfrac{\mathrm{d}B}{\mathrm{d}t}$ 为大于零的常量。求：棒上感应电动势的大小，并指出哪一端点的电势高(分别用对感生电场的积分 $\mathscr{E}_i = \int_l \boldsymbol{E}_i \cdot \mathrm{d}\boldsymbol{l}$ 和法拉第电磁感应定律 $\mathscr{E}_i = -\mathrm{d}\Phi_m/\mathrm{d}t$ 两种方法解)。

2. 电量 Q 均匀分布在半径为 a，长为 $L(L \gg a)$ 的绝缘薄壁长圆筒表面上，圆筒以角速度 $\boldsymbol{\omega}$ 绕中心轴旋转。一半径为 $2a$，电阻为 R，总匝数为 N 的圆线圈套在圆筒上，如图乙 5-16-7 所示。若圆筒转速按 $\omega = \omega_0(1 - t/t_0)$ 的规律(ω_0、t_0 为已知常数)随时间线性地减小，求圆线圈中感应电流的大小和方向。

乙 5-17 自感、互感、磁场的能量

一、选择题

1. 两个通有电流的平面圆线圈相距不远，如果要使其互感系数近似为零，则应调整线圈的取向，使(　　)。

(A) 两线圈平面都平行于两圆心的连线

(B) 两线圈平面都垂直于两圆心的连线

(C) 两线圈中电流方向相反

(D) 一个线圈平面平行于两圆心的连线，另一个线圈平面垂直于两圆心的连线

2. 对于线圈其自感系数的定义式为 $L=\Phi_m/I$。当线圈的几何形状、大小及周围磁介质分布不变，且无铁磁性物质时，若线圈中的电流变小，则线圈的自感系数 L(　　)。

(A) 变大，与电流成反比关系　　(B) 变小

(C) 不变　　(D) 变大，但与电流不成反比关系

3. 一圆形线圈 C_1 有 N_1 匝，线圈半径为 r。将此线圈放在另一半径为 $R(R\gg r)$，匝数为 N_2 的圆形大线圈 C_2 的中心，两者同轴共面。则此二线圈的互感系数 M 为(　　)。

(A) $\dfrac{\mu_0 N_1 N_2 \pi r^2}{2R}$　(B) $\dfrac{\mu_0 N_1 N_2 \pi R^2}{2r}$　(C) $\dfrac{\mu_0 N_1 N_2 \pi R}{2}$　(D) $\dfrac{\mu_0 N_1 N_2 \pi r}{2}$

4. 自感为 0.25 H 的线圈中，当电流在(1/16) s 内由 2A 均匀减小到零时，线圈中自感电动势的大小为(　　)。

(A) 7.8×10^{-3} V　(B) 8.0 V　(C) 2.0 V　(D) 3.1×10^{-2} V

二、填空题

1. 如图乙 5-17-1 所示，有一根无限长直导线绝缘地紧贴在矩形线圈的中心轴 OO' 上，则直导线与矩形线圈间的互感系数为__________。

2. 边长为 a 和 $2a$ 的两正方形线圈 A、B，如图乙 5-17-2 所示地同轴放置，通有相同的电流 I，线圈 A 的电流所产生的磁场通过线圈 B 的磁通量用 Φ_{BA} 表示，线圈 B 的电流所产生的磁场通过线圈 A 的磁通量用 Φ_{AB} 表示，则二者大小相比较的关系式为__________。

3. 半径为 a 的长为 $l(l\gg a)$ 密绕螺线管，单位长度上的匝数为 n，则此螺线管的自感系数为________；当通以电流 $I=I_m\sin\omega t$ 时，则在管外的同轴圆形导体回路(半径为 $r>a$)上的感生电动势大小为____。

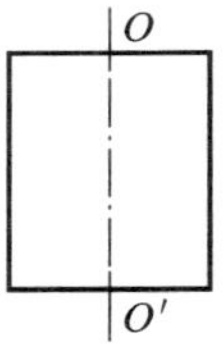

图乙 5-17-1

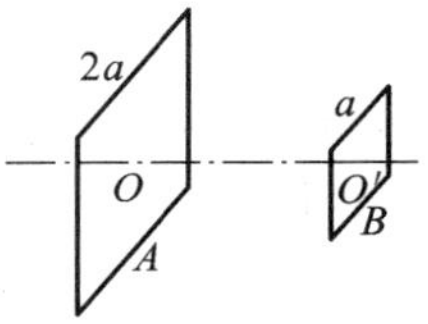

图乙 5-17-2

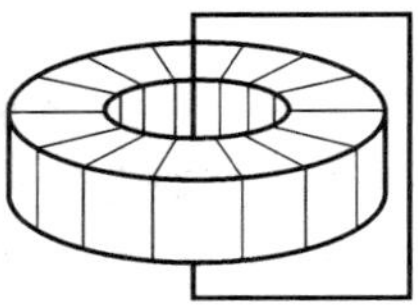

图乙 5-17-3

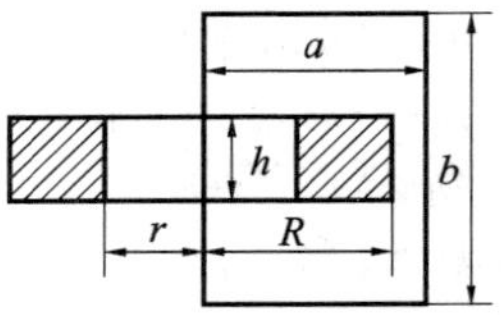

图乙 5-17-4

三、计算题

1. 内外半径分别为 R、r 的环形螺旋管截面为长方形，共有 N 匝线圈。另有一矩形导线线圈

与其套合，如图乙 5-17-3 所示。其尺寸标在如图乙 5-17-4 所示的截面图中，求环形螺旋管与矩形线圈间的互感系数。

2. 半径为R的无线长圆柱形导体通有大小为I的电流，电流在导体截面上均匀分布。求长为l的一段导线内的磁场能量W。

乙 5-18　麦克斯韦方程组、电磁波

一、选择题

1. 如图乙 5-18-1 所示，平板电容器(忽略边缘效应)充电时，沿环路L_1、L_2磁场强度$\boldsymbol{H}$的环流中，必有(　　)。

(A)$\oint_{L_1} \boldsymbol{H} \cdot \mathrm{d}\boldsymbol{l} > \oint_{L_2} \boldsymbol{H} \cdot \mathrm{d}\boldsymbol{l}$

(B)$\oint_{L_1} \boldsymbol{H} \cdot \mathrm{d}\boldsymbol{l} = \oint_{L_2} \boldsymbol{H} \cdot \mathrm{d}\boldsymbol{l}$

(C)$\oint_{L_1} \boldsymbol{H} \cdot \mathrm{d}\boldsymbol{l} < \oint_{L_2} \boldsymbol{H} \cdot \mathrm{d}\boldsymbol{l}$

(C)$\oint_{L_1} \boldsymbol{H} \cdot \mathrm{d}\boldsymbol{l} = 0$

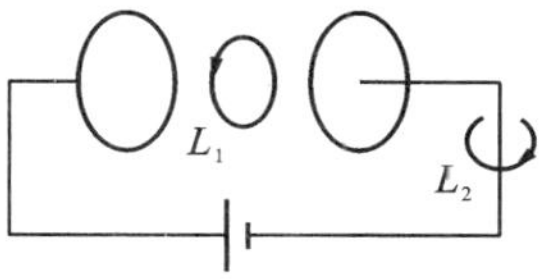

图乙 5-18-1

2. 关于位移电流，下述四种说法哪一种说法正确?(　　)。

(A) 位移电流是由变化电场产生的

(B) 位移电流是由线性变化磁场产生的

(C) 位移电流的热效应服从焦耳 - 楞次定律

(D) 位移电流的磁效应不服从安培环路定理

3. 一平面电磁波在非色散无损耗的媒质里传播，测得电磁波的平均能流密度为 3000 $\mathrm{W \cdot m^{-2}}$，媒质的相对介电常数为 4，相对磁导率为 1，则在媒质中电磁波的平均能量密度为(　　)。

(A)$1000\ \mathrm{J \cdot m^{-3}}$　　(B)$3000\ \mathrm{J \cdot m^{-3}}$

(C)$1.0 \times 10^{-5}\ \mathrm{J \cdot m^{-3}}$　　(D)$2.0 \times 10^{-5}\ \mathrm{J \cdot m^{-3}}$

4. 电磁波的电场强度$\boldsymbol{E}$、磁场强度$\boldsymbol{H}$和传播速度$\boldsymbol{u}$的关系是(　　)。

(A) 三者互相垂直，而且$\boldsymbol{E}$和$\boldsymbol{H}$位相相差$\frac{\pi}{2}$

(B) 三者互相垂直，而且$\boldsymbol{E}$、$\boldsymbol{H}$、$\boldsymbol{u}$构成右手螺旋直角坐标系

(C) 三者中$\boldsymbol{E}$和$\boldsymbol{H}$是同方向的，但都与$\boldsymbol{u}$垂直

(D) 三者中$\boldsymbol{E}$和$\boldsymbol{H}$可以是任意方向，但都必须与$\boldsymbol{u}$垂直

二、填空题

1. 加在平行板电容器极板上的电压变化率为$1.0 \times 10^{6}\ \mathrm{V \cdot s^{-1}}$，在电容器内产生 1.0 A 的位移电流，则该电容器的电容量为________μF。

2. 反映电磁场基本性质和规律的麦克斯韦方程组的积分形式为

① $\oint_S \boldsymbol{D} \cdot \mathrm{d}\boldsymbol{S} = \int_V \rho_0 \mathrm{d}V$　　② $\oint_l \boldsymbol{E} \cdot \mathrm{d}\boldsymbol{l} = -\int_S \frac{\partial \boldsymbol{B}}{\partial t} \cdot \mathrm{d}\boldsymbol{S}$

③ $\oint_S \boldsymbol{B} \cdot \mathrm{d}\boldsymbol{S} = 0$　　④ $\oint_l \boldsymbol{H} \cdot \mathrm{d}\boldsymbol{l} = \int_S \left(\boldsymbol{j} + \frac{\partial \boldsymbol{D}}{\partial t}\right) \cdot \mathrm{d}\boldsymbol{S}$

试判断下列结论是包含或等效于哪一个麦克斯韦方程式的。将确定的方程式用代号填在相应结论后的空白处。(1) 变化的磁场一定伴随有电场：________；(2) 磁感应线是无头无尾的：________；(3) 电荷总伴随有电场：________。

3. 在相对磁导率 $\mu_r = 2$ 和相对电容率 $\varepsilon_r = 4$ 的各向同性的均匀介质中传播的平面电磁波，其磁场强度振幅为 $H_m = 1\ \mathrm{A \cdot m^{-1}}$，则此电磁波的平均坡印廷矢量大小是________，而这个电磁波的最大能量密度是________。

三、计算题

1. 一广播电台的辐射功率是 10 kW。假定辐射场均匀分布在以电台为中心的半球面上，(1) 求距离电台为 $r = 10$ km 处的坡印廷矢量的平均值；(2) 求该处的电场强度和磁场强度的振幅。

2. 给电容为 C 的平行板电容器(设极板间介质电容率为 ε，磁导率为 μ) 充电。电流为 $I = I_0 e^{-kt}$ (SI)，$t = 0$ 时电容器极板上无电荷。求：(1) 板间电压 U 随时间 t 变化的关系；(2) t 时刻极板间总的位移电流 I_d(忽略边缘效应)；(3) 极板空间中 O、A、C 三点处的磁感应强度的大小和方向。(O、A、C 三点均在两极板间的某个平行极板的平面与纸面的交线上，具体尺寸如图乙 5-18-2 所示)

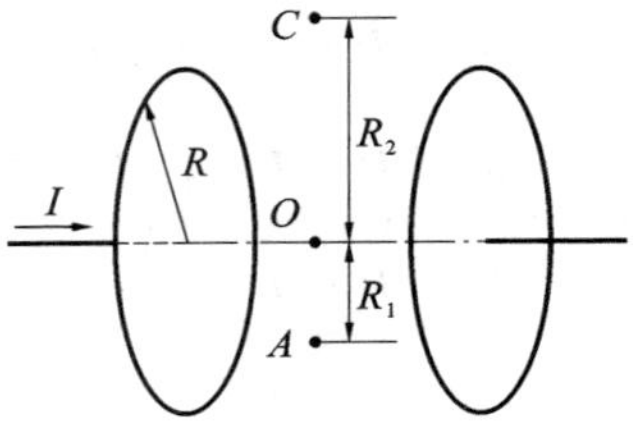

图乙 5-18-2

乙 5-19　电磁场和电磁波习题课

一、选择题

1. 半径为 a 的圆线圈置于磁感强度为 $\boldsymbol{B}$ 的均匀磁场中，线圈平面与磁场方向垂直，线圈电阻为 R，当把线圈转动使其法向方向与 $\boldsymbol{B}$ 的夹角为 $\alpha = 60°$ 时，线圈中已通过的电量与线圈面积及转动时间的关系是(　　)。

(A) 与线圈面积成正比，与时间无关　　(B) 与线圈面积成正比，与时间成正比

(C) 与线圈面积成反比，与时间无关　　(D) 与线圈面积成反比，与时间成正比

2. 如图乙 5-19-1 所示，一导体棒 ab 在均匀磁场中沿金属导轨向右作匀加速运动，磁场方向垂直导轨所在平面。若导轨电阻忽略不计，并设铁芯磁导率为常数，则达到稳定后电容器的 M 极板上(　　)。

(A) 带有一定量的正电荷

(B) 带有一定量的负电荷

(C) 带有越来越多的正电荷

(D) 带有越来越多的负电荷

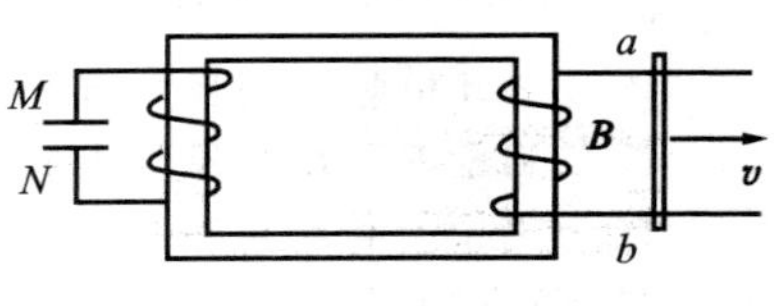

图乙 5-19-1

3. 设圆形极板平行板电容器两板间电势差随时间变化的规律是：$U_{ab} = U_a - U_b = kt$(k 是正常量，t 为时间)。设两板间电场是均匀的，此时在极板空间内 1、2 两点(2 比 1 更靠近极板边缘)处产生的磁感应强度 $\boldsymbol{B}_1$ 和 $\boldsymbol{B}_2$ 大小有如下关系(　　)。

(A) $B_1 = B_2 = 0$　　(B) $B_1 = B_2 \neq 0$　(C) $B_1 < B_2$　　(D) $B_1 > B_2$

4. 导线电流变化时，在导线内也会产生涡流，图乙 5-19-2 所示是过圆柱形导线轴的纵剖面

图,分别画出了四幅在电流随时间增加时的涡流图,其中正确的是(　　)。

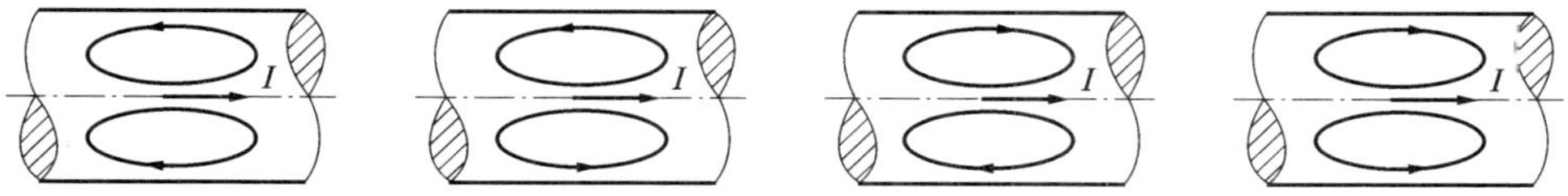

(A)　(B)　(C)　(D)

图乙 5-19-2

二、填空题

1. 真空中两条相距 $2a$ 的平行长直导线,通以方向相同,大小相等的电流 I,P、O 两点与两导线在同一平面内,与导线的距离为 a,如图乙 5-19-3 所示。则 O 点的磁场能量密度 w_{mO} ________,P 点的磁场能量密度 w_{mP} ____________。

2. 一电子在电子感应加速器中沿半径为 1 m 的轨道作圆周运动,如果电子每转一周动能增加 700 eV,则轨道内磁通量的变化率 $\frac{d\Phi_m}{dt}=$ ____________。

3. 如图乙 5-19-4 所示,AOC 为一折成∠形的金属导线($AO=OC=L$),位于 xOy 平面上。磁感应强度为 $\boldsymbol{B}$ 的匀强磁场垂直于 xOy 平面。当 AOC 以速度 $\boldsymbol{v}$ 沿 x 轴正向运动时,导线上 A、C 两点间的电势差 $U_{AC}=$ ____,当以速度 $\boldsymbol{v}$ 沿 y 轴正向运动时,A、C 两点中____点电势高。

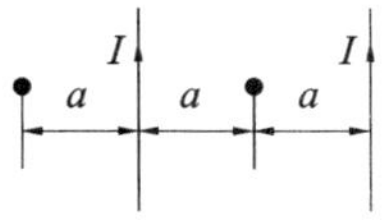

图乙 5-19-3

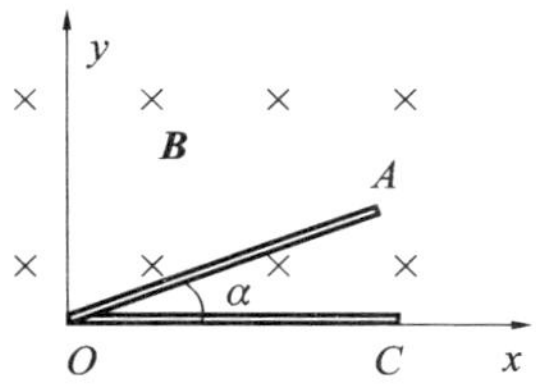

图乙 5-19-4

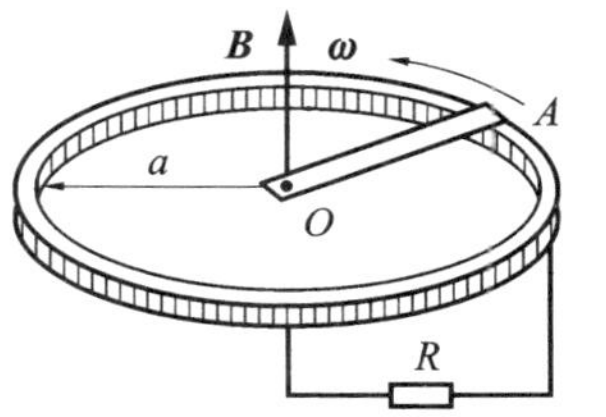

图乙 5-19-5

三、计算题

1. 半径为 a 的圆环形金属导轨水平放置,沿半径方向有一质量为 m 的均匀金属杆 OA,O 端套在过环中心且与环面垂直的光滑轴上,另一端 A 可在环上无摩擦但始终保持接触地滑动,O 端与环通过一电阻 R 用导线相连,金属导轨与金属杆二者的电阻可视为零。均匀磁场 $\boldsymbol{B}$ 垂直环面,如图乙 5-19-5 所示。$t=0$ 时金属杆 OA 的角速度为 $\boldsymbol{\omega}_0$,求任意时刻金属杆的角速度。

2. 如图乙 5-19-6 所示,一半径为 a 的很小的金属圆环,在初始时刻与一半径为 $b(b\gg a)$ 的大金属圆环共面且同心。求下列情况下小金属圆环中 t 时刻的感应电动势。(1) 大金属圆环中电流 I 恒定,小金属圆环以匀角速度 ω_1 绕一直径转动;(2) 大金属圆环中电流以 $I=I_0\sin\omega_2 t$ 变化,小金属圆环不动;(3) 大金属圆环中电流以 $I=I_0\sin\omega_2 t$ 变化,同时小金属圆环以匀角速度 ω_1 绕一直径转动。

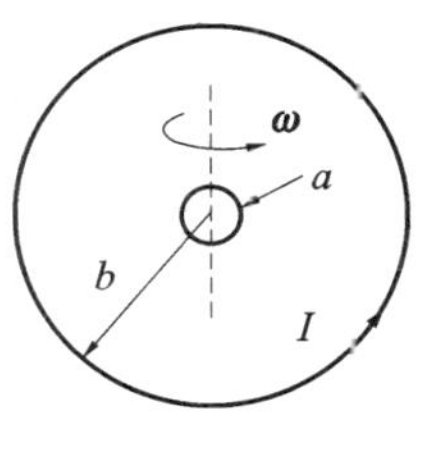

图乙 5-19-6

乙 6-1　狭义相对论时空观

一、选择题

1. 静止参照系 S 中有一尺子沿 x 方向放置不动，运动参照系 S' 沿 x 轴运动，S、S' 的坐标轴平行。在不同参照系测量尺子的长度时必须注意(　　)。

(A)S' 与 S 中的观察者可以不同时地去测量尺子两端的坐标

(B)S' 中的观察者可以不同时，但 S 中的观察者必须同时去测量尺子两端的坐标

(C)S' 中的观察者必须同时，但 S 中的观察者可以不同时去测量尺子两端的坐标

(D)S' 与 S 中的观察者都必须同时去测量尺子两端的坐标

2. 下列几种说法：

① 所有惯性系对一切物理规律都是等价的；

② 真空中，光的速度与光的频率、光源的运动状态无关；

③ 在任何其惯性系中，光在真空中沿任何方向的传播速度都相同。

其中哪些是正确的？(　　)。

(A) 只有 ①、② 是正确的　　(B) 只有 ①、③ 是正确的

(C) 只有 ②、③ 是正确的　　(D) 三种说法都是正确的

3. 边长为 a 的正方形薄板静止于惯性系 K 的 xOy 平面内，且两边分别与 x 轴、y 轴平行，今有惯性系 K' 以 $0.8c$(c 为真空中光速) 的速度相对于 K 系沿 x 轴作匀速直线运动，则从 K' 系测得薄板的面积为(　　)。

(A)a^2　　(B)$0.6a^2$　　(C)$0.8\,a^2$　　(D)$a^2/0.6$

4. ① 对某观察者来说，发生在某惯性系中同一地点，同一时刻的两个事件，对于相对该惯性系作匀速直线运动的其他惯性系的观察者来说，它们是否同时发生？② 在某惯性系中发生于同一时刻，不同地点的两个事件，它们在其他惯性系中是否同时发生？

关于上述两问题的正确答案是(　　)。

(A)① 一定同时，② 一定不同时　　(B)① 一定不同时，② 一定同时

(C)① 一定同时，② 一定同时　　(D)① 一定不同时，② 一定不同时

二、填空题

1. 有一速度为 u 的宇宙飞船沿 x 轴的正方向飞行，飞船头尾各有一个脉冲光源在工作，处于船尾的观察者测得船头光源发出的光脉冲的传播速度大小为________；处于船头的观察者测得船尾光源发出的光脉冲的传播速度大小为________。

2. 观察者甲和乙分别静止于两惯性参照系 K 和 K' 中，甲测得在同一地点发生的两事件的时间间隔为 4 s，而乙测得这两事件的时间间隔为 5 s。则 K' 相对于 K 的运动速度为________；乙测得这两个事件发生地点的空间距离为____________。

三、计算题

1. 牛郎星距地球约 16 光年，若宇航员在宇宙飞船上度过了 4 年的时间(宇宙飞船上时钟指示的时间) 才抵达牛郎星，求宇宙飞船的飞行速度。

2. 静止长度为 90 m 的宇宙飞船以相对地球 $0.8c$ 的速度飞离地球，一光脉冲从船尾传到船

头。求:(1) 飞船上的观察者测得该光脉冲走的时间和距离;(2) 地球上的观察者测得该光脉冲走的时间和距离。

乙 6-2　相对论动力学基础

一、选择题

1. 一匀质矩形薄板,当它静止时,测得其长度为 a,宽度为 b,质量为 m_0,由此可算出其质量面密度为 $\sigma = \dfrac{m_0}{ab}$。假定该薄板沿长度方向以接近光速的速度 v 作匀速直线运动,此种情况下,测算该薄板的质量面密度为(　　)。

(A) $\dfrac{m_0\sqrt{1-v^2/c^2}}{ab}$　　(B) $\dfrac{m_0}{ab\sqrt{1-v^2/c^2}}$

(C) $\dfrac{m_0}{ab(1-v^2/c^2)^{3/2}}$　　(D) $\dfrac{m_0}{ab(1-v^2/c^2)}$

2. 某核电站年发电量为 100 亿度,它等于 3.6×10^{16} J。如果这些能量是由核材料的全部静止能转化产生的,则需要消耗的核材料的质量为(　　)。

(A) 0.4 kg　　(B) 0.8 kg

(C) 12×10^7 kg　　(D) $(1/12)\times10^7$ kg

3. 把一个静止质量为 m_0 的粒子,由静止加速到 $v=0.6c$(c 为真空中的光速)需做功为(　　)。

(A) $0.18m_0c^2$　　(B) $0.25m_0c^2$　　(C) $0.36m_0c^2$　　(D) $1.25m_0c^2$

4. 在惯性系 S 中一粒子具有动量 $(p_x, p_y, p_z)=(5,3,\sqrt{2})/c$ (MeV),总能量 $E=10$ MeV (c 为真空中的光速),则在 S 系中测得粒子的速度 v 最接近于(　　)。

(A) $3c/8$　　(B) $2c/5$　　(C) $3c/5$　　(D) $4c/5$

二、填空题

1. 某加速器将电子加速到能量 $E=2\times10^6$ eV 时,该电子的动能 $E_k=$ ____ eV。

2. 一电子以 $0.99c$ 的速率运动,则电子的总能量为____________ J;电子的经典力学动能与相对论动能之比是____________。

三、计算题

1. 一电子经加速器加速后获得了 1 MeV 的能量,求电子的速度 v、动量 p、能量 E 的大小。

2. 设快速运动的介子的能量约为 $E=3000$ MeV,而这种介子在静止时的能量为 $E_0=100$ MeV。若这种介子的固有寿命是 $\tau_0=2\times10^{-6}$ s,求它运动的距离。

乙 6-3　热辐射、光电效应、康普顿效应

一、选择题

1. 黑体的温度升高一倍,它的辐射出射度(总发射本领)增大(　　)。

(A) 7 倍　　(B) 15 倍　　(C) 3 倍　　(D) 1 倍

2. 所谓"黑体"是指这样的一种物体,即(　　)。

(A) 不能反射任何可见光的物体

(B) 不能反射任何电磁辐射的物体

(C) 颜色是纯黑的物体

(D) 能够全部吸收外来的任何电磁辐射的物体

3. 用频率为 ν 的单色光照射某种金属时，逸出光电子的最大动能为 E_k，若改用频率为 2ν 的单色光照射此种金属，则逸出光电子的最大动能为(　　)。

(A) $h\nu - E_k$　　(B) $2h\nu - E_k$　　(C) $h\nu + E_k$　　(D) $2E_k$

4. 光电效应和康普顿效应都包含有电子与光子的相互作用过程。对此过程，在以下几种理解中，正确的是(　　)。

(A) 光电效应是电子吸收光子的过程，而康普顿效应则是光子和电子的弹性碰撞过程

(B) 两种效应都相当于电子与光子的弹性碰撞过程

(C) 两种效应都属于电子吸收光子的过程

(D) 两种效应都是电子与光子的碰撞，都服从动量守恒定律和能量守恒定律

二、填空题

1. 光子的波长为 λ，则其能量 $E =$ ______；动量的大小为 $p =$ ______；质量为 ______。

2. 一个 100 W 的白炽灯泡的灯丝表面积为 $S = 5.3 \times 10^{-5}\ \text{m}^2$，若将点燃的灯丝看作是黑体，可估算出它的工作温度为______。

3. 康普顿散射中，当散射光子与入射光子方向成夹角 $\theta =$ ________ 时，光子的频率减少得最多；当 $\theta =$ ________ 时，光子的频率保持不变。

三、计算题

1. 地球卫星测得太阳单色辐射出射度的峰值在 500 nm 处，若把太阳看成黑体，求：(1) 太阳表面的温度；(2) 太阳辐射的总功率；(3) 垂直射到地球表面每单位面积的日光功率(地球与太阳的平均距离为 1.5×10^8 km，太阳的半径为 6.67×10^5 km)。

2. 波长为 λ 的单色光照射某金属表面发生光电效应，已知金属材料的逸出功为 A，求遏止电压；今让发射出的光电子经狭缝 S 后垂直进入磁感应强度为 $\boldsymbol{B}$ 的均匀磁场，如图乙 6-3-1 所示，求电子在该磁场中作圆周运动的最大半径 R(电子电量绝对值为 e，质量为 m)。

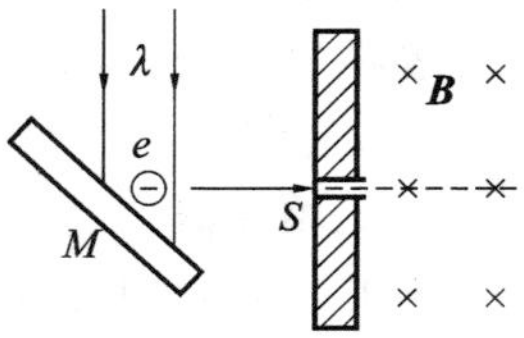

图乙 6-3-1

乙 6-4　玻尔的氢原子理论

一、选择题

1. 按氢原子理论，当大量氢原子处于 $n = 4$ 的激发态时，原子跃迁将发出(　　)。

(A) 四种波长的光　　(B) 六种波长的光

(C) 五种波长的光　　(D) 三种波长的光

2. 已知氢原子从基态激发到某一定态所需能量为 10.19 eV，若氢原子从能量为 -0.85 eV 的激发态跃迁到上述定态时，所发射的光子的能量为(　　)。

(A)9.95 eV　(B)3.41 eV　(C)4.25 eV　(D) 2.56 eV

3. 氢原子光谱的巴耳末系中波长最长的谱线用 λ_1 表示，其次波长用 λ_2 表示，则它们的比值 λ_1/λ_2 为(　　)。

(A)9/8　(B)19/9　(C)27/20　(D)20/27

4. 根据氢原子理论，氢原子在 $n=5$ 的轨道上的动量矩与在第一激发态的轨道动量矩之比为(　　)。

(A) 5/2　(B) 5/3　(C) 5/4　(D) 5

二、填空题

1. 图乙 6-4-1 所示为被激发的氢原子跃迁到低能级时的能级图(图中 E_1 不是基态能级)，其发出的波长分别为 λ_1、λ_2 和 λ_3，其频率 ν_1、ν_2 和 ν_3 的关系等式是________；三个波长的关系等式是________。

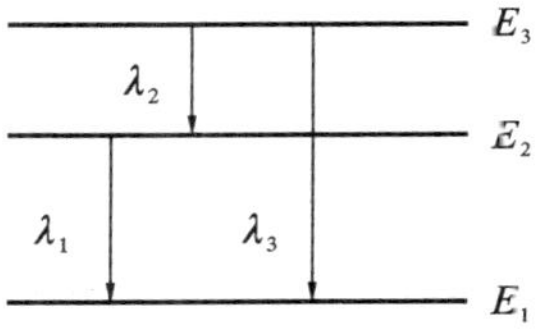

图乙 6-4-1

2. 根据玻尔的氢原子理论：(1) 原子系统存在一系列不连续的能量状态，处于这些状态的原子中的电子只能在特定轨道上绕核作圆周运动，不辐射能量；(2) 原子从一能态向另一能态跃迁时，辐射和吸收一个光子，光子频率满足 $h\nu=$ |____________|；(3) 原子中电子绕核作圆周运动的轨道角动量 L 满足 $L=$ ________。

三、计算题

1. 当氢原子从某初始状态跃迁到激发能为 $\Delta E=10.19$ eV 的状态时，发射出光子的波长是 $\lambda=486$ nm，试求该初始状态的能量和主量子数。

2. 氢原子基态电离能是 13.6 eV，电离能为 0.544 eV 的激发态氢原子，其电子处在 n 等于几的轨道上运动？

乙 6-5　德布罗意波、不确定关系

一、选择题

1. 电子显微镜中的电子从静止开始通过电势差为 U 的静电场加速后，其德布罗意波波长是 0.04 nm，则 U 约为(　　)。

(A)940 V　(B)330 V　(C)630 V　(D)150 V

2. 波长 $\lambda=500$ nm 的光沿 x 轴正向传播，若光的波长的不确定量 $\Delta\lambda=10^{-4}$ nm，则利用不确定关系式 $\Delta x\,\Delta p_x\geqslant h$ 可得光子的坐标的不确定量至少为(　　)。

(A)25 cm　(B)50 cm　(C)250 cm　(D)500 cm

3. 关于不确定关系 $\Delta x\,\Delta p_y\geqslant h$ 有以下几种理解：① 粒子的动量不可能确定；② 粒子的坐标不可能确定；③ 粒子的动量和坐标不可能同时确定；④ 不确定关系不仅适用于电子和光子，也适用于其他粒子。其中正确的是(　　)。

(A)①、②　(B)③、④

(C)②、④　(D)①、④

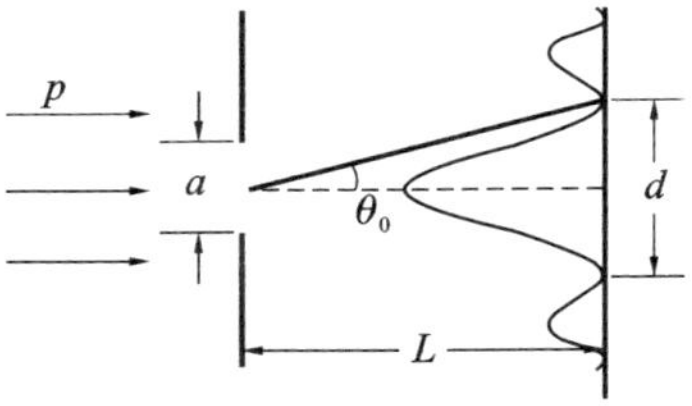

图乙 6-5-1

4. 如图乙 6-5-1 所示，一束动量为 p 的电子，通过缝宽

为 a 的狭缝，在距离狭缝为 L 处放置一荧光屏，屏上衍射图样中央最大的宽度 d 等于（　　）。

(A) $\frac{2a^2}{L}$　　(B) $\frac{2ha}{p}$　　(C) $\frac{2ha}{Lp}$　　(D) $\frac{2Lh}{ap}$

二、填空题

1. 氢原子在温度为 300 K 时，其方均根速率所对应的德布罗意波长是________；质量为 $m = 10^{-3}$ kg，速度 $v = 1\ \text{m}\cdot\text{s}^{-1}$ 运动的小球的德布罗意波长是________。

2. 在电子单缝衍射实验中，若缝宽为 $a = 0.1$ nm，电子束垂直射在单缝上，则衍射的电子横向动量的最小不确定量 $\Delta p_y =$ ______ N・s。

3. 电子的康普顿波长为 $\lambda_c = \frac{h}{m_e c}$（其中 m_e 为电子静止质量，c 为光速，h 为普朗克常量）。当电子的动能等于它的静止能量时，它的德布罗意波波长 $\lambda =$ ____ λ_c。

三、计算题

1. (1) α 粒子在磁感应强度为 $B = 0.025$ T 的均匀磁场中在半径为 $R = 0.83$ cm 的圆形轨道上运动。试计算其德布罗意波长（α 粒子的质量 $m_\alpha = 6.64\times10^{-27}$ kg）；(2) 若使质量 $m = 0.1$ g 的小球以与 α 粒子相同的速率运动，则其波长为多少？

2. 质量为 m_e 的电子被电势差 $U_{12} = 10^6$ V 的电场加速。(1) 如果考虑相对论效应，计算其德布罗意波的波长 λ_0；(2) 若不考虑相对论，计算其德布罗意波的波长 λ。其相对误差 $\frac{\lambda - \lambda_0}{\lambda_0}$ 是多少？

乙 6-6　薛定谔方程

一、选择题

1. 将波函数在空间各点的振幅同时增大 D 倍，则粒子在空间的分布几率将（　　）。

(A) 增大 D^2 倍　(B) 增大 $2D$ 倍　(C) 增大 D 倍　(D) 不变

2. 一维无限深势阱中，已知势阱宽度为 a。应用不确定关系估计势阱中质量为 m 的粒子的零点能量为（　　）。

(A) $\hbar/(ma^2)$　(B) $\hbar^2/(2ma^2)$　(C) $\hbar^2/(2ma)$　(D) $\hbar/(2ma^2)$

3. 由于微观粒子具有波粒二象性，在量子力学中用波函数 $\Psi(x,y,z,t)$ 来表示粒子的状态，波函数 Ψ（　　）。

(A) 必须满足单值、有界、连续及归一化条件

(B) 只需满足单值、有界、连续的条件

(C) 只需满足连续与归一化条件

(D) 只需满足归一化条件

4. 反映微观粒子运动的基本方程是（　　）。

(A) 牛顿定律方程　　(B) 麦克斯韦电磁场方程

(C) 薛定谔方程　　(D) 以上均不是

二、填空题

设描述微观粒子运动的波函数为 $\Psi(r,t)$，则 $\Psi\Psi^*$ 表示____________；

$\Psi(r,t)$ 须满足的条件是____________________；其归一化条件是________________________。

三、计算题

1. 一粒子被限制在相距为 l 的两个不可穿透的壁之间，如图乙 6-6-1 所示。描写粒子状态的波函数为 $\psi = cx(l-x)$，其中 c 为待定常量，求在 $0 \sim l/3$ 区间发现粒子的概率。

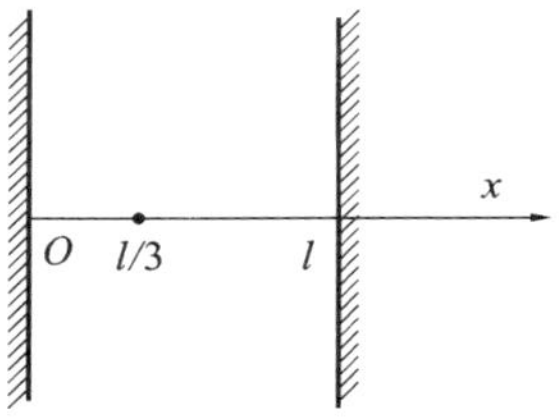

图乙 6-6-1

2. 粒子在一维无限深势阱中运动(势阱宽度为 a)，其波函数为

$$\psi(x) = \sqrt{2/a}\sin(3\pi x/a)\ (0 < x < a\ )$$

求粒子出现概率密度极大的位置 x。

乙 6-7　近代物理习题课

一、选择题

1. 关于同时性有人提出以下一些结论，其中哪个是正确的?(　　)。

(A) 在一惯性系同时发生的两个事件，在另一惯性系一定不同时发生

(B) 在一惯性系同一地点同时发生的两个事件，在另一惯性系一定同时发生

(C) 在一惯性系不同地点同时发生的两个事件，在另一惯性系一定同时发生

(D) 在一惯性系不同地点不同时发生的两个事件，在另一惯性系一定不同时发生

2. 金属产生光电效应的红限波长为 λ_0，今以波长为 $\lambda(\lambda < \lambda_0)$ 的单色光照射该金属，金属释放出的电子(质量为 m_e) 的动量大小为(　　)。

(A) $\dfrac{h}{\lambda}$　　(B) $\dfrac{h}{\lambda_0}$　　(C) $\left(2m_e hc\dfrac{\lambda_0+\lambda}{\lambda\lambda_0}\right)^{1/2}$

(D) $\left(\dfrac{2m_e hc}{\lambda_0}\right)^{1/2}$　　(E) $\left(2m_e hc\dfrac{\lambda_0-\lambda}{\lambda\lambda_0}\right)^{1/2}$

3. 若外来单色光把氢原子激发至第三激发态，则当氢原子跃迁回低能态时，可发出的可见光光谱线的条数是(　　)。

(A)1　　(B)2　　(C)3　　(D)6

4. 若 α 粒子(电量为 $2e$) 在磁感应强度为 B 的均匀磁场中沿半径为 R 的圆形轨道运动，则 α 粒子的德布罗意波长是(　　)。

(A) $\dfrac{h}{2eRB}$　　(B) $\dfrac{h}{eRB}$　　(C) $\dfrac{1}{2eRBh}$　　(D) $\dfrac{1}{eRB}$

二、填空题

1. 狭义相对论中，一质点的质量 m 与速度 v 的关系式为________，其动能的表达式为____________。

2. 已知某金属的逸出功为 A，用频率为 ν_1 的光照射该金属能产生光电效应，则该金属的红限频率 $\nu_0 =$ __________ $(\nu_1 > \nu_0)$，遏止电压 $U_A =$ __________。

3. 氢原子由定态 l 跃迁到定态 k 可发射一个光子，已知定态 l 的电离能为0.85 eV，又已知从基态使氢原子激发到定态 k 所需能量为 10.2 eV，则在上述跃迁过程中氢原子所发射的光子的能量为____________ eV。

三、计算题

1. 波长为 3500 Å 的光子照射某种材料的表面，实验发规，从该表面发出的能量最大的光电子在 $B = 1.5 \times 10^{-5}$ T 的磁场中偏转而成的圆轨道半径 $R = 18$ cm，求该材料的逸出功是多少电子伏？

2. 实验发现基态氢原子可吸收能量为 12.75 eV 的光子。

(1) 试问氢原子吸收该光子后将被激发到哪个能级？

(2) 受激发的氢原子向低能级跃迁时，可能发出哪几条谱线？计算其波长。请定性地画出能级图，并将这些跃迁画在能级图上。

参 考 文 献

[1] 马文蔚,等.物理学.3版.北京:高等教育出版社,1993.
[2] 程守洙,等.普通物理学(1982年修订本).北京:高等教育出版社,1982.
[3] 张三慧.大学物理学.2版.北京:清华大学出版社,1999.
[4] 汤钧民,等.大学物理上册.武汉:武汉理工大学出版社,2008.
[5] 汤钧民,等.大学物理下册.武汉:武汉理工大学出版社,2008.
[6] 汤钧民,等.大学物理学习与解题指导.武汉:武汉理工大学出版社,2008.